Sebastian Seiffert, Wolfgang Schärtl
Physikalische Chemie Kapieren
De Gruyter Studium

Weitere empfehlenswerte Titel

Physikalische Chemie Kapieren.
Thermodynamik, Kinetik, Elektrochemie
Sebastian Seiffert, Wolfgang Schärtl, 2. Auflage 2024
ISBN 978-3-11-107248-7, e-ISBN 978-3-11-107274-6

Physical Chemistry of Polymers.
A Conceptual Introduction
Sebastian Seiffert, 2. Auflage 2023
ISBN: 978-3-11-071327-5, e-ISBN: 978-3-11-071326-8

Einführung in die Physikalische Chemie
Michael Springborg, 2020
ISBN 978-3-11-063691-8, e-ISBN 978-3-11-063693-2

Analytik.
Daten, Formeln, Übungsaufgaben
Friedrich W. Küster, Alfred Thiel, 2019
ISBN 978-3-11-055782-4, e-ISBN 978-3-11-055783-1

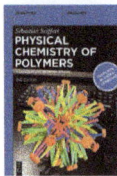

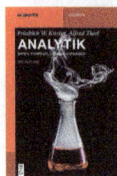

Sebastian Seiffert, Wolfgang Schärtl

Physikalische Chemie Kapieren

Quantenmechanik • Spektroskopie • Statistische
Thermodynamik

2. überarbeitete und erweiterte Auflage

DE GRUYTER
OLDENBOURG

Autoren
Univ.-Prof.
Dr. Sebastian Seiffert
Johannes Gutenberg-Universität Mainz
Department Chemie
Duesbergweg 10–14
55128 Mainz
sebastian.seiffert@uni-mainz.de

Priv.-Doz.
Dr. Wolfgang Schärtl
Johannes Gutenberg-Universität Mainz
Department Chemie
Duesbergweg 10–14
55128 Mainz
schaertl@uni-mainz.de

ISBN 978-3-11-073732-5
e-ISBN (PDF) 978-3-11-073757-8
e-ISBN (EPUB) 978-3-11-073266-5

Library of Congress Control Number: 2023942134

Bibliografische Information der Deutschen Nationalbibliothek
Die Deutsche Nationalbibliothek verzeichnet diese Publikation in der Deutschen Nationalbibliografie;
detaillierte bibliografische Daten sind im Internet über http://dnb.dnb.de abrufbar.

© 2024 Walter de Gruyter GmbH, Berlin/Boston
Einbandabbildung: Sebastian Seiffert
Satz: Integra Software Services Pvt. Ltd.
Druck und Bindung: CPI books GmbH, Leck

www.degruyter.com

Vorwort

Für gewöhnlich liest kaum jemand ein Vorwort. Jene, die es doch tun, nehmen es besonders genau. Für jene ist dieses Vorwort.

Es gibt zwei Säulen, die die Welt im Innersten zusammenhalten: Thermodynamik und Quantenmechanik. Beide sind essenzielle Pfeiler der Physikalischen Chemie und beschreiben die stoffliche Welt, ihre Zustände und ihre Fähigkeit zur Veränderung aus makroskopischem bzw. mikroskopischem Blickwinkel. Eine Brücke zwischen beiden bietet die Statistische Thermodynamik.

Das Erlernen dieser Disziplinen stellt uns vor besondere Herausforderungen. Vieles darin können wir nicht intuitiv erfassen. Manches müssen wir sogar einfach so hinnehmen und können es nicht einmal Schritt für Schritt herleiten oder beweisen; wie etwa die Hauptsätze der Thermodynamik. Und manches stellt unseren Verstand auf die Probe, weil es nichts aus unserer Lebenswirklichkeit gibt, mit dem wir es vergleichen können; wie etwa die gesamte Quantenmechanik. Überdies ist uns statistisches Denken nicht in die Wiege gelegt. Wir mögen gelernt haben Wahrscheinlichkeitsaussagen aufzufassen und mit ihnen zu rechnen; aber wirklich intuitiv zugänglich sind sie uns selten. All dies ist nun aber Wesenskern der genannten Teildisziplinen. Wir müssen uns also, wenn wir uns damit beschäftigen, deutlich aus unserer Komfortzone des Bekannten herauswagen.

Dasselbe gilt noch für ein anderes Gebiet: das Lernen und Lehren an Universitäten und Hochschulen. Für lange Zeit hatte dies eine Form wie in der vor-Gutenberg Zeit: als Frontalvorlesung an der Tafel. Dieser über Jahrhunderte fast unveränderte Lehrbetrieb erhielt sich selbst. Viele Dozierende wurden einst schlicht selbst so belehrt; und übernehmen so ihrerseits dieselben Konzepte. Andere Formen erscheinen dagegen beinah obskur – ähnlich wie die Konzepte der Quantenmechanik und der statistischen Thermodynamik, wenn wir uns das erste Mal damit beschäftigen. Gleichwohl bietet genau das Chancen, völlig neue Möglichkeiten zu erschließen – ebenso wie die Quantenmechanik und die Statistische Thermodynamik.

Im 15. Jahrhundert leitete die Mechanisierung des Buchdrucks mit beweglichen Lettern durch Gutenberg in Mainz die zweite Medienrevolution der Menschheitsgeschichte ein. (Die erste davor war der Übergang von der Wort- zur Schriftsprache, und danach folgte die dritte Medienrevolution mit dem Aufkommen elektronischer Massenmedien im 20. Jahrhundert). Heute befindet sich die Welt in der vierten Medienrevolution: der Digitalisierung und Vernetzung. Doch erst die Pandemie des SARS-CoV2 Erregers im Jahr 2020 katapultierte die akademische Welt -zumindest zeitweise- ins 21. Jahrhundert und etablierte digitale Lehrformate. Dieses Lehrbuch bietet eben hierfür eine Basis für die Teilgebiete Quantenmechanik, Spektroskopie und Statistische Thermodynamik des Fachs Physikalische Chemie. Es ist eine Basis für eine Blended-Learning Lehrveranstaltung, d. h. ein Lehrformat, das aus einer Phase des Selbststudiums (Wissenserwerb), einer digitalen Feedbackeinheit (Wissensverankerung) und einer interaktiven Präsenz-Vertiefungseinheit (Wissensvertiefung und -transfer) besteht. Das Buch ist hierzu in 22

https://doi.org/10.1515/9783110737578-202

thematisch fokussierte und modular einsetzbare Lerneinheiten eingeteilt. Es kann damit für eine 11-wöchige Lehrveranstaltung im Umfang von 4 SWS vollumfänglich eingesetzt werden, wie sie an vielen Standorten etwa unter dem Namen Physikalische Chemie 2 angeboten wird (wobei Physikalische Chemie 1 gemeinhin den Themengebieten klassische Thermodynamik, Kinetik und Elektrochemie gewidmet ist). Gleichsam kann das Buch auch für zwei separate 11-wöchige Lehrveranstaltungen im Umfang von je 2 SWS eingesetzt werden, von denen sich eine der Quantenmechanik und eine der Spektroskopie und der statistischen Thermodynamik widmet; auch das ist an vielen Standorten üblich.

Die Lehreinheiten dieses Buchs umfassen jeweils rund 20 Seiten und können in etwa 120 Minuten Selbststudium erarbeitet werden. Der Stoff ist hierin jeweils auf den Punkt gebracht. Gleichwohl werden weitergehende Verweise in einer Reihe von Infoboxen, gekennzeichnet mit einem Symbol i am Textrand, sowie in insgesamt 95 Fußnoten präsentiert, wodurch eine Balance aus kompakter Darstellung und Ausblick auf Weitergehendes geboten wird. In einigen der Fußnoten, sowie auch stellenweise entlang des Haupttexts, fließen *persönliche Ansichten* der Autoren ein. Um diese klar von „harten wissenschaftlichen Fakten" abzugrenzen, sind diese Stellen mit einem Blitz-Symbol am Textrand markiert (ein Blitz, weil solch persönliche Sichtweisen grundsätzlich strittig sein mögen). Findet sich hingegen ein !-Symbol am Textrand, so deutet dies einen Hinweis der Sorte „Wichtig – bitte merken!" an. Hiermit wird insbesondere auf Fallen und Verwechselungsgefahren hingewiesen. Ein Stift-Symbol am Textrand fordert Sie zu kurzem selbständigem Arbeiten auf, konkret in Form kurzer selbständiger mathematischer Notationen. Wir wissen, dass die „Aktivierungsenergie" zum selbständigen Bearbeiten von Übungsaufgaben bei der Lektüre eines Lehrbuchs hoch ist – deshalb wird dieses Mittel hier nur begrenzt eingesetzt und beschränkt sich auf ganz kurze Anregungen (beispielsweise dergestalt, mal selbständig einen im Text auftretenden einfachen Funktionsausdruck abzuleiten, um selbst zu sehen wie eben die Ableitung konkret aussieht).

Jeder Lehreinheits-Block schließt mit einem Satz konzeptueller Verständnisfragen im Multiple-Choice Format, zu erkennen an einem Fragezeichen-Symbol am Textrand. Diese können von Dozierenden in eine e-Learning Plattform eingebaut werden, sodass Studierende diese dort nach Lektüre der Lehreinheit bearbeiten können. Viele e-Learning Plattformen erlauben es, zu den jeweiligen Antwortmöglichkeiten Feedbacktexte zu hinterlegen, die den Studierenden dann direkt anzeigen ob und warum ihre gewählte Antwortoption falsch oder richtig ist. Die Autoren dieses Buchs stellen Dozierenden solche Antworttexte für die hier enthaltenen Fragen gern auf Anfrage zur Verfügung. Aus der Antwortstatistik, die ebenfalls in vielen e-Learning-Plattformen leicht generierbar ist, können Dozierende dann sehen, welche Teilaspekte des Themas in der Studierendengruppe bereits gut verstanden sind und welche noch nicht – und entsprechend hierauf einen Schwerpunkt in der anschließenden Präsenzeinheit setzen. Überdies können in dieser Präsenzeinheit weitere Multiple-Choice Fragen eingesetzt werden die den Stoff weiter vertiefen. Auch hierzu stellt dieses Buch zu jeder

Lehreinheit einen Satz solch konzeptueller Vertiefungsfragen bereit. Hierzu bietet es sich an, die Peer-Instruction Methode zu verwenden. Die Frage wird dabei in der Präsenzveranstaltung projiziert, und die Studierenden antworten mithilfe eines Audience Response Systems („Klicker-System", beispielsweise Smartphone-basiert) zunächst individuell. Die Antwortstatistik, die von der Lehrperson dann ebenfalls projiziert wird, gibt den Studierenden direkt ein erstes anonymes Feedback darüber, wie sich die jeweils eigene gewählte Antwort in die Gesamtkohorte eingruppiert. Anschließend werden die Studierenden aufgefordert, sich mit ihren ringsum sitzenden Peers in Zweier- oder Dreiergruppen auszutauschen und diese von der Richtigkeit ihrer gewählten Antwort zu überzeugen. Eine zweite Wahlrunde nach einigen Minuten wird dann so gut wie immer das richtige Ergebnis mit deutlicher Mehrheit hervorbringen, einfach weil diejenigen, die die richtige Antwort haben, auch die besseren Argumente haben und etwaige Verständnislücken bei ihren Peers besser verstehen und ausräumen können als Dozierende dies könnten. Damit geraten die Studierenden in eine *aktive* Rolle bei der Wissensvertiefung, werden angeregt und motiviert und in den Lernprozess auf mehrerlei Ebenen interaktiv einbezogen, wohingegen die dozierende Person eine Moderatorenrolle einnimmt. Die Methode erfüllt damit einen der Kernansprüche ihres Erfinders, Prof. Eric Mazur (Harvard): *good teaching is to help students learn.*

So attraktiv diese Lehrmethode nun zuerst erscheinen mag – sie steht und fällt mit der Qualität der gestellten Fragen; und noch mehr mit der Qualität der vorgegebenen Antwortoptionen. Wenn sofort ersichtlich ist, welche Antwort die richtige ist, so ist die Methode allenfalls unterhaltsam, jedoch nicht sonderlich lehrreich. Befindet sich aber unter den Antwortoptionen eine, die den „häufigsten Holzweg" abbildet, d. h. das häufigste und typischste anfängliche Missverständnis, das Studierende oft haben, so lässt sich eben dies gezielt angehen und ausräumen. Genau hier setzt das vorliegende Buch an. Es hat den Anspruch, für alle drei der o. g. Lernphasen (Selbststudium, e-Learning Feedback und Präsenz-Vertiefungseinheit) durchdachtes und aufbereitetes Material zu bieten.

Die Herausforderung ist nun, sich darauf einzulassen; und Gewohntes hinter sich zu lassen, von dem wir meinen zu wissen dass und wie es funktioniert. Wiederum ähnlich wie bei der Auseinandersetzung mit Quantenmechanik und statistischer Thermodynamik müssen wir uns auf Neues einlassen, das nicht so sehr an Bekanntes anknüpft und sich dazu nicht so gut analogisieren lässt; und das neue Methoden erfordert. Etwa statistische Erhebungen des Wissensstands vor- und nach einzelnen Themenblöcken in einer Lehrveranstaltung. Und generell einen Übergang von be-lehren zum beim-Lernen-unterstützen.

Es ist das Anliegen dieses Lehrbuchs, hier einen Schritt weiterzukommen. Es soll ein Begleitwerkzeug dazu sein, die Vorlesungszeit zum wertvollsten zu machen, was wir uns im akademischen Präsenzlehrbetrieb vorstellen können: lebhaftem Austausch. Damit lässt sich vor allem eines bewirken: *Physikalische Chemie kapieren.*

Literaturbasis

Sir Isaac Newton soll einst gesagt haben, er könne deshalb weit blicken, weil er auf den Schultern von Riesen stehe (Brief an Robert Hooke; Historical Society of Pennsylvania, 1676). Im selben Sinne sind Teile dieses Lehrbuchs von existierenden Büchern und Texten inspiriert. Besondere Inspiration gaben vor allem fünf Werke:

– Peter W. Atkins, Julio de Paula: *Physikalische Chemie*, 5. Auflage; Wiley-VCH, Weinheim, **2013**
– Wolfgang Schärtl: *Basic Physical Chemistry: A Complete Introduction on Bachelor of Science Level*, 1st ed.; bookboon learning, **2014**
– Wolfgang Schärtl: *Statistical Thermodynamics and Spectroscopy*, 1st ed.; bookboon learning, **2015**
– Gregor Diezemann: *Skript zur Vorlesung Physikalische Chemie 2*, Johannes Gutenberg-Universität Mainz, **2016**
– Diethelm Johannsmann: *Moleküle und Materialien im Thermodynamischen Gleichgewicht*, Technische Universität Clausthal, **2019**

Danksagung

Die Autoren danken Laura Werner, die im vorderen Teil des Buchs maßgeblich an der Erstellung der Multiple-Choice Fragen beteiligt war, sowie Marvin Manz, der bei der Zusammenstellung des Manuskripts wertvolle technische Hilfe leistete. Ebenso danken wir Tim Sauer, der die Ballonfigur eines sp^3-Hybridorbitals auf dem Cover schuf.

https://doi.org/10.1515/9783110737578-203

Inhaltsverzeichnis

Vorwort —— V

Danksagung —— IX

Lehreinheiten —— XV

1   **Mathematische Grundlagen —— 1**
1.1   Komplexe Zahlen —— 1
1.1.1   Definition und Eigenschaften komplexer Zahlen —— 2
1.1.2   Periodisch veränderliche Größen als komplexe Funktionen der Zeit —— 7
1.1.3   Anwendungen komplexer e-Funktionen: Wechselstromkreis und Viskoelastizität —— 9
1.2   Gruppentheorie —— 13
1.2.1   Matrizendarstellung von Symmetrieoperationen: Beispiel Wassermolekül —— 14
1.2.2   Charaktertafel und irreduzible Darstellungen —— 18
1.2.3   Bestimmung der Symmetrie von Molekülschwingungen —— 19

2   **Historische Atommodelle —— 25**
2.1   Erste Modelle der Zusammensetzung der materiellen Welt: von Demokrit zur Alchemie —— 25
2.2   Die frühe Chemie: Boyle, Böttger, Lavoisier und Dalton —— 26
2.3   Klassische Modelle von Atomen: Thomson, Rutherford und Bohr —— 29
2.4   Das Versagen der klassischen Physik und des Bohr-Modells —— 42

3   **Grundlagen der Quantenmechanik —— 49**
3.1   Welle–Teilchen Dualismus —— 49
3.1.1   Licht: Welle oder Teilchen? —— 49
3.1.2   Elektronen: Welle oder Teilchen? —— 56
3.1.3   Materiewellen —— 60
3.2   Die Schrödinger-Gleichung —— 73
3.2.1   Eine Wellengleichung für Quantenobjekte —— 73
3.2.2   Teilchen im Kasten —— 82
3.3   Quantenmechanik molekularer Freiheitsgrade —— 97
3.3.1   Molekulare Rotation —— 97
3.3.2   Molekulare Schwingung —— 107

4 Struktur von Atomen und Molekülen —— 119

4.1 Quantenmechanik der elektronischen Zustände von Atomen —— 119

4.1.1 Das Wasserstoffatom: Ein-Elektronensystem —— 119

4.1.2 Mehrelektronensysteme —— 129

4.2 Quantenmechanik der elektronischen Zustände von Molekülen —— 144

4.2.1 Das einzige „exakt" lösbare Problem: H_2^+ —— 144

4.2.2 Das H_2-Molekül —— 154

4.2.3 Die LCAO-Methode für mehratomige Moleküle —— 157

4.3 Grenzorbitalkonzept der elektronischen Zustände von Molekülen —— 164

4.3.1 Sigma-Bindungen —— 164

4.3.2 Pi-Bindungen —— 170

4.3.3 Mehrelektronensysteme und Grenzorbitale —— 171

5 Spektroskopie —— 189

5.1 Grundlagen der Spektroskopie —— 189

5.1.1 Grundprinzip spektroskopischer Methoden —— 189

5.1.2 Wichtige Regeln zu spektroskopisch anregbaren molekularen Übergängen —— 193

5.1.3 Linienbreiten —— 205

5.2 Spektroskopie und Quantenmechanik —— 211

5.2.1 Lösung der zeitabhängigen Schrödinger-Gleichung für den ungestörten Fall —— 211

5.2.2 Störungstheorie, Spektroskopie und Fermis Goldene Regel —— 215

5.3 IR-Spektroskopie: Rotations–Schwingungs Spektren —— 225

5.3.1 Auswahlregeln für Rotationsübergänge und Schwingungsübergänge —— 225

5.3.2 Rotationsspektren von Molekülen —— 226

5.3.3 Schwingungs-Spektren —— 238

5.3.4 Hochaufgelöste Rotations–Schwingungs Spektren —— 250

5.4 Raman-Streuung —— 256

5.4.1 Raman-Spektroskopie: Theoretische Grundlagen —— 256

5.4.2 Rotations-Raman Spektroskopie —— 262

5.4.3 Raman-Spektroskopie: Messtechnik —— 264

5.4.4 Vergleich zwischen Raman- und IR-Spektroskopie —— 267

5.5 UV/Vis-Absorptionsspektroskopie —— 273

5.5.1 Experimentelle Grundlagen —— 273

5.5.2 UV/Vis-Spektren von Atomen —— 274

5.5.3 UV/Vis-Spektren von Molekülen —— 281

5.5.4 Anwendungen der UV/Vis-Spektroskopie —— 292

5.6 Gruppentheorie und optische Spektroskopie —— 299

5.6.1 Gruppentheorie und Schwingungsspektroskopie —— 299

5.6.2 Gruppentheorie und UV/Vis-Absorption von Molekülen —— 309

5.7   Fluoreszenzspektroskopie —— **317**
5.7.1   Grundlagen der Fluoreszenzspektroskopie —— **317**
5.7.2   Zeitaufgelöste Fluoreszenzspektroskopie —— **321**
5.7.3   Fluoreszenz-Resonanz Energie Transfer (FRET) —— **323**
5.7.4   Fluorescence Recovery after Photobleaching (FRAP) —— **326**
5.7.5   Fluoreszenz-Korrelationsspektroskopie (FCS) —— **331**
5.8   NMR-Spektroskopie —— **338**
5.8.1   Physikalische Grundlagen der NMR-Spektroskopie —— **338**
5.8.2   Grundlagen des Impulsverfahrens —— **342**
5.8.3   Anwendung der NMR-Spektroskopie in der chemischen Analytik —— **346**

6   Statistische Thermodynamik —— 357
6.1   Mikro- und Makrozustand —— **358**
6.2   Verteilung und Gewicht —— **362**
6.3   Die wahrscheinlichste Verteilung: Boltzmann-Statistik —— **367**
6.3.1   Ableitung der Boltzmann-Verteilung —— **367**
6.4   Entartung —— **375**
6.5   Molekulare Zustandssumme q und Systemzustandssumme Q —— **380**
6.5.1   Konzept der Gesamtheiten —— **380**
6.5.2   Kanonische Zustandssumme —— **382**
6.5.3   Systeme unabhängiger Teilchen —— **383**
6.6   Zustandssumme und thermodynamische Funktionen —— **385**
6.6.1   Statistische Definition der Entropie —— **385**
6.6.2   Innere Energie und Zustandssumme —— **391**
6.6.3   Entropie und Zustandssumme —— **392**
6.6.4   Weitere thermodynamische Funktionen aus der Zustandssumme —— **394**
6.7   Anwendung der Statistischen Thermodynamik —— **401**
6.7.1   Beiträge zur Zustandssumme —— **401**
6.7.2   Ideale Gase —— **415**
6.7.3   Ideale Kristalle —— **417**
6.7.4   Chemische Reaktionen: Aktivierter Komplex —— **420**

7   Schlussbemerkung —— 427

Stichwortverzeichnis —— 429

Lehreinheiten

EINHEIT 1 MATHEMATISCHE GRUNDLAGEN —— **1**

EINHEIT 2 HISTORISCHE ATOMMODELLE —— **25**

EINHEIT 3 WELLE–TEILCHEN DUALISMUS —— **49**

EINHEIT 4 DIE SCHRÖDINGER-GLEICHUNG —— **73**

EINHEIT 5 QUANTENMECHANIK MOLEKULARER FREIHEITSGRADE —— **97**

EINHEIT 6 QUANTENMECHANIK DER ELEKTRONISCHEN ZUSTÄNDE VON ATOMEN —— **119**

EINHEIT 7 QUANTENMECHANIK DER ELEKTRONISCHEN ZUSTÄNDE VON MOLEKÜLEN —— **144**

EINHEIT 8 GRENZORBITALKONZEPT DER ELEKTRONISCHEN ZUSTÄNDE VON MOLEKÜLEN —— **164**

EINHEIT 9 GRUNDLAGEN DER SPEKTROSKOPIE —— **189**

EINHEIT 10 SPEKTROSKOPIE UND QUANTENMECHANIK —— **211**

EINHEIT 11 IR-SPEKTROSKOPIE: ROTATIONS–SCHWINGUNGS SPEKTREN —— **225**

EINHEIT 12 RAMAN-STREUUNG —— **256**

EINHEIT 13 UV/VIS-ABSORPTIONSSPEKTROSKOPIE —— **273**

EINHEIT 14 GRUPPENTHEORIE UND OPTISCHE SPEKTROSKOPIE —— **299**

EINHEIT 15 FLUORESZENZSPEKTROSKOPIE —— **317**

EINHEIT 16 NMR-SPEKTROSKOPIE —— **338**

EINHEIT 17 ANSATZ DER STATISTISCHEN THERMODYNAMIK —— **357**

EINHEIT 18 BOLTZMANN-VERTEILUNG —— **367**

EINHEIT 19 ZUSTANDSSUMME —— **380**

EINHEIT 20 ZUSTANDSSUMME UND ZUSTANDSFUNKTIONEN —— **391**

EINHEIT 21 ZUSTANDSSUMME UND QUANTENMECHANIK —— **401**

EINHEIT 22 ANWENDUNG DER STATISTISCHEN THERMODYNAMIK —— **415**

https://doi.org/10.1515/9783110737578-205

1 Mathematische Grundlagen

EINHEIT 1: MATHEMATISCHE GRUNDLAGEN

Mathematik liefert uns eine exakte Sprache, um in der Physikalischen Chemie Zusammenhänge quantitativ ausdrücken und bearbeiten zu können. Für die Gebiete Thermodynamik, Kinetik und Elektrochemie sind hierbei vor allem die Bereiche Differenzial- und Integralrechnung wichtig, also die Analyse von Funktionen. Für das Gebiet der Quantenmechanik brauchen wir überdies noch komplexe Zahlen und Funktionen sowie etwas Vektor- und Matrizenalgebra. Letztere können wir allerdings im Rahmen der sogenannten Gruppentheorie auf einfache Grundrechenarten reduzieren. Damit wird uns ein quantitatives Verständnis der Bindungsverhältnisse in chemischen Verbindungen sowie der optischen Spektroskopie davon zugänglich.

1.1 Komplexe Zahlen

Ein grundlegender Ursprung der Mathematik ist das Zählen. Schon die frühesten Menschen erkannten den Vorteil (und die Notwendigkeit) davon, die Anzahl von Dingen konkret benennen zu können, und so reicht das dafür dienliche Konzept der natürlichen Zahlen bis in die Urgeschichte zurück. Ab etwa 2000 v. Chr. rechneten Ägypter und Babylonier mit rationalen Zahlen, d. h. ließen auch gebrochene Zahlen zu, die sich eben ergeben, wenn ganze Dinge halbiert oder sonstwie zerteilt werden. In Indien entwickelte sich im 7. Jahrhundert n. Chr. ein Verständnis der Null und der negativen Zahlen. Irrationale Zahlen wie die Wurzel aus 2, deren Notwendigkeit sich im antiken Griechenland ergab (spätestens ab dem 4. Jh. v. Chr.), wurden in der Blütezeit des Islam eingeführt. Die rationalen und die irrationalen Zahlen lassen sich in der Menge der reellen Zahlen zusammenfassen; dieser Begriff konnte erst im 19. Jahrhundert hinreichend geklärt werden.

Bis hierhin sind uns alle diese Zahlenkonzepte bekannt, und wir haben sie in unserem bisherigen Streifzug durch die Physikalische Chemie mit ihren Teilgebieten Thermodynamik, Kinetik und Elektrochemie allesamt schon oft benutzt. Wir kennen auch eine Darstellungsform solcher Zahlen: den Zahlenstrahl (wenn wir nur positive Zahlen betrachten) bzw. die Zahlengerade (wenn wir auch negative Zahlen betrachten). Jetzt erweitern wir dieses Bild in eine weitere Dimension: wir betrachten fortan **komplexe Zahlen**, die aus zwei Bestandteilen bestehen: einem realen und einem imaginären. Die Idee hiervon reicht in die europäische Renaissance zurück. Zunächst definieren wir dazu ein neues mathematisches Element: die **imaginäre Einheit** i. Diese ist so grundlegend wie andere Elemente der Mathematik, beispielsweise wie die Kreiszahl π oder die Eulersche Zahl e.[1]

---

1 All diese Elemente sind in der Gleichung $0 = e^{i \cdot \pi} + 1$ vereint, der sogenannten Eulerschen Identität. Sie gilt als schönste Gleichung der Mathematik, weil sie sieben ganz elementare Konzepte zusam-

https://doi.org/10.1515/9783110737578-001

Mit Hilfe der Einheit i lässt sich unser mathematischer Horizont vom Zahlenstrahl (bzw. der Zahlengerade) der reellen Zahlen zur **Zahlenebene** der komplexen Zahlen erweitern. Dies wollen wir nun kennenlernen. Anschließend lernen wir überdies die Eulerschen Gleichungen kennen, die eine Brücke zwischen den komplexen Zahlen und periodischen Funktionen (d. h. Funktionen wie Sinus und Cosinus) bilden. Wir werden sehen, dass es mit diesem Werkzeug sehr praktisch ist eine periodische Funktion als komplexe Exponentialfunktion darzustellen, einfach weil wir mit einer solchen dann viel leichter weiterrechnen können als mit der konventionellen Beschreibung mittels trigonometrischer Funktionen. Dies gilt speziell wenn es, wie beispielsweise beim Wechselstromkreis, um Zusammenhänge zwischen Größen gleicher Frequenz geht, welche aber nicht in Phase sind.

1.1.1 Definition und Eigenschaften komplexer Zahlen

Wir legen los mit dem oben genannten Element i. Diese sogenannte **imaginäre Einheit** ist definiert als:

$$i^2 = -1 \tag{1}$$

Alternativ wäre auch die Gleichung $i = \sqrt{-1}$ denkbar, welche aber eigentlich mathematisch unzulässig ist, da das Wurzelziehen aus negativen Zahlen an sich nicht definiert ist.

Diese imaginäre Einheit erscheint uns zunächst sehr abstrakt. Sie ist keine Zahl wie wir sie kennen, d. h. sie ist nicht reell, sondern entspringt zunächst einmal einfach unserer Vorstellung – deswegen der Name imaginäre Einheit. Nichtsdestotrotz können wir damit rechnen. Wir können etwa durch Anwendung von Gl. 1 folgendes herleiten:

$$i^3 = i^2 \cdot i = -1 \cdot i = -i$$

$$i^4 = i^2 \cdot i^2 = (-1) \cdot (-1) = 1$$

$$i^5 = i^3 \cdot i^2 = (-i) \cdot (-1) = i$$

$$\frac{1}{i} = \frac{i^4}{i} = i^3 = -i$$

Außerdem sind uns damit generell Wurzeln aus negativen Zahlen zugänglich. Es gilt hierfür schlichtweg

---

menbringt: Addition und Multiplikation (stellvertretend für das Gebiet der Algebra), Null (das neutrale Element der Addition), Eins (das neutrale Element der Multiplikation), e (stellvertretend für das Gebiet der Infinitesimalrechnung), i (stellvertretend für das Gebiet der komplexen Zahlen) und π (stellvertretend für das Gebiet der Geometrie).

$$\sqrt{(-x)} = \sqrt{(-1 \cdot x)} = \sqrt{(-1)} \cdot \sqrt{(x)} = i \cdot \sqrt{(x)}$$

Die Wurzel aus einer negativen reellen Zahl ist also gleich der Wurzel aus dem positiven Gegenstück dieser Zahl mal der Imaginäreinheit i. Wir nennen dieses Konstrukt imaginäre Zahl. Hiermit können wir nun weiterhin eine neue Art von Zahlen einführen: die **komplexen Zahlen,** die sich aus einem sogenannten **Realteil** (das ist eine reelle Zahl so wie wir sie bisher kennen) und einem **Imaginärteil** (das ist eine Imaginärzahl, d. h. eine reelle Zahl multipliziert mit der imaginären Einheit) zusammensetzen.

$$Z = A + i \cdot B \tag{2}$$

Während die reellen Zahlen, die wir bisher immer betrachtet haben, quasi in einem eindimensionalen Koordinatensystem (nämlich dem Zahlenstrahl bzw. der Zahlengerade) dargestellt werden, benötigen wir für die anschauliche Darstellung der komplexen Zahlen eine zweidimensionale Zahlenebene; wir nennen dies die **komplexe Zahlenebene** oder auch **Gaußsche Zahlenebene**. Hierin stellt eine Achse den Realteil dar und eine zweite Achse den Imaginärteil. Abbildung 1.1 zeigt uns diese Darstellung.

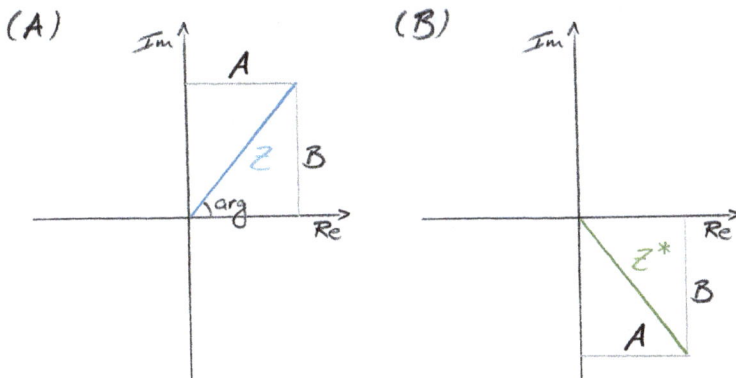

Abb. 1.1: (A) Darstellung der komplexen Zahl Z als Vektor in der Gaußschen Zahlenebene. Hierbei entspricht der Realteil A der x-Koordinate und der Imaginärteil B der y-Koordinate, während das Argument arg(Z) für den Winkel steht, den der komplexe Zahlenvektor Z mit der Realteil-Achse einschließt. (B) Konjugiert-komplexe Zahl Z^* als Gegenstück zu Z; hier wird der Imaginärteil vom Realteil abgezogen statt addiert. Formal erhalten wir dieses Gegenstück auch, indem wir den Vektor für Z an der x-Achse spiegeln. Z und Z^* haben also die gleiche Länge, zeigen aber in unterschiedliche Richtungen.

Das bedeutet, dass wir eine komplexe Zahl Z als eine Art Vektor in dieser Ebene verstehen können, wobei der Realteil $A = \mathrm{Re}$ der x-Koordinate und der Imaginärteil $B = \mathrm{Im}$ der y-Koordinate entspricht, wie es in Abb. 1.1(A) gezeigt ist. Diese Art der Darstellung einer komplexen Zahl, bei der uns die kartesischen Koordinaten des Vektors gemäß Gl. 2 gegeben sind, nennen wir **kartesische Form** der komplexen Zahl. Die Länge des Vektors wäre dabei dann der Betrag der komplexen Zahl, gegeben als:

$$|A + i \cdot B| = \sqrt{(A + i \cdot B) \cdot (A - i \cdot B)} = \sqrt{A^2 + B^2} \tag{3}$$

Nun führen wir als Gegenstück die sogenannte **konjugiert-komplexe Zahl** Z^* ein:

$$Z^* = A - i \cdot B \tag{4}$$

Sie ist recht ähnlich definiert wie Z, nur dass hier eben der Imaginärteil vom Realteil abgezogen statt addiert wird. Auch dies erscheint erstmal recht abstrakt – wir können damit aber beim Rechnen mit komplexen Zahlen vieles sehr elegant vereinfachen, wie sich später zeigen wird, wenn wir eben dies tun. Formal erhalten wir dieses Gegenstück auch, indem wir den Vektor für Z an der x-Achse des Realteils spiegeln, so wie es in Abb. 1.1(B) gezeigt ist. Z und Z^* haben also die gleiche Länge, oder besser gesagt den gleichen Betrag, zeigen aber in unterschiedliche Richtungen. Verwenden wir nun die dritte binomische Formel, so erhalten wir das Betragsquadrat der komplexen Zahl direkt aus dem Produkt von Z und Z^*:

$$Z \cdot Z^* = (A + i \cdot B) \cdot (A - i \cdot B) = A^2 + B^2 = |Z|^2 \tag{5}$$

Alternativ können wir auch den Winkel, den unser Vektor für die komplexe Zahl mit der x-Achse einschließt, das sogenannte **Argument arg(Z)**, verwenden, um die komplexe Zahl darzustellen: der komplexe Zahlenvektor bildet in der Zahlenebene ein rechtwinkliges Dreieck, mit Real- und Imaginärteil als Katheten und Z als Hypotenuse. Entsprechend gilt:

$$\sin(\arg(Z)) = \frac{B}{|Z|} \tag{6a}$$

$$\cos(\arg(Z)) = \frac{A}{|Z|} \tag{6b}$$

Damit erhalten wir direkt:

$$Z = |Z| \cdot \cos(\arg(Z)) + |Z| \cdot \sin(\arg(Z)) \cdot i \tag{7}$$

Diese Form der Darstellung der komplexen Zahl Z ist von der Grundform her ähnlich der in Gl. 2. Der Term $|Z| \cdot \cos(\arg(Z))$ in Gl. 7 entspricht dem A aus Gl. 2, und der Term $|Z| \cdot \sin(\arg(Z))$ in Gl. 7 entspricht dem B aus Gl. 2. Wir nennen die Darstellungsform gemäß Gl. 7 die **trigonometrische Form** der komplexen Zahl.

Noch eine andere Art, um unseren Ausdruck für Z in Gl. 7 zu formulieren, ermöglichen die sogenannten Eulerschen Gleichungen:

$$e^{i \cdot x} = \cos(x) + i \cdot \sin(x) \tag{8a}$$

$$e^{-i \cdot x} = \cos(x) - i \cdot \sin(x) \tag{8b}$$

Begründung der Eulerschen Formel

Die *Eulersche Formel* erhalten wir am bequemsten aus der *Mac Laurinschen Reihe* von e^x, wobei wir x durch $i \cdot \varphi$ ersetzen und die Beziehung $i^2 = -1$ beachten:

$$e^{i \cdot \varphi} = 1 + \frac{(i \cdot \varphi)^1}{1!} + \frac{(i \cdot \varphi)^2}{2!} + \frac{(i \cdot \varphi)^3}{3!} + \frac{(i \cdot \varphi)^4}{4!} + \frac{(i \cdot \varphi)^5}{5!} + \dots$$

$$= 1 + i \cdot \varphi - \frac{\varphi^2}{2!} - i \cdot \frac{\varphi^3}{3!} + \frac{\varphi^4}{4!} + i \cdot \frac{\varphi^5}{5!} - \dots$$

$$= \left(1 - \frac{\varphi^2}{2!} + \frac{\varphi^4}{4!} \mp \dots \right) + i \cdot \left(\varphi - \frac{\varphi^3}{3!} + \frac{\varphi^5}{5!} \mp \dots \right)$$

$$= \cos(\varphi) + i \cdot \sin(\varphi)$$

Die in Klammern stehenden Potenzreihen sind die *Mac Laurinschen Reihen* von $\cos(\varphi)$ und $\sin(\varphi)$. Dies funktioniert analog für Gl. 8b:

$$e^{-i \cdot \varphi} = 1 + \frac{(-i \cdot \varphi)^1}{1!} + \frac{(-i \cdot \varphi)^2}{2!} + \frac{(-i \cdot \varphi)^3}{3!} + \frac{(-i \cdot \varphi)^4}{4!} + \frac{(-i \cdot \varphi)^5}{5!} + \dots$$

$$= 1 - i \cdot \varphi - \frac{\varphi^2}{2!} + i \cdot \frac{\varphi^3}{3!} + \frac{\varphi^4}{4!} - i \cdot \frac{\varphi^5}{5!} - \dots$$

$$= \left(1 - \frac{\varphi^2}{2!} + \frac{\varphi^4}{4!} \mp \dots \right) - i \cdot \left(\varphi - \frac{\varphi^3}{3!} + \frac{\varphi^5}{5!} \mp \dots \right)$$

$$= \cos(\varphi) - i \cdot \sin(\varphi)$$

Somit erhalten wir schließlich durch Vergleichen von Gl. 8a mit Gl. 7:

$$Z = |Z| \cdot e^{i \cdot \arg(Z)} \tag{9}$$

Auch dies können wir uns in der Gaußschen Zahlenebene vorstellen; hier gibt uns Gl. 9 an, dass wir den Vektor Z darstellen können, wenn wir dessen Länge $|Z|$ und den Winkel, den er mit der x-Achse einschließt, kennen. Wir nennen diese Art der Darstellung die **Polarform** der komplexen Zahl. Wir können diese Form und die eingangs eingeführte kartesische Form gemäß folgenden Zusammenhängen ineinander überführen:

Kartesische in die Polarform

$$|Z| = \sqrt{\mathrm{Re}\{Z\}^2 + \mathrm{Im}\{Z\}^2}$$

$$\arg(Z) = \begin{cases} \arccos\left(\frac{\mathrm{Re}(Z)}{|Z|} \right) & \text{für } \mathrm{Im}(Z) \geq 0 \\[2mm] 2 \cdot \pi - \arccos\left(\frac{\mathrm{Re}(Z)}{|Z|} \right) & \text{für } \mathrm{Im}(Z) < 0 \end{cases}$$

> **i** **Nützlich zu wissen**
> $\arg(Z)$ kann auch durch $\arcsin(...)$ oder $\arctan(...)$ berechnet werden, aber mit $\arccos(...)$ müssen wir erstens nicht großartig auf den Quadranten schauen, in dem die Zahl in der komplexen Zahlenebene liegt, und zweitens sind so normalerweise auch die Polarkoordinaten im $\mathbb{R}^2$ definiert.

Polarform in die Kartesische

$$\mathrm{Re}\{Z\} = |Z| \cdot \cos(\arg(Z))$$

$$\mathrm{Im}\{Z\} = |Z| \cdot \sin(\arg(Z))$$

> **i** **Rechnen mit komplexen Zahlen**
> Um unser Verständnis der komplexen Zahlen noch etwas zu vertiefen, wollen wir einige beispielhafte Berechnungen durchführen. Betrachten Sie hierfür die beiden komplexen Zahlen:
>
> $$Z_1 = 2 + 2 \cdot i$$
>
> $$Z_2 = 2 - 2 \cdot i$$
>
> Wir wollen zunächst für jede dieser beiden Zahlen ihren Betrag sowie ihr Argument berechnen:
>
> $$|Z_1| = \sqrt{(2^2 + 2^2)} = \sqrt{8}, \quad \arg(Z_1) = \arccos\left(\frac{2}{\sqrt{8}}\right) = 45° = \frac{\pi}{4}$$
>
> $$|Z_2| = \sqrt{\left(2^2 + (-2)^2\right)} = \sqrt{8}, \quad \arg(Z_2) = 2 \cdot \pi - \arccos\left(\frac{-2}{\sqrt{8}}\right) = \frac{7 \cdot \pi}{4}$$
>
> Als nächstes wollen wir die beiden Zahlen miteinander verrechnen:
>
> (i)   Addition: $Z_1 + Z_2 = 2 + 2 \cdot i + 2 - 2 \cdot i = 4$
> (ii) Subtraktion: $Z_1 - Z_2 = 2 + 2 \cdot i - (2 - 2 \cdot i) = 4 \cdot i$
>
> Diese Ergebnisse erhalten wir auch direkt, wenn wir die jeweiligen Zahlenvektoren addieren, im Fall der Subtraktion eben den der Zahl $-Z_2 = -2 + 2 \cdot i$ entsprechenden Vektor.
>
> (iii) Multiplikation: $Z_1 \cdot Z_2 = (2 + 2 \cdot i) \cdot (2 - 2 \cdot i)$
> $\qquad\qquad\qquad\quad = 2 \cdot 2 - 2 \cdot 2 \cdot i + 2 \cdot i \cdot 2 - 2 \cdot i \cdot 2 \cdot i = 4 + 4 = 8$
>
> Dies entspricht aber gerade dem Betragsquadrat der beiden Zahlen, was ja auch einsichtig ist, wenn wir bedenken, dass Z_2 die konjugiert komplexe Zahl von Z_1 ist: $Z_2 = Z_1^*$.
>
> (iv) Division: $\frac{Z_1}{Z_2} = \frac{(2+2 \cdot i)}{(2-2 \cdot i)} = \frac{[(2+2 \cdot i) \cdot (2+2 \cdot i)]}{[(2-2 \cdot i) \cdot (2+2 \cdot i)]} = \frac{[(2+2 \cdot i) \cdot (2+2 \cdot i)]}{8} = \frac{(2 \cdot 2 + 2 \cdot 2 \cdot i + 2 \cdot i \cdot 2 + 2 \cdot i \cdot 2 \cdot i)}{8} = i$
>
> Hier haben wir den Bruch mit der konjugiert komplexen Zahl des Nenners, in diesem Fall also $Z_2^* = 2 + 2 \cdot i = Z_1$, erweitert, um so die Division durch einen reellen Wert durchführen zu können, während die Multiplikation im Zähler des erweiterten Bruches einfach dem unter (iii) gezeigten Schema folgt. Unser Ergebnis i ist hierbei insofern ein Spezialfall, als dass wir für Z_1 und Z_2 zueinander konjugiert komplexe Zahlen verwendet haben, bei denen zudem jeweils die Beträge von Real- und Imaginärteil identisch sind.

Hier sei noch erwähnt, dass die Verrechnung komplexer *e*-Funktionen oft recht trivial ist, weil dazu bloß die komplexen Hochzahlen addiert werden müssen.

1.1.2 Periodisch veränderliche Größen als komplexe Funktionen der Zeit

Das Konzept einer komplexen Zahl erscheint auf den ersten Blick etwas befremdlich. Es erleichtert jedoch enorm die quantitative Beschreibung speziell zeitlich periodischer Phänomene. Wir schauen uns dazu zwei Beispiele an: die Beziehung zwischen Wechselstromspannung und der zugehörigen Stromstärke und die Beziehung zwischen einer zeitlich periodischen Kraft und der aus dieser resultierenden Deformation eines sogenannten viskoelastischen Körpers.[2]

Eine komplexe Größe, welche sich zeitlich periodisch ändert, wird mathematisch entsprechend Gl. 10 wie folgt beschrieben:

$$Z(t) = |Z| \cdot e^{i \cdot \omega \cdot t} \tag{10}$$

Hierbei ist ω die sogenannte **Winkelgeschwindigkeit**, die direkt mit der Frequenz ν über $\omega = 2 \cdot \pi \cdot \nu$ zusammenhängt. Um eine anschauliche Bedeutung von Gl. 10 zu bekommen, betrachten wir analog zu Gl. 7 die Formulierung der komplexen Zahl in der Form:

$$Z = |Z| \cdot (\cos(\omega \cdot t) + i \cdot \sin(\omega \cdot t)) \tag{11}$$

Gemäß dieser Gleichung liegt für $t = 0$ unser Vektor der komplexen Zahl Z auf der Realteil-Achse, $\arg(Z) = 0$. Für $t = \frac{\frac{\pi}{2}}{\omega}$ ergibt sich hingegen ein Argument von $\omega \cdot t = \frac{\pi}{2}$, was einem Winkel von 90° entspricht, d. h. der Vektor Z liegt dann auf der Imaginärteil-Achse. Schreiten wir weiter in der Zeit voran, so wandert unser komplexer Zahlenvektor weiter gegen den Urzeigersinn um den Ursprung der komplexen Zahlenebene, bis er für $t = \frac{2 \cdot \pi}{\omega}$ schließlich einen kompletten Umlauf vollzogen hat und wieder auf der Realteil-Achse liegt. Wir sehen also, dass eine zeitlich periodische komplexe Größe als Drehung (oder fachlich korrekt ausgedrückt: *Präzession*) eines Zahlenvektors um den Ursprung gegen den Uhrzeigersinn mit der Frequenz ν verstanden werden kann, wobei sich der Betrag der komplexen Zahl nicht ändert, sondern lediglich die Anteile des Realteils und Imaginärteils. Dies ist in Abb. 1.2 skizziert.

---

2 Das ist ein Körper, der sich weder rein wie ein Festkörper noch rein wie eine Flüssigkeit verhält, sondern hingegen Charakteristik von beidem hat. Wir finden dies bei vielen Polymermaterialien. Diese bestehen aus sehr großen (kettenförmigen) Molekülen, die viel Zeit brauchen um sich zu bewegen. Üben wir auf ein solches Material eine Kraft aus, so haben die Polymermoleküle darin zuerst nicht genug Zeit dieser Belastung auszuweichen, und wir spüren eine elastische Antwort wie bei einem Festkörper. Geben wir dem Material jedoch länger Zeit, so werden sich die Polymermoleküle bewegen und umorientieren, und die Antwort nimmt mehr den Charakter einer fließenden Flüssigkeit an.

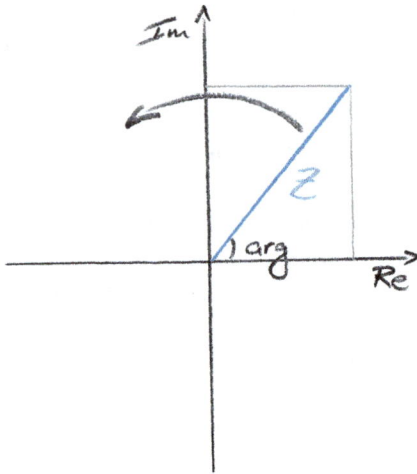

Abb. 1.2: Darstellung einer zeitlich periodischen komplexen Zahl. Da sich das Argument in diesem Fall periodisch mit der Zeit ändert, präzediert der Zahlenvektor der komplexen Zahl gegen den Uhrzeigersinn um den Ursprung.

In diesem Kontext ist wichtig zu notieren, dass in der Physik zeitlich periodische Größen oftmals nicht als einfache Sinus- oder Cosinusfunktionen, sondern häufig als komplexe Exponentialfunktionen entsprechend Gl. 10 dargestellt werden. Verwenden wir das Konzept der konjugiert komplexen Zahl Z^* (s. Gl. 4), so ergibt sich jedoch der folgende recht einfache Zusammenhang zwischen den komplexen e-Funktionen und der reellen Cosinusfunktion:

$$
\begin{aligned}
Z + Z^* &= |Z| \cdot e^{i \cdot \omega \cdot t} + |Z| \cdot e^{-i \cdot \omega \cdot t} \\
&= |Z| \cdot (\cos(\omega \cdot t) + i \cdot \sin(\omega \cdot t)) + |Z| \cdot (\cos(\omega \cdot t) - i \cdot \sin(\omega \cdot t)) \qquad (12) \\
&= 2 \cdot |Z| \cdot \cos(\omega \cdot t)
\end{aligned}
$$

Gl. 12 lässt sich auch gut im Kontext von Abb. 1.2 interpretieren: Während die komplexe Zahl Z in Vektordarstellung gegen den Uhrzeigersinn mit der Winkelgeschwindigkeit ω um den Ursprung präzediert, würde deren konjugiert komplexe Zahl Z^* entsprechend mit der gleichen Winkelgeschwindigkeit im Uhrzeigersinn präzedieren. Für $t = 0$ liegen beide Vektoren auf der Realteil-Achse. Addieren wir nun diese zeitlich periodischen aber gegenläufigen Vektoren von Z und Z^*, so heben sich die jeweiligen Imaginärteile stets auf, und wir finden einen Realteil, der sich periodisch von A über 0 nach $-A$ und zurück verändert: dies entspricht aber gerade der reellen Cosinusfunktion.

1.1.3 Anwendungen komplexer *e*-Funktionen: Wechselstromkreis und Viskoelastizität

Wir wollen uns nun zur Illustration des bisher Geschilderten zunächst den Verhältnissen in **Wechselstromkreisen** zuwenden: hierzu setzen wir die Stromstärke als komplexe periodische Exponentialfunktion an:

$$I = I_0 \cdot e^{i \cdot \omega \cdot t} \tag{13}$$

I_0 ist hier die sogenannte Amplitude der Wechselstromstärke, diese entspricht der maximalen Stromstärke. Als nächstes formulieren wir das Ohmsche Gesetz ganz allgemein über komplexe Größen, d. h. eine zeitlich periodische komplexe Spannung U und Stromstärke I, und einen zeitlich konstanten komplexen Widerstand R:[3]

$$U = R \cdot I = |R| \cdot e^{i \cdot \arg(R)} \cdot I_0 \cdot e^{i \cdot \omega \cdot t} = |R| \cdot e^{i \cdot (\arg(R) + \omega \cdot t)} \cdot I_0 \tag{14}$$

Die beiden komplexen Zahlen R und I können dann, entsprechend den Rechenregeln für Potenzfunktionen, mathematisch sehr einfach multipliziert werden, indem wir lediglich die jeweiligen Hochzahlen oder Argumente addieren. Hieran erkennen wir den großen Vorteil der Darstellung periodischer Größen als komplexe Exponentialfunktion: es ist hiermit viel einfacher, mehrere solcher Funktionen miteinander zu verrechnen als es mit reellen Sinus- und Cosinustermen der Fall wäre.

Gemäß dem, was wir soeben über komplexe periodische Funktionen gelernt haben, entspricht die Wechselspannung einem mit derselben Winkelgeschwindigkeit ω wie die Stromstärke um den Ursprung gegen den Uhrzeigersinn präzedierenden Vektor. Allerdings eilt dieser Vektor dem der Stromstärke um den Winkel $\arg(R)$ voraus: es wird hier auch von der sogenannten **Phasenverschiebung** zwischen Stromstärke und Wechselspannung gesprochen. Handelt es sich nun bei dem Widerstand um einen reinen sogenannten Ohmschen Widerstand, so gilt $\arg(R) = 0$, und die Vektoren für Stromstärke und Wechselspannung liegen jederzeit perfekt übereinander: sie sind in Phase. Finden sich hingegen andere Bauteile wie Spulen oder Kondensatoren im Wechselstromkreis, was im Allgemeinen der Fall sein wird, so ist $\arg(R)$ verschieden von null, und Stromstärke und Wechselspannung sind außer Phase.

Als zweites Beispiel wollen wir hier noch das Verhalten sogenannter **viskoelastischer Materialien** im Kontext komplexer Zahlen und komplexer periodischer Funktionen diskutieren. Derartige Materialien spielen in unserem Alltag eine prominente Rolle, etwa als Tapetenkleister, Zahnpasta, Ketchup oder Cremes. Die viskoelastischen Eigenschaften eines Materials lassen sich quantitativ mittels sogenannter mechanischer Spektroskopie untersuchen: hierbei wird eine Probe einer periodischen Defor-

---

3 Das Argument unseres komplexen Widerstandes hängt im konkreten Fall davon ab, aus welchen elektronischen Elementen dieser zusammengesetzt ist.

mation unterworfen und die hierfür benötigte Kraft wird gemessen. Handelt es sich bei der Probe um einen elastischen Festkörper, so sind die periodische Deformation und die periodische Kraft gemäß dem Hookeschen Gesetz, $F = k \cdot x$ (mit F der Kraft, x der resultierenden Auslenkung, und k der Federkonstante) stets in Phase. Wir können diese Gleichung auch auf die Querschnittsfläche des Materials sowie auf seine natürliche Länge ohne Deformation normieren und erhalten dann die Form $\frac{F}{A} = E \cdot \frac{x}{x_0}$; die Proportionalitätskonstante in dieser Form der Gleichung nennen wir **Elastizitätsmodul** – eine wichtige Materialkenngröße. Für eine fluide Probe hingegen gilt die Newtonsche Gleichung der Viskosität:

$$\frac{F}{A} = \eta \cdot \frac{dv_x}{dz} = \eta \cdot \frac{v_x}{d} = \frac{\eta}{d} \cdot \frac{dx}{dt} \tag{15}$$

Hierbei ist A die Fläche einer dünnen Schicht der flüssigen Probe (mit Schichtdicke d) zwischen zwei Platten, welche in x-Richtung durch Bewegung der oberen Platte geschert wird. Abbildung 1.3 zeigt dies. Da der Flüssigkeitsfilm oben und unten an den Platten durch Adhäsionskräfte anhaftet, ist der obere Teil des Films in Bewegung, denn er wird von der Bewegung der oberen Platte mitgerissen, der untere hingegen in Ruhe, denn er haftet an der ruhenden unteren Platte. Dadurch ergibt sich senkrecht zur Scher-Richtung quer durch den Flüssigkeitsfilm ein Geschwindigkeitsgefälle $\frac{dv_x}{dz}$, dessen Ausmaß proportional zur angreifenden Kraft in x-Richtung ist. Die Proportionalitätskonstante η nennen wir **Viskosität;** sie ist ein Maß für die Zähigkeit der Flüssigkeit; es wird in diesem Zusammenhang auch von „Innerer Reibung" gesprochen.

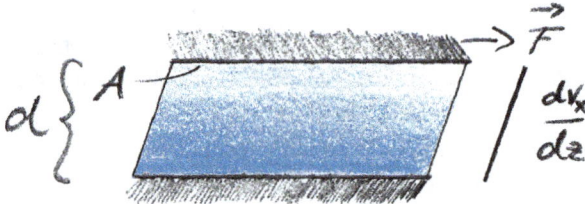

Abb. 1.3: Darstellung des Geschwindigkeitsgefälles in einer dünnen Flüssigkeitsschicht unter Scherung.

Jetzt stellen wir uns vor, die Scherung erfolge periodisch, immer nach links und rechts im Wechsel. Nehmen wir für diese Art der Deformation $x(t)$ eine Sinusfunktion an, $x(t) = x_0 \cdot \sin(\omega \cdot t)$, so ergibt sich entsprechend für die periodische Kraft nach Gl. 15 die Ableitung davon, also eine Cosinusfuktion, $F(t) = F_0 \cdot \cos(\omega \cdot t)$. Somit sind die periodische Auslenkung und die diese erzeugende periodische Kraft um einen Phasenwinkel von 90° gegeneinander verschoben.

Viskoelastische Materialien sind nun weder ideale Hookesche Festkörper noch ideale Newtonsche Flüssigkeiten und weisen daher zwischen der deformierenden Kraft und der aus dieser Kraft resultierenden Auslenkung Phasenverschiebungen zwischen diesen beiden Extremen, d. h. zwischen 0° und 90° auf, je nachdem ob sie sich mehr wie ein Festkörper oder mehr wie eine Flüssigkeit verhalten. Entsprechend ist es zweckmäßig, einen sogenannten **komplexen Elastizitätsmodul** E^* einzuführen, bei dem der Realteil dem elastischen und der Imaginärteil dem viskosen Anteil entspricht:

$$E^* = E' + i \cdot E'' \tag{16}$$

Dieser komplexe Elastitizätsmodul lässt sich wie jede komplexe Zahl auch über seinen Betrag und sein Argument formulieren:

$$E^* = |E| \cdot e^{i \cdot \arg(E^*)} \tag{17a}$$

$$\text{mit } |E| = \sqrt{E'^2 + E''^2} \tag{17b}$$

Das Argument von E^* wird auch als **Verlustwinkel** δ bezeichnet; es ist gegeben durch:

$$\tan(\delta) = \frac{E''}{E'} \tag{18}$$

Betrachten wir beispielsweise eine Probe mit gleichem viskosem und elastischem Anteil am mechanischen Verhalten, d. h. $E'' = E'$, so ergibt sich entsprechend Gl. 18 ein Verlustwinkel von 45°. Generell gilt, dass je größer E'' relativ zu E' ist, d. h. je größer der Verlustwinkel ist, desto mehr geht von der aufgewendeten Deformationsarbeit verloren: daher wird E'' auch als **Verlustmodul** und E' als **Speichermodul** bezeichnet. E'' gibt an wieviel Deformationsarbeit durch Fließen verloren geht, E' gibt an wieviel Deformationsarbeit im Material gespeichert wird und bei Rücknahme der von außen angreifenden Kraft zurückgewonnen werden kann (wie beim Zurückschnappen einer gespannten Feder beim Loslassen).

Allgemein können wir in Anlehnung an das Hookesche Gesetz für unser periodisches Deformationsexperiment nun schreiben:

$$F(t) = E^* \cdot x(t) \tag{19}$$

Setzen wir die periodische Deformation $x(t)$ wiederum als komplexe Exponentialfunktion an

$$x(t) = x_0 \cdot e^{i \cdot \omega \cdot t} \tag{20}$$

so erhalten wir entsprechend für die Kraft:

$$F(t) = E^* \cdot x(t) = |E| \cdot e^{i \cdot \delta} \cdot x_0 \cdot e^{i \cdot \omega \cdot t} = |E| \cdot x_0 \cdot e^{i \cdot (\omega \cdot t + \delta)} \tag{21}$$

Wir erkennen daran, analog zur mathematischen Behandlung des Wechselstromkreises, wie sich die Phasenverschiebung zwischen unseren beiden periodischen Funktionen $x(t)$ und $F(t)$ einfach aus dem Argument eines komplexen Elastizitätsmoduls E^*

(bzw. eines komplexen elektrischen Widerstands R für $I(t)$ und $U(t)$, s. Gl. 14) ergibt, und vor allem wie nur einfache Grundrechenarten, in diesem Fall das Addieren der Hochzahlen der jeweiligen Exponentialfunktionen, zum Ergebnis führen.

Stellen wir uns abschließend vor, wir würden unser Experiment zur mechanischen Spektroskopie ohne komplexe Zahlen mathematisch beschreiben wollen. In diesem Fall würden wir die Deformation durch eine Cosinusfunktion ansetzen, d. h.:

$$x(t) = x_0 \cdot \cos(\omega \cdot t) \tag{22}$$

E' liefert wiederum den Anteil der Kraft in Phase zur Deformation, d. h. es gilt:

$$F'(t) = E' \cdot x(t) = E' \cdot x_0 \cdot \cos(\omega \cdot t) \tag{23}$$

E'' hingegen liefert den Anteil, der um 90° phasenverschoben ist, d. h.:

$$F''(t) = \frac{E''}{\omega} \cdot \frac{dx(t)}{dt} = -E'' \cdot x_0 \cdot \sin(\omega \cdot t) \tag{24}$$

Somit ergibt sich für die gesamte Kraft $F(t)$:

$$F(t) = F'(t) + F''(t) = E' \cdot x_0 \cdot \cos(\omega \cdot t) - E'' \cdot x_0 \cdot \sin(\omega \cdot t) \tag{25}$$

Wenn wir hier jetzt weiterrechnen wollen, so müssen wir sogenannte Additionstheoreme verwenden, die für Summen und Differenzen von Sinus- und Cosinusfunktionen gelten. Hier wird es dann schnell unanschaulich und auch schwer nachvollziehbar, wie die Mathematik dahinter genau zustande kommt. Wir erkennen damit, wieviel einfacher unsere mathematische Behandlung der mechanischen Spektroskopie und vor allem die Interpretation des Ergebnisses für $F(t)$ entsprechend Gleichungen 19–21 ist. Hier mussten wir einfach nur Hochzahlen von e-Termen addieren, was einfach und gut mathematisch nachvollziehbar ist. Natürlich sind die Ergebnisse von Gl. 25 und Gl. 21 gleichwertig, d. h. wir erhalten aus Gl. 25 durch einige weitere (nicht ganz triviale) Umformungen letztlich den folgenden Ausdruck für die periodische Kraft:

$$F(t) = |E| \cdot x_0 \cdot \cos(\omega \cdot t + \delta) \tag{26}$$

Lassen wir uns aber erstmal auf das Gebiet der komplexen Zahlen ein, so ist, wie wir anhand der Beispiele sehen konnten, die mathematische Behandlung von periodischen Größen, welche gegeneinander phasenverschoben sind, viel eleganter und einfacher als unter Verwendung der trigonometrischen Funktionen. Dies wird uns auch bei der mathematischen Behandlung der optischen Spektroskopie helfen, bei der es sich auch um Zusammenhänge zwischen zeitlich periodischen Größen handelt: dem elektrischen Feldvektor des Lichts und dem aus der Wechselwirkung des Lichts mit Materie resultierenden zeitlich oszillierenden Dipolmoment.

1.2 Gruppentheorie

Wir haben im ersten Teil dieser Buch-Reihe, im Themengebiet Thermodynamik, vor allem ein bestimmtes mathematisches Werkzeug verwendet: Funktionen. Durch eine Funktion wird im einfachsten Fall eine eindimensionale Eingangs-Zahl x auf eine eindimensionale Ergebnis-Zahl y abgebildet; wir sprechen daher bei Funktionen auch von Abbildungen. So etwas gibt es auch für mehrdimensionale Größen, d. h. für Vektoren. Verrechnen wir einen Vektor $\vec{x}$ mit einer Matrix A, so ergibt sich dadurch ein Ergebnisvektor $\vec{y} = A \cdot \vec{x}$. Auch hier wird also eine Eingangs-Größe auf eine Ergebnis-Größe abgebildet, d. h. auch hier liegt eine Abbildung vor. Die Matrix, die dies vornimmt, ist hier also ein Analogon zu einer Funktion. Im Gebiet der Quantenmechanik haben wir es ganz besonders mit eben solchen mehrdimensionalen Größen und Abbildungen zu tun. Und hier können wir einen besonderen Umstand ausnutzen: oftmals liegt bei den Problemen die wir behandeln, wie etwa den Atom- und Molekülorbitalen, ein hohes Maß an **Symmetrie** vor. Dadurch wird die Mathematik oft einfach, etwa dadurch, dass in Abbildungs-Matrizen viele Einträge null werden und dass dadurch beim Abbilden oft immer gleiche Grundmuster auftreten. Wir können uns damit das Rechnen leicht machen und die Matrizenrechnung abkürzen durch eine Handvoll praktischer Sätze von „Designregeln" beim Abbilden, die wir in einer sogenannten **Charaktertafel** festhalten; dies tun wir im Gebiet der Gruppentheorie.

In der Mathematik besteht eine sogenannte **Gruppe** aus Symmetrien eines Objekts zusammen mit Verknüpfungen, die durch das Hintereinanderausführen dieser Symmetrien gegeben sind. So bilden beispielsweise alle Arten von Drehung eines regelmäßigen n-Ecks in der Ebene, durch die es jeweils auf sich selbst abgebildet wird, eine Gruppe mit n Elementen. Um dieses Konzept ganz allgemein zu fassen, hat sich eine sehr grundlegende Definition herausgebildet. Diese basiert auf einer Reihe von Axiomen (Grundbedingungen) die erfüllt sein müssen damit wir bei einer Menge von Elementen von einer Gruppe im mathematischen Sinne sprechen können. Demnach ist eine Gruppe in der Mathematik gegeben durch eine *Menge von Elementen* zusammen mit einer *inneren Verknüpfung*, durch die jedem geordneten Paar von Elementen eindeutig ein weiteres Element dieser Menge als Resultat zugeordnet wird. Oder anders ausgedrückt: Eine Gruppe besteht aus einer Menge von abstrakten Dingen oder Symbolen (das können beispielsweise Zahlen sein, oder auch geometrische Figuren wie die oben genannten n-Ecke) und einer „Rechenvorschrift" (Verknüpfung), die angibt, wie mit diesen Dingen umzugehen ist (das kann beispielsweise eine Operation wie Addieren oder Multiplizieren sein, oder auch das oben angesprochene Drehen in der Ebene). Hierbei muss für diese Verknüpfungen das Assoziativgesetz gelten und es muss ein sogenanntes neutrales Element in der Menge geben, d. h. eines, bei dem jedes andere Element aus der Menge wieder sich selbst ergibt wenn es mit dem neutralen Element verknüpft wird.[4] Überdies muss es zu jedem Element ein inverses geben, d. h. eines, bei dem jedes Element aus der Menge das neutrale Element ergibt wenn es mit seinem inversen Element verknüpft wird.[5] So bildet zum Beispiel die Menge der ganzen Zahlen zusammen mit der Verknüpfungsart Addition sowie die Menge der rationalen Zahlen zusammen mit der Verknüpfungsart Multiplikation jeweils eine Gruppe: hier lassen sich immer zwei Elemente (d. h. zwei Zahlen) durch Addition bzw. durch Multiplikation verknüpfen, wobei stets wieder eine Zahl, d. h. wieder ein Element der Gruppe entsteht. Dabei gilt das Assoziativgesetz, und es gibt ein neutrales Element (die Zahl 0 für das Addieren und die Zahl 1 für das Multiplizieren) sowie ein inverses Element zu jedem Element (im Fall des Addierens ist dies das jeweilige negative Gegenstück jeder Zahl; im Fall des Multiplizierens ist dies der jeweilige Kehrwert jeder Zahl). Über ähnliche Sätze von Bedingungen werden in der Mathematik neben Gruppen auch andere Strukturen definiert, die sich beispielsweise Halbgruppe, Ring, Körper oder Raum nennen.

In diesem Kapitel wollen wir uns dieses Konzept für chemische Moleküle erarbeiten. Wir führen zunächst **Symmetrieoperationen** an einfachen Molekülen und deren Matrizen-Schreibweise ein, und wir bestimmen den Charakter der jeweiligen Operations-Matrix anhand vergleichsweise einfacher Überlegungen („Atome am Platz bzw. Platzwechsel von Atomen"). Dies führt uns direkt zur sogenannten reduziblen Darstellung von Symmetriegruppen, die wir an einem Beispiel, der sogenannten Gruppe C_{2v}, erörtern. Um nun das Konzept der Gruppentheorie auf optische Spektroskopie anwenden zu können, benötigen wir dann die gerade genannte Charaktertafel, welche die irreduziblen Darstellungen enthält. Während sich die **reduzible Darstellung** auf die Gesamtheit des Moleküls mit seinen $3 \cdot N$ Freiheitsgraden (N = Anzahl der Atome) bezieht, lässt sich den irreduziblen Darstellungen die Symmetrie einzelner Freiheitsgrade wie Translation oder Rotation zuordnen. Durch Bilanzierung mit der reduziblen Darstellung gelangen wir schließlich zur Symmetrie der Schwingungsfreiheitsgrade und können damit bestimmen, ob diese beispielsweise durch Absorption von infrarotem Licht angeregt werden können.

1.2.1 Matrizendarstellung von Symmetrieoperationen: Beispiel Wassermolekül

Betrachten wir beispielsweise das Wassermolekül (Abb. 1.4) als einfachsten Vertreter der sogenannten Symmetriegruppe (oder Punktgruppe) C_{2v}. Hierzu definieren wir uns zunächst die Orientierung eines isolierten H_2O-Moleküls im kartesischen Koordinatensystem entsprechend Abb. 1.4.

---

4 Anders gesagt: ein neutrales Element ist eines, das beim Verknüpfen mit anderen Elementen „nichts bewirkt".
5 Anders gesagt: ein inverses Element ist sozusagen ein „Spiegelbild" zu jedem Element.

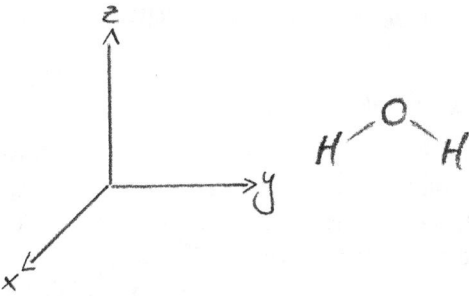

Abb. 1.4: Das H_2O-Molekül im kartesischen Koordinatensystem.

Unter einer **Symmetrieoperation** verstehen wir nun Vorgänge wie Drehungen oder Spiegelungen, welche das Molekül in seiner Gestalt und Position nicht verändern. Für unser H_2O-Molekül wäre dies beispielsweise eine Drehung um die z-Achse im Sauerstoffatom um einen Drehwinkel von 180°, wie in Abb. 1.5 gezeigt. Eine derartige Drehung wird in der Gruppentheorie auch als C_2-Symmetrie bezeichnet, wobei die 2 für den Bruchteil der kompletten Drehung steht, d. h. $\frac{360°}{2} = 180°$.

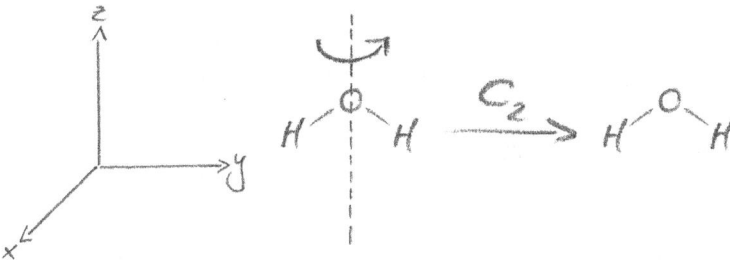

Abb. 1.5: Drehung des Wassermoleküls um seine Hauptsymmetrieachse um 180° (C_2).

Um eine Symmetrieoperation wie die gezeigte Drehung nun quantitativ als Matrix (d. h. in diesem Fall als quadratisches Feld mit $9 \cdot 9$ Einträgen) darstellen zu können,[6] führen wir für die Atomkoordinaten des Wassermoleküls die folgende Vektorschreibweise ein:

$$\left(H_{1,x}, H_{1,y}, H_{1,z}, O_x, O_y, O_z, H_{2,x}, H_{2,y}, H_{2,z}\right) = \left(q_1, q_2, q_3, q_4, q_5, q_6, q_7, q_8, q_9\right) \qquad (27)$$

D. h. q_8 entspricht beispielsweise dem y-Positionsvektor des rechten Wasserstoffatoms vor der Drehung. Als nächstes lässt sich durch Anschauung überlegen, wie sich die

---

6 ... aber keine Angst: wir werden hiervon später nur die Diagonale (9 Ziffern) oder präziser sogar nur die Summe der Diagonalelemente (= Charakter der Matrix) benötigen.

jeweiligen Positionsvektoren durch die Drehung verändern. Wir erhalten folgenden Zusammenhang:

$$(q_1, q_2, q_3, q_4, q_5, q_6, q_7, q_8, q_9) \rightarrow (-q_7, -q_8, q_9, -q_4, -q_5, q_6, -q_1, -q_2, q_3) \tag{28}$$

Betrachten Sie zur Erläuterung von Gl. 28 beispielsweise den y-Vektor des linken H-Atoms. Nach der 180° Drehung ist dieser zum rechten H-Atom gewandert und zeigt statt nach vorne nach hinten, d. h. mathematisch ausgedrückt: aus q_2 wird $-q_8$. Der einzige unveränderte Positionsvektor ist der z-Vektor des Sauerstoffatoms, q_6.

Um ganz grundsätzlich einen Vektor in einen anderen zu überführen, wird dieser in der Mathematik mit einer sogenannten **Transformationsmatrix** multipliziert:

$$\vec{q}' = \Gamma \cdot \vec{q} \tag{29}$$

Im Fall der C_2-Drehung unseres Wassermoleküls sieht diese Transformationsmatrix wie folgt aus:

$$\Gamma = \begin{bmatrix} 0 & 0 & 0 & 0 & 0 & 0 & -1 & 0 & 0 \\ 0 & 0 & 0 & 0 & 0 & 0 & 0 & -1 & 0 \\ 0 & 0 & 0 & 0 & 0 & 0 & 0 & 0 & 1 \\ 0 & 0 & 0 & -1 & 0 & 0 & 0 & 0 & 0 \\ 0 & 0 & 0 & 0 & -1 & 0 & 0 & 0 & 0 \\ 0 & 0 & 0 & 0 & 0 & 1 & 0 & 0 & 0 \\ -1 & 0 & 0 & 0 & 0 & 0 & 0 & 0 & 0 \\ 0 & -1 & 0 & 0 & 0 & 0 & 0 & 0 & 0 \\ 0 & 0 & 1 & 0 & 0 & 0 & 0 & 0 & 0 \end{bmatrix} \tag{30}$$

Über die Regeln der Matrizen-Rechnung lässt sich bestätigen, dass die in Gl. 30 gezeigte Transformationsmatrix die Abbildung aus Gl. 28 erfüllt. Dies wollen wir beispielhaft für den ersten Eintrag des transformierten Vektors, q_1', zeigen:

$$q_1' = \begin{pmatrix} 0 \\ 0 \\ 0 \\ 0 \\ 0 \\ 0 \\ -1 \\ 0 \\ 0 \end{pmatrix} \cdot \begin{pmatrix} q_1 \\ q_2 \\ q_3 \\ q_4 \\ q_5 \\ q_6 \\ q_7 \\ q_8 \\ q_9 \end{pmatrix} = -q_7 \tag{31}$$

Uns kommt es letztlich aber gar nicht auf die gesamte Matrix an, sondern lediglich auf deren **Spur** oder **Diagonalelemente**. Diese Spur ergibt sich aus sehr einfachen Überlegungen, da sie für diejenigen Positionsvektoren, welche nicht nur ihre Orientierung sondern auch ihre Lage im Raum verändern, als wichtige Merkregel eine 0 enthalten muss. So verändern die Wasserstoffatome und damit deren zugehörige Positionsvektoren nach der 180°-Drehung sämtlich ihre Lage im Raum, und wir erhalten für die ersten und die letzten drei Einträge der Spur, wie in Gl. 29 gezeigt, jeweils den Wert 0. Lediglich das Sauerstoffatom verbleibt am Platz, allerdings ändern dessen x- und y-Positionsvektoren ihre Orientierung jeweils von + nach −, während der z-Vektor unverändert bleibt: entsprechend erhalten wir in der Diagonale der Transformationsmatrix an den Positionen 4 bis 6 die Zahlen −1, −1 und 1. Letztlich benötigen wir nur den Charakter der Matrix, d. h. die Summe der Diagonalelemente; hierfür ergibt sich −1.

Um unsere Überlegungen zur Symmetrie des gesamten Moleküls zu komplettieren, müssen wir noch weitere Symmetrieoperationen hinzuziehen: Für die Vollständigkeit benötigen wir ein sogenanntes neutrales Element (analog zu den Grundrechenarten: 0 für Addition und Subtraktion bzw. 1 für Multiplikation und Division), im Fall der Symmetrieoperationen ist das einfach eine Drehung um 360° („copy–paste"). Diese Symmetrieoperation wird als E bezeichnet, die zugehörige Transformationsmatrix enthält in der Spur nur die Ziffer 1, da alle Atome am Platz bleiben und in ihrer Vektororientierung unverändert vorliegen. Somit ergibt sich im Fall von H_2O ein Charakter von 9.

Schließlich weist das Wasser, welches zur Punktgruppe C_{2v} zählt, auch noch zwei vertikale Spiegelebenen auf: eine liegt in der yz-Ebene (das ist die Molekülebene) und die zugehörige Spiegelung wird entsprechend als $\sigma_v(yz)$ bezeichnet, die andere liegt senkrecht dazu in der xz-Ebene und verläuft durch das zentrale Sauerstoffatom, sodass die Bezeichnung der zugehörigen Symmetrieoperation $\sigma_v(xz)$ lautet. Für die Symmetrieoperation $\sigma_v(yz)$ verbleiben alle Atome an ihrem Platz und es ändern sich jeweils die zugehörigen x-Vektoren von + nach −. Entsprechend erhalten wir für den Charakter der zugehörigen Transformationsmatrix die Zahl $3 \cdot (-1+1+1) = 3$. Für die Symmetrieoperation $\sigma_v(xz)$ verbleibt hingegen nur das Sauerstoffatom an seinem Platz, und diesmal ändert sich dessen y-Positionsvektor von + nach −: entsprechend ergibt sich für den Charakter die Zahl $1 \cdot (1-1+1) = 1$.

Zusammengefasst lässt sich die Symmetrie des gesamten Wassermoleküls, welche auch als **reduzible Darstellung** bezeichnet wird, in Tab. 1.1 wiedergeben:

Tab. 1.1: Reduzible Darstellung der Gesamtsymmetrie des H_2O-Moleküls, welches zur Punktgruppe C_{2v} zählt. Die Zahlen in der Tabelle entsprechen den Charakteren der jeweiligen Transformationsmatrizen.

C_{2v}	E	C_2	$\sigma_v(xz)$	$\sigma_v(yz)$
Γ	9	−1	1	3

1.2.2 Charaktertafel und irreduzible Darstellungen

Um nun zu untersuchen, inwieweit Schwingungen in der optischen Spektroskopie sichtbar sind, benötigen wir zunächst die Symmetrien der molekularen Freiheitsgrade wie Translation und Rotation. Dieser Umweg ist nötig, da sich die Symmetrien der Schwingungsmoden eines Moleküls, im Gegensatz zu denen von Translation und Rotation, nicht ohne weiteres direkt ableiten lassen.

Die Symmetrie der molekularen Freiheitsgrade findet sich in der sogenannten **Charaktertafel**, welche die **irreduziblen Darstellungen**, quasi den Basissatz, einer Symmetriegruppe enthält. Für unsere hier exemplarisch betrachtete Symmetriegruppe C_{2v} ist diese Charaktertafel in Tab. 1.2 wiedergegeben.

Tab. 1.2: Charaktertafel und irreduzible Darstellung der Punktgruppe C_{2v}. Die Zahlen in der Tabelle entsprechen den Charakteren der jeweiligen Transformationsmatrizen. Die letzte Tabellenspalte listet jeweils Beispiele für irreduzible Darstellungen in Form von Translationen, Rotationen und Tensorkomponenten.

C_{2v}	E	C_2	$\sigma_v(xz)$	$\sigma_v(yz)$	
A_1	1	1	1	1	z, x^2, y^2, z^2
A_2	1	1	−1	−1	R_z, xy
B_1	1	−1	1	−1	x, R_y, xz
B_2	1	−1	−1	1	y, R_x, yz

Analog zur reduziblen Darstellung, s. Tab. 1.1, finden wir in der Titelzeile unsere vier **Symmetrieoperationen** wieder: Identität E, 180°-Drehung um die Hauptsymmetrieachse C_2, und die beiden vertikalen Spiegelebenen $\sigma_v(xz)$ und $\sigma_v(yz)$. In der linken Spalte befinden sich die **irreduziblen Symmetrieklassen** mit den Buchstaben A und B: diese Buchstaben weisen darauf hin, dass es sich jeweils um eindimensionale Objekte handelt; entsprechend stellen die Transformationsmatrizen in der irreduziblen Darstellung auch jeweils nur einfache Zahlen dar (Matrix der Dimension 1).

Die Zahlen in der Tabelle entsprechen wiederum den **Charakteren der Matrizen**, oder in diesem speziellen Fall den Matrizen selbst. Betrachten wir zur Illustration zunächst die einfachste Symmetrieklasse A_1. Hier suchen wir ein beliebiges eindimensionales Objekt, welches sich unter allen vier Symmetrieoperationen unverändert zeigt: ein mögliches Beispiel wäre ein Vektor in z-Richtung, der am Schwerpunkt des Moleküls ansetzt, oder eine beliebige Zahl (z.B. Betragsquadrat eines Vektors). Wir sehen nun, wie wir die rechte Spalte der Charaktertafel zu verstehen haben: dort steht das Symbol z, welches zunächst einem beliebigen Vektor in z-Richtung entspricht, konkret aber hier auch als Translationsfreiheitsgrad des Moleküls in z-Richtung verstanden werden kann. Betrachten wir als nächstes die Symmetrieklasse B_1: der Buchstabe B verweist hier auf ein eindimensionales Objekt, welches bei Anwendung der 180°-Drehung seine Orientierung von + nach − ändert, während A bedeutet, dass bei 180°-Drehung keine Veränderung erfolgt. Dies ist auch ersichtlich anhand der jeweiligen Charaktere der Transformationsmatrizen, welche in der Spalte unter C_2 stehen: im Fall von A ist dies immer eine 1, im Fall von B hingegen eine –1. Ein mögliches Beispiel für B_2 wäre nun x, d. h. eine Translation des Gesamtmoleküls in x-Richtung. B_1 und B_2 sind beides eindimensionale Objekte, welche sich bei der 180°-Drehung verändern, aber bei der Spiegelung an den vertikalen Spiegelebenen jeweils unterschiedlich verhalten. Entsprechend zählt unser letzter verbleibender Translationsfreiheitsgrad, die Verschiebung in y-Richtung, zur Klasse B_2.

Sind die Symmetrieklassen von x, y und z festgelegt, was im Allgemeinen durch einfache Überlegungen möglich ist, so lassen sich die Symmetrieklassen für Ausdrücke des Typs xx, xy oder xz einfach bestimmen: wir müssen lediglich die entsprechenden Charaktere für jede einzelne Symmetrieoperation multiplizieren und dann das Ergebnis mit den irreduziblen Darstellungen vergleichen. So ergibt sich beispielsweise für xy die Zahlenreihe $1 \cdot 1$, $(-1) \cdot (-1)$, $1 \cdot (-1)$, $(-1) \cdot 1 = 1$, 1, –1, –1 und somit die Symmetrieklasse A_2, und in der Tat finden wir den Ausdruck xy in der rechten Spalte bei A_2 wieder. Wozu wir diese Terme des Typs xx, xy oder xz benötigen, werden wir später verstehen, wenn wir die Lehreinheit zur Raman-Streuung besprochen haben.

Schließlich benötigen wir noch die Symmetrieklassen der **drei Rotationsfreiheitsgrade**: für diese entspricht ein Charakter von –1 einer Änderung des Drehsinns. Betrachten Sie beispielsweise eine Uhr mit Zeigern, die Sie horizontal halten, in einem vertikalen Spiegel, so läuft diese gegen den Uhrzeigersinn, und entsprechend können wir die Drehung um die z-Achse der Symmetrieklasse A_2 zuordnen. Halten Sie die Uhr hingegen vertikal und einmal in x-Richtung (d. h. sie betrachten eine Rotation um die y-Achse), und einmal in y-Richtung (jetzt betrachten Sie die Rotation um die x-Achse), so können Sie mit etwas räumlichem Vorstellungsvermögen erkennen, bei welchen Symmetrieoperationen sich der Drehsinn umkehrt. Entsprechend ergeben sich die in der rechten Spalte der Charaktertafel angegebenen Einträge für die 3 Rotationsfreiheitsgrade R_z, R_x und R_y bei den jeweiligen Symmmetrieklassen.

1.2.3 Bestimmung der Symmetrie von Molekülschwingungen

Wie gelangen wir nun zu den Symmetrieklassen der Schwingungen, die uns aus Sicht der Spektroskopie an dieser Stelle interessieren? Hierzu müssen wir zunächst die reduzible Darstellung als Summe der irreduziblen Darstellungen formulieren, was mathematisch in etwa analog zur Darstellung eines dreidimensionalen Vektors im Raum als Summe dreier orthogonaler Vektoren in x-, y- und z-Richtung verstanden werden kann. Hierfür müssen wir die Anteile der vier irreduziblen Darstellungen an der **reduziblen Darstellung** bestimmen, d. h. wir haben es mit vier Unbekannten zu tun, für deren Bestimmung uns in den Charakteren der Symmetrieoperationen aber auch vier Gleichungen zur Verfügung stehen. Die Gleichung lautet dann allgemein formuliert:

$$\Gamma = c_1 \cdot A_1 + c_2 \cdot A_2 + c_3 \cdot B_1 + c_4 \cdot B_2 \tag{32}$$

Konkret bedeutet dies, wie anhand der Tabellen 1.1 und 1.2 ersichtlich ist:

$$9 = c_1 \cdot 1 + c_2 \cdot 1 + c_3 \cdot 1 + c_4 \cdot 1 \tag{33a}$$

$$-1 = c_1 \cdot 1 + c_2 \cdot 1 + c_3 \cdot (-1) + c_4 \cdot (-1) \tag{33b}$$

$$1 = c_1 \cdot 1 + c_2 \cdot (-1) + c_3 \cdot 1 + c_4 \cdot (-1) \tag{33c}$$

$$3 = c_1 \cdot 1 + c_2 \cdot (-1) + c_3 \cdot (-1) + c_4 \cdot 1 \tag{33d}$$

Um dieses lineare Gleichungssystem zu lösen, können wir die folgende Formel benutzen:

$$c_i = \frac{1}{h} \cdot \sum_k (h_k \cdot \chi_i(R) \cdot \chi(R)) \tag{34}$$

Hierbei steht h für die Ordnung der Gruppe oder auch Anzahl der Symmetrieoperationen (in unserem Beispiel 4), h_k für die Dimension der jeweiligen irreduziblen Darstellung (hier 1 in allen Fällen), und $\chi_i(R)$ bzw. $\chi(R)$ entspricht dem Charakter der irreduziblen und reduziblen Darstellung der Symmetrieoperation R. Für unser Beispiel ergeben sich dann die folgenden vier Gleichungen:

$$c_1(A_1) = \frac{1}{4} \cdot (1 \cdot 1 \cdot 9 + 1 \cdot 1 \cdot (-1) + 1 \cdot 1 \cdot 1 + 1 \cdot 1 \cdot 3) = 3 \tag{35a}$$

$$c_2(A_2) = \frac{1}{4} \cdot (1 \cdot 1 \cdot 9 + 1 \cdot 1 \cdot (-1) + 1 \cdot (-1) \cdot 1 + 1 \cdot (-1) \cdot 3) = 1 \tag{35b}$$

$$c_3(B_1) = \frac{1}{4} \cdot (1 \cdot 1 \cdot 9 + 1 \cdot (-1) \cdot (-1) + 1 \cdot 1 \cdot 1 + 1 \cdot (-1) \cdot 3) = 2 \tag{35c}$$

$$c_4(B_2) = \frac{1}{4} \cdot (1 \cdot 1 \cdot 9 + 1 \cdot (-1) \cdot (-1) + 1 \cdot (-1) \cdot 1 + 1 \cdot 1 \cdot 3) = 3 \tag{35d}$$

Zusammengefasst setzt sich unsere reduzible Darstellung und damit die Gesamtsymmetrie des Moleküls mit seinen $3 \cdot N = 9$ molekularen Freiheitsgraden wie folgt aus den irreduziblen Darstellungen zusammen:

$$\Gamma = 3 \cdot A_1 + 1 \cdot A_2 + 2 \cdot B_1 + 3 \cdot B_2 \tag{36}$$

In der Gruppentheorie wird das soeben geschilderte Prozedere, welches uns zu Gl. 36 geführt hat, auch **Ausreduzieren** der reduziblen Darstellung genannt.

Um hieraus die Symmetrie der Schwingungsfreiheitsgrade abzuleiten, müssen wir nun lediglich die Symmetrieklassen der drei Translationsfreiheitsgrade und der drei Rotationsfreiheitsgrade von dem Ausdruck in Gl. 36 subtrahieren, d. h.:

$$\Gamma_{\text{vib}} = 3 \cdot A_1 + A_2 + 2 \cdot B_1 + 3 \cdot B_2 - A_1 - B_1 - B_2 - A_2 - B_1 - B_2 = 2 \cdot A_1 + B_2 \tag{37}$$

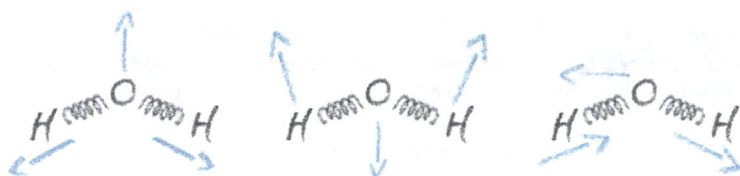

Abb. 1.6: Schwingungsmoden für das H_2O-Molekül.

Das heißt also, unser Wassermolekül besitzt insgesamt 3 **Schwingungsmoden,** und zwar zwei komplett symmetrische vom Typ A_1 und eine asymmetrische vom Typ B_2. Diese Schwingungsmoden lassen sich beispielsweise wie in Abb. 1.6 gezeigt visualisieren.

An dieser Stelle wollen wir unsere mathematischen Überlegungen zur Gruppentheorie beschließen. Wie wir erkennen können, welche dieser Schwingungen jeweils spektroskopisch zugänglich sind, werden wir diskutieren, wenn wir die quantenmechanische Behandlung der Spektroskopie sowie die jeweiligen Auswahlregeln behandelt haben.

Lassen Sie uns zusammenfassen: In dieser Lehreinheit haben wir die Welt der **komplexen Zahlen** und der **komplexen periodischen Funktionen** kennengelernt. An Beispielen wie Wechselstromkreisen oder viskoelastischen Materialien konnten wir demonstrieren, wie nützlich diese mathematischen Werkzeuge sein können. Sie werden Ihr Verständnis der komplexen Zahlen spätestens dann benötigen und auch anwenden lernen, wenn wir uns ab der vierten Lehreinheit der modernen Vorstellung der Materie im Rahmen der Quantenmechanik widmen. Im zweiten Abschnitt dieses einführenden Kapitels haben wir uns mit den mathematischen Grundlagen der **Gruppentheorie** vertraut gemacht. Diese fußt auf der Betrachtung von molekularen Symmetrien sowie der Darstellung von Symmetrieoperationen, wie beispielsweise Drehungen oder Spiegelungen, als Transformationsmatrizen. Wir haben auch sehen können, dass wir für eine Anwendung der Gruppentheorie keinesfalls eine explizite Kenntnis der Mathematik zur Matrizenrechnung benötigen, da die Gruppentheorie praktischerweise lediglich mit den Charakteren einer Matrix auskommt. Wir benötigen zum Aufstellen der Spur der jeweiligen Transformationsmatrizen zwar einiges an räumlichem Vorstellungsvermögen, was in der Chemie generell hilfreich wenn nicht sogar notwendig ist, kommen danach aber mit lediglich Grundrechenarten zurecht. Dieses Konzept der Gruppentheorie liefert uns ein elegantes Werkzeug, um beispielsweise das Lichtabsorptionsverhalten von Molekülen bei der Anregung von Molekülschwingungen **(IR-Spektroskopie)** oder auch Elektronenanregung **(UV/Vis-Spektroskopie)** quantitativ interpretieren zu können, wie wir in den Lehreinheiten 11 und 13 sehen werden. Die Gruppentheorie ist auch ein nützliches Werkzeug bei der Beschreibung der Bindungsverhältnisse in Molekülen **(MO-Theorie)** und chemischen Komplexverbindungen.

! **DAS WICHTIGSTE IN KÜRZE**

- **Komplexe Zahlen** bestehen aus einem **Realteil** und einem **Imaginärteil** und lassen sich in der Zahlenebene als Vektoren darstellen (Realteil = x-Achsenabschnitt, Imaginärteil = y-Achsenabschnitt): $Z = A + i \cdot B$, mit $i^2 = -1$
  - **Winkel** zur Realteil-Achse = **Argument**: $\arg(Z) = \arctan\left(\dfrac{B}{A}\right) = \arccos\left(\dfrac{A}{|Z|}\right)$
  - **konjugiert komplexe Zahl**: $Z^* = A - i \cdot B$
- Für komplexe Exponentialfunktionen gelten die **Eulerschen Gleichungen**:
  - $e^{i \cdot x} = \cos(x) + i \cdot \sin(x)$
  - $e^{-i \cdot x} = \cos(x) - i \cdot \sin(x)$
  Damit lässt sich die komplexe Zahl ausdrücken als: $Z = A + i \cdot B = |Z| \cdot e^{i \cdot \arg(Z)}$
- **Periodisch veränderliche Größen** lassen sich als komplexe Funktionen der Zeit ausdrücken: $Z(t) = |Z| \cdot e^{i \cdot \omega \cdot t}$. Dies entspricht in der komplexen Zahlenebene der Präzession eines Zahlenvektors um den Ursprung gegen den Uhrzeigersinn mit der Winkelgeschwindigkeit ω.
- Die **Gruppentheorie** basiert auf der **Matrizendarstellung** von **Symmetrieoperationen**. Hierbei wird nicht die gesamte Matrix benötigt, sondern lediglich ihr **Charakter**, d. h. die Summe der Diagonalelemente. Je nach Symmetrieelementen lassen sich Moleküle verschiedenen **Punktgruppen** zuordnen. Die **reduzible Darstellung** enthält die Charaktere der Transformationsmatrizen für das gesamte Molekül ($3 \cdot N$ Freiheitsgrade mit N = Atomzahl), die **irreduzible Darstellung** bildet einen Basissatz für die reduzible Darstellung und wird in Charaktertafeln zusammengefasst.

VERSTÄNDNISFRAGEN

1. **Welche Aussagen bezüglich der imaginären Einheit i sind korrekt?**
   a) $i = \sqrt{(-1)}$
   b) $i^2 = -1$
   c) $|i| = 1$
   d) $i = -1$

2. **Geben Sie das Argument der komplexen Zahl $1 - i$ an:**
   a) $90°$
   b) $45°$
   c) $-90°$
   d) $315°$

3. **Welche der folgenden Zahlen besitzt einen Imaginärteil ungleich null?**
   a) $z = (2 + i) \cdot (2 - i)$
   b) $z = 3 \cdot e^{i \cdot \pi}$
   c) $z = (1 + i)^2$
   d) $z = e^{4 \cdot i \cdot \pi}$

4. **Die 2 in der Symmetriegruppe C_{2v} steht für:**
   a) 2 Spiegelebenen
   b) 2 Drehachsen
   c) 1 Drehachse mit Symmetrieerhalt bei Drehung um $2°$
   d) 1 Drehachse mit Symmetrieerhalt bei Drehung um $\frac{360°}{2} = 180°$

VERTIEFUNGSFRAGEN

5. **Zwei komplexe Zahlen werden multipliziert, indem ...**
   a) deren Beträge multipliziert und die Argumente addiert werden.
   b) deren Beträge addiert und die Argumente multipliziert werden.
   c) deren Beträge addiert und die Argumente dividiert werden.
   d) lediglich deren Beträge multipliziert werden.

6. **Die Funktion $e^{i \cdot \omega \cdot t}$ entspricht in der komplexen Zahlenebene einem Einheitsvektor, der ...**
   a) im Uhrzeigersinn mit der Frequenz ω um den Ursprung präzediert.
   b) im Uhrzeigersinn mit der Frequenz $\frac{\omega}{2 \cdot \pi}$ um den Ursprung präzediert.
   c) gegen den Uhrzeigersinn mit der Frequenz ω um den Ursprung präzediert.
   d) gegen den Uhrzeigersinn mit der Frequenz $\frac{\omega}{2 \cdot \pi}$ um den Ursprung präzediert.

7. **Die Lage des H_2O-Moleküls im Raum werde durch den Vektor $(q_1, q_2, ..., q_9)$ mit $q_1 = H_{1,x}$, $q_2 = H_{1,y}$, $q_3 = H_{1,z}$, $q_4 = O_x$, ..., $q_9 = H_{2,z}$ beschrieben. Ferner liege das Molekül in der yz-Ebene und seine prinzipielle Achse in z-Richtung. Welche Aussagen bzgl. der reduziblen Darstellung sind korrekt?**
   a) $\chi(E) = 9$ und $\chi(C_2) = -1$
   b) $\chi(E) = 0$ und $\chi(C_2) = -1$
   c) $\chi(E) = 9$ und $\chi(C_2) = +1$
   d) $\chi(E) = 9$ und $\chi(C_2) = +3$

8. **Gegeben sei die Punktgruppe C_{2v}: für diese gehört x zur Symmetrieklasse B_2 und y zur Symmetrieklasse B_1. Zu welcher Symmetrieklasse gehört dann x^2y?**

C_{2v}	E	C_2	$\sigma_v(xz)$	$\sigma_v(yz)$	
A_1	1	1	1	1	z, x^2, y^2, z^2
A_2	1	1	-1	-1	R_z, xy
B_1	1	-1	1	-1	x, R_y, xz
B_2	1	-1	-1	1	y, R_x, yz

   a) A_2
   b) A_1
   c) B_1
   d) B_2

2 Historische Atommodelle

EINHEIT 2: HISTORISCHE ATOMMODELLE
Im Laufe der Geschichte entwickelte sich unsere Vorstellung vom Aufbau der Materie von einst eher philosophischen Ansätzen der griechischen Antike über das Bohrsche Atommodell, welches durch experimentelle Befunde sowie durch makroskopische Gegebenheiten aus den bereits seit dem 16. Jahrhundert bekannten Gesetzen der Astronomie (Kopernikus, Keppler) inspiriert wurde, hin zu unserer modernen Vorstellung der Quantenmechanik, welche Anfang des 20. Jahrhunderts einen völlig neuen mathematisch-physikalischen Ansatz erforderte. Aus dieser Historie ist ersichtlich, wie naturwissenschaftliches Denken funktioniert. Anhand von experimentellen Beobachtungen werden zunächst Modellvorstellungen entwickelt, welche die experimentellen Befunde gut beschreiben. Diese Modelle sind zwar meist plausibel, können aber nicht den Anspruch auf die absolute Wahrheit erheben, da sie jeweils nur den aktuellen Wahrnehmungshorizont widerspiegeln. Zum einen führt nun zwar der menschliche Fortschritt auch stetig zu neuen Techniken und damit verbesserten Messinstrumenten, welche uns einen immer detaillierteren Einblick in naturwissenschaftliche Zusammenhänge ermöglichen. Zum anderen ist die menschliche Wahrnehmung aber grundsätzlich, auch unter Zuhilfenahme der besten Messinstrumentarien, per se begrenzt. Somit gilt zwar auch hinsichtlich des Atommodells der Grundsatz „wir irren uns empor", was das Wechselspiel von Beobachtung, modifiziertem Modell usw. treffend beschreibt. Andererseits sind uns gerade im Hinblick auf die Längenskala der kleinsten Bausteine der Materie, der Atome und deren Bestandteile, natürliche Grenzen gesetzt, weswegen unser Emporirren im Hinblick auf das menschliche Verständnis wohl niemals zu einer letztlichen Erkenntnis führen wird. Lassen Sie uns in dieser Lehreinheit kurz die wichtigsten historischen Meilensteine der Entwicklung der menschlichen Vorstellung vom Aufbau der Materie vor der Entwicklung der Quantenmechanik rekapitulieren.

2.1 Erste Modelle der Zusammensetzung der materiellen Welt: von Demokrit zur Alchemie

Bereits vor ca. 2500 Jahren prägte der Grieche Demokrit (ca. 460 v. Chr. bis ca. 370 v. Chr.) den Begriff des Atoms als unteilbarem[7] **kleinstem Baustein der Materie** ($\alpha\theta o\mu o\sigma$ = grch.: unteilbar), wobei seine Beschreibung nicht auf experimenteller Beobachtung, sondern auf rein philosophischen Ansätzen beruhte. Im Vergleich zu den zu seiner Zeit anderen Vorstellungen, unsere Welt aus lediglich vier Urelementen zusammengesetzt aufzufassen (Feuer, Wasser, Erde, Luft), war der Ansatz von Demokrit trotz seines rein philosophischen Ursprungs bereits bemerkenswert modern. Die unterschiedlichen Eigenschaften der Stoffe führte Demokrit allerdings noch auf eine rein makroskopische Denkweise zurück, indem er seinen kleinsten Bausteinen unterschiedliche Eigenschaften in deren Gestalt als regelmäßige geometrische Körper (Kugel, Würfel, Pyramide, Zylinder) und Größe zumaß. Bemerkenswert ist auch, dass Demokrit im Gegensatz zu seinen Zeit-

---

7 Spätestens am 6. August 1945 wurde dagegen die Teilbarkeit von Atomen in ihrer schrecklichsten Art sichtbar.

https://doi.org/10.1515/9783110737578-002

genossen ein rein materialistisches Weltbild konstruierte, d. h. selbst die Seele des Menschen auf Basis einer atomaren Zusammensetzung deutete.

Das Weltbild von Demokrit fand bei seinen Zeitgenossen wenig Anklang und verbreitete sich auch nicht global: so war beispielsweise im Mittelalter, d. h. fast 2000 Jahre nach Demokrit, die Vorstellung von den vier Elementen noch weit verbreitet. Diese Lehre war sogar bis ins 17. Jahrhundert bestimmend für die Entwicklung der Chemie, die bis dahin auch Alchemie genannt wurde und deren wesentliches Ziel die Suche nach dem Stein der Weisen war, um mit seiner Hilfe aus unedlen Materialien das wertvolle Gold herzustellen und damit die Kassen der Feudalherren zu füllen. Immerhin gelangen trotz der aus heutiger Sicht völlig unwissenschaftlichen Vorgehensweise und Modellvorstellungen der Alchemie auch einige Entwicklungen von historischer Bedeutung wie die Erfindung des Schießpulvers und des Porzellans, aber auch einiger synthetischer Farbstoffe. Nur waren alle diese Erfindungen eben nicht das Ergebnis gezielter wissenschaftlicher Bemühungen, sondern das Ergebnis der beharrlichen Bemühungen einzelner nach dem Versuch-und-Irrtum Prinzip, was wir aus heutiger Sicht lapidar vielleicht mit dem Satz beschreiben könnten: „Auch ein blindes Huhn findet mal ein Korn".

2.2 Die frühe Chemie: Boyle, Böttger, Lavoisier und Dalton

Erst im 17. Jahrhundert wurden die Modellvorstellungen der Alchemie durch den großen Universalgelehrten **Robert Boyle** (1627–1692), der sich auch um die Entwicklung der Thermodynamik sehr verdient gemacht hat, zumindest in Frage gestellt: Boyle lehnte sowohl die zu seiner Zeit verbreitete Lehre der vier Elemente als auch die für die mittelalterliche Alchemie sehr prägende Lehre des Paracelsus von den drei Prinzipien (Salz, Schwefel, Quecksilber) ab, und stützte seine Vorstellung lieber auf experimentelle Beobachtung statt auf reine Spekulationen. So wurde der oft auch als Naturphilosoph bezeichnete Boyle einer der Wegbereiter der modernen Chemie, der allerdings als typisches Kind seiner Zeit selbst noch das alchemistische Ziel der Elementumwandlung verfolgte, ja sogar noch an Metalltransmutationen mit Hilfe des Steins der Weisen glaubte. Wir sollten hierbei aber nicht vergessen, dass selbst die großen Geister dieser Zeit immer von ihren feudalen Gönnern abhängig waren, und somit eine reine Grundlagenforschung ohne direkte kommerzielle Interessen zumindest in Europa sogar bis fast ins 20. Jahrhundert nicht möglich war. Auch das bereits erwähnte Porzellan, „entdeckt" von dem im 18. Jahrhundert noch alchemistisch vorgehenden **Johann Friedrich Böttger** (1682–1719), war entstanden aus dem ursprünglichen Ziel, Gold herzustellen und so den Kauf von Kanonen für den sächsischen Herrscher August den Starken zu finanzieren. Zum „Glück" von Böttger war es, wie sich allerdings erst langsam und mühsam herausstellen musste, kein Fehlschlag aus Sicht seines Herrn, dass er statt des erhofften Goldes lediglich Porzellan entdeckte: der Begriff Meißener Porzellan (Gründung der Königlich-Polnischen und Kurfürstlich-Sächsischen Porzellanmanufaktur 1710) ging um die Welt, hat aber zumindest zum Teil auch die Kriege von August erst möglich gemacht. Als letzte Anekdote zu Böttger sei noch erwähnt, dass dieser einige Jahre seines Forscherlebens auf der damals berüchtigten Festung Königstein verbrachte, zum einen um ihn besser zu kontrollieren, nicht zuletzt aber auch um ihn dem Zugriff politischer Konkurrenten wie dem damals sehr ambitionierten Kurfürsten von Brandenburg und späteren König von Preußen zu entziehen (die auch Gold für ihre militärische Aufrüstung dringend benötigten). Betrachten wir das Schicksal von Böttger, so können wir uns als forschende Chemikerinnen und Chemiker heute glücklich schätzen, gleich ob wir an Industrieprojekten mit kommerziellem Bezug oder auch „nur" an Grundlagenforschung arbeiten: kein Fürst oder König sperrt uns jahrelang unter immensem Erfolgsdruck in eine kalte feuchte Festungsmauer ein, mit entsprechendem Raubbau an der Gesundheit, denn nicht ohne Grund wurde Böttger lediglich 37 Jahre alt.

Bevor wir uns einer neuen Vorstellung der kleinsten Bausteine der Materie, der Atome (und Moleküle, ein neuer Begriff, der uns historisch erst noch begegnen wird) zuwenden, möchten wir noch einen weiteren wichtigen Pionier nicht unerwähnt lassen: **Antoine Laurent de Lavoisier** (1743–1794), der im 18. Jahrhundert in Paris wirkte, gilt als eigentlicher Begründer der modernen Chemie: er führte quantitative Messmethoden in die Chemie ein, erkannte die Rolle des Sauerstoffs bei der Verbrennung und widerlegte damit die damals vorherrschende Phlogistontheorie, die davon ausging, dass bei jedem Verbrennungsvorgang eine hypothetische Substanz, genannt Phlogiston, aus der Materie entweicht bzw. bei der Erwärmung von Materie in diese eindringt. Dieses Phlogiston wäre damit eine materielle Deutung der Wärmeübertragung. Auch Lavoisier war kein unabhängig forschender Geist im heutigen Sinne, sondern Inspekteur über die Schießpulverfabriken des französischen Königs und damit einer der reichsten Männer Frankreichs. Diese Position und damit verbundene Geschäftstätigkeiten erlaubten ihm zwar erst seine herausragenden Arbeiten zur Durchführung grundlegender chemischer Experimente, zogen aber auch den Zorn des Volkes auf sich, weswegen (tragisch-ironischerweise) einer der ersten Vorkämpfer der modernen Naturwissenschaften der vielleicht bedeutendsten politisch-gesellschaftlichen Umwälzung der Neuzeit zum Opfer fiel: der Französischen Revolution.

Wir sehen wiederum, dass es hilfreich, ja nötig ist, forschende Geister und wissenschaftliche Errungenschaften immer auch aus ihrem historischen Zusammenhang zu beurteilen. So steht auch die moderne Naturwissenschaft letztlich jüngst und aktuell vor großen, wenn nicht vielleicht sogar den größten gesellschaftlichen Herausforderungen: einer globalen Pandemie und einer Klimanotlage. Während sich frühere Kulturen derartigen Herausforderungen hilflos ergeben mussten, ermöglicht uns die moderne Wissenschaft prinzipiell eine Bewältigung der Krisen. Allein das sollte Ihnen als künftige Wissenschaftlerinnen und Wissenschaftler ein Anreiz sein, sich sowohl stets mit den aktuellsten Erkenntnissen der Naturwissenschaften vertraut zu machen, als auch für alle nicht-wissenschaftlich tätigen Mitglieder der Gesellschaft die Aussagen der Wissenschaft und ihre gesellschaftliche Bedeutung zu kommunizieren. Thermodynamik, Kinetik, Quantenmechanik und Statistische Thermodynamik sind somit alles andere als trockene

Kost ohne wirkliche praktische Bedeutung, sondern eine Beschäftigung mit diesen Themen wird für uns alle mehr denn je zu einer existenziellen Notwendigkeit.

Kommen wir zurück zum eigentlichen Ziel dieser Lehreinheit: einer kurzen Skizze der historischen Entwicklung unserer Modellvorstellung von der Materie und speziell von deren kleinsten Bauteilen. Wir hatten mit Demokrit schon den Begriff der Atome kennengelernt, eigentlich aber in den mehr als 2000 Jahren danach keinen wirklichen historischen Fortschritt an dieser Vorstellung, sondern mit der Lehre der vier Elemente und der drei Prinzipien von Paracelsus im Gegenteil eher Rückschritte zur Kenntnis genommen. Dies ändert sich nun im Laufe der letzten 200 Jahre in rapider Schrittfolge, wozu wohl auch die bereits erwähnte Französische Revolution beigetragen hat. Sicherlich gab es auch vorher schon große Geister und Universalgelehrte, allerdings waren dies meist nur Einzelfälle unter sehr glücklichen Umständen. **John Dalton** (1766–1844), der uns auch schon bei der Thermodynamik begegnete, wurde durch seine systematischen Untersuchungen zu einem wichtigen Wegbereiter der modernen Chemie. Nach Dalton sind sämtliche chemischen Elemente im Gegensatz zu Demokrit aus identischen kugelförmigen Bausteinen, den Atomen, aufgebaut, welche sich lediglich in ihren Massen unterscheiden. Aufgrund der Löslichkeit von Gasen bei gleichen Drücken, d. h. quantitativen Experimenten zur Thermodynamik, konnte Dalton schließlich eine Tabelle mit relativen **Atomgewichten** aufstellen und damit erstmals die Masse der unterschiedlichen kleinsten Teilchen der Materie quantitativ angeben. Hierbei setzte Dalton das relative Gewicht für Wasserstoff, wohl weil es die von ihm untersuchte Substanz mit der kleinsten Atommasse war, gleich 1. Es ist nicht verwunderlich, dass Dalton für Wasserstoff keine absolute Masse von beispielsweise $1\,g \cdot mol^{-1}$ angibt, wie wir es heute tun, da er den Begriff des Mols ja noch nicht kannte und somit nicht die Anzahl der Teilchen, sondern nur deren relative Massen, angeben konnte. Beispielsweise für Kohlenstoff kam Dalton im Jahr 1803 auf eine relative Masse von 4,3; für Kohlenmonoxid auf 9,8; für Sauerstoff auf 5,5 und für Wasser auf 6,5. Später (1810) verbesserte er die Angabe seiner relativen Atomgewichte, z. B. auf 5,4 für Kohlenstoff und auf 7 für Sauerstoff. Die Werte, die Dalton aus seinen Experimenten für seine relativen Atommassen ableitete, waren noch vergleichsweise weit von den korrekten Werten entfernt, wobei laut Wilhelm Ostwald interessanterweise ein Grund war, dass Dalton im Wesentlichen nur seinen eigenen experimentellen Daten vertraute und fremde Arbeiten, speziell nichtenglische Arbeiten, ablehnte.

Aus Untersuchungen zur Elektrolyse von Wasser von **Alexander von Humboldt** (1769–1859) sowie von **Gay-Lussac** (1778–1850) war ferner bekannt, dass Wasser 12,6 Gewichtsteile Wasserstoff und 87,4 Gewichtsteile Sauerstoff enthält. Durch Vergleich mit seinen relativen Atommassen für Wasserstoff und Sauerstoff kam Dalton zu der für die moderne Chemie wichtigen Erkenntnis, dass sich Stoffe nur in ganz bestimmten Gewichtsverhältnissen paaren können, und er nannte diesen Prozess Synthese. So können beispielsweise, wie im Fall des Wassers, 2 Teile A mit 1 Teil B die Verbindung A_2B eingehen, wobei bei jeder beliebigen Paarung immer ein ganzzahliges Vielfaches einer Komponente auftreten muss. Dieses **Gesetz der multiplen Proportionen** bekam seine

Bedeutung allerdings erst durch den unmittelbaren Bezug der atomaren Zusammenhänge auf Moleküle.

Nach Dalton wurden stöchiometrisch aufgebaute Verbindungen zunächst noch
nicht als Moleküle, sondern als Daltonide bezeichnet. Vor allem die präzise Unter-
scheidung zwischen Atom und Molekül erfolgte erst viele Jahre später durch **Stanis-
lao Cannizzaro** (1826–1910), da den Chemikern zunächst entging, dass sich auch zwei
gleiche Atome (zum Beispiel zwei Wasserstoffatome) zu einem Molekül (zum Beispiel
einem Wasserstoffmolekül) verbinden können. Dies erklärt auch die zum Teil ver-
meintlichen systematischen Abweichungen der von Dalton bestimmten relativen
Atommassen, da das von ihm untersuchte kleinste Teilchen in Gasform als H_2 vorlag,
während Kohlenstoff als C untersucht wurde: damit ergibt sich ein Massenverhältnis
von 2/12 (H_2/C), was gut mit dem von Dalton angegebenen (1/5,6) übereinstimmt.

2.3 Klassische Modelle von Atomen: Thomson, Rutherford und Bohr

Die im letzten Absatz erwähnten experimentellen Studien zur Elektrolyse von Wasser zeigen, dass die Bausteine der Materie zumindest teilweise aus elektrischen Ladungen aufgebaut sein müssen. Da sich aber die meisten Stoffe elektrisch neutral verhalten, müssen
sich negative und positive Ladungen in diesen Fällen gerade kompensieren. Wie aber
ordnen sich diese Ladungen innerhalb eines neutralen Atoms nun an? Hierzu muss zunächst die Frage gestellt werden, wie sich diese Ladungen als solche jeweils darstellen
lassen. Das **Elektron** als Träger der negativen Ladung wurde über die Kathodenstrahlung
erstmalig von **Philipp Lenard** (1862–1947) Ende des 19. Jahrhunderts wissenschaftlich systematisch untersucht. Lenard fand unter anderem heraus, dass die Kathodenstrahlung
Schichten aus mehreren tausend Atomen durchqueren kann, und außerdem photochemisch wirksam ist bei der Belichtung von Photoplatten. Charles Thomson Rees Wilson
belegte dann 1911 mit der nach ihm benannten Nebelkammer den partikulären Charakter
des Elektrons, da die Kathodenstrahlung in einem übersättigten Dampf quasi Kondensstreifen erzeugen konnte.

Joseph John Thomson (1856–1940) stellte bereits 1903, ohne den partikulären
Charakter der in der Kathodenstrahlung vorliegenden Elektronen explizit zu kennen,
das nach ihm benannte Atommodell auf (siehe Abb. 2.1).

In Thomsons ursprünglichem Modell trugen lediglich die Elektronen zur Masse
des jeweiligen Atoms bei, dagegen nahm er die ebenfalls vorhandene gleich große positive Ladungsmenge als masselos an. Die positive Ladung füllte in dieser Vorstellung
das Volumen des Atoms aus und war, in Übereinstimmung mit den experimentellen
Befunden von Lenard, für Elektronen durchdringlich. Experimente mit Röntgenstrahlen zeigten Thomson ab 1906, dass die Anzahl der Elektronen deutlich geringer sein
musste als von ihm ursprünglich vorhergesagt: ihre Anzahl konnte nur etwa gleich
der Massenzahl des Atoms sein.

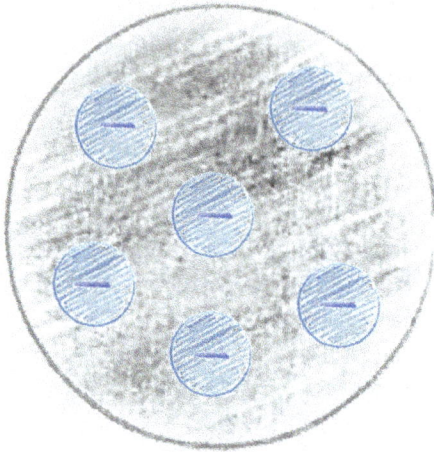

Abb. 2.1: Atommodell von Thomson (1903): Die Elektronen sind quasi wie kleine Rosinen statistisch verteilt in einen „weichen nahezu masselosen" positiven Atomrumpf eingebettet.

1909 zeigten dann Geiger und Marsden in ihrem wichtigen Experiment, bei dem sie eine dünne Folie aus Goldatomen mit sogenannter Alphastrahlung (d. h. He^{2+}-Kernen) beschossen, dass die von Thomson vorhergesagte Anordnung der Ladungen innerhalb eines Atoms so nicht stimmen konnte. Zwar ging der Großteil der Strahlung, in Übereinstimmung mit dem Thomson-Modell eines weichen positiv geladenen Atomrumpfes, ungehindert durch die Goldfolie hindurch, es kam jedoch auch zu vereinzelt reflektierten Alphateilchen. Da die Alphateilchen aber positiv geladen sind, deuten diese vereinzelten Reflexionen auf eine massive lokale Anordnung der positiven Ladung beispielsweise im Zentrum des Atoms hin. Das Geiger–Marsden Experiment, und dessen Deutung im Rahmen eines neuen von **Ernest Rutherford** (1871–1937) entwickelten Atommodells, sind in Abb. 2.2 gezeigt. In diesem neuen Modell befindet sich die Masse im Wesentlichen lokal im Zentrum des Atoms, dem **Atomkern**, und trägt eine positive Ladung, während die nahezu masselosen Elektronen in der Umgebung des Kerns statistisch verteilt vorliegen.

Das neue Modell von Rutherford war jedoch insofern problematisch, als dass es nicht erklären konnte, wieso die negativ geladenen Elektronen nicht infolge der Coulomb-Anziehung einfach mit dem Kern verschmelzen – sprich: das Atom sollte in dieser Form nach klassischen Regeln der Physik, speziell der Elektrostatik, energetisch völlig instabil sein. Auch konnte das Rutherford-Modell nicht einen weiteren experimentellen Befund erklären: Atome emittieren und absorbieren Licht, und zwar nur bei ganz bestimmten, für den jeweiligen Stoff typischen Wellenlängen.[8] Die Arbeiten

---

8 Diese Linienspektren von Atomen sind so charakteristisch wie ein Fingerabdruck. Wir können dadurch ganz fundamentale Einsichten gewinnen. Etwa können wir daraus ableiten, aus welchen chemischen Elementen Sterne bestehen. Auch deren Licht zeigt charakteristische Linienspektren. Das heiße Innere eines Sterns strahlt weißes Licht aus, das auf seinem Weg dann in äußeren, kälteren Schichten des Sterns bestimmte Gase durchquert. Diese zeigen, da sie immer noch heiß genug sind um als einzelne Atome vorzuliegen, nun ihre ganz charakteristischen Linienabsorptionen, und diese

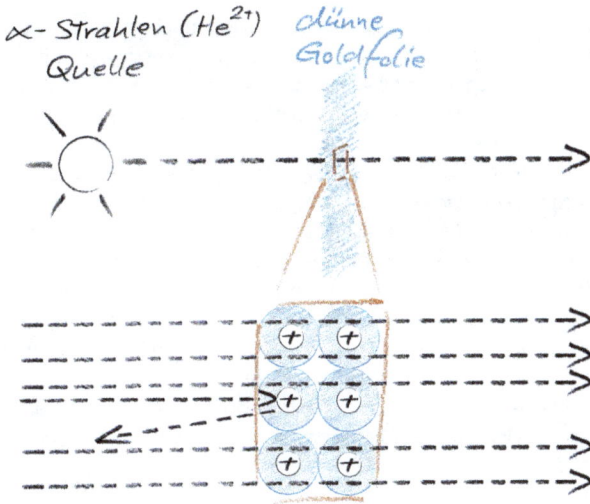

Abb. 2.2: Skizze des Geiger–Marsden Experiments (Beschuss einer dünnen Folie aus Goldatomen mit positiv geladenen kleinen massiven Alphateilchen) und der Deutung im Rahmen eines neuen Atommodells von Rutherford.

von Lenard hatten bereits gezeigt, dass Licht den Zustand der elektrischen Ladung beeinflussen kann (Photochemie). Sind aber die Ladungen, wie sowohl im Modell von Thomson als auch von Rutherford, statistisch angeordnet, so gibt es keinen Grund für deren Wechselwirkung lediglich mit Licht definierter Energie.

Licht und Spektroskopie im klassischen Verständnis
Wir können Licht als eine **elektromagnetische Wellenerscheinung** verstehen, d. h. als eine periodische Modulation eines elektrischen Feldes und eine senkrecht dazu schwingende ebenso periodische Modulation eines zugehörigen magnetischen Feldes. Eine solche Welle kann durch Bewegung elektrischer Ladungen erzeugt werden, etwa durch die oszillierende Bewegung der Elektronen in einer Radio-Sendeantenne. Das physikalische Prinzip hiervon ist durch die **Maxwell-Gleichungen** quantitativ beschreibbar. Entsprechend lässt sich die elektrische Feldamplitude des Lichts (im einfachsten Fall

---

Linien fehlen im Spektrum des Sternenlichts, das bei uns ankommt. Und eben diese Spektren entsprechen genau denen, die wir für bestimmte Elemente auch hier auf der Erde messen. Dadurch können wir zweierlei schlussfolgern. Erstens gibt uns das Aufschluss über die chemische Zusammensetzung der Sterne; wir brauchen dafür nicht dorthin fliegen und eine Probe zu nehmen, sondern die Sterne senden uns ihre Analyse direkt zu. Zweitens folgt daraus die tiefe Fundamentaleinsicht, dass die Naturgesetze die wir hier auf der Erde kennen, im gesamten Universum gleich sind. Es folgt sogar noch eine dritte Einsicht: die Spektrallinien, die wir von entfernten Sternen empfangen, sind nämlich genau genommen systematisch ins Rote verschoben. Dies lässt sich auf den Doppler-Effekt zurückführen. Die Sterne bewegen sich also von uns weg. Rechnen wir diese Bewegung zurück, so kommen wir darauf, dass vor 14 Mrd. Jahren alle Sterne in einem gemeinsamen Punkt gestartet sind. Dies ist ein starker Beleg für die Urknall-Theorie.

von monochromatischem Licht einer definierten Wellenlänge) über eine Cosinusfunktion darstellen: $E = E_0 \cdot \cos(2 \cdot \pi \cdot v \cdot t)$. Hierbei ist v die Frequenz des Lichts; diese gibt die Anzahl Schwingungen des elektrischen und magnetischen Feldes pro Zeit an und hat demnach die Einheit s^{-1}, was gemeinhin als Hz (sprich: Hertz) bezeichnet wird. Sichtbares Licht hat Frequenzen im Wertebereich 385–789 THz. Die Frequenz ist auch ein direktes Maß für die Energie des Lichts, welche gegeben ist als $E = h \cdot v$. Hierbei wird die Proportionalitätskonstante h als **Plancksches Wirkungsquantum** bezeichnet. Es handelt sich dabei um eine der elementarsten Größen der gesamten Physik, die gleichsam stellvertretend für die Geburt der Quantenmechanik ist: Beim Versuch, die Strahlung heißer Körper (sogenannter **Schwarz-körperstrahler**) zu quantifizieren, wich Planck im Jahr 1900 von der bis dato etablierten Vorstellung ab, elektromagnetische Strahlung als Kontinuum anzusehen, sondern er betrachtete sie vielmehr als diskrete Pakete, die sogenannten **Quanten**, deren „Paketgröße" durch h gegeben ist. Wir gehen weiter unten in dieser Lehreinheit noch genauer darauf ein. Die Licht-Wellenlänge, d. h. der Abstand von einem Wellenkamm zum nächsten, ist durch $\lambda = \frac{c}{v}$ gegeben; bei sichtbarem Licht haben wir es dabei mit Werten im Bereich von etwa 350 nm bis 800 nm zu tun. c ist die Lichtgeschwindigkeit, welche als Universalkonstante allgemeingültig ist. Eine Variante der Wellenlänge ist ihr Kehrwert, $\frac{1}{\lambda} = \frac{v}{c}$; wir sprechen hierbei von der Wellenzahl, d. h. der Anzahl Wellen pro Zentimeter, was bei sichtbarem Licht Werten im Bereich 12.500 cm^{-1} bis 28.600 cm^{-1} entspricht.

Je nachdem welche Werte diese Größen annehmen, haben wir es mit unterschiedlichen Typen von elektromagnetischer Strahlung zu tun. Gemeinsam bilden sie das sogenannte **elektromagnetische Spektrum**. Es beinhaltet die folgenden Wellenlängen-Bereiche:

- UV-Licht: 10–350 nm
- Sichtbares Licht: 350–800 nm
- IR-Licht: 800–1.000.000 nm

Unsere Augen nehmen dabei unterschiedliche Wellenlängen im Bereich von 350–800 nm als verschiedene Lichtfarben wahr; im kurzwelligen Bereich davon sehen wir blau, im langen rot, und dazwischen grün, gelb und orange. Werden all diese Wellenlängen überlagert, so sehen wir weißes Licht.

Jenseits des oben genannten gibt es noch Wellenlängenbereiche, die nicht mehr als Licht im eigentlichen Sinne bezeichnet werden:

- < 10 nm: Röntgen- und Gammastrahlung
- > 1.000.000 nm: Mikro- und Radiowellen

All diese Strahlungstypen haben dieselbe Grundform: es sind schwingende elektrische und magnetische Felder gemäß der o. g. Gleichungen, eben mit den hier genannten unterschiedlichen Wellenlängenbereichen. All diese Strahlungsformen können mit Materie wechselwirken, d. h. von Materie aufgenommen und abgegeben werden, und dabei auf mikroskopischer Ebene mit Energieübergängen in der Materie einhergehen. Eben diese Wechselwirkung von Licht definierter Energie, d. h. Wellenlänge, mit Atomen und Molekülen nehmen wir in den Fokus, wenn wir im Labor **Spektren** aufnehmen, wobei zwischen **Absorptionsspektren** (hierbei wird ein Teil des Lichts bei Bestrahlung von der Materie „geschluckt") und **Emissionsspektren** (hierbei emittiert thermisch oder anderweitig angeregte Materie Licht bestimmter Wellenlängen, ein Phänomen welches alltäglich in jeder Glühlampe in Erscheinung tritt) unterschieden wird. Im Spektrum selbst wird dann das Messignal, d. h. die Absorbanz des eingestrahlten Lichts oder die Intensität des emittierten Lichts gegen ein Maß für die Energie wie beispielsweise die Lichtfrequenz oder Wellenzahl aufgetragen. Entsprechend der Wechselwirkung von Atomen bzw. Molekülen mit Licht gibt es nun einen entscheidenden Unterschied: aus Atomen aufgebaute Materie zeigt diskrete Linienspektren, während bei aus Molekülen aufgebauter Materie breite charakteristische Banden zu beobachten sind. Die Ursachen hierfür werden wir noch genauer kennen- und verstehen lernen.

Das Problem der Deutung der Spektrallinien wurde 1913 durch ein von **Niels Bohr** (1885–1962) vorgeschlagenes neues Modell scheinbar behoben. Unter der Annahme, dass durch Lichtabsorption und -emission die Zustände der Elektronen innerhalb des Atoms verändert werden, was aber nur durch bestimmte Wellenlängen (d. h. nur durch bestimmte Licht-Energien) geschieht, wie die Spektrallinien zeigen, gelangte Bohr zu der Vorstellung, dass dann auch die Elektronen selbst jeweils nur bestimmte Energien annehmen können. Diese Vorstellung war für die damalige Zeit revolutionär, allerdings auch, wie wir in den folgenden Kapiteln noch sehen werden, den damaligen physikalisch-mathematischen Werkzeugen weit voraus. Bohr postulierte somit sein Atommodell, ohne dieses letztlich physikalisch konsistent beweisen zu können – ein Problem, welches die Vorgängermodelle von Rutherford und Thomson mit ihren in Folge der Ladungsseparation nach den klassischen Vorstellungen der Physik eigentlich instabilen Atomen allerdings auch schon hatten. Analog zu den Bahnen von Planeten um die Sonne sollten nach Bohr die Elektronen auf bestimmten stationären Kreisbahnen jeweils den positiv geladenen Atomkern umrunden, wobei im Sinne der klassischen Physik ein Kräftegleichgewicht zwischen der Anziehung (im Fall von Atomkern und Elektron durch die Coulomb-Kraft, im Fall von Sonne und Planet durch die Gravitation) und der Abstoßung (bei Atomkern und Elektron sowie bei Sonne und Planet durch die Zentrifugalkraft) herrschen muss:

$$F_{\text{Coulomb}} = -\frac{e^2}{(4 \cdot \pi \cdot \varepsilon_0) \cdot r^2} = -F_{\text{zentr.}} = -\frac{m \cdot v^2}{r} \tag{38}$$

Die kinetische Energie der Elektronen entspricht dann $E_{\text{kin}} = \frac{1}{2} \cdot m \cdot v^2$. Während nun Planetenumlaufbahnen je nach Geschwindigkeit, d. h. je nach Ausmaß der wirkenden Kräfte, beliebige Bahnradien annehmen können (je näher an der Sonne, desto schneller muss sich der Planet bewegen damit die Bahn stabil ist), postulierte Bohr (1913), in Übereinstimmung mit der von Max Planck vorhergesagten Strahlungsformel (1900, $\Delta E = h \cdot v$), zunächst willkürlich (in der Originalarbeit steht einfach „Putting"), dass Elektronen nur genau solche Kreisbahnen annehmen können, bei denen die Umlaufenergie einem halbzahligen Vielfachen der elementaren Naturkonstante h entspricht. Daraus ergibt sich dann für die Arbeit W, welche nötig ist, um das umlaufende Elektron komplett von seinem Atomkern zu trennen:

$$W = \frac{1}{2} \cdot m \cdot v^2 = \frac{\tau}{2} \cdot h \cdot v \tag{39}$$

$h = 6{,}626 \cdot 10^{-34}\,\text{J} \cdot \text{s}$ trägt die Einheit Energie mal Zeit und wird **Plancksches Wirkungsquantum** genannt, und τ ist eine natürliche Zahl (1, 2, 3, …). Bohr setzte nun entsprechend der klassischen Mechanik die Umlauffrequenz v in Beziehung zur Umlaufgeschwindigkeit v und zum Bahnradius r:

$$\omega = 2 \cdot \pi \cdot \nu = \frac{v}{r} \tag{40}$$

Durch Einsetzen von Gl. 38 und Gl. 40 in Gl. 39 erhielt er schließlich (wobei in der Originalarbeit der Faktor $(4 \cdot \pi \cdot \varepsilon_0)$ aus Gl. 38 nicht auftaucht):

$$W = \frac{2 \cdot \pi^2 \cdot m \cdot e^4}{\tau^2 \cdot h^2} \tag{41}$$

Für verschiedene Bahnradien der Elektronen skaliert W demnach reziprok quadratisch, d. h. ist proportional zu $1, \frac{1}{4}, \frac{1}{9}$ etc. Die Herleitung dieser wichtigen Gleichung 41 findet sich nicht explizit in der Originalarbeit von Bohr (hier wird stattdessen lediglich auf „simple arithmetics" verwiesen), weshalb wir diese im Folgenden kurz nachvollziehen wollen:

Entsprechend Gl. 38 bis Gl. 40 gilt (wobei wir wie in der Originalarbeit von Bohr den Faktor $(4 \cdot \pi \cdot \varepsilon_0)$ ignorieren):

$$\frac{e^2}{2 \cdot r} = W = \frac{1}{2} \cdot m \cdot v^2 = 2 \cdot \pi^2 \cdot m \cdot v^2 \cdot r^2 \tag{42}$$

Gleichsetzen von Gl. 42 mit Gl. 39 und Auflösen nach der Umlauffrequenz ν ergibt den folgenden Ausdruck für die erlaubten Umlauffrequenzen:

$$\nu = \frac{\tau \cdot h}{4 \cdot \pi^2 \cdot m \cdot r^2} \tag{43}$$

Setzen wir nun diesen Ausdruck für ν wiederum in Gl. 42 ein und lösen nach den erlaubten Bahnradien r auf, so erhalten wir schließlich

$$r = \frac{\tau^2 \cdot h^2}{4 \cdot \pi^2 \cdot m \cdot e^2} \tag{44}$$

Einsetzen von Gl. 44 in Gl. 42, $\frac{e^2}{2 \cdot r} = W$, ergibt dann direkt Gl. 41.

Mit Hilfe von Gl. 43 können wir andererseits auch direkt die sogenannte **Bohrsche Resonanzbedingung** ableiten, die sich in fast jedem Lehrbuch, jedoch nicht in den Originalarbeiten von Niels Bohr findet. Für den Bahndrehimpuls des umlaufenden Elektrons gilt $l = r \cdot m \cdot v = r \cdot m \cdot 2 \cdot \pi \cdot \nu \cdot r = 2 \cdot \pi \cdot m \cdot \nu \cdot r^2$, woraus wir durch Einsetzen von Gl. 43 für ν folgenden Ausdruck für den erlaubten Drehimpuls l des umlaufenden Elektrons erhalten:

$$l = 2 \cdot \pi \cdot m \cdot \nu \cdot r^2 = \frac{2 \cdot \pi \cdot m \cdot \tau \cdot h}{4 \cdot \pi^2 \cdot m \cdot r^2} \cdot r^2 = \frac{\tau \cdot h}{2 \cdot \pi} = \tau \cdot \hbar \tag{45}$$

In Worten: der Bahndrehimpuls des kreisenden Elektrons muss ein ganzzahliges Vielfaches des durch $2 \cdot \pi$ dividierten Planckschen Wirkungsquantums sein; diese Größe wird gemeinhin als $\hbar$ („h-quer") bezeichnet. Dazu folgende Einordnung: Der Drehimpuls jedes drehenden Objekts beträgt $l = r \cdot m \cdot v$. Er ist, wie auch der „normale" Impuls, eine

Erhaltungsgröße, d. h. bleibt konstant solange keine Kraft auf einen drehenden Körper einwirkt. Stellen wir uns etwa einen Ball der Masse m an einem Seil der Länge r vor, den wir mit der Geschwindigkeit v herumschleudern. Wenn wir das Seil verkürzen, was passiert? Da der Drehimpuls erhalten bleibt, muss nach der Formel $l = r \cdot m \cdot v$ die Geschwindigkeit v steigen, wenn die Seillänge r abnimmt. Genau das wird auch beobachtet. Da nun aber bei kleinen Objekten wie Atomen offenbar **Quantelung** eine Rolle spielt, etwa in dem Sinne, dass nur diskrete Werte beispielsweise für die Energie erlaubt sind, die in Paketen daherkommt deren Größe durch das Plancksche Wirkungsquantum h gegeben ist, gilt dies offenbar auch für den Drehimpuls eines Elektrons das um einen Atomkern kreist. Dieser muss offenbar auch einem ganzzahligen Vielfachen der Elementargröße h entsprechen, hier aufgrund der kreisförmigen Geometrie eben noch durch $2 \cdot \pi$ dividiert. Ein entscheidender Unterschied zum Beispiel mit dem Seil ist nun, dass der Drehimpuls des Elektrons zwar quantisiert ist, aber mit steigendem Kernabstand ansteigt. Somit ist der Drehimpuls im Bohrschen Atommodell natürlich auch keine Erhaltungsgröße mehr, falls wir die Umlaufbahn wechseln.

Versagen der klassischen Physik und Entwicklung der Quantenmechanik im historischen Kontext zum Bohr-Modell ℹ️

Zeitgleich zur Entwicklung des Bohrschen Atommodells spielten sich in der Physik des frühen 20. Jahrhunderts eine ganze Reihe von elementaren Paradigmenwechseln ab. So wurde etwa Max Planck zu seinem fundamental neuen Konzept $\Delta E = h \cdot v$ davon inspiriert, dass es im Rahmen der klassisch-physikalischen Beschreibung des Lichts für den sogenannten **Schwarzen Strahler**, d. h. einen Körper, der bei einer bestimmten Eigentemperatur ein kontinuierliches elektromagnetisches Spektrum (= Lichtenergie als Funktion der Lichtfrequenz) abstrahlt, zur sogenannten **Ultraviolettkatastrophe** kommt. Wir wissen durch Alltagerfahrung, dass heiße Körper Licht aussenden; das kennen wir etwa von glühendem Eisen. Wir wissen auch, dass sich der Anteil kurzwelliger Strahlung erhöht, wenn ein Körper heiß wird. So glüht heißes Eisen beispielsweise rot, noch heißeres glüht gelb und noch heißeres glüht weiß; das liegt daran, dass mit zunehmender Temperatur der blaue Anteil zunimmt. Der Physiker Lord Rayleigh nahm hierzu an, dass diese Strahlung durch eine Ansammlung von Oszillatoren zustande kommt und ließ dafür – gemäß der klassischen Lehre – alle möglichen Frequenzen zu. In seinem Bild regt die thermische Bewegung aller Atome die Oszillatoren des elektromagnetischen Feldes an, wobei diese alle den gleichen Anteil der zur Verfügung stehenden Energie erhalten. Demnach werden auch sehr hohe Frequenzen angeregt. Gemeinsam mit James Jeans stellte Rayleigh das **Rayleigh–Jeans Gesetz** auf, demgemäß die Energiedichte für hohe Frequenzen gegen unendlich divergiert – eben gerade, weil die hochfrequenten Oszillatoren zu gleichem Anteil angeregt werden wie die niederfrequenten, jedoch für die Energiedichte sehr große Beiträge liefern. Dies wird jedoch experimentell nicht beobachtet. Erst die von Planck postulierte **Quantisierung der Lichtenergie** entsprechend $\Delta E = h \cdot v$, die dann von Niels Bohr, wenn auch scheinbar willkürlich, in die Beschreibung der Elektronenumlaufbahnen eines Atoms eingebaut wurde (s. Gl. 39), löste das Problem und ergab für den schwarzen Strahler auch theoretisch ein Energiespektrum mit einem Maximum sowie einer Strahlungsenergie von null für sehr hohe Frequenzen, wie es auch dem experimentellen Befund entspricht. In der Tat lässt sich aus dieser Übereinstimmung von Theorie und Experiment der Wert der Planck-Konstante h bestimmen, nämlich durch Anpassung der gerade beschriebenen Planckverteilung, für die es natürlich nach Planck auch eine mathematische Formel gibt, an Messdaten.

Wir können die Schlüssigkeit von Plancks Hypothese im Grunde leicht verstehen: Hiernach können Oszillatoren nur angeregt werden, wenn sie einen Energiebetrag von mindestens $h \cdot v$ erhalten (und auch jenseits dieses Mindestbetrags sind ihre Energiebeträge dann gequantelt). Für sehr hochfrequente Oszillatoren bedeutet dies, dass schlichtweg nicht genug Energie da ist, um sie anzuregen. Die Quantelung führt also zu einer Reduzierung der Beiträge der hochfrequenten Oszillatoren. Eine Anekdote am Rande dieser bahnbrechenden Erkenntnis ist, dass Planck sie nie ganz glauben konnte, sondern stets nur als „notwendiges Rechenwerkzeug" ansah.[9]

Weiterhin konnte **Albert Einstein** 1905 zeigen, dass sich **Licht**, das bis dahin mehrheitlich als Wellenphänomen gedeutet wurde, auch als Teilchen beschreiben lässt, wobei die Energie eines solchen Lichtteilchens dann in Übereinstimmung mit dem neu entwickelten Konzept durch $E = h \cdot v$ gegeben sein muss. Anderseits zeigt Licht aber auch Welleneigenschaften, wie sie etwa in Beugungsexperimenten in Form von Interferenzen auftreten. **De Broglie** vereinte schließlich in seiner Dissertation (1924) die scheinbar widersprüchlichen Befunde in einem **Welle–Teilchen Dualismus**, indem er die klassisch-physikalische Teilcheneigenschaft des Impulses p gemäß $p = \frac{h}{\lambda}$ mit einer Welleneigenschaft λ (= Wellenlänge) verknüpfte. Revolutionär war bei diesem Welle–Teilchen Dualismus, welcher für Licht wie gerade gesehen ja bereits seit 1905 bekannt war, dieses Konzept für beliebige Materie zu

---

9 Übrigens: Auch unsere Sonne kann als schwarzer Strahler mit einer mittleren Temperatur von 5.777 K betrachtet werden, welcher entsprechend der Planckschen Strahlungsformel und dem sogenannten Stefan–Boltzmann Gesetz Licht in Form eines charakteristischen elektromagnetischen Spektrums emittiert, das mit einer integralen Bestrahlungsstärke von 1.367 $W \cdot m^{-2}$ auf die Erde trifft. Das Intensitätsmaximum liegt hierbei etwa bei einer Wellenlänge von 500 nm, d. h. im blau-grünen Bereich des sichtbaren Spektrums. Unsere Erde bekommt auf ihrer jeweiligen Tagesseite einen Teil dieses Lichts ab (aufgrund der Erdkrümmung und Neigung nur ca. 25 % = 342 $W \cdot m^{-2}$). Ein Teil dieses einfallenden Lichts wird an hellen Flächen wie Wolken oder Eis reflektiert (wir reden hier vom sogenannten Albedo, von lat. *albus* = weiß), wonach letztlich 239 $W \cdot m^{-2}$ an primär absorbierter Sonneneinstrahlung auf die Erde eingehen. Dies erwärmt die Erde, die dadurch ihrerseits zu einem schwarzen Strahler wird. Ignorieren wir vorerst den Beitrag der Atmosphäre, so ergäbe sich im Strahlungsgleichgewicht der beiden Schwarzkörper Sonne und Erde, d. h. bei Gleichheit der eingehenden und ausgehenden Strahlungsleistung der Erde, eine mittlere Erdoberflächentemperatur von −18 °C. Dies lässt sich wiederum entsprechend des Stefan–Boltzmann Gesetzes (mit der Stefan–Boltzmann Konstanten $\sigma = 5{,}67 \cdot 10^{-8}$ $W \cdot m^2 \cdot K^{-4}$) ausrechnen: $P/A = 239$ W $m^{-2} = \sigma \cdot T^4 = 5{,}67 \cdot 10^{-8}$ $W \cdot m^2 \cdot K^{-4} \cdot T^4 \Rightarrow T = 254{,}8$ K = −18,3 °C. Die Oberflächentemperatur der Erde beträgt aber deutlich mehr, wodurch Leben auf der Erde erst möglich ist. Dies verdanken wir dem sogenannten natürlichen Treibhauseffekt: Mit Temperaturen im o. g. Bereich strahlt die Erde ihrerseits IR-Strahlung ins Weltall ab, aber ein Teil dieser Strahlung wird durch Reabsorption durch Atmosphärengase wie beispielsweise CO_2 sowie vor allem durch Wasserdampf zurückgehalten. Berücksichtigen wir diesen Beitrag in der o. g. Strahlungsbilanz, so ergibt sich die genannte wärmere Erdoberflächentemperatur, die unseren blauen Planeten so lebensfreundlich macht, wie wir ihn kennen. Nun erhöht sich jedoch durch den Einfluss von uns Menschen vor allem seit der Industrialisierung deutlich die Konzentration der Treibhausgase in der Atmosphäre, vor allem der Gehalt an CO_2 durch Verbrennung von fossil gespeichertem Kohlenstoff in Form von Erdöl, Kohle und Gas. Dadurch gerät das bisherige Strahlungsgleichgewicht aus der Balance, und so hat sich zuletzt die mittlere Temperatur der Erdoberfläche binnen weniger Jahrzehnte bereits um 1,2 °C nach oben verschoben. Im Abkommen von Paris wurde im Jahr 2015 eine maximale Grenze von deutlich unter 2 °C Temperaturerhöhung durch den anthropogenen Treibhauseffekt vereinbart. Bereits dies wird das Erdklima deutlich verändern und zu mehr Dürren und Extremwetter führen. Jenseits dieser Schwelle steigen überdies Risiken dafür, dass unser Temperaturgleichgewicht kippen kann und es in Folge dessen selbstverstärkend zu weiter steigenden, gebietsweise lebensfeindlichen Temperaturen sowie einem stark ansteigenden Meeresspiegel kommen kann.

postulieren, d. h. es werden also nun auch bislang klassisch als Partikel betrachteten Teilchen wie beispielsweise den Elektronen auch Welleneigenschaften zugeschrieben.

Damit können wir uns die Bohr-Bedingung einer quantisierten Bahnenergie des umlaufenden Elektrons auch etwas plausibler machen (wobei allerdings berücksichtigt werden muss, dass die Arbeit von De Broglie erst mehr als 10 Jahre nach den Arbeiten von Niels Bohr erschien): Im Rahmen der Wellenvorstellung eines Elektrons können wir annehmen, dass für eine stabile Umlaufbahn die Elektronenwelle stets genau auf die Kreisbahn passen muss, d. h. der Bahnumfang muss ein ganzzahliges Vielfaches der Elektronen-Wellenlänge sein – wie eine stehende Welle, die auch in der Musik beispielsweise beim Spielen von Saiteninstrumenten auftritt. Konkret heißt das: Auf die innerste, engste Elektronenbahn muss genau eine Elektronen-Wellenlänge passen, auf die zweit-engste Bahn müssen genau zwei Wellenlängen passen, usw. Die Elektronen-Wellenlänge ist nach der De Broglie-Beziehung gegeben als: $\lambda = \frac{h}{p} = \frac{h}{m \cdot v}$. Der Umfang der Kreisbahn ist gegeben als $2 \cdot \pi \cdot r$. Wenn letzteres nun einem ganzzahligen Vielfachen des ersteren entsprechen muss, so muss gelten $2 \cdot \pi \cdot r_n = n \cdot \lambda = \frac{n \cdot h}{m \cdot v}$. Stellen wir dies um, so erhalten wir $r_n \cdot m \cdot v = n \cdot \frac{h}{2 \cdot \pi} = n \cdot \hbar$. Diese Gleichung für den Bahndrehimpuls des Elektrons lässt sich wie bereits gezeigt auch direkt aus den von Niels Bohr angegebenen Gleichungen ableiten (s. Gl. 45). Wir werden uns mit dieser recht anschaulichen Form der Bedingung für die Bohrschen Elektronenbahnen in der folgenden Lehreinheit noch genauer befassen.

Wir können die Lichtabsorption von Atomen, die ein wesentlicher experimenteller Prüfstein für Bohrs Modell ist, auch noch grundlegender diskutieren: Solch eine Absorption von Energie über eine bestimmte Zeitdauer ist grundsätzlich eine Wirkung. Die kleinste Wirkung ist die Absorption eines einzelnen Lichtteilchens (Quantum), wobei die Zeitdauer durch den Kehrwert der Lichtfrequenz gegeben ist, und die Energie des Lichtteilchens durch die Planck-Formel, $E = h \cdot v$. Entsprechend ist die zugehörige minimale Wirkung, das Wirkungsquantum, $W_{min} = E \cdot t = h \cdot v \cdot v^{-1} = h$, d. h. gerade das Plancksche Wirkungsquantum. Wir schweifen hiermit jedoch bereits zu einer neuen physikalischen Betrachtungsweise ab, der Quantenmechanik, welche zwar bereits zu Beginn des 20. Jahrhunderts Zug um Zug entwickelt wurde (siehe die Infobox oben), jedoch noch nicht in das ursprünglich von Bohr postulierte Atommodell einfloss. Sicherlich hat aber das Dilemma des großen Niels Bohr die Entwicklung der Quantenmechanik wesentlich inspiriert; viele seiner ehemaligen Schüler und auch er selbst wurden zu tragenden Größen der Quantenmechanik. In der Tat findet sich im Bohr-Modell selbst bereits ein ganz wesentliches Merkmal der Quantenwelt: die Elektronenbahnen sind nicht beliebig möglich, sondern **gequantelt**. In den obenstehenden Gleichungen wird dies durch die **Quantenzahl** τ ausgedrückt, die in vielen Lehrbüchern gemeinhin als n bezeichnet ist. Diese darf nur natürliche Zahlenwerte haben, d. h. 1, 2, 3, ...; und genau dadurch sind nur ganz bestimmte, eben gequantelte Bahnradien möglich, so wie es uns Gl. 44 angibt.[10] Wir können uns das auch nochmal „kompakt" aus der Bohrschen Grundbedingung Gl. 38 sowie der Bahndrehimpulsbedingung Gl. 45 wie folgt berechnen (so steht es in vielen Lehrbüchern):

---

10 Noch vielmehr als das: nicht nur die Bahnradien sind gequantelt, sondern auch, wie wir eingangs gesehen haben, der Drehimpuls.

$$F_{\text{Coulomb}} = -F_{\text{zentr.}} \qquad (38)$$

$$\Leftrightarrow -\frac{e^2}{(4 \cdot \pi \cdot \varepsilon_0) \cdot r^2} = -\frac{m \cdot v^2}{r}$$

$$\Leftrightarrow \frac{e^2}{(4 \cdot \pi \cdot \varepsilon_0) \cdot m \cdot r} = v^2 \qquad (38a)$$

Es soll gelten (mit n statt τ):

$$m \cdot v \cdot r_n = n \cdot \hbar \qquad (45)$$

$$\xrightarrow{\text{in Gl. 38a}} \frac{e^2}{(4 \cdot \pi \cdot \varepsilon_0) \cdot m \cdot r_n} = n^2 \cdot \frac{\hbar^2}{m^2 \cdot r_n^2}$$

$$\Leftrightarrow r_n = n^2 \cdot 4 \cdot \pi \cdot \varepsilon_0 \cdot \frac{\hbar^2}{m \cdot e^2}$$

$$= n^2 \cdot 52,9 \text{ pm} \qquad (46)$$

Die Zahl 52,9 pm gilt für das einfachste aller Atome: das **Wasserstoffatom**. Sie ergibt sich einfach durch Einsetzen der entsprechenden Werte für eben jenes Atom in die vorletzte Zeile; m ist hierbei die Masse eines Elektrons ($9{,}109 \cdot 10^{-31}$ kg), e die Elementarladung ($1{,}602 \cdot 10^{-19}$ C), und ε_0 die Dielektrizitätskonstante im Vakuum, die auch Permittivität genannt wird ($\varepsilon_0 = 8{,}854 \cdot 10^{-12} \frac{\text{A} \cdot \text{s}}{\text{V} \cdot \text{m}}$). Demnach ergibt sich für die innerste Elektronenbahn mit $n = 1$ ein Atomradius von 53 pm. Für die zweite Elektronenbahn mit $n = 2$ ist der **Bahnradius** bereits 212 pm. Er wächst quadratisch mit n. Für $n = 7$ beträgt der Radius bereits 2,6 nm, und für $n = 300$ gelangen wir zu 4,8 µm.[11]

Ebenfalls können wir durch Kombination der Gleichungen 38 und 45 zu einem Ausdruck für die Energie gelangen, welche Elektronen auf ihren jeweils erlaubten Kreisbahnen besitzen. Diese Energie setzt sich aus einer kinetischen Energie der Bewegung und einer potenziellen Energie aus der Coulomb-Wechselwirkung von positiv geladenem Kern und negativ geladenem Elektron zusammen:

$$E = E_{\text{kin.}} + E_{\text{pot.}} = \frac{1}{2} \cdot m \cdot v^2 - \frac{e^2}{4 \cdot \pi \cdot \varepsilon_0 \cdot r} = -\frac{1}{2} \cdot m \cdot v^2 = -E_{\text{kin.}} \qquad (47)$$

Hierbei haben wir benutzt, dass nach Gl. 38a gilt $m \cdot v^2 = \frac{e^2}{4 \cdot \pi \cdot \varepsilon_0 \cdot r}$. Nach Gl. 45 gilt außerdem für den Impuls des Elektrons $p = m \cdot v = \frac{n \cdot h}{2 \cdot \pi \cdot r}$. Aufgelöst nach dem erlaubten Bahnradius r ergibt sich hieraus:

---

11 Das ist knapp ein zweihundertstel Millimeter, d. h. dringt in Bereiche vor, die nah denen unserer täglichen Lebenswirklichkeit (Millimeter, Zentimeter, ...) kommen. In der Tat wurden solche exotischen Atome (sogenannte Rydberg-Atome) im Hochvakuum des Weltalls schon nachgewiesen.

$$\frac{1}{r} = p \cdot \frac{2 \cdot \pi}{n \cdot h} = \frac{p^2}{m} \cdot \frac{4 \cdot \pi \cdot \varepsilon_0}{e^2} \tag{48}$$

wobei wir für den Ausdruck rechts entsprechend Gl. 38 verwendet haben, dass $p^2 = m^2 \cdot v^2 = \frac{m \cdot e^2}{4 \cdot \pi \cdot \varepsilon_0 \cdot r}$. Aufgelöst nach p erhalten wir somit für die zulässigen Impulse des Elektrons:

$$p = \frac{2 \cdot \pi}{n \cdot h} \cdot m \cdot \frac{e^2}{4 \cdot \pi \cdot \varepsilon_0} \tag{49}$$

Hieraus können wir nun direkt die nach Niels Bohr erlaubten Energie-Eigenwerte E_n berechnen, da gemäß Gl. 47 gilt: $E = -E_{\text{kin.}} = -\frac{p^2}{2 \cdot m} = -\frac{\left(\frac{2 \cdot \pi}{n \cdot h} \cdot \frac{m \cdot e^2}{(4 \cdot \pi \cdot \varepsilon_0)}\right)^2}{2 \cdot m}$. Wir erhalten damit:

$$E_n = -\frac{m \cdot e^4}{(4 \cdot \pi \cdot \varepsilon_0)^2 \cdot 2 \cdot \left(\frac{h}{2 \cdot \pi}\right)^2} \cdot \frac{1}{n^2} \quad \text{mit } n = 1, 2, 3, \ldots \tag{50}$$

Setzen wir wieder die Werte für das Wasserstoffatom in den ersten Faktor von Gl. 50 ein, so erhalten wir hierfür einen Wert von -1.310 kJ $\cdot$ mol^{-1}. Gemäß derselben Gleichung erhalten wir einen Energiewert von null, wenn n unendlich ist, d. h. wenn das Elektron auf einer unendlich großen Bahn kreist, sprich wenn es unendlich weit vom Kern entfernt ist. Wenn wir hingegen für $n = 1$ einsetzen, d. h. wenn wir das Elektron auf der kleinsten Bahn betrachten (die bei Wasserstoff einen Radius von 53 pm hat), so erhalten wir just den Wert von -1.310 kJ $\cdot$ mol^{-1}. Die Differenz dieser zwei Zustände ist $+1.310$ kJ $\cdot$ mol^{-1}; dies entspricht der Energie, die nötig ist um das Elektron aus der ersten Bahn, dem sogenannten Grundzustand, auf einen unendlichen Abstand vom Kern zu bringen, sprich es dem Atom zu entreißen, und damit dem W aus Bohrs Originalarbeit von 1913 (s. Gl. 41). Wir sprechen hierbei von der sogenannten (ersten) **Ionisierungsenergie**. Obwohl dieser Wert hiermit aus der Bohrschen Theorie lediglich mit Hilfe elementarer Naturkonstanten berechnet wurde, stimmt er ziemlich gut mit dem gemessenen Wert von Wasserstoff überein. Im nächsthöheren Zustand $n = 2$ hat das Atom eine Energie von -327 kJ $\cdot$ mol^{-1}. Das ist eine höhere, d. h. weniger negative Energie als die des Zustands mit $n = 1$. In diesem Zustand ist das Atom nur um 327 kJ $\cdot$ mol^{-1} stabiler als das H$^+$-Ion. Je höher die Quantenzahl n, desto näher kommt die Energie jener des ionisierten Atoms.

Um nun den Zustand des Elektrons durch Lichtabsorption zu verändern, berechnen wir die Energiedifferenz zweier verschiedener Elektronenbahnradien:

$$\Delta E = E_{n_2} - E_{n_1} = -\frac{m_e \cdot e^4}{(4 \cdot \pi \cdot \varepsilon_0)^2 \cdot 2 \cdot \left(\frac{h}{2 \cdot \pi}\right)^2} \cdot \left(\frac{1}{n_2^2} - \frac{1}{n_1^2}\right) = h \cdot \nu \tag{51}$$

Das Elektron wird nach der Lichtabsorption nicht auf der Bahn mit dem größeren Bahnradius verbleiben (n_2), sondern unter **Lichtemission** wieder zu dem stabileren Zustand mit kleinerem Bahnradius (n_1) zurückkehren: hierbei wird Licht einer definierten Energie und Wellenlänge emittiert, nämlich der gleichen Energie wie bei der Anregung oder Absorption, und es kommt zu den beobachteten Emissions-Spektrallinien; bereits bei der Absorption sehen wir diese ebenfalls, hier dann aber als „negativ", d. h. sie fehlen im Spektrum des weißen Lichts das wir durch eine Probe unser Substanz treten lassen. Der Mechanismus der Emission von Licht definierter Wellenlänge oder Energie in Form von Spektrallinien ist in Abb. 2.3 skizziert.

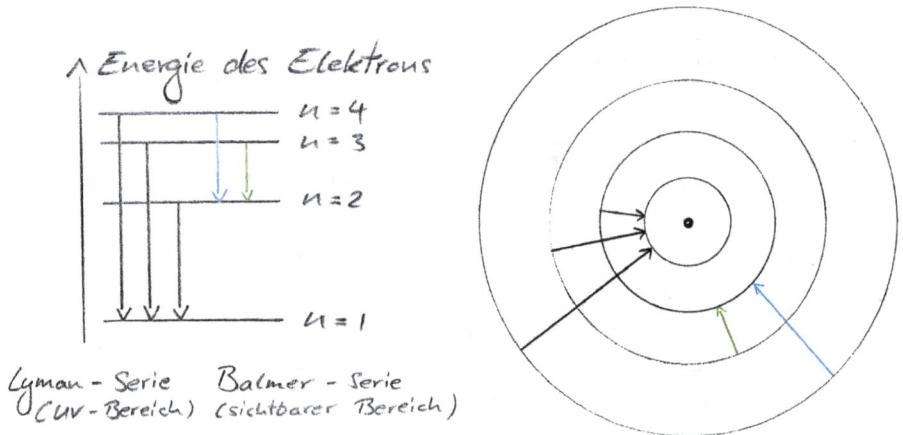

Abb. 2.3: Emission von Licht definierter Wellenlänge nach Anregung der Elektronen des Atoms auf höhere Bahnradien.

Um die Spektrallinien leichter berechnen zu können, können wir in Gl. 51 die Naturkonstanten zur sogenannten **Rydberg-Konstanten** R zusammenfassen und erhalten damit die einfache Gleichung:

$$\frac{1}{\lambda} = -R \cdot \left(\frac{1}{n_2{}^2} - \frac{1}{n_1{}^2} \right) \tag{52}$$

Die Rydberg-Konstante R hat den Wert $1{,}0973 \cdot 10^7\,\mathrm{m}^{-1}$. Bitte beachten Sie, dass in Gl. 52 auf der linken Seite nicht die Energie des emittierten Lichts, sondern dessen reziproke Wellenlänge oder Wellenzahl steht: bei optischen Spektren lässt sich die Energie der emittierten (oder absorbierten) Strahlung auf verschiedene Arten ausdrücken, je nachdem, ob die Frequenz v, die Wellenzahl oder die Wellenlänge λ verwendet wird:

$$\Delta E = h \cdot v = \frac{h \cdot c}{\lambda} = \dots \tag{53}$$

Entsprechend lassen sich auch verschiedene Werte für die Rydberg-Konstante ableiten. Die gebräuchlichste Variante ist Gl. 52 mit $R = \frac{m \cdot e^4}{8 \cdot \varepsilon_0^2 \cdot h^3 \cdot c} = 1{,}0973 \cdot 10^7 \ \mathrm{m}^{-1}$.

Wie in Abb. 2.3 gezeigt ist, ergeben sich für das Linienspektrum des Wasserstoffatoms nun verschiedene **Spektralserien**: die Übergänge von höheren Bahnen auf das Grundniveau $n_1 = 1$ liegen hierbei im UV-Bereich und werden als **Lyman-Serie** bezeichnet, die Übergänge von $n_2 = 3, 4, 5, \dots$ auf das höhere Niveau $n_1 = 2$ liegen im sichtbaren Wellenlängenbereich und heißen **Balmer-Serie**,[12] und die Übergänge auf $n_1 = 3$ (in Abb. 2.3 nicht gezeigt) werden als **Paschen-Serie** bezeichnet und befinden sich im spektralen IR-Bereich. Tabelle 2.1 fasst die Wellenlängen dieser Serien zusammen.

Tab. 2.1: Nach Gl. 52 berechnete Wellenlängen der Spektrallinien des H-Atoms (Lyman-, Balmer- und Paschen-Serie). Nur die Balmer-Serie liegt im sichtbaren Bereich des Spektrums (400–800 nm).

n_2	$n_1 = 1$ (Lyman-Serie)	$n_1 = 2$ (Balmer-Serie)	$n_1 = 3$ (Paschen-Serie)
2	121,5 nm	–	–
3	102,5 nm	656,2 nm	–
4	97,2 nm	486,1 nm	1.874,9 nm
5	94,9 nm	434,0 nm	1.281,7 nm
	UV-Bereich	sichtbarer Bereich	IR-Bereich

Sie mögen an dieser Stelle vielleicht fragen: Wenn Wasserstoff also (u. a.) im sichtbaren Bereich durch Elektronenanregung absorbieren kann, warum ist er dann farblos und durchsichtig? Der Grund ist, dass diese Absorptionen, die zur Balmer-Serie gehören, vom Zustand $n_1 = 2$ ausgehen (und im umgekehrten Fall der Emission auf diesen Zustand aus höheren Zuständen hinführen). Dieser Zustand liegt aber (s. o.) 1.310 kJ · mol^{-1} −327 kJ · mol^{-1} = 983 kJ · mol^{-1} über dem Grundzustand, und ist daher normalerweise (d. h. bei gewöhnlichen Temperaturen) nicht besetzt. Demnach erfolgen alle Absorptionen nur aus dem darunterliegenden Grundzustand mit $n_1 = 1$, und diese liegen im UV-Bereich der Lyman-Serie, sodass wir sie nicht mit unseren Augen wahrnehmen.

---

12 Balmer ist aus einem ganz besonderen Grund der Namensgeber der sichtbaren Spektralserie des Wasserstoffatoms: Er war Schweizer Mathematiklehrer und befasste sich leidenschaftlich gern mit dem Erkennen von Mustern in Zahlenreihen (einem der Kernanliegen der Strukturwissenschaft Mathematik). Er gab vor, zu jedem beliebigen Zahlenquartett eine Formel angeben zu können. Und so gelang ihm dies auch, als ihm jemand die ersten vier Linien des sichtbaren Wasserstoffspektrums nannte. Balmers Formel hierfür lautete $l = \frac{364{,}5 \ \mathrm{nm} \cdot n^2}{n^2 - 4}$, wobei n die Werte 3, 4, 5 und 6 annehmen kann. Es war verblüffend, wie gut diese Formel passte, aber noch verblüffender ist, dass sie auch für größere Werte von n funktionierte und damit sogar erfolgreich neue Spektrallinien vorhersagte! Schließlich wurden sogar ganze Serien neuer Spektrallinien beobachtet, die mit einer ähnlichen Formel berechnet werden können; hierzu muss in Balmers Formel lediglich der Nenner durch den allgemeinen Term $(n^2 - m^2)$ ersetzt werden, wobei m wiederum ganzzahlige, aber kleinere Werte als n annehmen kann (und wobei $m = 2$ dann Balmers Originalformel entspricht). Als Niels Bohr auf diese Formel stieß, sei ihm „auf einmal alles klar geworden".

2.4 Das Versagen der klassischen Physik und des Bohr-Modells

Das Bohrsche Modell erscheint elegant und leistungsstark. Es stimmt aber nicht mit den Konzepten der klassischen Physik überein. Zum einen ist nicht ersichtlich, warum nur diskrete Kreisbahnen erlaubt sein sollten, die dem Experiment scheinbar willkürlich angepasst wurden. Zum anderen ist auch das Bohrsche Atom nach klassisch-physikalischem Bild instabil: das Elektron auf seiner Kreisbahn müsste nämlich durch seine charakteristische Bewegung im elektrischen Feld nach den Maxwell-Gleichungen kontinuierlich Energie in Form elektromagnetischer Strahlung verlieren und somit mit der Zeit in den Kern stürzen.[13] Bohr umging dieses Problem, indem er eben einfach Postulate aufstellte, die die Gültigkeit der klassischen Physik im Bereich der Atome einschränken; eines davon lautet, wie wir gesehen haben: „Es gibt bestimmte Elektronenbahnen, charakterisiert durch eine Quantenzahl, auf denen strahlungslose Umläufe der Elektronen möglich sind." Allerdings kann das Bohr-Modell auch mit diesen recht eigensinnigen Postulaten nicht den damals bereits bekannten **Zeeman-Effekt** erklären: die Aufspaltung der Spektrallinien eines Atoms in magnetischen Feldern. Und das größte Dilemma ist, dass das Bohrsche Modell quantitativ nur auf das Wasserstoffatom, nicht aber auf größere Atome mit mehreren Elektronen oder gar Moleküle anwendbar ist. Ein weiteres Manko ist, dass der Grundzustand des Elektrons nach dem Bohr-Modell einen endlichen Drehimpuls haben sollte, während Experimente zeigen, dass der Drehimpuls tatsächlich null beträgt (das sehen wir in unserer fünften Lehreinheit noch genau). Und schließlich gibt es auch einen didaktischen Kritikpunkt am Bohr-Modell: es ist schlichtweg „zu anschaulich", indem es Atome mit Sonnensystemen analogisiert und somit eine Vergleichbarkeit der Mikrowelt und der Makrowelt suggeriert, die aber nicht existiert.[14]

Bohr hatte aber insofern Glück, als dass er mit der fast zeitgleich aufstrebenden **Quantenmechanik** noch persönlich erlebte, wie die Grundzüge seines Modells, etwa die definierten Energiezustände und die entsprechende Absorption und Emission von Licht definierter Wellenlänge, im Rahmen eines neuen, revolutionären Ansatzes der

---

13 Wenn wir etwa von der Seite auf das Atom mit dem negativ geladenen Elektron schauen, das um den positiv geladenen Kern kreist, so sehen wir einen zeitlich oszillierenden Dipol; und dieser strahlt elektromagnetische Strahlung ab. Genauso funktionieren etwa auch Radioantennen. Dadurch sollte das System mit der Zeit Energie verlieren, was in Bohrs Modell einem stetig schrumpfenden Bahnradius entsprechen sollte. Das Elektron sollte also in einer Spiralbewegung in den Kern fallen. Als Bohr einst gefragt wurde, warum dies offenbar nicht passiert, soll er lediglich geantwortet haben *„es fällt eben nicht"*.

14 Wir dürfen auch in späteren Lehreinheiten nicht der Versuchung erliegen, quantenmechanische Phänomene mit Phänomenen aus der makroskopischen Welt zu analogisieren. Ein weiteres schönes Beispiel ist der Spin, den wir geneigt sind uns wie eine Rotation von Quantenobjekten (wie etwa Atomkernen oder Elektronen) vorzustellen. Das ist irreführend. Der Spin ist ein rein quantenmechanisches Phänomen, das keine klassische Analogie hat!

Physik sauber interpretiert werden konnten.[15] Ein Nachteil dieser neuen Physik mag allerdings sein, dass diese mit der Einführung sogenannter Wellenfunktionen sowie dem Welle–Teilchen Dualismus (siehe folgendes Kapitel) die normale Vorstellungskraft von uns Menschen, die einem makroskopischen Wahrnehmungsfeld entstammt, sprengt. Die Frage „was genau ist eine Wellenfunktion" lässt sich kaum eindeutig beantworten, ja selbst Albert Einstein zweifelte lange an den Deutungen der Quantenmechanik und der Aufgabe der Vorstellung von einer durch die Gesetze der Physik exakt determinierten Welt. Ein Zitat von Einstein lautet: „*Die Quantenmechanik ist sehr achtunggebietend. Aber eine innere Stimme sagt mir, dass das noch nicht der wahre Jakob ist. Die Theorie liefert viel, aber dem Geheimnis des Alten bringt sie uns kaum näher. Jedenfalls bin ich überzeugt, daß der Alte nicht würfelt.*" Ein möglicher Ansatz ist die sogenannte Kopenhagener Deutung, an der Niels Bohr als bedeutender Forscher am Übergang vom klassischen zum quantenmechanischem Atombild maßgeblich beteiligt war.

Lassen Sie uns zusammenfassen: In dieser Lehreinheit haben wir die historische Entwicklung unserer Vorstellung von der Materie anhand einiger wichtiger Meilensteine aufgezeigt. Unsere Auswahl mag beileibe nicht vollständig sein, sollte sie doch nur die wesentlichsten Etappen illustrieren: von der Antike, wo erstmals der Begriff eines unteilbaren kleinsten Teilchens (Atom) noch lediglich anhand rein philosophischer Betrachtungen aufkam, bis Niels Bohr mit seinem im 20. Jahrhundert an neueste experimentelle Beobachtungen (Linienspektren) angepassten Schalenmodell. Wir sind auch in das Feld der Alchemie abgeschweift (Böttger), mit der Absicht hieran zu zeigen, wie große Errungenschaften der Chemie auch unter völlig falschen

---

15 So stimmen beispielsweise die Ergebnisse von Niels Bohr zur Abhängigkeit der Radien und Energien der Elektronenbahnen von einer natürlichen Zahl n mit den Vorhersagen der Quantenmechanik über die sogenannte Hauptquantenzahl n überein. Für die Bestimmung der maximalen Besetzung einer Bohrschen Kreisbahn mit Elektronen nach der $2 \cdot n^2$-Regel (d. h. 2, 8, 18, 32 Elektronen für die ersten vier Bahnen) sowie für die Deutung des bereits erwähnten Zeeman-Effekts werden jedoch noch weitere Quantenzahlen benötigt, wie sie erst die Quantenmechanik liefert. So führen Nebenquantenzahlen wie die Drehimpulsquantenzahl l zu sogenannten s-, p-, d- und f-Orbitalen, welche auch für die Deutung des Zeeman-Effekts benötigt werden. Berücksichtigen wir noch den Spin und das sogenannte Pauli-Prinzip, so gelangen wir schließlich zu unserem modernen Verständnis vom Aufbau der Atome sowie der erwähnten maximalen Besetzung von $2 \cdot n^2$. Auch die in der Chemie praktisch wichtige Oktettregel wird uns damit plausibel. Hiernach sind Zustände mit 8 Außenelektronen besonders stabil. In der Chemie-Grundausbildung wird hierzu oft gesagt, das entspreche eben genau einem Zustand gefüllter Außenschalen. Allerdings gilt das ja nur für die zweite Schale – bereits auf die dritte passen schon weit mehr Elektronen. Dennoch sind auch hier 8er-Zustände stabil. Um dies zu verstehen, müssen wir uns klarmachen, dass die Bohrschen Schalen eben doch nicht als solche existieren, sondern sich weiter in Orbitale des Typs s, p, d und f unterteilen – wobei besonders die s- und p-Orbitale stabil sind, und diese können eben zusammen gerade 8 Elektronen aufnehmen. Wir werden all dies später noch detailliert kennenlernen und begründen.

Vorstellungen von der Natur der Materie durchaus möglich waren. Dieses Zufalls-
prinzip hat allerdings Grenzen, und um die wirklich wichtigen Herausforderungen
unserer Zeit wie Energieversorgung und Klimawandel wissenschaftlich systematisch
zu lösen, kommen wir nicht umhin, unsere Umgebung möglichst gut zu verstehen.
Dies führt uns aber, wie am Ende dieser Lehreinheit gezeigt, weg von einer vorstellungsgerechten klassischen Physik hin zu der kaum vorstellbaren Welt der **Quantenmechanik**, die wir mit dem nächsten Abschnitt zum **Welle–Teilchen Dualismus**
vorsichtig betreten wollen.

DAS WICHTIGSTE IN KÜRZE
- **Dalton** deutete Atome als identische kugelförmige Bausteine sämtlicher chemischen Elemente. Aus den definierten Gewichtsverhältnissen der Stoffe schloss er, dass sich Atome nur in ganz bestimmten Gewichtsverhältnissen paaren (**Gesetz der multiplen Proportionen**).
- **Thomson** stellte, ohne den partikulären Charakter der in der Kathodenstrahlung vorliegenden Elektronen explizit zu kennen, das nach ihm benannte Atommodell auf: lediglich die Elektronen tragen zur Masse des Atoms bei, wohingegen die ebenfalls vorhandene gleich große positive Ladungsmenge masselos ist.
- Geiger und Marsden zeigten experimentell, dass eine massive lokale Anordnung der positiven Ladung beispielsweise im Zentrum des Atoms vorliegt. Dies führte zum von **Rutherford** entwickelten Atommodell nahezu masseloser Elektronen, welche in der Umgebung des Kerns statistisch verteilt sind.
- Das Problem der Deutung der **Spektrallinien** wurde 1913 durch ein von **Bohr** vorgeschlagenes neues Modell scheinbar behoben: die Elektronen bewegen sich auf bestimmten stationären Kreisbahnen mit entsprechend definierter Energie um den positiven Kern. Die Radien und Energien dieser Kreisbahnen wurden hierbei willkürlich in Übereinstimmung mit der von **Planck** vorhergesagten Strahlungsformel festgelegt, und die Spektrallinien ergeben sich nun durch Sprünge der Elektronen zwischen diesen Kreisbahnen: $\frac{1}{\lambda} = -R \cdot \left(\frac{1}{n_2^2} - \frac{1}{n_1^2}\right)$, mit der **Rydberg-Konstante** $R = 1{,}0973 \cdot 10^7$ m^{-1}.
- Das Bohrsche Atommodell stimmt aus mehreren Gründen nicht mit den Konzepten der klassischen Physik überein, was uns weg von einer vorstellungsgerechten klassischen Physik hin zur **Quantenmechanik** führt.

VERSTÄNDNISFRAGEN

1. **Welche Befunde sprechen für das Atommodell nach Thomson?**
   a) Kathodenstrahlen, welche aus Atomen gebildet werden, bestehen aus negativen Ladungen, welche unabhängig von der Art des Gases in der Kammer immer mit derselben spezifischen Ladung auftreten.
   b) Atome sind insgesamt elektrisch neutral.
   c) Alphateilchen prallen teilweise an dünnen Schichten aus Atomen ab.
   d) Elektronen sind kleine Teilchen.

2. **Welche Befunde sprechen für das Atommodell nach Rutherford?**
   a) Kathodenstrahlen bestehen aus negativen Ladungen, welche unabhängig von der Art des Gases in der Kammer immer mit derselben spezifischen Ladung auftreten.
   b) Atome sind insgesamt elektrisch neutral.
   c) Alphateilchen prallen teilweise an dünnen Schichten aus Atomen ab.
   d) Im Atom liegen Elektronen starr an ihren Plätzen vor. Beschießen wir Atome nun mit Alphateilchen, so prallen diese aufgrund der Coulomb-Abstoßung an den Elektronen ab.

3. **Was spricht gegen das Atommodell von Bohr?**
   a) Teilchen können ohne zusätzliche Energieaufnahme nicht die Bewegungsrichtung ändern, d. h. auf einer Kreisbahn wandern.
   b) Die Annahme, dass sich Elektronen auf diskreten Bahnen um den Kern ohne Energieverlust bewegen können, widerspricht der klassischen Physik (Elektrodynamik).
   c) Für Atome werden Linienspektren gemessen.
   d) Das Modell wurde von Befunden aus der makroskopischen Welt (Astronomie) inspiriert und enthält somit Ansätze der klassischen Physik.

4. **Welchem spektralen Bereich ist die Balmer-Serie des Wasserstoffatom-Spektrums zuzuordnen?**
   a) λ ca. zwischen 400 nm und 800 nm
   b) λ ca. zwischen 50 nm und 300 nm
   c) λ ca. zwischen 1.000 nm und 50 μm
   d) λ ca. zwischen 400 μm und 800 μm

Vertiefungsfragen

5. **Wie lässt sich der Teilchencharakter des Elektrons experimentell belegen?**
   a) Gar nicht, da Elektronen keine Teilchen sind.
   b) Durch eine Nebelkammer: die Elektronen sind bei hinreichend hoher kinetischer Energie in der Lage umgebenden Dampf zu ionisieren. Die Ionen stellen Keime für Kondensation dar.
   c) Durch eine Nebelkammer: die Elektronen verdrängen teilweise den Dampf und ziehen so Spuren durch den Nebel.
   d) Durch eine Nebelkammer: die Elektronen laden die Moleküle des Dampfes zum Teil elektrisch auf, wodurch es zur Emission von Licht kommt („Blitze im Nebel").

6. **Was ist das Plancksche Wirkungsquantum?**
   a) Eine Naturkonstante, die sich aber nicht unmittelbar interpretieren lässt.
   b) Die kleinste übertragbare Energie-Einheit, die prinzipiell messbar ist.
   c) Die kleinste pro Zeiteinheit übertragbare Energie-Einheit, die prinzipiell messbar ist.
   d) Die kleinste übertragbare Energie-Einheit multipliziert mit der Übertragungsdauer, die prinzipiell messbar ist.

7. **Spektrallinien können nur für Atome und nicht für Moleküle detektiert werden, weil ...**
   a) nur deren Elektronen sich auf Kreisbahnen bewegen, da das positive Zentrum eine Kugel ist.
   b) elektronische Übergänge bei Molekülen in einem völlig anderen Energiebereich weit jenseits des sichtbaren Lichts stattfinden.
   c) elektronische Übergänge bei Molekülen von anderen Freiheitsgraden wie Rotation und Vibration überlagert werden.
   d) elektronische Übergänge bei Molekülen nur bei sehr tiefen Temperaturen nicht von anderen Freiheitsgraden wie Rotation und Vibration überlagert werden.

8. **Welche der folgenden Aussagen des Bohrschen Atommodells ist *nicht* mit der modernen Quantenmechanik vereinbar?**
   a) Im Atom existieren stabile Energiezustände (stationäre Zustände). Ein Elektron sendet nur dann Strahlung aus, wenn es von einem höheren Energiezustand in einen niedrigeren „fällt", und es kann nur dann Strahlung absorbieren, wenn es von einem niedrigeren in einen höheren Energiezustand übergeht: $\Delta E = h \cdot v$.
   b) Der Drehimpuls des Elektrons ist ein Vielfaches des Planckschen Wirkungsquantums.

c) Elektronen bewegen sich auf Bahnen, wie Planeten, in einem Kräftegleichgewicht zwischen Coulombkraft und Zentrifugalkraft um den im Zentrum des
Atoms lokalisierten Atomkern.

d) Doch! Das Bohrsche Atommodell ist in all seinen Aussagen mit der modernen
Quantenmechanik im Einklang; es ist sogar nichts geringeres als die Basis
davon.

3 Grundlagen der Quantenmechanik

EINHEIT 3: WELLE-TEILCHEN DUALISMUS
Wir haben am Ende der vorigen Einheit gesehen, dass wir mit unserer Vorstellung vom Atom im Rahmen der klassischen Physik nicht wirklich weiterkommen, ohne auf fundamentale Widersprüche zu stoßen. In diesem Abschnitt werden wir sehen, wie wenig wir in diesem Rahmen überdies grundsätzlich von der Welt wissen; bzw. dass unsere Deutung der Welt je nach Experiment verschieden ausfallen muss. Erstmalig fiel dies Albert Einstein am Beispiel des Lichts auf, als er die Experimente von Philipp Lenard zum photoelektrischen Effekt (Kiel; 1900) deutete, indem er die bis dahin gültige Vorstellung von der Natur des Lichts in einer berühmten Arbeit 1905 revolutionierte. Den Nobelpreis erhielt Einstein dann 1921 erst vergleichsweise spät für seine Deutung des photoelektrischen Effekts, während Lenard just im Jahr 1905 diesen Preis für seine Arbeiten zur Kathodenstrahlung bekam. Wir sehen, wie relevant die Thematik dieses Kapitels ist. Nobelpreise säumten den Weg bei der Entwicklung unserer modernen Vorstellung von der Natur der Materie und damit der uns umgebenden Welt zu Beginn des 20. Jahrhunderts.

3.1 Welle-Teilchen Dualismus

3.1.1 Licht: Welle oder Teilchen?

Zu Beginn unserer Reise in das Gebiet der Physikalischen Chemie hatten wir umrissen, was ein Modell ist. Es handelt sich dabei um ein Abbild der Wirklichkeit. In der Physik gibt es zwei ganz fundamentale Grundmodelle: das **Teilchenmodell** (d. h. die Behandlung von Systemkomponenten als kleinste Einheiten, eben Teilchen) und das **Wellenmodell** (d. h. die Auffassung, dass bestimmte Phänomene in Form zeitlich und örtlich oszillierender Eigenschaften auftreten, die sich im Raum ausbreiten). Beides sind vereinfachte konzeptuelle Erklärungsgrundlagen für beobachtbare Naturphänomene, z. B. für den Druck eines Gases als Folge des Aufpralls von Gasteilchen auf die Gefäßwände oder für die Interferenz von Wasserwellen. Im Folgenden werden wir erkennen, dass es auch Phänomene gibt, die mit *mehreren* solcher Modelle erklärbar sind, je nachdem auf welcher Eigenschaft dabei unser Fokus liegt.

Die Natur des Lichts beschäftigte die Forschenden schon seit langem. **Isaac Newton** (1643–1727) deutete es als Strom von Partikeln (sogenannten Korpuskeln) die von einer Lichtquelle ausgeschleudert werden und sich geradlinig ausbreiten, solange sie auf keine Hindernisse stoßen. Die Newtonsche Theorie ließ verstehen, weshalb undurchsichtige Körper scharfe Schatten werfen. Für die dabei auftretenden feineren Effekte der Beugung an den Rändern machte Newton Kräfte verantwortlich, die eine geringe Ablenkung der vorbeifliegenden Lichtteilchen bewirken. Die Brechung deutete er als Ergebnis einer Anziehung, die das brechende Medium auf die Lichtteilchen ausübt. Im Gegensatz dazu interpretierte **Christian Huygens** (1629–1695) das Licht als Wellenerscheinung. Später verknüpften Thomas Young (1773–1829) und Augustin Fresnel (1788–1827) den

https://doi.org/10.1515/9783110737578-003

Wellenbegriff mit der Vorstellung einer periodischen Bewegung. Damit gelang ihnen (unabhängig voneinander) eine Deutung der Interferenzerscheinungen. Sie machten dabei deutlich, dass sich unter bestimmten Bedingungen zwei Lichtwellen gegenseitig auslöschen, d. h. dass in diesem Fall das Prinzip „Licht + Licht = Dunkelheit" gilt. Die Wellentheorie wurde durch die Arbeiten von **James Clerk Maxwell** (1831–1879) im 19. Jahrhundert weiterentwickelt, der die nach ihm benannten fundamentalen Gleichungen des Elektromagnetismus aufstellte. Maxwell berechnete unter Benutzung mechanischer Analogien die Ausbreitungsgeschwindigkeit transversaler Wellen zu $c = (\varepsilon_0 \cdot \mu_0)^{\frac{1}{2}}$, wobei ε_0 und μ_0 die Dielektrizitätskonstante bzw. die Permeabilität des Vakuums bezeichnen. Indem er für $\varepsilon_0 \cdot \mu_0$ den 1856 von Wilhelm Weber und Rudolf Kohlrausch elektromagnetisch gemessenen Wert einsetzte, fand er für c einen Wert, der so genau mit dem von Armand Hippolyte Louis Fizeau gemessenen Wert der Lichtgeschwindigkeit übereinstimmte, dass er den Schluss auf die elektromagnetische Natur des Lichts „kaum vermeiden konnte". Erst später leitete er aus seinen Grundgleichungen eine Wellengleichung ab. Diese Auffassung vom Licht fand eine glänzende experimentelle Bestätigung durch Heinrich Hertz (1857–1894), dem es gelang, auf elektrischem Wege elektromagnetische Wellen zu erzeugen und nachzuweisen, dass sie die gleichen Eigenschaften wie Lichtwellen besitzen. Im Jahr 1905[16] allerdings erkannte Einstein, dass Licht, wenn es auf eine Metalloberfläche trifft, in der Lage ist Elektronen daraus freizusetzen, deren Anzahl proportional zur Lichtintensität ist; eine Erklärung hierfür ist durch die Wellentheorie nicht möglich, wohl aber dadurch, dass Licht als Strom von Teilchen angesehen wird, die beim Aufprall auf das Material Elektronen daraus herausschlagen. Diese **duale Natur von Licht**, das sich in manchen Experimenten als Wellenerscheinung auffassen lässt, in anderen hingegen als Teilchenstrom, veranlasste William Bragg, der im Jahr 1915 gemeinsam mit seinem Sohn den Nobelpreis für Kristallstrukturuntersuchungen mit Röntgenstrahlen erhielt (s. u., Gl. 57), zur Aussage, dass er montags, mittwochs und freitags die Teilchentheorie des Lichts lehre, dienstags, donnerstags und samstags dagegen die Wellentheorie. Wir wollen im Folgenden nun näher diskutieren, wie es zu diesen verschiedenen Auffassungen und Deutungen kommt.

3.1.1.1 Licht als elektromagnetische Welle

Licht lässt sich quantitativ über die **Maxwell-Gleichungen** als ein Wechselspiel von oszillierenden elektrischen und magnetischen Feldern beschreiben, die sich, einmal angestoßen, jeweils gegenseitig generieren und insgesamt mit der Lichtgeschwindigkeit $c = 3 \cdot 10^8 \, \mathrm{m} \cdot \mathrm{s}^{-1}$ im Raum und selbst im Vakuum ohne eine Trägersubstanz

---

16 Das Jahr 1905 gilt als „annus mirabilis" der Physik, da Einstein neben seiner Dissertation in diesem Jahr vier weitere grundlegende Arbeiten publizierte: Die oben genannte Arbeit zur Deutung des photoelektrischen Effekts, sowie überdies eine Arbeit zur Brownschen Bewegung, eine Arbeit zur speziellen Relativitätstheorie, und schließlich eine Arbeit, für die er in der Öffentlichkeit vielleicht am bekanntesten ist: seine Erkenntnis der Äquivalenz von Masse und Energie ($E = m \cdot c^2$).

("Äther") fortbewegen. Die elektrische Feldamplitude dieser Wellenerscheinung mit der Wellenlänge λ (dies ist die Wegstrecke von einem Wellental oder Wellenberg zum nächsten) ist dann ein sowohl räumlich als auch zeitlich mit der Lichtfrequenz $v = \frac{c}{\lambda}$ oszillierender Vektor entsprechend Gl. 54.

$$\vec{E}(x,t) = \vec{E}_0 \cdot \cos\left(\frac{2 \cdot \pi}{\lambda} \cdot x - \frac{2 \cdot \pi \cdot c}{\lambda} \cdot t\right) \tag{54}$$

Die Intensität dieser Lichtwelle entspricht dem Amplitudenquadrat der elektrischen Feldstärke, $I = E_0{}^2$. Hier soll bereits betont werden, dass die Intensität des Lichts nach dem geschilderten klassischen Wellenbild nicht von dessen Frequenz oder Wellenlänge abhängt. Wir werden bald sehen, dass dies entscheidend ist für Einsteins revolutionäre Arbeit.

Die **Welleneigenschaften von Licht** lassen sich auch experimentell belegen. So zeigt Licht beispielsweise beim berühmten Doppelspaltversuch Beugungs- oder Interferenzerscheinungen. Tritt ein von einer punktförmigen Lichtquelle emittierter monochromatischer Lichtstrahl (d. h. Licht einer definierten Wellenlänge) durch eine Blende mit zwei schmalen Schlitzen, so findet sich auf einem Schirm dahinter ein regelmäßiges Muster aus hellen und dunklen Streifen, wie in Abb. 3.1 gezeigt ist.

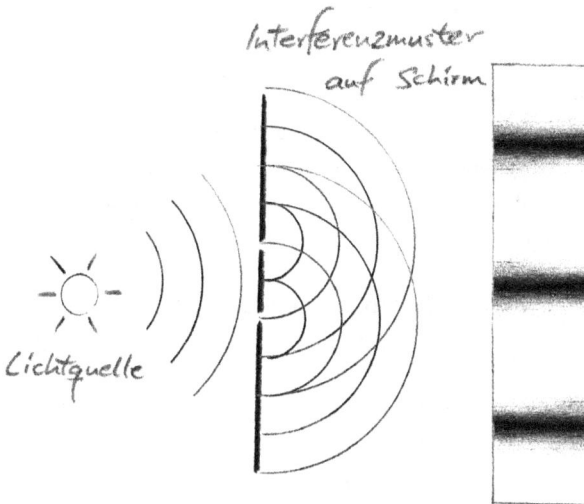

Abb. 3.1: Beugung von monochromatischem Licht am Doppelspalt als experimenteller Beleg für dessen Wellencharakter.

Würde Licht hingegen aus Teilchen bestehen, so sollten wir im Doppelspaltversuch lediglich zwei helle Streifen erwarten, und zwar nur an Positionen entsprechend einer geraden Linie vom Schirm durch die Spalte zur Lichtquelle. Wie in Abb. 3.1 gezeigt ist, erzeugt der Doppelspalt aber formal zwei neue lokalisierte Lichtquellen, wobei deren jeweils emittiertes Licht in einer festen Phasenbeziehung zueinander steht. **Interferenz** bedeutet nun, dass sich Wellenberge zu Bereichen höherer Intensität (helle Streifen auf dem Schirm) addieren, während es beim Zusammentreffen von Wellenberg und Wellental sogar zur völligen Auslöschung kommt (dunkle Streifen auf dem Schirm).

> **i Analogie: Wasserwellen**
> Derartige Interferenzerscheinungen können Sie auch einfach mit Wasserwellen selbst zu Hause erzeugen und beobachten. Füllen Sie eine große und tiefe Schüssel mit Wasser, und lassen Sie zeitgleich zwei Münzen nebeneinander ins Wasser fallen. Vergleichen Sie das entstehende Wellenmuster dabei mit dem regelmäßigen kreisförmigen Wellenmuster, welches sich ergibt, wenn Sie lediglich eine Münze ins Wasser fallen lassen. Sie können sogar das in Abb. 3.1 gezeigte Doppelspaltexperiment mit Wasserwellen nachstellen. Wenn Sie eine Münze in Ihre Schüssel mit Wasser werfen, so können Sie ungefähr abschätzen, wie groß die entstehende Wasser-Wellenlänge ist (sie dürfte im Bereich etwa eines Zentimeters liegen). Wenn Sie jetzt etwa aus Stöckchen ein Hindernis mit zwei Öffnungen bauen, ähnlich dem in Abb. 3.1, und in einigem Abstand davor wieder eine Münze ins Wasser fallen lassen, so werden Sie ein Wellenmuster wie in Abb. 3.1 beobachten.

Die umfangreichen und systematischen quantitativen Untersuchungen von Philipp Lenard um 1900, aufbauend auf früheren Arbeiten von Heinrich Hertz (1886) und Wilhelm Hallwachs (1887), führten jedoch zu einer völlig anderen Deutung der Natur des Lichts, wie wir im folgenden Abschnitt sehen werden.

3.1.1.2 Der photoelektrische Effekt

An der Wende vom 19. ins 20. Jahrhundert fand Philipp Lenard in Kiel bei der Bestrahlung verschiedener Metalle mit UV-Licht die folgenden quantitativen Befunde:

i.   Die Bestrahlung des Metalls mit UV-Licht setzt Elektronen aus dem Metall frei; wir sprechen dabei von Photoionisation. Die *Anzahl* der detektierten Elektronen ist dabei proportional zur *Intensität* des einfallenden Lichts.

ii. Die *Geschwindigkeit* der austretenden Elektronen und damit deren *kinetische Energie* hängt hingegen nicht von der Lichtintensität, sondern lediglich von der *Lichtwellenlänge* ab.

iii. Es gibt keinen kritischen Schwellenwert, sondern der photoelektrische Effekt setzt instantan auch bereits bei schwächster Lichtintensität ein.

iv. Der photoelektrische Effekt setzt allerdings erst oberhalb eines bestimmten scharfen *Grenzwerts der Lichtfrequenz* (d. h. erst unterhalb einer best. Wellenlänge) ein, der für jedes untersuchte Metall verschieden ist.

Die Befunde dieses sogenannten **äußeren photoelektrischen Effekts** lassen sich im experimentellen Aufbau der Gegenfeldmethode demonstrieren, die in Abb. 3.2 skizziert ist:

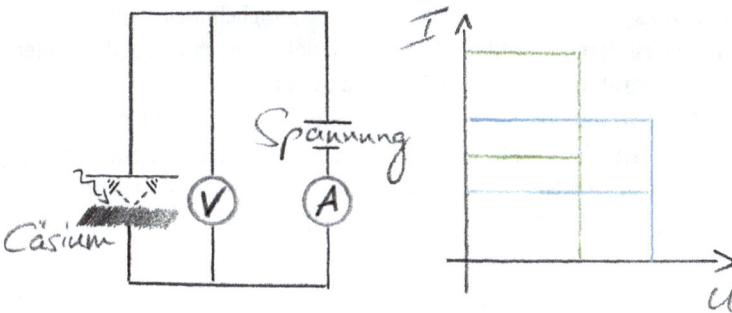

Abb. 3.2: Gegenfeldmethode zur experimentellen Demonstration des photoelektrischen Effekts. Ein Metall, im Beispiel Cäsium, wird mit UV-Licht definierter Wellenlänge und Intensität bestrahlt, und anschließend wird über eine Strom-Spannungskurve des erzeugten Photostroms die Anzahl und Energie der emittierten Photoelektronen gemessen: hierbei entspricht die Stromstärke I direkt der Anzahl, während die Gegenspannung U, die nötig ist um den Stromfluss zu unterbrechen (und damit quasi die Elektronen im Metall zu halten), ein direktes Maß für die Energie der Photoelektronen darstellt. Bild nach Wolfgang Schärtl: *Basic Physical Chemistry: A Complete Introduction on Bachelor of Science Level*, 1st ed.; bookboon learning, **2014**.

Das Diagramm in Abb. 3.2 zeigt das experimentelle Ergebnis für Licht verschiedener Intensitäten und verschiedener Frequenzen. Hierbei entsprechen die Strom-Spannungskennlinien in grün dem für Licht geringerer Energie erzeugten Photostrom. Eine Verdopplung der Lichtenergie bei gegebener Wellenlänge verdoppelt nun auch, wie in der Abbildung durch die obere grüne Linie gezeigt, den Photostrom, d. h. die Anzahl der emittierten Elektronen, verändert aber nicht deren Energie. Ändern wir hingegen die Wellenlänge des einfallenden Lichts (in der Abbildung von grün nach blau, wobei diese Farben hier nur symbolisch aufgefasst werden sollen: blau bedeutet kürzere Wellenlänge als grün, in beiden Fällen handelt es sich aber um Licht im UV-Bereich), so sinkt sogar bei gleicher Lichtenergie (Anzahl Photonen mal Energie pro Photon) der Photostrom und damit die Anzahl der emittierten Elektronen, es steigt aber deren Energie.

Die Deutung dieser Beobachtungen gelang Albert Einstein 1905 mit seiner Lichtquantenhypothese, wobei er sich auch auf die bereits bekannte **Quantentheorie** (1900) von Max Planck stützen konnte. Die Befunde von Lenard sind insofern mit dem klassischen Wellenbild des Lichts nicht vereinbar, als dass die Intensität einer Welle nur von deren Amplitude und nicht von deren Wellenlänge abhängt. Daher ließe sich erwarten, dass Licht gegebener Wellenlänge und höherer Intensität auch Photoelektronen höherer Energie erzeugt, was aber in den Experimenten von Lenard nicht der Fall war. Denken Sie hierbei vielleicht an folgende Analogie: treffen Wasserwellen auf einen Strand, so hängt deren Einfluss auf ein bewegliches Objekt, beispielsweise einen direkt an der Wassergrenze liegenden Ball, entscheidend von der Wellenhöhe, d. h. der Amplitude der Welle ab: der Ball wird umso schneller und weiter durch die auftreffende Welle fortgeschleudert, je stärker die Brandung ist. Gerade dies ist aber beim photoelektrischen Effekt *nicht* der Fall: durch Licht einer größeren Amplitude werden die Photoelektronen nicht schneller aus dem Metall herausgeschleudert, sondern es werden lediglich *mehr* Elektronen erzeugt. Genaugenommen ist deren Anzahl direkt proportional zur einfallenden Lichtintensität (und damit zum Quadrat der elektrischen Feldamplitude).

All dies führte Einstein nun zu dem einzig möglichen Schluss, dass Licht aus kleinen *Portionen*, d. h. *Paketen* oder abzählbaren Teilchen besteht, deren jeweilige Energie lediglich von der Wellenlänge oder Frequenz abhängt. Er nannte diese **Lichtquanten**, wobei die Energie eines einzelnen Lichtquants gegeben ist durch:

$$E = h \cdot v = \frac{h \cdot c}{\lambda} \tag{55}$$

Hiernach sind die o. g. experimentellen Befunde zu verstehen. Elektronen werden aus einer bestrahlten Metalloberfläche herausgeschlagen, indem kleine Energiepakete dort auftreffen in denen die Lichtenergie konzentriert ist; dies ist umso mehr Energie pro Paket, je höher die Lichtfrequenz ist. Demnach können wir noch so viel sichtbares Licht auf die Metalloberfläche strahlen wie wir wollen, es wird keine Elektronen freisetzen, solange die Energie pro Paket nicht ausreicht. Energiereiches UV-Licht hingegen ist in der Lage dazu. Und umso energiereicher es ist, desto höhere Energie haben dann auch die herausgeschlagenen Elektronen, d. h. umso höher ist die Spannung, die wir in der Gegenfeldmethode anlegen müssen, genau wie es in Abb. 3.2 zu sehen ist. In quantitativer Form können wir ansetzen, dass die Energie der einschlagenden Photonen, $h \cdot v$, gemäß Energie-Erhaltungsprinzip gleich der kinetischen Energie der herausgeschlagenen Elektronen plus eines für jedes Metall unterschiedlichen konstanten Beitrags für die Austrittsarbeit ϕ sein muss:

$$h \cdot v = \frac{1}{2} \cdot m_e \cdot v^2 + \phi \tag{56}$$

Solange $h \cdot v < \phi$ ist, tritt kein **Photoeffekt** auf. Sobald $h \cdot v > \phi$ ist, tritt der Effekt auf, und zwar ab dann mit zunehmender kinetischer Austrittsenergie der Elektronen, je größer die Energie der einschlagenden Photonen-Pakete ist. Wenn wir nun überdies *mehr* Pakete einwirken lassen, d. h. die Lichtintensität erhöhen, dann schlagen wir auch mehr Elektronen heraus, was in der Gegenfeldmethode einer höheren Stromstärke I entspricht, wieder wie es in Abb. 3.2 zu sehen ist.

Heute verwenden wir für die **Lichtquanten** den Begriff **Photon**; er wurde allerdings erst in den 1920er Jahren durch Arthur Compton bekannt gemacht, auf dessen Experimente zum Compton-Effekt wir hier aber nicht näher eingehen wollen. Es sei nur so viel gesagt, dass Compton eine weitere Teilcheneigenschaft des Lichts zeigen konnte: Lichtquanten zeigen beim elastischen Stoß mit Elektronen eine charakteristische Veränderung von Ausbreitungsrichtung und Wellenlänge und müssen somit einen definierten Impuls besitzen.

Die Arbeiten von Einstein zum photoelektrischen Effekt stießen zunächst auf Skepsis, was sich auch daran zeigt, dass er den Nobelpreis für seine fundamental neue Erkenntnis erst 16 Jahre später erhielt. Dies war zu Beginn des 20. Jahrhunderts, als fundamentale Forschungserkenntnisse im Vergleich zu heute noch deutlich seltener, dafür aber vielleicht auch bedeutender waren, ein vergleichsweise langer Zeitraum: so erhielt beispielsweise Lenard, der mit seinen Arbeiten ja auch erst die Grundlagen für Albert Einstein geliefert hatte, für seine Experimente zur Kathodenstrahlung (veröffentlicht 1894) den Nobelpreis bereits 11 Jahre später (1905). Generell sollte es 15–20 Jahre dauern, auch im Fall von Max Planck, bis die revolutionären Umwälzungen unserer physikalischen Vorstellung von der Welt zu Beginn des 20. Jahrhunderts auch so weit akzeptiert waren, dass sie sich in zahlreichen Nobelpreisen manifestierten.

Gegen Ende dieses Abschnittes lassen wir noch einmal den berühmten Albert Einstein selbst zu Wort kommen. Seine Aussage zeigt deutlich, in welchem Dilemma hinsichtlich einer greifbaren Vorstellung von der Welt wir nicht zuletzt dank seiner Deutung des photoelektrischen Effekts jetzt eigentlich stecken. Im Jahr 1951 schrieb Einstein an seinen Freund Michele Besso:

Die ganzen 50 Jahre bewusster Grübelei haben mich der Antwort der Frage ‚Was sind Lichtquanten‘ nicht näher gebracht. Heute glaubt zwar jeder Lump, er wisse es, aber er täuscht sich.

Selbst Einstein hatte also, obwohl seine Arbeiten wesentlich für die neue Physik der Quanten waren, elementare Zweifel daran, wie diese Modelle zu interpretieren seien, und inwiefern sie unser Verständnis von der Welt wirklich weiterbringen. Wir haben in diesem Abschnitt gesehen, dass wir im Grunde gar nicht wissen, was ein alltägliches Phänomen wie das Licht physikalisch eigentlich ist: je nach experimenteller Untersuchung verhält es sich mal wie eine Welle (Beugung am Doppelspalt, Interferenzerscheinungen) und mal wie ein Teilchen (photoelektrischer Effekt), Bilder die eigentlich nicht miteinander vereinbar sind. Auch dass Experimente zu völlig verschiedenen Deutungen führen, ist für die Naturwissenschaften mehr als unbefriedigend. Wir könnten jetzt vielleicht annehmen, dass Licht diesbezüglich eine Ausnahmeerscheinung sei; schließlich sind ja auch die Lichtgeschwindigkeit als eine absolute Obergrenze und die mit dieser einhergehende Relativitätstheorie Merkwürdigkeiten, die in unserem Alltag meist eine eher untergeordnete Rolle spielen. Unser Dilemma ist aber viel fundamentaler. Wir werden nämlich im Folgenden sehen, dass nicht nur Licht, sondern auch die Bestandteile der Materie selbst, je nach Art der experimentellen Beobachtung sich sowohl wie ein Teilchen als auch wie eine Welle verhalten können. Wir werden hierbei zunächst nur das kleinste der uns bislang begegneten Teilchen, das Elektron, betrachten, dann aber zeigen, dass der sogenannte **Welle–Teilchen Dualismus** als eine grundlegende Eigenschaft von allem, selbst von großen Molekülen oder sogar von makroskopischen Objekten verstanden werden kann.

3.1.2 Elektronen: Welle oder Teilchen?

Nicht nur unsere Vorstellung von der Natur des Lichts ist im Sinne eines Welle–Teilchen Dualismus vage. Auch Elektronen sind nicht nur kleine nahezu masselose Teilchen, sondern zeigen, je nach Experiment, auch Welleneigenschaften.

3.1.2.1 Die Nebelkammer und der Teilchencharakter des Elektrons

Elektronen lassen sich technisch aus der von Joseph John Thomson und auch Philipp Lenard untersuchten Kathodenstrahlung gewinnen. Bereits in der vorigen Lehreinheit erwähnten wir das Nebelkammerexperiment; darin wurde gezeigt, dass die Kathodenstrahlung, welche im elektrischen Feld abgelenkt wird und daher eine negative Ladung aufweisen muss, auch Partikel-Charakter aufweist, da die Elektronen nämlich als Kondensationskeime in übersättigtem Ethanoldampf wirken können und damit wie Projektile Kondensstreifen nach sich ziehen. Die beiden Experimente, die das Bild von Elektronen als kleine negativ geladene Partikel prägten, sind in Abb. 3.3 skizziert.

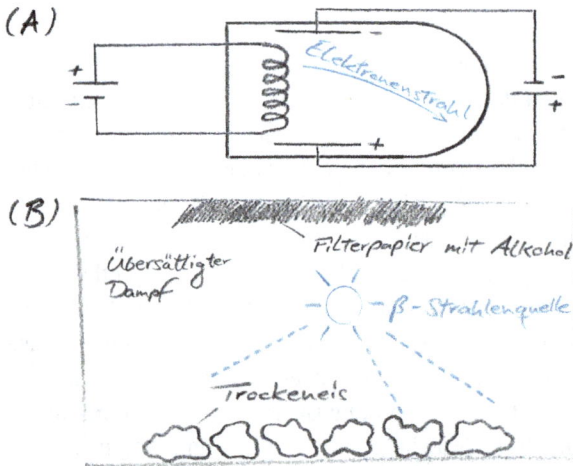

Abb. 3.3: (A) Ablenkung der Kathodenstrahlung im elektrischen Feld, und (B) späterer Nachweis des Teilchencharakters von Elektronen in der Nebelkammer nach Wilson.

Dieses Elektronenbild führte zu den Atommodellen von Thomson und Rutherford, aber auch zu dem von Niels Bohr, nach dem sich Elektronen quasi wie Satelliten auf stationären Kreisbahnen um den positiv geladenen Kern des Atoms bewegen. Wir hatten schon am Ende der vorigen Lehreinheit gesehen, dass das von Bohr postulierte Atommodell eigentlich physikalisch nicht korrekt sein kann. Im folgenden Abschnitt werden wir sehen, warum dies mit der Natur des Elektrons zusammenhängen könnte.

3.1.2.2 Elektronenbeugungsexperiment: Sind Elektronen doch Wellen?

Clinton Davisson und sein damaliger Assistent Lester Germer, sowie unabhängig davon auch George Paget Thomson zeigten 1927, dass ein Elektronenstrahl, der auf eine dünne Goldfolie oder auf die Oberfläche von kristallinem Nickel trifft, besonders starke Reflexe hervorruft, wenn er unter bestimmten Winkeln reflektiert wird, während unter anderen Winkeln eine völlige Auslöschung erfolgt. Betrachten wir hierzu zwei parallel einfallende Teilstrahlen, die jeweils an der Oberfläche bzw. der nächsten darunter liegenden Atomlage der Probe reflektiert werden, wie in Abb. 3.4 skizziert ist.

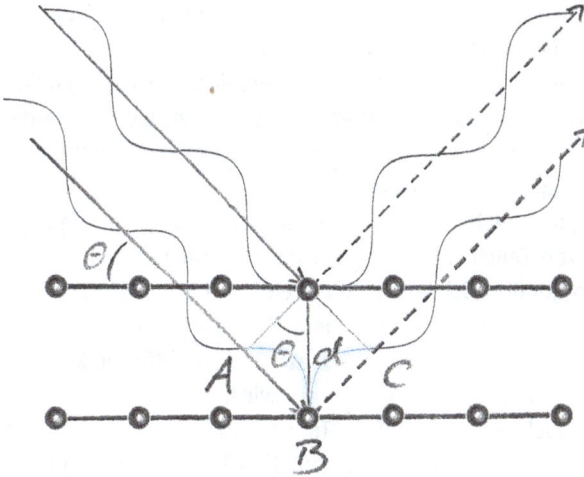

Abb. 3.4: Skizze des Davisson–Germer Experiments. Bei der Reflexion eines Elektronenstrahls an kristallinen Metalloberflächen mit Gitterabstand der Atomlagen kommt es bei bestimmten Reflexionswinkeln θ zu besonders starken Reflexen, bei anderen zu einer Auslöschung, was sich als Interferenzphänomen zweier einfallender Wellen mit nach der Reflektion definierter Phasendifferenz (= Gangunterschied) quantitativ erklären lässt.

Die experimentellen Befunde von Davisson und Germer sowie Thomson deuten auf **Welleneigenschaften von Elektronen** hin,[17] und lassen sich mit der **Bragg-Gleichung** quantitativ beschreiben:

$$n \cdot \lambda = 2 \cdot d \cdot \sin(\theta) \tag{57}$$

---

17 Es entbehrt nicht einer gewissen Ironie, dass es just George Thomsons Vater Joseph John Thomson war, der genau 30 Jahre zuvor das Elektron durch die Bestimmung seines Masse-zu-Ladungs-Verhältnisses als fundamentales Elementarteilchen einführte, welches er anfangs als Korpuskel bezeichnete. Der Wissenschaftshistoriker Max Jammer bemerkte hierzu, dass Thomson Senior den Nobelpreis bekam, weil er gezeigt hatte, dass das Elektron ein Teilchen sei, während Thomson Junior rund 30 Jahre später (zusammen mit Davisson) den Nobelpreis bekam, weil er zeigte, dass es eine Welle sei.

Betrachten wir für die Herleitung dieser Gleichung Abb. 3.4 etwas genauer. Vergleichen Sie einmal die jeweiligen Strecken, die die beiden separat eingezeichneten Elektronenstrahlen insgesamt bis zu einem möglichen Detektor zur Bestimmung der Intensität des gesamten reflektierten Strahls zurücklegen. Hierzu können Sie das Lot vom Reflexionspunkt an der Metalloberfläche auf den Strahlenverlauf des unteren reflektierten Strahles fällen; dabei erkennen Sie, dass der untere Strahl insgesamt eine längere Strecke A–B + B–C im Vergleich zum oberen Teilstrahl zurücklegt. Die beiden Teilstrahlen werden sich dann im Sinne perfekt konstruktiver Interferenz zweier Wellenzüge gegenseitig verstärken, wenn dieser Streckenunterschied, auch als Gangunterschied bezeichnet, einem ganzzahligen Vielfachen der Wellenlänge λ entspricht. Andererseits sind die Strecken A–B und B–C als Katheten in einem rechtwinkligen Dreieck aber auch jeweils als $d \cdot \sin\theta$ gegeben. Hierfür müssen wir uns nur klarmachen, dass der Gegenwinkel von beispielsweise A–B auch dem Reflexionswinkel entspricht, was einfach ist, da die zugehörigen Winkellinien beide jeweils um 90° gedreht sind. Wir erhalten somit direkt die Bragg-Gleichung, $n \cdot \lambda = A–B + B–C = 2 \cdot d \cdot \sin(\theta)$.

Wir können also festhalten, dass nicht nur Licht, sondern auch Elektronen, je nach Experiment, die Eigenschaften von Teilchen oder Wellen zeigen können. Es wird sogar noch unglaublicher: Elektronen können sich sogar im *selben* Experiment wie Teilchen *und* wie Wellen verhalten. Wir beobachten dies etwa beim Doppelspaltversuch gemäß Abb. 3.1, den wir anstelle mit Licht auch genauso mit Elektronen durchführen können, die aus einer Glühkathode freigesetzt werden. Positionieren wir hinter den Doppelspalt eine Fotoplatte, so erzeugen die Elektronen darauf ein Interferenzmuster, genauso wie wir es auch beim analogen Versuch mit Licht beobachten. Sie scheinen sich also beim Durchtritt durch die zwei Spalte und auf der Wegstrecke dahinter wie Wellen zu verhalten und zu interferieren. Andererseits sehen wir aber, vor allem wenn wir die Fotoplatte nur kurz dem Elektronenstrahl aussetzen, klar identifizierbar einzelne Punkte auf der Platte, die vor allem bei sehr kurzen Expositionszeiten noch kein Interferenzmuster erkennen lassen, sondern zufällig verteilt sind. Erst bei längerer Exposition sammeln sich helle Stellen und dunkle Stellen streifenförmig an. Dies deutet auf ein Teilchenverhalten hin, demgemäß der Einschlag einzelner Elektronen-Teilchen auf der Fotoplatte Punkte erzeugt, die eben erst bei langen Expositionszeiten in einigen Regionen (streifenförmig) gehäuft auftreten und in anderen Regionen (wiederum streifenförmig) wenig bis gar nicht. Hier verhält sich das Elektron also ganz besonders spektakulär. Es löst sich offenbar wie ein Teilchen aus der Glühkathode und kommt auch wie ein Teilchen bei der Detektor-Platte an, aber es zeigt unterwegs Interferenz und damit eine typische Wellenerscheinung. Zwei an sich fundamental unterschiedliche Eigenschaften im selben Experiment![18] Und das Beste kommt zum Schluss: wenn

---

18 Dieses Experiment deutet neben der fundamentalen Welle–Teilchen Dualität des Elektrons noch etwas anderes ganz Elementares an: die Rolle der *Wahrscheinlichkeit* in der Quantenmechanik. Wir können in dem Experiment für jedes einzelne Elektron nicht vorhersagen, wo es einschlagen wird. Eben demnach beobachten wir bei kurzen Expositionszeiten auch nur ein Zufallsmuster der Ein-

wir probieren würden den Elektronen beim Passieren der zwei Spalte zuzuschauen, etwa dadurch dass wir direkt dahinter eine Lichtquelle installieren und durch Zusammenstoß jedes Elektrons mit jeweils einem Photon bestimmen möchten durch welchen der beiden Spalte jedes einzelne Elektron gegangen ist, dann können wir das auch tun und würden damit auch genau diese gewünschte Information bekommen – aber dann wäre das Interferenzmuster auf der Fotoplatte verschwunden. Bei Wechselwirkung mit den Photonen unser Lichtquelle (genauso wie auch bei Wechselwirkung mit anderer Materie, etwa einer Metalloberfläche in Einsteins Experiment zum photoelektrischen Effekt) verhalten sich die Elektronen dann nämlich nicht mehr wie Wellen, sondern stattdessen wie Teilchen – und ergeben damit auch kein Interferenzmuster. Nur solange wir nicht zuschauen, verhalten sich die Elektronen unterwegs wie Wellen und zeigen dadurch Interferenz. Die Antwort auf die Frage: „Ist denn das Elektron jetzt durch den oberen oder durch den unteren Spalt gegangen?" lautet dann schlicht: „ja".[19] Wir könnten hierzu auch sagen: das Elektron „entscheidet sich" erst dann für einen der Spalte, wenn wir nachsehen.

Prinzip der Komplementarität

Wir haben es bei dem Phänomen, dass beim Doppelspaltversuch die Wellen- *und* Teilcheneigenschaften des Elektrons gleichsam vorhanden zu seien scheinen, sich aber gleichsam diese Dualität auflöst sobald wir etwa durch Messung in das System eingreifen, mit dem Fundamentalprinzip der Komplementarität zu tun. Bohr führte den Begriff der Komplementarität zuerst 1927 auf einem Physikerkongress in Como ein. Später schrieb er (Niels Bohr: *Atomtheorie und Naturbeschreibung.* **1931**, 36):

> *Nach dem Wesen der Quantentheorie müssen wir uns also damit begnügen, die Raum–Zeit Darstellung und die Forderung der Kausalität, deren Vereinigung für die klassischen Theorien kennzeichnend ist, als komplementäre, aber einander ausschließende Züge der Beschreibung des Inhalts der Erfahrung aufzufassen, die die Idealisation der Beobachtungs- bzw. Definitionsmöglichkeiten symbolisieren.*

Bohr bezieht sich hierbei anschaulich gesprochen darauf, dass *„eine ins einzelne gehende kausale Verfolgung atomarer Prozesse nicht möglich ist, und dass jeder Versuch, eine Kenntnis solcher Prozesse zu erwerben, mit einem prinzipiell unkontrollierten Eingreifen in deren Verlauf begleitet sein wird"* (Niels Bohr: *Wirkungsquantum und Naturbeschreibung.* **1929**, 486). Daher können wir auch für ein gegebenes quantenmechanisches Teilchen je nach Experiment lediglich entweder dessen Ort oder dessen Geschwindigkeit (bzw. Impuls oder Wellenlänge) exakt messen. Hierbei greifen wir durch die Messung selbst direkt in das Verhalten des Teilchens und damit in die Lösung des Eigenwertproblems

---

schläge auf unserer Fotoplatte. Aber wir können sehr wohl Wahrscheinlichkeiten dafür angeben, wo viele Elektronen einschlagen werden, wenn wir länger exponieren; und diese sind eben gemäß einem Streifenmuster verteilt. Wir werden noch sehen, dass dies ein Fundamentalprinzip in der Quantenmechanik ist: dort ist nichts exakt bestimmbar (beispielsweise Ort und Impuls von kleinen Teilchen wie Elektronen), wohl aber können wir Wahrscheinlichkeitsaussagen treffen und finden diese auch in Experimenten bestätigt.

19 Ganz grundsätzlich lautet die Antwort auf die Frage „ist das Elektron ein Teilchen oder eine Welle?" schlicht „ja". Dasselbe gilt für Licht.

ein. Legen wir uns nun beispielsweise bei der Beugung von Elektronen am Doppelspalt messtechnisch auf einen Ort bzw. Spalt fest, so verschwinden die definierten Welleneigenschaften und damit das Interferenzmuster.

Schrödingers Katze

Wir kommen an dieser Stelle bereits tief in Berührung mit der Interpretation der Quantenmechanik jenseits des menschlichen Verstands. Ein berühmtes Gedankenexperiment hierzu ist Schrödingers Katze. Schrödinger selbst formulierte es 1935 in seinem Aufsatz *„Die gegenwärtige Situation in der Quantenmechanik. § 5. Sind die Variablen wirklich verwaschen?"* (Erwin Schrödinger: *Naturwissenschaften*. 48, 807; 49, 823; 50, 844, November **1935**.)

> *Man kann auch ganz burleske Fälle konstruieren. Eine Katze wird in eine Stahlkammer gesperrt, zusammen mit folgender Höllenmaschine (die man gegen den direkten Zugriff der Katze sichern muß): in einem Geigerschen Zählrohr befindet sich eine winzige Menge radioaktiver Substanz, so wenig, daß im Laufe einer Stunde vielleicht eines von den Atomen zerfällt, ebenso wahrscheinlich aber auch keines; geschieht es, so spricht das Zählrohr an und betätigt über ein Relais ein Hämmerchen, das ein Kölbchen mit Blausäure zertrümmert. Hat man dieses ganze System eine Stunde lang sich selbst überlassen, so wird man sich sagen, daß die Katze noch lebt, wenn inzwischen kein Atom zerfallen ist. Der erste Atomzerfall würde sie vergiftet haben. Die Psi-Funktion des ganzen Systems würde das so zum Ausdruck bringen, daß in ihr die lebende und die tote Katze zu gleichen Teilen gemischt oder verschmiert sind. Das Typische an solchen Fällen ist, daß eine ursprünglich auf den Atombereich beschränkte Unbestimmtheit sich in grobsinnliche Unbestimmtheit umsetzt, die sich dann durch direkte Beobachtung entscheiden läßt. Das hindert uns, in so naiver Weise ein „verwaschenes Modell" als Abbild der Wirklichkeit gelten zu lassen. An sich enthielte es nichts Unklares oder Widerspruchsvolles. Es ist ein Unterschied zwischen einer verwackelten oder unscharf eingestellten Photographie und einer Aufnahme von Wolken und Nebelschwaden.*

3.1.3 Materiewellen

3.1.3.1 De Broglie-Beziehung

Um die duale Natur von Teilchen, die auch Wellen sind bzw. Wellen, die auch Teilchencharakter haben, „unter einen Hut zu bringen" hilft uns eine von **Louis-Victor De Broglie** (1892–1987) (ausgesprochen: de Breui) gefundene Beziehung:[20]

---

20 De Broglie hat diese Beziehung nicht etwa als Lebenswerk im hohen Alter publiziert, sondern in seiner Doktorarbeit! Er sah dabei auch voraus, dass der Prüfungsausschuss in Paris vermutlich „ein wenig erstaunt über die Neuheit meiner Ideen" sein würde – und hatte damit natürlich recht. Paul Langevin, seinerseits herausragender Physiker und Mitwirkender dieses Ausschusses, bat deshalb De Broglie um ein weiteres Exemplar seiner Dissertation, das er Einstein mit der Bitte um eine Einschätzung schickte. Einstein zeigte sich beeindruckt und äußerte später, dass er glaube, dass „De Broglies Arbeit den ersten schwachen Lichtstrahl auf dieses leidigste unter den physikalischen Rätseln" werfe.

$$\boxed{p = \frac{h}{\lambda}} \tag{58}$$

Hierbei ist p der Impuls eines Teilchens, h das Plancksche Wirkungsquantum und λ die Wellenlänge der entsprechenden Welle. Für bewegte Objekte mit Masse m und einer Geschwindigkeit v deutlich kleiner der Lichtgeschwindigkeit wird der Impuls nach der klassischen Mechanik über $p = m \cdot v$ berechnet. Bewegt sich ein Objekt hingegen mit Geschwindigkeiten nahe der Lichtgeschwindigkeit, so muss dessen Impuls relativistisch berechnet werden:

$$p = \frac{m \cdot v}{\sqrt{1 - \left(\frac{v}{c}\right)^2}} \tag{59}$$

Impuls des Photons

In diesem Zusammenhang ist es interessant, zu versuchen den Impuls eines Lichtquants oder Photons im reinen Teilchenbild relativistisch zu berechnen: Photonen bewegen sich mit Lichtgeschwindigkeit und weisen eine Ruhemasse von $m = 0$ auf. Aus Gl. 59 ergibt sich hiermit ein Impuls von 0/0, was mathematisch nicht definiert ist. Dank der De Broglie-Beziehung können wir jedoch den Impuls des Photons aus der Wellenlänge des entsprechenden Lichts berechnen, wobei das Ergebnis mit dem bereits erwähnten Compton-Effekt (elastische Stöße zwischen Photonen und Elektronen) übereinstimmt.

So einfach diese Beziehung auch erscheinen mag, so spektakulär ist sie. Sie verbindet nämlich die scheinbar völlig getrennt liegenden Ufer der Teilchen- und der Wellenauffassung nicht nur von Licht, sondern von *allem*, was klein und leicht ist. Die scheinbare strikte Trennung von „greifbarer Materie" und „immateriellen Wellen" wird dadurch vereint. Alle Materie hat nunmehr auch Wellencharakter, und umgekehrt – wir sprechen von **Materiewellen.**

Um eine Vorstellung von der praktischen Relevanz des Welle–Teilchen Dualismus zu bekommen, wollen wir für mehrere Beispiele die zugehörigen Wellenlängen nach der De Broglie-Beziehung berechnen. Die ersten Beispiele sind zum einen thermische Neutronen, d. h. Teilchen der Masseneinheit 1, welche durch thermische Energie beschleunigt werden, und zum zweiten Elektronen die in einem elektrischen Feld beschleunigt werden. Für die Chemie sind diese beiden Beispiele von großer praktischer Bedeutung: thermische Neutronen werden bei der Neutronenbeugung bzw. Neutronenstreuung verwendet, während im elektrischen Feld beschleunigte Elektronen in der Elektronenmikroskopie eingesetzt werden. Beides sind Methoden, die wichtig sind für die Strukturaufklärung chemischer Verbindungen und Materialien auf atomaren Längenskalen, und die dabei auf genau dem Prinzip beruhen, das De Broglies Beziehung ausdrückt: es sind *Materiewellen*, d. h. sie zeigen Wellenerscheinungen wie Interferenz und lassen sich – genauso wie Licht – beispielsweise durch Linsen fokussieren (keine Glaslinsen wie beim Licht, sondern magnetische Linsen). Unsere Berechnungen nach De Broglie können erklären, worauf das beruht.

Rechenbeispiel

(aus Wolfgang Schärtl: *Basic Physical Chemistry: A Complete Introduction on Bachelor of Science Level*, 1st ed.; bookboon learning, **2014**.)

Berechnen Sie die Wellenlänge der folgenden Szenarien: (i) bei $T = 500$ K thermisch angeregte Neutronen, (ii) bei einer Spannung von $U = 50$ kV beschleunigte Elektronen.

Lösung: Wir benutzen die De Broglie-Beziehung $p = \frac{h}{\lambda}$ und die Gleichung für die kinetische Energie $E_{kin} = \frac{1}{2} \cdot m \cdot v^2 = \frac{p^2}{2 \cdot m}$, die der thermischen Energie äquivalent sein muss (Fall (i)) bzw. der elektrostatischen Energie (Fall (ii)).

(i) Für die thermische Anregung der Neutronen finden wir:

$$\frac{p^2}{2 \cdot m} = \frac{3}{2} \cdot k_B \cdot T \Leftrightarrow p = \sqrt{3 \cdot k_B \cdot T \cdot m} = \sqrt{3 \cdot 1{,}38 \cdot 10^{-23} \cdot 500 \cdot \frac{0{,}001}{6 \cdot 10^{23}} \frac{J \cdot s}{m}} = 5{,}874 \cdot 10^{-24} \frac{J \cdot s}{m}$$

$$\Rightarrow \lambda = \frac{h}{p} = \frac{6{,}626 \cdot 10^{-34}}{5{,}874 \cdot 10^{-24}} \text{ m} = 1{,}128 \cdot 10^{-10} \text{ m} = 0{,}113 \text{ nm.}$$

(ii) Für die Elektronen finden wir:

$$\frac{p^2}{2 \cdot m} = e \cdot U$$

$$\Rightarrow p = \sqrt{e \cdot U \cdot 2 \cdot m} = \sqrt{e \cdot U \cdot 2 \cdot m} = \sqrt{1{,}6 \cdot 10^{-19} \cdot 50.000 \cdot 2 \cdot 9{,}1 \cdot 10^{-31}} \frac{J \cdot s}{m}$$

$$= 1{,}207 \cdot 10^{-22} \cdot \frac{J \cdot s}{m}$$

$$\Rightarrow \lambda = \frac{h}{p} = \frac{6{,}626 \cdot 10^{-34}}{1{,}207 \cdot 10^{-22}} \text{ m} = 5{,}490 \cdot 10^{-12} \text{ m} = 0{,}005 \text{ nm.}$$

Für beide Beispiele ergeben sich kleine Wellenlängen im Bereich atomarer Längenskalen. Strahlung mit derartigen Wellenlängen kann also aufgrund entsprechender Interferenzerscheinungen genutzt werden, um chemische Strukturen auf eben solchen atomaren Längenskalen zu untersuchen, entweder durch Streuexperimente oder entsprechende Mikroskopie. Analoges geschieht genau in derselben Art auch bei größeren, sogenannten kolloidalen Objekten, die Abmessungen im Bereich einiger zehn bis hundert Nanometer bis hin zu etwa einem Mikrometer haben; letzteres entspricht Größenordnungen wie sie auch die Wellenlänge des sichtbaren Lichts hat, und demnach ist eben genau diese Strahlung geeignet um solche Objekte durch Streumethoden zu untersuchen oder unter einem Lichtmikroskop zu betrachten. Sind die Objekte hingegen kleiner als 100 nm und damit deutlich kleiner als die Wellenlänge des für die Beobachtung unter dem Lichtmikroskop verwendeten sichtbaren Lichts, so nehmen wir in der Mikroskopie keine Details mehr wahr, sondern lediglich verschmierte Punkte.

Generell gilt demnach, dass Interferenzfähigkeit und somit Welleneigenschaften eine Voraussetzung für das Auflösungsvermögen einer Strukturuntersuchung mittels Strahlung darstellt: Interferenzen treten dann auf, wenn die Wellenlänge der Strahlung (hier: Licht, Neutronen, Elektronen) vergleichbar zu den charakteristischen Längenskalen der zu untersuchenden Strukturen ist, und aus eben diesen Interferenzen können wir eben jene Strukturinformationen ableiten. Gemäß der De Broglie-Beziehung können wir die Wellenlänge von Materiewellen, wie etwa den Elektronen, durch den Impuls variieren, der wiederum mit der Geschwindigkeit skaliert. Daher können wir durch die Geschwindigkeit von Elektronen etwa in einem Elektronenmikroskop das Auflösungsvermögen einstellen. Handelsübliche Elektronenmikroskope erzeugen dadurch Elektronen-Wellenlängen, die rund ein Millionstel kleiner sind als die von Licht – und können demnach Strukturen in den atomaren Bereich hinein auflösen. Und es geht sogar noch mehr. An großen Beschleunigern ist es möglich, Elektronen bis auf nahezu Lichtgeschwindigkeit zu bringen. Wenn sie dann etwa mit Protonen zusammenstoßen, so lassen sich aus dem Streubild Rückschlüsse auf die Struktur der kleinsten Materiebausteine ziehen. Die Ergebnisse solcher Experimente in der zweiten Hälfte des vorigen Jahrhunderts waren sensationell. Anstatt eine gleichmäßige Verteilung der positiven Ladung des Protons über sein ganzes Raumvolumen wurde gefunden, dass sich die Ladung auf noch kleinere Einzelbestandteile des Protons lokalisiert, die ein Drittel bzw. zwei Drittel der bislang als elementar geltenden Ladung des Elektrons bzw. des Protons betragen. Diese winzigen Materiebausteine werden nach Murray Gell-Mann **Quarks** genannt – inspiriert durch den Roman *„Finnegans Wake"* von James Joyce, in dem mit „drei Quarks für Muster Mark" dessen missratener Nachwuchs bezeichnet wird.

Berechnen wir schließlich noch die De Broglie-Wellenlänge von makroskopischen bewegten Körpern, beispielsweise eines Menschen mit Körpergewicht 80 kg, der mit einer Geschwindigkeit von 10 km $\cdot$ h^{-1} läuft (eine typische Jogging-Geschwindigkeit). Es ergibt sich somit ein klassisch berechenbarer Impuls von $p = m \cdot v = 800 \; \frac{kg \cdot km}{h} = 222{,}22 \; \frac{kg \cdot m}{s}$. Nach der De Broglie-Beziehung berechnen wir hieraus eine Wellenlänge von $\lambda = \frac{h}{p} = \frac{6{,}626 \cdot 10^{-34} \frac{kg \cdot m^2}{s}}{222{,}22 \frac{kg \cdot m}{s}} = 2{,}98 \cdot 10^{-36}$ m. Diese Wellenlänge ist deutlich kleiner als sämtliche bekannten Strukturen, und somit können wir für unseren makroskopischen bewegten Körper auch keine Interferenzeigenschaften beobachten. Wir bräuchten hierfür Versuchsanordnungen wie etwa einen Doppelspalt gemäß Abb. 3.1 mit Abmessungen im Bereich der Wellenlänge, aber da diese noch unterhalb der Größenordnung von Atomen liegt, können wir so etwas prinzipiell nicht realisieren. Wir können nun also verstehen, warum der Welle–Teilchen Dualismus für unsere makroskopische Alltagswelt keine Rolle spielt: in der Praxis haben wir es schlichtweg im Allgemeinen nur mit makroskopischen bewegten Körpern zu tun, bei denen die Welleneigenschaft aufgrund der verschwindend kleinen Wellenlänge keine Rolle spielen. Die Grenze zwischen beidem wird durch die Plancksche Konstante festgelegt, die im Zähler der De Broglie-Beziehung steht. Ihr kleiner Wert bedingt, dass die Wellenlänge von bewegten Teilchen nur dann signifikante Größen annimmt, wenn sie auch einen entsprechend kleinen Impuls haben – d. h. wenn sie sehr leicht sind, eben wenn es kleine Quantenobjekte sind.

3.1.3.2 Wellenpakete und Heisenbergsche Unschärferelation

Gemäß der De Broglie-Beziehung (Gl. 58) können wir Teilchen bei gegebenem Impuls eine Wellenlänge zuordnen und damit das Teilchen als Funktion des Orts auch als stehende Welle beschreiben, z. B. mit einer einfachen Sinusfunktion, wie in Abb. 3.5 links gezeigt.

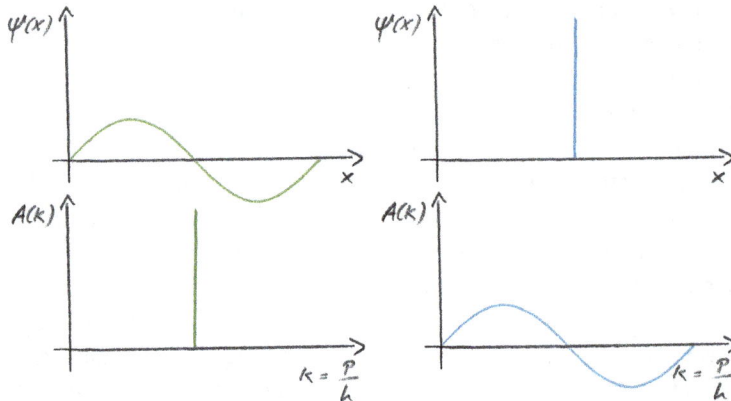

Abb. 3.5: Teilchen mit definiertem Impuls als stehende Welle (links), und Teilchen mit definierter Aufenthaltswahrscheinlichkeit an einem bestimmten Ort und dafür kontinuierlichem Impulsspektrum (rechts). Bild nach Wolfgang Schärtl: *Basic Physical Chemistry: A Complete Introduction on Bachelor of Science Level*, 1st ed.; bookboon learning, **2014**.

Alternativ können wir Teilchen aber auch einen definierten Ort zuweisen, wodurch diese dann natürlich nicht mehr einer stehenden Welle mit definierter Wellenlänge bzw. Impuls entsprechen können. In diesem Fall liegt hingegen vielmehr ein ganzes Wellenlängen- und damit auch Impulsspektrum vor (Abb. 3.5 rechts).

Wir haben es hier mit einem Fundamentalprinzip zu tun, das **Heisenbergsche Unschärferelation** genannt wird. Sie besagt, dass es prinzipiell unmöglich ist, dass das Produkt aus Ortsunschärfe und Impulsunschärfe, d. h. die jeweilige Genauigkeit mit der wir die Position eines Teilchens bzw. dessen Impuls bestimmen können, Zahlenwerte kleiner als die Planck-Konstante h annimmt:

$$\Delta x \cdot \Delta p_x \geq h \tag{60}$$

Übertragen auf die beiden in Abb. 3.5 gezeigten Extreme bedeutet dies, das wir für ein Teilchen entweder den Ort oder den Impuls exakt bestimmen können, wobei dann aber komplementär dazu die jeweils andere Größe völlig unbestimmt sein muss. Entsprechend ergibt sich dann für die in Abb. 3.5 gezeigten Fälle:

$$\Delta x \cdot \Delta p_x = \infty \cdot 0 = h \qquad\qquad (61a)$$

$$\Delta x \cdot \Delta p_x = 0 \cdot \infty = h \qquad\qquad (61b)$$

Wir können uns diese prinzipielle gleichzeitige **Unbestimmbarkeit von Ort und Impuls** auch wie folgt klarmachen: Wollen wir die Zukunft eines (Quanten-)Teilchens vorhersagen, so müssen wir seine gegenwärtige Position und Geschwindigkeit kennen. Es bietet sich an, das Teilchen hierfür mit Licht zu bestrahlen und anhand des Streuungsmusters Schlüsse auf die Position zu ziehen. Doch das können wir höchstens so genau tun, wie der Abstand zwischen den Kämmen der Lichtwellen es eingrenzt. Darum sollten wir dazu Licht mit möglichst kurzer Wellenlänge verwenden, um die Genauigkeit des Ortes zu steigern. Allerdings kann laut Planck Licht nicht in beliebig kleinen Teilmengen daherkommen, sondern es gibt eine Elementarmenge, das sogenannte Quantum. In dem Moment, in dem das Lichtquantum nun auf das Messobjekt trifft, verändert sich der Impuls und damit die Geschwindigkeit des Objekts. Diese Veränderung wird geringer, wenn wir mit langwelligeren, d. h. energiearmen Photonen arbeiten, aber diese längere Wellenlänge führt eben wieder zu einer größeren Ungenauigkeit in der Ortsbestimmung. Es ergibt sich also ein zentraler Zusammenhang: Je genauer wir die Position des Teilchens zu messen versuchen, desto ungenauer lässt sich seine Geschwindigkeit messen, und umgekehrt. Und es ergibt sich überdies noch ein generelles Dilemma in der Welt der kleinen Objekte: durch jeden Versuch einer Messung verändern wir das, was wir messen wollen. Wir könnten jetzt denken „na, dann senken wir doch einfach die Intensität etwa des Lichts ab, das wir zum Messen verwenden wollen". Aber dabei machen wir einen Denkfehler (bei dem wir uns etwa die elementare gequantelte Natur des Lichts nicht klarmachen). Denn was wir damit dann tun würden, wäre lediglich die *Anzahl* der Licht-Photonen zu verringern die für uns etwas detektieren können. Sprich: Uns würden dann einfach viele Quanten-Teilchen, die wir ja durch die Wechselwirkung mit eben jenem Licht messen wollen, entgehen. Diejenigen aber, die wir erwischen, bekommen nichtsdestoweniger „die volle Härte" der gequantelten Energie $E = h \cdot v$ jedes Licht-Photons ab – und ändern damit dann beispielsweise ihren Impuls. Nur große, makroskopische Objekte sind „schwerfällig genug" um hierdurch nicht beeinflusst zu werden, und verhalten sich damit nach den Gesetzen der Newtonschen Mechanik.

Wir sehen hier, wie sehr die Quantenmechanik unsere gewohnten Vorstellungen auf den Kopf stellt. In unserer vertrauten, makroskopischen Welt können wir die Bahnkurve etwa einer Billardkugel exakt angeben. In einem „Quanten-Billard" müssen wir uns nicht nur von der Idee verabschieden solch eine Kurve genau berechnen zu können, sondern wir müssen uns von dem Konzept der Bahnkurve selbst verabschieden. Quanten-Kugeln haben *prinzipiell* keine bestimmbare Bahnkurve, denn dazu müssten sie bestimmbaren Ort und Impuls haben – und das haben sie eben nicht. Wieder einmal legt die Plancksche Konstante hierbei die Grenze zwischen beiden Welten fest.

All dies ist nicht nur aus physikalischer Perspektive, sondern auch aus metaphysikalischer Perspektive paradigmenwechselnd. Vor der gerade geschilderten Erkenntnis lag in der Physik die Ansicht vor, dass sich der Ort jedes Körpers für jeden beliebigen Zeitpunkt, d. h. auch für die Zukunft, genau berechnen ließe, wenn nur ein momentaner Ort und Impuls als Startparameter bekannt sind. In anderen Worten: aus den Gesetzen der klassischen Physik folgte der absolute Determinismus, der besagt, dass der Zustand eines Systems zu jeder Zeit genau bestimmt werden kann, wenn nur die Anfangsbedingungen bekannt sind. Dies wurde auch anwendbar auf die kleinsten Bausteine der Materie angesehen. Demnach müsste das Schicksal des gesamten Universums berechenbar sein, wenn es nur eines Tages gelingen sollte, eine entsprechend leistungsstarke Rechenmaschine zu bauen. Die Zukunft erschien damit vorherbestimmt als unausweichliches Schicksal, und jegliche Basis für Philosophie, Ethik, Spiritualität und Glaube schien erschüttert. Die Quantenmechanik löste dieses Dilemma auf, indem sie zeigte, dass auch eine noch so gute Rechenmaschine prinzipiell niemals gleichzeitig Ort und Impuls der kleinsten Materiebausteine angeben geschweige denn vorhersagen kann.

ℹ **Konjugierte Variablen**

Ein tieferer Blick in die Quantenmechanik zeigt uns, dass nicht nur die Variablen Ort und Impuls nicht gemeinsam beliebig genau angegeben werden können; dies trifft vielmehr auch auf andere Variablenpaare zu. Wir sprechen in diesem Kontext von sogenannten **konjugierten Variablen.** Die Basis hiervon ist die sogenannte Hamilton-Funktion, auf die wir später noch stoßen werden; sie beschreibt die Gesamtenergie eines beliebigen Systems als Funktion von Ort und Zeit. Daraus lassen sich über sogenannte kanonische Gleichungen Paare kanonisch konjugierter Variablen ableiten, für die jeweils die Heisenbergsche Unschärferelation gilt, d. h. die zu einem derartigen Paar gehörigen physikalischen Größen sind für ein gegebenes System prinzipiell nicht zeitgleich exakt messbar. Zu den kanonisch konjugierten Variablen zählen, wie wir schon wissen, Ort und Impuls eines bewegten Objektes (Gl. 60), sowie entsprechend auf eine Rotationsbewegung übertragen Drehwinkel und Drehimpuls. Ein anderes wichtiges Paar konjugierter Variablen sind aber auch Energie und Zeit. Das können wir uns auch ohne umfangreichere quantenmechanische Berechnungen plausibel machen, indem wir einfach die physikalischen Einheiten betrachten: so soll analog zu Gl. 60 jetzt gelten $\Delta E \cdot \Delta t \geq h$, was aus Sicht der Einheiten sinnvoll erscheint, da Energie mal Zeit gerade einer Wirkung entspricht, und demzufolge das Produkt der jeweiligen Ungenauigkeit $\Delta E \cdot \Delta t$ der kleinstmöglichen Wirkung entsprechen muss, eben dem Planckschen Wirkungsquantum h. Wir werden diese Beziehung später noch benötigen, wenn es darum geht, die sogenannte natürliche Linienbreite von Spektrallinien zu verstehen. Entgegen der naiven Annahme, dass die dem Bohrschen Atommodell zugrundeliegenden Spektrallinien jeweils exakten Energiedifferenzen entsprechen müssten, finden wir nämlich bei genauerem Hinsehen eine **Energieunschärfe,** welche unmittelbar mit der Lebensdauer der beteiligten Zustände zusammenhängt.

Im weiteren Verlauf der Geschichte arbeitete Werner Heisenberg 1927 mit Niels Bohr zusammen in Kopenhagen an der Deutung bzw. Interpretation der Vorhersagen der neuen Quantenmechanik: die von ihnen entwickelte **Kopenhagener Deutung** beschreibt die Vorhersagen und Begriffe der Quantenmechanik lediglich als Werkzeug um den Ausgang eines Experiments in der mikroskopischen Welt abzuschätzen, ohne aber den Anspruch auf eine reale Beschreibung der wahren Verhältnisse zu erheben.

D. h. Teilchen sind im Sinne der Quantenphysik nicht wirklich Welle oder Teilchen bzw. wir können prinzipiell in dieser Modellvorstellung nicht genau wissen wie die Natur der Materie letztlich ist, und auch wie sich ein Teilchen exakt verhält, aber wir haben im Welle–Teilchen Dualismus und der daraus ableitbaren Quantenmechanik ein sehr gutes Werkzeug um den Ausgang eines Experiments im Sinne statistischer Wahrscheinlichkeiten auf mikroskopischen Skalen vorherzusagen.

3.1.3.3 Das Bohrsche Atommodell im Kontext des Welle–Teilchen Dualismus

Mit dem Konzept der Beschreibung von Elektronen als stehende Wellen auf einer Kreisbahn können wir nun recht anschaulich verstehen, warum im Bohrschen Atommodell nur definierte Bahnradien und Impulse und damit auch Energiezustände erlaubt sind. Es ist somit nicht verwunderlich, dass Niels Bohr von Anfang an ein glühender Verfechter der neuen Quantentheorie wurde, half diese ihm doch sein 1913 quasi willkürlich an das Experiment angepasstes Modell auf eine physikalisch-theoretische Basis zu stellen.

Betrachten wir die Elektronen als stehende Wellen, so würden sich diese durch destruktive Interferenzen auslöschen, falls der Bahnradius nicht einem ganzzahligen Vielfachen der De Broglie-Wellenlänge entsprechen würde, wie in Abb. 3.6 gezeigt ist. Somit muss also gelten:

$$2 \cdot \pi \cdot r = n \cdot \lambda \quad \text{mit} \quad n = 1,\ 2,\ 3, \ldots \tag{62}$$

Hieraus ergeben sich dann aber, in Übereinstimmung mit dem ursprünglich 1913 von Niels Bohr aus seiner Teilchenvorstellung heraus entwickelten Atommodell, die gleichen Energiezustände, wie wir leicht einsehen können. In der vorigen Lehreinheit hatten wir erkannt, dass die Energie eines Elektrons auf einer bestimmten Bahn dem folgenden Ausdruck entspricht:

$$E = \frac{e^2}{8 \cdot \pi \cdot \varepsilon_0 \cdot r} \tag{63}$$

Für eine stabile Bahn muss gemäß Gl. 62 nun gelten $r = \frac{n \cdot \lambda}{2 \cdot \pi}$. Nach De Broglie gilt indes auch $p = \frac{h}{\lambda}$, d. h. es sind somit nur Bahnradien r erlaubt, die folgende Bedingung erfüllen:

$$r = \frac{n \cdot \lambda}{2 \cdot \pi} = \frac{n \cdot h}{2 \cdot \pi \cdot p} = \frac{n \cdot \hbar}{p} \tag{64}$$

Beachten Sie, dass Gl. 64 diesmal, im Gegensatz zu den Originalarbeiten von 1913, nicht einfach aus einer Anpassung an die experimentellen Daten resultiert, sondern mit Hilfe der De Broglie-Beziehung und dem Konzept einer auf einer Kreisbahn stabilen stehenden Welle plausibel formuliert werden konnte. Gl. 64 stimmt nun mit Gl. 45 überein, weswegen sich auch die gleichen diskreten Energiezustände ergeben.

$n = 5$ stabile Elektronenbahn

$n = 5\frac{1}{3}$ instabile Elektronenbahn

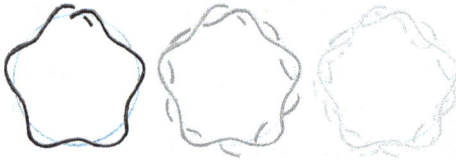

$n = 6$ stabile Elektronenbahn

Abb. 3.6: Elektronen als stehende Welle auf einer Kreisbahn. Entspricht der Bahnradius nicht einem ganzzahligen Vielfachen der Wellenlänge (hier für ein Vielfaches von 5 (oben) vs. 5⅓ (Mitte) vs. 6 (unten) gezeigt), so kommt es durch Interferenzerscheinungen zu einer Auslöschung, d. h. das Elektron würde „verschwinden", wie in der mittleren Abbildung angedeutet. Entsprechend der oberen und unteren Abbildung muss also für eine stabile Elektronenumlaufbahn gelten $2 \cdot \pi \cdot r = n \cdot \lambda$. Bild nach Richard E. Dickerson, Irving Geis: *Chemie – eine lebendige und anschauliche Einführung*, Wiley-VCH, **1986**.

---

i **Bohr und Heisenberg: Warum stürzt das Elektron nicht in den Kern?**
Einer der größten inneren Widersprüche des Bohr-Modells ist, dass ein kreisendes Elektron eigentlich als elektrischer Dipol ständig Energie abstrahlen und dadurch in einer Spiralform in den Atomkern stürzen sollte. Bohr umging dies Dilemma durch sein Postulat der Beschränkung auf diskrete Bahnradien. Wir können es aber auch aus anderem Blickwinkel auflösen, nämlich durch Berücksichtigung der Heisenberg-Relation. Im klassischen Bild müsste ein kreisendes Elektron, wenn es näher an den Kern kommt, immer schneller werden. Damit würde der Ort des Elektrons gleichsam immer unbestimmter; sodass es dann aber eben nicht exakt im Kern lokalisiert sein kann.

Wie plausibel ist aber letztlich diese Vorstellung der Elektronen des Atoms als eindimensionale periodisch Wellenerscheinung auf konzentrischen Kreisbahnen? Da die Atome ja als Materie den dreidimensionalen Raum ausfüllen können, würden wir wohl eher auch dreidimensionale d. h. eher kugelförmige Aufenthaltswahrscheinlichkeiten der Elektronen erwarten. Und in der Tat werden wir in den folgenden Lehreinheiten sehen, wie uns die **Schrödinger-Gleichung** als Basis der mathematisch-physikalisch ausformulierten Quantenmechanik zu dreidimensionalen Wellenfunktionen für die Beschreibung der Aufenthaltswahrscheinlichkeit von Elektronen, sogenannten Orbitalen, führen wird. Diese Orbitale besitzen in der Tat zumindest in einigen Fällen die Gestalt einer Kugel.

Lassen Sie uns zusammenfassen: In dieser Lehreinheit haben wir den **Welle–Teilchen Dualismus** kennengelernt. Hierbei spielt die De Broglie-Beziehung als quantitative Brücke zwischen der Teilcheneigenschaft Impuls und der Welleneigenschaft Wellenlänge eine zentrale Rolle. Es mag verwirrend und unbefriedigend sein, dass wir in diesem Zusammenhang weder für Licht noch für kleine Teilchen eine klare Deutung von deren physikalischer Natur haben: je nachdem, mit welcher experimentellen Methode wir diese Objekte beobachten, zeigen sie das Verhalten einer Welle oder eines Teilchens. Andererseits ermöglicht uns der Welle–Teilchen Dualismus aber erst zu verstehen, warum unsere Deutung experimenteller Ergebnisse im Rahmen der klassischen Physik manchmal versagt. Im nächsten Lehrabschnitt werden wir mit der Quantenmechanik und speziell der Schrödinger-Gleichung nun einen grundsätzlich neuen quantitativen Ansatz der Physik kennenlernen, welcher in Einklang mit den in diesem Abschnitt vorgestellten Sachverhalten ist. Stellen Sie sich allerdings bitte jetzt schon darauf ein, dass die Quantenmechanik unser durch Erleben einer makroskopischen Welt geprägtes Vorstellungsvermögen in mancher Hinsicht sprengen wird. Selbst Albert Einstein war sich laut dem in diesem Kapitel wiedergegeben Zitat auch 50 Jahre nach seiner Deutung des photoelektrischen Effekts nicht sicher, was ein Photon letztlich eigentlich ist. Die gleiche Schwierigkeit ergibt sich bei der eindeutigen Interpretation von Wellenfunktionen, wie wir sie als Lösung der Schrödinger-Gleichung im Folgenden kennenlernen werden.

!

DAS WICHTIGSTE IN KÜRZE

- 1905 erkannte **Einstein** den **Partikelcharakter des Lichts** anhand des Experiments von Lenard zum **photoelektrischen Effekt**. Mit seiner Lichtquantenhypothese stützte sich Einstein auch auf die bereits bekannte **Quantentheorie** (1900) von Planck: $E = h \cdot v = \frac{h \cdot c}{\lambda}$.
- Davisson und Germer, sowie unabhängig davon auch Thomson zeigten 1927, dass ein Elektronenstrahl, der auf eine dünne Goldfolie oder auf die Oberfläche von kristallinem Nickel trifft, besonders starke Reflexe hervorruft, wenn er unter bestimmten Winkeln reflektiert wird: die sogenannte **Bragg-Beugung** mit der Resonanzbedingung $n \cdot \lambda = 2 \cdot d \cdot \sin(\theta)$ beruht auf Interferenzerscheinungen und belegt damit **Welleneigenschaften von Elektronen**.
- **De Broglie** kombinierte die Teilcheneigenschaft Impuls mit der Welleneigenschaft Wellenlänge in der berühmten Beziehung $p = \frac{h}{\lambda}$ und begründete damit den **Welle–Teilchen Dualismus.** Eine wichtige Konsequenz des Welle–Teilchen Dualismus ist die **Heisenbergsche Unschärferelation**: wenn wir für ein Teilchen entweder den Ort oder den Impuls exakt bestimmen, dann ist komplementär dazu die jeweils andere Größe völlig unbestimmt. Diese Relation gilt für **Paare kanonisch konjugierter Variablen** wie Ort und Impuls, Drehwinkel und Drehimpuls, oder Energie und Zeit.
- Elektronen als **stehende Wellen auf Kreisbahnen** erlauben letztendlich eine physikalische Deutung des Bohrschen Atommodells im Rahmen der Quantenmechanik.

VERSTÄNDNISFRAGEN

1. **Licht zeigt Welleneigenschaften, weil ...**
   a) wir verschiedene Farben sehen können.
   b) es bei der Beugung am Spalt zur Interferenz kommt.
   c) es von Materie absorbiert werden kann.
   d) es beim Übergang von Luft zu Wasser Brechung zeigt.

2. **Licht zeigt Teilcheneigenschaften, weil ...**
   a) es möglich ist bei niedriger Lichtintensität den Weg, welchen ein Photon durch eine Doppelspaltanordnung genommen hat, anhand des Auftreffens auf der Fotoplatte vollständig zu rekonstruieren.
   b) es von Materie absorbiert werden kann.
   c) beim photoelektrischen Effekt die Anzahl der emittierten Elektronen von der Lichtleistung abhängt.
   d) beim photoelektrischen Effekt die Anzahl der emittierten Elektronen nicht von der Lichtleistung abhängt.

3. **Auch Elektronen zeigen Welleneigenschaften, weil ...**
   a) sie mit Licht wechselwirken können.
   b) sie von Kristalloberflächen reflektiert werden.
   c) sich mit ihrer Hilfe im Elektronenmikroskop atomare Strukturen auflösen lassen.
   d) sie bei ihrer Bewegung elektromagnetische Wechselfelder erzeugen.

4. **Beim Autofahren spielen Welleneigenschaften keine Rolle, weil ...**
   a) das Auto normalerweise zu langsam fährt.
   b) das Auto eine zu große Masse hat.
   c) das Auto bei der Fahrt häufig die Richtung ändert.
   d) das Auto sich nicht in 3 Dimensionen bewegen kann.

VERTIEFUNGSFRAGEN

5. **Welche der folgenden Aussagen beschreibt die Natur des Lichts am besten?**
   a) Da sich Licht je nach Experiment entweder wie eine Welle oder wie ein Teilchenstrahl verhält, handelt es sich um eine Mischung aus Welle und Teilchen.
   b) Eigentlich wissen wir nur, dass sich einige experimentellen Befunde in Bezug auf Licht mit der Wellentheorie und andere mit Teilcheneigenschaften beschreiben lassen. Was Licht genau ist können wir aber nicht sagen, da unserer Wahrnehmung Grenzen gesetzt sind.
   c) Vor Einsteins quantenmechanischer Deutung des Photoeffekts wurde fälschlicherweise davon ausgegangen, dass Licht eine Welle ist. Seitdem

lässt sich jedoch sicher sagen, dass es sich bei Licht um Teilchen, die Photonen, handelt.

d) Licht ist eine Welle, die nur mit Energien auftreten kann, welche ein Vielfaches des Planckschen Wirkungsquantums sind.

6. **Welches Objekt hat die größere Wellenlänge nach De Broglie: ein Auto mit $m = 2$ t und einer Geschwindigkeit von 100 km · h^{-1}, oder ein Fußgänger mit $m = 100$ kg und einer Geschwindigkeit von 5 km · h^{-1}?**

a) Beide haben die gleiche Wellenlänge, da das Verhältnis Masse/Geschwindigkeit identisch ist.

b) Das Auto hat die größere Wellenlänge, weil seine Masse deutlich größer ist.

c) Das Auto hat die größere Wellenlänge, weil sein Impuls deutlich größer ist.

d) Der Mensch hat die größere Wellenlänge, weil sein Impuls deutlich kleiner ist.

7. **Können Sie anhand des Wellencharakters des Elektrons bereits an dieser Stelle intuitiv begründen, warum im Bohrschen Atommodell nur bestimmte Kreisbahnen erlaubt sind?**

a) Nein, dies ist ohne exakte quantenmechanische Berechnungen nicht möglich.

b) Ja: das Elektron bildet auf der Kreisbahn eine stehende geschlossene Welle, weshalb nur bestimmte Energien und die dazu passenden Wellenlängen bei gegebenem Bahnradius erlaubt sind.

c) Ja: das Elektron steht als stehende Welle in direkter Resonanz mit dem durch die Kernladung gebildeten elektrischen Feld.

d) Ja: das Elektron interferiert mit der Materiewelle des Atomkerns derart, dass sich ein charakteristisches Interferenzmuster bildet, welches seine Maxima auf den erlaubten Kreisbahnen findet.

8. **Welche Aussage für die Heisenbergsche Unschärferelation ist zutreffend?**

a) Die Unschärferelation von Heisenberg beschreibt die Tatsache, dass jede Messung ein quantenmechanisches System stört. Durch diese Störung ist es nicht möglich konjugierte Variablen wie Ort und Impuls gleichzeitig scharf zu messen. Die Ortsmessung stört die Impulsmessung und umgekehrt.

b) Da die Verteilungen von Ort und Impuls beide von der Wellenfunktion des Systems sowie ihrer Wahrscheinlichkeitsamplitude abhängig sind, ist es nicht möglich Ort und Impuls gleichzeitig beliebig genau zu präparieren.

c) Die Unschärferelation gilt ausschließlich für Ort und Impuls.

d) Die Unschärferelation gilt auch für andere Größen als Ort und Impuls. Zum Beispiel lassen sich auch Impuls und kinetische Energie nicht gleichzeitig scharf bestimmen.

EINHEIT 4: DIE SCHRÖDINGER-GLEICHUNG
In dieser Lehreinheit wenden wir uns dem zu Beginn des 20. Jahrhunderts revolutionären neuen Ansatz der Quantenmechanik zu. Auch wenn damals das Bohrsche Atommodell das Linienspektrum des Wasserstoffatoms quantitativ erklären konnte, so lässt es doch viele Fragen offen und enthält vor allem im Kontext der klassischen Physik fundamentale Widersprüche. Andererseits zeigt der Welle–Teilchen Dualismus, dass wir speziell für die Beschreibung der Verhältnisse in der mikroskopischen atomaren Welt von klassischen Teilchenvorstellungen der Materie abrücken müssen. Als mathematischen Ansatz formulierte Erwin Schrödinger (1887–1961) daher die nach ihm benannte Schrödinger-Gleichung. Sie erwies sich als fundamentaler Gamechanger.

3.2 Die Schrödinger-Gleichung

3.2.1 Eine Wellengleichung für Quantenobjekte

Wir haben in der vorigen Lehreinheit mit der De Broglie-Beziehung ein einfaches und ebenso elementares Brückenstück zwischen der Teilchen- und der Wellennatur von Quantenobjekten wie Licht, Elektronen und anderen kleinen Materiebausteinen kennengelernt. Wir haben auch gesehen, wie revolutionär dieser Ansatz im historischen Kontext seiner Veröffentlichung in De Broglies Doktorarbeit war. So war es nicht verwunderlich, dass der angesehene Physiker Peter Debye in Zürich zwar interessiert, aber skeptisch war. Er bat daraufhin seinen Mitarbeiter Erwin Schrödinger, ihm in einem Vortrag einen Überblick über diese neue Idee zu geben. Am Ende des Vortrags bemerkte Debye, dass ihm das alles ziemlich albern vorkäme. Wenn man schon mit Wellen arbeite, dann solle man auch eine Wellengleichung angeben, die beschreibt, wie sich die Wellen im Raum ausbreiten. Angeregt durch diese Bemerkung machte sich Schrödinger an die Arbeit und entdeckte 1926 die nach ihm benannte elementare **Schrödinger-Gleichung**:[21]

$$\hat{H}\Psi(x) = E \cdot \Psi(x)$$ (65)

Aus mathematischem Blickwinkel ist dies nichts anderes als eine Differenzialgleichung – allerdings eine besondere: wir sprechen hierbei von einer **Eigenwertglei-**

---

21 Schrödingers Zugang zur Quantenmechanik mittels der von ihm aufgestellten partiellen Differenzialgleichung kam etwas später als ein alternativer Ansatz der Matrizenmechanik von Werner Heisenberg (1901–1976), hat aber den großen Vorteil, dass er die aus der klassischen Mechanik bekannte Mathematik benutzt, und ist auch, wie Schrödinger ebenfalls 1926 zeigen konnte, zur Matrizenmechanik äquivalent. Seine Arbeiten brachten Schrödinger den Nobelpreis für Physik im Jahr 1933 ein. Werner Heisenberg hingegen erhielt den Nobelpreis 1932, und er zählt damit als frühester Begründer der Quantenmechanik.

chung.[22] In der Mathematik bezeichnet dieser Begriff eine Gleichung, bei der nach Anwendung einer Rechenvorschrift, die wir **Operator** nennen, auf eine Funktion wieder dieselbe Funktion herauskommt, ggf. noch multipliziert mit einem Zahlenfaktor, den wir **Eigenwert** zum Operator nennen. In mathematischer Schreibweise liest sich das so: $\hat{F}u = \lambda \cdot u$.

Beispiel 1: Operator $\hat{F} = -\dfrac{d^2}{dx^2}$; Funktion $u = \cos(4 \cdot x)$; Eigenwert $\lambda = 16$.

Beispiel 2: Operator $\hat{F} = -\dfrac{d^2}{dx^2} + x^2 \cdot$; Funktion $u = e^{\left(-\frac{x^2}{2}\right)}$; Eigenwert $\lambda = 1$.

In Gl. 65 ist $\hat{H}$ der sogenannte **Hamilton-Operator,** den wir im Folgenden noch näher kennenlernen werden. E bezeichnet die dazu gehörenden **Energie-Eigenwerte,** d. h. diejenigen Energien, die ein gegebenes System annehmen kann. $\Psi(x)$ ist eine mathematische Funktion, die diese Gleichung für ein gegebenes konkretes Set von $\hat{H}$ und E löst; das kann eine reelle Funktion oder auch eine komplexe Funktion sein, je nachdem wie die für das betrachtete System anzusetzenden Terme für $\hat{H}$ und E beschaffen sind. Oft hat diese Funktion die Form einer (Sinus-)Welle, sodass sie gemeinhin als **Wellenfunktion** bezeichnet wird. Wir können uns schon denken, dass dies auch unmittelbar etwas mit den bereits in unserer dritten Lehreinheit vorgestellten stehenden Wellen zu tun hat. Hiermit ist es nun möglich auszurechnen, wie sich die wellenartigen Quantenamplituden etwa von Elektronen ausbreiten, um auf diese Weise dann zu präzisen Vorhersagen interessanter Systemgrößen wie etwa des Impulses oder der Energie zu kommen.

Die Wellenfunktion nimmt in der Quantenmechanik *die* Schlüsselrolle ein, vergleichbar mit der Rolle, die in der klassischen Mechanik die Bahnkurve eines Teilchens hat. Wie oben schon kurz angedeutet ist die Wellenfunktion zunächst einmal eine ganz normale mathematische Funktion, genauso wie $\sin(x)$ oder e^x, die eben die für ein bestimmtes vorliegendes quantenmechanisches System gegebene Form der Schrödinger-Gleichung löst. Sie hat Bereiche mit kleinen Werten und Bereiche mit großen Werten, und an manchen Stellen kann sie auch null sein. Hierin stecken alle Informationen, die wir über Ort und Bewegung eines (Quanten-)Teilchens erhalten können. Die *Krümmung* der Wellenfunktion hat beispielsweise etwas mit der *kinetischen Energie* zu tun; in Bereichen mit starker Krümmung hat unser Teilchen hohe kinetische Energie, in Bereichen mit schwacher Krümmung hat es geringe kinetische Energie.

Wir können aus der Wellenfunktion Werte für uns interessierende Größen, wie etwa die Energie oder den Impuls des Teilchens das uns interessiert erhalten, indem wir dazu passende Operatoren (d. h. bestimmte Rechenvorschriften) auf die Wellen-

---

22 Diese Form der Schrödinger-Gleichung gilt für den stationären Fall. Die zeitliche Entwicklung veränderlicher Systeme erhalten wir über die zeitabhängige Schrödinger-Gleichung $\hat{H}\Psi(x) = i \cdot \hbar \cdot \frac{d\Psi(x)}{dt}$. Dies soll uns hier aber (noch) nicht weiter beschäftigen.

funktion anwenden. Aus dem Namen „Hamilton-Operator" können wir uns schon denken, dass beispielsweise $\hat{H}$ ein solcher Operator ist. Es gibt noch weitere Operatoren, die wir noch kennenlernen werden. Durch Anwendung eines Operators auf eine Wellenfunktion Ψ erhalten wir die zugehörigen Eigenwerte. Der Operator $\hat{H}$ liefert uns beispielsweise die Energie-Eigenwerte. Andere Operatoren liefern andere Eigenwerte; so liefert etwa der Impuls-Operator die Eigenwerte des Impulses und der Drehimpuls-Operator die Eigenwerte des Drehimpulses. Allgemein können wir schreiben, dass die Anwendung eines Operators $\hat{\Omega}$ auf die Wellenfunktion Ψ die Eigenwerte ω der zum Operator zugehörigen Observablen (wie etwa Impuls oder Drehimpuls) liefert: $\hat{\Omega}\Psi = \omega \cdot \Psi$. Diese Form nennen wir **Eigenwertgleichung.**

Die Schrödinger-Gleichung ist eine Differenzialgleichung. Sie wissen sicherlich (oder hoffentlich) aus Ihrer Mathematik-Ausbildung, dass eine Differenzialgleichung oft sogar von *mehreren* möglichen Funktionen mathematisch gelöst wird. Und damit nicht genug: sie wird dann sogar auch von Superpositionen davon gelöst, d. h. von Linearkombinationen mehrerer solcher Lösungen. Das bedeutet, dass eine Lösungsfunktion Ψ auch eine Überlagerung mehrerer Einzel-Lösungen sein kann: $\Psi = c_1 \cdot \Psi_1 + c_2 \cdot \Psi_2 + c_3 \cdot \Psi_3 + \ldots$. All diese steuern nun ihre eigenen Erwartungswerte bei, und zwar in Anteilsverhältnissen, die durch die Koeffizienten c_i gegeben sind. Bei einer einzelnen Messung einer Observablen wie etwa des Impulses finden wir demnach stets *einen* dieser Eigenwerte, der zu je einer der beitragenden Funktionen Ψ_i gehört. Welchen Wert wir finden, können wir nicht vorhersagen; die *Wahrscheinlichkeit,* einen bestimmten Wert zu erhalten, skaliert jedoch mit dem Betragsquadrat des zugehörigen Koeffizienten, d. h. mit $|c_i|^2$. Der Mittelwert aus sehr vielen Messungen ist durch den **Erwartungswert** des Operators $\langle \Omega \rangle$ gegeben, welcher sich als Integral über den Variablenraum τ, typischerweise (x, y, z), berechnet:

$$\langle \Omega \rangle = \int \Psi^* \cdot \hat{\Omega}\Psi \, d\tau \qquad (66)$$

Das für die Chemie Wichtigste im Hinblick auf Wellenfunktionen ist nun Folgendes: In einer weithin akzeptierten Interpretation nach Born bezeichnet das **Betragsquadrat** der Wellenfunktion, $|\Psi(x)|^2$, die **Aufenthaltswahrscheinlichkeit** des Systems,[23] beispielsweise eines beweglichen Teilchens in einem äußeren Potenzial (etwa eines Elektrons im elektrostatischen Potenzial eines Atomkerns) an einer uns interessierenden Position x (etwa an einem bestimmten Ort in der Hülle des Atoms).[24] Dies ist eine ganz konkret handlich und „real" vorstellbare sowie nützliche Information – sogar dann, wenn die Wellenfunktion selbst eine komplexe Größe ist, denn das Betragsqua-

---

23 Streng genommen muss es Wahrscheinlichkeits*dichte* heißen. Die Wahrscheinlichkeit selbst bekommen wir durch Integration hierüber im Intervall dx (im eindimensionalen Fall) bzw. im Volumenelement $dx\,dy\,dz$ (im dreidimensionalen Fall).

24 Born zog für diese Erkenntnis eine Parallele zur Wellennatur des Lichts, in der das Quadrat der Amplitude der elektromagnetischen Welle an einem Punkt als Maß für die Intensität an diesem Punkt gilt und damit als Maß für die Wahrscheinlichkeit, dort ein Photon anzutreffen.

drat wird dann ja über das Produkt aus Wellenfunktion und deren konjugiert Komplexer berechnet und ist somit immer eine reelle Zahl:

$$\Psi(x) \cdot \Psi(x)^* = |\Psi(x)|^2 \tag{67}$$

! Wir merken daran: Gemäß Gl. 67 kommt es bei der Wellenfunktion in ihrer Bedeutung als Maß für die Aufenthaltswahrscheinlichkeit eines Quantenteilchens nicht auf das Vorzeichen der Welle an! Auch an Orten mit stark negativen Werten einer Wellenfunktion besteht eine hohe Aufenthaltswahrscheinlichkeit, und zwar eine genauso hohe wie an Orten mit entsprechend stark positiven Werten – weil eben in beiden Fällen das *Quadrat* hiervon diese Wahrscheinlichkeit angibt. Nichtsdestotrotz besitzt das etwaige Vorhandensein negativer und positiver Wertebereiche Wichtigkeit, etwa wenn es zur Interferenz von solchen Wellen kommt.

i **Normierung von Wellenfunktionen**
Die Schrödinger-Gleichung (bzw. ganz allgemein jede lineare homogene Differenzialgleichung) besitzt die Eigenschaft, dass für jede Lösung Ψ auch $N \cdot \Psi$ eine Lösung ist. (In Gl. 65 tritt Ψ ja auf beiden Seiten auf, d. h. eine Konstante N würde sich hier einfach rauskürzen.) Wir können unsere Wellenfunktion also stehts durch eine Konstante so normieren, dass aus der Proportionalität der Bornschen Interpretation sogar eine „mathematisch handfeste" Gleichheit wird. Dazu folgende einfache Überlegung: Für die normierte Wellenfunktion $N \cdot \Psi$ beträgt die Wahrscheinlichkeit dafür, das Teilchen in einem Intervall dx anzutreffen $(N \cdot \Psi^*) \cdot (N \cdot \Psi) \cdot dx$. Die Wahrscheinlichkeit, es überhaupt irgendwo im Raum anzutreffen muss gleich 1 sein. Demnach gilt:

$$N^2 \cdot \int_{-\infty}^{+\infty} \Psi \cdot \Psi^* dx = 1$$

Und demnach

$$N = \frac{1}{\sqrt{\int_{-\infty}^{+\infty} \Psi \cdot \Psi^* dx}}$$

Analoges gilt für den dreidimensionalen Fall, in dem wir die Integration einfach über $dx \cdot dy \cdot dz$ zu führen haben.
  Diese Normierungsbedingung führt zu ganz entscheidenden Konsequenzen; durch sie sind nämlich viele mathematisch mögliche Lösungen der Schrödinger-Gleichung praktisch ausgeschlossen. Vor allem sind demnach keine Wellenfunktionen erlaubt, die ins Unendliche laufen. Wenn dies nämlich der Fall wäre, dann wäre das o. g. Integral unendlich und die Normierungskonstante N demnach null. Damit wäre die Funktion aber überall null, außer an der Stelle wo sie unendlich ist. Das ist keine sinnvolle Lösungsfunktion. Von vielen möglichen Lösungen der Schrödinger-Gleichung sind also nur ein paar sinnvoll. Eben dies hat weitere Konsequenzen, beispielsweise derart, dass nicht beliebige Werte für die Energie E existieren. Mit anderen Worten: ein Teilchen kann nur ganz bestimmte Energien aufweisen – die Energie ist gequantelt.
  Die Normierung von Wellenfunktionen ist insbesondere vor dem Hintergrund wichtig, dass auch Superpositionen einzelner Lösungen der Schrödinger-Gleichung wieder eine Lösung sind. Auch für eine derartige Superposition gilt natürlich, dass die Aufsummierung sämtlicher Einzelwahrscheinlichkeiten (= Anteile der jeweiligen Zustände an der Gesamtwellenfunktion) eins ergeben muss, was dann

einer Gesamtaufenthaltswahrscheinlichkeit von 100% entspricht. Sämtliche Wellenfunktionen müssen somit normierbar sein, was mathematisch bedeutet, dass das Integral des Betragsquadrates gleich einem endlichen Wert sein muss. Eben dieses Integral entspricht dann direkt der jeweiligen Einzelwahrscheinlichkeit. Derartige Funktionen, die normierbar sind, heißen deshalb **quadratintegrabel.**

Bevor wir nun detaillierter auf verschiedene konkrete Darstellungsweisen der Schrödinger-Gleichung zu sprechen kommen, wollen wir uns kurz der Frage widmen wie wir die Gleichung an sich grundsätzlich verstehen können. Der US-amerikanische Physiker und Nobelpreisträger Richard Feynman merkte dazu einst an: *„Woher haben wir diese Gleichung? Nirgendwoher. Es ist unmöglich, sie aus etwas Bekanntem abzuleiten. Sie ist Schrödingers Kopf entsprungen."* Nun, auch wenn dem so sei, so können wir die Gleichung dennoch zumindest nachvollziehen. Hierzu ist es hilfreich, dass wir uns das Prinzip von der Erhaltung der Energie vergegenwärtigen. Wir wissen, dass alle Objekte, sei es eine Masse an einer schwingenden Feder oder eine Ladung in einem elektrischen Feld, stets eine potenzielle Energie und eine kinetische Energie aufweisen, die sich beide zur Gesamtenergie addieren. Und eben die ist immer konstant, d. h. bleibt erhalten. Eine schwingende Masse an einer Feder hat beispielsweise an den Schwingungs-Umkehrpunkten eine kinetische Energie von null, dafür aber wegen der dort maximalen Feder-Spannung eine maximale potenzielle Energie, wohingegen sie beim Schwingungs-Nulldurchgang maximale kinetische Energie aber dafür minimale potenzielle Energie hat. Die Summe aus beidem ist aber stets gleich, an beiden dieser Extrempunkte sowie auch bei allen Zuständen dazwischen. Es gilt also immer

$$E_{ges} = E_{pot} + E_{kin} \tag{68}$$

Für E_{kin} gilt $E_{kin} = \frac{1}{2} \cdot m \cdot v^2$, und mit der Newtonschen Definition des Impulses $p = m \cdot v$ können wir dafür auch schreiben $E_{kin} = \frac{p^2}{2 \cdot m}$. Damit gilt für die Energiebilanz

$$E_{ges} = E_{pot} + \frac{p^2}{2 \cdot m} \tag{69}$$

Diese einfache Energiegleichung war Schrödingers Ausgangspunkt. Unter Verwendung der De Broglie-Beziehung zwischen Impuls und Wellenlänge gelang es ihm, eine Wellengleichung für ein Quantenobjekt aufzustellen, das sich in einem Potenzial V bewegt. Diese Gleichung lautet (für den eindimensionalen Fall mit nur einer Raumrichtung x):

$$\boxed{E \cdot \Psi(x) = -\frac{\hbar^2}{2 \cdot m} \cdot \frac{d^2\Psi(x)}{dx^2} + V \cdot \Psi(x)} \tag{70}$$

Ein Vergleich mit Gl. 65 ergibt

$$\hat{H} = -\frac{\hbar^2}{2 \cdot m} \cdot \frac{d^2}{dx^2} + V \cdot \tag{71}$$

Für den dreidimensionalen Fall benutzen wir einen mathematischen Operator aus der Vektor-Analysis: den Laplace-Operator Δ. Er basiert seinerseits auf dem Nabla-Operator ∇; dieser ist gegeben als $\nabla = \left(\frac{\partial}{\partial x}, \frac{\partial}{\partial y}, \frac{\partial}{\partial z} \right)$, d. h. er ergibt, angewandt auf eine Funktion $\Psi(x,y,z)$, einen Vektor mit deren partiellen Ableitungen nach x, y und z als Komponenten. Für die zweite Ableitung gilt dann ∇^2, und hierfür schreiben wir Δ und sprechen vom **Laplace-Operator.** Dieser Operator entspricht demnach dem Betragsquadrat des Vektoroperators ∇, und führt somit, angewandt auf eine Funktion in drei Dimensionen, $\Psi(x,y,z)$, zu einem *Skalar* (also keinem Vektor mehr!), der die Summe der zweiten partiellen Ableitungen der Funktion angibt, d. h. $\Delta = \nabla^2 = \frac{\partial^2}{\partial x^2} + \frac{\partial^2}{\partial y^2} + \frac{\partial^2}{\partial z^2}$. Mit diesem Werkzeug nimmt die Schrödinger-Gleichung folgende dreidimensionale Form an:

$$E \cdot \Psi(x,y,z) = -\frac{\hbar^2}{2 \cdot m} \cdot \nabla^2 \Psi(x,y,z) + V \cdot \Psi(x,y,z) \tag{72}$$

Der Hamilton-Operator setzt sich demnach also, ganz entsprechend der klassischen Vorstellungen der Mechanik, aus auf die Wellenfunktion anzuwendenden Rechenvorschriften (= Operatoren) für die kinetische und für die potenzielle Energie eines Systems zusammen. Betrachten wir zur Illustration an dieser Stelle beispielhaft eine harmonische Schwingung (= harmonischer Oszillator, hier wieder für den einfachen eindimensionalen Fall), wie sie etwa ein Federpendel ausführt so wie wir es oben schon angesprochen haben. Die für die Auslenkung der Feder erforderliche Kraft ergibt sich dabei nach dem Hookeschen Gesetz zu:

$$F = k \cdot x \tag{73}$$

Die zugehörige potenzielle Energie erhalten wir, indem wir diesen Ausdruck über die Auslenkung x integrieren:

$$E_{\text{pot}} = \int (k \cdot x)\, \mathrm{d}x = \frac{1}{2} \cdot k \cdot x^2 \tag{74}$$

Damit lautet der Anteil des Hamilton-Operators, der für die potenzielle Energie des harmonischen Oszillators steht, einfach

$$V = \frac{1}{2} \cdot k \cdot x^2 \cdot \tag{75}$$

Wir werden diesen Ausdruck später noch zur Lösung des Eigenwerte-Problems des harmonischen Oszillators verwenden.

Der Anteil des Hamilton-Operators für die potenzielle Energie lässt sich somit zwar einfach aus der klassischen Physik formulieren, ist aber je nach klassischer Formulierung der potenziellen Energie für jedes System verschieden. Betrachten wir beispielsweise ein sogenanntes Rechteckspotenzial mit steilen Wänden (ein sogenannter Kasten: die potenzielle Energie im Kasten beträgt null, außerhalb des Kastens hingegen unendlich), so wirkt sich der Anteil der potenziellen Energie nicht über eine explizite Operator-Formulierung, sondern ausschließlich über die sogenannten Randbedingungen aus, wie wir in Abschnitt 3.2.2. noch zeigen werden.

Der Anteil am Hamilton-Operator für die kinetische Energie orientiert sich zwar auch an der klassischen Formulierung, verwendet aber, wie wir oben schon kurz haben durchblicken lassen, zusätzlich auch den Welle–Teilchen Dualismus bzw. die De Broglie-Beziehung. Hiernach wird für den klassischen Impuls p nun gleichsam ein Impuls-Operator eingeführt, der beispielsweise für den eindimensionalen Fall lautet:

$$\hat{p}_x = -i \cdot \hbar \cdot \frac{\mathrm{d}}{\mathrm{d}x} = -i \cdot \frac{h}{2 \cdot \pi} \cdot \frac{\mathrm{d}}{\mathrm{d}x} \tag{76}$$

Für den dreidimensionalen Fall verwenden wir wieder den Nabla-Operator ∇:

$$\hat{p} = -i \cdot \hbar \cdot \nabla \tag{77}$$

$\hat{p}$ ist in diesem Fall also eine vektorielle Größe. $\hbar$ markiert, wie wir es in den vorigen Lehreinheiten schon verwendet hatten, die durch $2 \cdot \pi$ dividierte Planck-Konstante.

Verwenden wir nun den in den Gleichungen 76 bzw. 77 definierten Impuls-Operator, um entsprechend der klassischen Formulierung der kinetischen Energie den zugehörigen Hamilton-Operator der kinetischen Energie aufzustellen, so erhalten wir in einer bzw. in drei Dimensionen die folgenden Ausdrücke:

$$\text{1-dim:} \quad H_{\mathrm{kin}} = \frac{p_x^2}{2 \cdot m} = -\frac{h^2}{8 \cdot \pi^2 \cdot m} \cdot \frac{\mathrm{d}^2}{\mathrm{d}x^2} = -\frac{\hbar^2}{2 \cdot m} \cdot \frac{\mathrm{d}^2}{\mathrm{d}x^2} \tag{78a}$$

$$\text{3-dim:} \quad H_{\mathrm{kin}} = \frac{p^2}{2 \cdot m} = -\frac{h^2}{8 \cdot \pi^2 \cdot m} \cdot \nabla^2 = -\frac{\hbar^2}{2 \cdot m} \cdot \Delta \tag{78b}$$

Wiederum ist der Operator Δ in Gl. 78b der Laplace-Operator – das Quadrat des Nabla-Operators ($\Delta = \nabla^2$).

Weitere Operatoren

Weitere Operatoren, die wir in der Quantenmechanik oft brauchen, sind beispielsweise der Orts-Operator: $\hat{x} = x \cdot$ und der Drehimpuls-Operator (um die z-Achse): $\hat{l}_z = \frac{\hbar}{i} \cdot \left(x \cdot \frac{\partial}{\partial y} - y \cdot \frac{\partial}{\partial x} \right)$

Ganz im Sinne des oben genannten allgemeinen Prinzips der Eigenwertgleichung liefern sie uns die Eigenwerte für den Drehimpuls bzw. schlichtweg für den Ort eines quantenmechanischen Systems oder Teilchens.

3.2.1.1 Freies Teilchen

Nachdem wir die Schrödinger-Gleichung nun kennen, wollen wir sie auf einfache Systeme anwenden. Wir starten mit dem einfachsten was uns einfällt: ein freies Teilchen. Hiermit wird ein Teilchen der Masse m bezeichnet, welches sich ohne Hinderung durch ein einschränkendes Potenzial im Raum bewegen kann. Zur Vereinfachung betrachten wir wieder zunächst den eindimensionalen Fall. Die Schrödinger-Gleichung enthält daher lediglich den Operator der kinetischen Energie und wird somit zu einer homogenen, recht leicht lösbaren Differenzialgleichung:

$$-\frac{\hbar^2}{2 \cdot m} \cdot \frac{d^2 \Psi(x)}{dx^2} = E \cdot \Psi(x) \tag{79}$$

Wir stellen diese Gleichung zunächst um:

$$\frac{d^2 \Psi(x)}{dx^2} \cdot \frac{1}{\Psi(x)} = -\frac{2 \cdot m}{\hbar^2} \cdot E \tag{80}$$

$\Psi(x)$ ist somit eine Funktion, die nach zweimaliger Ableitung nach x und Teilen durch eben dieselbe Funktion eine Konstante ergibt. Der allgemeinste Ansatz für eine derartige Funktion wäre die Exponentialfunktion $e^{k' \cdot x}$, wobei k' zunächst eine beliebige Konstante ist. Setzen wir diesen Ansatz in Gl. 80 ein, so ergibt sich:

$$k'^2 = -\frac{2 \cdot m}{\hbar^2} \cdot E \tag{81}$$

Unsere Lösung der Schrödinger-Gleichung für das freie Teilchen lautet daher:

$$\Psi(x) = e^{i \cdot \left(\frac{2 \cdot m}{\hbar^2} \cdot E\right)^{\frac{1}{2}} \cdot x} \tag{82}$$

Betrachten wir nun den Faktor $\left(\frac{2 \cdot m}{\hbar^2} \cdot E\right)^{\frac{1}{2}} = k'$ sowie die in Gl. 82 gegebene komplexe Exponentialfunktion etwas genauer. Aus unserer ersten Lehreinheit wissen wir schon, dass die Funktion $e^{i \cdot k \cdot x}$ eine periodische Funktion ist, wobei k deren Winkelgeschwindigkeit darstellt – hier allerdings nicht in der Zeitdomäne im Sinne von $e^{i \cdot k \cdot t}$ sondern in der Ortsdomäne im Sinne von $e^{i \cdot k \cdot x}$. Hier bezeichnet k auch den sogenannten Wellenvektor, der mit der Wellenlänge über $k = \frac{2 \cdot \pi}{\lambda}$ zusammenhängt. Andererseits ist die kinetische Energie unseres Teilchens gegeben als $E = \frac{p^2}{2 \cdot m}$. Setzen wir diese Ausdrücke in Gl. 81 ein, so ergibt sich der Zusammenhang:

$$k = k' = \frac{2 \cdot \pi}{\lambda} = \left(\frac{2 \cdot m}{\hbar^2} \cdot E\right)^{\frac{1}{2}} = \left(\frac{2 \cdot m}{\hbar^2} \cdot \frac{p^2}{2 \cdot m}\right)^{\frac{1}{2}} = \frac{1}{\hbar} \cdot p = \frac{2 \cdot \pi}{h} \cdot p \tag{83}$$

bzw. $p = \frac{h}{\lambda}$, d. h. gerade die De Broglie-Beziehung. Dies lässt uns nochmals die Plausibilität der Schrödinger-Gleichung erkennen. Und wir erkennen hieraus noch etwas, das wir eingangs schon als eine Art „Postulat" gesagt hatten. Stellen wir Gl. 83 nach λ um, so erhalten wir

$$\frac{2 \cdot \pi}{\lambda} = \left(\frac{2 \cdot m}{\hbar^2} \cdot E\right)^{\frac{1}{2}} \Leftrightarrow \lambda = \frac{2 \cdot \pi}{\left(\frac{2 \cdot m}{\hbar^2} \cdot E\right)^{\frac{1}{2}}} = \frac{h}{(2 \cdot m \cdot E)^{\frac{1}{2}}} \tag{84}$$

Demnach ist die Wellenlänge der Wellenfunktion umso kleiner, je größer die kinetische Energie ist und umgekehrt. Ein ruhendes Teilchen ohne kinetische Energie besitzt eine unendlich große Wellenlänge, d. h. die Wellenfunktion hat überall den gleichen Wert, sprich ist eine Konstante. Ein Teilchen mit hoher kinetischer Energie hat eine kleine Wellenlänge, sprich eine Wellenfunktion mit starker Krümmung – eben so, wie wir es eingangs schon postuliert hatten. Konkret gilt: die messbare kinetische Energie ergibt sich aus dem Integral all der Beträge der Krümmungen der Wellenfunktion – und das ist eben groß bei einer Wellenfunktion mit kleiner Wellenlänge und demnach vielen stark gekrümmten Bereichen pro Länge. Jetzt verstehen wir, wieso im Hamilton-Operator die zweite Ableitung von Ψ gebildet wird: Diese hat in der Mathematik etwas mit der Krümmung einer Funktion zu tun, und die wiederum hat im Fall der Wellen-funktion Ψ etwas mit der kinetischen Energie zu tun, und die wiederum wird nun eben im Hamilton-Operator durch die zweite Ableitung erfasst.

Strenge mathematische Lösung der Schrödinger-Gleichung für das freie Teilchen

Unsere gerade gefundene Lösung der Schrödinger-Gleichung für das freie Teilchen ist streng genom-men noch nicht ganz eindeutig korrekt. Neben der Lösung in Gl. 82 ist nämlich gleichsam auch eine Variante mit Minuszeichen vor dem Exponenten eine Lösung; und demnach sind auch alle Superpo-sitionen davon Lösungen. Allgemein haben die Lösungen für ein freies Teilchen also die Form $\Psi = A \cdot e^{+i \cdot k \cdot x} + B \cdot e^{-i \cdot k \cdot x}$. Wir interessieren uns in diesem Kontext einmal für den Impuls eines solchen Teilchens; diesen erhalten wir durch Anwendung des Impuls-Operators nach Gl. 76.

Für $B = 0$ ist $\Psi_1 = A \cdot e^{+i \cdot k \cdot x}$ und $\hat{p}\Psi_1 = -i \cdot \hbar \cdot \frac{d\Psi_1}{dx} = k \cdot \hbar \cdot \Psi_1$; Teilchen bewegt sich in $+x$-Richtung.

Für $A = 0$ ist $\Psi_2 = B \cdot e^{-i \cdot k \cdot x}$ und $\hat{p}\Psi_2 = -i \cdot \hbar \cdot \frac{d\Psi_2}{dx} = -k \cdot \hbar \cdot \Psi_2$; Teilchen bewegt sich in $-x$-Richtung.

Die Gesamtwellenfunktion ist eine lineare Superposition der beiden Einzelwellenfunktionen. Messen wir nun sehr oft den Impuls, so erhalten wir demnach immer $+k \cdot \hbar$ oder $-k \cdot \hbar$. Der Betrag des Impul-ses ist hier also exakt definiert, nur seine Richtung nicht, und das muss auch so sein, weil es für das freie Teilchen keine Vorzugsrichtung (bzw. Richtungseinschränkung) gibt.

Was können wir hiernach nun über den Ort dieses freien Teilchens aussagen? Gemäß der Born-schen Interpretation ist uns dieser durch das Integral über $\Psi \cdot \Psi^*$ gegeben. Hierfür gilt $\Psi \cdot \Psi^* = (A \cdot e^{i \cdot k \cdot x}) \cdot (A \cdot e^{i \cdot k \cdot x})^* = (A \cdot e^{i \cdot k \cdot x}) \cdot (A \cdot e^{-i \cdot k \cdot x}) = A^2 \cdot e^{i \cdot k \cdot x - i \cdot k \cdot x} = A^2$. Die Wahrscheinlichkeit, das Teilchen an einem bestimmten Ort x anzutreffen ist also unabhängig von x überall gleich (nämlich A^2). Das bedeutet: Der Ort ist völlig unbestimmt. Und das muss ja auch so sein, denn der Impuls ist in Form von $|k \cdot \hbar|$ exakt bestimmt (bis auf dessen Richtung), und das heißt gemäß Heisenberg-Relation kann der Ort dann über-haupt nicht bestimmt sein.

Wir können uns das auch umgekehrt klarmachen: Wenn wir ein Teilchen an einem Ort x lokalisiert haben, so muss dessen Wellenfunktion dort einen sehr hohen Wert haben, d. h. eine hohe dünne Spitze aufweisen und sonst überall null sein. Solch eine Funktion können wir uns durch Überlagerung vieler Sinusfunktionen mit lauter unterschiedlichen Wellenlängen konstruieren, die um x herum sym-metrisch verteilt liegen. Diese haben dann alle im Ort x jeweils einen Wellenberg und türmen sich dort zu einem hohen Gesamtwert auf, aber links und rechts davon liegen die weiteren Maxima und Minima all dieser Funktionen nicht alle übereinander, weil ja die Wellenlängen alle unterschiedlich sind. Dem-nach verschmiert dort die Überlagerung zu einer Linie mit Wert null, weil an allen Orten links und rechts unser Basisstelle x immer gleichsam Wellentäler von manchen dieser Funktionen mit Wellenber-gen von anderen zusammentreffen. Mit dieser Überlagerung ist also der Ort des Teilchens an der Stelle x genau festgelegt, aber der Impuls ist völlig unbestimmt, denn jede einzelne überlagerte Sinuswelle hat ihren eigenen Impuls $k \cdot \hbar$, mit jeweils unterschiedlichem k, und bei jeder Einzelmessung des Impulses werden wir zufällig jeweils einen dieser vielen verschiedenen Impulse messen. Wiederum ist dies in Einklang mit der Heisenberg-Relation.

Die Lösung der Schrödinger-Gleichung für das freie Teilchen führt also zu einer zeitlich stehenden Welle $\Psi(x)$, welche die De Broglie-Beziehung erfüllt, d. h. deren Wellenlänge direkt mit dem Impuls und damit der klassisch formulierten kinetischen Energie des Teilchens zusammenhängt. Hierbei ist zu beachten, dass wir für unsere Wellenfunktion $\Psi(x)$ laut Gl. 83 und Gl. 84 keinerlei Einschränkungen hinsichtlich der Wahl des zulässigen Teilchenimpulses p und damit der zulässigen Energie-Eigenwerte erkennen können. Oder anders gesagt: bei den Lösungsfunktionen des Typs $e^{i \cdot k \cdot x}$ bzw. $e^{-i \cdot k \cdot x}$ ist jedes k erlaubt. Das freie Teilchen zeigt somit noch keine sogenannten Quantelungseffekte, d. h. es sind hier noch nicht, wie sonst in der Quantenmechanik üblich, nur bestimmte diskrete Energien erlaubt wodurch sich eine diskrete Energieverteilung ergibt, sondern die Energie darf hier noch jeden Wert haben und ist demnach kontinuierlich verteilt.

Dies ändert sich jedoch, wenn die Teilchenbewegung unter dem Einfluss eines einschränkenden Potenzials stattfindet: Wir werden im folgenden Abschnitt sehen, wie ein solches Potenzial die Lösungen der Schrödinger-Gleichung dann auch mathematisch beschränkt und als Konsequenz eben dieser Beschränkung zur Quantelung führt, d. h. dazu, dass nur Zustände bestimmter Energie-Eigenwerte E erlaubt sind. Das dieser Quantelung zugrundeliegende physikalische Prinzip hatten wir übrigens auch schon in unserer dritten Lehreinheit im Rahmen eines klassischen Wellenbildes erläutert, als wir das Konzept der stehenden Wellen analog zum Spielen eines Saiteninstruments diskutiert haben, bei dem durch räumliche Beschränkung der Welle auch nur jeweils bestimmte Töne gezielt erzeugt werden. Diese Vorstellung trifft auch auf Blasinstrumente wie beispielsweise eine Blockflöte zu, bei der Sie die Schwingung der Luftsäule räumlich durch das Öffnen und Schließen von Löchern mit den Fingern einschränken können. Aus dieser Betrachtungsweise erkennen Sie schon, dass Sie vor der Lösung der Schrödinger-Gleichung wegen deren vermeintlicher mathematischen Komplexität keine Angst haben müssen, lässt sich diese doch quasi mit dem Flötenspiel eines Kindes veranschaulichen.

3.2.2 Teilchen im Kasten

Betrachten wir nun im Folgenden den Fall eines beweglichen Teilchens der Masse m, welches durch starre Potenzialwände in seinem Bewegungsraum eingeschränkt wird. Dieses scheinbar abstrakte Problem hat einen ganz konkreten Bezug zur Chemie: Nehmen wir beispielsweise die homologe Reihe kondensierter Aromaten, die von Benzen über Naphtalen bis Anthracen in Abb. 3.7 dargestellt ist:

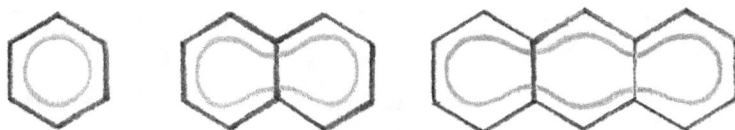

Abb. 3.7: Homologe Reihe der kondensierten Aromaten: Benzen (links), Naphtalen (mitte), Anthracen (rechts). Die delokalisierten π-Elektronensysteme sind als graue Linienzüge markiert; vereinfacht können die Elektronen darin als Teilchen in einem räumlich begrenzten wabenförmigen Kasten aufgefasst werden.

Unsere beweglichen Teilchen wären in diesem Fall die π-Elektronen des aromatischen Ringsystems, deren Beweglichkeit allerdings auf die räumliche Ausdehnung des Moleküls bzw. die Größe des delokalisierten π-Systems beschränkt ist. Wir können nun wieder unsere Analogie zu den Musikinstrumenten bemühen: betrachten wir die Aufenthaltswahrscheinlichkeit der π-Elektronen als stehende Welle, so wird die zugehörige Wellenlänge für den Grundton bzw. Grundzustand von Benzen über Anthracen zunehmen, da ja auch die räumliche Ausdehnung der jeweiligen aromatischen Systeme entsprechend zunimmt. Somit weisen auch die Obertöne, oder in diesem Fall die angeregten Elektronenzustände, von Benzen zu Anthracen jeweils größere Wellenlängen, d. h. kleinere Energien auf. Wie wir bereits bei der Diskussion der Linienspektren von Atomen in Kapitel 3.1. gesehen haben, können auch bei Molekülen die Elektronen nun vom Grundzustand in die angeregten Zustände übergehen, indem das Molekül Licht einer definierten Energie bzw. Wellenlänge absorbiert. Nach unseren bisherigen Überlegungen hierzu können wir bereits jetzt auch ohne quantenmechanische Berechnungen verstehen, warum die Wellenlänge des absorbierten Lichts von Benzen zu Anthracen immer größer bzw. die Energie der absorbierten Lichtquanten immer niedriger werden muss. In der Tat ist Benzen eine farblose Flüssigkeit, die Lichtabsorption ausschließlich im UV-Bereich des optischen Spektrums zeigt, wohingegen Anthracen Licht deutlich größerer Wellenlänge im sichtbaren Bereich des optischen Spektrums absorbiert. Es erscheint daher, auch im Gegensatz zu dem farblosen Naphtalen welches noch im UV-Bereich absorbiert, als gelblich-grüner Feststoff.

Generell weisen synthetische Farbstoffe entsprechend den Vorhersagen der Quantenmechanik häufig ausgedehntere delokalisierte π-Elektronen-Systeme auf; denken Sie nur an den intensiv orangen Farbstoff Azobenzen, bei dem das vergleichsweise kleine delokalisierte π-Elektronen-System des Benzenrings durch eine Azobrücke auf mehr als das Doppelte ausgedehnt ist: entsprechend verschiebt sich auch die Wellenlänge des beim elektronischen Übergangs der π-Elektronen absorbierten Lichts vom UV-Bereich in den blau-grünen Bereich des optischen Spektrums. Die Quantenmechanik erlaubt uns insofern zu verstehen, wieso manche Moleküle farbig erscheinen, ja mehr noch: über die Lösung der Schrödinger-Gleichung für das Teilchen im Kasten ermöglicht sie erst das intelligente Design synthetischer Farbstoffe mit gewünschter Farbe.

Beim Teilchen im Kasten werden wir noch zwei verschiedene Fälle fein-unterscheiden müssen:

i.   Ein Kasten mit unendlich hohen Potenzialwänden, wodurch es dem eingeschlossenen beweglichen Teilchen absolut verboten ist, sich außerhalb des Potenzialtopfes aufzuhalten.

ii. Das realistischere Modell eines Kastens mit endlich hohen Potenzialwänden.

Wir werden sehen, dass im zweiten Fall eine von null verschiedene Wahrscheinlichkeit besteht, das Teilchen auch *außerhalb* des Potenzialtopfes anzutreffen, obwohl in der klassisch-physikalischen Vorstellung dessen kinetische Energie nicht ausreicht, die Potenzialbarriere zu überwinden. Dieser fundamentale Unterschied zum klassischen Verhalten, der nur durch die Quantenmechanik im Konzept eines Welle–Teilchen Dualismus erklärbar ist, wird als **Tunneleffekt** bezeichnet: das Teilchen durchtunnelt quasi die Potenzialbarriere und verlässt so, wenn auch meist mit (verschwindend) geringer Wahrscheinlichkeit, den Kasten. Wenden wir uns im Folgenden aber zunächst dem mathematisch noch recht einfach exakt für uns handhabbaren Problem des Teilchens im Kasten mit unendlich hohen Potenzialwänden zu.

3.2.2.1 Teilchen im eindimensionalen Kasten für unendlich hohe Potenzialwände

Für das Teilchen im Kasten mit unendlich hohen Potenzialwänden nutzen wir die gleiche Form der Schrödinger-Gleichung wie für das freie Teilchen, da das Teilchen innerhalb des Kastens nur kinetische Energie aufweist. Allerdings müssen wir in diesem Fall wie bereits gesagt zusätzlich die Randbedingung berücksichtigen, dass das Teilchen sich nicht außerhalb des Kastens aufhalten kann. Somit gelangen wir als Lösung der Schrödinger-Gleichung entsprechend der obigen Gl. 82 wiederum zu stehenden Wellen, diesmal aber nicht mit beliebiger sondern mit diskret definierter Wellenlänge, da die Amplitude der Wellenfunktion $\Psi(x)$ an den Wänden des Kastens null betragen muss; oder anders gesagt: da immer eine volle Zahl an Wellenbögen in den Kasten passen muss. Die entsprechenden Wellenfunktionen sowie deren jeweils zugehörige Energie-Eigenwerte sind in Abb. 3.8 skizziert. Wir sehen: aufeinanderfolgende Funktionen müssen immer gerade eine halbe Periode mehr in dem Kasten unterbringen. Daher wird die Wellenlänge kleiner und die mittlere Krümmung (im Betrag, unabhängig von der Krümmungsrichtung) stärker und dadurch die kinetische Energie des Teilchens größer.

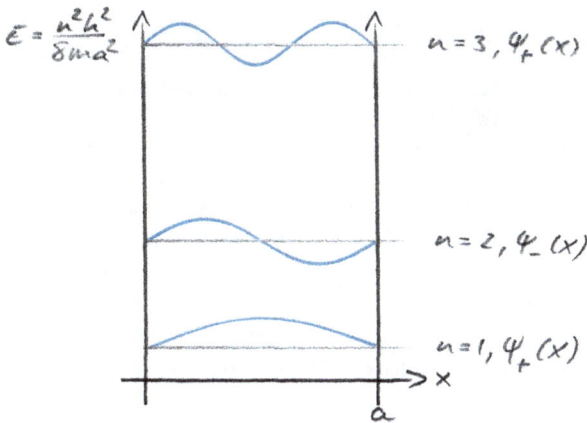

$$\bar{E} = \frac{n^2 h^2}{8ma^2}$$

$n = 3, \Psi_+(x)$

$n = 2, \Psi_-(x)$

$n = 1, \Psi_+(x)$

$\rightarrow x$

a

Abb. 3.8: Wellenfunktionen und zugehörige Energie-Eigenwerte für ein Teilchen in einem eindimensionalen Kasten der Länge a mit unendlich hohen Potenzialwänden. Gezeigt sind die ersten drei erlaubten Zustände. Der Index + oder − bei den Wellenfunktionen bezeichnet eine symmetrische (+) oder asymmetrische (-) Funktion, wobei Symmetrie für eine Spiegelachse bei $x = \frac{a}{2}$ steht.

Lösung der Schrödinger-Gleichung für das Teilchen im eindimensionalen Kasten
Die Schrödinger-Gleichung innerhalb des eindimensionalen Kastens lautet

$$-\frac{\hbar^2}{2 \cdot m} \cdot \frac{d^2 \Psi(x)}{dx^2} = E \cdot \Psi(x)$$

analog zur Schrödinger-Gleichung für das freie Teilchen. Das bedeutet: auch hier haben die allgemeinen Lösungen wiederum die Form

$$\Psi = A \cdot e^{+i \cdot k \cdot x} + B \cdot e^{-i \cdot k \cdot x}$$

Diesen Ausdruck können wir mit Hilfe der Eulerschen Formeln auch schreiben als

$$\Psi = C \cdot \sin(k \cdot x) + D \cdot \cos(k \cdot x)$$

Hierbei fassen C und D die dabei entstehenden Terme mit A, B und i zur Vereinfachung zusammen.

Im Kasten gelten nun, anders als beim freien Teilchen, aber zwei Randbedigungen, denn die Wellenfunktion muss an den beiden Rändern des Kastens jeweils null werden. Mathematisch bedeutet das:

$$\Psi(x = 0) = 0 \quad \text{und} \quad \Psi(x = a) = 0$$

Schauen wir zuerst auf die erste Bedingung. Wenn wir in die o. g. allgemeine Lösung $x = 0$ einsetzen so wird der Sinus gleich null und der Cosinus gleich eins. Es gilt dann also

$$\Psi(x = 0) = D$$

Und das soll ja nun am Ort $x = 0$ eben gleich null sein. Es ist demnach also $D = 0$, d. h. der Teil $D \cdot \cos(k \cdot x)$ in der Lösungsfunktion fällt weg. Es gilt dann als Lösungsfunktion nur noch

$$\Psi = C \cdot \sin(k \cdot x)$$

(und dies wird null für $x = 0$, ganz wie es soll). Gemäß der o. g. zweiten Bedingung soll das nun auch für $x = a$ gleich null sein. Das wäre wiederum ganz allgemein der Fall für $C = 0$, aber das darf nicht sein, da sonst die Wellenfunktion überall null wäre und verschwinden würde, was der Bornschen Interpretation widerspricht, da sich unser Teilchen ja schon irgendwo im Kasten befinden muss. Wir müssen hier also nun vielmehr das Argument so wählen, dass $\sin(k \cdot x) = 0$ für $x = 0$ und $x = a$ gilt. Dies ist gerade erfüllt, wenn das Argument der Sinusfunktion ein ganzzahliges Vielfaches der Kreiszahl π beträgt, also

$$k \cdot a = n \cdot \pi \quad \text{bzw.} \quad k = \frac{n \cdot \pi}{a}$$

Die Lösung unser Wellenfunktion für das Teilchen im Kasten der Länge a lautet daher:

$$\Psi = C \cdot \sin\left(\frac{n \cdot \pi}{a} \cdot x\right)$$

Hierbei ist jedoch $n = 0$ ausgeschlossen, da dann die Wellenfunktion wiederum verschwinden würde. Die erlaubten Werte für n sind somit 1, 2, 3 usw. Wir bezeichnen diese ganzzahligen Werte für n hier auch als **Quantenzahl**. Die Wellenfunktion muss auch normiert sein, d. h.

$$\int \left(|C| \cdot \sin\left(\frac{n \cdot \pi}{a} \cdot x\right)\right)^2 dx = 1, \text{ d. h. } |C| = \frac{\sqrt{2}}{a}$$

und wir erhalten schließlich für die erlaubten Wellenfunktionen des Teilchens im Kasten:

$$\Psi_n = \frac{\sqrt{2}}{a} \cdot \sin\left(\frac{n \cdot \pi}{a} \cdot x\right)$$

Da nach Gleichungen 81 und 82 durch k die Energie bestimmt ist, gilt hierfür entsprechend:

$$E_n = n^2 \cdot \frac{h^2 \cdot \pi^2}{2 \cdot m \cdot a^2} = \frac{n^2 \cdot h^2}{8 \cdot m \cdot a^2} \text{ mit } n = 1, \ 2, \ 3 \text{ usw.}$$

Die Quantelung der Energieniveaus, die uns in den einführenden Lehreinheiten noch so mysteriös erschien, ergibt sich hier also schlicht aus den Randbedingungen unseres Problems, d. h. als „natürliche Konsequenz" der Schrödinger-Gleichung und der Wellenform ihrer Lösungsfunktionen.

Die in Abb. 3.8 gezeigten erlaubten Energie-Eigenwerte finden wir übrigens auch ganz einfach mittels der De Broglie-Beziehung unter Berücksichtigung der in Abb. 3.8 gezeigten, im Rahmen der Randbedingung erlaubten Wellenfunktionen. Für die ersten drei Zustände lauten die zugehörigen Wellenlängen $\lambda = 2 \cdot a$, a und $\frac{2}{3} \cdot a$. Nach De Broglie ergeben sich entsprechend die Impulse $\frac{1}{2} \cdot \frac{h}{a}$, $\frac{h}{a}$ und $\frac{3}{2} \cdot \frac{h}{a}$. Aus diesen Impulsen können wir nun mit $E = \frac{p^2}{2 \cdot m}$ die folgenden Energie-Eigenwerte berechnen: $E_1 = \frac{h^2}{8 \cdot m \cdot a^2}$, $E_2 = \frac{h^2}{2 \cdot m \cdot a^2} = \frac{4 \cdot h^2}{8 \cdot m \cdot a^2}$ und $E_3 = \frac{h^2}{2 \cdot m \cdot \frac{4}{9} \cdot a^2} = \frac{9 \cdot h^2}{8 \cdot m \cdot a^2}$.

Betrachten wir, wie in Abb. 3.8 die Wellenlängen systematisch abnehmen müssen. Von unten nach oben weist $\Psi(x)$ jeweils einen Wellenbogen mehr auf, d. h. der Impuls steigt linear und die Energie entsprechend quadratisch mit der Quantenzahl n. Damit erhalten wir für die Energie-Eigenwerte den folgenden allgemeinen Ausdruck:

$$E_n = \frac{n^2 \cdot h^2}{8 \cdot m \cdot a^2} \qquad (85)$$

Die Quantenzahl n unseres Teilchens im Kasten kann Werte von 1, 2, 3 usw. annehmen, wohingegen $n = 0$ nicht erlaubt ist, da dann die Wellenfunktion für alle Positionen eine verschwindende Amplitude hätte. Hieraus folgt aber auch, dass der Zustand mit der niedrigsten erlaubten Energie größer als 0 J sein muss, d. h. es gibt in diesem Fall keinen Nullpunkt der Energieskala. Dieser Befund stimmt auch mit der Heisenbergschen Unschärferelation überein, nach der es prinzipiell nicht möglich ist, Ort und Impuls eines beweglichen Teilchens gleichzeitig exakt anzugeben. Hiernach gilt:

$$\Delta p \cdot \Delta x \geq h \qquad (86)$$

Wäre nun die Energie unseres Teilchens im Kasten 0 J, so wäre die in Gl. 86 angegebene Relation verletzt, da ja dann auch die Unschärfe des Impulses $\Delta p = 0$ wäre, die maximale Unschärfe des Ortes Δx aber gerade der Länge des Kastens entspräche. Somit erhielten wir, eben im Widerspruch zur Heisenbergschen Unschärferelation, $\Delta p \cdot \Delta x = 0$. Oder anders ausgedrückt: die Unbestimmtheit einer Ortsmessung für ein Teilchen im Kasten kann nicht größer sein als die Ausdehnung des Kastens (irgendwo im Kasten muss das Teilchen ja schließlich sein); dann folgt aber aus eben dieser maximalen Ortsunschärfe eine minimale Impulsunschärfe und damit eine von null verschiedene Mindestenergie. Wir können uns das auch aus anderem Blickwinkel klarmachen: Die Wellenfunktionen des Teilchens im Kasten müssen an den Rändern null sein; sie dürfen aber nicht *überall* null sein, da dann die Aufenthaltswahrscheinlichkeit des Teilchens im Kasten überall null wäre, was der Bornschen Interpretation widerspricht; irgendwo im Kasten muss das Teilchen schließlich sein. Das bedeutet, dass die Wellenfunktionen, selbst die im Grundzustand, gekrümmt sein müssen – und damit hat das Teilchen stets eine gewisse kinetische Energie. Daraus folgt: selbst wenn ein quantenmechanisches Teilchen wie etwa ein Elektron seine theoretisch niedrigste Energie besitzt, sich also im Grundzustand befindet, so kann es dort nicht an einem Ort ruhen, sondern muss ständig in Bewegung sein. Diese sogenannte **Nullpunktsenergie** ist eine ganz elementare Eigenschaft von Quantensystemen.

Berechnen wir den Abstand zweier benachbarter Energieniveaus im Kasten, so ergibt sich

$$E_{n+1} - E_n = \frac{(n+1)^2 \cdot h^2}{8 \cdot m \cdot a^2} - \frac{n^2 \cdot h^2}{8 \cdot m \cdot a^2} = \frac{(2 \cdot n + 1) \cdot h^2}{8 \cdot m \cdot a^2} \qquad (87)$$

Wie oben schon bemerkt nimmt dieser mit steigendem n zu. Gleichsam nimmt er jedoch mit zunehmender Kastengröße a ab. Für makroskopische Behälter ist er sehr klein, d. h. wenn die Wände weit voneinander entfernt sind (was sie in jedem makroskopischen System sind), dann strebt der Abstand zwischen den Energieniveaus gegen null und die Translationsenergie des Teilchens ist nicht mehr gequantelt – wie beim freien Teilchen.

Widmen wir uns nun noch einmal genauer dem Ort des Teilchens im Kasten. Wir sehen in Abb. 3.8, dass manche der Wellenfunktionen Nulldurchgänge haben. Wenn wir nun das Quadrat der Wellenfunktion als Maß für die Aufenthaltswahrscheinlichkeit ansehen, so liegen dort dann sogenannte **Knotenpunkte** vor; d. h. das Teilchen wird dort nie anzutreffen sein, obwohl diese Orte doch klar im Kasten liegen. Dies zeigt uns, dass nicht nur die Energiezustände des Teilchens im Kasten gequantelt sind, sondern dass auch seine Aufenthaltswahrscheinlichkeit ortsabhängig ist und überdies mit den Energiezuständen variiert. All dies hat nichts mehr mit dem zu tun, was wir für makroskopische Teilchen gewöhnlich verstehen, es ergibt sich aber zwangsläufig, wenn wir den Teilchen auch Welleneigenschaften zuschreiben. Allerdings strebt die Wahrscheinlichkeitsdichte bei hohen Quantenzahlen dem klassischen Ergebnis einer gleichmäßigen räumlichen Verteilung zu. Dies ist ein generelles Prinzip, das **Korrespondenzprinzip** genannt wird: im Grenzfall hoher Quantenzahlen geht die Quantenmechanik in die klassische Mechanik über.

In der Praxis werden wir, schon aus Gründen der Energie-Erhaltung, nun allerdings keine Potenziale haben die unendlich hoch sind, sondern stattdessen immer Kastenpotenziale mit *endlich* hohen Wänden antreffen. Hierdurch kommt es sowohl hinsichtlich der mathematischen Form der Wellenfunktionen als auch der Abfolge der erlaubten Energie-Eigenwerte zu entscheidenden Veränderungen.

3.2.2.2 Teilchen im eindimensionalen Kasten für endlich hohe Potenzialwände

Besitzt der Kasten eine endlich hohe Potenzialbarriere, so sind unsere Randbedingungen nicht mehr ganz so strikt. Außerdem wird die Quantisierung in erlaubte Energien aufgehoben, sobald die kinetische Energie der Teilchen die potenzielle Energie der Barriere überschreitet, da wir es dann mit freien Teilchen ohne Aufenthaltsbeschränkung und entsprechend mit kontinuierlichen Energien zu tun haben. Und noch vielmehr als das: Die „Aufweichung" des Potenzials führt sogar dazu, dass die Wellenfunktionen die Kastenwand auch bei kinetischen Energien *kleiner* als die Potenzialbarriere im Gegensatz zum klassischen Fall teilweise *durchdringen*. Dieses Unterwandern des klassisch limitierten Aufenthaltsbereich wird **Tunneleffekt** genannt. Wir haben es hier mit einem ganz typischen quantenmechanischen Phänomen zu tun, das in der klassischen Mechanik kein Analogon hat. Die folgende Infobox führt Weiteres dazu aus. Durch den Tunneleffekt sind die Wellenlängen im Kasten mit endlich hohen Potenzialwänden dann natürlich größer als im Fall der unendlich hohen Potenzialwände, weil sie ja eben auch Bereiche abdecken die eigentlich außerhalb des Potenzialkastens liegen, und wir erhalten daher Energie-Eigenwerte, die kleiner als im Fall der unendlich hohen Potenzialwände, d. h. $E_n = \frac{n^2 \cdot h^2}{8 \cdot m \cdot a^2}$, sein müssen. Diese Abweichungen sollten systematisch zunehmen, je näher wir dem Kastenrand kommen, da mit steigender kinetischer Energie ein Durchtunneln der Barriere immer wahrscheinlicher wird. D. h. statt der entsprechend Gl. 85 mit n^2 stetig zunehmenden Energie-Eigenwerte erwarten wir im Fall von Wänden mit endlichem Potenzial, dass die Energie-Eigenwerte mit steigenden Quantenzahlen immer enger zusammenrücken und schließlich oberhalb der Potenzialbarriere in ein Kontinuum übergehen. Die entsprechenden Wellenfunktionen mit Tunneleffekt sowie die stetig immer enger zusammenhängenden Energie-Eigenwerte finden Sie in Abb. 3.9 skizziert.

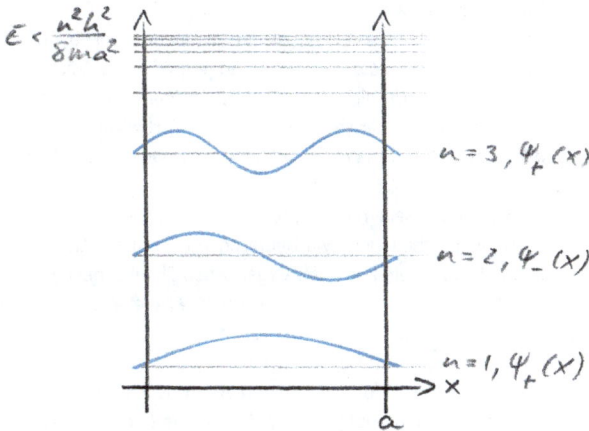

Abb. 3.9: Wellenfunktionen und zugehörige Energie-Eigenwerte für ein Teilchen in einem eindimensionalen Kasten der Länge *a* mit endlich hohen Potenzialwänden. Gezeigt sind die Wellenfunktionen der ersten drei erlaubten Zustände sowie die Energie-Eigenwerte der ersten neun Zustände.

Tunneleffekt

Wir können den Tunneleffekt ganz allgemein aus der Heisenbergschen Unschärferelation verstehen. Diese lässt sich, wie wir in der vorigen Lehreinheit gesehen haben, nicht nur für die Variablen Impuls und Ort aufstellen, sondern auch für andere sogenannte komplementäre Variablen, beispielsweise für die Größen Zeit und Energie: $\Delta E_x \cdot \Delta t = h$.

Demnach ist es prinzipiell unmöglich, die Energie genauer als bis auf eine Unschärfe $\Delta E = \frac{h}{\Delta t}$ anzugeben. Obwohl gemäß Energie-Erhaltungssatz die Gesamtenergie eines Systems stets fix ist, können wir uns einen Energiebetrag ΔE sozusagen „borgen" um über eine Barriere zu gelangen solange wir ihn innerhalb der Zeitspanne Δt wieder „zurückzahlen". Hiermit ist es Quantenobjekten, die sowohl Teilchen als auch Welleneigenschaften aufweisen, möglich durch Systemgrenzen hindurch zu tunneln. Folgende Schemazeichnung verbildlicht das Prinzip:

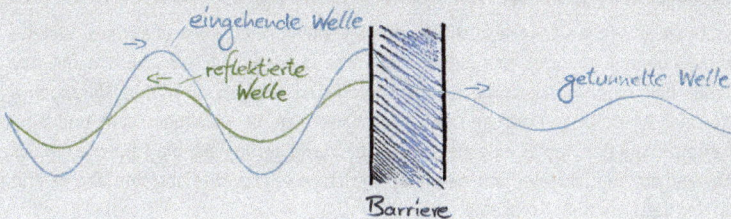

Demnach wird ein Teil einer Welle, die auf eine Barriere trifft, reflektiert, ein anderer Teil pflanzt sich hingegen exponentiell abfallend in die Barriere hinein fort. Wir können hierfür auch recht leicht einen Funktionsausdruck finden. Im Inneren einer Barriere konstanter Höhe V lautet die Schrödinger-Gleichung: $\frac{d^2\Psi(x)}{dx^2} \cdot \frac{1}{\Psi(x)} = \frac{2 \cdot m}{\hbar^2} \cdot (V - E)$.

Wir nehmen an, dass die potenzielle Energie der Barriere, V, höher ist als E, sodass $V - E$ positiv ist. Die allgemeine Lösung dieser Gleichung lautet dann $\Psi = A \cdot e^{j \cdot k \cdot x} + B \cdot e^{-j \cdot k \cdot x}$ mit $k = \sqrt{\frac{2 \cdot m}{\hbar^2} \cdot (V - E)}$.

Mit der Normierungsbedingung $A = 0$ ist dies eine über den Ort abfallende Exponentialfunktion; der Abfall ist dabei umso stärker, je höher k ist, d. h. je höher die Barriere V und je größer die Teilchenmasse m ist. Wenn die Barriere nun allerdings nicht allzu dick ist, so kommt auf der anderen Seite noch ein endlicher Teil der ursprünglichen Wellenamplitude an und setzt sich dann dort wieder wellenförmig mit entsprechend reduzierter Rest-Amplitude fort. Die Wellenfunktion hierfür lautet wie gehabt $\Psi = A' \cdot e^{j \cdot k \cdot x} + B' \cdot e^{-j \cdot k \cdot x}$ mit $k = \sqrt{\frac{2 \cdot m}{\hbar^2} \cdot E}$.

Dieser Effekt ist für leichte Teilchen wie Elektronen sehr relevant, für Protonen spielt er ebenfalls noch eine Rolle, wohingegen er bei schwereren Teilchen wie etwa Deuteronen kaum noch Gewicht hat. So erklären sich beispielsweise bestimmte Isotopeneffekte in der Organischen Chemie, bei denen eine Reaktion mit H^+ wesentlich schneller abläuft als mit D^+; generell können wir die schnelle Geschwindigkeit von Protonierungsreaktionen mit der Fähigkeit von Protonen erklären, Barrieren zu durchtunneln und somit schnell ein Substrat (wie etwa eine Base) anzugreifen.

Vergegenwärtigen wir uns den Tunneleffekt hier einmal für drei konkrete Beispiele: Licht (also eine „klassische Welle"), Elektronen (also ein typisches Quantenobjekt) und Atomkerne (die wir bislang wohl eher als „klassische Teilchen" aufgefasst haben mögen, die aber gemäß De Broglie natürlich auch als Materiewellen aufgefasst werden können).

Beispiel 1: Verhinderte Totalreflexion
Wenn Licht auf ein Prisma trifft, so wird es an den Kanten zum Teil reflektiert und zum Teil in gebrochener Form fortgeführt. Wenn der Winkel allerdings sehr flach wird, kommt es zur sogenannten Totalreflexion – ein wichtiges Prinzip in Lichtleiterkabeln. Dennoch können wir auch in diesem Fall auf der anderen Seite einer totalreflektierenden Prisma-Wand eine Wellenbewegung feststellen. Dabei handelt es sich nicht um gewöhnliche, d. h. sich ausbreitende Wellen die Lichtenergie transportieren, sondern um eine Art stehender Wellen, die keine Lichtenergie transportieren. Die Intensität dieser stehenden Wellen nimmt mit dem Abstand zur Austrittsfläche stark ab. Platzieren wir nun ein zweites Prisma mit einer Kante parallel und nahe zur Totalreflexionskante des ersten, so werden wir auch in diesem zweiten Prisma einen Lichtstrahl sehen, der umso stärker ist, je kleiner der Abstand zwischen beiden Prismen ist. Das Licht hat hierbei also den Spalt zwischen den beiden Prismen durchtunnelt. Diesen Effekt nennen wir verhinderte Totalreflexion. In der Optik werden auf diese Weise Strahlteiler realisiert, mit denen sich schlicht über den Abstand regeln lässt, welche Menge an Lichtenergie im reflektierten „Mutterstrahl" und welche im getunnelten „Tochterstrahl" enthalten sein soll.

Beispiel 2: Elektronentunneln
Denselben Effekt gibt es konsequenterweise auch für andere Wellenformen, konkret auch für Materiewellen wie Elektronen. Demnach gibt es eine kleine aber vorhandene Wahrscheinlichkeit dafür, dass Elektronen auch außerhalb einer Metalloberfläche anzutreffen sind. Bringen wir nun im Ultrahochvakuum eine nadelförmige Sonde bis auf wenige zehntel Nanometer an die Metalloberfläche und legen zwischen der Nadelspitze und dem Metall eine elektrische Spannung an, so fließt ein Tunnelstrom dessen Stärke vom Abstand abhängt. So lässt sich die Metalloberfläche sehr präzise abtasten. Dieses Prinzip wird genutzt in der Rastertunnelmikroskopie.

Beispiel 3: Kernzerfall

Sogar im Bereich der Kernchemie spielt der Tunneleffekt eine entscheidende Rolle, und zwar beim Alphazerfall. Messungen haben ergeben, dass die Energie von Alphateilchen (also Heliumatomkernen), die aus radioaktiven Elementen beim Kernzerfall freigesetzt werden, rund 4 MeV beträgt. Das ist verwunderlich, denn Rutherford konnte es in einer Art umgekehrtem Experiment nicht bewerkstelligen, dass Alphateilchen in einen Kern eindringen, wenn er sie darauf schoss – selbst bei Energien von 9 MeV wurden sie stattdessen stets bloß zurückgestreut. Die Erklärung ist im Grunde gar nicht so schwer: in einem Atomkern sind Protonen und Neutronen in einem sehr kleinen Volumen zusammengedrängt und werden durch die sogenannte starke Kernkraft zusammengehalten. Diese Kraft sorgt dafür, dass diese Elementarteilchen im Kern in einem tiefen Potenzialtopf stecken, dessen Wände etwa 30 MeV hoch sind. Diese Energiebarriere konnten Rutherfords Alphateilchen mit ihren 9 MeV nicht überwinden. Im Inneren des Topfes können sich jedoch manchmal zwei Protonen und zwei Neutronen zu einem Heliumkern zusammenschließen, der dann diese Barriere durchtunnelt und auf der anderen Seite mit einer Energie von 4 MeV zum Vorschein kommt.

Schließlich ist noch anzumerken, dass es sich bei den in Abb. 3.9 gezeigten Wellenfunktionen, im Gegensatz zu Abb. 3.8, nicht mehr um einfache Sinus- oder Cosinusfunktionen mit nur einer definierten Wellenlänge handelt, sondern um Funktionen, die sich an den Rändern des Kastenpotenzials asymptotisch der x-Achse annähern. Wir werden mit den sogenannten Hermite-Polynomen ähnlich aussehende Wellenfunktion im nächsten Kapitel kennenlernen, wo wir die mathematische Lösung der Schrödinger-Gleichung des quantenmechanischen Problems „harmonischer Oszillator" eingehend besprechen wollen. Daher verzichten wir an dieser Stelle auf eine quantitativ-mathematischere Betrachtung der in Abb. 3.9 gezeigten Wellenfunktionen bzw. der zugehörigen Energie-Eigenwerte.

3.2.2.3 Teilchen im unendlich hohen Kasten in 2d und 3d

Wir haben bis hierher schon öfter die Analogie zu stehenden Wellen und beispielsweise Musikinstrumenten gesucht. Dieser Gedankenlinie folgend können wir uns leicht klarmachen, wie wir uns die Wellenfunktionen eines zweidimensionalen Kastens vorstellen können: sie entsprechen dann nicht mehr stehenden Wellenmustern einer eindimensionalen schwingenden Saite, sondern einer zweidimensionalen schwingenden Membran, etwa einer Pauke. Wir können uns das für eine „Pauke mit quadratischer Form" wie in Abb. 3.10 vorstellen. Hier kommen wir nun zu einem weiteren charakteristischen Merkmal quantenmechanischer Systeme. Wenn wir jetzt nämlich die Wellenfunktionen anhand ihrer Energien durchnummerieren, so stoßen wir auf eine Schwierigkeit: Für den niedrigsten Energiezustand gibt es genau eine mögliche Wellenfunktion, aber für den ersten angeregten Zustand (d. h. den ersten Oberton) haben wir die Wahl zwischen *zwei unabhängigen* Schwingungsrichtungen: x und y. Wir können den ersten Oberton entweder in x-Richtung anregen wohingegen der Grundton in y-Richtung schwingt oder umgekehrt. Beide Möglichkeiten haben exakt dieselbe Energie.[25] Wir benötigen daher eine weitere Quantenzahl, um die beiden zu diesem gleichen Energiewert gehörenden Wellenfunktionen voneinander unterscheiden zu können. Wir könnten hierzu etwa einen Zusatz spezifizieren, d. h. schreiben n_x und n_y. In einer solchen Situation, in der es mehr als einen möglichen Quantenzustand mit derselben Energie gibt, sprechen wir von **Entartung** bzw. von entarteten Zuständen. In unserem Fall hier ist das erste Anregungsniveau zweifach entartet.

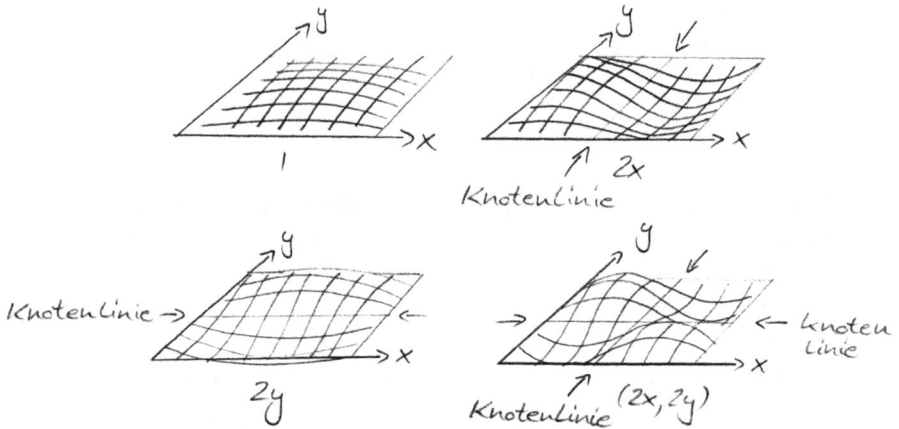

Abb. 3.10: Möglicher Grundton sowie erste und zweite Oberschwingungen einer zweidimensionalen quadratischen Membran („quadratische Pauke"). Bild nach Anthony J. G. Hey, Patrick Walters: *Quantenuniversum: Die Welt der Wellen und Teilchen;* Spektrum der Wissenschaft, Heidelberg, **1990**.

Wir wollen unsere Betrachtungen nun noch weiter auf den dreidimensionalen Fall erweitern. In diesem Fall hätte unser Kastenpotenzial die Form eines Würfels der Kantenlänge a, und die Wellenfunktionen wären entsprechend Funktionen im kartesischen Koordinatensystem, $\Psi(x, y, z)$, welche die Aufenthaltswahrscheinlichkeit eines beweglichen Teilchens im Raum innerhalb unseres würfelförmigen Kastens definieren. Betrachten wir die drei Raumrichtungen als unabhängig, so setzt sich die Gesamtwellenfunktion einfach als Produkt aus den Lösungen für den eindimensionalen Fall zusammen, wäh-

---

25 Wir müssen hier eine wichtige Einschränkung notieren: das oben gesagte gilt nur für den symmetrischen Fall, d. h. die oben besagte „quadratische Pauke". Wäre unser System nicht quadratisch sondern rechteckig, so wären die Schwingungen in x- und y-Richtung nicht energiegleich, denn sie hätten dann ja je eine unterschiedliche Wellenlänge. In anderen Worten: die Energiegleichheit ergibt sich nur, wenn wir die Zustände durch eine Symmetrieoperation (hier: Drehung um 90°) ineinander überführen können. Wir werden im weiteren Verlauf dieses Buchs noch mehrfach auf Energiegleichheit von an sich verschiedenen Zuständen stoßen, die sich stets auf eine Symmetrieeigenschaft des Systems zurückführen lässt.

rend die erlaubten Energie-Eigenwerte entsprechend einfach additiv aus den Lösungen für den eindimensionalen Fall berechnet werden können, d. h.

$$E_{n_x,n_y,n_z} = \left(n_x{}^2 + n_y{}^2 + n_z{}^2\right) \cdot \frac{h^2}{8 \cdot m \cdot a^2} \tag{88}$$

Hierbei benötigen wir, ganz der Gedankenlinie aus dem vorigen Absatz folgend, jetzt drei Quantenzahlen n_x, n_y und n_z, die jeweils unabhängig voneinander die Werte 1, 2, 3 usw. annehmen.[26] Betrachten wir nun die aus Gl. 88 resultierenden Energie-Eigenwerte etwas genauer: der Grundzustand oder kleinstmögliche Energiewert ergibt sich für $n_x = n_y = n_z = 1$ mit $E_{n_x,n_y,n_z} = \frac{3 \cdot h^2}{8 \cdot m \cdot a^2}$.

Der nächsthöhere Energiezustand kann durch insgesamt drei verschiedene Kombinationen der drei Quantenzahlen, nämlich 1;1;2, 1;2;1 und 2;1;1 erhalten werden: es ergeben sich jeweils die identischen Energie-Eigenwerte $E_{n_x,n_y,n_z} = \frac{6 \cdot h^2}{8 \cdot m \cdot a^2}$, allerdings sehen die zugehörigen Wellenfunktionen jetzt nicht identisch aus. Wir sprechen auch in diesem Fall von einer Entartung des Zustands, wobei der Entartungsgrad hier jetzt 3 beträgt.[27]

Lassen Sie uns zusammenfassen: Wir haben in dieser Lehreinheit die Schrödinger-Gleichung kennengelernt. Wir wissen nun, wie sich der Hamilton-Operator aus einem Anteil für die kinetische Energie und einem für die potenzielle Energie exakt aufstellen lässt. Die entsprechenden mathematischen Lösungen der Schrödinger-Gleichung wurden exemplarisch für das freie Teilchen und das Teilchen im Kasten vorgestellt.

---

26 Genauso werden wir später, wenn wir Atome behandeln, auch drei Quantenzahlen benötigen. Wegen der Kugelsymmetrie des Atoms sind dies dann aber keine Kasten-Quantenzahlen für jede Kastenrichtung, sondern außer der Hauptquantenzahl n noch zwei Nebenquantenzahlen l und m die etwas mit Drehimpulsen und deren magnetischen Momenten zu tun haben. Auch all diese Zustände mit gemeinsamer Hauptquantenzahl sind im einfachsten aller Atome, dem Wasserstoffatom, noch entartet, aber für Atome mit mehreren Elektronen dann nicht mehr, weil sich die Elektronen darin dann gegenseitig beeinflussen. (Und kommen dann noch Magnetfelder hinzu gibt es noch mehr Unterschiede, weil dann bestimmte Raumrichtungen bevorzugt und andere benachteiligt werden). Mehr dazu lernen wir noch. Wir werden dann eindrucksvoll sehen, dass diese drei Quantenzahlen beinahe schon ausreichen, um den Aufbau des Periodensystems der Elemente zu durchschauen.

27 Ganz in Fortsetzung der vorigen Fußnote sei hierzu folgender Ausblick gegeben: Sie kennen den Begriff der Entartung vielleicht schon von den p-Orbitalen des Atoms: im Gegensatz zu den symmetrischen s-Orbitalen sehen die p-Orbitale nicht isotrop wie eine Kugel aus, sondern haben die Form von Hanteln, wobei im Ursprung des kartesischen Koordinatensystems der Funktionswert jeweils null beträgt und die Hanteln dort einen sogenannten Knoten aufweisen. Die drei p-Orbitale eines Atoms sehen nun zwar alle identisch aus, sie unterscheiden sich aber in ihrer Orientierung im Raum, weswegen es sich um verschiedene Wellenfunktionen handelt. Solange aber keine Vorzugsrichtung im System besteht, beispielsweise durch die Anwesenheit magnetischer Felder, sind diese drei Zustände energetisch gleichwertig – d. h. entartet.

An diesen einfachen Beispielen haben wir bereits wichtige Begriffe aus der Quantenmechanik wie **Quantisierung** der Energie, **Tunneleffekt** oder **Entartung**, erläutern
können. Wir haben aber auch zeigen können, dass Quantenmechanik nicht nur ein
komplexes Teilgebiet der Physikalischen Chemie darstellt, sondern zumindest konzeptuell auch vergleichsweise einfach zu begreifen ist. Außerdem ermöglicht erst die
Quantenmechanik in manchen Fällen in der präparativen Chemie die gezielte Entwicklung neuer Substanzen mit definierten Eigenschaften, wie wir für den exemplari-
schen Fall synthetischer Farbstoffe erläutert haben.[28] Somit mag es nicht überraschen,
dass dem Feld der theoretischen Chemie und auf quantenmechanischen Modellen beruhenden Computer-gestützten Simulationen, gerade mit der Verfügbarkeit immer besserer
Technologie, auch in der chemischen Industrie herausragende praktische Bedeutung
zukommt.

! **DAS WICHTIGSTE IN KÜRZE**
- Inspiriert vom Welle–Teilchen Dualismus entwickelte **Schrödinger** die nach ihm benannte
  Wellengleichung für Quantenobjekte: $\hat{H}\Psi = E \cdot \Psi$. Dies ist eine Differenzialgleichung für die
  Bestimmung der **Wellenfunktion**, mit dem **Hamilton-Operator** $\hat{H}$ und den zugehörigen
  Energie-Eigenwerten E. Die Schrödinger-Gleichung wird auch von Superpositionen gelöst, d. h.
  von **Linearkombinationen „einfacherer" Lösungen.**
- Der **Hamilton-Operator** enthält zwei Bestandteile:
  - für die kinetische Energie $E_{kin} = \frac{p^2}{2 \cdot m} \Rightarrow \hat{H}_{kin} = -\frac{h^2}{2 \cdot m} \cdot \Delta$
    Hierbei ist $\Delta = \frac{\partial^2}{\partial x^2} + \frac{\partial^2}{\partial y^2} + \frac{\partial^2}{\partial z^2}$ der **Laplace-Operator**
  - für die potenzielle Energie $E_{pot} = V$ ergibt sich der Operator aus der klassischen Physik (je
    nach System-spezifischer klassischer Formulierung)
- Für das **freie Teilchen** ist die potenzielle Energie null, und die Schrödinger-Gleichung lautet
  entsprechend: $-\frac{h^2}{2 \cdot m} \cdot \Delta\Psi(x) = E \cdot \Psi(x)$ bzw. $\Delta\Psi(x) = -k^2 \cdot \Psi(x)$, mit $k = \frac{\sqrt{2 \cdot m \cdot E}}{h} = \frac{2 \cdot \pi}{\lambda}$ dem
  Wellenvektor.
- Das **Teilchen im Kasten** beschreibt ein bewegliches Quantenobjekt in einem Rechteckspotenzial.
  Die Schrödinger-Gleichung ist identisch mit der für das freie Teilchen, zuzüglich einschränkender
  Randbedingungen – daher erhalten wir für die Wellenfunktionen **stehende Wellen** mit
  definierten Wellenlängen und Energien (= **Quantisierung**): $E_n = \frac{n^2 \cdot h^2}{8 \cdot m \cdot a^2}$. Der Zustand mit der
  kleinsten Energie ($n = 1$) hat einen Wert größer null (**Nullpunktsenergie**). Bei endlich hohen
  Wänden durchdringen die Wellenfunktionen teilweise die Kastenwand (**Tunneleffekt**).

---

28 Farbstoff muss hier nicht zwangsläufig bedeuten „farbig im sichtbaren Bereich", sondern kann
auch auf eine „Farbigkeit im UV-Bereich", sprich Lichtabsorption in diesem Bereich abzielen; gerade
bei Pigmenten in Sonnencremes ist das ganz wichtig.

VERSTÄNDNISFRAGEN

1. **Wie lautet der Operator der kinetischen Energie für den eindimensionalen Fall?**
   a) $\frac{1}{2 \cdot m} \cdot \frac{d^2 x}{dt^2}$
   b) $\frac{1}{2 \cdot m} \cdot \frac{d^2}{dt^2}$
   c) $-\frac{\hbar^2}{2 \cdot m} \cdot \frac{d^2}{dx^2}$
   d) $-\frac{\hbar^2}{2 \cdot m} \cdot \frac{d^2}{dt^2}$

2. **Wie lautet der Operator der potenziellen Energie $V(x)$?**
   a) $dV(x)$
   b) $V(x) \cdot \frac{d}{dx}$
   c) $V(x) \cdot$
   d) $V(x) \cdot \frac{d^2 x}{dx^2}$

3. **Welche Energie-Eigenwerte erhalten Sie für ein freies Teilchen?**
   a) Beliebige
   b) $E_n = \frac{n^2 \cdot \hbar^2}{8 \cdot m \cdot a^2}$
   c) $E_{n_x, n_y, n_z} = \left(n_x^2 + n_y^2 + n_z^2\right) \cdot \frac{\hbar^2}{8 \cdot m \cdot a^2}$
   d) Das kommt auf die Größe bzw. Masse des Teilchens an.

4. **Welches der folgenden Kriterien ist für eine physikalisch sinnvolle Lösung der Schrödinger-Gleichung *nicht* notwendig?**
   a) Die Lösungsfunktion ist beliebig oft stetig differenzierbar.
   b) Die Lösungsfunktion ist eine stetige Funktion.
   c) Die Lösungsfunktion ist normierbar.
   d) Die Lösungsfunktion ist quadratintegrabel.

VERTIEFUNGSFRAGEN

5. **Was ändert sich alles für das Teilchen im eindimensionalen Kasten, wenn die Potenzialwände statt unendlich hoch lediglich endlich hoch sind?**
   a) Die Quantisierung der Energie wird komplett aufgehoben, da sich das Teilchen wegen des Tunneleffekts wie ein freies Teilchen verhält.
   b) Die Quantisierung der Energien ist oberhalb des Barrierepotenzials verstärkt, d. h. die Energieabstände der Niveaus nehmen zu.
   c) Es tritt oberhalb des Barrierepotenzials ein Tunneleffekt auf.
   d) Die Quantisierung wird oberhalb des Barrierepotenzials aufgehoben. Unterhalb des Barrierepotenzials tritt der Tunneleffekt auf.

6. **Wenn Sie für ein Teilchen im Kasten die Kastenlänge verdoppeln, dann ändert sich die Energiedifferenz vom ersten angeregten Zustand ($n = 2$) zum Grundzustand um den Faktor:**

   a) 2   b) 4   c) ½   d) ¼

7. **Betrachten Sie eine Lösung der eindimensionalen stationären Schrödinger-Gleichung für ein beliebiges Teilchen in folgender Abbildung:**

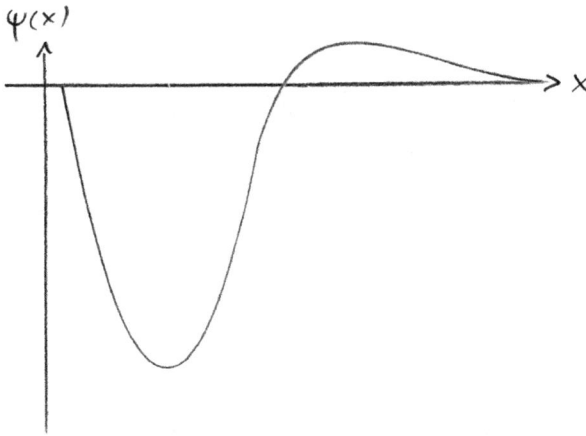

   Welche Aussage über die Aufenthaltswahrscheinlichkeit des Teilchens ist korrekt?

   a) Der wahrscheinlichste Aufenthaltsort des Teilchens liegt am Maximalpunkt der Wellenfunktion.

   b) Die Aufenthaltswahrscheinlichkeit ist besonders hoch für den Bereich $x > 0$.

   c) Der wahrscheinlichste Aufenthaltsort des Teilchens liegt am Minimalpunkt der Wellenfunktion.

   d) Der wahrscheinlichste Aufenthaltsort des Teilchens liegt an den Wendepunkten, da die Wellenfunktion sich hier jeweils maximal verändert.

8. **Ist der Ansatz $\Psi(x) = A \cdot e^{i \cdot k \cdot x} + B \cdot e^{-i \cdot k \cdot x}$ in dieser Form eine physikalisch sinnvolle Lösung der Schrödinger-Gleichung für ein freies Teilchen?**

   a) Ja, weil die Funktion eine Lösung der Schrödinger-Gleichung darstellt.

   b) Nein, weil das Integral von $-\infty$ bis $+\infty$ über das Betragsquadrat der Funktion divergiert.

   c) Ja, weil die Funktion eine Superposition aus zwei Lösungen der Schrödinger-Gleichung ist.

   d) Ja, weil die Funktion eine normierbare Lösung der Schrödinger-Gleichung ist.

EINHEIT 5: QUANTENMECHANIK MOLEKULARER FREIHEITSGRADE
In dieser Lehreinheit werden wir die Lösungen der Schrödinger-Gleichung, d. h. die jeweiligen Wellenfunktionen sowie die zugehörigen Energie-Eigenwerte, für die molekularen Freiheitsgrade der Rotation
und der Vibration kennenlernen. Diese spielen speziell für die Infrarot-Spektroskopie sowie die Raman-
Spektroskopie von Molekülen eine zentrale Rolle. Sie erlauben es uns überdies auch im Rahmen der
Statistischen Thermodynamik quantitative Vorhersagen beispielsweise zur Lage des chemischen Gleichgewichtes einer Dissoziationsreaktion oder zur Temperaturabhängigkeit der Wärmekapazität von Gasmolekülen zu treffen.

3.3 Quantenmechanik molekularer Freiheitsgrade

3.3.1 Molekulare Rotation

Moleküle im Gaszustand und im flüssigen Zustand führen Rotationen aus. Diese können mannigfaltig sein, je nachdem wie die Moleküle aufgebaut sind, d. h. je nachdem wie viele Rotationsachsen sie haben und wie die Atome entlang oder um diese Rotationsach-sen herum im Molekül positioniert sind. In der Tat ist die Molekülrotation ein ganz wesentlicher Bewegungsmechanismus mit dem Stoffe Energie aufnehmen können. Wenn wir einen Stoff erwärmen, so geht ein Teil der Wärmeenergie eben gerade in Rotations-energie der Moleküle über. Das geschieht allerdings recht unkoordiniert und nach statistischen Prinzipien. Aber wir können die Molekülrotation auch gezielt anregen, wenn wir Mikrowellen auf unseren Stoff strahlen. Genau dies macht ein Mikrowellenherd, so wie Sie ihn vielleicht in Ihrer Küche haben. Das Prinzip dahinter ist die Aufnahme der Mikrowellenstrahlung durch die Moleküle, eben durch Rotationsanregung. Dieses Prinzip lässt sich auch analytisch nutzen, und zwar in der **Mikrowellenspektroskopie**, in der wir messen welche Arten von Mikrowellen nun genau ein bestimmter Stoff aufnimmt. Warum tun wir das? Nun, weil die Absorption von Mikrowellen nicht zufällig geschieht, sondern bestimmten Mustern folgt, die sich aus der Quantenmechanik der Molekülrotation ergeben. Durch Analyse davon können wir konkrete Aussagen über molekulare Parameter gewinnen, etwa über das Molekül-Trägheitsmoment.

Wir wollen uns hiermit nun aus quantenmechanischem Blickwinkel befassen. Wir können uns die Quantelung der Rotation bereits aus recht prinzipiellen Überlegungen klarmachen. Betrachten wir dazu zunächst die Rotation in nur einer Dimension. Diese ist durch den Drehimpuls quantifiziert, $J_z = p \cdot r$. Nach De Broglie gilt $p = \frac{h}{\lambda}$, und λ muss ein ganzzahliger Teil des Kreisumfangs sein: $\lambda = \frac{2 \cdot \pi \cdot r}{m_J}$ (oder andersherum gesagt: ein ganz-zahliges Vielfaches der Wellenlänge muss auf den Kreis passen). Hierbei ist m_J eine na-türliche Zahl; die Rotationsquantenzahl. Demnach ist J_z gequantelt, einfach weil gilt: $J_z = p \cdot r = \frac{h \cdot m_J}{2 \cdot \pi \cdot r} \cdot r = \frac{h}{2 \cdot \pi} \cdot m_J = \hbar \cdot m_J$. Die zugehörige Energie ist $E = \frac{p^2}{2 \cdot m} = \frac{J_z^2}{2 \cdot m \cdot r^2} = \frac{J_z^2}{2 \cdot I}$; sie ist demnach ebenfalls gequantelt. (Notiz: In der letzten Notation der Gleichung haben wir das Trägheitsmoment $I = m \cdot r^2$ verwendet.)

Bei der quantenmechanischen Behandlung der Rotation von Molekülen müssen wir grundsätzlich zwei Fälle unterscheiden. Der erste Fall ist der Rotator mit raumfester Achse, welcher aber lediglich ein vereinfachtes Modell ohne direkten Bezug zu den molekularen Freiheitsgraden liefert. Hierbei können wir direkt die Lösung des Problems „Teilchen im eindimensionalen Kasten" aus der vorigen Lehreinheit nutzen, ohne die Schrödinger-Gleichung neu lösen zu müssen. Der zweite Fall ist der Rotator mit nicht-fester Achse, den wir sowohl für die Beschreibung der Rotation von Molekülen als auch, wie wir gleich noch sehen werden, später für die Beschreibung des elektronischen Zustands von Atomen benötigen.[29] Dieser zweite Ansatz erfordert jetzt allerdings eine komplette Lösung der Schrödinger-Gleichung für den dreidimensionalen Fall, wobei wir die kartesischen Koordinaten x, y und z noch durch die sogenannten Kugelkoordinaten werden ersetzen müssen.[30]

3.3.1.1 Starrer Rotator mit raumfester Achse

Der starre Rotator[31] mit raumfester Achse lässt sich vereinfacht, aber dennoch mathematisch korrekt auch als Aufenthaltswahrscheinlichkeit eines Teilchens auf einer festen Kreisbahn, quasi analog wie im Atommodell von Niels Bohr, verstehen. Hierbei ersetzen wir den durch die Kastenwände definierten zulässigen Aufenthaltsbereich durch einen definierten Kreis mit Bahnradius r und betrachten nun die stehenden Wellen, welche sich auf dieser Kreisbahn ergeben. Da die Kreisbahn, im Gegensatz zum eindimensionalen Kasten, aber in sich geschlossen ist, hätte die stehende Welle mit der niedrigsten erlaubten Energie in diesem Fall eine Wellenlänge von unendlich. Die erstgrößte Welle mit endlicher Wellenlänge passt hingegen genau einmal auf die Kreisbahn, wie in Abb. 3.11 gezeigt ist.

Entsprechend der De Broglie-Beziehung erhalten wir für die formal energetisch tiefst-liegende Welle mit unendlicher Wellenlänge einen Impuls $p = \frac{h}{\lambda} = \frac{h}{\infty} = 0\,\text{N}\cdot\text{s}$ und entsprechend auch eine Energie $E = \frac{p^2}{2\cdot m} = 0\,\text{J}$, da das Teilchen auf seiner Kreisbahn lediglich kinetische Energie aufweist. Betrachten wir nun statt der Bewegung eines Teilchens der Masse m die Drehung eines Moleküls mit starrer Achse, so beschreibt die

---

29 Das Stichwort für letzteres lautet „Kugelflächenfunktionen"; wie gesagt, mehr dazu gleich noch.
30 „Müssen" ist hier eigentlich nicht ganz richtig. Wir können auch mit kartesischen Koordinaten arbeiten. Aber aufgrund der Kugelsymmetrie des Problems bieten sich Kugelkoordinaten schlichtweg an. Und in der Tat lässt sich damit dann im Folgenden auch viel leichter weiterarbeiten.
31 Warum sprechen wir hier vom „starren" Rotator? Nun, weil Rotation eigentlich stets mit einer Zentrifugalkraft einhergeht. Diese wirkt natürlich auch auf die Atome eines rotierenden Moleküls, welche sich demnach vom Rotationszentrum entfernen sollten, und zwar umso mehr, je stärker die Rotation ist. Denken wir etwa an die Rotation eines zweiatomigen Moleküls, so sollte sich dadurch die Bindung dehnen. Dies wiederum erzeugt eine Rückstellkraft, und ein Gleichgewicht ist erreicht, wenn diese beiden Kräfte gleich sind. All dies ignorieren wir hier zum Zwecke der Vereinfachung und nehmen die Bindungen zwischen den Atomen und damit auch das rotierende Molekül als starr an. Deshalb der Begriff „starrer Rotator."

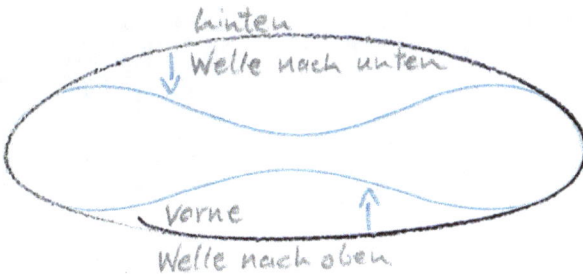

hinten
↓ *Welle nach unten*

vorne ↑
Welle nach oben

Abb. 3.11: Stehende Welle auf einer Kreisbahn für den ersten angeregten Zustand. Die größtmögliche Wellenlänge entspricht formal dem Wert unendlich, und damit einem Impuls und einer Energie von null. Die erstgrößte Welle mit endlicher Wellenlänge passt genau einmal auf die Kreisbahn, wie hier dargestellt.

Peripherie des Moleküls zwar wiederum eine Kreisbahn, es ist aber zweckmäßiger die kinetische Energie durch die entsprechenden Rotationsgrößen aus der Mechanik zu ersetzen: statt des Impulses verwenden wir nun den Drehimpuls, dessen Vektor gegeben ist als $\vec{J} = \vec{r} \times \vec{p}$. Die Masse ersetzen wir anderseits durch das Trägheitsmoment, $I = \sum m_i \cdot s_i^2$, wobei m_i die Masse der Atome ist, aus denen das Molekül besteht, und s_i der Abstand der Atome vom Schwerpunkt des Moleküls.

Betrachten wir zur einfachen Illustration des Trägheitsmoments ein zweiatomiges homoatomiges, d. h. aus identischen Atomen aufgebautes, Molekül, wie beispielsweise H_2 oder O_2. In diesem Fall würde der Schwerpunkt genau in der Mitte der molekularen Bindung der Länge l liegen, und das Trägheitsmoment wäre entsprechend $I = m \cdot \left(\frac{l}{2}\right)^2 + m \cdot \left(\frac{l}{2}\right)^2 = \frac{m}{2} \cdot l^2$. Für ein heteroatomiges Molekül wie beispielsweise HCl ergäbe sich hingegen der Schwerpunkt aus dem Hebelgesetz: $m_1 \cdot s_1 = m_2 \cdot s_2$. Hieraus erhalten wir ein Trägheitsmoment von:

$$I = m_1 \cdot s_1^2 + m_2 \cdot s_2^2 = m_2 \cdot s_2 \cdot (s_1 + s_2) = \frac{m_2 \cdot s_2}{s_1 + s_2} \cdot l^2$$

$$= \frac{m_2 \cdot s_2 \cdot m_1}{(m_1 \cdot s_1 + m_1 \cdot s_2)} \cdot l^2 = \frac{m_2 \cdot m_1}{(m_2 + m_1)} \cdot l^2 \tag{89}$$

mit $m_r = \frac{m_2 \cdot m_1}{(m_2 + m_1)}$ (bzw. alternativ $\frac{1}{m_r} = \frac{1}{m_1} + \frac{1}{m_2}$) der sogenannten **reduzierten Masse**. Für homoatomige zweiatomige Moleküle gilt $m_2 = m_1$, und somit einfach $m_r = \frac{m}{2}$. Die reduzierte Masse werden wir später auch bei der Betrachtung molekularer Schwingungen nochmals verwenden. Mit ihr bilden wir die Rotation bzw. Schwingung zweier Körper physikalisch exakt auf die Rotation bzw. Schwingung lediglich eines einzigen Körpers um bzw. gegen eine feste Achse oder Wand ab. Wir können also die Drehbewegung eines Moleküls auf zwei verschiedene aber physikalisch äquivalente Arten betrachten, wie in Abb. 3.12 gezeigt ist.

In beiden Fällen erhalten wir somit im klassischen Fall die gleiche Rotationsenergie, $E = \frac{1}{2} \cdot I \cdot \omega^2$.

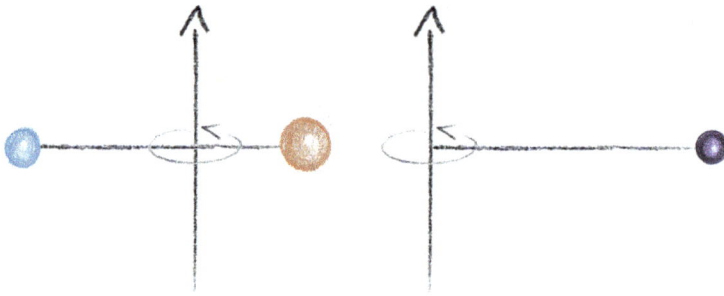

Abb. 3.12: Rotation eines zweiatomigen Moleküls um dessen Schwerpunkt (links), und die physikalische Äquivalenz zur Rotation der reduzierten Masse um ein Zentrum, wobei der Bahnradius jetzt der Bindungslänge des Moleküls entspricht (rechts).

Übertragen wir nun das in Abb. 3.12 gezeigte rechte Beispiel auf unser quantenmechanisches Problem des starren Rotators mit raumfester Achse. In diesem Fall ergibt sich die kinetische Energie des kreiselnden Teilchens aus dessen Impuls und der De Broglie-Beziehung zu:

$$E = \frac{p^2}{2 \cdot m_r} = \frac{\left(\frac{h}{\lambda}\right)^2}{2 \cdot m_r} \tag{90}$$

Diesmal ist im Gegensatz zum Teilchen im eindimensionalen Kasten auch der Zustand $E = 0$ entsprechend einer Wellenlänge $\lambda = \infty$ erlaubt. Dies verletzt nicht die Heisenbergsche Unschärferelation, da auf der in sich geschlossenen periodischen Kreisbahn die Aufenthaltswahrscheinlichkeit quasi beliebig undefiniert ist und somit die Ortsunschärfe formal als unendlich betrachtet werden kann.

Der Zustand mit der nächsthöheren Rotationsenergie entspricht nun einer Wellenlänge von $\lambda = 2 \cdot \pi \cdot r$, der darauffolgende einer Wellenlänge von $\frac{1}{2} \cdot 2 \cdot \pi \cdot r$, wie in Abb. 3.13 gezeigt ist, danach $\frac{1}{3} \cdot 2 \cdot \pi \cdot r$, usw.

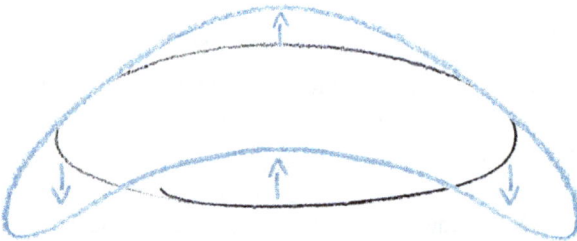

Abb. 3.13: Stehende Wellen auf einer Kreisbahn mit Radius r für den 3. erlaubten Zustand mit einer Wellenlänge von $\frac{1}{2} \cdot 2 \cdot \pi \cdot r$.

Die entsprechenden Wellenlängen sind somit $\lambda = 2 \cdot \pi \cdot l$, $\lambda = \pi \cdot l$ und $\lambda = \frac{2}{3} \cdot \pi \cdot l$. Hieraus ergeben sich mit Gl. 90 die folgenden Werte für die erlaubten Rotationsenergien des 2., 3. und 4. Zustands:

$$E_2 = \frac{h^2}{2 \cdot m_r} \cdot \frac{1}{\lambda^2} = \frac{h^2}{2 \cdot m_r} \cdot \frac{1}{(2 \cdot \pi \cdot l)^2} = \frac{h^2}{2 \cdot m_r} \cdot \frac{1}{4 \cdot \pi^2 \cdot l^2} = \frac{h^2}{8 \cdot \pi^2 \cdot l^2 \cdot m_r} = h \cdot c \cdot B \qquad (91a)$$

$$E_3 = \frac{h^2}{2 \cdot m_r} \cdot \frac{1}{\lambda^2} = \frac{h^2}{2 \cdot m_r} \cdot \frac{1}{(\pi \cdot l)^2} = \frac{h^2}{2 \cdot m_r} \cdot \frac{1}{\pi^2 \cdot l^2} = 4 \cdot \frac{h^2}{8 \cdot \pi^2 \cdot l^2 \cdot m_r} = 4 \cdot h \cdot c \cdot B \qquad (91b)$$

$$E_4 = \frac{h^2}{2 \cdot m_r} \cdot \frac{1}{\lambda^2} = \frac{h^2}{2 \cdot m_r} \cdot \frac{1}{\left(\frac{2}{3} \cdot \pi \cdot l\right)^2} = \frac{h^2}{2 \cdot m_r} \cdot \frac{1}{\frac{4}{9} \cdot \pi^2 \cdot l^2} = 9 \cdot \frac{h^2}{8 \cdot \pi^2 \cdot l^2 \cdot m_r} = 9 \cdot h \cdot c \cdot B$$

$$(91c)$$

mit der **Rotationskonstante** $B = \dfrac{h}{8 \cdot \pi^2 \cdot c \cdot I}$

Wir sehen, dass die Impulse linear und entsprechend die Energien, wie auch bereits im Fall des Teilchens im Kasten, quadratisch mit steigender Quantenzahl zunehmen, und erhalten somit für die zulässigen Energie-Eigenwerte des starren Rotators mit raumfester Achse:

$$\boxed{E_i = h \cdot c \cdot B \cdot m_J^2 \quad \text{mit} \quad m_J = 0,\ 1,\ 2,\ 3,\ \ldots} \qquad (92)$$

Darin bezeichnet m_J die **Rotationsquantenzahl**. Diese Formel haben wir lediglich durch eine Analogie mit einer bereits bekannten Lösung der Schrödinger-Gleichung erhalten. Für den dreidimensionalen Fall einer Rotation mit raumfreier Achse kommen wir aber nicht umhin, die Schrödinger-Gleichung explizit zu lösen.

3.3.1.2 Starrer Rotator mit raumfreier Achse

Betrachten wir nun den starren Rotator mit raumfreier Achse. In diesem Fall bewegt sich unser Teilchen formal auf einer Kugeloberfläche, weswegen es zweckmäßig ist, zur Lösung der Schrödinger-Gleichung von kartesischen Koordinaten in sogenannte Kugelkoordinaten oder Polarkoordinaten zu wechseln. Hierzu müssen wir unseren Operator für die kinetische Energie $\frac{\partial^2}{\partial x^2} + \frac{\partial^2}{\partial y^2} + \frac{\partial^2}{\partial z^2}$ anpassen. Die Schrödinger-Gleichung in Polarkoordinaten lautet damit für den Fall $r = $ konst. (starrer Rotator):

$$\left[\frac{1}{r^2 \cdot \sin(\theta)} \cdot \frac{\partial}{\partial \theta} \left(\sin(\theta) \cdot \frac{\partial}{\partial \theta} \right) + \frac{1}{r^2 \cdot \sin^2(\theta)} \cdot \left(\frac{\partial^2}{\partial \phi^2} \right) \right] \Psi = \frac{2 \cdot m}{\hbar^2} \cdot E \cdot \Psi \qquad (93)$$

Dies stellen wir noch um, sodass alle (hier konstanten) Abstandsterme mit r auf einer Seite stehen und die Winkelterme auf der anderen Seite:

$$\left[\frac{1}{\sin(\theta)} \cdot \frac{\partial}{\partial \theta} \left(\sin(\theta) \cdot \frac{\partial}{\partial \theta} \right) + \frac{1}{\sin^2(\theta)} \cdot \left(\frac{\partial^2}{\partial \phi^2} \right) \right] \Psi = \frac{2 \cdot m \cdot r^2}{\hbar^2} \cdot E \cdot \Psi \tag{94}$$

Diese Funktion hängt nur von den beiden Winkeln θ und ϕ ab. Da diese beiden Variablen unabhängig voneinander sind, können wir die Wellenfunktion als **Produktansatz** formulieren:[32]

$$\Psi(\theta, \phi) = \Phi(\phi) \cdot \Theta(\theta) \tag{95}$$

Einsetzen dieses Produktansatzes in Gl. 94 ergibt nun die nachfolgende Differenzialgleichung 96, wobei wir den Term $m \cdot r^2$ noch durch das Trägheitsmoment I ersetzt haben.

$$-\frac{d^2\Phi}{\Phi \cdot d\phi^2} = \frac{\sin(\theta)}{\Theta} \cdot \frac{d}{d\theta} \left(\frac{d\Theta}{d\theta} \cdot \sin(\theta) \right) + \frac{2 \cdot I \cdot E}{\hbar^2} \cdot \sin^2(\theta) \tag{96}$$

Da die beiden Variablen voneinander unabhängig sind, ist Gl. 96 nur lösbar, falls die beiden Seiten jeweils gleich einer Konstanten sind. Für die linke Seite der Gleichung erhalten wir daher entsprechend den Ansatz:

$$\frac{d^2\Phi}{d\phi^2} + \text{konst} \cdot \Phi = 0 \tag{97}$$

mit der allgemeinen Lösung:

$$\Phi = e^{i \cdot m_J \cdot \phi} \tag{98}$$

Bei Gl. 98 handelt es sich entsprechend dem, was wir in Lehreinheit 01 über komplexe periodische Funktionen gelernt haben, um eine stehende Welle mit einer formalen Winkelfrequenz m_J. Diese Lösung entspricht somit auch dem starren Rotator mit raumfester Achse, s. Abschnitt 3.3.1.1, für den wir analog zum Teilchen im eindimensionalen Kasten gleichfalls stehende Wellen der in diesem Fall aber einfacheren Form $\cos(m_J \cdot \phi)$ angenommen hatten.

Für die rechte Seite von Gl. 96 erhalten wir entsprechend den Ansatz:

$$m_J^2 = \frac{\sin(\theta)}{\Theta} \cdot \frac{d}{d\theta} \left(\frac{d\Theta}{d\theta} \cdot \sin(\theta) \right) + \frac{2 \cdot I \cdot E}{\hbar^2} \cdot \sin^2(\theta) \tag{99}$$

Hierbei haben wir für die linke Seite unsere Lösung aus Gl. 98 explizit eingesetzt, woraus sich der Ausdruck m_J^2 ergeben hat. Zur Lösung dieser Gleichung 99 führen wir

---

32 Das Konzept des Produktansatzes zur Variablenseparation einer Funktion mehrerer Veränderlichen wird uns noch häufiger begegnen, z. B. bei der quantenmechanischen Behandlung spektroskopischer Übergänge in der zeitabhängigen Schrödinger-Gleichung. Bislang beschränken wir uns aber noch auf die stationären Lösungen der Schrödinger-Gleichung.

eine Variablen-Transformation durch, d. h. wir ersetzen $\cos(\theta)$ durch die Variable x. Hieraus ergeben sich die folgenden Zusammenhänge für das in Gl. 99 auftretende Differenzial bzw. den Sinusterm:

$$\frac{d}{d\theta} = \frac{dx}{d\theta} \cdot \frac{d}{dx} = -\sin(\theta) \cdot \frac{d}{dx}; \quad \sin(\theta) = \sqrt{1 - \cos^2(\theta)} = \sqrt{1 - x^2} \tag{100}$$

Entsprechend erhalten wir die folgende Differenzialgleichung 101, die auch als assoziierte **Legendre-Gleichung** bezeichnet wird, und für die sich die Lösung $E = \frac{h^2}{8 \cdot \pi^2 \cdot I} \cdot J \cdot (J+1)$ tabelliert findet:

$$\left(1 - x^2\right) \cdot \frac{d^2\Theta}{dx^2} - 2 \cdot x \cdot \frac{d\Theta}{dx} + \left(\frac{2 \cdot I \cdot E}{\hbar^2} - \frac{m_J^2}{1 - x^2}\right) \cdot \Theta = 0$$

$$\left(1 - x^2\right) \cdot f'' - 2 \cdot x \cdot f' + \left(J \cdot (J+1) - \frac{m_J^2}{1 - x^2}\right) \cdot f = 0 \tag{101}$$

Im Gegensatz zum Rotator mit raumfester Achse, welcher der Teilchenbewegung auf einem Ring entspricht, haben wir für den Rotator mit raumfreier Achse und entsprechend der Bewegung auf einer Kugeloberfläche an dieser Stelle nun neben der bereits bekannten Rotationsquantenzahl m_J noch eine weitere Quantenzahl für die Rotation, J, eingeführt. Generell hängt unsere Wellenfunktion nun also von zwei Rotationsquantenzahlen ab, wobei J als Quantenzahl für den **Gesamtdrehimpuls** bezeichnet wird und m_J entsprechend als sogenannte **magnetische Drehimpulsquantenzahl**, welche ein Maß für die räumliche Orientierung des Drehimpulsvektors relativ zu einer (z. B. durch ein Magnetfeld) vorgegebenen Vorzugsrichtung darstellt. Für den Fall des Rotators mit raumfester Achse wird hingegen lediglich eine Quantenzahl benötigt, weil die Orientierung des Drehimpulsvektors in diesem Fall eindeutig festgelegt ist.

Tab. 3.1 fasst einige Lösungen der Differenzialgleichung 96, die sogenannten **Kugelflächenfunktionen**, zusammen.

Für den Faktor $\Phi(\phi)$ erhalten wir eine stehende Welle der Form $e^{i \cdot m_J \cdot \phi}$, wobei die Konstante oder auch Quantenzahl m_J entsprechend die Werte 0, +/−1, +/−2 usw. annehmen darf, damit diese Welle sich nicht durch destruktive Interferenz selbst auslöscht (siehe auch Lehreinheit 03 zur Deutung des Bohrschen Atommodells im Kontext des Welle–Teilchen Dualismus). Bei einer vorgegebenen Quantenzahl J ergeben sich konkret die Werte $-J, -J+1, \ldots, J-1, J$ für m_J.

Der Faktor $\Theta(\theta)$ hängt hingegen von den beiden Quantenzahlen J und m_J ab, wobei J die Werte 0, 1, 2 usw. annehmen darf, während m_J jeweils die Werte $-J$, $-J+1, \ldots, J-1, J$ annimmt. Die Energie eines Zustands hängt hierbei gemäß

$$E = \frac{h^2}{8 \cdot \pi^2 \cdot I} \cdot J \cdot (J+1) \tag{102}$$

Tab. 3.1: Lösungen der Schrödinger-Gleichung für den starren Rotator mit raumfreier Achse (Kugelflächenfunktionen). Diese setzen sich jeweils aus einem Faktor $\Theta(\theta)$ und einem Faktor $\Phi(\phi) = e^{m_J \cdot i \cdot \varphi}$ zusammen.

Kugelfl.-fktn.	$J = 0$	$J = 1$	$J = 2$
$m_J = -2$			$\sqrt{\dfrac{15}{32 \cdot \pi}} \cdot \sin^2(\theta) \cdot e^{-2 \cdot i \cdot \phi}$
$m_J = -1$		$\sqrt{\dfrac{3}{8 \cdot \pi}} \cdot \sin(\theta) \cdot e^{-i \cdot \phi}$	$\sqrt{\dfrac{15}{8 \cdot \pi}} \cdot \sin(\theta) \cdot \cos(\theta) \cdot e^{-i \cdot \phi}$
$m_J = 0$	$\sqrt{\dfrac{1}{4 \cdot \pi}}$	$\sqrt{\dfrac{3}{4 \cdot \pi}} \cdot \cos(\theta)$	$\sqrt{\dfrac{5}{16 \cdot \pi}} \cdot (3 \cdot \cos^2(\theta) - 1)$
$m_J = 1$		$-\sqrt{\dfrac{3}{8 \cdot \pi}} \cdot \sin(\theta) \cdot e^{i \cdot \phi}$	$-\sqrt{\dfrac{15}{8 \cdot \pi}} \cdot \sin(\theta) \cdot \cos(\theta) \cdot e^{i \cdot \phi}$
$m_J = 2$			$\sqrt{\dfrac{15}{32 \cdot \pi}} \cdot \sin^2(\theta) \cdot e^{2 \cdot i \cdot \phi}$

nur von der Quantenzahl J ab, wie wir in Gl. 101 direkt durch Koeffizientenvergleich erkennen können. D. h. wir haben es hier auch wieder mit der bereits am Beispiel des Teilchens im dreidimensionalen Kasten erstmalig eingeführten Entartung zu tun: so beinhaltet der Zustand mit $J = 2$ beispielsweise die Zustände $m_J = -2, -1, 0, 1$ und 2 und ist somit fünffach entartet.

Wie jede Lösung der Schrödinger-Gleichung liefern uns die Wellenfunktionen Wahrscheinlichkeiten. Im Fall des starren Rotators ergeben die in Tab. 3.1 gelisteten Funktionen die Wahrscheinlichkeit dafür, dass ein Molekül bei seiner Drehung bestimmte Winkel θ bzw. ϕ einnimmt. Zur Veranschaulichung betrachten wir die Gestalt dieser Funktionen etwas genauer: für $J = 0$ und entsprechend den einzigen zugehörigen Zustand $m_J = 0$ erhalten wir wie in Tab. 3.1 gezeigt für unsere Wellenfunktion eine Konstante unabhängig von den beiden Winkeln. Somit weist die räumliche Wahrscheinlichkeitsverteilung Kugelgestalt auf, wie in Abb. 3.14 gezeigt ist.

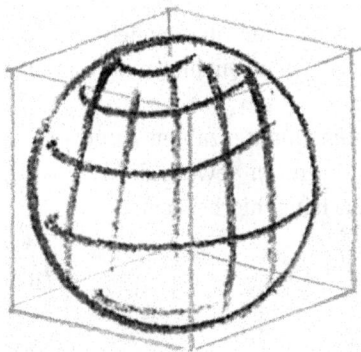

Abb. 3.14: Kugelflächenfunktion $\Upsilon_{J,m_J}(\theta,\varphi)$ für $J = 0$ und $m_J = 0$. Es ergibt sich eine gleichmäßige Wahrscheinlichkeit für sämtliche Winkel und somit die Gestalt einer symmetrischen Kugel.

Für $J = 1$ sind die Verhältnisse komplizierter. Zum einen sind nun die Zustände $m_J = -1$, 0 und 1 erlaubt, d. h. wir erhalten 3 unterschiedliche Wellenfunktionen mit identischem Energie-Eigenwert, d. h. einen dreifach entarteten Zustand. Zum anderen hängen diese Wellenfunktionen nun von den Winkeln θ und ϕ ab, weshalb es sich nicht mehr um Kugeln handeln kann. Vielmehr entsprechen die Kugelflächenfunktionen für $J = 1$, welche in Abb. 3.15 gezeigt sind, Hanteln.[33]

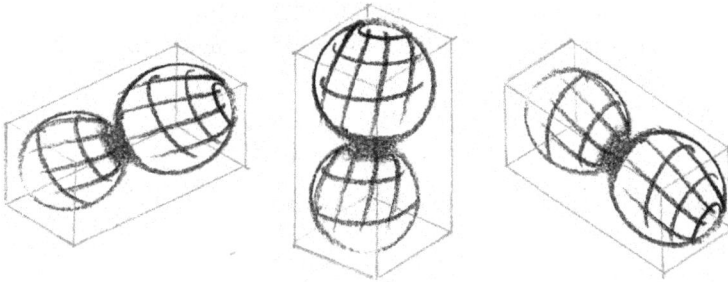

Abb. 3.15: Kugelflächenfunktionen $\Upsilon_{J,m_J}(\theta,\varphi)$ für $J = 1$ und $m_J = -1$, 0 und 1. Es ergibt sich eine Winkelabhängigkeit in Gestalt einer Hantel, die in drei möglichen Orientierungen entlang der drei Koordinatenachsen vorliegen kann.

Betrachten wir Abb. 3.15 und die in Tabelle 3.1. gegebenen Funktionen genauer, so sehen wir, dass zwar die Wellenfunktion $\Upsilon_{1,0}$ als Hantel dargestellt werden kann und damit zu einer interpretierbaren Wahrscheinlichkeit wird, nicht jedoch die erwarteten Wellenfunktionen $\Upsilon_{1,1}$ und $\Upsilon_{1,-1}$. Vielmehr finden Sie in der Abbildung Linearkombinationen, und zwar eine symmetrische $\Upsilon_{1,1} + \Upsilon_{1,-1}$ und eine antisymmetrische $\Upsilon_{1,1} - \Upsilon_{1,-1}$. Da es sich bei der Schrödinger-Gleichung um eine Differenzialgleichung handelt, stellen grundsätzlich auch derartige Linearkombinationen der berechneten Wellenfunktionen eines entarteten Zustands eine Lösung dar. Dies ergibt vor allem dann Sinn, wenn die Wahrscheinlichkeitsdichten der Original-Wellenfunktionen nicht direkt interpretierbar sind, wie eben im Fall der Kugelflächenfunktionen $\Upsilon_{1,1}$ und $\Upsilon_{1,-1}$. Übertragen auf die dazu konzeptuell eng verwandten p-Orbitale des Elektrons würde dies bedeuten, dass Sie die Wahrscheinlichkeitsdichte des p_z-Orbitals aus dem Betrag der originalen Kugelflächenfunktion $\Upsilon_{1,0}$ direkt erhalten, während Sie für das p_x- und das p_y-Orbital die entsprechenden Linearkombinationen der Kugelflächenfunktionen $\Upsilon_{1,1}$ bzw. $\Upsilon_{1,-1}$ benötigen, um zu einer interpretierbaren Wahrscheinlichkeitsdichte zu gelangen.

Lassen Sie uns schließlich noch einen Blick auf die Gestalt der Kugelflächenfunktionen für $J = 2$ werfen: diese sind nun entsprechend $2 \cdot J + 1 = 5$-fach entartet, und entspre-

---

[33] Sie kennen diese Hantelform und auch die oben gezeigte Kugelform schon aus Ihrer Grundausbildung von der Gestalt der p- und s-Atomorbitale. In der Tat hängt das eng zusammen. Wir sehen dies später noch, wenn wir zu den Orbitalen kommen.

chen in ihrer geometrischen Gestalt den d-Orbitalen des Elektrons, von denen Abb. 3.16 zwei der fünf Zustände zeigt. Wir möchten an dieser Stelle nochmals unterstreichen, dass Ihnen eben die in diesem Kapitel vorgestellten Kugelflächenfunktionen auch in der nächsten Lehreinheit 06 wieder begegnen werden, wenn wir die Lösung der Schrödinger-Gleichung für die elektronischen Zustände von Atomen diskutieren. Merken Sie sich daher am besten bereits jetzt, dass wir mathematisch identische Ausdrücke in Form von Kugelflächenfunktionen sowohl bei der quantenmechanischen Beschreibung der Drehbewegung von Molekülen als auch der Aufenthaltswahrscheinlichkeit der Elektronen eines Atoms erhalten, was die Bedeutung dieses Abschnitts für die Chemie nochmals unterstreicht.

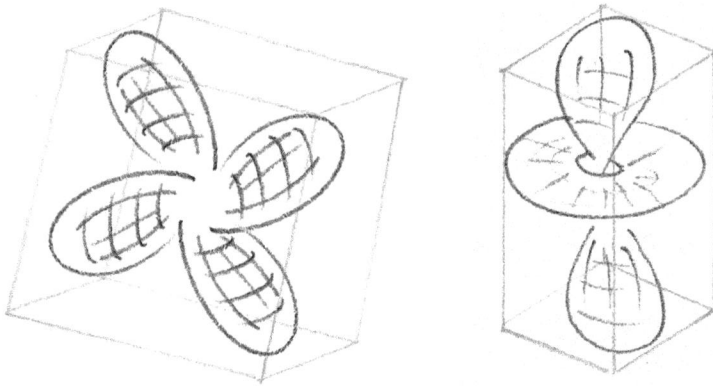

Abb. 3.16: Zwei der fünf Kugelflächenfunktionen $\Upsilon_{J,m_J}(\theta,\varphi)$ für $J = 2$ und $m_J = -2, -1, 0, 1$ und 2. Es ergibt sich analog zu $J = 1$ eine Winkelabhängigkeit. Diese kann hier nun entweder die Gestalt eines dreidimensionalen Kleeblattes haben, das seinerseits in vier verschiedenen Orientierungen auf- bzw. zwischen den Koordinatenachsen liegen kann (von denen hier nur eine Orientierung gezeigt ist), oder sie kann für $m_J = 0$ die rotationssymmetrische Gestalt einer Hantel mit „Gürtel" haben.

Die gezeigte Herleitung der Energie-Eigenwerte des starren Rotators aus der Schrödinger-Gleichung über Koordinatentransformation und Produktansatz entsprechend Gl. 95–101 mag Ihnen mathematisch auf den ersten Blick kompliziert erscheinen. Es gibt aber auch einen formal deutlich einfacheren Weg, quasi fast analog zu unserer Betrachtung des starren Rotators mit raumfester Achse, der über den sogenannten Operator des Drehimpulses führt. Betrachten Sie hierzu zunächst Abb. 3.17.

Klassisch ergibt sich die Energie des Rotators analog zu $E = \frac{1}{2} \cdot m \cdot v^2 = \frac{p^2}{2 \cdot m}$ als $E_{\text{rot}} = \frac{J^2}{2 \cdot I}$, d. h. beim Übergang von einer linearen Bewegung zu einer Rotation müssen wir für die Berechnung der zugehörigen kinetischen Energie lediglich den Impuls p durch den Drehimpuls J und die Masse m durch das Trägheitsmoment I ersetzen. Quantenmechanisch lässt sich der Drehimpuls aber, analog zur Schrödinger-Gleichung, auch über eine Eigenwertgleichung berechnen: hierbei finden wir, wie in Abb. 3.17 gezeigt,

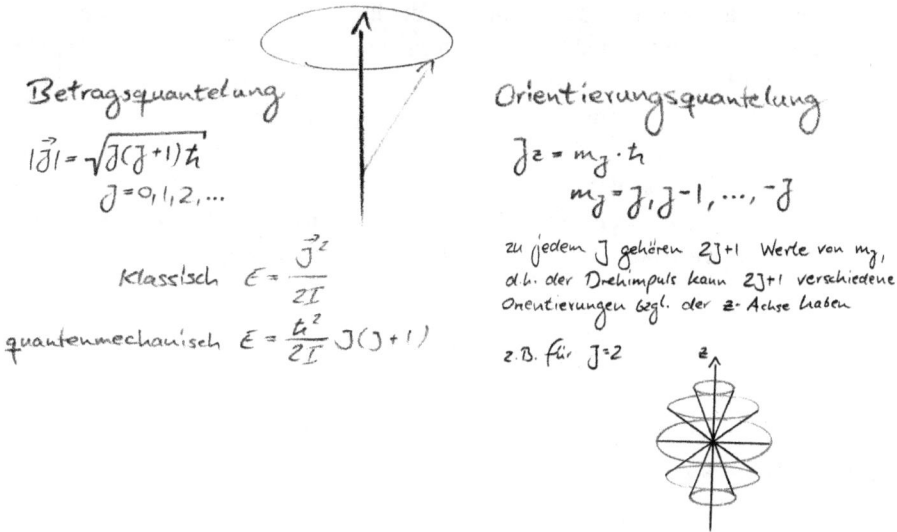

Betragsquantelung

$$|\vec{J}| = \sqrt{J(J+1)}\,\hbar$$

$$J = 0, 1, 2, \dots$$

Klassisch $\quad E = \dfrac{\vec{J}^2}{2I}$

quantenmechanisch $\quad E = \dfrac{\hbar^2}{2I} J(J+1)$

Orientierungsquantelung

$$J_z = m_J \cdot \hbar$$

$$m_J = J, J-1, \dots, -J$$

zu jedem J gehören 2J+1 Werte von m_J, d. h. der Drehimpuls kann 2J+1 verschiedene Orientierungen bzgl. der z-Achse haben

z. B. für J=2

Abb. 3.17: Klassische und quantenmechanische Beschreibung der Rotationsenergie und Entartung über die quantenmechanischen Eigenschaften des Drehimpulses.

sowohl eine Quantisierung des Drehimpulsbetrages entsprechend $J^2 = \dfrac{\left(\frac{h}{2\cdot\pi}\right)^2}{2\cdot I}\cdot J\cdot(J+1)$, als auch eine Quantisierung der möglichen Orientierungen des Drehimpulsvektors, welche über eine Quantenzahl m_J ausgedrückt wird. Hierbei darf m_J die Werte $-J, -J+1, \dots, J-1, J$ annehmen, d. h. jeder Zustand mit Quantenzahl J ist $(2\cdot J+1)$-fach entartet. Kombinieren wir nun diese quantenmechanische Lösung des Drehimpulses mit dem klassischen Ansatz für die Rotation von Molekülen, so erhalten wir direkt die Eigenwerte der Energie: es gilt somit wiederum wie oben bereits gezeigt (siehe Gl. 101 und Gl. 102): $E = \dfrac{h^2}{8\cdot\pi^2\cdot I}\cdot J\cdot(J+1)$.

3.3.2 Molekulare Schwingung

Neben der Rotation ist die Vibration, d. h. die Schwingung, bei mehratomigen Molekülen ein ganz wesentlicher Modus um Energie zu speichern. Wiederum können wir Molekülschwingungen unspezifisch durch Zufuhr von Wärme anregen. Spezifischer geht es ebenso wiederum durch Einstrahlung von elektromagnetischen Wellen passender Frequenz. Bei der Schwingung entspricht dies Infrarotstrahlung (IR). Dieses Prinzip lässt sich auch analytisch nutzen, und zwar in der **IR-Spektroskopie**, in der wir messen, welche Arten von IR-Wellen ein bestimmter Stoff aufnimmt. Warum tun wir das? Nun, weil die Absorption von IR-Wellen eben nicht zufällig geschieht, sondern bestimmten Mustern folgt, die sich aus der Quantenmechanik der Molekülschwingung ergeben. Durch Analyse davon können wir dann konkrete Aussagen über molekulare Parameter gewinnen, etwa über die Bindungsstärke einer schwingenden Bindung. In komplizierteren Molekülen liefern alle möglichen Bindungen eigene charakteristische Beiträge, und lassen sich ebenso identifizieren. Dies macht die IR-Spektroskopie zu einem wichtigen Werkzeug bei der Strukturaufklärung.

Die Schwingungen von Molekülen lassen sich in einfachster Näherung wie die eines harmonischen Oszillators beschreiben, also die eines Feder–Masse Systems. Hierfür setzen wir ein parabolisches Potenzial als Funktion des Kernabstands x relativ zum Gleichgewichtsabstand x_0 an, wie es in Gl. 103 dargelegt und in Abb. 3.18 visualisiert ist.

$$V(x) = \frac{1}{2} \cdot k \cdot (x - x_0)^2 + V_0 \tag{103}$$

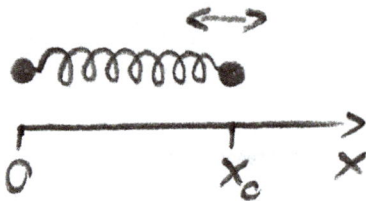

Abb. 3.18: Harmonische Schwingung einer Masse gegen eine andere fixierte, wobei sich der Abstand der beiden Massen zeitlich periodisch ändert. Der mittlere Abstand, bei dem das Potenzial der gezeigten Feder 0 beträgt, entspricht hierbei dem Wert x_0.

Betrachten wir beispielsweise die Streckschwingung eines zweiatomigen Moleküls, so werden sich beide Atome periodisch bewegen, während die Bindung im Vergleich zur Gleichgewichtslänge mal gedehnt und mal gestaucht wird. Dabei hängt der zugehörige Potenzialanstieg jeweils nur vom Betragsquadrat der Abweichung vom Gleichgewichtsabstand ab, d. h. von $(x - x_0)^2$. Betrachten wir analog zur Rotation eines zweiatomigen Moleküls wiederum die *reduzierte* Masse, so können wir die Molekülschwingung in eine äquivalente harmonische Schwingung übersetzen, wie Abb. 3.19 zeigt.

Abb. 3.19: Vibration eines zweiatomigen Moleküls (links) und die zugehörige physikalische Äquivalenz zur Schwingung der reduzierten Masse gegen eine starre Wand (rechts).

In der klassischen Mechanik behandeln wir den harmonischen Oszillator wie folgt: Wir setzen zunächst die resultierende Kraft (= Masse mal Beschleunigung) gleich mit der Federkraft nach dem Hookeschen Gesetz, wobei wir zur Vereinfachung die Variable $x - x_0$ durch die Variable x ersetzen, d. h. x entspricht somit nicht mehr dem Abstand der oszillierenden reduzierten Masse von der Wand, sondern der Auslenkung relativ zum Abstand im Potenzial-freien Zustand. Wir erhalten somit Gl. 104, wobei wir für die Kraft das Hookesche Gesetz benutzt haben:

$$F = m_r \cdot a = m_r \cdot \frac{d^2 x}{dt^2} = -k \cdot x \tag{104}$$

Hierbei ist k die Federkonstante oder Kraftkonstante, in unserem Fall ein Maß für die Stärke der molekularen Bindung (oder allgemein für die Steifigkeit der Feder). Das Hookesche Gesetz hängt andererseits direkt mit dem in Gl. 103 gegebenen Parabelpotenzial zusammen, wie sich durch einfache Integration zeigen lässt:

$$V(x) = -\int F \, dx = \frac{1}{2} \cdot k \cdot x^2 + c \tag{105}$$

Als einfache Lösung der Differenzialgleichung 104 setzen wir zunächst für $x(t)$ eine harmonische Schwingung in Form einer Cosinusfunktion an, da die zweite Ableitung der Cosinusfunktion gerade einer negativen Cosinusfunktion entspricht. Wir verwenden also die Funktion $x(t) = A \cdot \cos(\omega \cdot t)$, wobei A die Amplitude oder maximale Auslenkung der schwingenden reduzierten Masse relativ zum Gleichgewichtsabstand ist, und ω der Winkelfrequenz entspricht. Setzen wir diesen Ansatz in Gl. 104 ein, so erhalten wir:

$$\frac{d^2 x}{dt^2} = \frac{d^2 (A \cdot \cos(\omega \cdot t))}{dt^2} = -\omega^2 \cdot A \cdot \cos(\omega \cdot t)$$

$$= -\frac{k}{m_r} \cdot x(t) = -\frac{k}{m_r} \cdot A \cdot \cos(\omega \cdot t) \tag{106}$$

Das heißt, die Winkelfrequenz des harmonischen Oszillators hängt in der klassisch-physikalischen Beschreibung von der reduzierten Masse m_r und von der Hookeschen Federkonstante k ab,

$$\omega^2 = \frac{k}{m_r} \tag{107}$$

Wenden wir uns nun im folgenden Abschnitt der quantenmechanischen Beschreibung des harmonischen Oszillators zu, da der klassische Ansatz im reinen Teilchenbild ja für molekulare Dimensionen gemäß des Welle–Teilchen Dualismus nicht gültig sein dürfte.

3.3.2.1 Der harmonische Oszillator

Für eine harmonische Molekülschwingung ergänzen wir den Hamilton-Operator um einen Term für die potenzielle Energie, der sich exakt aus der klassischen Formulierung ergibt, und erhalten somit folgenden Ausdruck:

$$\hat{H} = -\frac{\hbar^2}{2 \cdot m} \cdot \frac{d^2}{dx^2} + \frac{1}{2} \cdot k \cdot (x - x_0)^2 \cdot V_0 \cdot \tag{108}$$

Setzen wir diesen Hamilton-Operator in die allgemeine Schrödinger-Gleichung ein und stellen noch etwas um, indem wir die zweite Ableitung der Wellenfunktion nach dem Ort, welche aus dem Operator der kinetischen Energie resultiert, auf die linke Seite und alle anderen Terme auf die rechte Seite bringen, so erhalten wir schließlich:

$$\hat{H}\Psi = E \cdot \Psi \Rightarrow \frac{d^2\Psi}{dx^2} = \left(a^2 \cdot (x - x_0)^2 - \frac{2 \cdot m}{\hbar^2} \cdot (E - V_0) \right) \cdot \Psi$$

$$\text{mit} \quad a = \sqrt{\frac{k \cdot m}{\hbar^2}} \tag{109}$$

Wir können uns vorstellen, dass die Lösungen dieser Gleichung ein wenig verwandt zu denen für das Teilchen im Kasten sein sollten, denn das Grundproblem ist ja ähnlich: unser Teilchen befindet sich in einem einschränkenden symmetrischen Potenzial, das für große Auslenkungen große Werte annimmt. Allerdings treten Unterschiede insofern auf, als dass das Potenzial hier jetzt nicht irgendwo abrupt sondern kontinuierlich mit x^2 ansteigt, und dass dadurch die potenzielle Energie eben vom Ort abhängt, d. h. sich mit der Auslenkung unseres Oszillators ändert. Daher werden die Wellenfunktionen hier sicherlich komplizierter sein als die einfachen Sinusfunktionen des Teilchens im Kasten; beispielsweise werden sie an den Rändern flacher gegen null gehen als die für das Teilchen im Kasten mit abruptem Potenzialanstieg an den Rändern, und die Krümmung der Wellenfunktion wird über den Ort variieren, weil das ja eben auch der Wert des mit x^2 steigenden Potenzials über den Ort tut. Wir erhalten die gesuchten Wellenfunktionen mathematisch durch Lösung von Gl. 109. Hierbei handelt es sich um eine sogenannte inhomogene Differenzialgleichung, die wir lösen können, indem wir zunächst eine spezielle Lösung der zugehörigen homogenen Differenzialgleichung, d. h. Gl. 109 ohne den x-unabhängigen Term $\frac{2 \cdot m}{\hbar^2} \cdot (E - V_0) \cdot \Psi$, bestimmen. Diese spezielle Lösung ergibt sich entsprechend zu:

$$\frac{d^2\Psi}{dx^2} = a^2 \cdot (x - x_0)^2 \cdot \Psi$$

$$\Rightarrow \Psi = A \cdot e^{\left(-\frac{a}{2} \cdot (x - x_0)^2\right)} \tag{110}$$

Um nun die allgemeine Lösung von Gl. 109 zu erhalten, müssen wir in Gl. 110 den konstanten Faktor A variabel als Funktion $A(x)$ ansetzen:

$$\Psi = A(x) \cdot e^{\left(-\frac{a}{2} \cdot (x - x_0)^2\right)}$$

$$\Phi = e^{\left(-\frac{a}{2} \cdot (x - x_0)^2\right)} \tag{111}$$

Als nächstes setzen wir nun unseren allgemeinen Ansatz für die Wellenfunktion (Gl. 111) in unsere inhomogene Differenzialgleichung Gl. 109 ein und erhalten einen etwas komplizierteren längeren Ausdruck:

$$\frac{d^2\Psi}{dx^2} = \frac{d}{dx}\left[\Phi \cdot \frac{dA}{dx} + A \cdot \frac{d\Phi}{dx}\right] = \frac{d}{dx}\left[\Phi \cdot \frac{dA}{dx} - A \cdot \alpha \cdot (x - x_0) \cdot \Phi\right]$$

$$\Leftrightarrow \frac{d^2\Psi}{dx^2} = \frac{d^2A}{dx^2} \cdot \Phi - \frac{dA}{dx} \cdot \alpha \cdot (x - x_0) \cdot \Phi + A \cdot \alpha^2 \cdot (x - x_0)^2 \cdot \Phi - \alpha \cdot A \cdot \Phi \qquad (112)$$

Die Funktion $A(x)$ lässt sich entsprechend Gl. 109 und Gl. 112 über die sogenannte Hermite-Differenzialgleichung bestimmen:

$$\frac{d^2A}{dx^2} - 2 \cdot \alpha \cdot (x - x_0) \cdot \frac{dA}{dx} + \left(\frac{2 \cdot m}{\hbar^2} \cdot (E - V_0) - \alpha\right) \cdot A = 0 \qquad (113)$$

Als allgemeinen Lösungsansatz für Gl. 113 formulieren wir zunächst eine unendliche Potenzreihe $A(x)$:

$$A(x) = \sum_{j=0}^{\infty} a_j \cdot (x - x_0)^j \qquad (114)$$

Einsetzen von Gl. 114 in die Hermite-Differenzialgleichung 113 ergibt letztlich die folgenden Rekursionsbedingungen für unsere Entwicklungskoeffizienten, wie sich im Prinzip durch Berechnen der 1. und 2. Ableitungen $\frac{dA}{dx}$ und $\frac{d^2A}{dx^2}$ gemäß Gl. 113 zeigen lässt:

$$a_{j+2} = a_j \cdot \left[\alpha + 2 \cdot j \cdot \alpha - \frac{2 \cdot m^2}{\hbar} \cdot \frac{(E - V_0)}{(j+1) \cdot (j+2)}\right] \text{ mit } j \in N_0 \qquad (115)$$

Eine unendliche Potenzreihe $A(x)$ kann nun aber kein plausibler Bestandteil unserer Wellenfunktion sein, da diese dann divergieren würde und sich somit nicht mehr auf einen Wert von 1, d. h. eine Gesamtaufenthaltswahrscheinlichkeit von 100%, normieren ließe. Daher wird die Potenzreihe $A(x)$ nach dem n-ten Glied abgebrochen, und es ergeben sich die sogenannten **Hermite-Polynome** n-ten Grades. Für die ersten drei Hermite-Polynome lauten diese:

$$H_0 = 1, \quad H_1(z) = 2 \cdot z, \quad H_2(z) = 4 \cdot z^2 - 2$$

$$\text{mit } z = \sqrt{\alpha} \cdot (x - x_0) \text{ und } \alpha = \sqrt{\frac{k \cdot m}{\hbar^2}} \qquad (116)$$

Die zugehörigen normierten Wellenfunktionen $\Psi(x) = N_v \cdot H_v \cdot e^{\left(-\frac{\alpha}{2 \cdot x^2}\right)}$ sehen dann aus, wie es in Abb. 3.20 illustriert ist.

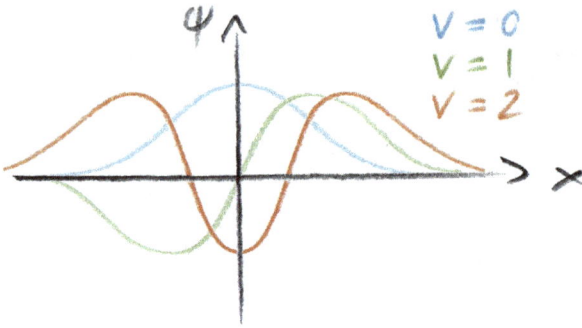

Abb. 3.20: Normierte Wellenfunktionen des harmonischen Oszillators für die ersten drei Quantenzustände. Diese enthalten die Hermite-Polynome H_0, H_1 und H_2 (s. Gl. 116).

Für die Energien des harmonischen Oszillators erhalten wir je nach Abbruch der Polynomreihe die folgenden Eigenwerte:

$$E_v - V_0 = \frac{\hbar^2}{2 \cdot m} \cdot (1 + 2 \cdot v) \cdot \alpha = \frac{\hbar \cdot \alpha}{2 \cdot \pi \cdot m} \cdot \frac{h}{2} \cdot (1 + 2 \cdot v) = \left(v + \frac{1}{2} \right) \cdot h \cdot v_e$$

$$\boxed{v_e = \frac{\hbar^2 \cdot \alpha}{2 \cdot \pi \cdot m} = \frac{\sqrt{\frac{k}{m}}}{2 \cdot \pi} = \frac{\omega}{2 \cdot \pi}}$$

(117)

Wie wir an Gl. 117 sehen, stimmen die Winkelgeschwindigkeiten ω oder die zugehörigen Frequenzen $v_e = \frac{\omega}{2 \cdot \pi}$ der klassischen und der quantenmechanischen Behandlung des harmonischen Oszillators exakt überein. Während der Oszillator im klassischen Fall allerdings beliebige Schwingungsenergien annehmen kann, sind diese im quantenmechanischen Fall auf Vielfache des Werts $h \cdot v_e$ beschränkt: $E = \frac{1}{2} \cdot h \cdot v_e, \frac{3}{2} \cdot h \cdot v_e$, $\frac{5}{2} \cdot h \cdot v_e, \frac{7}{2} \cdot h \cdot v_e$ ... bzw. allgemein $E = \left(v + \frac{1}{2} \right) \cdot h \cdot v_e$, wobei v die Schwingungsquantenzahl ist. Auch für $v = 0$ liegt eine endliche Energie in Höhe von $\frac{1}{2} \cdot h \cdot v_e$ vor; diese **Nullpunktsenergie** folgt, wie schon beim Teilchen im Kasten, aus dem Heisenberg-Prinzip: durch das parabolische Potenzial ist der Ort des Teilchens eingeschränkt und kann nicht völlig unbestimmt sein; demnach ist auch der Impuls nie exakt null.

Es ergibt sich somit ein Schema mit äquidistanten Energielevels im Abstand von jeweils $h \cdot v_e$, unabhängig von v, wie in Abb. 3.21 gezeigt ist. Dieser gleichmäßige Sprossenabstand auf der Energie-Leiter ist für makroskopische Schwinger, die aufgrund ihrer Trägheit keine extrem hohen Frequenzen haben können, sehr klein, sodass hier keine Quantisierungseffekte bei der Schwingung auftreten. Bei kleinen Objekten wie Molekülen ist das jedoch anders. Die Wellenfunktionen oszillieren hier überdies mit steigender Energie immer dichter, wie ebenfalls in Abb. 3.21 gezeigt ist.

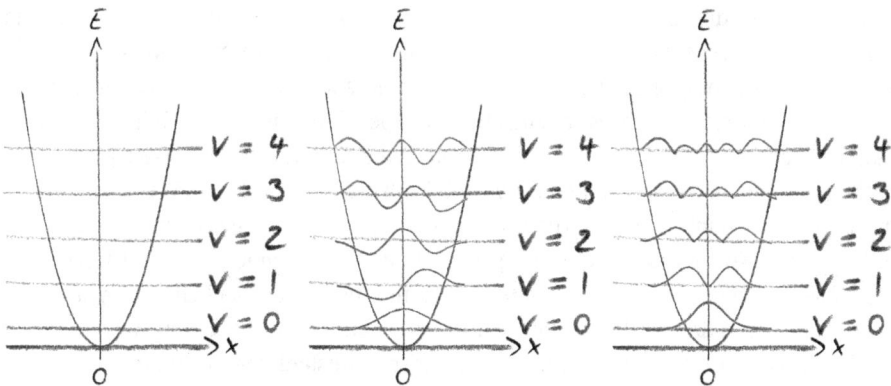

Abb. 3.21: Energie-Eigenwerte (links), normierte Wellenfunktionen (Mitte) und Betragsquadrate der normierten Wellenfunktionen (rechts) des quantenmechanischen harmonischen Oszillators, wobei letztere die Aufenthaltswahrscheinlichkeit angeben.

Energieabstände der Schwingungszustände im HCl-Molekül:

Wir wollen zur beispielhaften Konkretisierung hier einmal die Energie der Schwingungszustände des HCl-Moleküls entsprechend Gl. 117 berechnen. Dazu benötigen wir zum einen die reduzierte Masse, welche sich direkt aus den Atomgewichten von H und Cl ergibt, und zum anderen die Bindungskonstante k (= 478,6 N · m^{-1}). Die Eigenfrequenz des harmonischen Oszillators berechnet sich entsprechend Gl. 117 zu $v_e = \frac{\sqrt{\frac{k}{m_r}}}{2 \cdot \pi}$. Für HCl mit den Atomgewichten 1 u bzw. 35,5 u erhalten wir eine reduzierte Masse von $\frac{0,001\,\frac{kg}{mol} \cdot 0,0355\,\frac{kg}{mol}}{0,001\,\frac{kg}{mol} + 0,0355\,\frac{kg}{mol}} \cdot \frac{1}{6,02 \cdot 10^{23}\,mol^{-1}} = 1,616 \cdot 10^{-27}$ kg. Betrachten wir alternativ (und vereinfachend) lediglich die Schwingung des leichteren Wasserstoffatoms gegen eine starre Wand (d. h. fixieren formal das schwerere Chloratom komplett) so ergibt sich eine bewegte Masse von $0,001\,\frac{kg}{mol} \cdot \frac{1}{6,02 \cdot 10^{23}\,mol^{-1}} = 1,661 \cdot 10^{-27}$ kg, d. h. ein zur reduzierten Masse fast identischer Wert. Hieraus erhalten wir dann eine Frequenz von $8,66 \cdot 10^{13}$ s^{-1} bzw. $8,54 \cdot 10^{13}$ s^{-1} im Fall eines starren Chloratoms. Die zugehörigen Wellenlängen, berechnet nach $\lambda = \frac{c}{v_e}$, betragen entsprechend 3,46 µm bzw. 3,51 µm und liegen damit im Infrarotbereich des elektromagnetischen Spektrums. Die Nullpunktsenergie dieses Oszillators entspricht der halben Anregungsenergie und berechnet sich mit $E_0 = \frac{1}{2} \cdot h \cdot v_e$ zu $2,869 \cdot 10^{-20}$ J bzw. im Fall des starren Chloratoms zu $2,831 \cdot 10^{-20}$ J. Vergleichen wir diese Werte schließlich noch mit der thermischen Energie bei Raumtemperatur (20 °C) bezogen auf ein einzelnes Teilchen, $E = k_B \cdot T = 4,043 \cdot 10^{-21}$ J, so sehen wir dass die für die Schwingungsanregung benötigte Energie $\Delta E = h \cdot v_e$ die bei Raumtemperatur vorhandene thermische Energie um fast eine Größenordnung übersteigt, weshalb es auch nicht verwundert, dass die Streckschwingung eines HCl-Moleküls bei Raumtemperatur noch nicht thermisch angeregt ist. Dies spiegelt sich wiederum in der Wärmekapazität des Gases HCl wider.

Die Betrags*quadrate* der Wellenfunktionen in Abb. 3.21 zeigen uns, dass bei geringen Energieniveaus noch hohe Werte und damit auch hohe Wahrscheinlichkeitsdichten im *Zentrum* des Potenzials vorliegen, bei höheren Energieniveaus hingegen an den *Rändern* und damit an den Schwingungsumkehrpunkten. Dies entspricht dem klassischen

Fall, wonach in den Umkehrpunkten die Schwingungsgeschwindigkeit null wird und der Schwinger dort entsprechend länger verweilt. Umgekehrt ist in der Mitte des Potenzials die Geschwindigkeit des klassischen Schwingers am höchsten, sodass er dort mit geringerer Wahrscheinlichkeit anzutreffen ist, aber dafür dort einen höheren Impuls hat; auch das findet sich für den quantenmechanischen Schwinger gleichsam in den Wellenfunktionen, die dort in der Tat ebenfalls kleinere quadratische Werte aber dafür die stärkste Krümmung haben. Hier haben wir es (erneut, wie schon im vorigen Kapitel) mit dem **Korrespondenzprinzip** zwischen Quantenmechanik und klassischer Mechanik im Grenzfall hoher Quantenzahlen zu tun. Wir finden ähnliche Analogien noch an zwei anderen Stellen. Berechnen wir erstens einmal die Erwartungswerte für die mittlere Auslenkung und die mittlere quadratische Auslenkung des quantenmechanischen Oszillators, so finden wir $<x> = 0$ und $<x^2> = \frac{(v+\frac{1}{2}) \cdot \hbar}{\sqrt{k \cdot m_{\mathrm{r}}}}$. Beides stimmt mit der klassischen Mechanik überein: die mittlere Auslenkung ist wegen der Symmetrie der Schwingung immer null, wohingegen die mittlere quadratische Auslenkung und damit die Schwingungsamplitude mit steigender Quantenzahl, d. h. mit steigender Energie, zunimmt. Berechnen wir überdies zweitens die potenzielle Energie des quantenmechanischen Oszillators, so ergibt sich: $<E_{\mathrm{pot}}> = <\frac{1}{2} \cdot k \cdot x^2> = \frac{1}{2} \cdot k \cdot <x^2> = \frac{1}{2} \cdot k \cdot \frac{(v+\frac{1}{2}) \cdot \hbar}{\sqrt{k \cdot m_{\mathrm{r}}}}$

$= \frac{1}{2} \cdot \frac{\sqrt{k} \cdot \sqrt{k} \cdot (v+\frac{1}{2}) \cdot \hbar}{\sqrt{k} \cdot \sqrt{m_{\mathrm{r}}}} = \frac{1}{2} \cdot \frac{\sqrt{k} \cdot (v+\frac{1}{2}) \cdot \hbar}{\sqrt{m_{\mathrm{r}}}} = \frac{1}{2} \cdot (v+\frac{1}{2}) \cdot \hbar \cdot \omega = \frac{1}{2} \cdot E_{\mathrm{ges}}$, was nichts anderes bedeutet als $<E_{\mathrm{pot}}> = <E_{\mathrm{kin}}>$; auch dies gilt genauso für den klassischen harmonischen Oszillator.

Im Gegensatz zum Teilchen im Kasten mit unendlich hohen Potenzialwänden zeigen die Wellenfunktionen des harmonischen Oszillators in Abb. 3.21 eine wichtige Besonderheit, die uns auch bereits im Fall des Teilchens im Kasten mit endlich hohen Potenzialwänden begegnet ist: einen Tunneleffekt. Auch bei der Schwingung von Molekülen treten entsprechend der quantenmechanisch berechneten Wellenfunktionen Auslenkungen auf, welche im Rahmen des klassisch-physikalischen Bildes nicht erlaubt sind. Die Wellenfunktionen durchdringen quasi unseren parabolischen Potenzialtopf und streben erst außerhalb davon asymptotisch einen Wert von null an. Somit handelt es sich aber auch nicht um stehende Wellen mit definierter Wellenlänge, sondern vielmehr um Wellen*pakete*, denen im Rahmen der Heisenbergschen Unschärferelation eine mittlere Wellenzahl mit charakteristischer Bandbreite zugeordnet werden kann. Die Tunnelwahrscheinlichkeit wird mit steigender Energie des einschränkenden Potenzials geringer und spielt demnach in höheren Schwingungszuständen, d. h. bei höheren Quantenzahlen, eine immer kleiner werdende Rolle; auch dies korrespondiert zum klassischen Oszillator, der dem quantenmechanischen Oszillator im Grenzfall hoher Quantenzahlen entspricht und keinerlei Tunneleffekte zeigt.

Wie realistisch ist aber unser quantenmechanisches Modell zur Beschreibung von realen Molekülschwingungen? Zum einen erwarten wir, dass eine molekulare Bindung nicht beliebig gedehnt werden kann ohne dass es schließlich zum Bindungsbruch kommt (Dissoziation). Andererseits lassen sich die Bindungen aber auch nicht beliebig stauchen, da sich die beteiligten Atome irgendwann auch sehr stark abstoßen werden. Wir folgern hieraus, dass ein parabolisches Potenzial für Schwingungen mit kleinen Energien und Amplituden zwar geeignet sein mag, es aber bei größeren Energien zu systematischen Abweichungen kommen muss: so erwarten wir, dass die Potenzialbarriere bei großen Dehnungen infolge der Dissoziation irgendwann auf der rechten Seite der Parabel abbricht, während sie wegen der Abstoßung der Atome auf der linken Seite der Parabel mit steigender Amplitude steiler verlaufen sollte als das harmonische Potenzial. Diese Überlegungen führen uns zum sogenannten anharmonischen Oszillator.

3.3.2.2 Der anharmonische Oszillator

Um den gerade gemachten Überlegungen gerecht zu werden, ersetzen wir das Parabelpotenzial des harmonischen Oszillators durch das sogenannte **Morse-Potenzial**. Die Konsequenzen für die Energie-Eigenwerte der Molekülschwingung wollen wir an dieser Stelle allerdings nicht durch mathematisch aufwendiges Lösen der Schrödinger-Gleichung, sondern durch praktische Überlegungen im Sinne des Welle–Teilchen Dualismus und der De Broglie-Beziehung diskutieren. Das Morse-Potenzial beinhaltet vor allem einen Bindungsbruch bei Überdehnung und entspricht somit insgesamt einer Aufweitung des Parabelpotenzials mit steigender Energie. Entsprechend finden wir speziell bei höheren Energien größere mittlere Wellenlängen als für die entsprechenden Zustände des harmonischen Oszillators, weshalb die Eigenwerte des anharmonischen Oszillators auch nicht mehr äquidistant sind, sondern von unten nach oben immer enger zusammenrücken müssen. Dies passt auch zur Tatsache, dass ab dem Erreichen der Potenzialschwelle zur Dissoziation das Molekül in zwei freibewegliche Teilchen zerfällt, deren Energie dann nicht mehr gequantelt ist. Die Energiewerte des anharmonischen Oszillators rücken somit stetig immer enger zusammen,

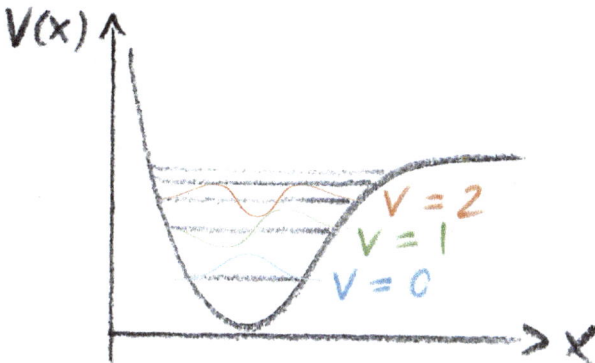

Abb. 3.22: Morse-Potenzial zur Beschreibung realer Molekülschwingungen, und daraus resultierende, nicht mehr äquidistante Energie-Eigenwerte.

bis sie ab der Dissoziationsenergie schließlich ein kontinuierliches Energiespektrum erreichen, wie in Abb. 3.22 skizziert ist.

!

DAS WICHTIGSTE IN KÜRZE

- **Molekülrotationen** lassen sich durch Mikrowellen anregen; hierfür gibt es zwei quantenchemische Modelle:
  - **Starrer Rotator mit raumfester Achse:** Eigenwerte $E_{m_J} = h \cdot c \cdot B \cdot m_J^2$ mit $m_J = 0, 1, 2, 3, \dots$ und der Rotationskonstanten $B = \frac{h}{8 \cdot \pi^2 \cdot c \cdot I}$
  - **Starrer Rotator mit raumfreier Achse:** $E = h \cdot c \cdot B \cdot J \cdot (J+1)$, mit J als Quantenzahl für den Gesamtdrehimpuls und m_J als magnetische Drehimpulsquantenzahl, $m_J = -J, -J+1, \dots, J-1, J$. Die zugehörigen Wellenfunktionen sind die sogenannten **Kugelflächenfunktionen**. Für $J = 0$ und $m_J = 0$ ergibt sich eine gleichmäßige Wahrscheinlichkeit für sämtliche Winkel und somit die Gestalt einer symmetrischen Kugel. Die Kugelflächenfunktionen sind mathematisch identisch mit denen für die Aufenthaltswahrscheinlichkeit der Elektronen eines Atoms (s, p, d, f -Orbitale).
- **Molekülschwingungen** lassen sich durch Infrarotstrahlung (IR) anregen, die Anregungsenergie hängt von der Bindungsstärke und der reduzierten Masse ab: $\Delta E \sim \sqrt{k/m_r}$. Kompliziertere mehratomige Moleküle weisen aufgrund diverser Schwingungsmoden ein charakteristisches IR-Spektrum auf („fingerprint"-Bereich in der Analytik). Quantenmechanisch beschreiben wir molekulare Schwingungen vereinfacht mit dem **Modell des harmonischen Oszillators**, Lösung der Hermite-Differenzialgleichung sind die **Hermite-Polynome** n-ten Grades mit den Energie-Eigenwerten $E = (v + 1/2) \cdot h \cdot v_e$.
- Da Bindungen nicht beliebig gedehnt und gestaucht werden können, stellt der **anharmonische Oszillator** mit dem **Morse-Potenzial** eine realistischere Beschreibung der Molekülschwingung dar. Die Energie-Werte rücken hierbei von unten nach oben enger zusammen.

VERSTÄNDNISFRAGEN

1. **Warum steigen die Energie-Eigenwerte beim starren Rotator mit raumfester Achse quadratisch an?**
   a) Weil die reziproken Wellenlängen linear ansteigen.
   b) Weil die Wellenlängen linear abfallen.
   c) Weil die reziproken Wellenlängen linear abfallen.
   d) Weil die Wellenlängen linear ansteigen.

2. **Was gilt für den starren Rotator, wenn die Achse nicht raumfest ist?**
   a) Der energetische Grundzustand liegt nicht bei 0 J.
   b) Sämtliche Zustände sind entartet.
   c) Die Energie-Eigenwerte steigen weniger stark als quadratisch an.
   d) Die Energie-Eigenwerte steigen stärker als quadratisch an.

3. **Wie sieht der Hamilton-Operator für den harmonischen Oszillator aus?**
   a) $\hat{H} = \dfrac{-\hbar^2}{2 \cdot m} \cdot \nabla^2 + k \cdot x \cdot$
   b) $\hat{H} = \dfrac{-\hbar^2}{2 \cdot m} \cdot \nabla^2 - k \cdot x \cdot$
   c) $\hat{H} = \dfrac{-\hbar^2}{2 \cdot m} \cdot \nabla^2 + \dfrac{1}{2} \cdot k \cdot x^2 \cdot$
   d) $\hat{H} = \dfrac{-\hbar^2}{2 \cdot m} \cdot \nabla^2 - \dfrac{1}{2} \cdot k \cdot x^2 \cdot$

4. **Wieso nehmen die Energie-Eigenwerte des harmonischen Oszillators, im Gegensatz zum Teilchen im eindimensionalen Kasten und dem starren Rotator mit raumfester Achse, nur linear zu?**
   a) Weil die Wellenlänge auch nur linear zunimmt.
   b) Weil die reziproke Wellenlänge auch nur linear zunimmt.
   c) Weil die reziproke Wellenlänge überproportional zunimmt.
   d) Weil die reziproke Wellenlänge unterproportional zunimmt.

VERTIEFUNGSFRAGEN

5. **Für welches Molekül erwarten Sie, bei identischen Quantenzahlen, die höhere Rotationsenergie: HCl oder Cl_2?**
   a) HCl, da es ein permanentes Dipolmoment besitzt.
   b) Cl_2, da es kein permanentes Dipolmoment besitzt.
   c) HCl, da es ein kleineres Trägheitsmoment besitzt.
   d) Cl_2, da es ein größeres Trägheitsmoment besitzt.

6. **Wie hängt der Drehimpuls-Operator mit den Energie-Eigenwerten des starren Rotators mit raumfreier Achse zusammen?**
   a) Gar nicht
   b) Linear über seine Eigenwerte, $E \sim l$
   c) Quadratisch über seine Eigenwerte, $E \sim l^2$
   d) Reziprok über seine Eigenwerte, $E \sim l^{-1}$

7. **Wieso kann das Modell des harmonischen Oszillators die Schwingungen von Molekülen nicht exakt wiedergeben?**
   a) Weil es keinen Zustand $E = 0$ aufweist (Nullpunktsenergie).
   b) Weil es einen Tunneleffekt zeigt.
   c) Weil es sich bei molekularen Schwingungen nicht um ein Federpendel, sondern um mindestens zwei bewegte Massen handelt.
   d) Weil es unendliche Vibrationsenergien zulässt.

8. **Welche Aussage bzgl. harmonischer (i) und anharmonischer (ii) Oszillator trifft *nicht* zu?**
   a) Bei (i) steigt das Potenzial mit zunehmender Schwingungsamplitude steiler an.
   b) Bei (ii) rücken die Energiezustände mit steigender Energie immer dichter zusammen.
   c) Bei (ii) gibt es keine Nullpunktsenergie.
   d) Bei (ii) wird die Quantisierung für hohe Energiewerte aufgehoben.

4 Struktur von Atomen und Molekülen

EINHEIT 6: QUANTENMECHANIK DER ELEKTRONISCHEN ZUSTÄNDE VON ATOMEN

Unsere grundlegende Motivation dafür, uns in der Chemie mit Quantenmechanik zu beschäftigen, ist es den Aufbau der Atome und Moleküle zu verstehen; so hatten wir unsere Reise in dieses Gebiet auch in der einführenden Lehreinheit begonnen. Nachdem wir nun die Arbeitsweise der Quantenmechanik kennen und bereits auf molekulare Bewegungszustände angewandt haben, widmen wir uns jetzt diesem Ziel. In dieser Lehreinheit werden wir zunächst die Lösung der Schrödinger-Gleichung für das Ein-Elektronensystem, das Wasserstoffatom, kennenlernen. Wir werden sehen, dass sich bereits dieses vermeintlich einfache Problem nur unter bestimmten Annahmen mathematisch lösen lässt. Noch schwieriger wird dann die Lösung für Atome mit mehreren Elektronen. Dennoch werden wir diese Probleme unter Hinzuziehung einiger Näherungen pragmatisch bewältigen können und schließlich in die Lage versetzt werden, beispielsweise den Aufbau des Periodensystems der Elemente umfänglich zu verstehen – und damit die Basis der gesamten Chemie auf ganz grundlegende Naturprinzipien zurückführen können, nämlich wie genau die Atome mit Elektronen bestückt sind.

4.1 Quantenmechanik der elektronischen Zustände von Atomen

4.1.1 Das Wasserstoffatom: Ein-Elektronensystem

Wir haben uns in der vorangehenden Lehreinheit mit der quantenmechanischen Behandlung der Bewegung kleiner Objekte in definierten Potenzialen befasst. Im Fall des Atoms müssten wir dies nun eigentlich sowohl für den Atomkern als auch die Elektronen in der Atomhülle tun und hätten es damit mit einem komplizierten Vielkörperproblem zu tun. Wir vereinfachen die Sache aber und entkoppeln die Bewegung der deutlich schwereren und damit trägeren Atomkerne von jener der deutlich leichteren und somit beweglicheren Elektronen. Formal lösen wir somit die Schrödinger-Gleichung im Rahmen dieser Näherung lediglich für die Energie-Eigenwerte und Wellenfunktionen der Elektronen, welche sich in einem als zeitlich unveränderlich angenommenen Potenzial bewegen, das durch die Wechselwirkung mit dem Kern zustande kommt. Wie wir bereits in unserer vorigen Lehreinheit für den Fall des starren Rotators gesehen haben, lautet die stationäre Schrödinger-Gleichung für den allgemeinen Fall einer Teilchenbewegung in einem isotropen, d. h. kugelsymmetrischen Potenzialfeld in Kugelkoordinaten wie folgt:

$$\Delta\Psi(r,\theta,\phi) + 2\cdot\frac{m_\mathrm{r}}{\hbar^2}\cdot(E-V(r))\cdot\Psi(r,\theta,\phi) = 0 \qquad (118)$$

Hierbei ist r der Abstand vom Zentrum des Potenzialfeldes, ϕ der Winkel relativ zur x-Achse in der xy-Ebene (= Azimutwinkel), und θ der Winkel relativ zur z-Achse (= Polarwinkel). m_r ist die reduzierte Masse, welche im Fall der Atome aufgrund des bereits angesprochenen deutlichen Masseunterschieds von Atomkern und Elektron quasi exakt der Elektronenmasse entspricht. Die Wellenfunktion lässt sich nun analog zur Vorge-

https://doi.org/10.1515/9783110737578-004

hensweise im vorangehenden Kapitel in einen winkel- und einen abstandsabhängigen Anteil separieren, wobei der winkelabhängige Teil den sogenannten Kugelflächenfunktionen $\Upsilon(\theta, \phi)$ entspricht.

$$\Psi(r, \theta, \phi) = R(r) \cdot \Upsilon(\theta, \phi) = R(r) \cdot \Theta(\theta) \cdot \Phi(\phi) \tag{119}$$

Diese Kugelflächenfunktionen hatten wir aber bereits in unserer vorigen Lehreinheit explizit berechnet sowie deren räumliche Gestalt skizziert; wir hatten in diesem Zuge auch zwei Quantenzahlen eingeführt, die wir J und m_J genannt hatten und die etwas mit dem Betrag und der Richtung bzw. Orientierung des Drehimpulses zu tun haben. Hier haben wir jetzt wieder eine völlig analoge Situation, sodass sich die Mathematik an dieser Stelle für uns deutlich vereinfacht, und sodass wir völlig analog auch wieder zwei Quantenzahlen bekommen werden, die wir hier nun l und m_l nennen werden. Wir müssen jenseits davon nun lediglich noch den Radialanteil $R(r)$ berechnen. Dies wird uns eine weitere Quantenzahl bringen, die wir n nennen werden; sie ist, wie wir sehen werden, die elementarste der verschiedenen Quantenzahlen und benennt uns die grundsätzlichen Energieniveaus der Elektronen. Für den Radialteil, der hiermit zusammenhängt, gilt damit entsprechend der Variablenseparation die folgende Differenzialgleichung:

$$\frac{1}{r^2} \cdot \frac{d}{dr} \left(r^2 \cdot \frac{dR(r)}{dr} \right) + 2 \cdot \frac{m_r}{\hbar^2} \cdot \left(E - V(r) - \frac{l \cdot (l+1) \cdot \hbar^2}{2 \cdot m_r \cdot r^2} \right) \cdot R(r) = 0 \tag{120}$$

In Gl. 120 haben wir analog zur Vorgehensweise bei Molekülbewegungen wie Schwingung oder Rotation (s. Lehreinheit 05) wiederum statt absoluter Teilchenmassen die sogenannte reduzierte Masse m_r eingeführt, weil sich sowohl der Kern als auch das Elektron bewegen können. Zur Vereinfachung können wir aber, wie gerade bereits geschildert, den Kern wegen seiner deutlich größeren Masse als näherungsweise stationär betrachten und müssen somit auch nur die Bewegung des Elektrons im Coulomb-Potenzial eines ruhenden positiven Kerns diskutieren. Dasselbe Prinzip wird sich vor allem in unserer nächsten Lehreinheit als sehr nützlich erweisen, wenn wir im Rahmen der sogenannten **Born–Oppenheimer Näherung** die Koordinaten der Atomkerne von Molekülen von deren Elektronenkoordinaten separieren werden. Bei der quantenmechanischen Behandlung der Atome hingegen könnten wir die absoluten Koordinaten der Elektronenpositionen prinzipiell auch einfach durch relative Koordinaten ersetzen, sowie statt der Elektronenmasse die (mit dieser fast identischen) reduzierte Masse einführen, und so die Schrödinger-Gleichung immer noch exakt lösen. Für Moleküle allerdings würde dies (aufgrund des sogenannten **Dreikörperproblems,** s. Lehreinheit 07) nicht mehr funktionieren. Ersetzen wir ferner auch das Produkt $r \cdot R(r)$ durch die Funktion $u(r)$, so erhalten wir, zunächst noch für beliebige Potenziale $V(r)$ formuliert, die folgende Differenzialgleichung:

$$\frac{d^2 u(r)}{dr^2} + 2 \cdot \frac{m_r}{\hbar^2} \cdot \left(E - V(r) - \frac{l \cdot (l+1) \cdot \hbar^2}{2 \cdot m_r \cdot r^2} \right) \cdot u(r) = 0 \tag{121}$$

Hier führen wir als nächstes ein effektives Potenzial ein, indem wir den Ausdruck für das radiale Potenzial $V(r)$ und den Ausdruck für die aus der Drehbewegung resultierende Zentrifugalenergie $\frac{l \cdot (l+1) \cdot \hbar^2}{2 \cdot m_r \cdot r^2}$ kombinieren:

$$V_{\text{eff}} = V(r) + \frac{l \cdot (l+1) \cdot \hbar^2}{2 \cdot m_r \cdot r^2} \tag{122}$$

Setzen wir nun für das radiale Potenzial unsere im H-Atom vorliegenden elektrostatischen Wechselwirkungen explizit ein, so erhalten wir insgesamt ein Coulomb-Potenzial $\left(\sim -\frac{1}{r} \right)$ plus ein Zentrifugalpotenzial $\left(\sim \frac{1}{r^2} \right)$, wie in Abb. 4.1 skizziert ist.

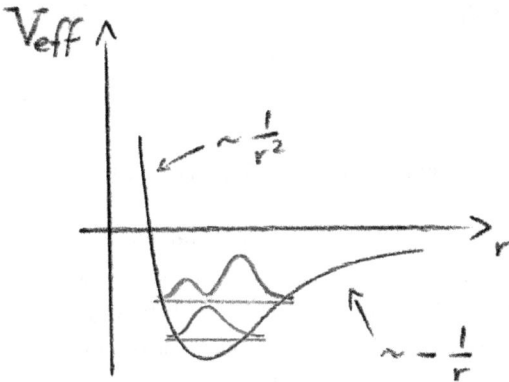

Abb. 4.1: Effektives Potenzial des Wasserstoffatoms und radiale Aufenthaltswahrscheinlichkeiten entsprechend der Wellenfunktionen $R(r)$ für die ersten beiden Zustände.

Formal erinnert uns das in Abb. 4.1 skizzierte effektive Potenzial fast an das Morse-Potenzial für den anharmonischen Oszillator aus unserer fünften Lehreinheit, d. h. wir sehen einen asymmetrisch zu höheren Abständen hin aufgeweiteten Potenzialtopf, der sich aus einem abfallenden Teil bei kleinen Abständen und einem ansteigenden Teil bei großen Abständen zusammensetzt. Ein wichtiger Unterschied zum Morse-Potenzial besteht hier aber darin, dass der Potenzialtopf diesmal aufgrund der Kern–Elektron Anziehung negativen Energien entspricht und der rechte Rand entsprechend einem freien ungebundenen Elektron bei $E = 0$ liegt, während im Fall des Morse-Potenzials das *Minimum* bei $E = 0$ lag und die potenzielle Energie ansonsten positiv war, wobei der rechte Rand des Topfes der Dissoziationsenergie einer chemischen Bindung entspricht. Aufgrund des analogen Verlaufs der beiden Potenzialtöpfe erwarten wir aber analoge Eigenschaften, d. h. etwa ähnlich aussehende Wellenfunktionen inklusive Tunneleffekt, und vor allem erlaubte Energiezustände, welche von unten nach oben immer näher zusammenrücken, bis am Rand des Potenzialtopfes schließlich ein Kontinuum erreicht wird (d. h. die Quantisierung ist ab diesem Schwellenwert aufgehoben und es liegt das kontinuierliche Energiespektrum eines freien Teilchens vor). Setzen wir nun für das radiale Potenzial $V(r)$ entsprechend die Formel für das einfache attraktive Coulomb-Potenzial in Gl. 121 ein, so ergibt sich:

$$\frac{\mathrm{d}^2 u_n(r)}{\mathrm{d}r^2} + 2 \cdot \frac{m_\mathrm{r}}{\hbar^2} \cdot \left(E + \frac{e^2}{r} - \frac{l \cdot (l+1) \cdot \hbar^2}{2 \cdot m_\mathrm{r} \cdot r^2} \right) \cdot u_n(r) = 0 \tag{123}$$

Hier haben wir nun durch Einführung des Indexes n berücksichtigt, dass die Energie-Eigenwerte unserer Wellenfunktionen für ein bewegliches Teilchen in einem Potenzialtopf gequantelt sind, und somit auch der Radialanteil der Wellenfunktion $R(r)$ bzw. entsprechend unsere oben eingeführte Hilfsfunktion $u(r) = r \cdot R(r)$ explizit von einer Quantenzahl n abhängen muss. Diese Differenzialgleichung (Gl. 123) liefert die nachfolgenden Eigenwerte für die erlaubten Energien des Elektrons:

$$\boxed{E_n = -\frac{m_\mathrm{r} \cdot e^4}{2 \cdot \hbar^2} \cdot \frac{1}{n^2} = -\frac{e^2}{2 \cdot a_0} \cdot \frac{1}{n^2} \quad n = 1, 2, 3, \dots} \tag{124}$$

In Gl. 124 taucht somit also, wie schon im Bohr-Modell, eine Quantenzahl auf die wir gleichfalls n nennen, und die Energiezustände E_n sind eben über diese gequantelt. Gl. 124 stimmt in der Tat insgesamt mit den von Niels Bohr bereits ohne Kenntnis der Schrödinger-Gleichung vorhergesagten Bahnenergien des Elektrons im Wasserstoffatom exakt überein, wobei wir dieses Resultat nun aber physikalisch und mathematisch konsistent ohne willkürlich erscheinende Annahmen (s. Originalarbeiten Niels Bohr und Lehreinheit 02) erhalten haben. Genau dies trug im historischen Kontext dazu bei, dass Schrödingers Gleichung schnell weithin akzeptiert wurde – war es mit ihr doch nunmehr möglich, die Energieniveaus des Wasserstoffatoms exakt aus den Frequenzen berechnen zu können die ein Wellenproblem in drei Dimensionen zulässt, ohne Bohrs sonderbare Regeln anwenden zu müssen.

Wegen ihrer grundlegenden Bedeutung als Maßzahl für die „energetischen Etagen" im Atom bezeichnen wir die Quantenzahl n in Gl. 124 als **Hauptquantenzahl.** Bemerkenswert ist an dieser Stelle, dass hierfür tatsächlich zunächst diese *eine* Quantenzahl ausreicht, weil die Energie-Eigenwerte eben nur vom Radialanteil der Wellenfunktion $R(r)$ abhängen. Oben drauf kommt dann noch eine Winkelabhängigkeit in Form der Kugelflächenfunktionen $\Upsilon(\theta, \phi)$, deren zugehörige Eigenwerte (= Drehimpulse) durch **Nebenquantenzahlen** l und m_l quantisiert sind. Davon findet sich l bereits oben in Gl. 123, wohingegen wir auf m_l später noch stoßen werden. Diese fügen dem Bild mit den „energetischen Etagen" nun noch „verschiedene Apartments auf jeder Energie-Etage" hinzu. Jedes „Apartment" ist ein Elektronenzustand; die Hauptquantenzahl bezeichnet dabei die Etagen-Nummer und die Nebenquantenzahlen sind die „Apartment-Nummern" auf jeder Etage. Für die Energie des Elektrons spielen diese im einfachen Fall des Wasserstoffatoms, den wir hier betrachten, noch keine Rolle; bei komplizierteren

Atomen wird das anders sein, hier hängt die Energie der verschiedenen Elektronen-Zustände dann nicht nur von n, sondern von n und l ab; wenn noch äußere Magnetfelder zugegen sind, hängt sie sogar von allen drei Quantenzahlen ab; wir nennen die dritte Quantenzahl m_l daher auch die **magnetische Quantenzahl.**

Wir bezeichnen in der Chemie die Zustände, in denen Elektronen sich im Atom befinden können und die jeweils durch einen Satz der o. g. drei Quantenzahlen gekennzeichnet sind, als **Orbitale.** Alle Orbitale die zu einer gemeinsamen Hauptquantenzahl n gehören bilden eine **Schale** eines Atoms, die wir mit Großbuchstaben bezeichnen:

$$n = 1, 2, 3, 4, \ldots$$
$$K\ L\ M\ N$$

Die Orbitale mit gleicher Hauptquantenzahl n und gleicher Nebenquantenzahl l werden als Unterschale bezeichnet; hierfür verwenden wir kleine Buchstaben:

$$l = 0, 1, 2, 3, 4, \ldots$$
$$s\ p\ d\ f\ g$$

Diese Buchstaben entstammen frühen spektroskopischen Untersuchungen von Friedrich Hund,[34] in denen die verschiedenen beobachteten Spektralserien recht willkürlich als s für „sharp", p für „principal", d für „diffuse" und f für „fundamental" bezeichnet wurden; ab dann geht es einfach alphabetisch weiter, wobei allerdings j ausgelassen wird.[35] Demnach heißt beispielsweise die Unterschale mit $n = 2$ und $l = 1$ die 2p Unterschale; ihre drei zugehörigen Orbitale heißen 2p-Orbitale. Ein Elektron darin wird als 2p-Elektron bezeichnet. Da l die Werte 0 bis $l - 1$ annehmen kann, existieren in einer Schale mit Hauptquantenzahl n genau n Unterschalen. Für $n = 1$ gibt es also nur eine Unterschale, nämlich 1s, für $n = 2$ gibt es zwei Unterschalen, nämlich 2s und 2p.

Für die zu einer gegebenen Hauptquantenzahl n gehörenden Nebenquantenzahlen gilt, analog zum Entartungsgrad der Zustände im Fall des starren Rotators (siehe Lehreinheit 05):

$$l = 0, 1, 2, \ldots, n - 1$$
$$m_l = -l, -l + 1, \ldots, 0, \ldots, l - 1, l \tag{125}$$

Wie bereits beim starren Rotator mit freibeweglicher Rotationsachse haben wir hier also wiederum die Entartung des Drehimpulses bzw. dessen Quantisierung relativ zu einer Vorzugsachse zu berücksichtigen. Daher führen wir in Analogie zum Rotator

---

34 Friedrich Hund. *Linienspektren und Periodisches System der Elemente.* Struktur der Materie in Einzeldarstellungen; Springer Vienna: Vienna, s.l., **1927**, Vol. 4., 55–56.

35 Wir wissen heute, dass diese Spektralserien von Elektronenübergängen aus angeregten Zuständen herrühren, deren Drehimpulswerte für jede Serie charakteristisch sind; eben so, wie es oben aufgelistet ist.

auch erneut die magnetische Drehimpulsquantenzahl ein, bezeichnen diese für den Drehimpuls des Elektrons jedoch hier als m_l (statt m_J im Fall der Drehbewegung eines Moleküls).

Nach den Gleichungen 125 ist also jeder Zustand n insgesamt n^2-fach entartet, z. B. $n = 1$: $l = 0$, $n = 2$: $l = 0, 1$ ($m_l = -1, 0, 1$) usw.[36]

Für das Wasserstoffatom können wir all das bisher gesagte in einem sogenannten vereinfachten **Termschema** zusammenfassen, wie Abb. 4.2 zeigt.

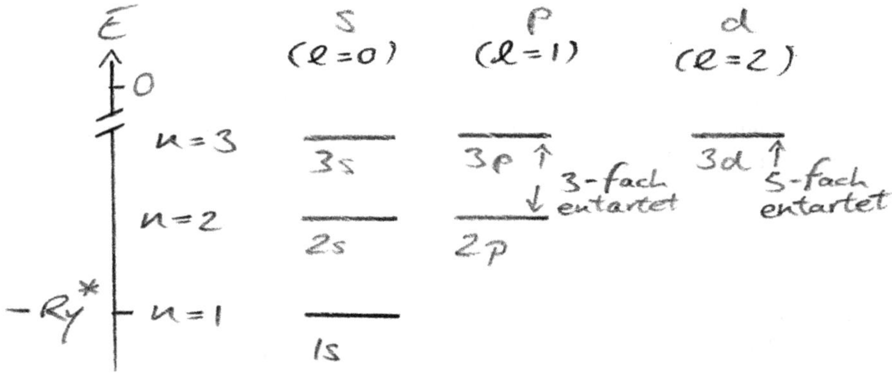

Abb. 4.2: Vereinfachtes Termschema des H-Atoms mit s-, p- und d-Zuständen für die ersten drei Hauptquantenzahlen n. Die Energie-Eigenwerte hängen hierbei ausschließlich von n ab und sind daher jeweils n^2-fach entartet ($n = 1 \rightarrow 1$, $n = 2 \rightarrow 4$, $n = 3 \rightarrow 9$).

Nachdem wir die Energie-Eigenwerte sowie den radialen Anteil der quantenchemischen Wellenfunktionen des H-Atoms nun betrachtet haben, wollen wir uns jetzt der gesamten Wellenfunktion widmen. Diese setzt sich gemäß Gl. 119 als Produkt aus den Radialanteilen sowie den bereits aus der fünften Lehreinheit bekannten Kugelflächenfunktionen $\Upsilon(\theta, \phi)$ zusammen. Um diese Wellenfunktionen auch anschaulich interpretieren zu können, wollen wir im Folgenden zunächst die radiale Aufenthaltswahrscheinlichkeit (= Wahrscheinlichkeitsdichte) des Elektrons in einer Kugelschale der Dicke dr im Abstand r vom Atomkern betrachten. Diese ergibt sich mathematisch zu:

$$\rho_{nl} \cdot dr = \int_0^\pi \int_0^{2\pi} |\Psi|^2 \cdot r^2 \cdot \sin(\theta)\, d\theta\, d\phi\, dr = r^2 \cdot |R_{nl}(r)|^2 \cdot dr = |u_{nl}(r)|^2 \cdot dr \qquad (126)$$

Für den erst-denkbaren Satz von Quantenzahlen, $n = 0, l = 0$ und $m_l = 0$ sprechen wir vom sogenannten **1s-Orbital**. Hierfür erhalten wir eine maximale Wahrscheinlich-

---

36 Wie in unserem Beispiel mit der „quadratischen Pauke" im Kontext des Teilchens im zweidimensionalen Kasten sind die angeregten, d.h. höheren Zustände also mehr und mehr entartet; hier gehören mehrere Wellenfunktionen zum selben Energiewert, und zwar umso mehr, je höher n ist.

keitsdichte gerade in dem Kernabstand, der dem Bohrschen Radius für die innerste Kreisbahn entspricht, wie in Abb. 4.3 gezeigt ist.

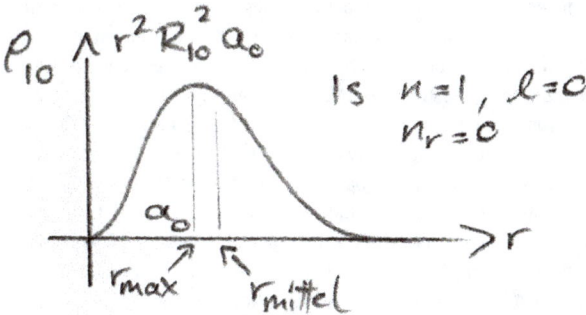

Abb. 4.3: Wahrscheinlichkeitsdichte für das 1s-Orbital des Wasserstoffatoms mit maximaler radialer Aufenthaltswahrscheinlichkeit für $r = a_0$ (Bohr-Radius). Die Zahl n_r gibt die Anzahl der sogenannten Knoten an; sie wird in der nächsten Abbildung noch interessant werden, hier beim 1s-Orbital ist sie noch nicht relevant (und hat hier den Wert null).

Wellenfunktion und Aufenthaltswahrscheinlichkeit

In Abb. 4.3 sehen wir die radiale Aufenthaltswahrscheinlichkeit des 1s-Elektrons; diese haben wir aus der zugehörigen Wellenfunktion gemäß Gl. 126 berechnet. Die radiale Aufenthaltswahrscheinlichkeit ist für uns in der Chemie in der Tat maßgeblich, denn sie gibt uns die „Zugänglichkeit" eines Elektrons etwa in chemischen Umwandlungen an. Deshalb wollen wir unsere Diskussion hierauf im Folgenden fokussieren. Dennoch erhalten wir rein physikalisch durch Lösung der Schrödinger-Gleichung natürlich zunächst mal die Wellenfunktion selbst.[37] Deren grafische Form ist, im Gegensatz zur Kurve in Abb. 4.3, einfach die einer exponentiell abfallenden Kurve gemäß Gl. 127 bzw. 128 weiter unten im Haupttext.

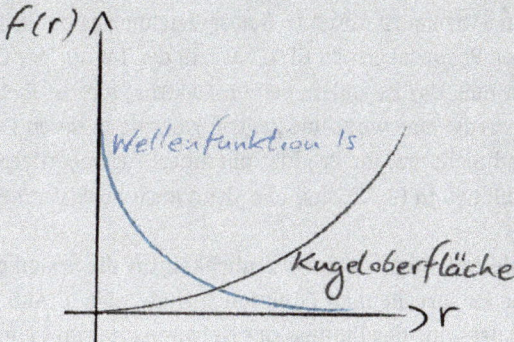

---

37 Und in der Tat brauchen wir auch die in der Chemie, beispielsweise wenn wir zur „quantenmechanischen Konstruktion" von chemischen Bindungen sogenannte Überlappungsintegrale berechnen müssen. Dazu mehr in der folgenden Lehreinheit.

Hier liegt der höchste Wert am Kern selbst vor; wir sollten demnach erwarten, dass dort dann auch das Elektron am wahrscheinlichsten anzutreffen ist; dies widerspricht allerdings scheinbar dem Maximum am Abstand a_0 in Abb. 4.3. Wie können wir das verstehen? Der Schlüssel liegt hierbei darin, dass wir die exponentiell mit r abfallende Funktion des freien 1s-Orbitals noch mit der quadratisch mit r zunehmenden Kugeloberfläche $4 \cdot \pi \cdot r^2$ multiplizieren müssen um zu Aufenthaltswahrscheinlichkeiten zu kommen die nicht vektoriell (d. h. die sich nicht auf einen expliziten Punkt im Raum beziehen) von r abhängen sondern skalar (d. h. die sich nur auf einen bestimmten *Betrag* des Abstands vom Kern beziehen, egal in welche Richtung; d. h. de facto also auf eine ganze Schar von Punkten im Abstand r, egal wo nun genau im Raum). Gemäß der exponentiell abklingenden Funktion des reinen Orbitals ist zwar die reine Wahrscheinlichkeit bei großen Radien kleiner als bei kleinen Radien (und erst recht als beim kleinstmöglichen Radius $r = 0$), aber gleichsam gibt es auf einer mit r quadratisch zunehmenden Kugeloberfläche mit großem Radius viel mehr Punkte, an denen das Elektron prinzipiell sein kann als auf einer Kugeloberfläche mit kleinem Radius. Dies müssen wir mit berücksichtigen, indem wir beide Funktionen miteinander multiplizieren. Das Ergebnis ist dann gerade die Kurve in Abb. 4.3. Bei sehr geringen Radien gibt es geringe Werte, weil hier die geringen Werte der Kugeloberflächenfunktion dominieren (und bei $r = 0$ kommt explizit der Wert null heraus, weil hier eben die Kugeloberfläche auch exakt null ist), wohingegen bei sehr großen Radien wiederum geringe Werte vorliegen, weil hier dann umgekehrt die 1s-Orbitalwellenfunktion auf kleine Werte abgeklungen ist. Ein Optimum gibt es dazwischen, und zwar konkret bei $r = a_0$. Übrigens: diese radialen Aufenthaltswahrscheinlichkeiten sind zeitkonstant; wir arbeiten hierbei ja stets mit der zeitunabhängigen Schrödinger-Gleichung. Das erklärt, warum das Elektron keine Energie abstrahlt; ein Umstand, den Bohr in seinem Modell niemals erklären konnte. In unserer jetzigen quantenmechanischen Betrachtung ist das Elektron eben kein punktförmiges Teilchen im klassischen Sinne, das um das Proton im Atomkern herum saust, sondern erscheint vielmehr räumlich verschmiert und wird durch eine zeitunabhängige Wahrscheinlichkeitsverteilung beschrieben.

Und noch eine Anmerkung: Im Bohr-Modell waren wir davon ausgegangen, dass der Kern–Elektron Abstand durch eine Balance aus Coulomb-Kraft und Zentrifugalkraft gegeben ist. Wenn das 1s-Elektron gemäß Wellenfunktion nun aber seine höchste Aufenthaltswahrscheinlichkeit am Kern hat, gibt es hier dann etwa gar keine Zentrifugalkraft die dem entgegenwirkt? Nein, denn ein s-Orbital ist durch $l = 0$ ausgezeichnet; es hat keinen Drehimpuls. Hier wirkt im effektiven Potenzial gemäß Gl. 122 also in der Tat nur der Coulomb-Term; der Zentrifugalterm ist null. Das ist anders beim p-Elektron; hier ist $l = 1$, es hat einen Drehimpuls und dieser erzeugt eine wirksame Zentrifugalkraft, in deren Folge hier die Wellenfunktion selbst (und nicht erst ihr Produkt mit einer Kugeloberflächenfunktion) am Ort $r = 0$ den Wert null hat. In Gl. 122 sind hier dann auch beide Terme im effektiven Potenzial wirksam.

Betrachten wir nun die radiale Aufenthaltswahrscheinlichkeit für die ersten drei Energiezustände des H-Atoms. Die entsprechenden Funktionen finden Sie in Abb. 4.4 dargestellt, wobei zu beachten ist, dass nur der Einfluss der Nebenquantenzahl l, nicht jedoch der weiteren Nebenquantenzahl m_l, hier gezeigt ist.

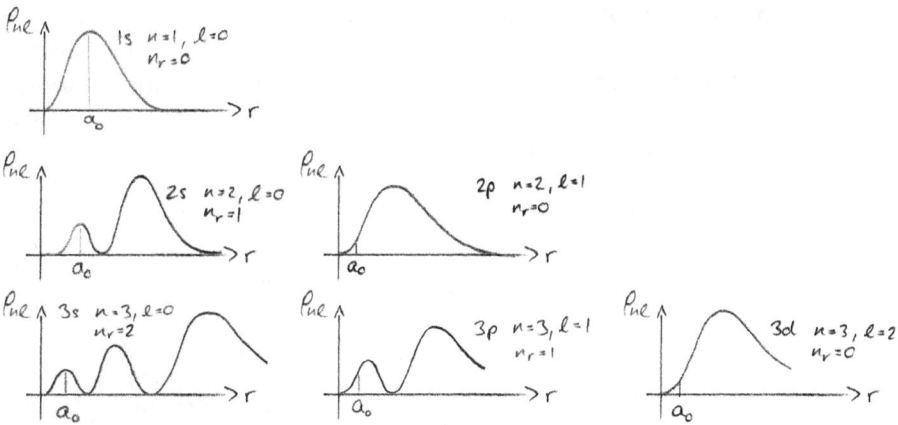

Abb. 4.4: Wahrscheinlichkeitsdichten für $n = 1$ (1s-Orbital), $n = 2$ (2s- und 2p-Orbital) sowie $n = 3$ (3s-, 3p- und 3d-Orbital). Die jeweiligen Wellenfunktionen und damit die resultierenden radialen Wahrscheinlichkeitsdichten weisen eine unterschiedliche Anzahl an Knoten n_r auf.

Knoten

Einige der radialen Wahrscheinlichkeitsdichten in Abb. 4.4 weisen eine Besonderheit auf: an einigen Stellen werden sie null. Hier liegt ein sogenannter **Knoten** vor. Die mathematische Ursache davon ist, dass hier die Originalwellenfunktion eine Nullstelle hat. So liegen etwa in den Wellenfunktionen des 2s und des 3s-Zustands ein bzw. zwei solcher Nullstellen vor; in einer Darstellung gemäß Abb. 4.4, die sich aus der Rechnung in Gl. 126 ergibt, werden dann daraus die o. g. Knotenstellen.

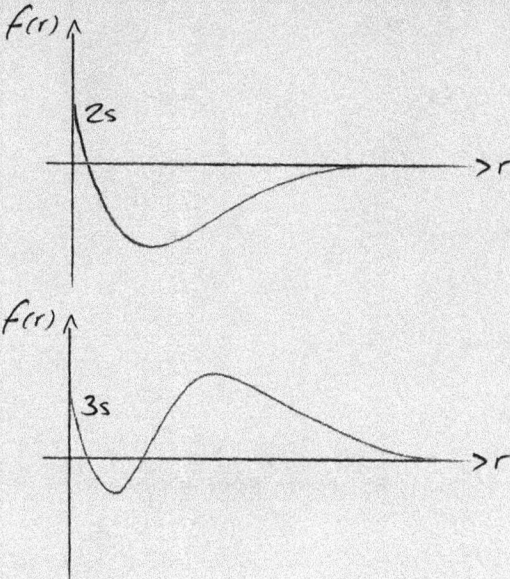

Wie sehen aber nun die Aufenthaltswahrscheinlichkeiten der Elektronen in ihren jeweiligen Orbitalen mathematisch genauer aus? Die in Gl. 126 enthaltene Funktion $R_{nl}(r)$, aus welcher sich unmittelbar die Orbitalgestalt ableiten lässt, entspricht mathematisch den sogenannten assoziierten **Laguerre-Polynomen** multipliziert mit einer exponentiell abklingenden Funktion des Kernabstands:

$$R_{nl}(r) = L_{n+l}^{2 \cdot l + 1} \cdot (2 \cdot \kappa_n \cdot r) \cdot e^{-\kappa_n \cdot r}$$

$$\text{mit} \quad \kappa_n = \frac{1}{n \cdot a_0} \quad \text{und} \quad a_0 = \frac{4 \cdot \pi \cdot \varepsilon_0 \cdot \hbar^2}{m \cdot e^2} = 0,0529\,\text{Å (Bohr-Radius)} \tag{127}$$

Für das 1s-Orbital enthalten wir daher den Ausdruck:

$$R_{10}(r) = 2 \cdot \left(\frac{1}{a_0}\right)^{1,5} \cdot e^{\left(-\frac{\rho}{2}\right)} \quad \text{mit} \quad \rho = \frac{2 \cdot r}{a_0} \tag{128}$$

Die eigentlichen Elektronenorbitale des H-Atoms ergeben sich nun aus der Multiplikation der Betragsquadrate der Kugelflächenfunktionen $\Upsilon(\theta, \phi)$ mit den Radialanteilen der Wellenfunktionen $R_{nl}(r)$. Wir erhalten somit Funktionen, welche die Aufenthaltswahrscheinlichkeit des Elektrons im dreidimensionalen Raum beschreiben. Dies ist in Abb. 4.5 für die bereits betrachteten ersten drei Hauptquantenzahlen n gezeigt.

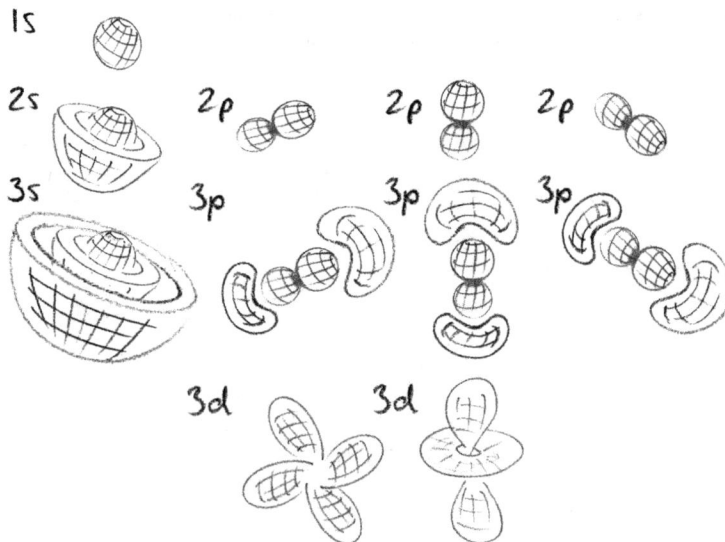

Abb. 4.5: Darstellung der Elektronenaufenthaltswahrscheinlichkeiten (Elektronenorbitale) für die Quantenzahlen $n = 1, 2$ und 3 als Funktion im dreidimensionalen Raum.

4.1.2 Mehrelektronensysteme

Betrachten wir nun den nächstkomplizierteren Fall eines Atoms mit zwei Elektronen, wie beispielsweise das He-Atom. Bereits dieses Problem lässt sich mathematisch im Rahmen der Schrödinger-Gleichung nicht mehr exakt lösen, denn wir haben es hierbei mit einem **Dreikörperproblem** zu tun. Wir werden aber sehen, wie unter bestimmten Näherungen dennoch eine zufriedenstellende mathematische Beschreibung auch dieses Problems in der Quantenmechanik gelingt. Eine wichtige Konsequenz des Vorhandenseins von weiteren Elektronen im Vergleich zum Wasserstoffatom ist die Aufhebung der Entartung der Energiezustände, d. h. sowohl die Haupt- als auch die Nebenquantenzahlen wirken sich nun auf die Energie-Eigenwerte aus. Dies kommt dadurch zustande, weil in Mehrelektronenatomen die inneren Elektronen die Kernladung für die äußeren Elektronen effektiv abschirmen – und das wirkt sich auf die verschiedenen Elektronen unterschiedlich aus, je nachdem welche Gestalt ihre Aufenthaltswahrscheinlichkeiten haben. s-Elektronen durchdringen etwa den kernnahen Bereich stärker als p-Elektronen; sie spüren also eine stärkere effektive Kernladung und liegen energetisch tiefer als p-Elektronen. Dies hat wichtige Konsequenzen für den Aufbau des Periodensystems der Elemente sowie deren chemische Eigenschaften.

Betrachten wir im Folgenden die mathematische Behandlung des He-Atoms im Rahmen der Quantenmechanik sowie der erforderlichen Näherungen genauer. In Abb. 4.6 finden Sie sämtliche relevanten Koordinaten und Wechselwirkungen zwischen den einzelnen Elementarteilchen zusammengefasst:

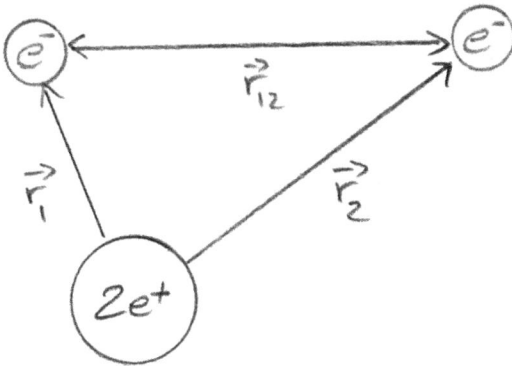

Abb. 4.6: He-Atom als Dreikörperproblem der Quantenmechanik, mit Darstellung sämtlicher relevanter Coulomb-Potenziale.

Entsprechend Abb. 4.6 ergibt sich die gesamte potenzielle Energie des He-Atoms zu:

$$V(\vec{r}_1, \vec{r}_2) = \frac{e^2}{4 \cdot \pi \cdot \varepsilon_0} \cdot \left(-\frac{Z}{|\vec{r}_1|} - \frac{Z}{|\vec{r}_2|} + \frac{Z}{|\vec{r}_{12}|} \right) \tag{129}$$

In Gl. 129 bezeichnet der erste (negative) Summand auf der rechten Seite das Coulomb-Potenzial von Elektron 1 im Kernfeld, der zweite (negative) Summand das Coulomb-Potenzial von Elektron 2 im Kernfeld, und der dritte (positive) Term die abstoßende Coulomb-Wechselwirkung der beiden Elektronen untereinander. Entsprechend lässt sich der zugehörige Hamilton-Operator aufstellen, welcher sich eben aus der angegebenen potenziellen Energie sowie aus der kinetischen Energie der beiden Elektronen zusammensetzt. Hierbei haben wir die Bewegung des Atomkerns bereits analog zur Behandlung des Wasserstoffatoms vernachlässigt, was aufgrund dessen im Vergleich zum Elektron deutlich größerer Masse wiederum plausibel erscheint. Wir erhalten somit folgende Eigenwertgleichung für das He-Atom:

$$\left(-\frac{\hbar^2}{2 \cdot m} \cdot \nabla_1^2 - \frac{\hbar^2}{2 \cdot m} \cdot \nabla_2^2 + (V(\vec{r}_1, \vec{r}_2) - E) \right) \cdot \Psi(\vec{r}_1, \vec{r}_2) = 0 \tag{130}$$

Die beiden Terme mit dem Nabla zum Quadrat stehen hierbei für die Operatoren der kinetischen Energie von Elektron 1 bzw. 2.

Obwohl nun He das einfachste Atom mit mehr als einem Elektron darstellt, ist die zugehörige Schrödinger-Gleichung bereits nicht mehr analytisch lösbar. Wir können jedoch zum einen die direkte Coulomb-Wechselwirkung zwischen den beiden hochbeweglichen Elektronen vernachlässigen, und zum anderen den Einfluss des zweiten Elektrons auf die Kern–Elektron Wechselwirkung durch ein teilweise abgeschirmtes Kernpotenzial ausdrücken, wie in Abb. 4.7 dargestellt ist.

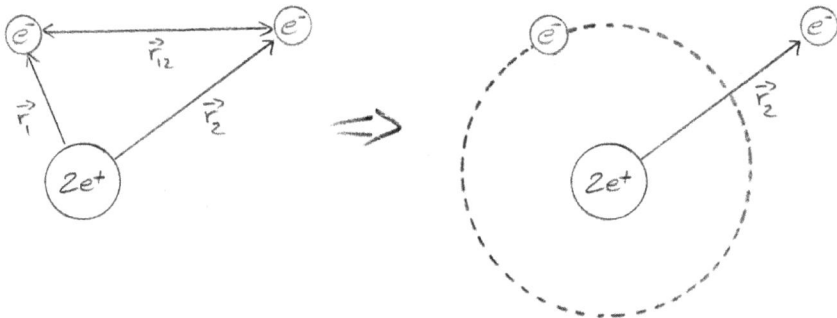

Abb. 4.7: Näherungen zur mathematischen Behandlung des Eigenwertproblems für das He-Atom: Wir vernachlässigen die Elektron–Elektron Wechselwirkung und definieren ein effektives, teilweise abgeschirmtes Kernpotenzial.

Entsprechend ergibt sich unsere potenzielle Energie als

$$V(\vec{r}_1, \vec{r}_2) = -\frac{e^2}{4 \cdot \pi \cdot \varepsilon_0} \cdot \left(\frac{Z_{\text{eff}}}{|\vec{r}_1|} + \frac{Z_{\text{eff}}}{|\vec{r}_2|} \right) \tag{131}$$

wobei Z_{eff} die effektive Kernladungszahl darstellt, welche in Folge der teilweisen Abschirmung durch das jeweils andere Elektron zwischen 1 und 2 liegt ($Z = 2$ ohne Abschirmung). Betrachten wir die beiden Elektronen ferner als statistisch unabhängig, so können wir die Wellenfunktion mathematisch über einen **Produktansatz** beschreiben, wobei jeder Faktor eine Wellenfunktion für lediglich ein Elektron darstellt:

$$\Psi(\vec{r}_1, \vec{r}_2) \approx \Psi_1(\vec{r}_1) \cdot \Psi_2(\vec{r}_2) \tag{132}$$

Entsprechend muss unsere Eigenwertgleichung auch für jeden Faktor dieses Produkts gelten, und wir erhalten entsprechend zwei separate Gleichungen:

$$\left(-\frac{\hbar^2}{2 \cdot m} \cdot \nabla_i^2 - \left(\frac{e^2}{4 \cdot \pi \cdot \varepsilon_0} \cdot \frac{Z_{eff}}{|\vec{r}_i|} + E_i \right) \right) \cdot \Psi_i(\vec{r}_i) = 0 \quad \text{mit} \quad i = 1, 2 \tag{133}$$

Bis auf die veränderte Kernladungszahl entspricht Gleichung 133 der obigen Gleichung 118, weshalb sich dann jeweils auch die bereits angegebenen Teillösungen ergeben müssen. D. h. wir erhalten zwei identische Sätze von Wellenfunktionen mit jeweils den Quantenzahlen ($n_i, l_i, m_{l,i}$). Weil ferner die beiden Elektronen austauschbar sein müssen, d. h. wir die Zuordnung der Indizes 1 und 2 willkürlich gewählt haben, muss auch das Produkt der Ein-Elektronenwellenfunktionen hinsichtlich seines Betragsquadrates invariant gegenüber Vertauschung der beiden Elektronen sein, da sich ansonsten durch einfaches Vertauschen der Elektronen verschiedene physikalische Eigenschaften unseres Atoms ergeben würden. Es muss also gelten:

$$|\Psi_{ab}(\vec{r}_1, \vec{r}_2)|^2 = |\Psi_{ba}(\vec{r}_1, \vec{r}_2)|^2 \tag{134}$$

Daher wählen wir für den Zusammenhang zwischen den beiden Produktwellenfunktionen selbst, welche sich durch Vertauschen der Elektronenzuordnung ergeben, zunächst folgenden allgemeinen Ansatz über eine komplexe Exponentialfunktion mit Phasenwinkel ϕ:

$$\Psi_{ab}(\vec{r}_1, \vec{r}_2) = e^{i \cdot \phi} \cdot \Psi_{ba}(\vec{r}_1, \vec{r}_2) \tag{135}$$

Durch zweimaliges Vertauschen ergibt sich für unser Zwei-Elektronenproblem aber wieder die Ausgangswellenfunktion, weshalb für den Phasenwinkel nur die Werte $\phi = 0$ oder $\phi = \pi$ in Frage kommen. Somit gibt es also zwei Möglichkeiten: für $\phi = 0$ muss unsere Wellenfunktion bei Vertauschen der beiden Elektronen exakt gleich bleiben; wir sprechen dann auch von einer *symmetrischen* Wellenfunktion. Für $\phi = \pi$ hingegen muss die Wellenfunktion bei einmaligem Vertauschen ihre Phase um 180° verändern, d. h. im Fall einer reinen reellen Funktion ihr Vorzeichen von + nach − ändern: $F'(x) = F(x) \cdot e^{\left(-\frac{i \cdot \pi}{2} \right)} = -F(x)$. Wir erhalten demnach die Wellenfunktionen des He-Atoms durch symmetrische oder antisymmetrische **Linearkombination** der Ein-Elektronenwellenfunktionen. Dieses Prinzip der Linearkombination wird uns in der folgenden siebten Lehreinheit auch noch beim Aufstellen der Wellenfunktionen für Moleküle aus Atomwellenfunktionen wieder begegnen.

Symmetrische Wellenfunktion:

$$\Psi^S = \Psi_a(\vec{r}_1) \cdot \Psi_b(\vec{r}_2) + \Psi_b(\vec{r}_1) \cdot \Psi_a(\vec{r}_2) \tag{136a}$$

Antisymmetrische Wellenfunktion:

$$\Psi^A = \Psi_a(\vec{r}_1) \cdot \Psi_b(\vec{r}_2) - \Psi_b(\vec{r}_1) \cdot \Psi_a(\vec{r}_2) \tag{136b}$$

Neben den bereits von der quantenmechanischen Behandlung des Wasserstoffatoms bekannten Quantenzahlen (n_i, l_i, m_i) benötigen wir für eine komplette Beschreibung noch eine weitere Eigenschaft: den sogenannten **Elektronenspin,** welcher sich in einem (falschen!) klassischen Bild als eine Art Eigenrotation des Elementarteilchens, hier unseres Elektrons, auffassen lässt. Auch dies ist eine gequantelte Größe; konkret kann der Spin nur zwei Zustände haben, die gemeinhin als „up" oder „down" Spin (manchmal auch als α oder β Spin) bezeichnet werden. Die Eigenschaft des Spins tritt in Spektren zutage, wenn eine Probe in einem Magnetfeld gemessen wird: es kommt dann zu einer **Aufspaltung** der Linien. Ein berühmtes Beispiel hierfür sind die Natrium D-Linien im Emissions-Spektrum der Sonne, die gerade auf dem Spin des äußersten Elektrons beruhen, welcher dann mit dem angelegten Magnetfeld wechselwirken kann.[38] Die quantenmechanisch berechenbaren Eigenwerte dieses Spins ergeben sich zu:

$$|\vec{s}| = \sqrt{s \cdot (s+1)} \cdot \hbar = \sqrt{3/4} \cdot \hbar \tag{137}$$

In Gl. 137 hat die Spinquantenzahl s den Wert $\frac{1}{2}$. Analog zu den magnetischen Quantenzahlen der Drehimpulse ergeben sich nun auch für den Spin des Elektrons zwei verschiedene Zustände mit den magnetischen Spinquantenzahlen $m_s = +\frac{1}{2}$ und $m_s = -\frac{1}{2}$, wobei diese Zustände in Abwesenheit von magnetischen Feldern energetisch entartet sind. Diese beiden Zustände sind die gerade benannten „up" oder „down" Spins (oder eben manchmal auch α oder β Spin genannt).

ℹ **Der Einfluss magnetischer Felder auf die Energie-Entartung des Drehimpulses bzw. Spins:**
Wir kennen bereits den Bahndrehimpuls des Elektrons sowie die zugehörigen Quantenzahlen l und m_l. Hierbei steht wie beschrieben die Quantenzahl m_l für die Quantelung des Bahndrehimpulses bezüglich einer Vorzugsachse (hier: in z-Richtung), d. h. es sind keine beliebigen Ausrichtungen des Bahndrehimpulsvektors erlaubt, sondern nur solche mit einem definierten Winkel zu dieser Achse. Für $l = 1$ ergeben sich so beispielsweise 3 verschiedene Orientierungen, wobei die zugehörigen z-Komponenten des Bahndrehimpulses die Werte $-\hbar, 0$ und $\hbar$ annehmen. Diesen Drehimpulsen lassen sich, da es sich um bewegte elektrische Ladungen handelt, jeweils magnetische Momente mit $\mu_z = \gamma_E \cdot \hbar \cdot m_l$ zuordnen, mit γ_E dem

---

[38] Genauer muss zur Interpretation der Natrium D-Linie der Gesamtdrehimpuls aus Bahn und Spin berücksichtigt werden (Spin–Bahn Kopplung); mehr dazu weiter unten in diesem Abschnitt.

sogenannten gyromagnetischen Verhältnis, welches gerade dem Quotienten aus Drehimpuls in Vorzugs-richtung und daraus resultierendem magnetischem Moment entspricht. Das Produkt $-\gamma_E \cdot \hbar$ wird verein-facht auch als sogenanntes **Bohrsches Magneton** zusammengefasst, μ_B, und entsprechend erhalten wir für die magnetischen Momente in z-Richtung den Ausdruck $\mu_z = m_l \cdot \mu_B$.

Legen wir nun in z-Richtung ein Magnetfeld mit Feldstärke B an, so ergibt sich durch Wechselwir-kungen der magnetischen Momente mit eben diesem Magnetfeld eine Aufhebung der energetischen Entartung, wobei diese Wechselwirkungsenergie gerade $\mu_B \cdot B$ entspricht. Entsprechend kommt es, wenn Atome oder Moleküle in Magnetfeldern untersucht werden, auch zu charakteristischen Aufspal-tungen der Spektrallinien; wir sprechen hierbei vom sogenannten **Zeeman-Effekt**. Für Elektronen in p-Orbitalen ($l = 1$) finden Sie diese Vorgänge an dieser Stelle nochmals als Skizze zusammengefasst:

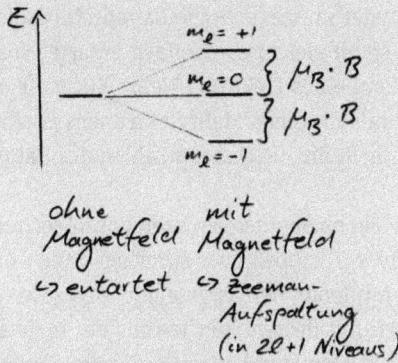

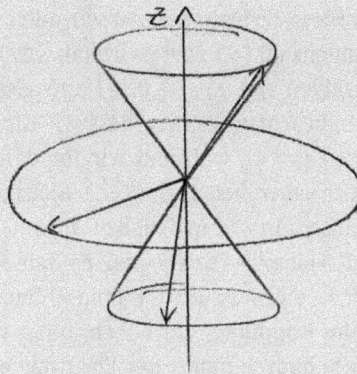

Auch der Elektronenspin führt nun zu einem magnetischen Moment, welches jetzt jedoch nicht analog zum Bahndrehimpuls $\gamma_E \cdot \hbar \cdot m_l$ entspricht, sondern $2{,}0023 \cdot \gamma_E \cdot \hbar \cdot m_s$, wobei der Faktor $2{,}0023$ als **g-Faktor** oder **Landé-Faktor** des Elektrons bezeichnet wird.

Für zwei Elektronen ergeben sich für die Gesamt-Wellenfunktionen des Spins im Sinne Vertauschungs-invarianter, d. h. total-symmetrischer Produktansätze insgesamt drei verschiedene Möglichkeiten:

(i)   1. Elektron mit $m_s = +\frac{1}{2}$ und 2. Elektron mit $m_s = +\frac{1}{2}$:

$$\chi_1 = \chi_{+1/2}(1) \cdot \chi_{+1/2}(2) \tag{138a}$$

(ii) 1. Elektron mit $m_s = -\frac{1}{2}$ und 2. Elektron mit $m_s = -\frac{1}{2}$:

$$\chi_2 = \chi_{-1/2}(1) \cdot \chi_{-1/2}(2) \tag{138b}$$

(iii) Linearkombination aus 2 Funktionen mit jeweils verschiedenen m_s:

$$\chi_3 = \chi_{+1/2}(1) \cdot \chi_{-1/2}(2) + \chi_{+1/2}(2) \cdot \chi_{-1/2}(1) \tag{138c}$$

Damit ergeben sich folgende Werte für die Gesamtmagnetische Spinquantenzahl des Zwei-Elektronenproblems, $M_s = m_{s,1} + m_{s,2} = 1$ (i), -1 (ii) und 0 (iii).

In diesem hier betrachteten Fall sind die Spins unserer beiden Elektronen parallel ausgerichtet, d. h. entweder beide „up" oder beide „down", was konkret den beiden Funktionen χ_1 und χ_2 entspricht. Interessanterweise gehört aber auch die Linearkombination χ_3 zu diesem Zustand, bei der die beiden Spins vermeintlich entgegengerichtet sind, was aber durch ein Vertauschen der Elektronen dann formal wieder kompensiert wird. Wir sprechen wegen der drei verschiedenen Möglichkeiten hier von einem **Triplett-Zustand**, wobei die aufgeführten Wellenfunktionen alle symmetrisch sind und der Zustand einen Gesamtspin entsprechend einer Quantenzahl $S = 1$ besitzt, welcher wiederum über die magnetischen Spinquantenzahlen $M_s = -1, 0, +1$ dreifach entartet vorliegt. Dieses Prinzip kennen wir auch schon vom Bahndrehimpuls l: so entspricht eine Quantenzahl $l = 1$ dem p-Orbital, welches wiederum magnetische Bahndrehimpulsquantenzahlen von $m_l = -1, 0, +1$ aufweist und somit gleichfalls dreifach entartet vorliegt. Bitte beachten Sie hier, dass wir für den Spin eines Elektrons kleine Buchstaben verwenden $\left(s = \frac{1}{2}\right)$, während wir für den Gesamtspin eines Mehrelektronensystems große Buchstaben benutzen ($S = 1$). Gleiches gilt auch für die Quantenzahlen des Bahndrehimpulses l bzw. L und m_l bzw. m_L.

Der Drehimpuls l bzw. L und der Spin s bzw. S können unter gewissen Voraussetzungen auch zu einem neuen Gesamtdrehimpuls j bzw. J koppeln; wir sprechen dann von **Spin–Bahn Kopplung**. Wir haben in der vorigen Infobox bereits gesehen, dass sowohl mit dem Bahndrehimpuls des Elektrons als auch mit dessen Spin jeweils ein magnetisches Moment verbunden ist. Diese magnetischen Momente können nun miteinander wechselwirken, wodurch sich ein Gesamtdrehimpuls ergibt, welcher entsprechend einer Vektoraddition von Bahndrehimpuls und Spin durch bestimmte Quantenzahlen charakterisiert ist. Diese Kopplung basiert auf der Stärke der magnetischen Momente und steigt in ihrer Bedeutung somit mit der Kernladungszahl der Atome Z (und zwar mit Z^4). Betrachten wir beispielsweise ein Alkaliatom im Grundzustand, so befindet sich das Elektron mit Spin $\frac{1}{2}$ in einem s-Orbital ($l = 0$), und somit ergibt sich ein Gesamtdrehimpuls mit der Quantenzahl $j = l + s = \frac{1}{2}$. Bei Anregung, beispielsweise Übergang eines s-Elektrons in ein p-Orbital, ergeben sich hingegen die Zustände $j = \frac{1}{2}$ und $j = \frac{3}{2}$ entsprechend der folgenden beiden Kombinationen der jeweils zugehörigen magnetischen Drehimpuls- bzw. Spinquantenzahlen: $l = 1$ entspricht $m_l = -1, 0$ und 1, Vektoraddition führt dann zu $j = 1 - \frac{1}{2} = \frac{1}{2}$ und $j = 1 + \frac{1}{2} = \frac{3}{2}$, je nachdem ob das Spinmoment bezüglich der z-Richtung parallel oder antiparallel zum Drehimpulsvektor ausgerichtet ist. Beachten Sie hierbei, dass aufgrund der unterschiedlichen Wechselwirkungen diese beiden Zustände $j = \frac{1}{2}$ und $j = \frac{3}{2}$ auch ohne Anlegen eines Magnetfeldes bereits nicht mehr entartet sind, obwohl sie beide zur gleichen Bahndrehimpulsquantenzahl $l = 1$ gehören. In diesem Fall genügt vielmehr schon die magnetische Wechselwirkung zwischen Bahn und Spin, um die energetische Entartung aufzuheben. Wird nun zusätzlich ein Magnetfeld angelegt, so sind auch die jeweiligen Zustände mit gegebenem Gesamtdrehimpuls

j nicht mehr energetisch entartet, wie in Abb. 4.8 gezeigt ist. So ergeben sich beispielsweise für $j = \frac{3}{2}$ insgesamt 4 energetisch verschiedene Zustände mit $m_j = -\frac{3}{2}$, $-\frac{1}{2}$, $\frac{1}{2}$ und $\frac{3}{2}$, wobei die Berechnung analog zur Vorgehensweise für m_l aus l bzw. m_s aus s erfolgt, d. h. $m_j = -j, -j+1, ..., j-1, j$.

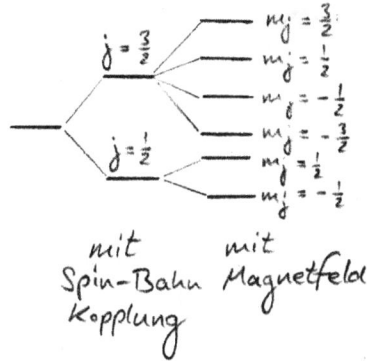

Abb. 4.8: Spin–Bahn Kopplung für ein p-Elektron.

Abbildung 4.9 zeigt beispielsweise die zu $S = 1$ für unser Zwei-Elektronensystem He gehörenden verschiedenen Spinzustände.

Neben den gezeigten symmetrischen Kombinationen des Triplett-Zustands ($S = 1$) gibt es auch eine antisymmetrische Wellenfunktion, den **Singulett-Zustand** ($S = 0$), bei dem sich formal die beiden Elektronenspins gerade aufheben – wir sprechen in diesem Fall auch von antiparalleler Ausrichtung oder gepaarten Elektronen. Die entsprechende Wellenfunktion ist gegeben als:

$$\chi_4 = \chi_{+1/2}(1) \cdot \chi_{-1/2}(2) - \chi_{+1/2}(2) \cdot \chi_{-1/2}(1) \tag{139}$$

Entsprechend erhalten wir für die Gesamtmagnetische Spinquantenzahl des hier betrachteten Zwei-Elektronenproblems, M_s: $M_s = m_{s1} + m_{s2} = 0$.

Beachten Sie hierbei, dass sich die Wellenfunktion χ_4 formal als Linearkombination des Produkts zweier Ein-Elektronenspinfunktionen mit jeweils entgegengesetztem Spin zusammensetzt, wobei in den beiden Termen der Differenz die Elektronen 1 und 2 jeweils vertauscht sind. Dieser zunächst kompliziert erscheinende Ansatz ist erforderlich, da die Gesamtspinfunktion nach den Regeln der Quantenmechanik entweder strikt symmetrisch oder strikt antisymmetrisch bei Vertauschen der beiden Elektronen sein muss, was für einen einfachen Ausdruck der Form $\chi_4 = \chi_{+1/2}(1) \cdot \chi_{-1/2}(2)$ aber nicht der Fall wäre. Wir skizzieren dies in Abb. 4.10, in der formal zwei scheinbar unterschiedliche Spin-Konfigurationen dargestellt zu sein scheinen, die aber entsprechend Gl. 139 zusammengenommen nur eine einzige Wellenfunktion ergeben.

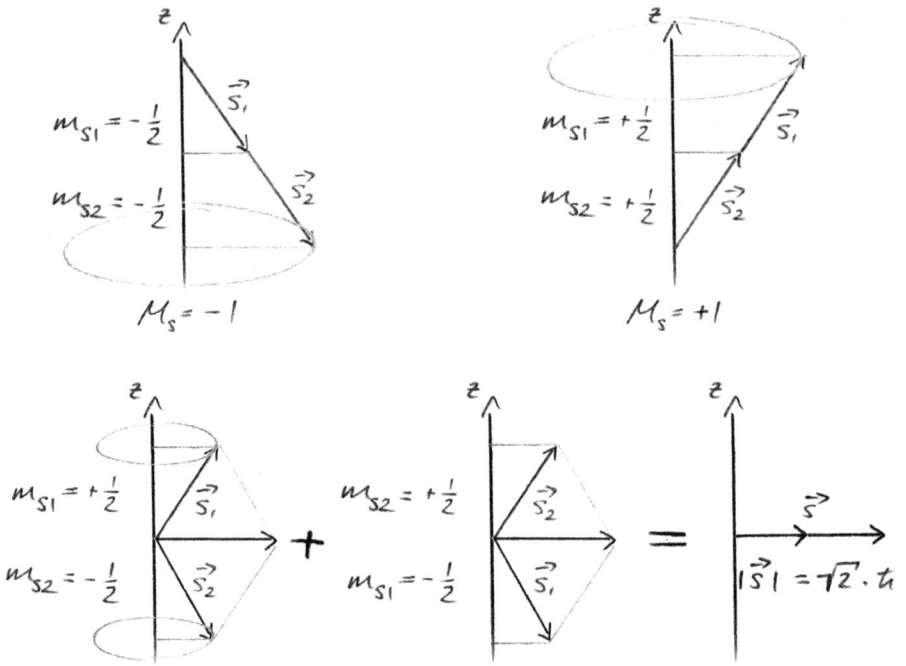

Abb. 4.9: Symmetrisch Spinzustände des He-Atoms. Zum Gesamtspin mit Quantenzahl $S = 1$ gehören insgesamt drei verschiedene Wellenfunktionen oder Zustände mit den magnetischen Spinquantenzahlen $M_s = -1, 0, +1$ ($M_s = 0$ unten, Rest oben), weswegen wir hier von Triplett sprechen. Dargestellt ist auch die Präzession des Spins um ein in z-Richtung angelegtes Magnetfeld, wodurch es zur Aufhebung der energetischen Entartung und damit zur Aufspaltung einer (in Abwesenheit des Magnetfeldes) einzelnen Spektrallinie kommt.

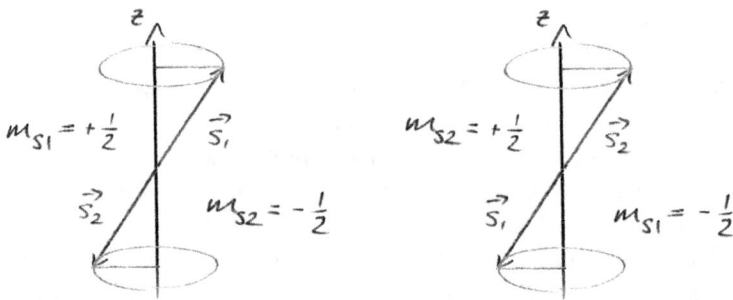

Abb. 4.10: Antisymmetrischer Spinzustand des He-Atoms. Zum Gesamtspin mit Quantenzahl $S = 0$ gehört nun lediglich die magnetische Quantenzahl $M_s = m_{s1} + m_{s2} = 0$, d. h. es liegt faktisch nur ein Zustand vor, da von links nach rechts lediglich die äquivalenten Elektronen 1 und 2 vertauscht sind, weswegen wir hier von Singulett sprechen. Die zugehörige Spinfunktion χ_4 ergibt sich entsprechend Gl. 139 als Differenz der beiden links und rechts in der Abbildung dargestellten Funktionen.

Quantenzahlen:
Wir haben jetzt vier Quantenzahlen kennengelernt, die Elektronenzustände in Atomen vollständig beschreiben. Zur Übersicht sind sie hier nochmals zusammengefasst:

- Die **Hauptquantenzahl n** legt die Energie des Elektrons fest; dies bestimmt die Schale, in der es sich befindet.
- Die **Nebenquantenzahl l** legt den Betrag des Bahndrehimpulses fest; dies bestimmt die Art von Orbital, in der sich das Elektron befindet (s, p, d, f, ...).
- Die **magnetische Quantenzahl m_l** legt die Orientierung bzw. Richtung des Bahndrehimpulses fest; dies bestimmt die Gestalt des Orbitals, insbesondere seine räumliche Orientierung.
- Die **Spinquantenzahl s** legt die Orientierung bzw. Richtung des Spindrehimpulses fest; dies bestimmt ob das Elektron einen „up" oder „down" Spin hat (manchmal auch als α oder β Spinzustand bezeichnet).

Wir wollen uns nun noch den quantenchemischen Grundlagen für den Aufbau des Periodensystems der Elemente zuwenden. Es ergeben sich dabei eindeutige Regeln, wie die ortsabhängige Wellenfunktion des Elektronensystems mit der gerade beschriebenen Spinwellenfunktion (S, M_S) zu kombinieren ist. Dies führt uns schließlich zum berühmten **Pauli-Prinzip,** welches besagt, dass die Gesamtwellenfunktion des He-Atoms inklusive Spin-Anteil antisymmetrisch gegenüber einer Vertauschung der beiden Elektronen sein muss, d. h.:

$$\Psi_{\text{gesamt}} = \Psi_{ab}(r_1, \theta_1, \phi_1, r_2, \theta_2, \phi_2) \cdot \chi_{\text{spin}}(S, M_S) \tag{140}$$

Liegt daher eine symmetrische Ortswellenfunktion vor, d. h. die beiden Elektronen befinden sich im gleichen Orbital oder werden hinsichtlich ihrer Ortsabhängigkeit durch identische Wellenfunktionen beschrieben, so muss die zugehörige Spinfunktion zwingend antisymmetrisch sein. Oder anders ausgedrückt: zu jeder Ortswellenfunktion (Orbital) ist hinsichtlich des Spins nur die antisymmetrische Wellenfunktion des Singulett-Zustands erlaubt, weshalb ein Orbital mit maximal zwei Elektronen mit gepaartem Spin (d. h. $S = 0$) besetzt werden kann. Dieses Prinzip hat wichtige Bedeutung für den Aufbau des Periodensystems der Elemente und auch für die chemische Bindung in Molekülen, wie wir noch sehen werden.

Eine direkte Folgerung aus dem Pauli-Prinzip ist das **Pauli-Verbot,** welches wir wegen seiner immensen Bedeutung und Konsequenzen für den Aufbau der Materie hier zunächst in ganz allgemeiner Form wiedergeben wollen: ein gegebener Zustand (n, l, m_l, m_s) kann immer nur von einem Elektron besetzt sein, bzw. alternativ formuliert: ein Atomzustand (n, l, m_l) kann nur von Elektronen mit zwei unterschiedlichen Spin-Zuständen, $m_{s1} = +\frac{1}{2}$ und $m_{s2} = -\frac{1}{2}$, besetzt werden, da nur dann die Gesamtwellenfunktion antisymmetrisch ist.

Periodensystem der Elemente

Aus dem Pauli-Verbot ergibt sich ein wichtiges Prinzip für den Aufbau der Materie entsprechend des Periodensystems der Elemente. Entscheidend ist hierbei vor allem, dass die Gesamtwellenfunktion des elektronischen Zustands, die sich aus einem Ortsanteil und der Spinfunktion multiplikativ zusammensetzt, antisymmetrisch sein muss. Entsprechend wirken sich die einzelnen Quantenzustände wie folgt auf die Reihenfolge aus, in der diese durch Elektronen sukzessive besetzt werden und somit immer schwerere Atome aufgebaut werden:

Betrachten wir zunächst die Hauptquantenzahlen $n = 1, 2, 3, 4$, denen sich entsprechend sogenannte K, L, M, N -Schalen im Sinne definierter Kern–Elektronen Abstände zuordnen lassen.[39] Zu jeder Hauptquantenzahl gehören nun jeweils $n - 1$ Nebenquantenzahlen für den Drehimpuls l, welche ihrerseits wieder magnetische Drehimpulsquantenzahlen besitzen und damit $(2 \cdot l + 1)$-fach entartet sind. Hier wollen wir nochmals darauf hinweisen, dass nach dem Bohrschen Atommodell jedes Elektron einen Drehimpuls besitzt, während nach der Quantenmechanik auch Orbitale mit $l = 0$ existieren, welche isotrop aufgebaut sind (kugelsymmetrisch). Sie heißen s-Orbitale und haben einen Drehimpuls von 0. Lediglich Elektronen in nicht-isotropen und damit nicht streng kugelsymmetrischen Orbitalen besitzen einen endlichen Drehimpuls und werden entsprechend mit den kleinen Buchstaben p $(l = 1)$, d $(l = 2)$ und f $(l = 3)$ bezeichnet. Höhere Drehimpulsquantenzahlen tauchen im Periodensystem der Elemente bislang nicht auf, da derart schwere und elektronenreiche Atome nicht stabil zu sein scheinen. Zudem kann jedes Atomorbital noch entsprechend des Pauli-Prinzips mit maximal zwei Elektronen mit antiparallelem Spin besetzt werden.

Somit erhalten wir prinzipiell die folgenden Orbitale für die jeweiligen Hauptquantenzahlen n, wobei die Energien der diese besetzenden Elektronen entsprechend zunehmen. Hierbei soll nochmals betont werden, dass für das Ein-Elektronensystem diese Energie lediglich von der Hauptquantenzahl n abhängt, während für das Mehrelektronensystem diese Entartung aufgehoben wird und somit die Orbitalenergien mindestens von der Drehimpulsquantenzahl l, bei Materie im Magnetfeld sogar von der magnetischen Drehimpulsquantenzahl bzw. vom Spinzustand des Atoms abhängen. Für Atome mit großer Kernladungszahl und entsprechend vielen Elektronen sind die Quantenzahlen l und s sogar ungeeignet um den quantenchemischen Zustand des Atoms exakt zu beschreiben, und es kommt vielmehr wegen starker Spin–Bahn Wechselwirkung für jedes Elektron zu einer Spin–Bahn Kopplung entsprechend $j = l + s$. Für Atome mit niedrigerer Elektronenzahl beschreiben l und s noch valide Quantenzustände, die jeweils separat zum Gesamtdrehimpuls L bzw. zum Gesamtspin S addiert werden. Der Gesamt-

---

39 Merke nochmals: Wir haben schon gesehen, dass der Begriff Schale quantenmechanisch nicht korrekt ist, sondern sich noch an den Bohrschen Kreisbahnen mit jeweils definierten Umlaufradien orientiert. Die Hauptquantenzahlen stehen vielmehr für dreidimensionale Aufenthaltswahrscheinlichkeiten der Elektronen (Orbitale), welche bei bestimmten Kernabständen ein Maximum aufweisen.

drehimpuls J ergibt sich jetzt wie bereits beschrieben aus $L + S$ (sogenannte **LS-Kopplung** oder auch **Russell–Saunders Kopplung**).

1. Periode: $n = 1$, $1 \cdot$ 1s-Orbital
2. Periode: $n = 2$, $1 \cdot$ 2s-Orbital, $3 \cdot$ 2p-Orbital
3. Periode: $n = 3$, $1 \cdot$ 3s-Orbital, $3 \cdot$ 3p-Orbital, $5 \cdot$ 3d-Orbital
4. Periode: $n = 4$, $1 \cdot$ 4s-Orbital, $3 \cdot$ 4p-Orbital, $5 \cdot$ 4d-Orbital, $7 \cdot$ 4f-Orbital

Die Elektronenzustände werden nun entsprechend den folgenden Regeln von unten nach oben aufgefüllt, um so den elektronischen Grundzustand der jeweiligen Atome zu erhalten:

1. Gesamtenergie aller Elektronen = minimal
2. Pauli-Prinzip erfüllt

Exemplarisch für die 1. und 2. Periode sieht dies wie folgt aus:

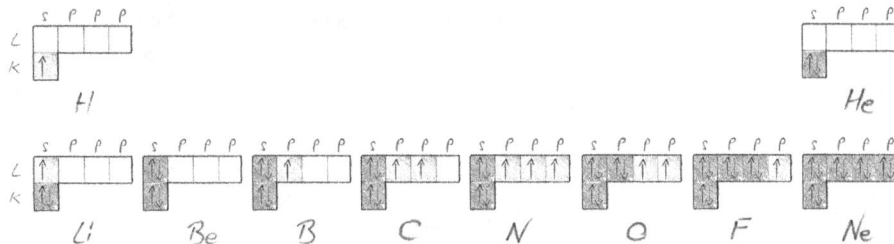

Es müssen zudem die sogenannten **Hundschen Regeln** (nach abnehmender Priorität) beachtet werden:

1. Volle Schalen und Unterschalen haben einen Gesamtdrehimpuls von 0.
2. Der Gesamtspin muss maximiert werden, um dadurch die interelektronische Abstoßung zu minimieren. Die eigentliche Erklärung ist aber vielmehr, wie sich aus quantenmechanischen Rechnungen ergibt, dass ungepaarte Elektronen weniger abgeschirmt sind und daher stärker mit dem Atomkern wechselwirken.
3. Bei gleichem maximalem Spin wird maximaler Bahndrehimpuls angestrebt.
4. Ist eine Unterschale höchstens zur Hälfte gefüllt, dann ist der Zustand mit minimaler Gesamtdrehimpulsquantenzahl energetisch am stabilsten. Bei mehr als halbvollen Unterschalen ist es umgekehrt. Daher wird J konkret als $|L - S|$ bzw. $L + S$ berechnet (Spin–Bahn Kopplung, s. o.).

In vielen Chemielehrbüchern findet sich meist eine vereinfachte Formulierung dieser 1927 von Friedrich Hund selbst rein empirisch gefundenen Regeln, welche inhaltlich der zweiten der oben aufgeführten Regeln entspricht: „Wenn für die Elektronen eines Atoms mehrere Orbitale/Nebenquanten mit gleichem Energieniveau zur Verfügung stehen, werden diese zuerst mit je einem Elektron mit parallelem Spin besetzt (formeller Begriff: „Maximale Multiplizität"). Erst wenn alle Orbitale des gleichen Energieniveaus mit jeweils einem Elektron gefüllt sind, werden sie durch das zweite Elektron vervollständigt."

Das Periodensystem der Elemente geht insgesamt bis $n = 7$, wobei von sogenannten Hauptgruppenelementen gesprochen wird, wenn lediglich s- und p-Orbitale von Elektronen besetzt sind. Nebengruppenelemente weisen hingegen auch d-Elektronen (Übergangsmetalle) bzw. f-Elektronen (Lanthanoide (4f) und Actinoide (5f)) auf. Wichtig ist, dass die d- und f-Orbitale aufgrund ihrer großen räumlichen Anisotropie energetisch nicht innerhalb ihrer formal zugehörigen Perioden, sondern darüber liegen, d. h. d- und f-Elektronen sind elektrostatisch nicht so stark gebunden wie s- oder p-Elektronen der gleichen Periode oder Hauptquantenzahl n; so wird dann folglich zunächst das 4s-Orbital besetzt, danach erst die 3d-Orbitale, hierauf die 4p-Orbitale. Analog gilt für die 5. Periode: erst 5s, dann 4d, hierauf 5p. Die 4f-Orbitale sind sogar im Vergleich zu den 4d-Orbitalen bei Besetzung mit mehr als einem Elektron energetisch noch weniger stabil und folgen daher bis auf die Einfachbesetzung der 5d-Orbitale ($5d^1$ Lanthan) erst auf das 6s-Orbital und vor den anderen 5d-Orbitalen, entsprechend das 5f-Orbital auf das 7s-Orbital vor den 6d-Orbitalen (bis auf $6d^1$ Actin). Entsprechend gibt es Hauptgruppenelemente mit s-Elektronen bis $n = 7$ und p-Elektronen bis $n = 6$, aber nur Nebengruppenelemente bis $n = 6$ (d) bzw. $n = 5$ (f), wobei die auf das Actin folgenden Actinoide und Übergangsmetalle meist sehr kurzlebig und instabil sind, d. h. entsprechend nur in Kernforschungsanlagen bzw. Teilchenbeschleunigern nachgewiesen wurden.

Wir erkennen damit nun, dass sich die Vielfalt der periodischen Element-Eigenschaften – und damit die Vielfalt der Chemie insgesamt – letztlich aus dem Pauli-Verbot ergibt. Schon in Bohrs Atommodell stellt sich im Grunde die Frage, warum denn nicht eigentlich alle Elektronen im Grundzustand sitzen, wo dieser doch der stabilste ist? Offenbar ist das nicht so, denn wenn dem so wäre, dann müssten alle chemischen Elemente ziemlich ähnliche Eigenschaften haben; wir wissen aber, dass dem nicht so ist. Warum? Wegen des Pauli-Verbots! Hiernach werden die Atome mit steigender Kernladungszahl eben genau nach dem oben gezeigten Prinzip mit Elektronen bestückt. Nicht umsonst hatte Pauli den Spitznamen „atomarer Quartiermeister". Und noch mehr: aufgrund eben jenes Verbots hat kondensierte Materie Festigkeit und lässt sich nicht beliebig komprimieren; würde dies nämlich gehen, dann würden sich die Elektronenhüllen benachbarter Atome irgendwann so stark durchdringen, dass mehrere Elektronen sich so nahe kommen, dass sie denselben Quantenzustand besetzen – entgegen des Pauli-Verbots! Feynman sagte dazu einst: „Die Elektronen können nicht einfach alle aufeinander hocken – diese Tatsache ist es, die einen Tisch und alles andere zu einem harten Gegenstand macht." In der Tat gehorchen alle „materieartigen" Quantenteilchen diesem Prinzip; wir bezeichnen sie als **Fermionen**, zu Ehren des Italieners Enrico Fermi, der als einer der ersten die Konsequenzen aus dem Pauli-Verbot untersuchte. Es gibt noch eine andere Klasse von Teilchen, die wir „strahlungsartig" nennen könne (Photonen gehören beispielsweise dazu); sie werden **Bosonen** genannt, benannt nach dem indischen Physiker Satyendra Bose. Für sie gilt das Pauli-Verbot nicht; im Gegenteil ziehen sie es vor, sich allesamt im niedrigsten Energiezustand aufzuhalten. Der Unterschied zwischen Fermionen und Bosonen liegt auf Quantenebene in der Spinquantenzahl; für Fermionen ist der Spin halbzahlig (z. B. Elektronen: $s = \frac{1}{2}$), für Bosonen ist er ganzzahlig (z. B. Photonen: $s = 1$).

Und wir erkennen noch mehr, nämlich den Aufbau von chemischen Molekülen. Wenn sich beispielsweise zwei Wasserstoffatome mit Elektronen in unterschiedlichen Spinzuständen nahe kommen, so können sich die beiden denselben Aufenthaltsbereich zwischen den Kernen teilen und diese dadurch zusammenhalten. Eine chemische Bindung ist entstanden und hat zur Bildung eines H_2-Moleküls geführt. Es ist aber nicht möglich hier noch ein drittes Wasserstoffatom anzusiedeln; denn wie auch immer der Spinzustand des Elektrons ist, er würde einem der beiden bereits vorhandenen gleich sein, womit das Pauli-Prinzip eine zu starke Annäherung und Bindungsbildung ausschließt. Das nach dem Wasserstoff nächst einfache Element ist Helium. Hier befinden sich bereits zwei Elektronen mit gegensätzlichem Spin im 1s-Grundzustand; ein weiteres Atom kann hierzu keine Bindung bilden, da sich dann Elektronen mit gleichen Spinzuständen entgegen dem Pauli-Verbot denselben Raumbereich teilen müssten. Helium ist demnach chemisch träge – es ist ein Edelgas.

DAS WICHTIGSTE IN KÜRZE   !

- Das **Wasserstoffatom** stellt quantenchemisch ein Ein-Elektronensystem in einem kugelsymmetrischen Potenzialfeld dar, und wird daher in Kugelkoordinaten behandelt. Die Wellenfunktionen lassen sich als **Produkt** aus einem **Radialteil** $R(r)$ und den auch bei der Rotation von Molekülen verwendeten **Kugelflächenfunktionen** $\Upsilon(\theta, \phi)$ beschreiben: $\Psi(r, \theta, \phi) = R(r) \cdot \Upsilon(\theta, \phi)$. Atomkerne werden wegen ihrer deutlich größeren Masse als Elektronen näherungsweise als stationär angenommen (**Born-Oppenheimer Näherung**). Somit hängen die Energie-Eigenwerte nur von dem Radialanteil der Wellenfunktion $R(r)$ ab.
- Die Winkelabhängigkeit der Wellenfunktionen ergibt sich in Form der Kugelflächenfunktionen $\Upsilon(\theta, \phi)$ mit den **Nebenquantenzahlen** l und m_l. Für Atome mit mehreren Elektronen hängt die Energie der Elektronen-Zustände von n und l ab.
- Wellenfunktionen, welche durch einen Satz der drei Quantenzahlen n, l und m_l gekennzeichnet sind, bezeichnen wir als **Orbitale**. Orbitale mit gemeinsamer Hauptquantenzahl n bilden eine **Schale**. Orbitale mit gleicher Hauptquantenzahl n und gleicher Nebenquantenzahl l werden als **Unterschale** bezeichnet.
- Bereits das He-Atom ist ein analytisch nicht lösbares **Dreikörperproblem**, die Wellenfunktionen ergeben sich durch symmetrische oder antisymmetrische **Linearkombination** der Ein-Elektronen-wellenfunktionen. Für eine komplette Beschreibung wird der sogenannte **Elektronenspin** benötigt (Verhalten von Elektronen in einem Magnetfeld). Insgesamt gilt für die Elektronenkonfiguration das **Pauli-Prinzip**: Die Gesamtwellenfunktion des He-Atoms inklusive Spin-Anteil ist antisymmetrisch gegenüber einer Vertauschung der beiden Elektronen. Hieraus folgen Regeln für die Anordnung der Elektronen und damit letztlich das Periodensystem der Elemente.

? VERSTÄNDNISFRAGEN

1. **Wie setzt sich das Wechselwirkungspotenzial von Kern und Elektron im H-Atom zusammen?**
   a) Es handelt sich um ein reines attraktives Coulomb-Potenzial.
   b) Es handelt sich um ein abgeschirmtes attraktives Coulomb-Potenzial.
   c) Es handelt sich um eine Überlagerung aus attraktivem Coulomb-Potenzial und Zentrifugalpotenzial.
   d) Es handelt sich um ein reines Zentrifugalpotenzial.

2. **Wie setzt sich die Wellenfunktion des H-Atoms zusammen?**
   a) $\Psi(r,\theta,\phi) = R(r) + \Upsilon(\theta,\phi)$
   b) $\Psi(r,\theta,\phi) = R(r) \cdot \Upsilon(\theta,\phi)$
   c) $\Psi(r,\theta,\phi) = R(r,\phi) \cdot \Upsilon(\theta)$
   d) $\Psi(r,\theta,\phi) = n \cdot r^2 \cdot \Upsilon(\theta,\phi)$

3. **Wovon hängen die Energie-Eigenwerte des H-Atoms ab?**
   a) Von den Quantenzahlen n und l
   b) Von der Quantenzahl l
   c) Von der Quantenzahl m_l
   d) Von der Quantenzahl n

4. **Wovon hängen die Energie-Eigenwerte des He-Atoms ab?**
   a) Von den Quantenzahlen n und l
   b) Von der Quantenzahl l
   c) Von der Quantenzahl m_l
   d) Von der Quantenzahl n

VERTIEFUNGSFRAGEN

5. **Welche topologische Gestalt hat die Funktion $R(r)$?**
   a) Sie sieht immer aus wie eine Vollkugel, nur mit unterschiedlichen Radien.
   b) Sie sieht immer aus wie eine Kugelschale, nur mit unterschiedlichen Radien.
   c) Je nach Quantenzahl n sieht sie aus wie eine Kugel umgeben von mehreren dickeren Kugelschalen.
   d) Je nach Quantenzahl n sieht sie aus wie eine Kugel, wie eine Hantel etc.

6. **Was ist der Elektronenspin?**
   a) Eine mathematische Anpassung der quantenmechanischen Beschreibung des Elektrons ohne praktische Bedeutung.
   b) Eine Eigenschaft des Elektrons, die sich aus der Eigendrehung ergibt.
   c) Eine Eigenschaft des Elektrons, die sich aus dem Umlauf um den Kern ergibt.
   d) Eine rein quantenmechanische Eigenschaft des Elektrons.

7. **Was verstehen wir unter der symmetrischen Spin-Wellenfunktion des He-Atoms?**
   a) Den Singulett-Zustand mit Gesamtspin null
   b) Den Triplett-Zustand mit Gesamtspin 1
   c) Den Triplett-Zustand mit, je nach angelegtem Magnetfeld, Gesamtspin +3 oder –3
   d) Den Singulett-Zustand mit Gesamtspin 1, d. h. die Spins der beiden Elektronen zeigen in die gleiche Richtung

8. **Wieso werden die 3d-Orbitale erst nach den 4s-Orbitalen von Elektronen besetzt?**
   a) Weil sie einen höheren Drehimpuls und daher mehr Energie aufweisen.
   b) Weil sie anisotrop und daher aus Symmetriegründen weniger zugänglich sind.
   c) Da die 3d-Orbitale zur 3. Periode gehören, werden sie nicht nach, sondern vor den 4s-Orbitalen besetzt.
   d) Weil sie sich im Mittel weiter vom Kern weg erstrecken und deswegen weniger Coulomb-Anziehung aufweisen.

EINHEIT 7: QUANTENMECHANIK DER ELEKTRONISCHEN ZUSTÄNDE VON MOLEKÜLEN
Im letzten Abschnitt haben wir uns der quantenmechanischen Behandlung der Atome gewidmet. Wir haben gesehen, dass im Grunde lediglich der einfachste Vertreter, das H-Atom, ein im Rahmen der Schrödinger-Gleichung analytisch exakt lösbares Problem darstellt. Bereits Atome mit mehr als einem Elektron erfordern hingegen Näherungen, da die interelektronischen Wechselwirkungen mathematisch nicht mehr einfach zu beschreiben sind; wir reden hier vom sogenannten Dreikörperproblem. Betrachten wir nun Moleküle, so haben wir es nicht nur mit mehreren Elektronen, sondern auch mit mehreren Atomkernen zu tun, weswegen eine exakte Lösung der Schrödinger-Gleichung in weite Ferne rückt. Wieder brauchen wir also Näherungen. In diesem Kapitel werden wir diese kennenlernen und sehen, wie sie uns zwar keine mathematisch-analytisch exakten, so aber dennoch akzeptable (hinsichtlich der Wellenfunktionen) sowie korrekte (hinsichtlich der Energie-Eigenwerte) Ergebnisse liefern. Wir werden so das Zustandekommen der chemischen Bindung zwischen Atomen durch zwei Konzepte beschreiben: Molekülorbitale und Linearkombination von Atomorbitalen.

4.2 Quantenmechanik der elektronischen Zustände von Molekülen

4.2.1 Das einzige „exakt" lösbare Problem: H_2^+

In diesem Kapitel wollen wir die quantenmechanische Behandlung des einfachsten denkbaren Moleküls, des H_2^+-Ions, vorstellen und die zur Lösung der Schrödinger-Gleichung entsprechend erforderlichen Näherungen diskutieren. Wir beginnen zunächst mit dem Wasserstoffmolekül (H_2) selbst: dies Molekül besteht aus zwei jeweils einfach positiv geladenen Kernen sowie zwei gemeinsamen Elektronen. Demzufolge setzt sich der Hamilton-Operator aus den kinetischen Energie-Operatoren T_i sowie den Operatoren der potenziellen Energie V_i, welche auf sämtlichen paarweisen Coulomb-Wechselwirkungen (insgesamt sechs) basieren, wie folgt zusammen:

$$\hat{H} = \frac{\hat{P}_1^2}{2 \cdot m_e} + \frac{\hat{P}_2^2}{2 \cdot m_e} + \frac{\hat{P}_A^2}{2 \cdot M_A} + \frac{\hat{P}_B^2}{2 \cdot M_B} - \frac{Z_A \cdot e^2}{4 \cdot \pi \cdot \varepsilon_0 \cdot r_{A1}} - \frac{Z_A \cdot e^2}{4 \cdot \pi \cdot \varepsilon_0 \cdot r_{A2}}$$

$$- \frac{Z_B \cdot e^2}{4 \cdot \pi \cdot \varepsilon_0 \cdot r_{B1}} - \frac{Z_B \cdot e^2}{4 \cdot \pi \cdot \varepsilon_0 \cdot r_{B2}} + \frac{e^2}{4 \cdot \pi \cdot \varepsilon_0 \cdot r_{12}} + \frac{Z_A \cdot Z_B \cdot e^2}{4 \cdot \pi \cdot \varepsilon_0 \cdot R_{AB}} \tag{141}$$

In Gl. 141 entsprechen konkret die Summanden 1 und 2 auf der rechten Seite den Operatoren für die kinetische Energie der beiden Elektronen, die Summanden 3 und 4 den Operatoren für die kinetische Energie der Kerne, die (negativen) Summanden 5 bis 8 dem Operator für die jeweils paarweisen attraktiven Coulomb-Wechselwirkungen zwischen den beiden Elektronen und den beiden Kernen, und schließlich die letzten beiden (positiven) Summanden den Operatoren für die repulsiven Coulomb-Wechselwirkungen zwischen den beiden Elektronen bzw. den beiden Kernen.

Um die möglichen Coulomb-Wechselwirkungen zu veranschaulichen, haben wir diese in Abb. 4.11 vereinfacht skizziert: jedes der beiden Elektronen kann mit jedem der beiden Kerne über attraktive Coulomb-Wechselwirkungen interagieren, was sich in Gl. 141 durch ein negatives Vorzeichen bei den Operatoren der zugehörigen potenziellen Energien auswirkt. Hinzu kommen für die repulsiven Wechselwirkungen zwischen den beiden Elektronen bzw. zwischen den beiden Kernen zwei Terme mit entsprechend positiven Vorzeichen.

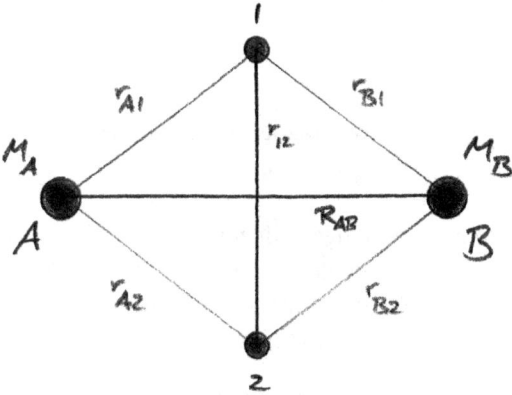

Abb. 4.11: Schematische Darstellung der paarweise auftretenden Coulomb-Wechselwirkungen im H_2-Molekül.

Der in Gl. 141 wiedergegebene Hamilton-Operator ergibt nun keine analytisch lösbare Form der Schrödinger-Gleichung. Wir können die Gleichung allerdings vereinfachen, indem wir berücksichtigen, dass die beiden Kerne aufgrund ihrer wesentlich größeren Masse im Vergleich zu den Elektronen deutlich träger sind, und daher ihre Positionen relativ zur Elektronenbewegung als stationär angesehen werden können. Hieraus ergibt sich die sogenannte **Born–Oppenheimer Näherung**:

$$\langle \hat{T}_k \rangle \simeq 0 \tag{142}$$

Demnach können wir in Gl. 141, falls wir uns im Wesentlichen für den Zustand der Elektronen innerhalb eines Moleküls interessieren, die Bewegung der leichten Elektronen und der deutlich trägeren Kerne quasi entkoppeln, und somit den Operator der kinetischen Energie der Kerne näherungsweise null setzen (s. Gl. 142). Die gleichen Überlegungen führen uns aber auch zu dem Schluss, dass die Kern–Kern Wechselwirkung näherungsweise unabhängig von den Elektronenpositionen sein muss. Wir erhalten somit die folgende vereinfachte sogenannte elektronische Schrödinger-Gleichung:

$$\hat{H}_{el} = \hat{T}_e + \hat{V}_{ke} + \hat{V}_{ee}$$

$$\hat{H}_{el}\Psi_{el} = E_{el} \cdot \Psi_{el} \tag{143}$$

Hierbei müssen wir beachten, dass der Hamilton-Operator $\hat{H}_{el}$ selbst immer noch eine Funktion der Kernabstände sein muss, auch wenn diese nun nicht mehr als Variable für die in Gl. 143 angegebene Schrödinger-Gleichung auftauchen. Dies sei beispielhaft in Abb. 4.12 für zwei verschiedene Kernabstände R_1 und R_2 skizziert. Generell wollen wir im Folgenden die räumlichen Koordinaten der Elektronen mit r, und die der Kerne, welche wir von denen der Elektronen separieren, mit R bezeichnen.

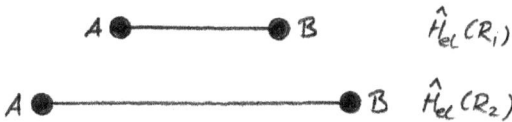

Abb. 4.12: Hamilton-Operator der elektronischen Schrödinger-Gleichung für zwei verschiedene Kernabstände R.

Für die Beschreibung des gesamten Moleküls benötigen wir nun natürlich auch die Abhängigkeit der Energie-Eigenwerte und Wellenfunktionen von den Kernabständen R. Da wir aber die Positionen von Kernen und Elektronen separieren, können wir analog zu Gl. 143 auch für die Kernkoordinaten eine eigene Schrödinger-Gleichung aufstellen:

$$\hat{H}_k = \hat{T}_k + \hat{V}_{kk} + E_{el}(\{R\}) = \hat{T}_k + \hat{V}_k(\{R\})$$

$$\hat{H}_k \Psi_k(\{R\}) = E \cdot \Psi_k(\{R\}) \tag{144}$$

Generell lässt sich nun die Gesamtwellenfunktion, falls diese von zwei separierbaren Variablensätzen abhängt, wie im hier betrachteten Fall des Wasserstoffmoleküls die Elektronenkoordinaten r bzw. die Kernkoordinaten R, über einen Produktansatz ausdrücken. Wir erhalten entsprechend:

$$\Psi(\{r\}, \{R\}) = \Psi_{el}(\{r\}, \{R\}) \cdot \Psi_k(\{R\}) \tag{145}$$

An dieser Stelle wollen wir nochmals betonen, dass diese Separation von Elektronen- und Kernkoordinaten wegen deutlich unterschiedlicher Massen und damit Zeitskalen gemäß der Born–Oppenheimer Näherung erfolgte, und insofern keine exakte, aber eine durchaus akzeptable Lösung des quantenmechanischen Problems darstellt. Beachten Sie auch, dass die elektronische Wellenfunktion in Gl. 145 nicht nur von den Elektronenabständen r, sondern auch von den Kernabständen R abhängt, und es sich insofern scheinbar bei Gl. 145 nicht um einen „echten" Separationsansatz handelt. R ist hier jedoch im Gegensatz zu r als stationärer Parameter, und nicht als eigentliche Variable des elektronischen Anteils der Gesamtwellenfunktion zu betrachten. Dennoch lässt sich die Schrödinger-Gleichung für das Wasserstoffmolekül auch im Rahmen dieser Näherung immer noch nicht analytisch lösen, da es sich nach wie vor um ein Mehrkörperproblem handelt.

Exakte Lösung im Rahmen der Born–Oppenheimer Näherung für das H_2^+-Molekülion:

Vereinfachen wir unser quantenmechanisches Problem nun noch weiter, indem wir das „störende" zweite Elektron aus dem Molekül entfernen und damit das Mehrkörperproblem im Rahmen der Born–Oppenheimer Näherung umgehen. Der Hamilton-Operator für das so entstandene H_2^+-Molekülion nimmt entsprechend die folgende im Vergleich zu Gl. 141 deutlich einfachere Form an:

$$\hat{H} = \hat{T}_k + \hat{T}_e + \hat{V}_{ke} + \hat{V}_{kk} \tag{146}$$

Die auftretenden paarweisen Coulomb-Wechselwirkungen sind in Abb. 4.13 veranschaulicht.

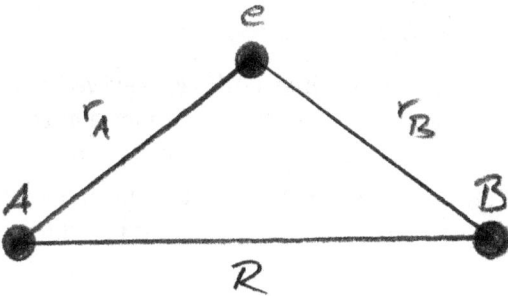

Abb. 4.13: Schematische Darstellung der paarweise auftretenden Coulomb-Wechselwirkungen im H_2^+-Ion.

Analog zur Behandlung des Wasserstoffmoleküls können wir wiederum die Kernkoordinaten und die Elektronenkoordinaten aufgrund der Trägheit im Rahmen der Born–Oppenheimer Näherung separieren. Wir erhalten somit für den elektronischen Hamilton-Operator sowie die elektronische Schrödinger-Gleichung analog zur obigen Gl. 143 die folgenden Ausdrücke:

$$\hat{H}_{el} = \frac{\hat{p}^2}{2 \cdot m} - \left(\frac{e^2}{4 \cdot \pi \cdot \varepsilon_0 \cdot r_A} + \frac{e^2}{4 \cdot \pi \cdot \varepsilon_0 \cdot r_B} \right) \cdot$$

$$\hat{H}_{el}\Psi_{el} = E_{el} \cdot \Psi_{el} \tag{147}$$

Beachten Sie, dass im Gegensatz zu Gl. 143 jetzt der Term $\hat{V}_{ee}$ im Hamilton-Operator entfällt, und natürlich auch nur ein Term entsprechend für die kinetische Energie eines Elektrons benötigt wird. Den Term $\hat{V}_{ke}$ haben wir zudem als Summe über die beiden attraktiven paarweisen Coulomb-Wechselwirkungen zwischen dem Elektron und den Kernen A bzw. B ausgedrückt, wobei r_A und r_B die jeweiligen Abstände zwischen Elektron und Kern darstellen. Da wir im Gegensatz zu Atomen in unserem Molekül kein isotropes kugelförmiges Rumpfsystem der Kernkoordinaten vorliegen haben, benötigen wir zur Lösung der Schrödinger-Gleichung 147 eigentlich jetzt statt der für Atome angewendeten Kugelkoordinaten ein sogenanntes elliptisches Koordinatensystem. Dieses

System ist allerdings in seiner mathematischen Behandlung sehr abstrakt, und auch lediglich auf zweiatomige Moleküle anwendbar. Daher benutzen wir hier für eine allgemeinere Beschreibung besser das sogenannte **Variationsverfahren**, d. h. wir setzen die Wellenfunktion einfach als Linearkombination unserer bereits für das Atom bekannten Lösungen, der Atomorbitale des H-Atoms, zusammen. Im Englischen sprechen wir von **Linear Combination of Atomic Orbitals**, kurz **LCAO**. Hiermit lautet unser allgemeiner Ansatz für die elektronische Wellenfunktion des H_2^+-Molekülions:

$$\tilde{\Psi}_{el} = c_A \cdot \Psi_A + c_B \cdot \Psi_B = c_A \cdot \Psi_{1s}(A) + c_B \cdot \Psi_{1s}(B) \tag{148}$$

Daraus ergeben sich entsprechend der allgemeinen Definition folgende Erwartungswerte für die Energie:

$$\tilde{E}(c_A, c_B) = \frac{\langle c_A \cdot \Psi_A + c_B \cdot \Psi_B | \hat{H}_{el} | c_A \cdot \Psi_A + c_B \cdot \Psi_B \rangle}{\langle c_A \cdot \Psi_A + c_B \cdot \Psi_B | c_A \cdot \Psi_A + c_B \cdot \Psi_B \rangle} \tag{149}$$

Hierbei stellt die sogenannte Bra-Ket Darstellung $\langle \Psi_A | \Psi_B \rangle$ bzw. $\langle \Psi_A | \hat{H} | \Psi_B \rangle$ eine verkürzte Schreibweise für die folgenden (in quantenmechanischen Rechnungen häufig auftretenden) Integrale über den gesamten Ortsraum dar: $\int_{-\infty}^{\infty} \Psi_A^* \cdot \Psi_B \, dq$ bzw. $\int_{-\infty}^{\infty} \Psi_A^* \cdot \hat{H} \Psi_B \, dq$. Im Nenner von Gl. 149 steht das Raumintegral der Aufenthaltswahrscheinlichkeit des Elektrons, welches sich aus der angesetzten Linearkombination wie folgt berechnet:

$$\langle \tilde{\Psi} | \tilde{\Psi} \rangle_{el} = \langle c_A \cdot \Psi_A + c_B \cdot \Psi_B | c_A \cdot \Psi_A + c_B \cdot \Psi_B \rangle$$

$$= c_A^2 \cdot \langle \Psi_A | \Psi_A \rangle + c_B^2 \cdot \langle \Psi_B | \Psi_B \rangle + c_A \cdot c_B \cdot (\langle \Psi_A | \Psi_B \rangle + \langle \Psi_B | \Psi_A \rangle)$$

$$\langle \tilde{\Psi} | \tilde{\Psi} \rangle_{el} = c_A^2 \cdot 1 + c_B^2 \cdot 1 + c_A \cdot c_B \cdot 2 \cdot \langle \Psi_A | \Psi_B \rangle \tag{150}$$

Im Gegensatz zu den Wellenfunktionen der Atome hat dieses Raumintegral nun nicht mehr automatisch den Wert null oder eins, da die beiden Wellenfunktionen Ψ_A und Ψ_B nicht orthonormiert sind. Um Gl. 150 später lösen zu können, führen wir daher zunächst das sogenannte **Überlappungsintegral** S der beiden Atomwellenfunktionen Ψ_A und Ψ_B ein, entsprechend:

$$\langle \Psi_A | \Psi_B \rangle = \int \Psi_{1s}^*(\vec{r}_A) \cdot \Psi_{1s}(\vec{r}_B) \, d^3r = S \tag{151}$$

Dieses Überlappungsintegral S muss natürlich unter anderem auch von den Kernabständen R abhängen, wie in Abb. 4.14 für zwei verschiedene Fälle skizziert ist.

Die Eigenwertgleichung für das H_2^+-Molekülion, d. h. der Zähler aus Gl. 149, lautet nun für unsere Linearkombination:

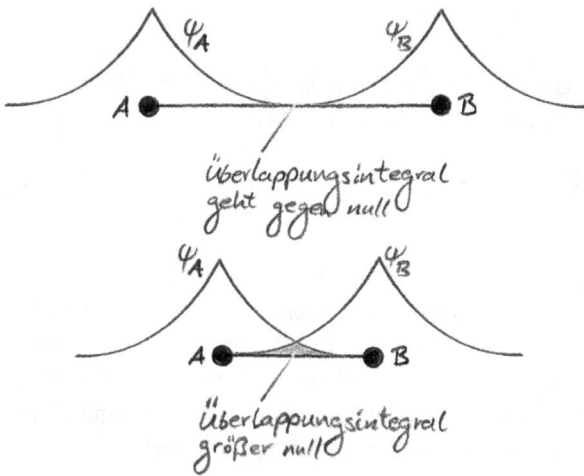

Abb. 4.14: Wellenfunktionen der Wasserstoffatome A und B und deren Überlappungsintegral für sehr große (oben) und für kleinere (in Größenordnung der Bindungslänge im H_2^+-Molekülion) Kernabstände.

$$\langle \tilde{\Psi}|\hat{H}|\tilde{\Psi}\rangle = \langle c_A \cdot \Psi_A + c_B \cdot \Psi_B |\hat{H}| c_A \cdot \Psi_A + c_B \cdot \Psi_B \rangle$$

$$\langle \tilde{\Psi}|\hat{H}|\tilde{\Psi}\rangle = c_A^2 \cdot \langle \Psi_A|\hat{H}|\Psi_A\rangle + c_B^2 \cdot \langle \Psi_B|\hat{H}|\Psi_B\rangle$$

$$+ c_A \cdot c_B \cdot \left(\langle \Psi_A|\hat{H}|\Psi_B\rangle + \langle \Psi_B|\hat{H}|\Psi_A\rangle \right) \tag{152}$$

Auch hier führen wir zunächst wieder einen neuen Begriff ein, das sogenannte **Coulomb-Integral,** welches die Energie des Elektrons angibt. Für die Energie des Elektrons am Kernort A ist nur die Wellenfunktion des zugehörigen Wasserstoffatoms A von Bedeutung, und wir erhalten entsprechend:

$$H_{AA} = \langle \Psi_A|\hat{H}|\Psi_A\rangle = \int \Psi_A^* \cdot \hat{H}\Psi_A \, \mathrm{d}^3 r \tag{153}$$

Da unser H_2^+-Molekül aus identischen Kernen aufgebaut ist, müssen die entsprechenden Coulomb-Integrale für A und B äquivalent sein, und es gilt somit:

$$H_{AA} = H_{BB} \tag{154}$$

Um die Wechselwirkungen zwischen den beiden Atomen zu erfassen, welche auf dem gemeinsamen Elektron basieren, definieren wir schließlich entsprechend der in Gl. 152 auftretenden Terme noch das sogenannte **Resonanzintegral,** welches gegeben ist als:

$$H_{AB} = H_{BA} = \langle \Psi_A|\hat{H}|\Psi_B\rangle \tag{155}$$

Damit unsere Linearkombination einen brauchbaren Ansatz darstellt, muss hierbei grundsätzlich gelten, dass das Resonanzintegral betragsmäßig deutlich kleinere Werte als das Coulomb-Integral annimmt, d. h. es muss gelten

$$|H_{AB}| \ll |H_{AA}| \tag{156}$$

Unter Verwendung dieser neu eingeführten Größen lässt sich somit der Erwartungswert der Energie entsprechend Gl. 149 ff. vereinfacht ausdrücken als:

$$\tilde{E} = \frac{\left(c_A^2 + c_B^2\right) \cdot H_{AA} + 2 \cdot c_A \cdot c_B \cdot H_{AB}}{c_A^2 + c_B^2 + 2 \cdot c_A \cdot c_B \cdot S} \tag{157}$$

Beachten Sie hierbei, dass die genannten Integrale bislang lediglich als Platzhalter benutzt werden, deren genauere Bedeutung wir erst im Folgenden verstehen werden. Um nun den energetisch stabilsten Zustand des Systems zu bestimmen, führen wir eine einfache Extremwertbetrachtung durch. Die Energie wird hierbei entsprechend Gl. 157 als Funktion der beiden Entwicklungskoeffizienten der Linearkombination c_A und c_B aufgefasst, und wir erhalten beispielsweise für die erste Ableitung der Energie:

$$\frac{\partial \tilde{E}}{\partial c_A} = \frac{2 \cdot c_A \cdot H_{AA} + 2 \cdot c_B \cdot H_{AB}}{c_A^2 + c_B^2 + 2 \cdot c_A \cdot c_B \cdot S} - \tilde{E} \cdot \frac{2 \cdot c_A + 2 \cdot c_B \cdot S}{c_A^2 + c_B^2 + 2 \cdot c_A \cdot c_B \cdot S} \tag{158}$$

Die beiden Terme auf der rechten Seite der Gl. 158 lassen sich wegen des gemeinsamen Nenners als ein Quotient formulieren, dessen Zähler entsprechend unserer Extremwertbestimmung null betragen muss. Analog können wir die Energie auch nach dem Koeffizienten c_B ableiten und das Ergebnis wiederum null setzen. Hieraus ergeben sich dann insgesamt die folgenden beiden Gleichungen:

$$c_A \cdot \left(H_{AA} - \tilde{E}\right) + c_B \cdot \left(H_{AB} - S \cdot \tilde{E}\right) = 0$$
$$c_B \cdot \left(H_{AA} - \tilde{E}\right) + c_A \cdot \left(H_{AB} - S \cdot \tilde{E}\right) = 0 \tag{159}$$

Dieses Gleichungssystem mit den beiden Unbekannten c_A und c_B lässt sich durch Aufstellen der sogenannten **Säkulardeterminanten** mathematisch lösen. Diese ergibt sich direkt aus Gl. 159 über die jeweiligen Faktoren der Variablen c_A und c_B zu:

$$\begin{vmatrix} H_{AA} - \tilde{E} & H_{AB} - S \cdot \tilde{E} \\ H_{AB} - S \cdot \tilde{E} & H_{AA} - \tilde{E} \end{vmatrix} \tag{160}$$

Zur Bestimmung der Koeffizienten setzen wir nun zunächst diese Determinante null, woraus sich eine quadratische Gleichung mit den folgenden beiden Lösungen ergibt:

$$\tilde{E} = E_{\pm}, \quad E_+ = \frac{H_{AA} + H_{AB}}{1 + S} = H_{AA} + \frac{H_{AB} - H_{AA} \cdot S}{1 + S}$$

$$E_- = \frac{H_{AA} - H_{AB}}{1 - S} = H_{AA} - \frac{H_{AB} - H_{AA} \cdot S}{1 - S} \tag{161}$$

Wir sehen, dass sowohl das Überlappungsintegral S als auch das Resonanzintegral H_{AB} eine wichtige Rolle spielen. Für isolierte Wasserstoffatome gilt $S = 0$ und $H_{AB} = 0$ und wir erhalten für die Energie-Werte lediglich eine einzige Lösung $E = H_{AA}$. In diesem Sinne könnten wir zwei isolierte H-Atome auch als ein entartetes System betrachten, für das gilt $E = H_{AA} = H_{BB}$. Infolge der Wechselwirkung der beiden Atomkerne über ein gemeinsames Elektron im H_2^+-Molekülion kommt es nun zur Aufhebung der Entartung, und wir erhalten wie in Gl. 161 gezeigt einen Wert $E_+ < H_{AA}$ und einen Wert $E_- > H_{AA}$, d. h. einen im Vergleich zum elektronischen Zustand des isolierten Atoms energetisch stabileren und einen im Vergleich instabileren Zustand. Beachten Sie hierbei bitte, dass der Term $H_{AB} - H_{AA} \cdot S$ negativ ist, während der Term $1 - S$ eine positive Zahl kleiner 1 darstellt. Aus Gl. 161 erkennen wir somit ferner, dass der instabilere Zustand im Vergleich zu H_{AA} betragsmäßig stärker erhöht ist als der stabilere Zustand abgesenkt ist, d. h. es handelt sich im Fall des H_2^+-Ions also um eine asymmetrische Aufspaltung des quasi-entarteten Zustands zweier isolierter H-Atome. Hieraus lässt sich dann konzeptuell direkt ableiten, wie die chemische Bindung zwischen Atomen in Molekülen funktioniert, was wir später noch tiefer diskutieren werden. Zunächst wollen wir durch Einsetzen der beiden Energie-Werte die beiden Koeffizienten explizit berechnen:

Für den symmetrischen Fall E_+

$$c_A = c_B = \frac{1}{\sqrt{2 + 2 \cdot S}}$$

Für den asymmetrischen Fall E_-

$$c_B = -c_A = \frac{1}{\sqrt{2 - 2 \cdot S}} \tag{162}$$

Diese Koeffizienten setzen wir nun in unsere Linearkombination Gl. 148 ein und erhalten zwei verschiedene Ausdrücke für die elektronischen Wellenfunktionen der stabilsten Zustände des H_2^+-Molekülions:

$$\text{Symmetrisch:} \quad \Psi_+ = \frac{1}{\sqrt{2 + 2 \cdot S}} \cdot (\Psi_A + \Psi_B)$$

$$\text{Antisymmetrisch:} \ \Psi_- = \frac{1}{\sqrt{2 - 2 \cdot S}} \cdot (\Psi_A - \Psi_B) \tag{163}$$

Die eine Wellenfunktion ist symmetrisch bezüglich eines Vertauschens der beiden Atomwellenfunktionen Ψ_A und Ψ_B, d. h. wir erhalten bei Vertauschen die identische Funktion. Der zweite Ausdruck in Gl. 163 ist hingegen antisymmetrisch, d. h. ein Vertauschen von Ψ_A und Ψ_B führt nun zu einem Wechsel des Vorzeichens der Wellenfunktion des Moleküls. Die Symmetrie der Wellenfunktion hat hierbei entscheidenden Einfluss auf die Bedeutung des jeweiligen Zustands für die chemische Bindung zwischen den beiden Atomen. So liefert die symmetrische Lösung ein **bindendes Molekülorbital**, dessen zugehöriger Energiewert unterhalb der Werte der entsprechenden Atomorbitale liegt ($E < H_{AA}$). Die antisymmetrische Lösung liefert ein **antibindendes Molekülorbital**;

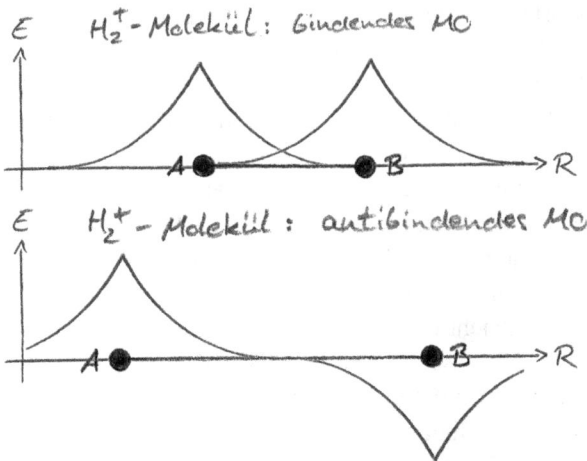

Abb. 4.15: Darstellung der symmetrischen (oben) und der antisymmetrischen (unten) Wellenfunktion des H_2^+-Molekülions, welche sich jeweils aus einer Linearkombination der Wellenfunktionen der beiden H-Atome ergeben.

sein Energiewert liegt oberhalb der entsprechenden Atomorbitale ($E > H_{AA}$). Die beiden zugehörigen Wellenfunktionen sind in Abb. 4.15 dargestellt.

Für die Wahrscheinlichkeitsdichten berechnen wir wiederum die Betragsquadrate der Wellenfunktionen und erhalten somit:

$$|\Psi_+|^2 = \frac{1}{2+2\cdot S} \cdot \left(|\Psi_A|^2 + |\Psi_B|^2 + 2\cdot |\Psi_A^* \cdot \Psi_B| \right)$$

$$|\Psi_-|^2 = \frac{1}{2-2\cdot S} \cdot \left(|\Psi_A|^2 + |\Psi_B|^2 - 2\cdot |\Psi_A^* \cdot \Psi_B| \right) \tag{164}$$

Die Aufhebung der Entartung der Energie-Werte des Wasserstoffatoms durch symmetrische und antisymmetrische Linearkombination der 1s-Orbitale, d. h. der Wellenfunktionen des atomaren Grundzustands, beim Übergang zum H_2^+-Molekülion wird in einem sogenannten **Molekülorbitalschema** (kurz: MO-Schema) dargestellt, wie es in Abb. 4.16 skizziert ist.

Die effektiven Kern–Kern Wechselwirkungen als Funktion des Kernabstands (bzw. der Bindungslänge) berechnen sich nun als Kombination aus der Kern–Kern Coulomb-Abstoßung und den gerade berechneten Energie-Werten der symmetrischen und antisymmetrischen Wellenfunktion entsprechend:

$$V_\pm(R) = E_\pm(R) + \frac{e^2}{4\cdot\pi\cdot\varepsilon_0\cdot R} \tag{165}$$

Beachten Sie, dass wir für E hierbei auch explizit eine Abhängigkeit vom Kern–Kern Abstand R berücksichtigen müssen, was leicht einzusehen ist, da Überlappungsintegral

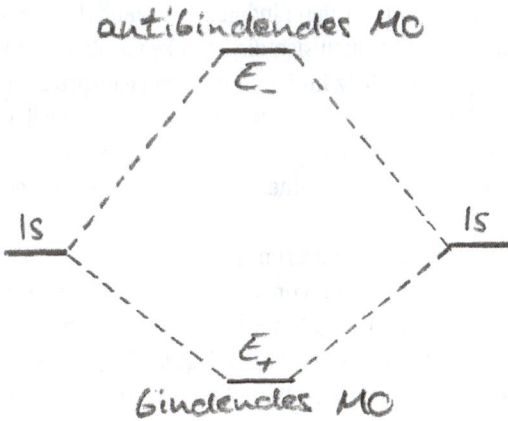

Abb. 4.16: MO-Schema für das H_2^+-Molekülion.

und Resonanzintegral ja explizit auch vom Kern–Kern Abstand abhängen müssen, wie wir oben für das Resonanzintegral in Abb. 4.14 schon veranschaulicht hatten. Korrigieren wir diese Potenzialenergie $V(R)$ noch um die Energie-Werte der zugrundeliegenden Atome, indem wir von dem Ausdruck für $V(R)$ die Energie eines 1s-Orbitals abziehen, so erhalten wir schließlich die in Abb. 4.17 dargestellten beiden Potenzialkurven für das bindende bzw. das antibindende Orbital.

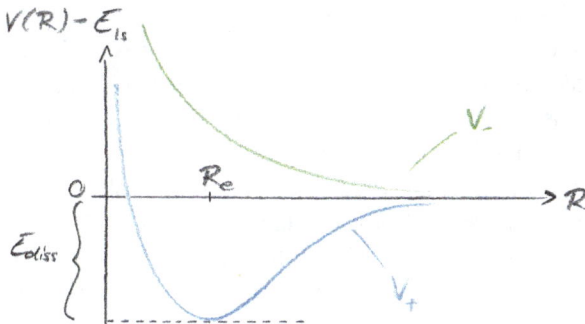

Abb. 4.17: Potenzialkurven (relativ zur Energie des atomaren 1s-Orbitals) für das symmetrische bindende $(V_+(R))$ und für das antisymmetrische antibindende Molekülorbital $(V_-(R))$. Hierbei liegt das Potenzialminimum beim Gleichgewichtsabstand $R = R_e$ und einem Wert, welcher betragsmäßig der sogenannten Dissoziationsenergie der chemischen Bindung entspricht.

Die Potenzialkurve des bindenden Zustands weist hierbei ein Minimum auf, welches beim Gleichgewichtsabstand $R = R_e$ liegt und dessen Tiefe der sogenannten **Dissoziationsenergie** der chemischen Bindung entspricht. Dies ist gerade die Energie, die aufgebracht werden muss, um das System aus dem Potenzialtopf heraus auf den Energiewert der isolierten H-Atome zu heben, d. h. die molekulare Bindung zu brechen. Wird ein minimaler Kernabstand unterschritten, so liegen auch für den bindenden Zustand die Energiewerte im positiven Bereich, d. h. in diesem Fall stoßen sich die Atomkerne ab. Dies ist auch sinnvoll, da die Kerne jeweils einen gewissen Platz im Raum für sich beanspruchen, weswegen die Bindungslänge auch nicht beliebig klein werden kann. Für die Potenzialkurve des antibindenden Zustands liegen die Werte hingegen stets im positiven Bereich und nehmen mit sinkendem Kernabstand stark zu, was einer Repulsion zwischen den beiden Atomkernen entspricht.

Aus der unteren Potenzialkurve erhalten wir in unserem Fall konkret einen Bindungsabstand von 1,32 Å und eine Dissoziationsenergie von 170 kJ·mol^{-1}. Die exakten Werte aus spektroskopischen Daten sind 1,06 Å und 270 kJ·mol^{-1}. Diese Diskrepanz zwischen theoretischen Vorhersagen und experimentellen Resultaten liegt darin begründet, dass wir für unsere Linearkombination entsprechend Gl. 148 und entsprechend für unsere quantitative Berechnung der den Molekülorbitalen zugrundeliegenden Überlappungsintegrale und Resonanzintegrale lediglich die Atomorbitale des 1s-Grundzustands berücksichtigt haben. Numerische Lösungen unter Einbezug mehrerer Atomorbitale würden hier zwar zu deutlich besseren Ergebnissen führen, das Problem wäre dann aber nicht mehr analytisch lösbar.

4.2.2 Das H$_2$-Molekül

Wir haben gesehen, wie sich unter bestimmten Annahmen die Schrödinger-Gleichung für ein H$_2^+$-Molekülion analytisch lösen lässt. Jetzt wollen wir uns dem H$_2$-Molekül zuwenden. Dabei haben wir es mit einem Mehrkörperproblem aus stationär betrachteten trägen Kernen und zwei beweglichen Elektronen zu tun, das sich analytisch grundsätzlich nicht lösen lässt. Analog zu unserer Vorgehensweise für Atome, die mehrere Elektronen enthalten und die wir basierend auf den Wellenfunktionen des Wasserstoffatoms bereits behandelt haben, benutzen wir zur Beschreibung des Wasserstoffmoleküls jetzt die quantenmechanischen Lösungen für das H$_2^+$-Molekülion und füllen dann die Molekülorbitale entsprechend der bereits von den Atomorbitalen bekannten Regeln mit den Elektronen auf. Für bindende und antibindende Zustände führen wir hierzu noch die folgende Nomenklatur ein:

$$\begin{aligned}
&\Psi_+ : 1\sigma_g \text{ oder } \Psi_{1\sigma_g} \\
&\Psi_- : 1\sigma_u^* \text{ oder } \Psi_{1\sigma_u}^*
\end{aligned} \tag{166}$$

Hierbei steht der Buchstabe σ, analog zum Buchstaben s bei Atomorbitalen, für eine Drehimpulsquantenzahl von null, d. h. für ein bezüglich der Bindungsachse des Moleküls rotationssymmetrisches Orbital. Wir werden in Abschnitt 4.2.3. noch sehen, dass es auch Molekülorbitale mit anderen Symmetrien gibt. Sie kennen dies vielleicht schon von der sogenannten π-Bindung, die sich zum Beispiel im Sauerstoffmolekül (O$_2$) findet. Die Ziffer 1 steht für den Grundzustand unseres Systems, und die Buchstaben g (= gerade) und u (= ungerade) für eine bezüglich Vertauschen der an der Bindung beteiligten Atomorbitale symmetrische (g) bzw. antisymmetrische (u) Wellenfunktion. Das bereits in Abb. 4.16 gezeigte MO-Schema sieht in dieser neuen Nomenklatur, welche auch als Standardnotation bezeichnet wird, somit wie in Abb. 4.18 dargestellt aus.

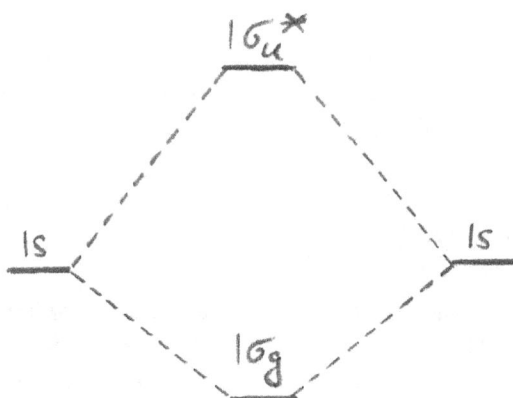

Abb. 4.18: MO-Schema für das H_2^+-Molekülion in der Standardnotation.

Um nun von H_2^+ zu H_2 überzugehen, besetzen wir nach dem Pauli-Prinzip das unterste Niveau doppelt, wobei die Spins zueinander entgegengerichtet sein müssen. Die zugehörige Wellenfunktion lautet dann entsprechend:

$$\Psi_{as}(1,2) = \Psi_{1\sigma_g}(1) \cdot \Psi_{1\sigma_g}(2) \cdot \frac{1}{\sqrt{2}} \cdot (\alpha_1 \cdot \beta_2 - \alpha_2 \cdot \beta_1) \tag{167}$$

In Gl. 167 stehen α und β wie bereits bei den Atomen für die Ein-Elektronenspinfunktionen, wobei die hier verwendete Linearkombination einem vollbesetzten Orbital das zwei Elektronen mit entgegengesetztem Spin enthält, d. h. einem Singulett-Zustand, entspricht. Hieraus ergibt sich eine Bindungslänge von 0,74 Å und eine Dissoziationsenergie von 350 kJ·mol^{-1} (experimentell: 0,742 Å und 432 kJ·mol^{-1}, wobei sich die Diskrepanzen wieder ergeben, weil wir nur die 1s-Atomorbitale als Basisfunktionen genutzt haben).

Auch für das H_2-Molekül können wir nun wieder ein MO-Schema zeichnen. Es sieht natürlich ähnlich zum MO-Schema des H_2^+-Molekülions aus, d. h. erneut ist das Energieniveau des bindenden σ-MOs weniger abgesenkt als das Niveau des antibindenden σ^*-MOs angehoben ist. Abb. 4.19 zeigt dies.

Da wir hier nun lediglich das bindende σ-MO mit zwei gepaarten Elektronen besetzen, haben wir es insgesamt mit einer energetisch günstigeren Situation als im Fall der ungebundenen Atome zu tun, sodass die Bindung stabil ist. Würden wir jetzt allerdings eines der beiden Elektronen in das antibindende σ^*-MO anregen, so wäre dies dann energetisch mehr destabilisiert als das andere Elektron stabilisiert ist, weil eben das Energieniveau des bindenden σ-MOs weniger abgesenkt ist als das Niveau des antibin-

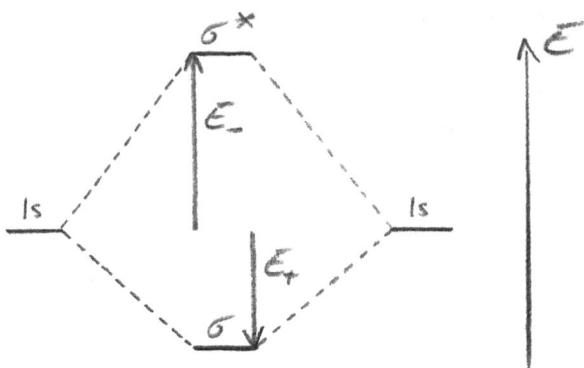

Abb. 4.19: MO-Schema für H_2.

denden σ^*-MOs angehoben ist. Bei einer solchen elektronischen Anregung dissoziiert das Molekül also. Dies sehen wir auch in Abb. 4.17: im Grundzustand gibt es in der Potenzialkurve des Moleküls ein energetisch bevorzugtes Minimum, das den Bindungs-Gleichgewichtsabstand anzeigt. Im angeregten Zustand gibt es kein Minimum, hier ist eine unendlich weite Separation der beiden Atomkerne im Molekül am günstigsten – sprich dessen Dissoziation.

Aus demselben Grund gibt es übrigens auch kein He_2-Molekül. Hier hätten wir je zwei Elektronen im bindenden und im antibindenden MO, und der energetische Gewinn beim Füllen des bindenden MOs wäre kleiner als der Verlust bei der gleichsam nötigen Besetzung des antibindenden MOs. Das Molekül wäre damit insgesamt energetisch im Vergleich zum Zustand der ungebundenen Atome destabilisiert.

Das einfache Schema, welches wir für H_2^+ und H_2 ausführlich vorgestellt haben, lässt sich auch auf beliebige zweiatomige Moleküle übertragen, indem wir die beiden zugehörigen Atome mit ihren jeweiligen Atomorbitalen als Basisfunktionen benutzen und dann diese zu Molekülorbitalen kombinieren. Hierbei ergeben sich auch Mehrfachbindungen, falls sich in der Bilanz der Besetzung von bindenden und antibindenden Orbitalen netto mehr als ein Elektronenpaar in einem bindenden Zustand befindet. So weist beispielsweise Sauerstoff eine Bindungsordnung von zwei, und Stickstoff eine Bindungsordnung von drei auf; die entsprechenden MO-Schemata finden sich in Abb. 4.20.

In Abb. 4.20 fällt zunächst auf, dass die jeweiligen p-Orbitale nach Linearkombination eine unterschiedliche energetische Reihenfolge der Molekülorbitale ergeben: so folgt für Sauerstoff auf die bereits aus der Betrachtung des Wasserstoffmoleküls bekannten beiden σ-Orbitale zunächst ein bindendes σ-Orbital und dann ein zweifach entarteter bindender π-Zustand, gefolgt von einem antibindenden zweifach entarteten π^*-Zustand. Für Stickstoff hingegen kehrt sich die Reihenfolge des (von unten gezählten) dritten und vierten Zustands im Vergleich zum Sauerstoff gerade um, d. h. erst π und dann σ, wobei die genauen Ursachen für diese unterschiedlichen Abfolgen in der unter-

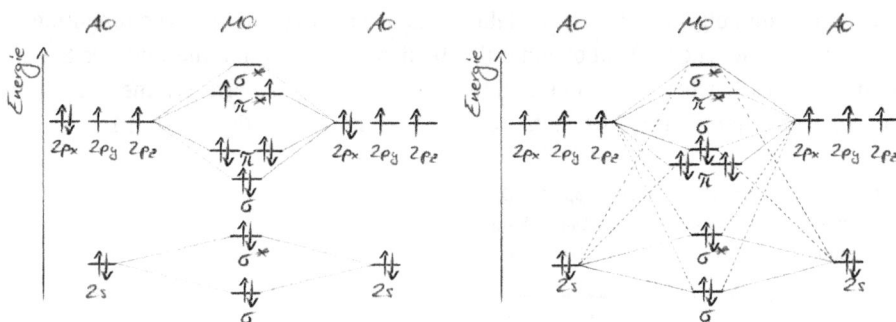

Abb. 4.20: MO-Schemata für Sauerstoff (O$_2$, links) und Stickstoff (N$_2$, rechts).

schiedlichen Anzahl der Elektronen und damit den unterschiedlichen beteiligten Atomorbitalen begründet liegen, was wir an dieser Stelle aber nicht näher ausführen wollen.

Füllen wir nun gemäß Pauli-Prinzip die Molekülorbitale von unten nach oben auf, so finden wir für den Sauerstoff netto einen Überschuss an Elektronen in bindenden Zuständen von insgesamt vier (1σ (2) + $1\sigma^*$ (2) + 2σ (2) + 2π (4) + $2\pi^*$ (2)) und somit eine Bindungsordnung von zwei, was chemisch einer Doppelbindung entspricht. Bemerkenswert ist auch der Spinzustand des Sauerstoffmoleküls, welches insgesamt zwei ungepaarte Elektronen besitzt und somit im Triplett-Zustand vorliegt. Für Stickstoff erhalten wir hingegen die Elektronenkonfiguration 1σ (2) + $1\sigma^*$ (2) + 2π (4) + 2σ (2), somit einen Überschuss von sechs Elektronen in bindenden Zuständen, und damit insgesamt eine Bindungsordnung von drei oder eine sogenannte Dreifachbindung.

Wie behandeln wir aber nun Moleküle, die aus mehr als zwei Atomen bestehen? In diesem Fall ergibt sich keine direkt offensichtliche Linearkombination der beteiligten Atomorbitale analog zum Fall der zweiatomigen Moleküle. Wir werden an einem einfachen Beispiel im folgenden Abschnitt sehen, welche guten Dienste uns diesbezüglich die bereits im einführenden Mathekapitel besprochene Gruppentheorie leisten wird. An dieser Stelle sei bereits so viel verraten: analog zu den in der obigen Standardnotation behandelten Symbolen σ oder π läuft alles auf Symmetriebetrachtungen hinaus, nur das wir jetzt die einfache Symmetrie bezüglich nur einer Bindungsachse verlassen und uns komplizierteren Molekülstrukturen zuwenden. Hierbei ist die Gruppentheorie ein mächtiges Hilfsinstrument.

4.2.3 Die LCAO-Methode für mehratomige Moleküle

Wir haben bereits das mathematische Konzept der Gruppentheorie kennengelernt und werden nun sehen, wie sich dies vergleichsweise einfach auf die Konstruktion der Molekülorbitale von Molekülen, die aus mehr als zwei Atomen bestehen, anwenden lässt. Zur Illustration betrachten wir als wichtigstes Beispiel das Wassermolekül und wollen im Folgenden dessen Molekülorbitale als geeignete Linearkombinationen der zugrundeliegenden Atomorbitale der beiden Wasserstoffatome und des Sauerstoffatoms beschreiben. Hierzu betrachten wir für eine detaillierte Symmetrieanalyse zunächst die Charaktertafel der entsprechenden Punktgruppe C_{2v} in Tab. 4.1.

Tab. 4.1: Charaktertafel der Punktgruppe C_{2v}. Die letzte Tabellenspalte listet jeweils Beispiele für irreduzible Darstellungen in Form von Translationen, Rotationen und Tensorkomponenten.

C_2v	E	C_2	$\sigma_v(xz)$	$\sigma'_v(yz)$	
A_1	1	1	1	1	z, x^2, y^2, z^2
A_2	1	1	−1	−1	R_z, xy
B_1	1	−1	1	−1	x, R_y, xz
B_2	1	−1	−1	1	y, R_x, yz

Für die Linearkombination der Atomorbitale gilt nun grundsätzlich, dass nur solche Atomorbitale zu jeweils einem Molekülorbital kombiniert werden dürfen, welche zur gleichen Symmetrieklasse gehören. Wir wollen daher zunächst die Symmetrie der beteiligten Atomorbitale näher betrachten, wobei wir die beiden Wasserstoffatome bereits zusammenfassen müssen, um der Gesamtsymmetrie des Wassermoleküls gerecht zu werden. Hierfür ergeben sich zwei Möglichkeiten, die beiden s-Orbitale zu kombinieren, eine symmetrische 1s H_1 + 1s H_2 welche entsprechend zur Symmetrieklasse A_1 gehört, und eine antisymmetrische Kombination 1s H_1 − 1s H_2 welche zur Symmetrieklasse B_2 gehört. Für die Atomorbitale verwenden wir per Konvention im Folgenden aber kleine Buchstaben, entsprechend tragen die Wasserstoffatome zur Linearkombination für das gesamte Wassermolekül also zwei Atomwellenfunktionen vom Typ a_1 bzw. b_2 bei. Hinzu kommen nun noch die Valenzorbitale des Sauerstoffs 2s und $2p_{x/y/z}$: deren Symmetrien ergeben sich zu a_1 (2s und $2p_z$) bzw. b_1 ($2p_x$) und b_2 ($2p_y$), wie Sie sich leicht anhand von Abb. 4.21 selbst überlegen können.

Wir haben es im Fall des Wassermoleküls also insgesamt mit einer Basis aus 6 Atomorbitalen verschiedener Symmetrieklassen zu tun und erwarten entsprechend für die verschiedenen Molekülorbitale gleichfalls 6 Möglichkeiten, nämlich drei totalsymmetrische Wellenfunktionen vom Typ a_1, zwei rotationsantisymmetrische (bzgl. der C_2-Achse) Wellenfunktionen vom Typ b_2, und schließlich eine rotationsantisymmetrische (bzgl. der C_2-Achse) Wellenfunktion vom Typ b_1. Da für letzteres lediglich das $2p_x$-Orbital des zentralen Sauerstoffatoms zur Verfügung steht, erkennen wir auch bereits, dass in diesem speziellen Fall das Molekülorbital identisch mit dem Atomorbital sein muss. Die anderen 5 Molekülorbitale entsprechen aber „echten" Linearkombinationen, da in deren Fall ja jeweils mehr als 1 Atomorbital als Basis zur Verfügung steht.

Diese Linearkombinationen vom Typ b_2 oder a_1 lassen sich auch leicht visualisieren, wie in Abb. 4.22 skizziert ist. So ergibt beispielsweise die symmetrische Kombination der Wasserstoffatomorbitale mit dem gleichfalls totalsymmetrischen 2s-Orbital des Sauer-

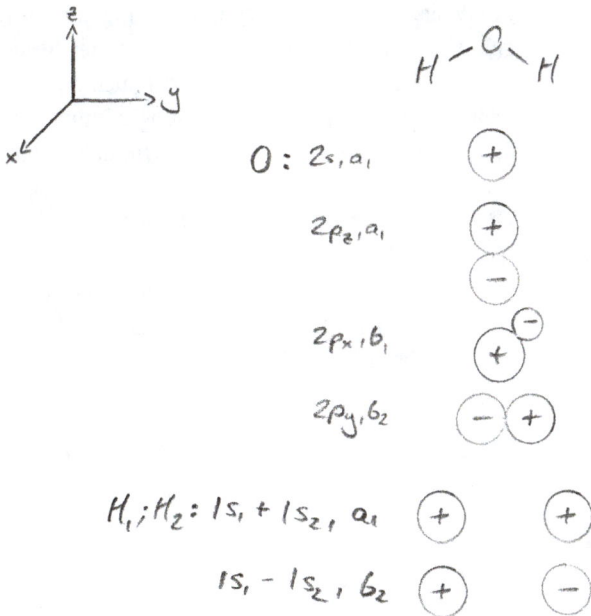

Abb. 4.21: Symmetrieklassen der Atomorbitale, welche die Basisfunktionen für die Linearkombination zu den Molekülorbitalen des Wassermoleküls bilden.

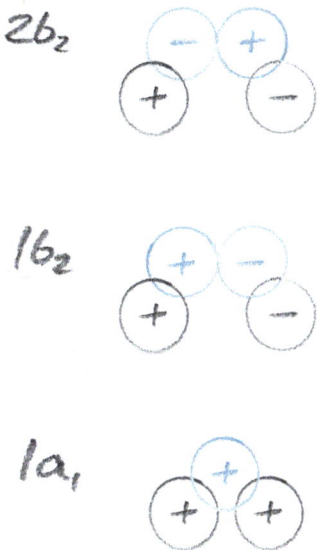

Abb. 4.22: Darstellung einiger Molekülorbitale des Wassermoleküls, die sich aus der Linearkombination von Atomorbitalen der **Wasserstoffatome** (schwarz) und des Sauerstoffatoms (blau) mit jeweils gleicher Symmetrieklasse ergeben.

stoffatoms auch ein totalsymmetrisches Molekülorbital. Dieses besitzt aufgrund des hohen Überlappungsintegrals der zugehörigen Wellenfunktion auch ein hohes Resonanzintegral, weshalb dieses Orbital stark bindend ist und entsprechend auch den energetischen Grundzustand der Wassermolekülorbitale darstellt. Analog können wir auch den Überlapp des $2p_y$-Orbitals des Sauerstoffatoms mit der antisymmetrischen Kombination der Wasserstoffatomorbitale betrachten, und erhalten in diesem Fall ein bindendes Molekülorbital, für welches die Phasen der Atomorbitale bei Überlapp übereinstimmen ($1b_2$), und ein antibindendes Molekülorbital, welches im Überlappungsbereich gegensinnige Phasen der beteiligten Atomorbitale aufweist ($2b_2$). Insgesamt lässt sich aus diesen Überlegungen nun auch das Energieniveauschema der Molekülorbitale des Wassermoleküls konstruieren, welches in Abb. 4.23 gezeigt ist.

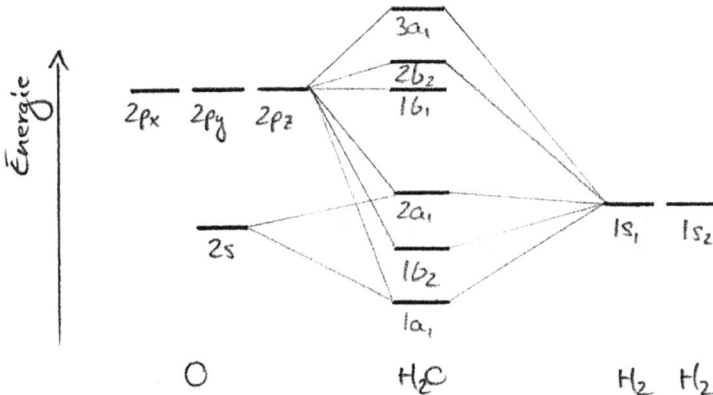

Abb. 4.23: Energieniveauschema der Molekülorbitale des Wassermoleküls.

Besetzen wir nun dieses Schema gemäß Pauli-Prinzip von unten nach oben mit den im Wasser vorhandenen insgesamt 8 Valenzelektronen, so erhalten wir gemäß der Symmetrieklassen in Abb. 4.23 den Term $1a_1$ (2) + $1b_2$ (2) + $2a_1$ (2) + $1b_1$ (2). Hierbei handelt es sich insgesamt also um einen Singulett-Zustand mit Gesamtspin null, dessen Symmetrie sich einfach durch Multiplikation der Symmetrien der besetzten Molekülorbitale unter Berücksichtigen der Besetzungszahl ergibt, also $X = a_1 \cdot a_1 \cdot b_2 \cdot b_2 \cdot a_1 \cdot a_1 \cdot b_1 \cdot b_1$. Aus der Charaktertafel der Punktgruppe C_{2v} erkennen wir nun aber direkt, dass das Quadrat einer Symmetrieklasse immer zur Symmetrieklasse A_1 gehören muss, und somit entspricht auch die Gesamtkonfiguration des Wassermoleküls der totalsymmetrischen Klasse A_1, wobei wir jetzt zur Beschreibung des Mehrelektronen-Zustands im Gegensatz zur Beschreibung der Symmetrie einzelner Orbitale wieder große Termsymbole verwenden. Wir werden in den nächsten Kapiteln noch sehen, wie uns die Analyse der Symmetrieklasse des Mehrelektronenzustands von Molekülen hilft zu verstehen, wie deren Absorptionsverhalten bei Bestrahlung mit ultraviolettem oder sichtbarem Licht (UV/Vis), bei der es zur Anregung von Elektronen aus energetisch niedrigeren in unbesetzte energetisch höherliegende Molekülorbitale kommen kann, zu interpretieren ist.

Lassen Sie uns zusammenfassen: Wir haben uns in dieser Lehreinheit mit der Beschreibung der Bindungsverhältnisse in Molekülen unter Einbeziehung sämtlicher besetzter elektronischer Zustände (= Orbitale) der beteiligten Atome befasst. Es gibt aber auch ein vereinfachtes Verfahren der Näherung, bei dem lediglich die besetzten Atomorbitale mit den höchsten Energie-Eigenwerten (= Valenzorbitale) für die Bildung der bindungsrelevanten Molekülorbitale berücksichtigt werden. Aufgrund seiner großen Bedeutung für die chemische Reaktivität und spektroskopischen Eigenschaften speziell organischer chemischer Verbindungen soll diesem Konzept der Grenzorbitale in der folgenden Lehreinheit eine eigene Betrachtung gewidmet sein.

DAS WICHTIGSTE IN KÜRZE

!

- Eine exakte Lösung der Schrödinger-Gleichung für Moleküle ist wegen des **Mehrkörperproblems** nicht möglich. Für das H_2^+-Molekülion werden beide Kerne als stationär (**Born–Oppenheimer Näherung**) angenommen. Dadurch ist die Schrödinger-Gleichung für das verbleibende Elektron prinzipiell in einem elliptischen Koordinatensystem lösbar.
- Das **Variationsverfahren** stellt eine deutlich einfachere auch verallgemeinerbare Methode dar: Dabei wird die Wellenfunktion für das Elektron im H_2^+-Molekül als Linearkombination der für das Atom bekannten Lösungen der Atomorbitale des H-Atoms angenommen (**LCAO**). Die Koeffizienten der Linearkombination lassen sich durch Aufstellen der **Säulardeterminanten** mathematisch einfach bestimmen. Der stabilere oder bindende Zustand entspricht hierbei einer symmetrischen Kombination, der instabilere oder antibindende einer antisymmetrischen Kombination der beiden Atomorbitale.
- Die Schrödinger-Gleichung für das H_2-Molekül ist wegen des Mehrkörperproblems aus stationär betrachteten trägen Kernen und zwei beweglichen Elektronen grundsätzlich nicht analytisch lösbar. Analog zur Vorgehensweise für Atome mit mehreren Elektronen benutzen wir die quantenmechanischen Lösungen für das H_2^+-Molekülion und füllen die Molekülorbitale entsprechend der bereits von den Atomorbitalen bekannten Regeln mit den Elektronen auf.
- Für Moleküle aus mehr als drei Atomen gibt es keine offensichtlichen Linearkombinationen der beteiligten Atomorbitale, weshalb wir eine **Symmetrieanalyse** mittels **Gruppentheorie** benötigen. Hierbei gilt, dass nur Atomorbitale gleicher Symmetrieklasse zu einem Molekülorbital kombinieren.

? Verständnisfragen

1. **Warum lassen sich Molekülorbitale nicht einfach direkt aus der Schrödinger-Gleichung berechnen?**
   a) Das geht schon, ist aber mathematisch extrem anspruchsvoll.
   b) Die Schrödinger-Gleichung ist grundsätzlich nicht in der Lage, die Elektronenstruktur von Molekülen exakt zu beschreiben.
   c) Im Prinzip lassen sich die Molekülorbitale aller Moleküle berechnen, allerdings nur in der Born-Approximation ruhender Atomkerne.
   d) Das MO-Schema stellt in der Tat eine mathematisch exakte Lösung der Schrödinger-Gleichung dar, die allerdings über die Atomorbitale auf einem kleinen Umweg zustande kommt.

2. **Wofür steht der Ausdruck LCAO?**
   a) Linear Combination of All Orbitals
   b) Linear Correlation of All Orbitals
   c) Linear Combination of Atomic Orbitals
   d) Linear Correlation of Atomic Orbitals

3. **Wie unterscheiden sich ein σ und ein σ^*-Orbital?**
   a) Nur eines von beiden ist rotationssymmetrisch zur Bindungsachse.
   b) Die beiden Orbitale unterscheiden sich ausschließlich in ihrer Energie.
   c) Die beiden Orbitale unterscheiden sich ausschließlich im Überlappungsgrad der Atomorbitale.
   d) Die beiden Orbitale unterscheiden sich in Energie und Überlappungsgrad.

4. **Wie unterscheiden sich ein σ und ein π-Orbital?**
   a) Das σ-Orbital ist aus s-Atomorbitalen, das π-Orbital aus p-Atomorbitalen zusammengesetzt.
   b) Die beiden Orbitale unterscheiden sich nur in ihren Energie-Eigenwerten.
   c) Die beiden Orbitale unterscheiden sich in ihrer Symmetrie zur Bindungsachse.
   d) Beide Orbitale tragen zur Doppelbindung des Moleküls in gleicher Weise bei und unterscheiden sich daher nicht grundsätzlich.

VERTIEFUNGSFRAGEN

5. **Wie viele bindende Molekülorbitale besitzt ein Sauerstoffmolekül?**
   a) Genau zwei, da es eine Doppelbindung besitzt.
   b) Genau drei, nämlich ein σ und zwei π-Orbitale.
   c) Genau vier, da die Molekülorbitale aus insgesamt acht Atomorbitalen aufgebaut werden und sich daher auf je vier bindende und antibindende Molekülorbitale verteilen.
   d) Dies lässt sich nicht grundsätzlich beantworten, da es darauf ankommt, ob wir Singulett- oder Triplett-Sauerstoff betrachten.

6. **Wie viele nichtbindende Molekülorbitale besitzt ein Stickstoffmolekül?**
   a) Keines, da die beteiligten Atomorbitale alle entweder konstruktiv oder destruktiv überlappen.
   b) Genau eines, wie wir aus der Bindungsordnung von drei bei voller Besetzung der bindenden und antibindenden Molekülorbitale erkennen können.
   c) Genau vier, nämlich die beiden p_z-Orbitale und die beiden p_x-Orbitale der beiden Stickstoffatome die alle jeweils senkrecht zur Bindungsachse stehen.
   d) Dies kommt auf die betrachteten Stickstoff-Isotope an.

7. **Wie viele nichtbindende Orbitale besitzt das Wassermolekül?**
   a) Keines, da die beteiligten Atomorbitale alle entweder konstruktiv oder destruktiv überlappen.
   b) Genau eines, nämlich das $2p_x$-Orbital des Sauerstoffatoms, welches nicht mit den Atomorbitalen der beiden H-Atome überlappen kann.
   c) Dies lässt sich ohne eine sorgfältige Analyse mittels der Gruppentheorie grundsätzlich nicht beantworten.
   d) Dies kommt auf die betrachteten Isotope an.

8. **Wie lässt sich das Molekülorbital-Schema des Wassermoleküls aufstellen?**
   a) Durch Kombination der Atomorbitale der beteiligten drei Atome, aber jeweils nur solche, welche die gleiche Symmetrieklasse aufweisen.
   b) Durch Kombination eines der Atomorbitale der beteiligten drei Atome entsprechend aller Kombinationsmöglichkeiten: addieren, subtrahieren, gemischt.
   c) Durch Kombination nur der totalsymmetrischen Atomorbitale der beteiligten drei Atome, jeweils additiv und subtraktiv.
   d) Durch exaktes Lösen der Schrödinger-Gleichung.

EINHEIT 8: GRENZORBITALKONZEPT DER ELEKTRONISCHEN ZUSTÄNDE VON MOLEKÜLEN
Wir haben uns in der vorangehenden Lehreinheit gründlich und (im Rahmen der vollzogenen Näherungen) „exakt" mit der Bildung von Molekülorbitalen beschäftigt. Wir wollen dem hier jetzt noch eine wesentlich stärker vereinfachte Vorgehensweise an die Seite stellen, die vor allem im Bereich der Organischen Chemie verbreitet ist, und die dort auch völlig zufriedenstellend ist und pragmatisches Arbeiten erlaubt. Hierbei betrachten wir nur ganz bestimmte von Elektronen besetzte Orbitale in einem Molekül, nämlich die energetisch am höchsten liegenden; es sind vor allem diese, die chemischen Reaktionen zugänglich sind. Dazu stellen wir zunächst eine wesentlich vereinfachte Variante des LCAO-Konzepts vor, die wiederum völlig ausreicht wenn uns vor allem qualitative oder halb-quantitative Charakteristika interessieren. In dieser Variante konstruieren wir Molekülorbitale rein durch lineare Superposition, d. h. sozusagen Interferenz der jeweils energetisch am höchsten liegenden von Elektronen besetzten Atomorbitale.

4.3 Grenzorbitalkonzept der elektronischen Zustände von Molekülen

4.3.1 Sigma-Bindungen

In einer sehr einfachen Betrachtung können wir uns chemische Bindungen einfach durch Kombination der nicht vollständig besetzen Orbitale der Bindungspartner konstruieren, indem wir uns vorstellen, dass diese beim Nahekommen der Partner überlappen und sich die Elektronen dann bevorzugt im Bereich zwischen den Bindungspartnern aufhalten. Die Partner teilen sich dann diese Elektronen und sind dadurch aneinander gebunden. Mathematisch entspricht diese Konstruktion schlicht einer Addition der Atomorbital-Wellenfunktionen zu einem bindenden Molekülorbital. Hierbei lassen wir auch den Fall zu, dass nicht alle Summanden zu gleichem Anteil in die Summation eingehen; dazu versehen wir sie mit Wichtungsfaktoren. Damit haben wir es dann einfach mit einer linearen Kombination der Atomorbitale zu tun, eben wieder gemäß LCAO-Prinzip, ggf. mit unterschiedlichen Wichtungsfaktoren. Es ist auch der Fall möglich, dass einer der Faktoren negativ ist, sprich dass die Summe zu einer Differenz wird. Dies wäre dann das Gegenteil von Überlapp; die geteilten Elektronen halten sich dann *nicht* bevorzugt zwischen den Partnern auf und binden diese aneinander, sondern suchen im Gegenteil größtmöglichen Abstand voneinander und ziehen die Partner dadurch auseinander. Wir haben es dann mit einem antibindenden Molekülorbital zu tun.

Je nachdem, ob der Überlapp der Orbitale entlang der Kern–Kern Bindungsachse oder senkrecht dazu stattfindet, sprechen wir von σ- bzw. von π-Orbitalen, abgeleitet von den griechischen Buchstaben σ und π, die im lateinischen Alphabet den Buchstaben s und p entsprechen. Wie schon zuvor füllen wir die somit entstandenen Molekülorbitale letztlich noch mit den Elektronen der höchstliegenden Atomorbitale, aus denen wir sie konstruiert haben; erst die energetisch tieferliegenden bindenden Molekülorbitale und dann, wenn noch Elektronen übrig sind, die energetisch höherliegenden antibindenden Molekülorbitale. Wenn letztlich insgesamt mehr bindende als antibindende Elektronen in den Molekülorbitalen vorliegen, kommt eine Bindung zustande; und wenn nicht, dann nicht.

Als einfachstes Beispiel betrachten wir wieder das Wasserstoffmolekül. Hier steuert jedes Wasserstoffatom ein s-Orbital mit jeweils einem Elektron zur Bildung eines bindenden σ-Molekülorbitals bei:

$$\sigma = c_1 \cdot s_1 + c_2 \cdot s_2 \tag{168}$$

Dies entspricht einer *konstruktiven* Interferenz der Atomorbitale und einer hohen Elektronenaufenthaltswahrscheinlichkeit im Bereich zwischen den beiden Atomen entlang der Kern–Kern Bindungsachse.

Gleichsam lässt sich auch ein antibindendes σ^*-Molekülorbital bilden:

$$\sigma^* = c_1 \cdot s_1 - c_2 \cdot s_2 \tag{169}$$

Dies entspricht einer *destruktiven* Interferenz der Atomorbitale und einer geringen Elektronenaufenthaltswahrscheinlichkeit im Bereich zwischen den beiden Atomen entlang der Kern–Kern Bindungsachse; wir haben es hier sogar mit einer Knotenfläche mit Aufenthaltswahrscheinlichkeit null in der Mitte der Kern–Kern Achse zu tun. Stattdessen liegt in diesem Orbital eine hohe Elektronenaufenthaltswahrscheinlichkeit in den Raumbereichen hinter den Kernen vor, wodurch das Molekül auseinandergezogen wird. Insgesamt wird die Anzahl der Orbitale konserviert; aus zwei vormaligen Atomorbitalen (eines pro Wasserstoffatom) werden zwei Molekülorbitale,

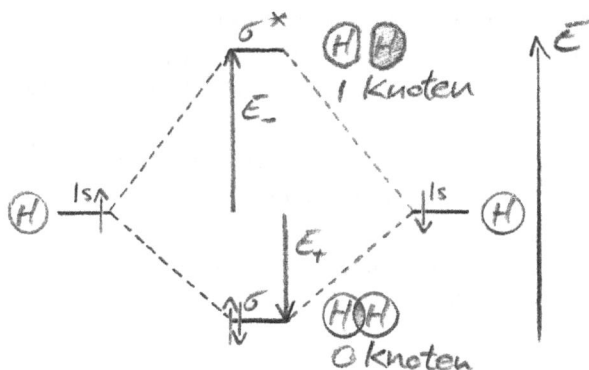

Abb. 4.24: MO-Schema des Wasserstoffmoleküls. In diesem Fall führen die Einbeziehung sämtlicher besetzten Atomorbitale und das Grenzorbitalkonzept zu identischen Molekülorbitalen. Bild nach Ian Fleming: *Grenzorbitale und Reaktionen organischer Verbindungen*; Wiley-VCH, Weinheim, **1990**.

ein bindendes und ein antibindendes. Abbildung 4.24 zeigt das dadurch zustandekommende Molekülorbitalschema des Wasserstoffmoleküls.

Füllen wir nun diese Orbitale gemäß Pauli-Prinzip und Hundscher Regel, so reichen die zwei vorhandenen s-Elektronen gerade um das bindende σ-Molekülorbital zu füllen. Demnach haben wir es insgesamt also mit einem bindenden Effekt zu tun und das Molekül ist stabil. Hätten wir ein solches Molekülorbital aus zwei Heliumatomen konstruiert, so müssten wir hingegen noch zwei Elektronen in das antibindende Molekülorbital füllen. Dies liegt aber, wie auch in Abb. 4.24 ersichtlich ist, energetisch mehr erhöht als dass das bindende Molekülorbital abgesenkt ist. Insgesamt hätten wir damit also keinen Energiegewinn; das Molekül wäre instabil. Darum gibt es keine He_2-Moleküle.

Die Koeffizienten c_1 und c_2 in den oben genannten σ-Molekülorbitalen geben die **Elektronendichte** an jedem der beiden Atome des Moleküls an. Wir können Zahlenwerte für diese Koeffizienten bekommen indem wir die Gesamtenergie durch einen Ansatz $\frac{dE}{dc_i} = 0$ minimieren, wobei E aus der Schrödinger-Gleichung $\hat{H}\Psi(x) = E \cdot \Psi(x)$ stammt. Für das Wasserstoffmolekül ergeben sich hiernach symmetrische Werte von $|c_1| = |c_2| = 0{,}707$; nur die Vorzeichen sind im Fall des antibindenden σ^*-Orbitals unterschiedlich.

Für das Wasserstoffmolekül H_2 ist das Grenzorbitalkonzept identisch mit dem bereits in der vorigen Lehreinheit beschriebenen exakten Fall, da die beteiligten Atome im Sinne elektronisch besetzter Zustände lediglich das äußere Elektronenorbital, nämlich 1s, enthalten. Linearkombination dieser beiden Valenzorbitale führt dann wie jeweils gezeigt zu einer asymmetrischen Aufhebung der Entartung, wobei ein bindender, im Verhältnis zu den Atomorbitalen stabilerer, und ein antibindender, destabilisierter Zustand entstehen. Betrachten wir aber beispielsweise die C–O Bindung, so müssen wir nicht unbedingt wie im vorangehenden Kapitel sämtliche Atomorbitale für die molekulare Bindung berücksichtigen, sondern es genügt die im Folgenden näher beschriebene vereinfachende Vorgehensweise. Wie in Abb. 4.25 gezeigt, betrachten wir diesmal lediglich die beiden äußeren p-Orbitale, welche durch konstruktiven oder destruktiven Überlapp an der molekularen Bindung beteiligt sind, während wir die anderen energetisch tiefer liegenden besetzten Atomorbitale der jeweiligen Atome ignorieren. Aufgrund der höheren Elektronegativität des Sauerstoffes liegt dessen 2p-Orbital allerdings im hier betrachteten Fall energetisch tiefer als das des Kohlenstoffes, da der entsprechende Zustand durch stärkere Coulomb-Anziehung quasi stabilisiert wird. Demzufolge haben die Koeffizienten c_1 und c_2 in den Molekülorbitalen nun auch unterschiedliche Werte. Im bindenden σ-Molekülorbital ist $|c|$ am elektronegativeren, energetisch tieferliegenden Sauerstoffatom größer; dieses Molekülorbital ist also dem beitragenden Sauerstoff-Atomorbital ähnlicher. Im antibindenden σ^*-Molekülorbital ist $|c|$ dagegen am weniger elektronegativen, energetisch höherliegenden Kohlenstoffatom größer; dieses Molekülorbital ist also dem beitragenden Kohlenstoffstoff-Atomorbital ähnlicher. Der Energiegewinn bei Bildung des Molekülorbitals ist also unterschiedlich für die beiden Bindungspartner. Das Kohlenstoffatom wird um einen Betrag E_C stabilisiert, das Sauerstoffatom wird um einen Betrag E_O stabilisiert. Die Differenz $E_C - E_O = E_i$ ist ein

Maß für die **Polarität** der Bindung, die nun einen teil-ionischen Charakter hat, d. h. die beteiligten Atome partizipieren nicht mehr in gleicher Weise an den beiden bindenden Elektronen, sondern das gebildete bindende Molekülorbital ähnelt mehr dem Atomorbital des elektronegativeren Partners. Die Elektronen sind also im betrachteten Fall partiell zum Sauerstoff verschoben. Im Wasserstoffmolekül, das wir eingangs betrachtet haben, war diese Differenz und damit auch der ionische Charakter dagegen null: $E_{H1} = E_{H2} \Rightarrow E_i = 0$.

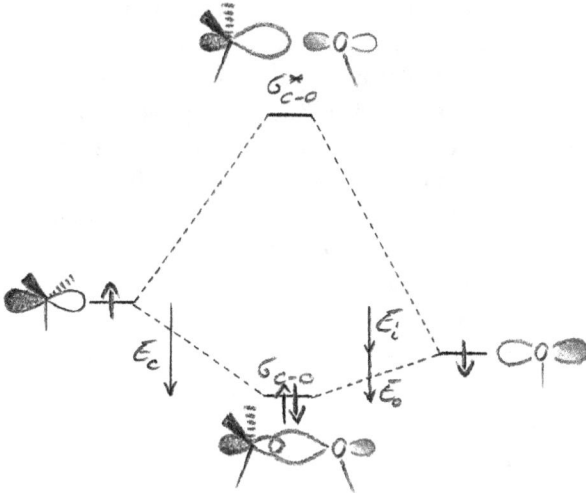

Abb. 4.25: Molekülorbitalschema für die C–O Einfachbindung nach dem Grenzorbitalkonzept. Bild nach Ian Fleming: *Grenzorbitale und Reaktionen organischer Verbindungen*; Wiley-VCH, Weinheim, **1990**.

Ein Extrembeispiel in dieser Hinsicht sind rein ionische Bindungen wie im Natriumfluorid (Abb. 4.26), wobei wir wiederum lediglich die energetisch am höchsten liegenden Atomorbitale betrachten, d. h. 3s für das Na-Atom und 2p für das F-Atom.

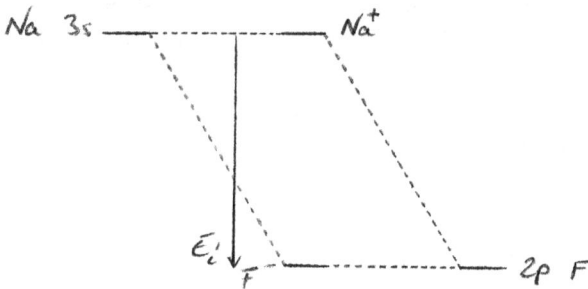

Abb. 4.26: Molekülorbitalschema für die NaF-Ionenbindung nach dem Grenzorbitalkonzept. Bild nach Ian Fleming: *Grenzorbitale und Reaktionen organischer Verbindungen*; Wiley-VCH, Weinheim, **1990**.

In diesem Fall haben wir keinerlei kovalenten Beitrag zur chemischen Bindung, d. h. der Koeffizient c des Natriumatoms ist null. Solche Bindungen sind wegen ihrer starken Polarität generell schwer bis unmöglich gleichmäßig, d. h. homolytisch zu spalten. Umgekehrt sind Bindungen mit hohem kovalentem Anteil fast nur homolytisch zu spalten.

An dieser Stelle müssen wir noch eine wichtige Anmerkung machen. Wir haben in den letzten beiden Beispielen nicht mehr nur reine s-Atomorbitale überlagert, sondern teils auch Orbitale mit p-Charakter. In Abb. 4.25 ist das an der unterschiedlichen Färbung der Orbital-Lappen zu erkennen; diese deutet unterschiedliches *Vorzeichen* der Wellenfunktionen in den entsprechenden Raumbereichen an, was bei reinen s-Orbitalen nicht anzutreffen ist, wohl aber Orbitalen mit p-Charakter. Dennoch hatten wir es bei den resultierenden Molekülorbitalen in den vorigen Beispielen stets mit σ-Molekülorbitalen zu tun, denn der Atomorbital-Überlapp geschah auch dabei stets entlang der Kern–Kern Bindungsachse – und das ergibt stets Molekülorbitale vom σ-Typ. Grundsätzlich ist es in der Tat gar nicht nötig, Bindungen stets nur mit reinen s- oder mit reinen p-Atomorbitalen zu bilden; es sind auch Mischformen möglich. In der Tat erlauben solche eine weitere Vergünstigung der Verhältnisse, nämlich dadurch, dass sich die Bindungspartner dann räumlich besser anordnen können. Wir können dies konzeptuell mit dem Konzept der **Hybridorbitale** erfassen.

Betrachten wir hierzu die Bindungsverhältnisse im einfachsten organischen Molekül, dem Methan, CH_4. In diesem Fall erwarten wir rein intuitiv vier energetisch gleichwertige σ-Bindungen zwischen dem zentralen C-Atom und den umgebenden vier H-Atomen. Demgemäß sollte auch eine gleichmäßige räumliche Anordnung der vier Bindungen vorliegen; dies ist gegeben durch die Form eines Tetraeders, der die vier Bindungen im Raum auf größtmöglichen Abstand zueinander bringt und dadurch elektrostatische Abstoßung der beteiligten Elektronenpaare bestmöglich vermeidet. Diese Form und diese Bindungsverhältnisse sind aber nicht ohne weiteres möglich, wenn wir für die Bildung der Molekülorbitale die unterschiedlichen Valenzorbitale des C-Atoms, 2s und 2p, berücksichtigen würden – die resultierenden Bindungen würden nämlich in diesem Fall aufgrund des unterschiedlichen Überlapps mit den 1s-Atomorbitalen der H-Atome unterschiedlich stabil ausfallen und auch nicht im Tetraederwinkel (109° 28') zueinander liegen, weil die 2p-Orbitale ja orthogonal (d. h. im Winkel 90°) zueinander sind. Die Bindungsverhältnisse im CH_4 müssen also anders sein. Wir machen uns dazu klar, dass wir Orbitale nicht nur zwischen zwei Atomen, sondern auch innerhalb ein und desselben Atoms (hier des C-Atoms) miteinander zu neuen Orbitalen linearkombinieren können. Genau das tun wir hier nun mit dem 2s-Orbital und den drei 2p-Orbitalen des C-Atoms. Wir kombinieren diese zu vier sogenannten sp^3-Hybridorbitalen:

$$h_1 = s + p_x + p_y + p_z$$

$$h_2 = s - p_x - p_y + p_z$$

$$h_3 = s - p_x + p_y - p_z \tag{170}$$

$$h_4 = s + p_x - p_y - p_z$$

Diese sind zueinander im Tetraederwinkel angeordnet; ihre Form ist auf dem Titelbild dieses Buchs modellhaft dargestellt. Diese vier Hybridorbitale überlappen im Methanmolekül nun mit den 1s-Orbitalen des H-Atoms und bilden so sehr stabile, räumlich stark gerichtete σ-Bindungen von identischer Länge und Stärke aus, wobei die Bindungswinkel jeweils dem Tetraederwinkel entsprechen.

Wir können gleichsam auch andere Hybridorbitale konstruieren, beispielsweise sp^2-Hybridorbitale, in denen jeweils ein s-Orbital und nur zwei p-Orbitale kombiniert sind. Hiervon gibt es dann drei, die in Form eines planaren Dreiecks mit Winkel 120° angeordnet sind. Es sind bei der Konstruktion von Hybridorbitalen auch krumme Zahlen von kombinierten Orbitalen möglich. Der ganz generelle Ansatz lautet:

$$h = a \cdot s + b \cdot p \tag{171}$$

wobei a für den Anteil der an der Hybridisierung beteiligten s-Orbitale und b für den Anteil der p-Orbitale steht und wobei gilt $a^2 + b^2 = 1$ (für sp^3-Hybridorbitale dementsprechend $\frac{a^2}{b^2} = \frac{1}{3}$, also $a^2 = 0,25$ und $b^2 = 0,75$ bzw. $a = 0,5$ und $b = 0,866$). Für den Winkel zwischen diesen Orbitalen gilt dann allgemein:

$$a^2 = \frac{\cos(\theta)}{\cos(\theta) - 1} \tag{172}$$

Für das sp^3-Hybridorbital ergibt sich somit $0{,}25 = \frac{\cos(\theta)}{\cos(\theta)-1}$ und damit der Tetraederwinkel $\theta = 109°$.

Welche Hybridisierung nun genau entsteht, lässt sich ermitteln, indem wir die Energie des Moleküls als Funktion des Winkels ermitteln und das Minimum davon suchen.

Im Grunde haben wir das Konzept der Hybridisierung übrigens quasi schon im obigen Kapitel 4.2.3. kennengelernt, als wir die Atomorbitale entsprechend ihrer Symmetrien für das Beispiel des Wassermoleküls (Punktgruppe C_{2v}) zu Molekülorbitalen kombiniert haben. Die hier geschilderte Vorgehensweise zur Ableitung des Charakters der chemischen Bindung ist allerdings insofern deutlich einfacher, als dass wir lediglich die Valenzorbitale betrachtet haben und die Symmetrie, im Fall des Methans tetraedrisch, aus der gleichförmigen Anordnung der vier Bindungen abgeleitet haben, statt explizit die Punktgruppe T_d sowie sämtliche Elektronen der beteiligten Atome zu berücksichtigen.

> **ℹ VSEPR-Modell**
>
> Wir können die räumliche Anordnung der gleichwertigen Lappen von Hybridorbitalen auch mit dem **VSEPR-Modell** (Abkürzung für engl. *valence shell electron pair repulsion*, dt. *Valenzschalen-Elektronenpaar-Abstoßung*) verstehen. Es führt die räumliche Gestalt eines Moleküls auf die abstoßenden Kräfte zwischen den Elektronenpaaren der Valenzschale zurück. Hieraus ergeben sich einige einfache Regeln für Moleküle des Typs AX_n:
>
> - Die Elektronenpaare der Valenzschale des Zentralatoms (A) ordnen sich so an, dass der Abstand zwischen ihnen maximiert wird.
> - Freie Elektronenpaare beanspruchen mehr Raum als bindende Elektronenpaare und führen somit zu einer Verkleinerung der Bindungswinkel. Einzelne freie Elektronen in Radikalen nehmen weniger Raum ein als freie Elektronenpaare.
> - Größere Elektronegativitätsdifferenzen zwischen den Bindungspartnern vermindern den Raumbedarf der Bindung.
>
> Dieses Prinzip lässt sich didaktisch gut mit der Ballonfigur auf dem Titelbild dieses Buchs veranschaulichen. Es zeigt vier Ballons in tetraedrischer Anordnung; wie in einem sp^3-Hybridorbital. Bringen wir einen davon zum Platzen, so ordnen sich die verbleibenden sofort trigonal planar an; wie in einem sp^2-Hybridorbital. In beiden Fällen ergibt sich die Anordnung aus dem Prinzip maximalen gegenseitigen Abstands.

4.3.2 Pi-Bindungen

Dieselben Prinzipien können wir nun auch zur Bildung von π-Molekülorbitalen nutzen. Ein wesentlicher Unterschied besteht lediglich darin, dass hierbei der Überlapp der Atomorbitale nicht entlang der Kern–Kern Bindungsachse geschieht, sondern senkrecht dazu. Das ermöglicht etwas Spektakuläres: die **Konjugation** mehrerer π-Bindungen zu einem großen konjugierten Elektronensystem. Wir fangen wieder klein an und betrachten zuerst eines der einfachsten π-Elektronensysteme: das Ethylen. An dessen molekularer C–C Bindung sind nun, neben sp^2-Hybridorbitalen (drei für jedes der beiden Kohlenstoffatome des Ethylens, alle in einer Ebene unter einem Winkel von jew. 120° zueinander angeordnet) auch die dazu senkrecht stehenden Valenzorbitale $2p_z$ beteiligt. Deren Überlapp findet nun jedoch, im Gegensatz zu den Bindungsverhältnissen die wir bisher besprochen haben, nicht mehr innerhalb der C–C Bindungsachse statt, sondern senkrecht außerhalb davon, wie in Abb. 4.27 gezeigt ist.

Wie schon beim Wasserstoff können wir hier zwei Molekülorbitale aus zwei beteiligten Atomorbitalen konstruieren, nur dass dies jetzt eben keine s- sondern p_z-Atomorbitale sind, die nicht zu σ- sondern zu π-Molekülorbitalen kombiniert werden:

$$\pi = c_1 \cdot p_{z1} + c_2 \cdot p_{z2}$$
$$\pi^* = c_1 \cdot p_{z1} - c_2 \cdot p_{z2}$$
(173)

Wiederum haben wir es im π-Molekülorbital mit einer konstruktiven Interferenz der Atomorbitale und einer hohen Elektronenaufenthaltswahrscheinlichkeit im Bereich zwischen den beiden Atomen entlang der Kern–Kern Bindungsachse zu tun, im π^*-

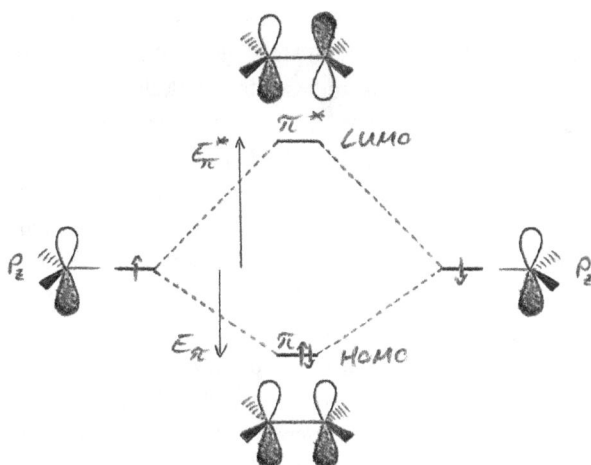

Abb. 4.27: Molekülorbitalschema für die π-Bindung des Ethylens nach dem Grenzorbitalkonzept. Bild nach Ian Fleming: *Grenzorbitale und Reaktionen organischer Verbindungen*; Wiley-VCH, Weinheim, **1990**.

Molekülorbital dagegen mit einer destruktiven Interferenz der Atomorbitale und einer geringen Elektronenaufenthaltswahrscheinlichkeit, ja sogar mitsamt einer Knotenebene im Bereich zwischen den beiden Atomen entlang der Kern–Kern Bindungsachse.

Wichtig ist hierbei nun anzumerken, dass das π- und das π^*-Molekülorbital unterschiedliche Symmetrie aufweisen. Die Lappen an den beiden Enden des Elektronensystems im π-Molekülorbital haben gleiches Vorzeichen, die Lappen an den beiden Enden des Elektronensystems im π^*-Molekülorbital haben unterschiedliches Vorzeichen. Das wird weiter unten noch sehr wichtig werden, wenn wir Reaktionen betrachten an denen solche Orbitale maßgeblich beteiligt sind.

4.3.3 Mehrelektronensysteme und Grenzorbitale

Bislang haben wir einfache Beispiele mit stets nur zwei kombinierten Atomorbitalen und entsprechend insgesamt nur zwei Valenzelektronen betrachtet bzw. nur einfache Molekülbindungen beschrieben, welche unter Beteiligung von nur zwei Atomen entstehen. Wir können mit denselben Konzepten aber auch kompliziertere Mehrelektronensysteme behandeln. Grundsätzlich können wir in einem Molekül stets alle (besetzten) Atomorbitale miteinander gemäß den Prinzipien kombinieren, die wir kennengelernt haben. Dabei gilt aber, dass beim Kombinieren von Atomorbitalen, die energetisch sehr weit auseinanderliegen, nur marginale kovalente Bindungsanteile entstehen; das haben wir oben beim NaF-Beispiel gesehen. Es kombinieren daher bevorzugt nur solche Atomorbitale zu kovalenten Bindungen, die energetisch nahe liegen (außer dies ist nicht möglich, wie im NaF, wo es schlichtweg keine solchen Atomorbitale zum Kombinieren gibt). Wir können also unseren Fokus auf die energetisch höchstliegenden (besetzten) Atomorbitale und deren resultierende Molekülorbitale beschränken. Konkret entstehen dann zwei besonders interessante Molekülorbitale: das höchste besetzte Molekülorbital (engl. **HOMO;** *highest occupied molecular orbital*) und das tiefste unbesetzte Molekülorbital (engl. **LUMO;** *lowest unoccupied molecular orbital*). Das HOMO ist das schwächste elektronenbindende und daher das am besten elektronenabgebende Molekülorbital; das LUMO ist hingegen das am besten zugängliche Molekülorbital zur Elektronenaufnahme. Wir können schon ahnen, dass dies für die Betrachtung chemischer Reaktionen ganz essenzielle Orbitale sind. Wir nennen sie **Grenzorbitale.** Wenn es sich bei solchen Grenzorbitalen um π-Molekülorbitale handelt, so haben wir gerade eben schon gesehen, dass diese dann unterschiedliche Symmetrie haben werden. Eines der beiden wird symmetrisch sein, mit gleichen Vorzeichen der Orbital-Lappen an den beiden Enden des π-Elektronensystems, das andere wird hingegen antisymmetrisch sein, mit unterschiedlichen Vorzeichen der Orbital-Lappen an den beiden Enden des π-Elektronensystems. Regen wir nun ein Elektron aus dem HOMO in das LUMO durch Bestrahlung mit sichtbarem oder UV-Licht an, so ändern wir diese Symmetrie. Hieraus ergibt sich ein fundamental unterschiedlicher Verlauf von vielen photochemischen gegenüber thermischen Reaktionsverläufen.

4.3.3.1 Konjugation

In π-Molekülorbitalen findet der Überlapp bzw. die konstruktive Interferenz der beteiligten Atomorbitale senkrecht zur Kern–Kern Bindungsachse statt. Das erlaubt es, diesen Überlapp nicht auf bloß zwei beteiligte Bindungspartner zu beschränken. Falls sich in der Nähe weitere p_z-Atomorbitale finden, was stets in Molekülen mit abwechselnden C–C Einzelbindungen und C=C Doppelbindungen der Fall ist, so können auch diese am Überlapp mitwirken; dadurch ergibt sich ein ausgedehntes, delokalisiertes π-Elektronensystem. Wir sprechen hierbei von **Konjugation.** Wir können dies nach den gleichen Prinzipien erfassen und berücksichtigen die wir bis hierher angewandt haben. Ein einfaches Beispiel zur Verdeutlichung ist 1,3-Butadien in Abb. 4.28.

Zuerst kreieren wir in diesem System konzeptuell zwei „verknüpfte Ethylenmoleküle" mit zwei zunächst als isoliert betrachteten π-Bindungen. Dann nehmen wir diese Bindungen und kombinieren (d. h. interferieren) sie nochmals miteinander. Das liefert uns dann vier π-Molekülorbitale des Butadiens:

$$\Psi = c_1 \cdot p_{z1} + c_2 \cdot p_{z2} + c_3 \cdot p_{z3} + c_4 \cdot p_{z4} \tag{174}$$

- Ψ_1 hat keine Knoten; es liegen drei bindende und keine antibindenden Wechselwirkungen vor. Wir füllen es mit zwei Elektronen.
- Ψ_2 hat einen Knoten; es liegen zwei bindende und eine antibindende Wechselwirkungen vor. Wir füllen es mit zwei Elektronen.
- Ψ_3 hat zwei Knoten; es liegen eine bindende und zwei antibindende Wechselwirkungen vor. Es ist unbesetzt.
- Ψ_4 hat drei Knoten; es liegen keine bindenden sondern ausschließlich drei antibindende Wechselwirkungen vor. Es ist unbesetzt.

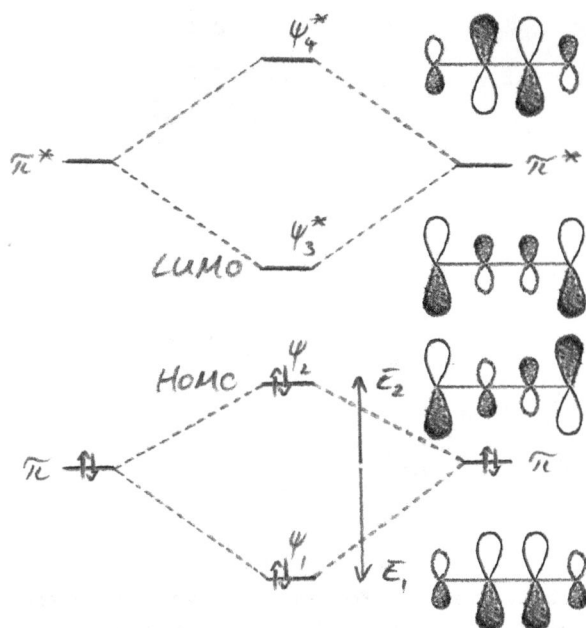

Abb. 4.28: Molekülorbitalschema für Butadien nach dem Grenzorbitalkonzept. Bild nach Ian Fleming: *Grenzorbitale und Reaktionen organischer Verbindungen*; Wiley-VCH, Weinheim, **1990**.

Wiederum bleibt die Anzahl Orbitale konserviert. Aus vier vormaligen p-Atomorbitalen sind vier π-Molekülorbitale geworden. Dabei ist nun Ψ_2 das HOMO und Ψ_3 das LUMO. Wenn wir dieses System vereinfachend als „Elektron im Kasten" betrachten, so sehen wir, dass die Orbitalkoeffizienten unterschiedlich sind. Abbildung 4.29 zeigt diese Vorgehensweise.

Das erklärt die extra-Stabilisierung, die mit der Konjugation einhergeht. Wir haben die Konjugation hier als eine Art „Bindung von zwei Ethylenmolekülen miteinander" aufgefasst. Hierdurch ist eine extra π-Bindung zwischen C2 und C3 entstanden. Diese Bindung ist sehr stabil aufgrund der hohen Orbitalkoeffizienten eben dieser Atome im stabilsten besetzten Molekülorbital. Umgekehrt entsteht dadurch natürlich auch ein weniger stabilisiertes teilweise antibindendes besetztes Molekülorbital, aber gerade darin haben die beiden besagten Atome kleine Orbitalkoeffizienten. Die extra-Stabilisierung des π-Systems durch die Konjugation zeigt sich auch im verringerten energetischen Abstand des HOMOs und LUMOs im Vergleich zum Abstand der vormaligen isolierten π- und π^*-Orbitale in Abb. 4.28. Dadurch ist es leichter geworden, Elektronen anzuregen; wir brauchen dafür nun weniger Energie. Deshalb absorbieren konjugierte π-Systeme oftmals im sichtbaren Bereich des Lichts, nicht-konjugierte hingegen nur im UV-Bereich. Viele Farbstoffe basieren auf Konjugation, beispielsweise der grüne Blattfarbstoff Chlorophyll.

$\sum c^2$

Ψ_4 0,371 −0,600   0,600 −0,371   1

Ψ_3 0,600 −0,371 −0,371   0,600   1

Ψ_2 0,600   0,371 −0,371 −0,600   1

Ψ_1 0,371   0,600   0,600   0,371   1

$\sum c^2$ 1   1   1   1

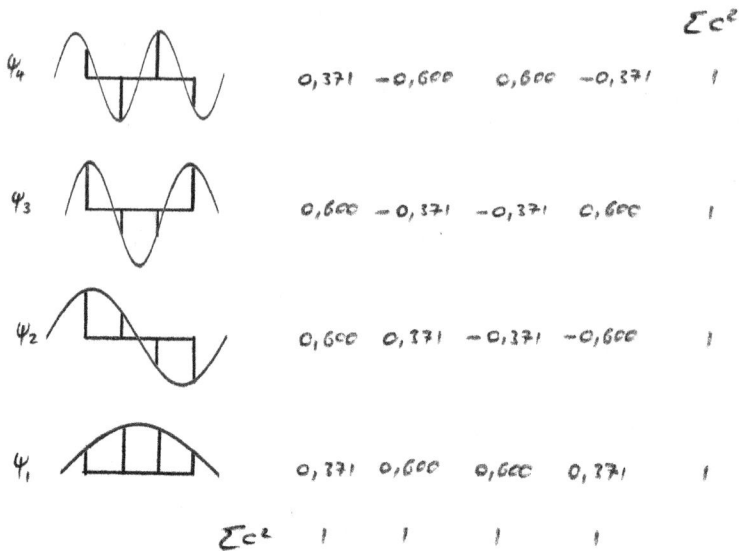

Abb. 4.29: Wellenfunktionen der Molekülorbitale und anteilige Koeffizienten der zugehörigen atomaren Grenzorbitale für Butadien. Bild nach Ian Fleming: *Grenzorbitale und Reaktionen organischer Verbindungen*; Wiley-VCH, Weinheim, **1990**.

Wiederum haben die Molekülorbitale des 1,3-Butadiens alternierende Symmetrie

- Die Lappen von Ψ_1 haben an beiden Enden des π-Elektronensystems dasselbe Vorzeichen.
- Die Lappen von Ψ_2 haben an den Enden des π-Elektronensystems unterschiedliche Vorzeichen.
- Die Lappen von Ψ_3 haben an beiden Enden des π-Elektronensystems dasselbe Vorzeichen.
- Die Lappen von Ψ_4 haben an den Enden des π-Elektronensystems unterschiedliche Vorzeichen.

Anregung mit Licht hebt ein Elektron aus dem HOMO in das LUMO, was dann zum neuen HOMO wird. Dadurch hat sich dann die Symmetrie der Grenzorbitale verdreht. Dies ist essenziell wichtig für eine bestimmte Klasse chemischer Reaktionen, die vor allem durch π-Elektronen bestimmt wird. Wir wollen diese in Abschnitt 4.3.3.3 näher kennenlernen.

4.3.3.2 Hückel-Modell und Aromatizität

Ein ganz besonderer Typ konjugierter Systeme sind **Aromaten**. Betrachten wir hierzu stellvertretend das Benzen, dessen delokalisiertes π-System sich im Rahmen des Grenzorbitalkonzeptes lediglich aus den $2p_z$-Orbitalen der sechs beteiligten Kohlenstoffatome konstituiert. Wir erhalten somit auch sechs Molekülorbitale, die mit steigenden Energie-

Eigenwerten immer mehr Knotenebenen aufweisen, wobei das tiefstliegende bindende Orbital einer totalsymmetrischen Linearkombination der $2p_z$-Orbitale mit einer Knotenebene lediglich in der Molekülebene des Benzens entspricht (s. Abb. 4.30).

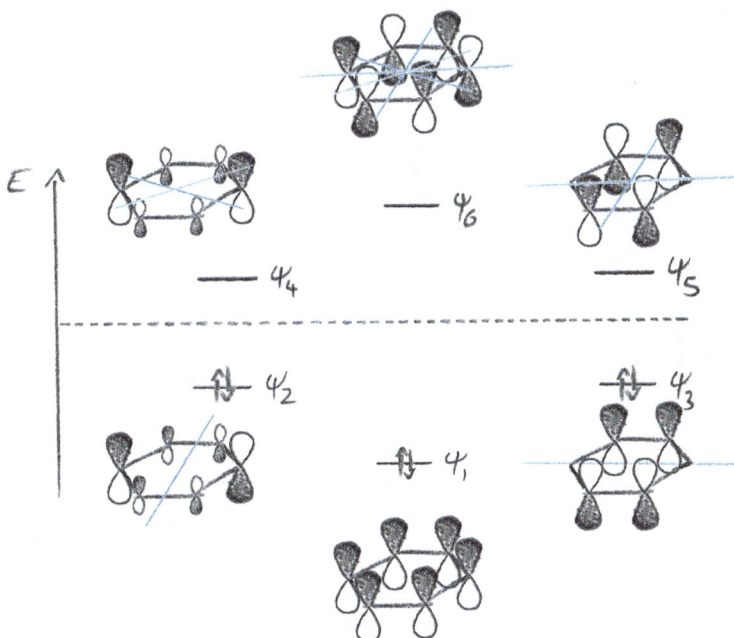

Abb. 4.30: Molekülorbitale des Benzens nach dem Grenzorbitalkonzept und dem Hückel-Modell. Bild nach Ian Fleming: *Grenzorbitale und Reaktionen organischer Verbindungen.* Wiley-VCH, Weinheim, **1990**.

Wir erkennen ferner anhand von Abb. 4.30, dass die sechs Valenzelektronen alle bindende Molekülorbitale besetzen müssen und sich somit ein stabiler Zustand ergibt, was gerade ein aromatisches π-System ausmacht. Generell gilt hier die sogenannte **Hückel-Regel,** nach der ein Ringsystem konjugierter Doppelbindungen im Fall von $4 \cdot n + 2$ Valenzelektronen eine hohe Resonanzstabilisierung zeigt und somit einem aromatischen Zustand entspricht, bei dem sämtliche π-Bindungen äquivalent sind. Für $n = 1$ erhalten wir das soeben betrachtete Benzen mit der Struktur eines regelmäßigen Sechseckes, für $n = 2$ das Naphtalen mit 10 π-Elektronen in Gestalt zweier an einer Seite verschmolzener regelmäßiger Sechsecke, und so weiter.

Anders liegen die Verhältnisse für cyclische Systeme mit $4 \cdot n$ π-Elektronen, wie beispielhaft das Cyclobutadien. Das zugehörige MO-Schema, welches sich aus den Valenzelektronen ergibt, finden Sie in Abb. 4.31.

Im Gegensatz zum Benzen besetzen die vier Valenzelektronen diesmal nicht nur im Vergleich zu den Atomorbitalen energetisch tiefer liegende und damit bindende Molekülorbitale, sondern auch zum Teil nichtbindende Zustände, für die die Molekül-

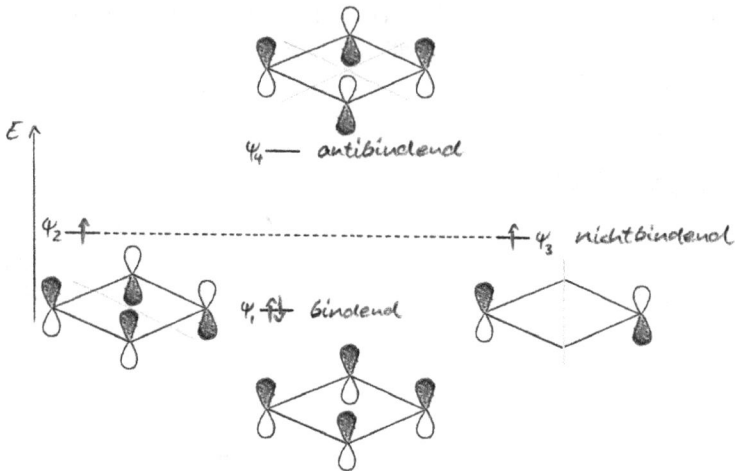

Abb. 4.31: Molekülorbitale des Cyclobutadiens nach dem Grenzorbitalkonzept. Bild nach Ian Fleming: *Grenzorbitale und Reaktionen organischer Verbindungen.* Wiley-VCH, Weinheim, **1990**.

orbitale exakt auf dem Energieniveau der diesen zugrunde liegenden Atomorbitale liegen, weshalb die Resonanzstabilisierung insgesamt im Vergleich zu den aromatischen Systemen deutlich geringer ausfällt und demzufolge auch kein aromatisches System mit vier gleichberechtigten π-Bindungen vorliegt. Entsprechend weist das Cyclobutadien auch nicht die Struktur eines regelmäßigen Quadrates mit vier gleichberechtigten Bindungen auf, sondern die eines verzerrten Rechtecks, in dem zwei σ-Bindungen und zwei kürzere π-Bindungen alternieren.

4.3.3.3 Perizyklische Reaktionen

Bestimmte Typen von Bindungen interessieren uns in der Chemie, wenn sie besondere Eigenschaften haben und wenn besondere Reaktionen mit ihnen möglich sind. Beides trifft auf konjugierte π-Bindungen zu. Einerseits sind sie in der Lage, Licht zu absorbieren, vor allem wenn die Konjugation ausgedehnt ist. Wir haben im vorigen Abschnitt gesehen, dass dadurch die Grenzorbitale energetisch zusammenrücken und somit die zu überwindende Lücke beim Anregen kleiner wird; demnach verschiebt sich die Absorptionswellenlänge vom Ultravioletten ins Sichtbare, und die Stoffe werden farbig.[40] Andererseits sind konjugierte π-Bindungen aufgrund der guten Zugäng-

---

[40] Eben dadurch werden mit diesen Stoffen aus angeregten Zuständen heraus, die ja besonders dann gut erreichbar sind, wenn die Anregung im gut zugänglichen sichtbaren Teil des Spektrums erfolgt, auch wieder interessante Reaktionen möglich. Ein ganz besonders imposantes Beispiel ist die Photosynthese, die ein komplizierter Mechanismus ist mit dem Kohlendioxid aus der Luft mit Wasser zu Sauerstoff und Zucker umgesetzt wird. An deren Anfang steht die Anregung von Blattfarbstoffen wie Chlorophyll durch Sonnenlicht.

lichkeit ihrer Grenzorbitale einer besonderen Klasse von Reaktionen zugänglich die auf vielseitige Weise hoch kontrollierte Verläufe ermöglicht. Es handelt sich dabei um sogenannte **perizyklische Reaktionen.** Das sind konzertierte, zyklische Umordnungen von Elektronen in einem Molekül oder in einem reaktiven Komplex aus zwei Molekülen. **Konzertiert** heißt, dass es dabei keine Zwischenstufen gibt; Bruch und Neuknüpfung von Bindungen erfolgen absolut simultan. **Perizyklisch** bedeutet, dass wir es mit einem ringartigen Übergangszustand zu tun haben; das ist in der Tat eine notwendige Bedingung für den konzertierten Reaktionsverlauf. Durch eben diese Bedingungen weisen diese Reaktionen eine extrem hohe Regio- und Stereoselektivität auf. Das vielleicht Beste an diesen Reaktionen ist aber, dass sie sowohl thermisch als auch photochemisch vollzogen werden können und dabei im Hinblick auf deren Machbarkeit und auf die Produkt-Stereochemie komplementäre Ergebnisse liefern. Wir können demnach durch die Reaktionsbedingungen (thermisch oder photochemisch) genau kontrollieren welche Art von Reaktion ablaufen soll und welches Produkt dabei entstehen wird. Wir unterscheiden drei verschiedene Grund-Typen dieser Reaktionen.

Elektrozyklische Reaktionen sind intramolekulare Reaktionen, bei denen in einem konjugierten System eine π-Bindung verschwindet und dafür eine σ-Bindung entsteht und dabei (unter räumlicher Verschiebung weiterer π-Bindungen) ein Ringschluss erfolgt; der Verlauf ist ebenso auch in die umgekehrte Richtung möglich (Abb. 4.32).

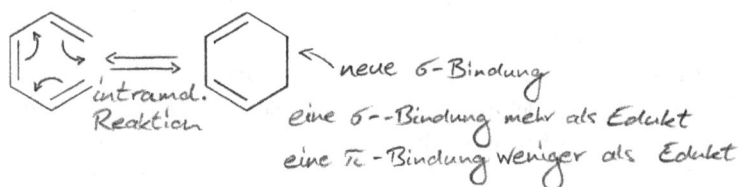

neue σ-Bindung
eine σ-Bindung mehr als Edukt
eine π-Bindung weniger als Edukt

intramol. Reaktion

Abb. 4.32: Schema einer 3,3'-Elektrozyklisierung.

Zykloadditionen sind intermolekulare Reaktionen, bei denen zwei konjugierte π-Systeme zu einem Ring zusammenfinden; es gehen dabei zwei π-Bindungen verloren, dafür werden zwei neue σ-Bindungen geknüpft. Wieder ist der Verlauf ebenso auch in die umgekehrte Richtung möglich. Ein berühmtes Beispiel ist die **Diels–Alder Reaktion** (Abb. 4.33).

Sigmatrope Umlagerungen sind wiederum intramolekulare Reaktionen, bei denen sich ein konjugiertes π-System umordnet. Es geht dabei im Molekül an einer Stelle eine σ-Bindung verloren, dafür wird an einer anderen Stelle eine σ-Bindung geknüpft, und π-Bindungen arrangieren sich um. Die Gesamtzahl an σ- und π-Bindungen bleibt dabei erhalten. Ein Beispiel ist die **Cope-Umlagerung** (Abb. 4.34).

All diese Reaktionen lassen sich hinsichtlich ihrer Freiwilligkeit, ihres Reaktionsverlaufs und ihrer Stereokontrolle einfach durch Betrachtung der beteiligten Grenzorbitale

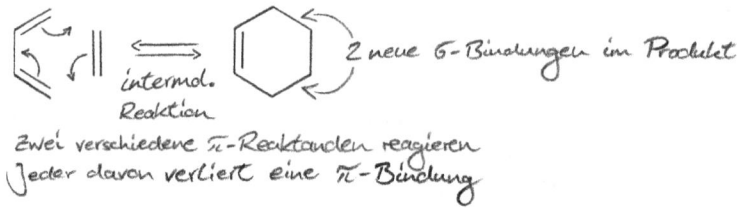

Abb. 4.33: Schema einer [4 + 2]-Zykloaddition.

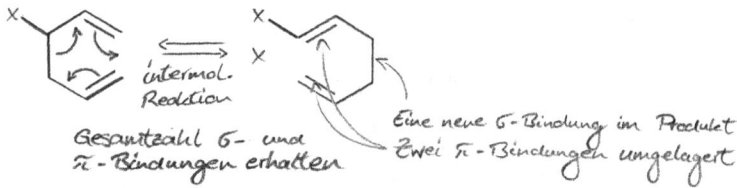

Abb. 4.34: Schema einer 3,3'-Sigmatropen Umlagerung.

und derer Symmetrien verstehen. Wir können dabei die beteiligten π-Systeme unabhängig von dem darunterliegenden Skelett an σ-Bindungen diskutieren; ein Konzept, das auf Erich Hückel zurückgeht. Dabei beschränken wir unseren Blick auf die beiden Grenzorbitale HOMO und LUMO; diese nützliche Vereinfachung wurde vom Chemienobelpreisträger Kenichi Fukui vorgeschlagen.

Schauen wir uns zunächst elektrozyklische Reaktionen und deren Umkehr, die Zykloreversionen in Abb. 4.35 an. Betrachten wir etwa 1,3-Butadien. Dies kann unter thermischen Bedingungen reversibel zum links gezeigten *trans*-Cyclobuten reagieren, unter photochemischen Bedingungen reagiert es hingegen zum rechts gezeigten *cis*-Cyclobuten.

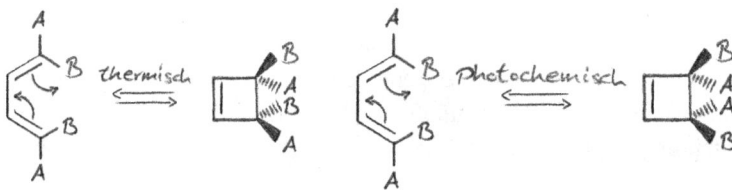

Abb. 4.35: Schema für die reversible Umlagerung von substituiertem Butadien zu Cyclobuten und sterische Anordnung der Substituenten bei thermischer oder photochemischer Reaktionsführung.

Wir verstehen diese unterschiedlichen Reaktionsverläufe, wenn wir die Grenzorbitale identifizieren. Dazu schreiben wir in Abb. 4.36 alle konjugierten π-Orbitale hin und füllen sie gemäß Pauli-Prinzip und Hundscher Regel von unten nach oben mit Elektronen. Im Grundzustand wird dadurch Ψ_2 das HOMO sein. Dies hat antisymmetrische Gestalt hinsichtlich der Vorzeichen der Orbitallappen an den Enden des konjugierten Systems. Regen wir hingegen ein Elektron unter photochemischen Bedingungen ins nächsthöhere Ψ_3-Orbital an (das vormalige LUMO), so wird dies zum neuen HOMO. Dies hat dann symmetrische Gestalt hinsichtlich der Vorzeichen der Orbitallappen an den Enden des konjugierten Systems.

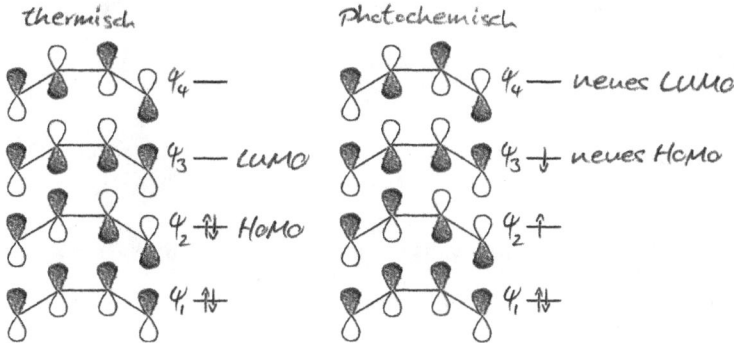

Abb. 4.36: Grenzorbitale des Butadiens im thermischen Grundzustand und im photochemisch angeregten Zustand.

Um nun im thermischen (also un-angeregten) Fall mit dem Ψ_2-HOMO einen Ringschluss zu erzielen, müssen die Orbitallappen **konrotatorisch**, also durch Drehung in dieselbe Richtung, zur Überlappung gebracht werden (Abb. 4.37 links). Im photochemischen Fall ist hingegen das Ψ_3-Orbital das neue HOMO. Um hier einen Ringschluss zu erzielen, müssen die Orbitallappen **disrotatorisch**, also durch Drehung in unterschiedliche Richtungen, zur Überlappung gebracht werden (Abb. 4.37 rechts). Es resultieren dadurch die oben gezeigten unterschiedlichen Stereochemien in den Produkten.

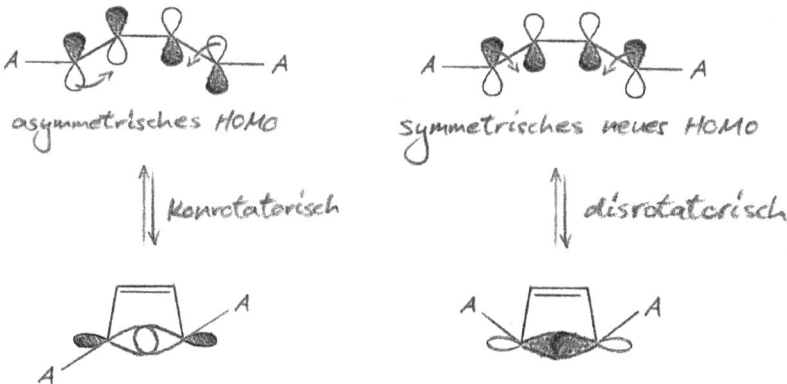

Abb. 4.37: Konrotatorische und disrotatorische Zyklisierung der HOMO-Grenzorbitale des Butadiens bei thermischer (links) und photochemischer (rechts) Reaktionsführung.

Ein ganz analoges Beispiel liegt im Fall der Zyklisierungsreaktion von Hexatrien (Abb. 4.38) vor:

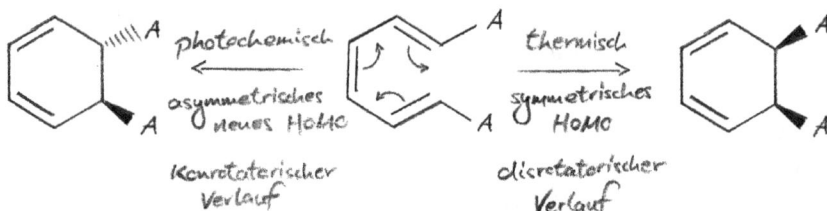

Abb. 4.38: Schema für die Zyklisierung von substituiertem Hexatrien zu Cyclohexadien und sterische Anordnung der Substituenten bei thermischer oder photochemischer Reaktionsführung.

Wir können als Regeln für solche Elektrozyklisierungen also festhalten:

- Die Symmetrie des HOMO bestimmt den Reaktionspfad:
    - Symmetrisches HOMO: disrotatorisch
    - Antisymmetrisches HOMO: konrotatorisch

- Die Symmetrie des HOMO ist gegeben durch die Anzahl konjugierter π-Bindungen:
    - Gerade Anzahl π-Bindungen: antisymmetrisches HOMO (Beispiel Butadien)
    - Ungerade Anzahl π-Bindungen: symmetrisches HOMO (Beispiel Hexatrien)

- Photoanregung hebt ein Elektron aus dem HOMO in das LUMO, welches dann zum neuen HOMO wird; das invertiert die Symmetrie des π-Systems im HOMO
    - Gerade Anzahl π-Bindungen: symmetrisches neues HOMO nach Photoanregung
    - Ungerade Anzahl π-Bindungen: antisymmetrisches neues HOMO nach Photoanregung
    - Dadurch dreht sich der Reaktionspfad und die Produkt-Stereochemie um; thermischer und photochemischer Reaktionsverlauf sind demnach komplementär

Tabelle 4.2 fasst diese Regeln nochmals kompakt zusammen.

Tab. 4.2: Woodward–Hoffmann Regeln für elektrozyklische Reaktionen.

Anz. konjugierter π-Bindungen	Reaktionsbedingungen	Ringschlussweg
Gerade	Thermisch	Konrotatorisch
	Photochemisch	Disrotatorisch
Ungerade	Thermisch	Disrotatorisch
	Photochemisch	Konrotatorisch

Aufgrund des Prinzips der mikroskopischen Reversibilität gelten dieselben Regeln auch für den umgekehrten Fall der Ringöffnung. Merke: in beiden Fällen wird die Anzahl π-Bindungen im azyklischen Edukt bzw. Produkt gezählt.

Als nächstes betrachten wir Zykloadditionen; wir wählen das berühmte Beispiel der [4 + 2] Diels–Alder Reaktion von Butadien und Ethylen. Hierbei gehen Elektronen vom HOMO des Elektronen-Donor Partners ins LUMO des Elektronen-Akzeptor Partners über. Egal welcher Partner nun letztlich welche Rolle einnimmt (wir können dies ermitteln indem wir die Energien der jeweiligen HOMO und LUMO Orbitale berechnen, die noch davon abhängen welche weiteren Substituentengruppen an den beiden Reaktionspartnern hängen), die Grenzorbitale beider Moleküle passen hinsichtlich ihrer Symmetrie immer „von selbst" perfekt zusammen, sodass die Moleküle in einer sterisch günstigen suprafacialen Anordnung durch Überlapp ihrer Orbitale neue Bindungen ausbilden können, wodurch der Ringschluss erfolgt. Abbildung 4.39 verdeutlicht dies. Diese

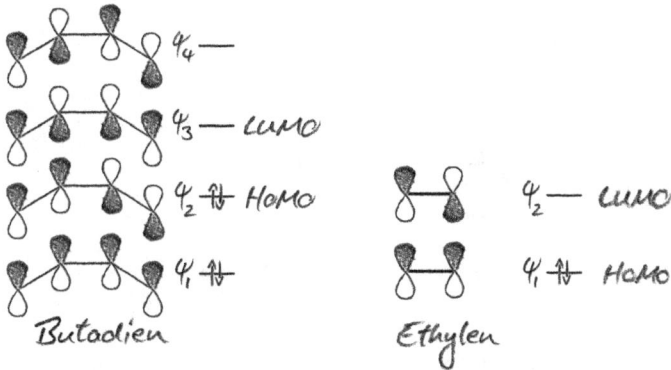

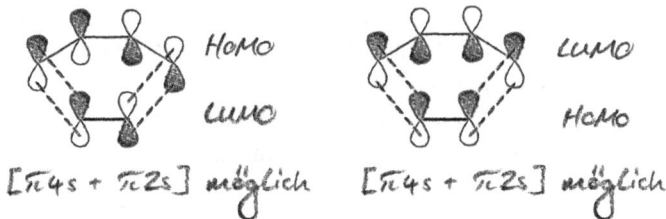

Abb. 4.39: Grenzorbitale des Butadiens und des Ethylens sowie Zustandekommen einer [4 + 2]-Zykloaddition in beiden denkbaren HOMO–LUMO Kombinationen.

Reaktion läuft daher unter thermischen Bedingungen hervorragend freiwillig und „von selbst" ab.[41]

Anders sieht es aus, wenn wir eine [2 + 2]-Addition betrachten, etwa die Dimerisierung von Ethylen; hier haben HOMO und LUMO unterschiedliche Symmetrien und eine Annäherung im räumlich vorteilhaften suprafacialen Arrangement erlaubt keine Bindungsbildung, da hier dann Orbitale mit unterschiedlichen Vorzeichen an den Lappen zum Überlapp kommen würden (Abb. 4.40). Ein konstruktiver Überlapp wäre dagegen nur durch eine räumlich unvorteilhafte antarafaciale Anordnung möglich; diese ist aber sterisch erschwert, sodass die Reaktion unter diesen Bedingungen nicht zustande kommt.

Abb. 4.40: Schema zur möglichen [2 + 2]-Zykloaddition zwischen HOMO und LUMO von Ethylen.

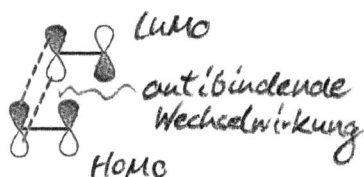

Regen wir hier nun aber eines der beiden Moleküle an, so drehen wir die Symmetrie seiner Grenzorbitale, und dann kann ein konstruktiver Überlapp in der sterisch leichten suprafacialen Anordnung zustande kommen. Unter photochemischen Bedingungen läuft die Reaktion demnach ab, wie Abb. 4.41 zeigt.

Wir können für Zykloadditionen also Regeln festhalten wie sie Tab. 4.3 zusammenfasst. Aufgrund des Prinzips der mikroskopischen Reversibilität gelten dieselben Regeln auch für den umgekehrten Fall der Ringöffnung. Merke: In beiden Fällen wird die Anzahl π-Bindungen in der Zwei-Partner-Seite der Reaktionsgleichung gezählt.

---

[41] Die Diels–Alder Reaktion ist daher ein typisches Beispiel einer sogenannten „Klick-Reaktion". Hiermit sind Reaktionen gemeint, die ohne großen Aufwand in perfekter Ausbeute und Selektivität freiwillig und schnell ablaufen; eben einfach wie ein Zusammenklicken von zwei Gegenstücken. Der Chemienobelpreis 2022 würdigte dieses elegante Verknüpfungsprinzip.

[2+2] - Zykloaddition
aus angeregtem Zustand:

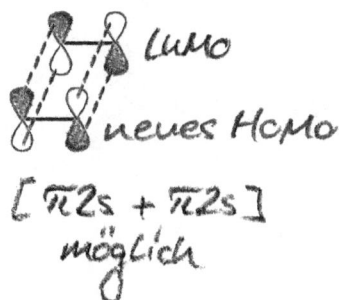

LUMO

neues HOMO

[π2s + π2s]
möglich

Abb. 4.41: Schema zur möglichen [2 + 2]-Zykloaddition zwischen HOMO und LUMO von Ethylen nach photochemischer Anregung.

Tab. 4.3: Woodward–Hoffmann Regeln für Zykloadditionen.

Anz. π-Bindungen im reagierenden System beider Partner	Reaktionsbedingungen	Ringschlussweg
Gerade	Thermisch	Antarafacial*
	Photochemisch	Suprafacial
Ungerade	Thermisch	Suprafacial
	Photochemisch	Antarafacial*

*Nur in großen Ringsystemen möglich, da sonst sterisch zu anspruchsvoll.

Als letztes betrachten wir noch die sigmatrope Umlagerung. Hierzu schauen wir uns beispielhaft eine 1,5-Wasserstoff-Umlagerung an; diese funktioniert unter thermischen, nicht aber unter photochemischen Bedingungen, wie Abb. 4.42 zeigt.

Genau umgekehrt ist es bei der 1,3-Wasserstoff-Umlagerung; diese funktioniert nicht unter thermischen, wohl aber unter photochemischen Bedingungen, wie Abb. 4.43 zeigt.

Wieder liegt die Erklärung in der Symmetrie des Grenzorbitals und der Ermöglichung eines sterisch anspruchslosen suprafacialen Reaktionsverlaufs vs. eines sterisch anspruchsvollen antarafacialen Verlaufs im thermischen und im photochemischen Fall. Bei der 1,5-Umlagerung ist unter thermischen Bedingungen ein suprafacialer Verlauf möglich, während photochemische Bedingungen den schwierigen antarafacialen Verlauf erfordern (Abb. 4.44).

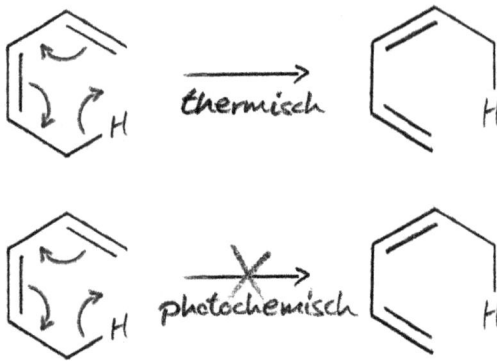

Abb. 4.42: Reaktionsschema zur 1,5-Wasserstoff-Umlagerung.

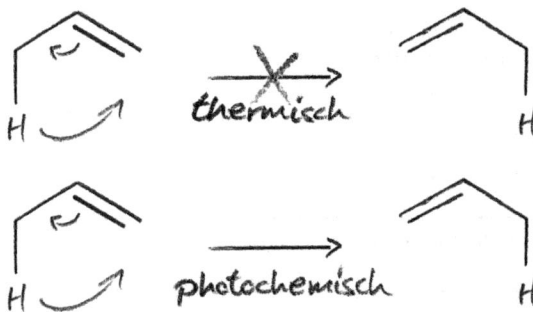

Abb. 4.43: Reaktionsschema zur 1,3-Wasserstoff-Umlagerung.

Bei der 1,3-Umlagerung ist dagegen nur unter photochemischen Bedingungen ein suprafacialer Verlauf möglich, während thermische Bedingungen den schwierigen antarafacialen Verlauf erfordern (Abb. 4.45).

Wir können für sigmatrope Umlagerungen also Regeln festhalten wie sie Tab. 4.4 zusammenfasst.

Die große Leistung des Grenzorbitalkonzepts ist bei all diesen Reaktionen, dass wir den Reaktionsverlauf und die Art des Produkts einfach aufgrund der Symmetrie der Grenzorbitale verstehen und vorhersagen können, und dass wir diese überdies sogar durch die Reaktionsbedingungen, konkret durch einen thermischen vs. einen photochemischen Reaktionsverlauf, kontrollieren können. Wenn wir dies einmal verstanden haben, brauchen wir nie wieder die Woodward–Hoffmann Regeln auswendig zu lernen, denn wir können dann selbst darauf kommen. Das ist generell der Anspruch der Physikalischen Chemie: wenn wir sie verstehen, brauchen wir kein großes Gedächtnis.

suprafaciale
Verschiebung
möglich

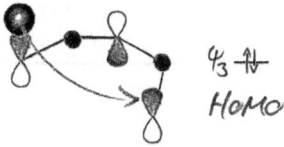

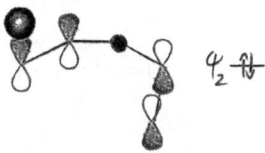

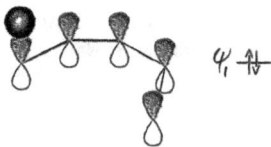

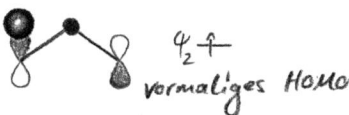

antarafaciale
Verschiebung
wäre möglich,
aber sterisch ungünstig

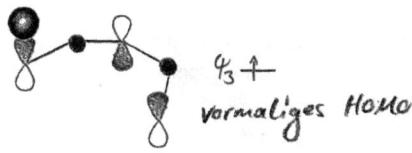

ψ_3 ⇅
HoMo

ψ_4 ↑
neues HoMo

ψ_2 ⇅

ψ_3 ↑
vormaliges HoMo

ψ_1 ⇅

Abb. 4.44: Grenzorbitalkonzept zur 1,5-Wasserstoff-Umlagerung bei thermischer und bei photochemischer Reaktionsführung.

antarafaciale
Verschiebung
wäre möglich,
aber sterisch ungünstig

suprafaciale
Verschiebung
möglich

ψ_2 ⇅
HoMo

ψ_3 ↑
neues HoMo

ψ_1 ⇅

ψ_2 ↑
vormaliges HoMo

Abb. 4.45: Grenzorbitalkonzept zur 1,3-Wasserstoff-Umlagerung bei thermischer und bei photochemischer Reaktionsführung.

Tab. 4.4: Woodward–Hoffmann Regeln für sigmatrope Umlagerungen.

Anz. Elektronenpaare im reagierenden System beider Partner (π-Paare plus ein σ-Paar)	Reaktionsbedingungen	Reaktionsweg
Gerade	Thermisch	Antarafacial*
	Photochemisch	Suprafacial
Ungerade	Thermisch	Suprafacial
	Photochemisch	Antarafacial*

*Nur in großen Ringsystemen möglich, da sonst sterisch zu anspruchsvoll.

❗ DAS WICHTIGSTE IN KÜRZE

– Nach dem **Grenzorbitalkonzept** der elektronischen Zustände von Molekülen konstruieren wir Molekülorbitale rein durch **lineare Superposition** der jeweils energetisch am höchsten liegenden von Elektronen besetzten Atomorbitale.

– Allgemein gilt für die Bindung zwischen verschiedenen Atomen, dass die beteiligten Atome nicht in gleicher Weise an den beiden bindenden Elektronen teilhaben, sondern das gebildete bindende Molekülorbital mehr dem Atomorbital des elektronegativeren Partners ähnelt. Ein Extrembeispiel sind rein ionische Bindungen wie im Natriumfluorid, wo der Anteil des Atomorbitals des Na-Atoms am bindenden MO null beträgt.

– Zur Beschreibung der gleichmäßigen räumlichen Anordnung der vier Bindungen im Methan benötigen wir **Hybridorbitale**: durch Linearkombination der Atomorbitale innerhalb ein und desselben Atoms (hier des C-Atoms) zu neuen sp^3-Hybridorbitalen und deren anschließende Kombination mit den 1s-Orbitalen der vier H-Atome entstehen so räumlich stark gerichtete σ-Bindungen von identischer Länge und Stärke.

– Das höchste besetzte Molekülorbital (**HOMO**; *highest occupied molecular orbital*) und das tiefste unbesetzte Molekülorbital (**LUMO**, *lowest unoccupied molecular orbital*) sind für die Betrachtung chemischer Reaktionen essenziell. Regen wir im Fall konjugierter π-Systeme ein Elektron aus dem HOMO in das LUMO durch Bestrahlung mit sichtbarem oder UV-Licht an, so ändern wir die Symmetrie des besetzten Grenzorbitals und erhalten im Fall sogenannter **perizyklischer Reaktionen** fundamental unterschiedliche photochemische Reaktionsverläufe gegenüber den thermischen.

VERSTÄNDNISFRAGEN

1. **Für die Betrachtung der chemischen Bindung genügt die Berücksichtigung lediglich der Valenzorbitale, weil ...**
   a) alle anderen Molekülorbitale energetisch zu niedrig liegen um eine Rolle zu spielen.
   b) alle anderen Molekülorbitale vollständig besetzt sind.
   c) die Gesamtbindungsordnung aller anderen Molekülorbitale null ergibt.
   d) alle anderen Molekülorbitale nichtbindenden Charakter besitzen.

2. **Für die Betrachtung der chemischen Reaktivität genügt die Berücksichtigung lediglich der Valenzorbitale, weil ...**
   a) nur diese Orbitale an chemischen Reaktionen beteiligt sind.
   b) alle anderen Molekülorbitale vollständig besetzt sind.
   c) alle anderen Molekülorbitale zu nahe am Atomkern liegen, um an chemischen Reaktionen teilzunehmen.
   d) alle anderen Molekülorbitale die falsche Symmetrie besitzen, um an chemischen Reaktionen teilzunehmen.

3. **HOMO steht für:**
   a) highest orbital of molecular orbitals
   b) highest occupied molecular orbital
   c) highest optimal molecular orbital
   d) highest orbital of molecular organization

4. **LUMO steht für:**
   a) lowest unoccupied molecular orbital
   b) lower uniform molecular orbital
   c) lowest unique molecular orbital
   d) linked unoccupied molecular orbital

VERTIEFUNGSFRAGEN

5. **Der H–O–H-Winkel im Wassermoleül beträgt ...**
   a) genau 90°, weil die an der Bindung beteiligten p-Orbitale senkrecht zueinander stehen.
   b) genau 120°, weil die an der Bindung beteiligten p- und s-Orbitale zu sp^2 hybridisieren.
   c) ca. 109°, weil die an der Bindung beteiligten p- und s-Orbitale zu sp^3 hybridisieren.
   d) ca. 105°, obwohl die an der Bindung beteiligten p- und s-Orbitale zu sp^3 hybridisieren.

6. **Für konjugierte aliphatische π-Systeme ...**
   a) fällt die Energie des HOMO und steigt die Energie des LUMO mit der Größe des Systems.
   b) fällt die Energie des HOMO und fällt die Energie des LUMO mit der Größe des Systems.
   c) steigt die Energie des HOMO und steigt die Energie des LUMO mit der Größe des Systems.
   d) steigt die Energie des HOMO und fällt die Energie des LUMO mit der Größe des Systems.

7. **Die [4 + 2]-Zykloaddition (Diels–Alder Reaktion) läuft thermisch besonders gut ab, weil ...**
   a) HOMO des Diens und LUMO des Dienophils die gleiche Symmetrie besitzen.
   b) LUMO des Diens und HOMO des Dienophils die gleiche Symmetrie besitzen.
   c) HOMO des Diens und HOMO des Dienophils die gleiche Symmetrie besitzen.
   d) LUMO des Diens und LUMO des Dienophils die gleiche Symmetrie besitzen.

8. **Bei der thermischen und der photochemischen Anregung bestimmter Zykloreaktionen finden wir verschiedene Produkte, weil ...**
   a) es von den Woodward–Hoffmann Regeln so gefordert wird.
   b) bei der Anregung mit Licht deutlich höhere Energien im Spiel sind.
   c) sich bei der Anregung mit Licht die Symmetrie des HOMO des Elektronen-Donors verändert.
   d) sich bei der Anregung mit Licht die Symmetrie des LUMO des Elektronen-Akzeptors verändert.

5 Spektroskopie

EINHEIT 9: GRUNDLAGEN DER SPEKTROSKOPIE
Wir haben in den vorangehenden Kapiteln die Beschreibung der Bausteine der Materie, d. h. Atome
und Moleküle, im Rahmen der Quantenmechanik kennengelernt. Wir wissen, dass deren energetische
Zustände durch Aufnahme oder Abgabe von Licht verändert werden, wie wir etwa am Linienspektrum
des Wasserstoffatoms gesehen haben; eben dies führte uns zum Bohrschen Atommodell und schließlich (wegen dessen Unzulänglichkeiten) zur Quantenmechanik. Nun wollen wir uns dieser Thematik
eigens widmen. Bevor wir die tiefere quantenmechanische Behandlung der Spektroskopie besprechen,
wollen wir in dieser Lehreinheit zunächst einige grundlegende Aspekte zur Spektroskopie zusammen-
tragen und auf eher qualitativer Ebene diskutieren.

5.1 Grundlagen der Spektroskopie

5.1.1 Grundprinzip spektroskopischer Methoden

Wenn wir uns mit Spektroskopie befassen, können wir grundsätzlich zwischen Absorp-
tions- und Emissionsspektroskopie unterscheiden. In der **Absorptionsspektroskopie**
nehmen Atome oder Moleküle Lichtenergie auf und gehen dabei in energetisch höhere
Zustände über. In der **Emissionsspektroskopie** geben sie Lichtenergie ab und gehen
dabei in energetisch niedrigere Zustände über. Diese beiden Möglichkeiten finden sich
für ein vereinfacht aus lediglich zwei Zuständen mit den Energie-Eigenwerten E_1 (Grundzustand) und E_2 (angeregter Zustand) bestehendes System in Abb. 5.1 skizziert.

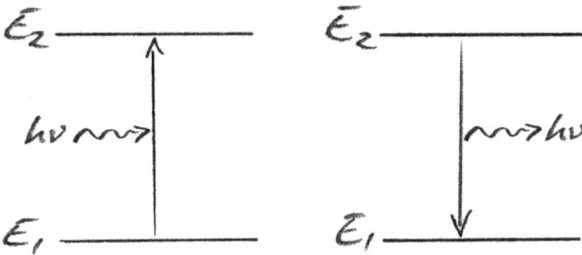

Abb. 5.1: Skizze der relevanten Vorgänge bei der Absorptionsspektroskopie (links) und
Emissionsspektroskopie (rechts). Unter Aufnahme von Lichtenergie gehen Atome oder Moleküle bei der
Absorptionsspektroskopie in einen energetisch höheren Zustand über, während sie bei der
Emissionsspektroskopie unter Abgabe von Lichtenergie in einen energetisch niedrigeren Zustand
übergehen. Das absorbierte bzw. emittierte Lichtquant wird hierbei üblicherweise durch einen gewellten
Pfeil dargestellt, während der energetische Übergang des Teilchens durch vertikale glatte Pfeile
ausgedrückt wird.

https://doi.org/10.1515/9783110737578-005

Die Absorptionsspektroskopie stellt in der Analytik ein wichtiges Instrument zur quantitativen Bestimmung von Teilchenkonzentrationen gemäß **Lambert–Beer Gesetz** (Gl. 175) dar. Es basiert auf der simplen Annahme, dass die Abschwächung der Lichtintensität durch Absorption proportional zur eingehenden Lichtintensität I, der Eindringtiefe (d. h. der Schichtdicke) x und der Konzentration der lichtabsorbierenden Spezies[42] c ist:

$$-\,dI = \varepsilon_n \cdot c \cdot I \cdot dx \iff \frac{dI}{I} = -\varepsilon_n \cdot c \cdot dx \iff \int_{I_0}^{I} \frac{dI}{I} = -\int_{0}^{x} \varepsilon_n \cdot c \cdot dx$$

$$\iff \ln\frac{I_0}{I} = \varepsilon_n \cdot c \cdot x \iff \log\frac{I_0}{I} = A = \varepsilon \cdot c \cdot x \tag{175}$$

Wir sprechen statt von Spektroskopie auch von **Photometrie** für den Fall, dass die Abschwächung eines einfallenden Lichtstrahles durch Absorption bei lediglich einer bestimmten Wellenlänge des Lichts quantitativ untersucht wird.

In Gl. 175 wird ε_n als **molarer natürlicher Extinktionskoeffizient** und ε als **molarer dekadischer Extinktionskoeffizient** bei einer bestimmten Wellenlänge bezeichnet, welcher eine Materialkonstante darstellt und sich, wie wir noch sehen werden, aus quantenmechanischen Überlegungen quantitativ berechnen lässt (Störungstheorie, Fermis Goldene Regel). I_0 und I sind die Intensität des einfallenden Lichtstrahls und des Lichts, das nach Passieren der Probenküvette detektiert wird; den dekadischen Logarithmus des Verhältnisses dieser beiden Intensitäten bezeichnen wir als **Absorbanz** A bzw. in mancher Literatur auch **Extinktion** (Auslöschung). Als Variante davon wird bisweilen auch die **Transmission** $T = \frac{I}{I_0} = 10^{-A}$ quantifiziert.

Wir haben es hier mit einer sogenannten 0°-Geometrie zu tun, wie sie im Allgemeinen bei der Absorptionsspektroskopie verwendet wird: Ein Lichtstrahl definierter Intensität und Wellenlänge fällt auf die Vorderfläche einer quaderförmigen Probenküvette, und in Richtung des einfallenden Lichtstrahls hinter der Küvette misst ein Detektor die Intensität des von der Probe durchgelassenen (transmittierten) Lichts. Variieren wir nun bei einer derartigen Messung der Lichtabsorption auch die Wellenlänge der einfallenden Strahlung, so betreiben wir Absorptionsspektroskopie.

Betrachten wir nun den in Abb. 5.1 skizzierten Vorgang genauer und vor allem quantitativ: Für ein gegebenes System gilt, dass entsprechend der Differenz der Energien von Grundzustand und angeregtem Zustand Licht definierter Energie oder Wellenlänge absorbiert bzw. emittiert wird.

$$\Delta E = E_2 - E_1 = h \cdot v = \frac{h \cdot c}{\lambda} = h \cdot c \cdot \tilde{v} \tag{176}$$

---

[42] Unter der (stillen) Annahme, dass das Lösungsmittel im betrachteten Wellenlängenbereich nicht absorbiert.

Bei spektroskopischen Untersuchungen wird im Allgemeinen statt der Wellenlänge die **Frequenz** v oder die **Wellenzahl** $\frac{1}{\lambda} = \tilde{v}$ betrachtet, da diese im Gegensatz zur Wellenlänge ein direktes Maß für die **Energie** des aufgenommenen oder abgegebenen Lichtquants und damit für die Energiedifferenz der beteiligten Zustände darstellen. Je nach Energiebereich der absorbierten (oder emittierten) Strahlung unterscheiden wir verschiedene spektroskopische Methoden. Hierbei sind unterschiedliche Zustandsänderungen in den Molekülen beteiligt; konkret sind das Übergänge zwischen Rotations-, Vibrations- oder elektronischen Zuständen, wie es in Abb. 5.2 schematisch illustriert ist. Abbildung 5.3 zeigt den dazu verwendeten Teil des elektromagnetischen Spektrums, von Röntgen- bis Infrarotstrahlung, inklusive der zugehörigen Energie pro Mol Photonen (Einheit: kJ/Einstein[43]) bzw. der Wellenlänge, Wellenzahl oder Frequenz.

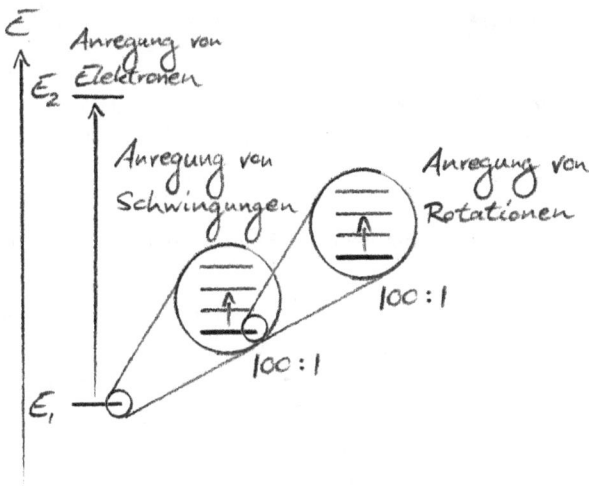

Abb. 5.2: Wechselwirkung zwischen Strahlung und Materie. Unter Aufnahme von Lichtenergie gehen Moleküle in energetisch höhere Zustände über. Handelt es sich um große aufgenommene Energiemengen, welche Wellenlängen im Bereich des sichtbaren oder UV-Lichts entsprechen, werden elektronische Übergänge angeregt. Kleinere Energiemengen, welche Wellenlängen im Bereich von IR-Strahlung entsprechen, regen Schwingungsübergänge an. Noch kleinere Energiemengen, welche Wellenlängen im Bereich von Mikrowellen entsprechen, regen Rotationsübergänge an.

Wir wollen die Energiebereiche aus Abb. 5.3 an dieser Stelle zur Verdeutlichung einmal mit der thermischen Energie bei Raumtemperatur vergleichen, $E = R \cdot T = 2{,}4\ \text{kJ} \cdot \text{mol}^{-1}$. Sie sehen, dass der gesamte in Abb. 5.3 betrachtete Strahlungsbereich deutlich oberhalb dieses Werts liegt, weshalb es auch nicht verwunderlich ist, dass die zu diesen Energie-

---

43 Die Einheit Einstein wird in Würdigung für die Deutung des photoelektrischen Effekts und damit die Begründung der Beschreibung von Licht als Teilchen (Photon) verwendet.

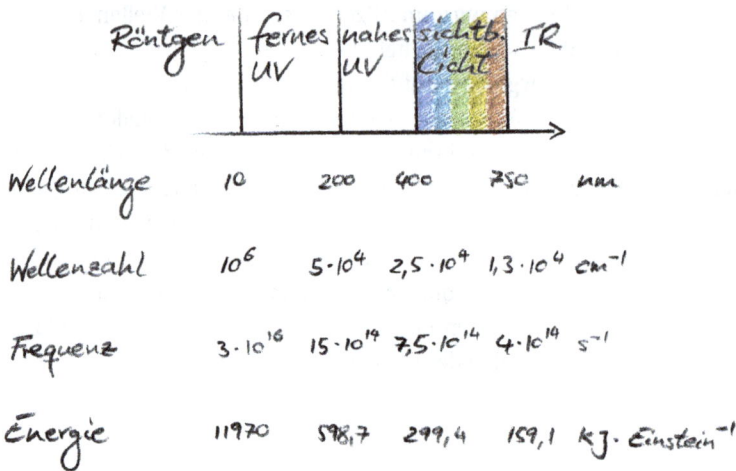

Abb. 5.3: Spektrum der elektromagnetischen Strahlung von Röntgen bis Infrarot inklusive der zugehörigen Energie pro Mol Photonen (Einheit: $kJ \cdot Einstein^{-1}$) bzw. der Wellenlänge, Wellenzahl oder Frequenz.

skalen zugehörigen Freiheitsgrade thermisch zumindest bei Raumtemperatur nicht angeregt sind.[44]

In Tab. 5.1 sind einige der wichtigsten spektroskopischen Methoden inklusive der zugehörigen Energiebereiche der jeweils absorbierten (bzw. im Fall der Raman-Spektroskopie emittierten) Strahlung sowie der adressierten molekularen Übergänge zusammengestellt. Alle hier aufgeführten Methoden werden wir in den folgenden Kapiteln noch genauer kennenlernen.

Sie sehen, dass beispielsweise Molekülschwingungen Anregungsenergien im infraroten (IR) Bereich des elektromagnetischen Spektrums von 1–100 $kJ \cdot mol^{-1}$ benötigen, weswegen diese auch bei Raumtemperatur wie bereits beschrieben thermisch kaum angeregt sind.

---

[44] Betrachten Sie hierzu auch die klassische Glühbirne, bei der erst sichtbares Licht in nennenswerter Ausbeute emittiert wird, wenn der Wolframdraht auf 2.500 Grad Celsius erhitzt ist, weswegen wiederum ein Großteil der für dieses Leuchtmittel aufgewendeten elektrischen Energie einfach als Wärmeabgabe verpufft. Das Emissionsspektrum ist in diesem Fall allerdings entsprechend dem Planckschen Strahlungsgesetz kontinuierlich und nicht diskreten quantenmechanischen Energieniveaus wie in Abb. 5.1 zuzuordnen, d. h. es handelt sich nicht um Emissionsspektren im quantenmechanischen Sinne, bei denen nur bestimmte Wellenlängen emittiert werden. Bei den Linienspektren sogenannter Gasentladungsröhren handelt es sich hingegen um echte Emissionsspektren gemäß Abb. 5.1.

Tab. 5.1: Zusammenstellung einiger wichtiger spektroskopischer Methoden inklusive der zugehörigen Energiebereiche der jeweils absorbierten (bzw. im Fall der Raman-Spektroskopie emittierten) Strahlung, sowie der beteiligten molekularen Übergänge.

λ / m	ν / s^{-1}	$\tilde{\nu}$ / cm^{-1}	ΔE / kJ·mol^{-1}	Übergang	Methode
10^2–1	$3 \cdot 10^6$–$3 \cdot 10^8$	10^{-4}–10^{-2}	10^{-6}–10^{-4}	Kernspin	NMR
10^{-2}–10^{-4}	$3 \cdot 10^{10}$–$3 \cdot 10^{12}$	1–10^2	10^{-2}–1	Rotation von Molekülen	Mikrowellen
10^{-4}–10^{-6}	$3 \cdot 10^{12}$–$3 \cdot 10^{14}$	10^2–10^4	1–10^2	Schwingung von Molekülen	IR, Raman
10^{-6}–10^{-8}	$3 \cdot 10^{14}$–$3 \cdot 10^{16}$	10^4–10^6	10^2–10^4	Äußere (bindende) Elektronen	UV/Vis, Fluoreszenz

5.1.2 Wichtige Regeln zu spektroskopisch anregbaren molekularen Übergängen

5.1.2.1 Übergangsdipolmoment

Bei der Spektroskopie gilt es nun einige grundlegende physikalische Prinzipien zu berücksichtigen. Wir werden später bei der exakten quantenmechanischen Behandlung spektroskopischer Übergänge noch genauer darauf eingehen, wollen an dieser Stelle aber bereits die wichtigsten Grundregeln zumindest qualitativ diskutieren. Ein fundamentales Prinzip der Spektroskopie, welches auch in der sogenannten **Goldenen Regel von Fermi** als fundamentaler Gleichung zur Beschreibung der Intensität spektraler Übergänge als Schlüsselgröße auftaucht, ist das sogenannte **Übergangsdipolmoment**. Es besagt, dass Moleküle nur dann elektromagnetische Strahlung absorbieren, wenn sich beim zugehörigen Übergang vom Grund- zum angeregten Zustand deren elektrisches (oder im Fall der NMR-Spektroskopie deren magnetisches) Dipolmoment verändert. Die physikalisch-mathematische Ursache hierfür werden wir in Lehreinheit 10 näher kennenlernen, wenn wir uns dort der sogenannten **Störungstheorie** und damit der mathematischen Herleitung der Goldenen Regel von Fermi zuwenden.

Betrachten wir an dieser Stelle zunächst ein einfaches Beispiel: Wie wir Tab. 5.1 entnehmen können, erfolgt die Anregung von **Molekülschwingungen** im IR-Bereich des elektromagnetischen Spektrums. Für einfache zweiatomige Moleküle kommt nun als einziger anregbarer Schwingungsfreiheitsgrad lediglich die Streckschwingung der einzig vorhandenen molekularen Bindung in Frage. Für aus gleichen Atomen aufgebaute Moleküle wie beispielsweise Stickstoff oder Sauerstoff, die Hauptbestandteile unserer Atmosphäre, tritt bei dieser Schwingung aber keinerlei Dipolmoment auf, weswegen diese Schwingungen auch nicht durch Absorption von Wärmestrahlung (IR) angeregt werden können. Dies ist auch gut so, denn ansonsten würden Stickstoff und Sauerstoff durch Absorption der von der Erdoberfläche abgestrahlten Wärme erheblich zum Treibhauseffekt beitragen. Anders sieht es hingegen für heteroatomare zweiatomige Moleküle wie beispielsweise HCl aus, welches deutliche IR-Absorption zeigt. Betrachten Sie nun hierzu auch das wohl bekannteste Treibhausgas Kohlendioxid (CO_2): Zwar besitzt Kohlendioxid insgesamt kein nach außen wirksames Dipolmoment, weil sich die beiden C=O Bindungen im Gleichgewichtszustand gegenseitig hinsichtlich der Ladungsverteilung neutralisieren. Regen wir jedoch das CO_2-Molekül zu einer *asymmetrischen* Streckschwingung an, wie in Abb. 5.4 skizziert, so tritt in diesem Fall sehr wohl ein Übergangsdipolmoment auf, d. h. diese asymmetrische Schwingung hat ein Dipolmoment welches periodisch oszilliert. Dies ist aber gerade die Voraussetzung für die Schwingungsanregung durch Absorption von IR-Strahlung, weshalb das von uns Menschen im Rahmen unserer fossilen Energiewirtschaft in die Atmosphäre freigesetzte Kohlendioxid den natürlichen Treibhauseffekt durch einen menschlichen Beitrag verstärkt. Dieser **natürliche Treibhauseffekt** basiert seinerseits maßgeblich auf der IR-Absorption der Schwingungsmoden des Wassermoleküls, wobei für dieses auch die symmetrische Streckschwingung beiträgt, da das Molekül ohnehin ein permanentes Dipolmoment besitzt. Wir werden diese Zusammenhänge an späterer Stelle, auch im Rahmen gruppentheoretischer Überlegungen, noch besser verstehen lernen, und beschränken uns an dieser Stelle lediglich auf phänomenologische Beschreibungen.

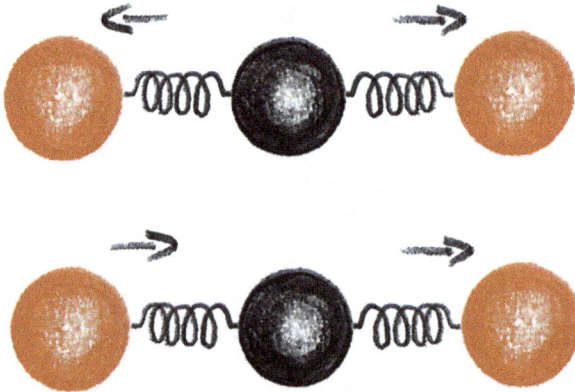

Abb. 5.4: Symmetrische (oben) und asymmetrische (unten) Streckschwingung des Kohlendioxidmoleküls. Die asymmetrische Streckschwingung besitzt ein Übergangsdipolmoment und kann somit durch IR-Absorption angeregt werden.

5.1.2.2 Franck–Condon Prinzip

Als nächstes wollen wir ein weiteres Prinzip kennenlernen, welches für **elektronische Übergänge** von Molekülen unter Beteiligung von Strahlung essenziell ist: das **Franck–Condon Prinzip**. Wir haben bei der quantenmechanischen Behandlung von Molekülen und den Ansätzen zur Lösung der zugehörigen Schrödinger-Gleichung bereits die **Born–Oppenheimer Näherung** kennengelernt. Sie erlaubt uns, aufgrund der trägen Bewegung von Atomkernen gegenüber den gut beweglichen Elektronen die Gesamtwellenfunktion in Kernkoordinaten und Elektronenkoordinaten zu separieren. Wir folgen jetzt diesem Prinzip und machen uns klar, dass ein elektronischer Übergang schnell ist und innerhalb eines Zeitintervalls von nur ca. 10^{-15} s erfolgt. Diese Zeitspanne ist so kurz, dass die trägen

Kerne keine Zeit haben darauf zu reagieren. Daher ändert sich die Elektronendichteverteilung im Molekül beim Übergang, insbesondere da dieser gemeinhin eines der Elektronen in einen antibindenden Zustand bringt. Die Kerne erfahren danach also ein anderes Kraftfeld, und das Molekül gerät in Schwingung. Demnach führt eine elektronische Anregung generell nicht nur in einen höheren elektronischen Zustand, sondern dort auch in einen höheren Schwingungszustand.

Wir können uns diesen Vorgang auch anhand von Potenzialkurven klarmachen, wie es in Abb. 5.5 skizziert ist. Der Grundzustand (untere Potenzialkurve in Abb. 5.5) entspricht einem festen Bindungszustand, in dem der Gleichgewichts-Kernabstand klein ist; wir nennen ihn R_{GG}. Der angeregte Zustand (obere Potenzialkurve in Abb. 5.5) entspricht einem gelockerten Bindungszustand, in dem der Gleichgewichts-Kernabstand groß ist (etwa dadurch, dass ein Elektron in ein antibindendes Molekülorbital angeregt wurde, sodass die Gesamt-Bindungsordnung geringer ist). Die obere Potenzialkurve ist also gegenüber der unteren Potenzialkurve nicht nur nach oben, sondern auch nach rechts verschoben. Zu jeder der beiden Potenzialkurven gehört nun auch ein Satz von Schwingungszuständen; diese sind in Abb. 5.5 als horizontale Linien in die beiden Potenzialtöpfe eingezeichnet. Diese haben natürlich auch Schwingungswellenfunktionen; auch sie sind in Abb. 5.5 mit eingezeichnet.

Vor der Absorption von elektromagnetischer Strahlung liegt das Molekül im Schwingungsgrundzustand des elektronischen Grundzustands vor, denn bei Raumtemperatur ist gemäß Boltzmann-Verteilung nahezu ausschließlich dieser besetzt. Die zugehörige Schwingungswellenfunktion hat ihr Maximum in der Gleichgewichtslage R_{GG}. Da die Kernkonfiguration nun auch unverändert bei R_{GG} bleibt, erfolgt ein sogenannter **vertikaler Übergang**. Dieser schneidet mehrere Schwingungsniveaus des elektronisch angeregten Zustands. In dem mit * markierten Niveau sind die Kerne mit hoher Wahrscheinlichkeit in der gleichen Anordnung R_{GG} wie im unteren Zustand anzutreffen, denn die entsprechende Schwingungswellenfunktion besitzt hier ihr Maximum. An dieser Stelle liegt also der wahrscheinlichste Endpunkt des Übergangs. Es handelt sich dabei nun um einen *angeregten* Schwingungszustand, denn Schwingungswellenfunktionen haben generell in höheren Schwingungszuständen ihre Maxima an den Rändern (im Grundzustand dagegen in der Mitte), und wir brauchen hier nun auch genau eine solche Randlage der Maxima worin der vertikale Übergang enden kann, da ja der ganze Potenzialtopf schon nach rechts verschoben ist.

Wir können das Übergangsdipolmoment und das Franck–Condon Prinzip auch mathematisch formulieren. Hierzu setzen wir ganz allgemein den Übergang zwischen zwei Zuständen in der Spektroskopie durch die jeweils zugehörigen Wellenfunktionen an; wir werden dies in der folgenden Lehreinheit noch im Detail kennenlernen, stellen aber bereits hier an dieser Stelle die allgemeine Vorgehensweise vor.

Wir betrachten den durch Lichtabsorption angeregten Übergang zwischen zwei Zuständen, deren Wellenfunktionen jeweils einen Anteil für den elektronischen Zustand des Moleküls und für die Vibrationsbewegung der Atomkerne enthalten; diese Anteile lassen sich faktorisieren:

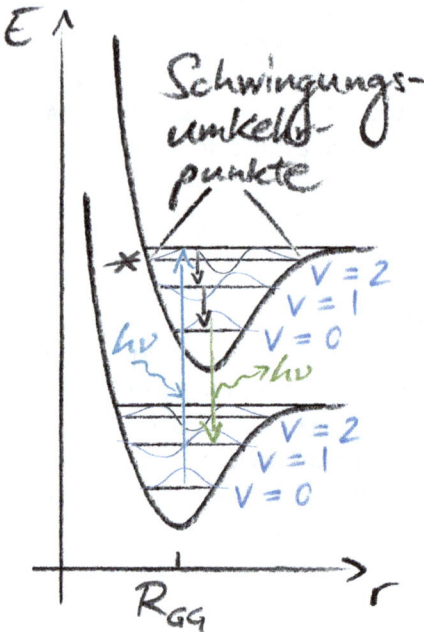

Abb. 5.5: Skizze zum Franck–Condon Prinzip für die optische Anregung eines höheren elektronischen Zustands in einem Molekül unter Beteiligung von Schwingungszuständen. Bei der Rückkehr vom angeregten Zustand zurück in den Grundzustand kommt es zunächst innerhalb des Potenzialtopfes des höheren elektronischen Zustands zu einer raschen strahlungslosen Schwingungsrelaxation in dessen Grundniveau, hier dargestellt durch kurze schwarze Pfeile. Von hier aus erfolgt dann wieder ein vertikaler Übergang nach dem Franck–Condon Prinzip unter Beibehaltung der Kernabstände, der damit seinerseits in einen angeregten Schwingungszustand des elektronischen Grundzustands führt. Hieraus kehrt das Molekül schließlich durch weitere thermische Relaxation zurück in den Schwingungsgrundzustand des elektronischen Grundzustands. In Konsequenz ist die Emission im Vergleich zur anregenden Strahlung rotverschobenen, hier dargestellt durch einen grünen Emissionspfeil gegenüber einem blauen Anregungspfeil; dies sind Lichtfarben, die in der Tat bei Anregung und Emission vieler Fluoreszenzfarbstoffe, wie z. B. Fluorescein, beteiligt sind.

$$\Psi_{\text{vib,vorher}} \cdot \Psi_{\text{el,vorher}} \rightarrow \Psi_{\text{vib,nachher}} \cdot \Psi_{\text{el,nachher}} \tag{177}$$

Während der Lichtabsorption wird sich die Wellenfunktion des Moleküls graduell vom Grundzustand in den angeregten Zustand verändern. Wir können die Übergangszustände auf dem Weg dorthin als Linearkombination der beiden Zustände ausdrücken:

$$\Psi = a_{\text{vorher}} \cdot \Psi_{\text{vib,vorher}} \cdot \Psi_{\text{el,vorher}} + a_{\text{nachher}} \cdot \Psi_{\text{vib,nachher}} \cdot \Psi_{\text{el,nachher}} \tag{178}$$

Beachten Sie, dass es sich bei diesem Ausdruck zwar um eine Eigenfunktion und somit einen erlaubten Zustand des betrachteten Moleküls handelt, dieser Zustand sich jedoch mit der Zeit verändert. Konkret werden sich die relativen Anteile a_{vorher} und a_{nachher} mit andauernder Lichtabsorption zu Gunsten des angeregten Zustands verschieben.

Da wir es mit einem durch Wechselwirkung mit Licht induzierten Übergang zu tun haben, müssen wir im Rahmen der quantenmechanischen Behandlung dieses Problems den sogenannten Dipolmomentsoperator $\hat{\mu}$ berücksichtigen. Dieser entspricht der Summe der für den Übergang relevanten (partiellen) Ladungen multipliziert mit den jeweiligen Ortsvektoren für das betrachtete System:

$$\hat{\mu} = \sum_i z_{\text{eff},i} \cdot e \cdot \vec{r}_i \, . \tag{179}$$

Wir werden diese sogenannte Störungstheorie im nächsten Kapitel noch ausführlich kennenlernen, wollen für ein besseres Verständnis des in Abb. 5.5 skizzierten Franck–Condon Prinzips aber bereits an dieser Stelle die Erwartungswerte des Dipolmomentoperators, das sogenannte **Übergangsdipolmoment** R_{mn}, etwas näher betrachten:

$$
\begin{aligned}
R_{mn} &= \int {\Psi_{\text{nachher}}}^* \cdot \hat{\mu} \, \Psi_{\text{vorher}} \; \mathrm{d}q \\[6pt]
&= \int {\Psi_{\text{vib,nachher}}}^* \cdot {\Psi_{\text{el,nachher}}}^* \cdot \hat{\mu} (\Psi_{\text{vib,vorher}} \cdot \Psi_{\text{el,vorher}}) \; \mathrm{d}q \\[6pt]
&= \int {\Psi_{\text{el,nachher}}}^* \cdot \hat{\mu} \, \Psi_{\text{el,vorher}} \; \mathrm{d}q \cdot \int {\Psi_{\text{vib,nachher}}}^* \cdot \Psi_{\text{vib,vorher}} \; \mathrm{d}q
\end{aligned}
\tag{180}
$$

Dabei gibt $\mathrm{d}q$ die Integration über eine allgemeine Raumvariable an; im sphärisch-symmetrischen Fall kann dafür auch $\mathrm{d}^3 r$ geschrieben werden. In der letzten Zeile von Gl. 180 haben wir hier im Rahmen der Born–Oppenheimer Näherung die vom Ortsoperator des Elektrons unabhängigen Wellenfunktionen der Kernkoordinaten, d. h. die Wellenfunktionen der molekularen Vibration, separiert. Diese Separation bedeutet genaugenommen, dass das Licht über eine elektrische Dipolwechselwirkung mit den Elektronen interagiert, wir also hier UV-Vis-Spektroskopie betrachten. Für die IR-Spektroskopie, d. h. die Anregung von Molekülschwingungen, hingegen würden wir die elektronischen Anteile der Wellenfunktion ignorieren und ausschließlich das Übergangsdipolmoment der Kernwellenfunktionen, $\int {\Psi_{\text{vib,nachher}}}^* \cdot \hat{\mu} \, \Psi_{\text{vib,vorher}} \, \mathrm{d}q$, diskutieren.

Durch den in Gl. 180 gezeigten Formalismus erhalten wir nun ein mathematisches Werkzeug, um die Wechselwirkung von Molekülen und elektromagnetischer Strahlung und die damit verbundenen molekularen Übergänge quantitativ zu beschreiben. Hierbei müssen wir grundsätzlich die folgenden drei Fälle unterscheiden:

1. „vorher" bezeichnet den Grundzustand des Moleküls: In diesem Fall führt die Wechselwirkung des Moleküls mit einer elektromagnetischen Welle über die Kopplung mit einem oszillierenden Dipolmoment zu einem kontinuierlichen Übergang vom Grundzustand über den durch die obige Linearkombination beschriebenen Übergangszustand (s. Gl. 178) bis zum angeregten Zustand „nachher". Somit ändert sich in Folge der Lichtabsorption a_{vorher} zu 0 und a_{nachher} zu 1.
2. „vorher" bezeichnet den angeregten Zustand, der beispielsweise durch Lichtabsorption, Anregung mit elektrischer Hochspannung etc. bevölkert wurde. Da dieser

angeregte Zustand aber thermodynamisch nicht stabil ist, wird das Molekül in diesem Fall spontan dem Grundzustand zustreben. Somit ändert sich also wiederum a_{vorher} zu 0 und $a_{nachher}$ zu 1, wobei hierbei spontan Licht emittiert wird.

3. „vorher" bezeichnet wiederum den angeregten Zustand, in diesem Fall erfolgt der Übergang in den Grundzustand unter Emission von Licht jedoch nicht spontan, sondern über die Kopplung einer elektromagnetischen Welle mit einem oszillierenden Dipolmoment. Wir sprechen daher in diesem Fall im Gegensatz zum zweiten Fall (spontane Emission) auch von einer sogenannten stimulierten Emission; diese liegt etwa dem Funktionsprinzip des Lasers zugrunde. Auch hierbei ändert sich a_{vorher} zu 0 und $a_{nachher}$ zu 1, wobei diesmal allerdings Licht nach dem Mechanismus der induzierten Emission abgegeben wird.

Abbildung 5.6 fasst diese drei verschiedenen Möglichkeiten vereinfacht anschaulich zusammen. In der Praxis haben wir es meist mit Proben aus sehr vielen Molekülen zu tun, von denen jeweils nur ein gewisser Anteil die in Abb. 5.6 gezeigten Prozesse zeigt. Entsprechend ergeben sich die Koeffizienten dann als Mittelwerte bzw. Wahrscheinlichkeiten, weshalb $a_{nachher}$ in diesem Fall deutlich kleiner als 1 ist.

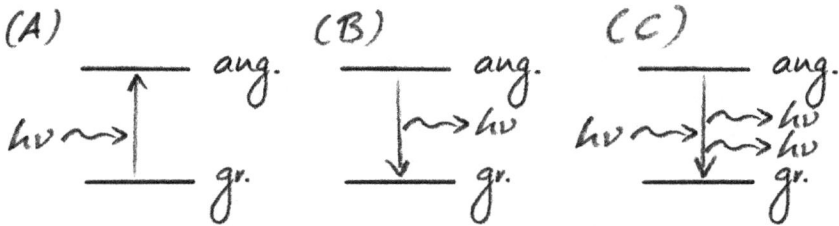

Abb. 5.6: Drei mögliche elektronische Übergänge unter Beteiligung von Lichtquanten. (A) Absorption eines Lichtquants unter Übergang in einen angeregten Zustand. (B) Spontane Emission eines Lichtquants unter Rückkehr in den Grundzustand. (C) Stimulierte Emission durch Einwirkung eines Lichtquants.

Für all diese elektronischen Übergänge muss das gesamte Übergangsdipolmoment verschieden von null sein. Gemäß Gl. 180 muss also gelten $\int \Psi_{vib,nachher}{}^{*} \cdot \Psi_{vib,vorher}\, dq \neq 0$ und $\int \Psi_{el,nachher}{}^{*} \cdot \hat{\mu}\, \Psi_{el,vorher}\, dq \neq 0$. Hierbei bezeichnet $\int \Psi_{vib,nachher}{}^{*} \cdot \Psi_{vib,vorher}\, dq$ den **Franck–Condon Faktor** und $\int \Psi_{el,nachher}{}^{*} \cdot \hat{\mu}\, \Psi_{el,vorher}\, dq$ das **Übergangsdipolmoment** für die Kopplung von elektronischen Zuständen eines Moleküls mit einer elektromagnetischen Welle. Sind diese beiden Faktoren verschieden von null, so ergibt sich aus dem Wert des entsprechenden Produkts auch die Intensität eines Übergangs im Spektrum.

Aus den elektronischen Zuständen lässt sich durch weitere Faktorisierung noch der sogenannte **Multiplizitätsfaktor**, welcher das Überlappungsintegral der Spinwellenfunktionen der beiden Zustände „vorher" und „nachher" wiedergibt, herausziehen:

$$R_{mn} = \int \Psi_{el,nachher}{}^* \cdot \widehat{\mu}\, \Psi_{el,vorher}\, dq \cdot \int \sigma_{nachher}{}^* \cdot \sigma_{vorher}\, dq \cdot \int \Psi_{vib,nachher}{}^*$$

$$\cdot\, \Psi_{vib,vorher}\, dq \tag{181}$$

Hierbei bezeichnet Ψ'_{el} die elektronische Wellenfunktion ohne ihren zugehörigen Spinanteil. Jeder dieser drei Faktoren muss für einen spektroskopisch erlaubten Übergang ungleich null sein.

Für den Franck–Condon Faktor $\int \Psi_{vib,nachher}{}^* \cdot \Psi_{vib,vorher}\, dq$ hatten wir den Überlapp der Wellenfunktionen für die Schwingung der Atomkerne bereits in Abb. 5.5 skizziert und besprochen. Die Bedeutung des elektronischen Übergangsdipolmoments $\int \Psi_{el,nachher}{}^* \cdot \widehat{\mu}\, \Psi_{el,vorher}\, dq$ lässt sich nicht ohne Weiteres einfach in einem Bild veranschaulichen. Wir wollen aber an dieser Stelle bereits erwähnen, dass dieses Integral verschieden von null ist, falls die gesamte Funktion $\Psi_{el,nachher}{}^* \cdot \widehat{\mu}\, \Psi_{el,vorher}$ totalsymmetrisch ist. In Lehreinheit 14 werden wir sehen, wie wir den bereits vorgestellten Formalismus der Gruppentheorie nutzen können, um die Symmetrie vergleichsweise einfach zu bestimmen, um so beispielsweise das Lichtabsorptionsverhalten von Wassermolekülen im UV-Bereich zu beschreiben.

5.1.2.3 Das Schicksal angeregter Zustände

Nach der Anregung kehrt ein Molekül in mehreren Schritten in den Ausgangszustand zurück. Da zunächst einmal auch im angeregten Zustand nach der Boltzmann-Verteilung lediglich der Schwingungsgrundzustand thermisch besetzt sein kann, kommt es zunächst innerhalb des Potenzialtopfes des elektronisch angeregten Zustands zu einer raschen strahlungslosen Abgabe von Wärme, bis das Molekül schließlich den zugehörigen Schwingungsgrundzustand erreicht. Wir sprechen hierbei von **Schwingungsrelaxation**. Von hier aus erfolgt dann wieder ein vertikaler Übergang nach dem Franck–Condon Prinzip unter Beibehaltung der Kernabstände, der damit seinerseits in einen *angeregten Schwingungszustand* des elektronischen Grundzustands führt. Hieraus kehrt das Molekül schließlich durch weitere thermische Relaxation zurück in den Schwingungsgrundzustand des elektronischen Grundzustands. Das zwischendurch abgegebene Lichtquant nennen wir **Fluoreszenz**photon. Da durch die vorige Schwingungsrelaxation unter Wärmeabgabe bereits Energie verlorengegangen ist, und da wir auch hierbei wieder zunächst in einem angeregten Schwingungszustand gelandet sind, ist das emittierte Licht im Vergleich zum Anregungslicht energieärmer und somit langwelliger. Diese sogenannte **Rotverschiebung** der emittierten Strahlung, die auch als **Stokes-Verschiebung** bezeichnet wird, können wir für viele Moleküle direkt beobachten, wenn wir eine zunächst farblos erscheinende Probe unter einer UV-Lampe platzieren und diese dann beginnt blau-grün zu fluoreszieren.[45] Aus dem angeregten Schwingungszustand gelangt

---

45 Sie kennen das vielleicht von Tonic-Wasser beim Clubbesuch; hier fluoresziert Chinin durch Anregung mit „Schwarzlicht". Auch weiße T-Shirts strahlen hier hell, wenn sie mit Waschmitteln gewaschen wur-

unser Molekül schließlich wiederum durch Wärmeabgabe in den Grundzustand, in welchem es vor der Lichtabsorption vorlag. Anschließend kann das Molekül einen neuen derartigen Zyklus durchlaufen und auf diese Weise viele Fluoreszenzphotonen generieren. Fluoreszenz ist daher eine recht sensitive Methode; schon kleine Konzentrationen an fluoreszierenden Stoffen in einer Probe reichen aus, um deutliches Fluoreszenzlicht zu erzeugen. Damit das aber funktioniert, muss das Molekül natürlich selbst robust sein, sodass es viele solcher Zyklen durchlaufen kann. Fluoreszenz tritt deshalb vor allem bei Verbindungen auf, die ein delokalisiertes π-Elektronensystem aufweisen. Diese erfordern einerseits eine besonders geringe Energie der optischen Anregung, und sie besitzen andererseits ein solch stabiles Bindungssystem, dass sie unter den Anregungsbedingungen nicht dissoziieren.

Neben dem Mechanismus der Fluoreszenz-Emission kann ein Molekül auch direkt, rein thermisch aus dem elektronisch angeregten in den elektronischen Grundzustand zurückkehren, vor allem wenn es zwischen beiden Potenzialkurven Überlappungsbereiche gibt, wie dies in Abb. 5.7 dargestellt ist; wir sprechen dabei von innerer Umwandlung oder englisch **internal conversion** (IC).

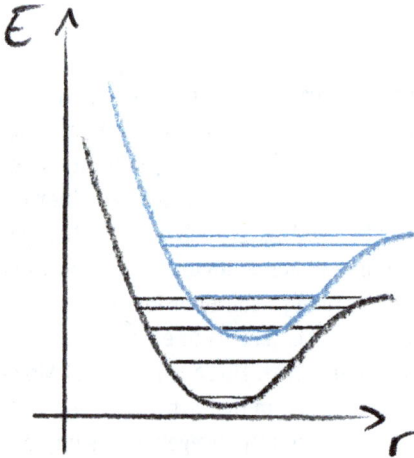

Abb. 5.7: Innere Umwandlung ist möglich, wenn sich tiefliegende Schwingungsenergieniveaus im elektronisch angeregten Zustand mit hochliegenden Schwingungsenergieniveaus im elektronischen Grundzustand überlappen.

Die meisten „normalen" Farbstoffe verhalten sich so; sie absorbieren Licht und erscheinen daher farbig, aber kehren ohne Re-Emission (d. h. ohne Ausstrahlung von Fluoreszenzlicht) in den Grundzustand zurück. Innere Umwandlung kann auch in andere Molekülzustände führen, die ihrerseits chemische Umwandlungen nach sich ziehen; dies führt uns in das faszinierende Gebiet der **Photochemie**. Abbildung 5.8 zeigt zwei Beispiele: Photodissoziation und E/Z-Isomerisierung.

---

den in denen optische Aufheller enthalten sind, deren Funktionsweise ebenfalls ein eigenes Leuchten durch Fluoreszenz ist („wäscht weißer als weiß").

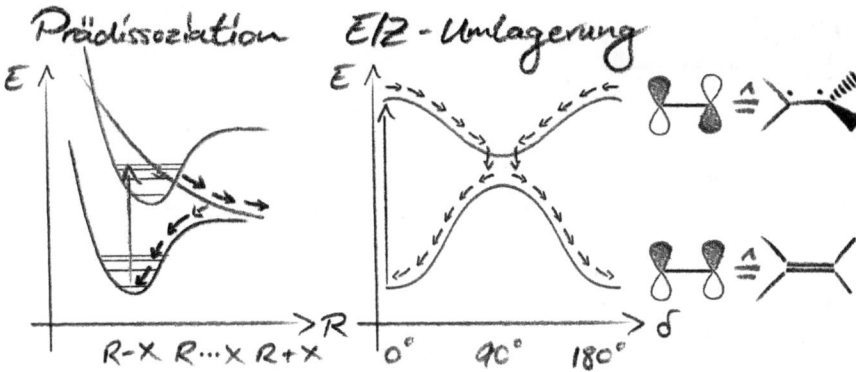

Abb. 5.8: Schematischer Verlauf zweier typischer photochemischer Reaktionen. Im Fall der Prädissoziation kommt es zur inneren Umwandlung zwischen einem elektronisch angeregten Zustand (typischerweise der erste angeregte Zustand) und einem nichtbindenden Zustand an einem Punkt, an dem die beiden energetisch überlappen. Dies führt im hier dargestellten Fall für einen Teil der Moleküle zur Dissoziation, während ein anderer Teil eine zweite innere Umwandlung mit dem für Kernabstände ebenfalls energetisch nahe benachbart liegenden Grundzustand erfahren und dadurch in diesen zurückkehren. Im Fall der E/Z-Umlagerung hat der Grundzustand bindenden Charakter (π-Molekülorbital), sodass die energetisch günstigste Verdrillung des Moleküls jene ist, bei der die Lappen der p-Orbitale gerade senkrecht zur Molekülebene stehen (0° bzw. 180° für E bzw. Z). Der angeregte Zustand hat hingegen antibindenden Charakter (π^*-Molekülorbital), in dem genau diese Anordnung sehr unvorteilhaft ist und im Gegenteil die dazu senkrechte Anordnung, also 90°, der destruktiven Orbitalinterferenz maximal aus dem Weg geht. Entsprechend wird bei Photoanregung dieser Zustand bevölkert und es kommt, ausgehend davon, bei Rückkehr in den Grundzustand zu einer Neuverteilung der E- und Z-Konfiguration.

Ein weiterer spezieller Weg für ein angeregtes Molekül seine Anregungsenergie loszuwerden ist, diese strahlungslos auf ein anderes Molekül zu übertragen; wir sprechen hierbei von **strahlungslosem Energietransfer** eines Donors zu einem Akzeptor. Auch über diesen Mechanismus können photochemische Reaktionen induziert werden; wir sprechen hierbei von **Photosensibilisierung**.

All die hier beschriebenen Vorgänge können anschaulich in einem **Jablonski-Diagramm** zusammenfasst werden, wobei aber zumeist auf die Kernkoordinaten und somit auf die explizite Darstellung der Potenzialtöpfe (so wie in Abb. 5.5) verzichtet wird. Ein derartiges Diagramm mit zwei statt nur einem angeregten elektronischen Zustand finden Sie in Abb. 5.9.

Betrachten wir abschließend noch die Zeitskalen der in Abb. 5.9 dargestellten Übergänge. Der elektronische Übergang durch Absorption von UV-Licht (A) geschieht auf einer Zeitskala von 10^{-15} Sekunden. Dies lässt sich durch einfache mathematische Überlegungen begreifen: betrachten wir eine Lichtwellenlänge von 300 nm, so erhalten wir mit Gl. 176 eine zugehörige Lichtfrequenz von $\nu = \frac{c}{\lambda} = \frac{3 \cdot 10^8 \frac{m}{s}}{300 \cdot 10^{-9} \, m} = 10^{15} \, s^{-1}$. Bei der elektronischen Anregung folgen die Elektronen nun in einer vereinfachten klassischen Darstellung dem oszillierenden Feld des anregenden Lichts, welches entsprechend der

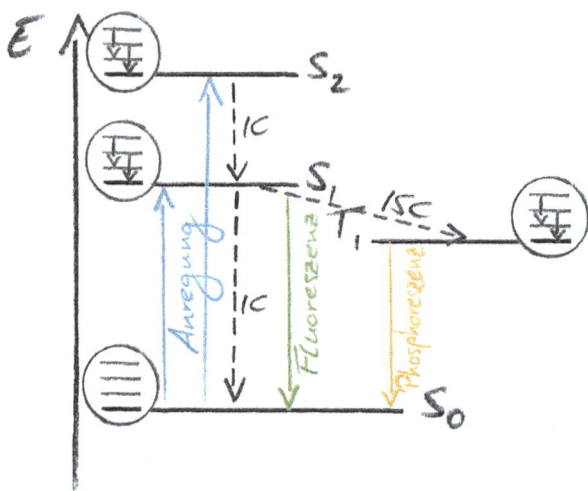

Abb. 5.9: Jablonski-Diagramm, das sämtliche bei der optischen Anregung der elektronischen Zustände von Molekülen auftretenden Übergänge zusammenfasst. Gestrichelte Pfeile stehen hierbei für strahlungslose Übergänge (innere Umwandlung IC und Intersystemcrossing ISC), blaue vertikale Pfeile nach oben für Anregung durch Absorption von Strahlung, der grüne vertikale Pfeil nach unten für Abregung unter Strahlungsemission von Fluoreszenz und der orangene vertikale Pfeil nach unten für Abregung unter Strahlungsemission von Phosphoreszenz. Die elektronischen Zustände selbst werden je nach dem Spinzustand entweder mit S (Singulett, Grundzustand S_0) oder T (Triplett) bezeichnet.

berechneten Frequenz innerhalb von 10^{-15} s eine komplette Schwingung ausführt, weshalb die periodische Auslenkung des Elektrons bei diesem Absorptionsvorgang eben gerade auf dieser Zeitskala erfolgt. Die Zeitskala der Wärmeabgabe können wir hingegen abschätzen, wenn wir berücksichtigen, dass sich Wärme auch mit Infrarotkameras direkt beobachten lässt. Im Vergleich zum UV-Licht besitzt IR-Strahlung aber eine 100–1.000 Mal größere Wellenlänge, und somit erscheint uns eine Zeitskala von 10^{-13} bis 10^{-12} Sekunden für den Vorgang der Schwingungsrelaxation plausibel. Die Fluoreszenz erfolgt hingegen aus dem Schwingungsgrundzustand des angeregten elektronischen Zustands. Da dieser aber als quantenmechanischer Eigenzustand des Moleküls resonant nachschwingt, beträgt die Zeitskala der Fluoreszenz typischerweise Nanosekunden (10^{-9} Sekunden). Eine genauere Betrachtung der Lebensdauer des angeregten Zustands wird uns zudem, wie wir weiter unten in diesem Kapitel noch sehen werden, entsprechend der Heisenbergschen Unschärferelation zu dem Schluss führen, dass das emittierte Licht, auch wenn es dem Übergang zwischen lediglich zwei quantenmechanisch definierten Zuständen entspringt, dennoch wie oben vereinfacht angenommen (s. a. Gl. 176), niemals exakt eine definierte Wellenlänge (= monochromatisch) aufweisen kann, sondern immer eine gewisse Linienbreite beinhaltet. Bei diesem Phänomen, welches auf der endlichen Lebensdauer des angeregten elektronischen Zustands beruht, sprechen wir auch von der sogenannten **natürlichen Linienbreite**: diese lässt sich weder technisch noch durch irgendwelche Probenpräparationen beeinflussen, sondern stellt eine ultimative Begrenzung für die Energieauflösung jedes spektroskopischen Übergangs dar. Wir befassen uns damit im letzten Abschnitt dieses Kapitels noch näher.

Für manche Moleküle kommt es auch zu einem eigentlich spinverbotenen strahlungslosen Übergang vom angeregten elektronischen Singulett-Zustand S_1 in einen angeregten elektronischen Triplett-Zustand T_1. Für die meisten Moleküle wäre dieser Übergang aufgrund des Spin-Verbots so langsam, d. h. auf einer Zeitskala im Sekundenbereich, dass die Energie zuvor längst über die deutlich schnelleren Kanäle der quantenmechanisch erlaubten Prozesse Fluoreszenz oder interne Umwandlung abgegeben wurde. Im Spezialfall von Molekülen, welche schwerere Elemente wie Schwefel oder Phosphor enthalten, kann es jedoch über den Prozess der **Spin–Bahn Kopplung**, den wir schon kennengelernt haben, zu einem sogenannten **Intersystemcrossing** (ISC) kommen. Dies ist ein normalerweise verbotener Übergang zwischen den verschiedenen Spinzuständen Singulett und Triplett, welcher aber durch den Mechanismus der Spin–Bahn Kopplung beschleunigt erfolgt (Zeitskala Nanosekunden) und damit in direkte Konkurrenz zu Fluoreszenz und interner Umwandlung tritt. Ist der angeregte Triplett-Zustand nun erstmal über diesen Kanal des ISC bevölkert worden, so ist das Molekül in diesem Zustand gefangen und verharrt lange in ihm.[46] Ein Übergang zurück in den Singulett-Grundzustand kann dann nur als „echter" spinverbotener Übergang auf vergleichsweise langsamer Zeitskala von Sekunden bis Stunden unter der Abgabe von gleichfalls analog zur Fluoreszenz rotverschobener Strahlung erfolgen. Wir sprechen hierbei von **Phosphoreszenz**. Diese ist generell noch mehr rotverschoben als die Fluoreszenz, weil ein Triplett-Zustand energieärmer ist als ein Singulett-Zustand. Das liegt daran, dass wir es im Triplett-Zustand mit ungepaarten, spingleichen Elektronen zu tun haben die auf Abstand zueinander gehen (konkret dadurch, dass sie in verschiedenen Orbitalen vorliegen) und dadurch ihre gegenseitige elektrostatische Abstoßungsenergie verringern; dadurch ist das Minimum der Kurve übrigens auch noch weiter zu größeren Kernabständen hin verschoben. Abbildung 5.10 zeigt dies anhand von Potenzialkurven. An dem Punkt, an dem sich die Potenzialkurven schneiden, weisen die angeregten Singulett- und Triplett-Zustände die gleichen Kernanordnungen auf. An diesem Punkt kann ein Molekül zwei gepaarte Elektronen entkoppeln und so durch Intersystemcrossing in den Triplett-Zustand übergehen. Nachdem ein Molekül in den Triplett-Zustand übergegangen ist, gibt es ebenfalls einen Teil seiner Energie durch Stöße an die Umgebung ab und landet schließlich im

---

46 Aus diesem Grund erfolgen viele photochemische Reaktionen aus Triplett-Zuständen heraus: Diese sind langlebig genug, sodass ein solches angeregtes Molekül auch die Chance hat durch Diffusion einen Reaktionspartner zu finden und mit diesem aus dem angeregten Zustand heraus zu reagieren. Singulett-Anregungszustände hingegen sind so kurzlebig, dass Reaktionen aus ihnen heraus eher nur in Form intramolekularer Prozesse erfolgen (z. B. Umlagerung des Moleküls), es sei denn ein geeigneter Reaktand befindet sich bereits in unmittelbarer Nähe und in vorteilhafter Anordnung für eine sofortige Reaktion, etwa in einem sogenannten *Exciplex*.

Schwingungsgrundzustand des elektronisch angeregten Triplett-Zustands. Dort ist das Molekül nun „gefangen": seine Energie liegt nun unterhalb der des elektronisch angeregten Singulett-Zustands, daher kann das Intersystemcrossing nicht rückgängig gemacht werden. Außerdem ist die elektronische Anregungsenergie zu groß, um von der Umgebung aufgenommen zu werden. Da die Rückkehr in den elektronischen Grundzustand jetzt spinverboten ist, erfolgt die Desaktivierung auf diesem Wege nur sehr langsam, und die Emission hält noch lange an nachdem die anregende Strahlung abgeschaltet wurde.

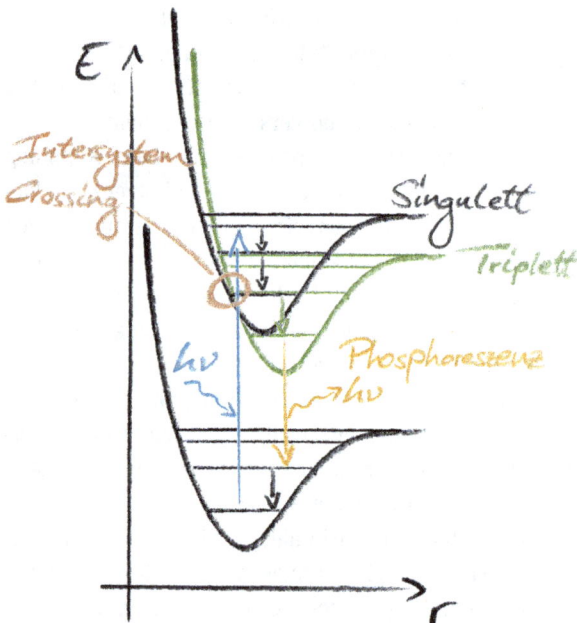

Abb. 5.10: Prinzip der Phosphoreszenz. Nach Anregung in einen hohen Schwingungszustand des elektronisch angeregten Singulett-Zustands kommt es zunächst, wie im Fall der Fluoreszenz (vgl. Abb. 5.5), zu Schwingungsrelaxation, dann aber durch Intersystemcrossing zum Übergang in den ersten angeregten Triplett-Zustand an einem Punkt, an dem dieser energetisch mit dem Singulett-Zustand überlappt. Da dessen Minimum energetisch tiefer liegt als das des angeregten Singulett-Zustands ist die anschließende Rückkehr in den elektronischen Grundzustand durch Emission von Strahlung energieärmer und damit mehr rotverschoben als im Fall der Fluoreszenz, hier dargestellt durch Orangefärbung des Emissionspfeils im Vergleich zur Grünfärbung im Fall der Fluoreszenz in Abb. 5.5.

Wie können wir in einem einfachen Experiment unterscheiden, ob eine emittierte Strahlung Fluoreszenz oder Phosphoreszenz ist? Ganz einfach: Indem wir die UV-Lampe, mit der wir unsere Probe anregen, ausschalten. Leuchtet die Probe daraufhin immer noch nach, dann handelt es sich definitiv um Phosphoreszenz. Bitte verwechseln Sie Fluoreszenz und Phosphoreszenz übrigens nicht mit der sogenannten **Chemilumineszenz**, bei der es infolge einer chemischen Reaktion und nicht infolge einer spektroskopischen Anregung zu einer Emission von Licht kommt.

5.1.3 Linienbreiten

Wir sind im vorangehenden Abschnitt bereits auf den Begriff der **Linienbreite** gestoßen. Hierunter ist zu verstehen, dass im Gegensatz zu dem stark vereinfachten in Abb. 5.1 gezeigten Schema der Übergang vom Grundzustand in einen angeregten Zustand durch Lichtabsorption eben gerade nicht bei einer exakt definierten Energiedifferenz (bzw. Wellenlänge der absorbierten Strahlung) erfolgt, sondern eine gewisse Bandbreite aufweist. Abbildung 5.11 veranschaulicht dies.

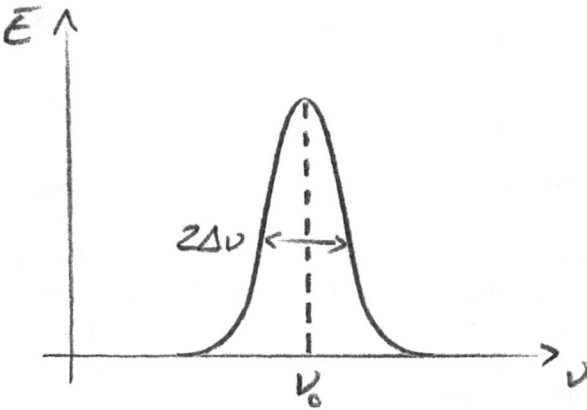

Abb. 5.11: Typischer Extinktionspeak eines Absorptionsspektrums aufgetragen gegen die Frequenz des anregenden Lichts, mit Halbwertsbreite Δv und Absorptionsmaximum v_0.

Für die Breite des Peaks in Abb. 5.11 kommen allerdings verschiedene Ursachen bzw. Effekte in Frage. Wir unterscheiden in der Reihenfolge zunehmender Verbreiterung:

(i) Die **natürliche Linienbreite**, die wir bereits im vorangehenden Abschnitt kurz kennengelernt haben, ist ein rein quantenmechanisches Phänomen: analog zur Heisenbergschen Unschärferelation für Impuls und Ort gibt es auch eine solche Unschärferelation für die Energie und damit auch die Frequenz der absorbierten Strahlung und die Lebensdauer des angeregten Zustands, und es findet sich folgender einfacher Zusammenhang zwischen der natürlichen Linienbreite Δv und der Lebensdauer τ (s. Gl. 182).

$$\Delta v \cdot \tau = \frac{1}{2 \cdot \pi} \tag{182}$$

(ii) Die Teilchen, welche Licht absorbieren oder emittieren, befinden sich aufgrund ihrer thermischen Energie in Bewegung, und somit kommt es zum optischen **Doppler-Effekt** (analog zum akustischen Doppler-Effekt, etwa beim Martinshorn eines vorbeifahrenden Rettungsfahrzeugs). Je nachdem, ob sich die Teilchen hierbei auf die Anregungslichtquelle zu oder von dieser wegbewegen, kommt es zu einer „Stauchung" oder „Dehnung" der Wellenlänge, und damit zu einer Verschiebung der Absorptionsfrequenz zu höheren oder niedrigeren Werten relativ zur Anregungsfrequenz. Für Teilchen hingegen, welche sich senkrecht zur Ausbreitungsrichtung des Lichts bewegen, finden wir keinen derartigen Doppler-Effekt. Die zu diesem Doppler-Effekt zugehörige Frequenzverbreiterung hängt nun mit der Lichtgeschwindigkeit c sowie der mittleren Geschwindigkeit der Teilchen $\langle u \rangle$, und somit auch mit der Probentemperatur, zusammen (s. Gl. 183).

$$\Delta v = v_0 \cdot \frac{1}{c} \cdot \sqrt{\frac{8 \cdot k_B \cdot T}{m} \cdot \ln 2} \tag{183a}$$

$$\langle u \rangle = \sqrt{\frac{8 \cdot k_B \cdot T}{\pi \cdot m}} \tag{183b}$$

Im Gegensatz zur natürlichen Linienverbreiterung lässt sich der Doppler-Effekt minimieren, indem wir die Teilchenbewegung verlangsamen, beispielsweise durch Untersuchung von Proben bei niedriger Temperatur oder Fixierung der zu untersuchenden Moleküle durch gezielte Anbindung an Oberflächen. Die Probe lässt sich allerdings nicht beliebig abkühlen, da es dann zu einer Kondensation sowie zu starken Wechselwirkungen zwischen den Teilchen kommt, welche zu einer anderen deutlichen Verbreiterung der spektralen Übergänge führen: der Stoßverbreiterung.

(iii) In kondensierter Phase oder in Gasen bei hohem Druck bzw. hoher Teilchenzahldichte kommt es zu intermolekularen Stößen und intensiven Teilchenwechselwirkungen, welche schließlich noch größere Linienverbreiterungen ergeben als die bereits genannten. Dieser Effekt wird auch als **Stoßverbreiterung** bezeichnet. Um ein möglichst gut definiertes Spektrum von einer makroskopischen Probe zu erhalten, empfiehlt es sich daher, diese als Gas bei möglichst niedrigem Druck und niedriger Temperatur zu untersuchen. Hierbei ergibt sich dann allerdings als Nachteil, dass lediglich eine vergleichsweise geringe Teilchenzahl zum Messsignal beiträgt bzw. das Spektrum zwar definierter ist hinsichtlich der Linienverbreiterung, aber bei kürzeren Messzeiten ein erhebliches Signal–Rausch Verhältnis aufweist. Deshalb ergeben sich hier Messzeiten, die durchaus mehrere Stunden betragen können. Eine alternative Methode ist die **Einzelmolekülspektroskopie**, die allerdings besondere Anforderungen an die Probenpräparation sowie die Messinstrumente und optische Justage stellt. Dies führt uns schließlich noch zu einem weiteren Effekt der Linienverbreiterung.

(iv) Jedes Messgerät weist gewisse Fehler auf. So besteht ein Spektrometer zur Selektion der Energie der anregenden Strahlung unter anderem aus einem Monochromator, der aber niemals perfekt arbeitet, sondern stets eine **gerätespezifische Bandbreite** aufweist. Für teure, hochauflösende Spektrometer liegt dieser Effekt typischerweise zwischen der natürlichen Linienbreite (i) und der Dopplerverbreiterung (ii).

Wir können also festhalten, dass ein optisches Spektrum niemals perfekt scharfe Absorptionslinien aufweisen kann, sondern es aus den verschiedensten Ursachen, von denen sich nur einige experimentell minimieren lassen, zur Linienverbreiterung kommt. Um nun ein Gefühl für die Größenordnungen der vorgestellten Effekte zu bekommen, wollen wir an dieser Stelle einige einfache Berechnungen durchführen:

Berechnung typischer Linienverbreiterungen
(aus Wolfgang Schärtl: *Statistical Thermodynamics and Spectroscopy*, 1st ed.; bookboon learning, **2015**.)

Wir wollen die natürliche Linienbreite sowie den optischen Doppler-Effekt für Wasserstoffmoleküle bei Raumtemperatur berechnen, wobei wir eine Anregungswellenlänge von 110 nm annehmen. Die Lebensdauer des angeregten Zustands betrage 1 ns. Zunächst berechnen wir die Frequenz des anregenden Lichts:

$$\nu_0 = \frac{c}{\lambda} = \frac{3 \cdot 10^8 \, m \cdot s^{-1}}{110 \cdot 10^{-9} \, m} = 2{,}73 \cdot 10^{15} \, s^{-1}$$

Die gesuchten spektralen Linienbreiten lassen sich dann wie folgt berechnen:

(i) Natürliche Linienbreite: $\Delta \nu = \frac{1}{2 \cdot \pi \cdot \tau} = 1{,}6 \cdot 10^8 \, s^{-1}$

(ii) Dopplerverbreiterung: $\Delta \nu = \nu_0 \cdot \frac{1}{c} \cdot \sqrt{\frac{8 \cdot k_B \cdot T}{m} \cdot \ln 2} = 2{,}73 \cdot 10^{15} \, s^{-1} \cdot \frac{1}{3 \cdot 10^8 \, m \cdot s^{-1}} \cdot$
$\sqrt{\frac{8 \cdot 1{,}38 \cdot 10^{-23} \, kg \cdot m \cdot s^{-2} \cdot m \cdot K^{-1} \cdot 298 \, K}{\frac{0{,}002 \, kg \cdot mol^{-1}}{6{,}0 \cdot 10^{23} \, mol^{-1}}}} \cdot \ln 2 = 2{,}4 \cdot 10^{10} \, s^{-1}$

Wir stellen anhand dieser Berechnungen fest, dass die natürliche Linienbreite weniger als 0,1 ppm (1 ppm = 1 Millionstel) der für die Anregung des Wasserstoffmoleküls benötigten Energie ausmacht, während die Verbreiterung infolge des Doppler-Effekts bei ca. 10 ppm liegt.

Linienverbreiterungen, welche auf Stößen zwischen den Molekülen beruhen, sind noch deutlich größer, weswegen hochaufgelöste Spektren auch nur für Gase bei vergleichsweise niedrigen Drücken und Temperaturen gemessen werden können. An dieser Stelle sei aber erwähnt, dass es mittlerweile auch möglich ist durch technische Neuerungen der letzten paar Jahrzehnte spektroskopische Übergänge an einzelnen isolierten Molekülen zu messen (Einzelmolekülspektroskopie mittels konfokaler Optik).

!

DAS WICHTIGSTE IN KÜRZE

– Bei der **Absorptionsspektroskopie** nehmen Atome oder Moleküle Lichtenergie auf und gehen dabei in einen energetisch höheren Zustand über. Die Bestimmung von Teilchenkonzentrationen erfolgt gemäß dem **Lambert–Beer Gesetz**: $E = \log_{10} \frac{I_0}{I} = \varepsilon \cdot c \cdot d$. Den dekadischen Logarithmus der beiden Intensitäten bezeichnen wir als Absorbanz oder **Extinktion** (Auslöschung), der **molare dekadische Extinktionskoeffizient** ε ist für eine bestimmte Wellenlänge eine Materialkonstante.

– Wird Licht definierter Energie oder Wellenlänge λ absorbiert, so gilt $\Delta E = h \cdot v = h \cdot \frac{c}{\lambda} = h \cdot c \cdot \tilde{v}$ (v = Frequenz, $\tilde{v}$ = Wellenzahl). Höherenergetisches Licht (UV/Vis) regt elektronische Übergänge an, IR-Licht regt Schwingungsübergänge an, Mikrowellen regen Rotationsübergänge an. Gemäß **Goldener Regel von Fermi** absorbieren Moleküle nur, falls sich vom Grund- zum angeregten Zustand deren elektrisches (oder im Fall der NMR-Spektroskopie deren magnetisches) **Dipolmoment** verändert.

– Das **Franck–Condon Prinzip** beschreibt die Änderung eines elektronischen Zustands in einem Molekül unter Beteiligung von Schwingungszuständen. Beim Übergang zurück in den Grundzustand kommt es zu einer rotverschobenen Emission (**Fluoreszenz**). Neben der Fluoreszenz zeigen manche Moleküle auch einen spinverbotenen Übergang (**Phosphoreszenz**). Das durch Absorption angeregte Molekül kann auch thermisch in den elektronischen Grundzustand zurückkehren. Anschaulich werden sämtliche Übergänge in einem **Jablonski-Diagramm** zusammengefasst.

– Spektroskopische Übergänge erfolgen trotz der beteiligten Quantenzustände nicht bei einer exakt definierten Energie, sondern zeigen eine gewisse Verbreiterung: je nach Ursache unterscheiden wir die **natürliche Linienbreite**, die **Dopplerverbreiterung**, die **Stoßverbreiterung** und die **gerätespezifische Bandbreite**.

VERSTÄNDNISFRAGEN

1. **Wieso ist die Fluoreszenz gegenüber der Absorption rotverschoben?**
   a) Weil ein Teil der absorbierten Energie in Form von Wärme abgegeben wird.
   b) Weil die Moleküle in einem angeregten Schwingungszustand verbleiben.
   c) Weil das absorbierte Licht als Strahlung in mehreren Schritten abgegeben wird.
   d) Weil der Doppler-Effekt bei der Emission dem bei der Absorption entgegengesetzt ist.

2. **Ordnen Sie die Vorgänge nach länger werdenden Zeitskalen:**
   (A = Absorption, F = Fluoreszenz, IC = Internal Conversion,
   ISC = Intersystemcrossing, P = Phosphoreszenz)
   a) $A < F < IC < P < ISC$
   b) $A < IC < F = ISC < P$
   c) $A = F < IC < ISC < P$
   d) $A < IC = F < ISC < P$

3. **Was verstehen wir unter den Franck–Condon Faktoren?**
   a) Die Überlappungsintegrale der Gesamtwellenfunktionen von Grundzustand und angeregtem Zustand
   b) Die Überlappungsintegrale der Elektronenwellenfunktionen von Grundzustand und angeregtem Zustand
   c) Die Überlappungsintegrale der Kernwellenfunktionen von Grundzustand und angeregtem Zustand
   d) Die Betragsquadrate der Kernwellenfunktionen des angeregten Zustands

4. **Wieso ist Stickstoff kein Treibhausgas?**
   a) Weil seine Wärmekapazität zu klein ist.
   b) Weil es kein IR-Licht absorbieren kann.
   c) Weil es kein UV-Licht absorbieren kann.
   d) Weil sein Molekulargewicht zu gering ist.

Vertiefungsfragen

5. **Was verstehen wir unter der natürlichen Linienbreite?**
   a) Die spektrale Bandbreite eines Absorptionsübergangs infolge natürlich vor-
      kommender Isotope
   b) Die spektrale Bandbreite eines Absorptionsübergangs infolge der endlichen
      Lebensdauer des Grundzustands
   c) Die spektrale Bandbreite eines Absorptionsübergangs infolge der endlichen
      Lebensdauer des angeregten Zustands
   d) Die spektrale Bandbreite, welche vom natürlichen Aggregatzustand der un-
      tersuchten Probe abhängt

6. **Welche Rolle spielt der Doppler-Effekt in der Spektroskopie?**
   a) Keine, da es sich hierbei um ein Phänomen aus der Akustik handelt.
   b) Im Vergleich zur natürlichen Linienbreite ist der Doppler-Effekt faktisch nicht
      messbar.
   c) Der Doppler-Effekt tritt überwiegend bei der spektroskopischen Untersuchung
      von Kristallen auf, deren Gitterschwingungen eine akustische Mode enthalten.
   d) Der Doppler-Effekt führt vor allem bei Gasen zu einer deutlichen Linienver-
      breiterung.

7. **Für welche Proben lassen sich hochaufgelöste Spektren von Molekülen messen?**
   a) Mit sehr teuren Spektrometern für beliebige Proben
   b) Für Gase bei niedrigem Druck
   c) Für verdünnte Lösungen bei niedriger Temperatur
   d) Für Gase bei niedrigem Druck und niedriger Temperatur

8. **Was sind die praktischen Unterschiede von Fluoreszenz und Phosphoreszenz?**
   a) Phosphoreszenz tritt ausschließlich bei Phosphorverbindungen auf.
   b) Phosphoreszenz ist im Vergleich zur Fluoreszenz kurzwelliger.
   c) Phosphoreszenz ist im Vergleich zur Fluoreszenz langwelliger.
   d) Fluoreszenz tritt nur während der Bestrahlung der Probe auf.

EINHEIT 10: SPEKTROSKOPIE UND QUANTENMECHANIK
In diesem Abschnitt werden wir die quantenmechanische Behandlung der Spektroskopie kennenlernen. Hierzu müssen wir die bereits bekannte stationäre Schrödinger-Gleichung auf zwei Arten erweitern. Zum einen ändert das betrachtete System nun mit der Zeit seinen quantenchemischen Zustand,
beispielsweise indem es vom Grundzustand durch Lichtabsorption in einen angeregten Zustand übergeht; dieser Zeitabhängigkeit werden wir Rechnung tragen, indem wir statt der stationären zusätzlich
die zeitabhängige Schrödinger-Gleichung einführen. Zum anderen müssen wir noch die Wechselwirkung des Systems mit dem Licht explizit im Hamilton-Operator berücksichtigen, was im Rahmen der
Störungstheorie geschieht. Diese Ansätze werden uns in diesem Kapitel schließlich zu der berühmten
und für die Spektroskopie essenziellen Goldenen Regel von Enrico Fermi führen.

5.2 Spektroskopie und Quantenmechanik

5.2.1 Lösung der zeitabhängigen Schrödinger-Gleichung für den ungestörten Fall

Wir haben bereits die stationäre Schrödinger-Gleichung kennengelernt, die uns erlaubt, die ortsabhängige Wellenfunktion sowie die erlaubten Energie-Eigenwerte
eines quantenmechanischen Systems zu berechnen.

$$\hat{H}\Psi(q) = E \cdot \Psi(q) \tag{184}$$

Hier ist $\hat{H}$ der Hamilton-Operator, welcher ausschließlich von den Ortskoordinaten des
Systems $q = (x, y, z)$ abhängt und sich aus zwei Teilen für die kinetische bzw. die potenzi-
elle Energie des Systems ohne äußere Störungen zusammensetzt. Konkrete Beispiele für
derartige stationäre ungestörte Systeme hatten wir beispielsweise mit dem Teilchen im
Kasten, dem harmonischen Oszillator und dem Wasserstoffatom in den vorangehenden
Kapiteln kennengelernt. Abbildung 5.12 fasst deren Wellenfunktionen und Energie-
Eigenwerte nochmals zusammen.

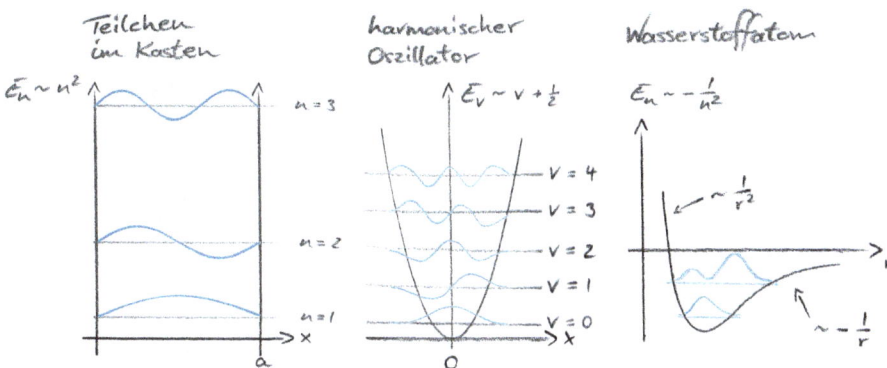

Abb. 5.12: Lösungen der stationären Schrödinger-Gleichung für ein Teilchen im Kasten, den
harmonischen Oszillator und das Wasserstoffatom.

Beachten Sie, dass wir bislang die Wellenfunktionen als zeitunabhängig angenommen haben. Sie hängen demnach wie in Abb. 5.12 gezeigt lediglich von den Ortskoordinaten des betrachteten Systems ab. Um spektroskopische Übergänge, bei denen unser System seinen Zustand mit der Zeit ändern wird, quantenmechanisch zu behandeln, benötigen wir nun zusätzlich eine Abhängigkeit der Wellenfunktionen von der Zeit. Daher führen wir nun die zeitabhängige Schrödinger-Gleichung und entsprechend eine Wellenfunktion ein, die sowohl von den Ortskoordinaten q als auch von der Zeit t abhängt:

$$\boxed{\hat{H}\Psi(q,t) = i \cdot \hbar \cdot \frac{\partial \Psi(q,t)}{\partial t}} \tag{185}$$

Für unser ungestörtes System sollen nun sowohl die stationäre Schrödinger-Gleichung, die uns die erlaubten Energie-Eigenwerte des Systems E liefert, als auch die neu eingeführte zeitabhängige Schrödinger-Gleichung gelten. Um dieses Gleichungssystem zu lösen, verwenden wir einen Produktansatz, welcher darauf basiert, dass Ort und Zeit voneinander unabhängige Variablen darstellen. Entsprechend schreiben wir unsere Wellenfunktion als:

$$\Psi(q,t) = f(q) \cdot \phi(t) \tag{186}$$

Hierbei stellt die Funktion $f(q)$ den ortsabhängigen Teil der Wellenfunktion dar, welcher somit auch eine Lösung der stationären Schrödinger-Gleichung (Gl. 184) sein muss, d. h. es gilt:

$$\hat{H}f(q) = E \cdot f(q) \tag{187}$$

Der Faktor $\phi(t)$ stellt hingegen die reine Zeitabhängigkeit der Gesamtwellenfunktion $\Psi(q,t)$ dar. Setzen wir nun den Produktansatz aus Gl. 186 in die zeitabhängige Schrödinger-Gleichung ein, so erhalten wir folgenden Ausdruck:

$$\hat{H}\{f(q) \cdot \phi(t)\} = i \cdot \hbar \cdot \frac{\partial \{f(q) \cdot \phi(t)\}}{\partial t} \tag{188}$$

Gl. 188 lässt sich umstellen, wenn wir bedenken, dass der Hamilton-Operator $\hat{H}$ nur auf den ortsabhängigen Teil der Wellenfunktion $f(q)$ und die partielle Ableitung nach der Zeit t auf der rechten Seite der Gleichung nur auf den zeitabhängigen Teil der Wellenfunktion $\phi(t)$ wirken. Entsprechend können wir den jeweils unbeeinflussten Faktor der Wellenfunktion vor die entsprechenden Rechenoperationen ziehen und erhalten somit den folgenden Ausdruck:

$$\phi(t) \cdot \hat{H}f(q) = f(q) \cdot i \cdot \hbar \cdot \frac{\partial \phi(t)}{\partial t} \tag{189}$$

Einsetzen von Gl. 187 und Kürzen durch den ortsabhängigen Teil der Wellenfunktion $f(q)$ führt uns zu folgender einfacher Differenzialgleichung:

$$\phi(t) \cdot E = i \cdot \hbar \cdot \frac{\partial \phi(t)}{\partial t} \tag{190}$$

Wie Sie leicht durch Einsetzen selbst zeigen können, lautet die Lösung dieser Differenzialgleichung für den zeitabhängigen Teil der Wellenfunktion

$$\phi(t) = e^{\left(-i \cdot \frac{E}{\hbar} \cdot t\right)} \tag{191}$$

Diesen Ausdruck hatten wir bereits in Lehreinheit 01 kennengelernt. Gleichung 191 stellt eine zeitlich periodische komplexe Zahl dar, welche im Uhrzeigersinn um den Ursprung des komplexen Koordinatensystems präzediert, und zwar mit einer Winkelfrequenz von

$$\omega = \frac{E}{\hbar} \tag{192}$$

Die Gesamtwellenfunktion ergibt sich entsprechend als:

$$\Psi(q, t) = f(q) \cdot e^{\left(-i \cdot \frac{E}{\hbar} \cdot t\right)} \tag{193}$$

Dieses Ergebnis lässt sich wie folgt interpretieren: Wir hatten die Aufenthaltswahrscheinlichkeit eines Systems bereits als Betragsquadrat der entsprechenden Wellenfunktion kennengelernt. Es ergibt sich hierfür nun das Betragsquadrat unserer periodisch mit der Zeit präzedierenden komplexen Größe, bei der sich der Betrag aber nicht mit der Zeit ändert, sondern lediglich das Argument oder auch die Phase. Es gilt somit für die Aufenthaltswahrscheinlichkeit:

$$|\Psi(q, t)|^2 = \Psi(q, t) \cdot \Psi^*(q, t) = f(q) \cdot f^*(q) = |f(q)|^2 \tag{194}$$

Dasselbe Ergebnis erhalten wir natürlich auch durch explizites Einsetzen von Gl. 193 in Gl. 194:

$$\Psi(q, t) \cdot \Psi^*(q, t) = f(q) \cdot e^{\left(-i \cdot \frac{E}{\hbar} \cdot t\right)} \cdot f^*(q) \cdot e^{\left(i \cdot \frac{E}{\hbar} \cdot t\right)}$$

$$= f(q) \cdot f^*(q) \cdot e^0 = f(q) \cdot f^*(q) \tag{195}$$

Bevor wir uns explizit der quantenchemischen Behandlung des spektroskopischen Übergangs widmen, wollen wir das bislang Gesagte noch an einem konkreten Beispiel grafisch veranschaulichen. Betrachten Sie hierzu die Wellenfunktion des Grundzustands für das Teilchen im Kasten, die wie in Abb. 5.12 gezeigt einem halben Sinusbogen entspricht. Die zeitliche Abhängigkeit dieser als komplexe Zahl darstellbaren Wellenfunktion ergibt sich nun entsprechend Gl. 193 durch eine um 90° phasenverschobene Oszillation von Real- und Imaginärteil, wohingegen der Betrag der Wellenfunktion zeitlich unverändert bleibt (s. Abb. 5.13).

Wie wir schon in der vorigen Lehreinheit gesehen haben, benötigen wir für spektroskopische Betrachtungen nun mindestens zwei verschiedene Zustände, welche wir

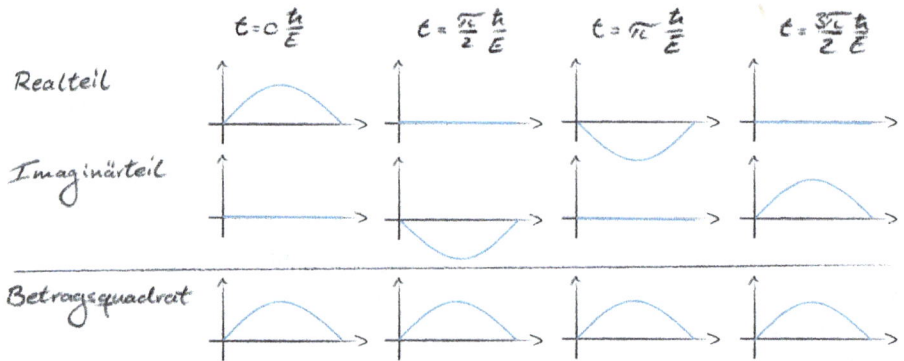

Abb. 5.13: Wellenfunktion des Grundzustands für das Teilchen im Kasten zu verschiedenen Zeiten: Real- und Imaginärteil sowie Betragsquadrat.

im Folgenden mit m für den Grundzustand und n für den angeregten Zustand kennzeichnen wollen. Für beide gilt natürlich unsere allgemeine Lösung der zeitabhängigen Schrödinger-Gleichung:

$$\Psi_m(q,t) = f_m(q) \cdot e^{\left(-i \cdot \frac{E_m}{\hbar} \cdot t\right)} \tag{196a}$$

$$\Psi_n(q,t) = f_n(q) \cdot e^{\left(-i \cdot \frac{E_n}{\hbar} \cdot t\right)} \tag{196b}$$

Da die Energie des angeregten Zustands E_n größer ist als die des Grundzustands E_m, oszilliert der angeregte Zustand zeitlich mit einer höheren Frequenz. Die jeweiligen räumlichen Aufenthaltswahrscheinlichkeiten hängen aber ausschließlich vom Ort q ab, da sich die Zeitabhängigkeiten hier wiederum über die Betragsquadrate herausrechnen, wie in Gl. 195 explizit gezeigt wurde.

Für die Betrachtung eines spektroskopischen Übergangs ist es wichtig, dass nicht nur die in Gleichungen 196 gegebenen Wellenfunktionen, sondern dass auch deren (hier zunächst im betrachteten ungestörten Fall) zeitunabhängige Linearkombination eine mathematische Lösung unseres quantenchemischen Problems darstellt. Somit ist auch der folgende Ausdruck eine für unser vereinfacht betrachtetes Zweizustandssystem zulässige Wellenfunktion:

$$\Psi(q,t) = c_m \cdot \Psi_m(q,t) + c_n \cdot \Psi_n(q,t) \tag{197}$$

Hierbei stellen die beiden Koeffizienten c_m und c_n jeweils komplexe Zahlen mit Beträgen zwischen 0 und 1 dar, wobei wegen der Normierung der Wellenfunktionen insgesamt gelten muss:

$$|c_m|^2 + |c_n|^2 = 1 \tag{198}$$

Diese Koeffizienten lassen sich als prozentualer Anteil der jeweiligen Wellenfunktion m bzw. n für die beiden reinen Zustände an der durch die Linearkombination beschriebenen Wellenfunktion interpretieren. (Ähnlich hatten wir bereits in Gl. 171 Hybridorbitale gebildet.) So bedeutet beispielsweise $m=1$ und somit $n=0$, dass unser System komplett im Grundzustand vorliegt, $m=0$ und $n=1$ hingegen, dass unser System nur den angeregten Zustand besetzt. Berücksichtigen wir, dass wir es bei realen Proben mit sehr vielen Teilchen zu tun haben, so können wir m und n daher auch benutzen, um die relativen Anteile der Teilchen im angeregten bzw. Grundzustand zu bestimmen.

Im folgenden Abschnitt werden wir sehen, wie die in Gl. 197 neu eingeführten Koeffizienten c bei Bestrahlung einer Probe mit Licht sich zeitlich verändern können. Dies ist auch plausibel, da mit der Dauer der Bestrahlung immer mehr Moleküle unserer Probe aus dem Grundzustand m in den angeregten Zustand n übergehen sollten. Somit sollte $c_n(t)$ bei Bestrahlung einer Probe mit Licht einer geeigneten Wellenlänge mit der Zeit ansteigen, und $c_m(t)$ entsprechend mit der Zeit abfallen.

5.2.2 Störungstheorie, Spektroskopie und Fermis Goldene Regel

Im Folgenden werden wir nun den Beitrag des einfallenden Lichts zu unserem quantenchemischen Zweizustandssystem berücksichtigen. Hierfür führen wir zunächst ganz allgemein einen sogenannten **Störoperator** $\hat{H}'$ ein. Wichtig ist, dass dieser zusätzliche Operator einen so geringen Einfluss auf unser System haben soll, dass er weder die Energie-Eigenwerte noch unsere Basiswellenfunktionen $\Psi_m(q,t)$ und $\Psi_n(q,t)$ verändert, sondern es lediglich zu einer zeitlichen Veränderung der Koeffizienten c_m und c_n kommt. Dies bedeutet also, dass unser System durch die externe Störung mit der Zeit immer mehr vom Grundzustand m in den angeregten Zustand n wechselt. In Abb. 5.14 ist das beispielhaft für die Wellenfunktionen des Grundzustands und des ersten angeregten Zustands des Teilchens im Kasten skizziert.

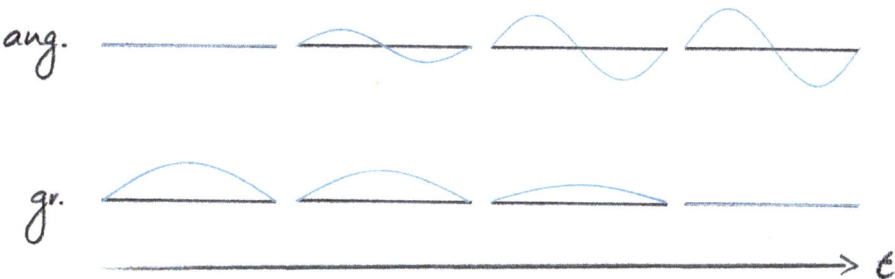

Abb. 5.14: Kontinuierlicher Übergang eines quantenchemischen Systems vom Grundzustand m (unten) in den angeregten Zustand n (oben) infolge einer zeitlich andauernden Störung am Beispiel des Teilchens im Kasten.

An dieser Stelle wollen wir nochmals betonen, dass, falls die Störung in der Absorption eines Photons der passenden Energie $E_n - E_m$ besteht, ein einzelnes Molekül natürlich entweder komplett im Grundzustand oder im angeregten Zustand vorliegen wird. Die oben in Gl. 197 eingeführten Koeffizienten c_m und c_n sind somit als statistische Erwartungswerte für ein System aus vielen Teilchen zu verstehen, d. h. sie geben faktisch den jeweiligen Anteil der Teilchen an, der sich noch im Grundzustand (c_m) oder bereits im angeregten Zustand (c_n) befindet. Formal lässt sich entsprechend aber auch jedem einzelnen Teilchen eine aus der Überlagerung zweier Wellenfunktionen gebildete identische Hybridwellenfunktion im Sinne von Gl. 197 zuweisen, was aber im Kontext des Photonenbildes des Lichts eigentlich keinen Sinn macht – wonach eben die Absorption eines Photons ein einzelnes Teilchen komplett in dessen angeregten Zustand überführen sollte.

Ersetzen wir nun zunächst den Hamilton-Operator in der zeitabhängigen Schrödinger-Gleichung (Gl. 185) mit Hilfe des soeben zunächst noch in allgemeiner Form eingeführten Störoperators, so erhalten wir folgende Gleichung für unser System mit schwacher (zeitabhängiger) Störung:

$$(\hat{H} + \hat{H}')\Psi(q,t) = i \cdot \hbar \cdot \frac{\partial \Psi(q,t)}{\partial t} \tag{199}$$

Als nächstes ersetzen wir die Wellenfunktion durch die Linearkombination entsprechend Gl. 197, berücksichtigen allerdings, dass die Koeffizienten in Folge der Störung nun zeitabhängig sein müssen:

$$(\hat{H} + \hat{H}')(c_m(t) \cdot \Psi_m(q,t) + c_n(t) \cdot \Psi_n(q,t))$$
$$= i \cdot \hbar \cdot \frac{\partial (c_m(t) \cdot \Psi_m(q,t) + c_n(t) \cdot \Psi_n(q,t))}{\partial t} \tag{200}$$

Für den ungestörten Fall gilt die Gleichung:

$$\hat{H}(c_m(t) \cdot \Psi_m(q,t) + c_n(t) \cdot \Psi_n(q,t))$$
$$= i \cdot \hbar \cdot \left[\frac{c_m \cdot \partial(\Psi_m(q,t))}{\partial t} + \frac{c_n \cdot \partial(\Psi_n(q,t))}{\partial t} \right] \tag{201}$$

Wenn wir den Ausdruck aus Gl. 201 in Gl. 200 herausrechnen, so erhalten wir schließlich eine Differenzialgleichung, welche auf der linken Seite lediglich vom Störoperator $\hat{H}'$ abhängt:

$$\hat{H}'(c_m(t) \cdot \Psi_m(q,t) + c_n(t) \cdot \Psi_n(q,t))$$
$$= i \cdot \hbar \cdot \left[\Psi_m(q,t) \cdot \frac{\partial(c_m(t))}{\partial t} + \Psi_n(q,t) \cdot \frac{\partial(c_n(t))}{\partial t} \right] \tag{202}$$

Nehmen wir nun an, dass unser System zu Beginn der Störung, d. h. zum Zeitpunkt $t = 0$, vollständig im Grundzustand vorliegt. Entsprechend finden wir für die Lösung der Differenzialgleichung 202 die Anfangsbedingungen $c_m(t = 0) = 1$ und $c_n(t = 0) = 0$. Außerdem wissen wir, dass unsere Basiswellenfunktionen $\Psi_m(q, t)$ und $\Psi_n(q, t)$ jeweils orthonormiert sein müssen, d. h. es muss gelten:

$$\int \Psi_n^*(q, t) \cdot \Psi_m(q, t)\, dq = 0 \tag{203a}$$

und

$$\int \Psi_n^*(q, t) \cdot \Psi_n(q, t)\, dq = 1 \tag{203b}$$

Einsetzen der Anfangsbedingungen sowie Erweiterung von Gl. 202 mit der konjugiert komplexen Wellenfunktion $\Psi_n^*(q, t)$ führt daher, nach Integration über den Raum q, zu folgender vereinfachten Form:

$$\frac{\partial c_n(t)}{\partial t} = \frac{1}{i \cdot \hbar} \cdot \int \Psi_n^*(q, t) \cdot \hat{H}'\, \Psi_m(q, t)\, dq \tag{204}$$

Um Gl. 204, d. h. die zeitliche Veränderung der Besetzung des angeregten Zustands n, nun lösen zu können, benötigen wir schließlich eine konkrete Formulierung des Störoperators $\hat{H}'$. Wie häufig in der Quantenmechanik ergibt sich der gesuchte Ausdruck aus der Analogie zur klassischen Physik. Hier beschreiben wir das einfallende Licht als elektromagnetische Wellenerscheinung, und der zugehörige Vektor des elektrischen Feldes kann nun mit einem Ladungsungleichgewicht des betrachteten Moleküls, welches in Form eines Dipolmoments vorliegt, wechselwirken. Wir erhalten somit den folgenden Ausdruck:

$$\hat{H}' = \vec{E} \cdot \hat{\mu} \tag{205}$$

$\vec{E}$ ist hier der erwähnte Vektor des elektrischen Feldes des einfallenden Lichts, und $\hat{\mu}$ ist der sogenannte Dipoloperator gemäß Gl. 179. Das elektrische Feld oszilliert mit der Zeit mit einer charakteristischen Frequenz ν, sodass wir mit Hilfe der Eulerschen Gleichungen auch schreiben können:

$$\vec{E} = \vec{E}_0 \cdot \cos(2 \cdot \pi \cdot \nu \cdot t) = \frac{1}{2} \cdot \vec{E}_0 \cdot \left[e^{(2 \cdot \pi \cdot i \cdot \nu \cdot t)} + e^{(-2 \cdot \pi \cdot i \cdot \nu \cdot t)} \right] \tag{206}$$

In Gl. 206 ist $\vec{E}_0$ die Amplitude des elektrischen Feldes des einfallenden Lichts. Die Intensität des Lichts ist entsprechend durch das Betragsquadrat dieser Amplitude gegeben, $I = |\vec{E}_0|^2 = \vec{E}_0 \cdot \vec{E}_0^*$, mit $\vec{E}_0^*$ der konjugiert Komplexen der Amplitude. Beachten Sie hierbei, dass auch die Amplitude einen Vektor darstellt. Für linear polarisiertes Licht oszilliert der elektrische Feldvektor somit periodisch von $+\vec{E}_0$ über 0 nach $-\vec{E}_0$.

Setzen wir nun den in Gl. 205 definierten Störoperator für unser quantenchemisches Problem der Absorption von Licht für ein System aus zwei Zuständen in Gl. 204 ein, so erhalten wir:

$$\frac{\partial c_n(t)}{\partial t} = \frac{\vec{E}_0}{2 \cdot i \cdot \hbar} \cdot \left[e^{(2 \cdot \pi \cdot i \cdot v \cdot t)} + e^{(-2 \cdot \pi \cdot i \cdot v \cdot t)} \right] \cdot \int \Psi_n^*(q,t) \cdot \widehat{\mu} \ \Psi_m(q,t) \, dq \tag{207}$$

Wir führen uns hier nochmals vor Augen, dass sich die Wellenfunktionen entsprechend dem Produktansatz jeweils aus einem ortsabhängigen und einem zeitabhängigen Anteil zusammensetzen, entsprechend z. B. für den angeregten Zustand:

$$\Psi_n(q,t) = f_n(q) \cdot e^{\left(-i \cdot \frac{E_n}{\hbar} \cdot t\right)} = f_n(q) \cdot e^{(-i \cdot \omega_n \cdot t)} \tag{208}$$

Hierbei benutzen wir zur Vereinfachung statt der Energie-Eigenwerte des angeregten Zustands E_n die entsprechenden Winkelfrequenzen ω_n.

Um nun in Gl. 207 den zeitabhängigen und ortsabhängigen Anteil der Wellenfunktion zu separieren, definieren wir das sogenannte Übergangsdipolmoment R_{mn} wie folgt:

$$R_{mn} = \int f_n^*(q) \cdot \widehat{\mu} \ f_m(q) \, dq \tag{209}$$

Beachten Sie hierbei, dass der Dipoloperator nur von den Ortsvariablen q abhängt, weswegen er auch nur auf den ortsabhängigen Teil der Wellenfunktion $f(q)$ wirkt. Somit können wir den zeitabhängigen Teil in Gl. 207 auch vor das Raumintegral ziehen und erhalten mit dem in Gl. 209 soeben definierten Übergangsdipolmoment dann den folgenden Ausdruck:

$$\frac{\partial c_n(t)}{\partial t} = \frac{\vec{E}_0}{2 \cdot i \cdot \hbar} \cdot \left[e^{(i \cdot (\omega_n - \omega_m + \omega) \cdot t)} + e^{(i \cdot (\omega_n - \omega_m - \omega) \cdot t)} \right] \cdot R_{mn} \tag{210}$$

Hierbei steht ω wieder für die jeweilige Winkelfrequenz, und die Differenz $\omega_n - \omega_m$ entspricht direkt der Differenz der Energie-Eigenwerte von angeregtem Zustand und Grundzustand:

$$\Delta E = E_n - E_m = \hbar \cdot \omega_n - \hbar \cdot \omega_m = \hbar \cdot (\omega_n - \omega_m) \tag{211}$$

In Gl. 210 tauchen somit zwei verschiedene komplexe Exponenten auf. Der erste Summand enthält insgesamt die Summe aus der Differenz der Winkelfrequenzen der beiden Zustände und der Winkelfrequenz des einfallenden Lichts, während der zweite Summand im Exponenten die Differenz dieser Größen enthält. Strahlen wir nun monochromatisches Licht ein, dessen Energie oder Winkelfrequenz exakt der Energiedifferenz von angeregtem Zustand und Grundzustand entspricht, so wird der Exponent im zweiten Summanden von Gl. 211 gerade null, da gilt $\omega = \omega_n - \omega_m$. Wir sprechen in diesem Fall von **Resonanz**.

Die Differenzialgleichung 210 lässt sich wegen der Exponentialfunktionen vergleichsweise einfach lösen. Unter Berücksichtigung der oben erwähnten Randbedingung $c_n(t=0)=0$ erhalten wir zunächst:

$$c_n(t) = \frac{\vec{E}_0}{2 \cdot i \cdot \hbar} \cdot R_{mn} \cdot \int_0^t \left[e^{(i \cdot (\omega_n - \omega_m + \omega) \cdot t)} + e^{(i \cdot (\omega_n - \omega_m - \omega) \cdot t)} \right] dt \tag{212}$$

Berücksichtigen wir noch, dass lediglich Frequenzen in der Nähe der Resonanz wesentlich zur Lichtabsorption beitragen werden, so können wir im Integranden von Gl. 212 den ersten Summanden ignorieren, und es ergibt sich entsprechend:

$$c_n(t) = \frac{\vec{E}_0}{2 \cdot i \cdot \hbar} \cdot R_{mn} \cdot e^{(i \cdot (\omega_n - \omega_m - \omega) \cdot t)} \cdot \frac{1}{i \cdot (\omega_n - \omega_m - \omega)} - \frac{\vec{E}_0}{2 \cdot i \cdot \hbar} \cdot R_{mn} \cdot \frac{1}{i \cdot (\omega_n - \omega_m - \omega)} \tag{213}$$

Gl. 213 lässt sich einfach umstellen zu:

$$c_n(t) = \frac{\vec{E}_0}{2} \cdot R_{mn} \cdot \left(1 - e^{(i \cdot (\omega_n - \omega_m - \omega) \cdot t)} \right) \cdot \frac{1}{\hbar \cdot (\omega_n - \omega_m - \omega)} \tag{214}$$

Üblicherweise ist dieser Ausdruck für den zeitabhängigen Koeffizienten $c_n(t)$ eine komplexe Zahl. Um den Koeffizienten nun als Aufenthaltswahrscheinlichkeit des Systems im angeregten Zustand interpretieren zu können, berechnen wir wiederum das Betragsquadrat, und erhalten somit:

$$c_n(t) \cdot c_n^*(t) = \frac{\vec{E}_0^2}{4} \cdot R_{mn}^2 \cdot \left(1 - e^{(i \cdot (\omega_n - \omega_m - \omega) \cdot t)} \right) \cdot \left(1 - e^{-(i \cdot (\omega_n - \omega_m - \omega) \cdot t)} \right) \cdot \left(\frac{1}{\hbar \cdot (\omega_n - \omega_m - \omega)} \right)^2 \tag{215}$$

Setzen wir für die jeweiligen komplexen Exponentialfunktionen in Gl. 215 die Ausdrücke aus den Eulerschen Formeln ein, so ergibt sich hieraus:

$$c_n(t) \cdot c_n^*(t) = \frac{\vec{E}_0^2}{4} \cdot R_{mn}^2 \cdot \left(\frac{1}{\hbar \cdot (\omega_n - \omega_m - \omega)} \right)^2 \cdot (2 - 2 \cdot \cos((\omega_n - \omega_m - \omega) \cdot t)) \tag{216}$$

Schließlich verwenden wir noch das Additionstheorem des Cosinus, $1 - \cos(2 \cdot x) = 2 \cdot \sin^2(x)$, wodurch sich ergibt:

$$c_n(t) \cdot c_n^*(t) = \frac{\vec{E}_0^2}{4} \cdot R_{mn}^2 \cdot 4 \cdot \sin^2((\omega_n - \omega_m - \omega) \cdot t) \cdot \left(\frac{1}{\hbar \cdot (\omega_n - \omega_m - \omega)} \right)^2 \tag{217}$$

Wir hatten in der vorangehenden Einheit gelernt, dass es in der optischen Spektroskopie immer zu einer Frequenzverbreiterung kommt, und wir es niemals mit exakt definierten Frequenzen bzw. Energien zu tun haben. Daher müssen wir, um die Aufenthaltswahrscheinlichkeit im angeregten Zustand zu berechnen, den Ausdruck in Gl. 217 noch über die Lichtfrequenz bzw. die entsprechende Winkelfrequenz integrieren:

$$c_n(t) \cdot c_n^*(t) = \frac{\vec{E}_0^2}{4} \cdot R_{mn}^2 \cdot \int_{-\infty}^{\infty} 4 \cdot \sin^2((\omega_n - \omega_m - \omega) \cdot t) \cdot \left(\frac{1}{\hbar \cdot (\omega_n - \omega_m - \omega)} \right)^2 d\omega \qquad (218)$$

Durch Verwendung von Integraltafeln lässt sich dieses bestimmte Integral lösen, und wir erhalten am Ende unserer Bemühungen **Fermis Goldene Regel** in der Formulierung für ein System aus zwei definierten Quantenzuständen:

$$\boxed{c_n(t) \cdot c_n^*(t) = \frac{\vec{E}_0^2}{4 \cdot \hbar^2} \cdot R_{mn}^2 \cdot t} \qquad (219)$$

Anmerkung: Die in Gl. 219 genannte Lösung ergibt sich streng genommen eigentlich erst nach Variablentransformation von Gl. 218; wir erhalten so einen Integranden vom Typ $\frac{\sin^2(x)}{x^2} dx$. Aus Gründen der Übersichtlichkeit wollen wir jedoch an dieser Stelle auf diese exakte mathematische Ausformulierung verzichten.

Die Aufenthaltswahrscheinlichkeit im angeregten Zustand und somit die Intensität des spektralen Übergangs hängt demnach von drei verschiedenen Faktoren ab: der Intensität des einfallenden Lichts, der Bestrahlungsdauer, und dem Übergangsdipolmoment. Für diese Lösung haben wir zudem benutzt, dass die Energie des einfallenden Lichts in Resonanz zur Energiedifferenz der beiden Zustände ist. Gleichung 219 erlaubt es uns auf Basis exakter physikalischer und mathematischer Überlegungen zu verstehen, warum beispielsweise die Molekülschwingung von HCl durch Absorption von infrarotem Licht angeregt werden kann, während dies für das homologe zweiatomige Molekül Cl_2 aufgrund von dessen fehlendem Übergangsdipolmoment nicht der Fall ist.

Wir wollen abschließend noch die Bedeutung des Übergangsdipolmoments für Moleküle, die aus mehr als zwei Atomen bestehen, näher betrachten. Am einfachsten ist dies für molekulare Schwingungen, wie sie durch Absorption von Licht im infraroten Bereich angeregt werden können, falls eben gerade das zugehörige Übergangsdipolmoment verschieden von null ist. Für das Wassermolekül können wir die möglichen Schwingungsmoden und das resultierende Dipolmoment einzeln abschätzen, wie in Abb. 5.15 für zwei Beispiele gezeigt ist. Im Fall des nur unwesentlich komplizierteren Methans ist das bereits nicht mehr durchführbar; hier sind schlicht zu viele Schwingungsmoden des Moleküls möglich.

Für beide in Abb. 5.15 gezeigten Schwingungen ändert sich das Dipolmoment, weil die Abstände zwischen dem Ladungsschwerpunkt der partiell positiv geladenen H-Atome und dem partiell negativ geladenen O-Atom während der Kernbewegung periodisch zu- und abnehmen. Entsprechend wird das Übergangsdipolmoment für die optische Anregung dieser Schwingungsmoden auch ungleich null, d. h. sie sind beide in einem IR-Absorptionsspektrum sichtbar.

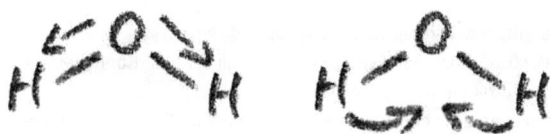

Abb. 5.15: Skizze zweier Molekülschwingungsmoden des Wassermoleküls (links: symmetrische Streckschwingung, rechts: symmetrische Biegeschwingung).

Für elektronische Übergänge hingegen ist es auch für vergleichsweise einfache Moleküle wie z. B. das Wassermolekül im Allgemeinen nicht ohne weiteres möglich zu erkennen, ob sich hierbei das Dipolmoment ändert und diese Übergänge entsprechend durch die Absorption von Licht im sichtbaren oder UV-Bereich des Spektrums angeregt werden können. Gleiches gilt auch für die Schwingungen von Molekülen mit mehr als 3 Atomen. Versuchen Sie z. B. einmal durch bloße Betrachtung der Strukturformel des wichtigen Treibhausgases Methan (CH_4) zu erkennen, inwieweit dessen molekulare Schwingungen durch IR-Absorption angeregt werden können. Bei der Lösung dieser Problematik wird uns die Gruppentheorie noch wertvolle Dienste erweisen, wie wir in Lehreinheit 14 sehen werden.

In den nachfolgenden Abschnitten werden wir lernen, wie wir das hier zunächst allgemein vorgestellte Konzept zur quantenchemischen Beschreibung von elektrischen Dipolübergängen, die durch Wechselwirkung von Molekülen mit dem elektrischen Feldvektor des einfallenden Lichts erfolgen, konkret auf verschiedene molekulare Prozesse anwenden können. Hierzu zählen die Rotation von Molekülen, die Schwingung von Molekülen sowie die Anregung elektronischer Zustände von Molekülen. Für alle diese Vorgänge gibt es bestimmte Auswahlregeln, die sämtlich auf Fermis Goldener Regel beruhen und sich quantitativ aus der Forderung eines von null verschiedenen Übergangsdipolmoments berechnen lassen. Neben der eher qualitativen Betrachtung, dass sich das Dipolmoment des Moleküls während des Übergangs ändern muss, hat dieses Konzept auch ganz konkrete Auswirkungen auf die Quantenzahlen und die Symmetrie der Wellenfunktionen der beteiligten Zustände. Nur auf der Basis der in diesem Kapitel hergeleiteten wichtigen Gl. 219 können wir daher wirklich verstehen, warum die durch Licht angeregten Übergänge nicht zwischen beliebigen quantenchemischen Zuständen erfolgen dürfen, d. h. warum die Spektren letztlich so aussehen wie wir sie detektieren.

DAS WICHTIGSTE IN KÜRZE   **!**

– Die Quantenmechanik spektroskopischer Übergänge erfordert eine **zeitabhängige Schrödinger-Gleichung** und eine Wellenfunktion die sowohl von den Ortskoordinaten q als auch von der Zeit t abhängt. In einem **Produktansatz** $\Psi(q,t) = f(q) \cdot \phi(t)$ entkoppeln wir q und t, wobei der Hamilton-Operator aus der stationären Schrödinger-Gleichung nur auf $f(q)$ wirkt, während $\phi(t) = e^{-i\cdot\omega\cdot t}$ als periodisch komplexe Funktion beschrieben wird.

– Auch die **Linearkombination** der Wellenfunktionen der beteiligten Zustände $\Psi(q,t) = c_m \cdot \Psi_m(q,t) + c_n \cdot \Psi_n(q,t)$ stellt eine mathematische Lösung dar. Für den ungestörten Fall sind die **Koeffizienten** c_m, c_n konstant, während sie sich bei Bestrahlung mit Licht zeitlich verändern.

– Für die **Störungsrechnung** lauten die Anfangsbedingungen $c_m(t=0) = 1$ und $c_n(t=0) = 0$, die konkrete Formulierung des **Störoperators** ergibt sich aus der Analogie zur klassischen Physik: $\hat{H}' = \vec{E} \cdot \hat{\mu}$ ($\vec{E}$ = elektrischer Feldvektor des einfallenden Lichts, $\hat{\mu}$ = elektrischer **Dipolmoment-Operator**).

– Unter Berücksichtigung der **Orthonormierung** der Wellenfunktionen der beteiligten Zustände ergibt die Lösung der zeitabhängigen Schrödinger-Gleichung für eine Störung des Systems durch einfallendes Licht **Fermis Goldene Regel**: $|c_n(t)|^2 \sim t \cdot E_0^2 \cdot R_{mn}^2$. Die Aufenthaltswahrscheinlichkeit im angeregten Zustand und somit die **Intensität** des spektralen Übergangs hängt ab von der Bestrahlungsdauer, der Intensität des einfallenden Lichts, und dem Übergangsdipolmoment.

VERSTÄNDNISFRAGEN

1. **Wie lautet die Zeitabhängigkeit der Wellenfunktionen im ungestörten System?**
   a) Sie entspricht einer zeitlichen Oszillation mit der dem Energie-Eigenwert entsprechenden Frequenz.
   b) Sie entspricht einer Konstanten, d. h. die Wellenfunktionen des ungestörten Systems sind unabhängig von der Zeit.
   c) Sie entspricht einer exponentiell mit der Zeit abklingenden Funktion.
   d) Sie entspricht einer exponentiell mit der Zeit ansteigenden Funktion.

2. **Wie lautet der Ansatz für die Lösung der zeitabhängigen Schrödinger-Gleichung?**
   a) Die Wellenfunktion ist eine Linearkombination aus Ortsfunktion und Zeitfunktion.
   b) Die Wellenfunktion ist ein Produkt aus Ortsfunktion und Zeitfunktion.
   c) Die Wellenfunktion hängt unseparierbar sowohl von den Ortskoordinaten als auch von der Zeit ab.
   d) Die Wellenfunktion hängt für sehr lange Zeiten nur vom Ort ab.

3. **Was entspricht dem Störoperator bei der optischen Spektroskopie?**
   a) Das Produkt aus Dipolmoment-Operator des molekularen Systems multipliziert mit dem Energievektor des einfallenden Lichts
   b) Das Produkt aus Dipolmoment des molekularen Systems multipliziert mit dem Energie-Operator des einfallenden Lichts
   c) Das Produkt aus Dipolmoment des molekularen Systems multipliziert mit dem elektrischen Feldvektor-Operator des einfallenden Lichts
   d) Das Produkt aus Dipolmoment-Operator des molekularen Systems multipliziert mit dem elektrischen Feldvektor des einfallenden Lichts

4. **Wie ergibt sich die Lösung der Schrödinger-Gleichung im Fall einer zeitabhängigen Störung?**
   a) Linearkombination der Wellenfunktionen von angeregtem und Grundzustand mit zeitabhängiger Variation der jeweiligen Anteile
   b) Produkt der Wellenfunktionen von angeregtem und Grundzustand
   c) Linearkombination der Wellenfunktionen von angeregtem und Grundzustand, wobei der Grundzustand noch mit dem Störoperator multipliziert wird
   d) Linearkombination der Wellenfunktionen von angeregtem und Grundzustand, wobei der angeregte Zustand noch mit dem Störoperator multipliziert wird

VERTIEFUNGSFRAGEN

5. **Wovon hängt nach Fermis Goldener Regel die Intensität eines spektralen Übergangs ab?**
   a) Nur vom Übergangsdipolmoment
   b) Vom Übergangsdipolmoment und von der Bestrahlungsdauer
   c) Vom Übergangsdipolmoment, der Bestrahlungsdauer und der Amplitude des einfallenden Lichts
   d) Vom Übergangsdipolmoment, der Bestrahlungsdauer und der Intensität des einfallenden Lichts

6. **Wie viele IR-aktive Moden erwarten Sie für das Treibhausgas CO_2?**
   a) Vier, da das Molekül vier Schwingungsfreiheitsgrade besitzt.
   b) Maximal drei, da die symmetrische Streckschwingung kein Übergangsdipolmoment besitzt.
   c) Maximal zwei, da die symmetrische Streckschwingung und die symmetrische Biegeschwingung kein Übergangsdipolmoment besitzen.
   d) Keine, da das Molekül insgesamt kein Dipolmoment besitzt.

7. **Wie viele IR-aktive Moden erwarten Sie für das Treibhausgas CH_4?**
   a) Neun, da das Molekül neun Schwingungsfreiheitsgrade besitzt.
   b) Keine, da das Molekül kein Dipolmoment besitzt.
   c) Deutlich weniger als neun, was sich aber ohne Symmetrieanalyse nicht genau sagen lässt.
   d) Geringfügig weniger als neun, was sich aber ohne Symmetrieanalyse nicht genau sagen lässt.

8. **Wie lautet der Störoperator in Fermis Goldener Regel für die NMR-Spektroskopie?**
   a) Lediglich das E-Feld der elektromagnetischen Strahlung ist durch das B-Feld ersetzt.
   b) Lediglich der Dipolmoment-Operator des molekularen Systems ist durch einen analogen Operator für ein magnetisches Moment ersetzt.
   c) Der Operator ist für sämtliche auf Absorption elektromagnetischer Strahlung beruhenden spektroskopischen Methoden identisch.
   d) Sowohl das E-Feld der elektromagnetischen Strahlung ist durch das B-Feld ersetzt als auch der Dipolmoment-Operator des molekularen Systems ist durch einen analogen Operator für ein magnetisches Moment ersetzt.

EINHEIT 11: IR-SPEKTROSKOPIE: ROTATIONS–SCHWINGUNGS SPEKTREN
Wir haben in den vorigen Lehreinheiten die theoretischen Grundlagen der Spektroskopie kennengelernt. In diesem Abschnitt wollen wir nun eine konkrete Methode näher kennenlernen: die Absorptionsspektroskopie zur Anregung molekularer Freiheitsgrade der Rotation und/oder der Schwingung von Molekülen. Wir wollen zunächst die sich ergebenden Auswahlregeln für diese beiden Moden betrachten, bevor wir dann in drei Unterabschnitten auf reine Rotationsspektren, Schwingungsspektren mit vergleichsweise niedriger spektraler Auflösung und schließlich auf hochaufgelöste Rotations–Schwingungs Spektren eingehen. Letztere sind ein mächtiges Werkzeug, um molekulare Details wie Bindungslängen, Bindungsstärken und sogar Dissoziationsenergien in einer einzigen Messung zu bestimmen.

5.3 IR-Spektroskopie: Rotations–Schwingungs Spektren

5.3.1 Auswahlregeln für Rotationsübergänge und Schwingungsübergänge

Wir haben in der vorigen Lehreinheit erkannt, dass sich für Rotations- und Schwingungsübergänge von Molekülen das Dipolmoment entsprechend Fermis Goldener Regel ändern muss. Speziell für zweiatomige Moleküle lässt sich dies sehr einfach diskutieren: So gilt für homonukleare, d. h. aus identischen Atomen aufgebaute Moleküle, dass diese an sich kein permanentes Dipolmoment besitzen und somit auch kein Übergangsdipolmoment für die Rotation oder Schwingung aufweisen können. Dagegen zeigen zweiatomige heteronukleare, d. h. aus verschiedenen Atomen aufgebaute Moleküle, wegen ihres permanenten Dipolmoments sowohl Rotations- als auch Schwingungsübergänge.[47] Für Moleküle, die aus mehr als zwei Atomen bestehen, ist diese Betrachtung hingegen meist nicht trivial. Hierzu brauchen wir Symmetriebetrachtungen mittels Gruppentheorie, die wir in späteren Kapiteln ausführlicher besprechen wollen.

Zu dem nicht-verschwindenden Übergangsdipolmoment kommt für die Rotationsübergänge noch eine besondere, nicht unmittelbar darauf beruhende Einschränkung hinsichtlich der erlaubten Rotationsquantenzahlen von Grund- und angeregtem Zustand hinzu: Diese müssen sich betragsmäßig um exakt 1 ändern, d. h. es muss gelten

$$\Delta J = \pm 1 \tag{220}$$

Diese Auswahlregel lässt sich so interpretieren, dass bei der Absorption eines Photons und Änderung des Rotationszustands des Moleküls der Gesamtdrehimpuls erhalten bleiben muss. Nun zählen Photonen aber zu den sogenannten Bosonen und besitzen einen ganzzahligen Spin von 1, weshalb sich die Rotationsquantenzahl des Moleküls

---

47 Wir können uns das auch klassisch veranschaulichen: Ein heteronukleares Molekül mit einem permanenten Dipolmoment erscheint während der Rotation als fluktuierender Dipol, ein unpolares dagegen nicht. Hierdurch besteht ein Hebel, an den ein schwingendes elektromagnetisches Feld angreifen kann und das Molekül somit in andere Rotationszustände versetzen kann.

beim optisch angeregten Übergang, bei dem ja das Photon quasi vernichtet wird, auch betragsmäßig um genau 1 ändern muss. Dies entspricht gerade Gl. 220.

Für die Anregung von Schwingungen gilt eine spezielle Auswahlregel, die sich aus der Berechnung des Übergangsdipolmoments ergibt. Vereinfachend lassen sich dazu die Wellenfunktionen des harmonischen Oszillators verwenden, die wir in Lehreinheit 05 kennengelernt hatten. Damit erhalten wir als Auswahlregel schließlich $\Delta v = +1$.[48]

Wir werden auf diese Auswahlregeln noch zurückkommen, wenn wir nun in den folgenden Unterkapiteln genauer auf die optische Anregung der jeweiligen molekularen Freiheitsgrade eingehen. Beginnen wollen wir dabei mit der reinen Rotationsanregung.

5.3.2 Rotationsspektren von Molekülen

Wir hatten in Lehreinheit 05 bereits die quantenmechanische Behandlung des starren Rotators mit raumfreier Achse kennengelernt und wollen an dieser Stelle zunächst die wichtigsten Ergebnisse wiederholen, bevor wir dann auf die aus den Auswahlregeln resultierenden Spektren zu sprechen kommen. Die Energie-Eigenwerte des Rotators hängen von der **Drehimpulsquantenzahl** J und der **Rotationskonstante** B ab gemäß:

$$E_J = J \cdot (J+1) \cdot \frac{\hbar^2}{2 \cdot I} = h \cdot c \cdot B \cdot J \cdot (J+1) \tag{221}$$

Hieraus sehen wir, dass die Energieniveaus des Rotators mit steigender Quantenzahl mehr als quadratisch zunehmen. Abbildung 5.16 zeigt das schematisch.

Die Rotationskonstante B in Gl. 221 hängt mit dem **Trägheitsmoment** I wie folgt zusammen:

$$B = \frac{\hbar}{4 \cdot \pi \cdot c \cdot I} \tag{222}$$

Mit der Auswahlregel aus Gl. 220, $\Delta J = \pm 1$, erhalten wir entsprechend zwei verschiedene Serien von erlaubten Übergängen, die wir im Folgenden in zwei Tabellen zusammenfassen (Tab. 5.2 und 5.3). Zur Vereinfachung betrachten wir für die spektroskopischen Übergänge hierbei nicht die Energiedifferenzen, sondern die zugehörigen *Wellenzahlen*, die sich leicht nach $\Delta E = h \cdot c \cdot \tilde{v}$ berechnen lassen.

Für die *Anregung* der Rotation, d. h. den Übergang von einem niedrigen in ein nächst-höheres Rotationsniveau (also $\Delta J = +1$), ergibt sich somit eine Serie von äquidistanten Absorptionslinien im Abstand von jeweils $2 \cdot B$. Abbildung 5.17 zeigt dies schematisch.

---

[48] Diese Auswahlregel hat also im Gegensatz zu den Auswahlregeln bei den Rotationsübergängen keine klassisch-physikalische Basis, sondern ergibt sich eben rein aus dem Übergangsdipolmoment.

Energie

J 5

10 B

4

8 B

3

6 B

2

4 B

1

2 B

0

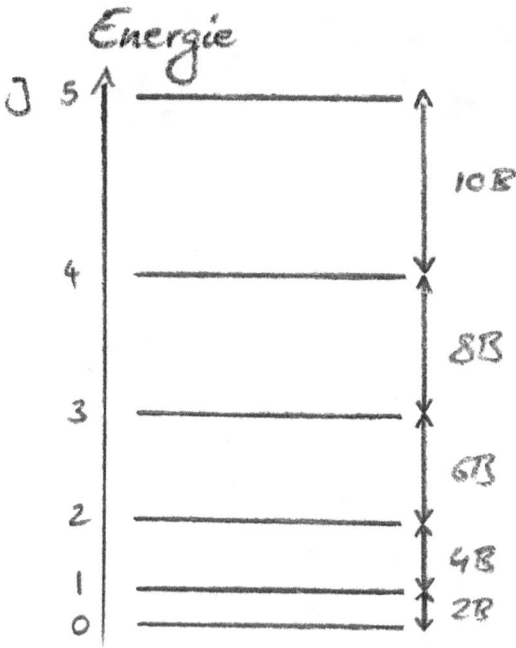

Abb. 5.16: Energieniveaus des starren Rotators.

Tab. 5.2: Rotationsübergänge für $\Delta J = +1$, mit m = Grundzustand und n = angeregter Zustand.

J_m	0	1	2	3	4	5	6	7
J_n	1	2	3	4	5	6	7	8
E_m	0	$2 \cdot h \cdot c \cdot B$	$6 \cdot h \cdot c \cdot B$	$12 \cdot h \cdot c \cdot B$	$20 \cdot h \cdot c \cdot B$	$30 \cdot h \cdot c \cdot B$	$42 \cdot h \cdot c \cdot B$	$56 \cdot h \cdot c \cdot B$
E_n	$2 \cdot h \cdot c \cdot B$	$6 \cdot h \cdot c \cdot B$	$12 \cdot h \cdot c \cdot B$	$20 \cdot h \cdot c \cdot B$	$30 \cdot h \cdot c \cdot B$	$42 \cdot h \cdot c \cdot B$	$56 \cdot h \cdot c \cdot B$	$72 \cdot h \cdot c \cdot B$
Wellenz.	$2 \cdot B$	$4 \cdot B$	$6 \cdot B$	$8 \cdot B$	$10 \cdot B$	$12 \cdot B$	$14 \cdot B$	$16 \cdot B$

Der umgekehrte Fall des Übergangs aus einem hohen in ein nächst-*geringeres* Rotationsniveau (entsprechend der Auswahlregel $\Delta J = -1$) spielt hingegen nur dann eine Rolle, wenn Schwingung und Rotationen gleichzeitig angeregt werden. Tabelle 5.3 zeigt analog zu Tab. 5.2 die zugehörigen einfachen Berechnungen, die sich ergeben indem in Tab. 5.2 lediglich die Zeilen für m und n vertauscht werden; die entsprechenden Rotations–Schwingungs Spektren werden wir im Abschnitt 5.3.4 dieses Teilkapitels näher kennenlernen.

Die Spektrallinien in Tab. 5.2 und Abb. 5.17 treten typischerweise im Bereich von Mikrowellen auf, wie wir im Folgenden noch anhand einer einfachen Beispielrechnung zeigen werden.

Das bisher Gesagte ist leider nur auf einfache Rotatoren mit lediglich einer Rotationskonstante anwendbar, d. h. im Prinzip nur zweiatomige oder andere strikt lineare Moleküle. Wir können den Ausdruck für die Energie-Eigenwerte (Gl. 221) aber leicht auf

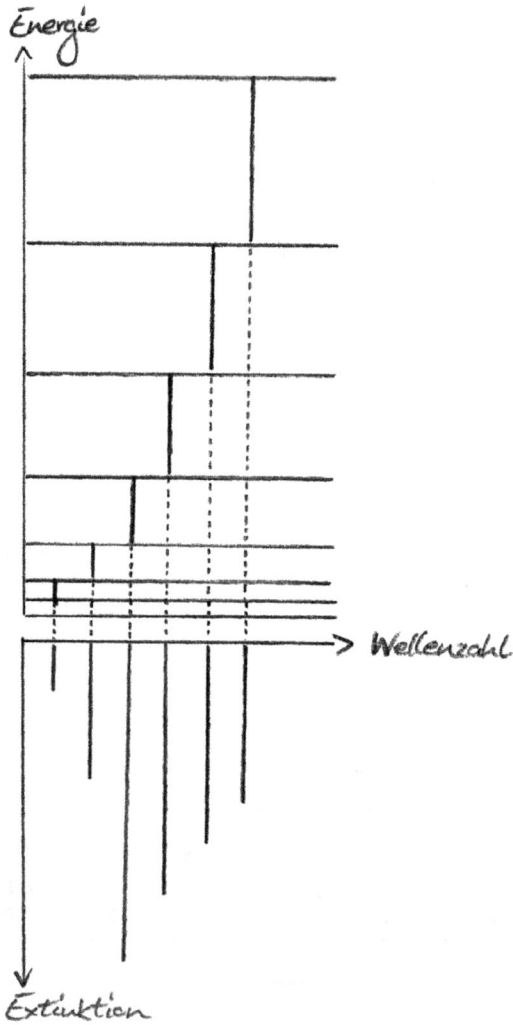

Abb. 5.17: Rotationsübergänge und Rotationsspektrum für den starren Rotator, $\Delta J = +1$.

Tab. 5.3: Rotationsübergänge für $\Delta J = -1$, mit m = Grundzustand und n = angeregter Zustand. Beachten Sie hierbei, dass diese Serie für reine Rotationsspektren keine Rolle spielt.

J_m	1	2	3	4	5	6	7	8
J_n	0	1	2	3	4	5	6	7
E_m	$2 \cdot h \cdot c \cdot B$	$6 \cdot h \cdot c \cdot B$	$12 \cdot h \cdot c \cdot B$	$20 \cdot h \cdot c \cdot B$	$30 \cdot h \cdot c \cdot B$	$42 \cdot h \cdot c \cdot B$	$56 \cdot h \cdot c \cdot B$	$72 \cdot h \cdot c \cdot B$
E_n	0	$2 \cdot h \cdot c \cdot B$	$6 \cdot h \cdot c \cdot B$	$12 \cdot h \cdot c \cdot B$	$20 \cdot h \cdot c \cdot B$	$30 \cdot h \cdot c \cdot B$	$42 \cdot h \cdot c \cdot B$	$56 \cdot h \cdot c \cdot B$
Wellenz.	$-2 \cdot B$	$-4 \cdot B$	$-6 \cdot B$	$-8 \cdot B$	$-10 \cdot B$	$-12 \cdot B$	$-14 \cdot B$	$-16 \cdot B$

nichtlineare symmetrische Rotatoren erweitern, d. h. Moleküle, die nicht linear sind aber bezüglich zweier Achsen identische Trägheitsmomente und somit identische Rotationskonstanten aufweisen. Falls die beiden identischen Achsen in der xy-Ebene liegen, unterscheiden wir je nach Trägheitsmoment bezüglich der dritten Rotationsachse (z) zwei verschiedene Fälle:

(i) Falls das Trägheitsmoment unseres symmetrischen Rotators bezüglich der z-Achse größer ist als die anderen beiden Trägheitsmomente, so handelt es sich um ein *plattes* Molekül in Gestalt einer **Oblate**, d. h. die Massenausdehnung ist senkrecht zur z-Richtung am größten. Ein mögliches Beispiel wäre das regelmäßige Sechseck Benzen, das bezüglich einer Drehung um die z-Achse senkrecht zur Molekülebene das größte Trägheitsmoment besitzt.

(ii) Ist das Trägheitsmoment unseres symmetrischen Rotators bezüglich der z-Achse hingegen kleiner als die anderen beiden Trägheitsmomente, so handelt es sich um ein *gestrecktes* Molekül in Gestalt einer **Prolate**, d. h. die Massenausdehnung ist in z-Richtung am größten. Ein mögliches Beispiel wäre $ClCH_3$, welches eine prolate Gestalt aufweist, wenn wir die drei Wasserstoffatome auf der einen Seite des Kohlenstoffatoms zu einem Massenschwerpunkt zusammenfassen, quasi als Gegenpol zum Chloratom auf der anderen Seite. Beide Beispiele sind in Abb. 5.18 skizziert.

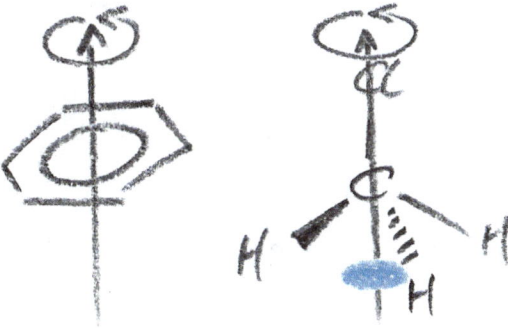

Abb. 5.18: Beispiele für symmetrische Rotatoren mit oblater (Benzen, links) und prolater (Chlormethan, rechts) Gestalt. Die Rotationsachse in z-Richtung verläuft jeweils vertikal.

Im Gegensatz zu Gl. 221 benötigen wir zur Berechnung der Energie-Eigenwerte für unsere symmetrischen Rotatoren nun zusätzlich noch eine **Richtungsquantenzahl** K:

$$E_J = \left[J \cdot (J+1) - K^2 \right] \cdot \frac{\hbar^2}{2 \cdot I_{xy}} + K^2 \cdot \frac{\hbar^2}{2 \cdot I_z} \tag{223}$$

Hierbei muss gelten $0 \leq K \leq J$, wobei der Wert für K die Orientierung der jeweils betrachteten Rotationsachse relativ zur Symmetrieachse des Moleküls ergibt. Für Rotationsspektren gilt nun bezüglich K die Auswahlregel $\Delta K = 0$.

Für den einfachen Fall des linearen Rotators gibt es kein Trägheitsmoment bezüglich Drehungen um die Molekülachse, d. h. es gilt $I_z = 0$, weshalb stabile Rotationsachsen nur senkrecht zur Symmetrieachse liegen können, d. h. $K = 0$. Entsprechend gilt in diesem Fall Gl. 221. Für asymmetrische Rotatoren hingegen, welche drei verschiedene Trägheitsmomente bzgl. orthogonaler Drehachsen aufweisen, sind die Verhältnisse deutlich komplizierter, und wir benötigen für die Berechnung der Energie-Eigenwerte und der zugehörigen spektralen Übergänge weitere Quantenzahlen. Wir wollen dies hier nicht weiter vertiefen, sondern uns stattdessen den Spezialfall der spektralen Übergänge des linearen Rotators genauer ansehen. Die strukturell einfachsten Vertreter sind wegen Fermis Goldener Regel zweiatomige heteroatomare Moleküle wie HCl, HBr, HI etc., für die die Rotationsachse dann senkrecht zur Molekülbindungsachse liegen muss und durch den Schwerpunkt geht, wie in Abb. 5.19 gezeigt ist.

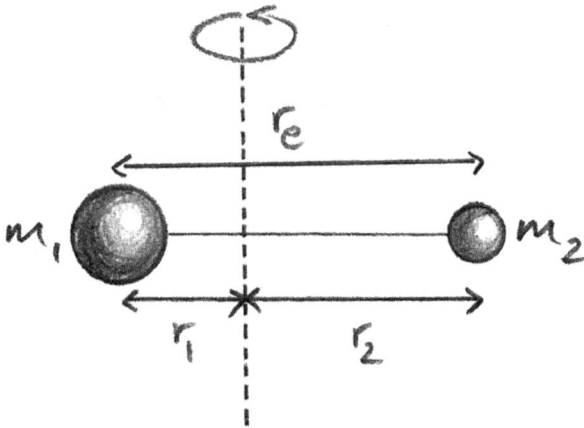

Abb. 5.19: Heteroatomares zweiatomiges Molekül als Beispiel für den linearen Rotator.

Es gilt hierfür

$$r_1 = \frac{m_1}{m_1 + m_2} \cdot r_e \tag{224a}$$

$$r_2 = \frac{m_2}{m_1 + m_2} \cdot r_e \tag{224b}$$

Und somit für das Trägheitsmoment

$$I = m_1 \cdot r_1{}^2 + m_2 \cdot r_2{}^2 = \frac{m_1 \cdot m_2}{m_1 + m_2} \cdot r_e{}^2 = m_r \cdot r_e{}^2 \tag{225}$$

wobei m_r die reduzierte Masse ist. Hierbei entspricht r_e der Summe der Abstände der beiden Atome vom Molekülschwerpunkt und somit der Bindungslänge l.

Betrachten wir an dieser Stelle das Rotationsspektrum des Iodwasserstoffs HI etwas genauer. Es besteht aus einer Serie äquidistanter Linien mit einem Frequenzabstand von 384 GHz bzw. einem Wellenzahlenabstand von 12,8 cm^{-1} und liegt damit im fernen IR und Mikrowellenlängenbereich. Die Rotationskonstante entspricht somit $\frac{12,8\,\text{cm}^{-1}}{2} = 6,4\,\text{cm}^{-1}$, woraus sich mit Gl. 222 dann folgendes Trägheitsmoment berechnen lässt:

$$I = \frac{\hbar}{4 \cdot \pi \cdot c \cdot B} = \frac{\frac{6,626 \cdot 10^{-34}}{2 \cdot \pi}}{4 \cdot \pi \cdot 3 \cdot 10^8 \cdot 640}\,\text{kg} \cdot \text{m}^2 = 4,375 \cdot 10^{-47}\,\text{kg} \cdot \text{m}^2 \tag{226}$$

Für ein zweiatomiges Molekül gilt andererseits, wie bereits in Lehreinheit 05 und auch in Gl. 225 gezeigt, dass das Trägheitsmoment der reduzierten Masse multipliziert mit der Bindungslänge ins Quadrat entspricht:

$$I = m_r \cdot l^2 \tag{227}$$

Mit einem Atomgewicht des Iods von 127 berechnen wir die reduzierte Masse zu:

$$m_r = \frac{m_1 \cdot m_2}{m_1 + m_2} = \frac{127}{128} \cdot \frac{1}{6,02 \cdot 10^{23}}\,\text{g} = 1,65 \cdot 10^{-27}\,\text{kg} \tag{228}$$

Hieraus berechnet sich dann die **Bindungslänge** des Iodwasserstoff-Moleküls zu:

$$l = r_e = \sqrt{\frac{I}{m_r}} = \sqrt{\frac{4,375 \cdot 10^{-47}\,\text{kg} \cdot \text{m}^2}{1,648 \cdot 10^{-27}\,\text{kg}}} = 1,6 \cdot 10^{-10}\,\text{m} = 0,16\,\text{nm} \tag{229}$$

Aus den Rotationsspektren von heteroatomaren zweiatomigen Molekülen lässt sich also bei bekannten Atommassen die Bindungslänge berechnen. Andererseits ergibt sich aus dem Trägheitsmoment bei bekannter Bindungslänge die reduzierte Masse und damit die Isotopenzusammensetzung des Moleküls. Da beispielsweise das Chlorwasserstoff-Molekül zwei verschiedene natürliche Chlorisotope enthält, zeigen sich im Rotationsspektrum dann auch Doppelpeaks, aus deren relativen Intensitäten sich direkt die Isotopenverteilung ergibt, während die Peakabstände in der Serie die Berechnung der Massen der jeweiligen Isotope erlauben.

Bei unsymmetrischen Molekülen existieren hingegen drei orthogonale Rotationsachsen mit drei verschiedenen Trägheitsmomenten, und entsprechend lassen sich aus den dann deutlich komplizierteren Spektren drei Bindungsachsen ableiten.

Betrachten wir das Rotationsspektrum genauer, so stellen wir fest, dass die Peaks tatsächlich *nicht* äquidistant sind, sondern die Abstände mit steigender Rotationsquantenzahl *J abnehmen*. Dies hängt mit der sogenannten **Zentrifugaldehnung** zusammen. Tatsächlich ist ein molekularer Rotator nämlich nicht starr, sondern die Bindungslänge nimmt infolge der mit steigender Rotationsenergie zunehmenden Zentrifugalkraft (geringfügig) zu, weswegen das Trägheitsmoment steigt und entsprechend die Rotationskonstante mit steigendem J abnimmt. Demnach haben die Peaks im Spektrum zwar immer noch einen gegenseitigen Abstand von $2 \cdot B$, aber B wird eben mit steigender Energie geringer und die Linien im Spektrum rücken zusammen. Diesen Mechanismus wollen wir näher untersuchen:

Die Zentrifugalkraft wird im mechanischen Gleichgewicht gerade durch eine Gegenkraft kompensiert, welche sich aus der Dehnung der chemischen Bindung mit zugehöriger Federkonstante k ergibt (s. Modell des harmonischen Oszillators). Somit gilt das folgende Kräftegleichgewicht:

$$F_Z = m_r \cdot \omega^2 \cdot l = F_k = k \cdot (l - l_0) = k \cdot \Delta l \tag{230}$$

Hierbei bezeichnet l_0 die Bindungslänge des starren Rotators, d.h. ohne Zentrifugaldehnung der Bindung. Für den Drehimpuls L des nicht-starren Rotators gilt ferner:

$$L^2 = I^2 \cdot \omega^2 = m_r{}^2 \cdot l^4 \cdot \omega^2 = \hbar^2 \cdot J \cdot (J + 1) \tag{231}$$

Somit erhalten wir für die Änderung der Bindungslänge durch die Zentrifugaldehnung Δl durch Einsetzen von Gl. 231 in Gl. 230 den Ausdruck:

$$\Delta l = (l - l_0) = \frac{m_r \cdot \omega^2 \cdot l}{k} = \frac{m_r{}^2 \cdot \omega^2 \cdot l^4}{m_r \cdot k \cdot l^3} = \frac{\hbar^2 \cdot J \cdot (J + 1)}{m_r \cdot k \cdot l^3} \tag{232}$$

Für die neue Bindungslänge erhalten wir daher:

$$l = l_0 \cdot \left(1 + \frac{\hbar^2 \cdot J \cdot (J + 1)}{m_r \cdot k \cdot l^3 \cdot l_0}\right) \approx l_0 \cdot \left(1 + \frac{\hbar^2 \cdot J \cdot (J + 1)}{m_r \cdot k \cdot l_0{}^4}\right) \tag{233}$$

Hierbei haben wir benutzt, dass die Zentrifugaldehnung nur zu einer vergleichsweise geringen Dehnung der Bindung führt, weshalb gilt $l^3 \cdot l_0 \approx l_0{}^4$.

Für die Gesamtenergie des Rotators mit nicht-starrer Achse müssen wir nun sowohl die im Vergleich zum starren Rotator veränderte Rotationsenergie als auch die aus der Dehnung der Bindung zusätzlich resultierende potentielle Energie addieren:

$$E_J = \frac{\hbar^2 \cdot J \cdot (J + 1)}{2 \cdot m_r \cdot l^2} + \frac{1}{2} \cdot k \cdot (l - l_0)^2 = \frac{\hbar^2 \cdot J \cdot (J + 1)}{2 \cdot m_r \cdot l_0{}^2} - \frac{\hbar^4 \cdot J^2 \cdot (J + 1)^2}{2 \cdot m_r{}^2 \cdot k \cdot l_0{}^6} \tag{234}$$

Hierbei haben wir im letzten Schritt mit Hilfe von Gl. 233 die veränderte Bindungslänge l durch die Bindungslänge des starren Rotators l_0 ersetzt.

Wir wollen festhalten, dass die Rotation zu einer Zentrifugalkraft führt und damit mit steigender Rotationsquantenzahl zu einer Dehnung der Bindung, welche andererseits im mechanischen Gleichgewicht durch die Rückstellkraft der aus der

Gleichgewichtslage ausgelenkten Bindungslänge kompensiert wird. Meist wird dieser Sachverhalt empirisch in folgendem Ausdruck zusammengefasst, welcher sich als eine Art Taylor-Reihenentwicklung interpretieren lässt:

$$E = h \cdot c \cdot B \cdot J \cdot (J+1) - h \cdot c \cdot D \cdot J^2 \cdot (J+1)^2 \tag{235}$$

Hierbei ist D die sogenannte **Dehnungskonstante** der Zentrifugalverzerrung. Wir erkennen, dass der Beitrag durch den zweiten Term mit steigender Quantenzahl J zunimmt, d. h. die Abweichungen der Rotationsenergien nach unten werden entsprechend größer, und die zugehörigen Linien zu kleineren Wellenzahlen verschoben (Rotverzerrung). Aus Gl. 234 kann abgeleitet werden, dass die Dehnungskonstante mit der aus dem Gleichgewichtsabstand l_0 berechenbaren Rotationskonstante und der Schwingungsfrequenz der Oszillation bzw. der Kraftkonstante der chemischen Bindung wie folgt zusammenhängt:

$$D = \frac{4 \cdot B^3}{\nu^2} \tag{236}$$

Somit ergibt also ein großes Trägheitsmoment, d. h. entsprechend eine niedrigere Rotationskonstante B, eine geringere Verzerrung des Spektrums, während erwartungsgemäß auch eine größere Bindungskonstante oder stärkere chemische Bindung einer Zentrifugaldehnung der Bindungslänge entgegenwirkt und damit ebenfalls zu einer geringeren Verzerrung führt.

Wir wollen diesen Effekt noch etwas quantitativer untersuchen, indem wir die experimentell für HCl bestimmten Rotationsübergänge mit den entsprechend Gl. 235 berechneten vergleichen, wie in Tab. 5.4 gezeigt ist.

Tab. 5.4: Vergleich einiger experimenteller und mit einem Wert von $2 \cdot B = 20{,}79$ cm^{-1} (aus Experiment $J = 0 \rightarrow 1$) gemäß $E(J) = B \cdot J \cdot (J+1) - D \cdot J^2 \cdot (J+1)^2$ für verschiedene Dehnungskonstanten berechneter spektraler Übergänge der Rotationsanregung des HCl-Moleküls.

Übergang	Experiment	Berechnung bei Verwendung von			
		$D = 0$ cm^{-1}	$D = 0{,}0002$ cm^{-1}	$D = 0{,}0003$ cm^{-1}	$D = 0{,}0004$ cm^{-1}
$J = 0 \rightarrow 1$	20,79 cm^{-1}	20,79 cm^{-1}	20,79 cm^{-1}	20,79 cm^{-1}	20,79 cm^{-1}
$J = 6 \rightarrow 7$	145,03 cm^{-1}	145,53 cm^{-1}	145,26 cm^{-1}	145,12 cm^{-1}	144,98 cm^{-1}
$J = 9 \rightarrow 10$	206,38 cm^{-1}	207,90 cm^{-1}	207,10 cm^{-1}	206,70 cm^{-1}	206,30 cm^{-1}

Literaturwerte Experiment aus Wolfgang Demtröder: *Molekülphysik; Theoretische Grundlagen und experimentelle Methoden*. Oldenbourg Wissenschaftsverlag, München, **2013**.

Wir erkennen, dass der Effekt der Zentrifugaldehnung auch für höhere Rotationsquantenzahlen vergleichsweise gering ist. So ergibt sich beispielsweise für den Übergang von $J = 9$ nach $J = 10$ im Vergleich zu dem für $D = 0$, d. h. ohne Zentrifugaldehnung berechneten Wert, lediglich eine energetische Verschiebung um ca. 1,5 cm^{-1} zu kleineren Energien, was im Vergleich zum idealen Übergang des starren Rotators bei 207,9 cm^{-1} einer prozentualen Verschiebung von < 1% entspricht.

Als nächstes wollen wir uns noch der Richtungsabhängigkeit der Rotation zuwenden, die durch die Quantenzahl K erfasst wird. Wenn es im Raum keine besonderen Vorzugsrichtungen gibt, tritt dies zunächst nicht zutage, d. h. die hinsichtlich der Richtungsabhängigkeit unterschiedlichen Rotationszustände sind entartet. Dies wird nun jedoch aufgehoben, sobald wir einen richtungsbehafteten Einfluss hinzugeben, wie etwa ein elektrisches Feld. Wir sprechen hierbei vom **Stark-Effekt**; er ist analog zum Zeeman-Effekt, der etwas Ähnliches durch das Hinzuschalten magnetischer Felder für den Kernspin bewirkt, wie wir in Lehreinheit 16 noch kennenlernen werden. Hieran erkennen Sie schon, dass es bei beiden Effekten letztlich darum geht, dass die magnetische Drehimpulsquantenzahl[49] in Präsenz eines äußeren Feldes explizit zu den Energie-Eigenwerten beiträgt. In Abwesenheit eines solchen Feldes hingegen hängen die Energie-Eigenwerte nicht von dieser magnetischen Drehimpulsquantenzahl ab, und es liegt entsprechend eine energetische Entartung vor.[50]

Für rotationssymmetrische Moleküle wie die bereits oben eingeführten oblaten oder prolaten Strukturen können wir das elektrische Dipolmoment parallel zur Symmetrieachse und damit auch zu der in Gl. 223 eingeführten Richtungsquantenzahl K angeben. Hinsichtlich der Drehachse zerlegen wir dieses Dipolmoment dann in eine Komponente parallel und eine Komponente senkrecht zur Drehachse. Da die Komponente senkrecht zur Drehachse nun durch die schnelle Molekülrotation herausgemittelt wird, ist für die Wechselwirkung mit einem stationären elektrischen Feld letztlich nur die Komponente parallel zur Rotationsachse ausschlaggebend. Die Beträge des Drehimpulses sind entsprechend $\hbar \cdot \sqrt{(J \cdot (J+1))}$ in Richtung der Rotationsachse sowie $\hbar \cdot K$ in Richtung der Symmetrieachse. Somit ergibt sich für das effektive Dipolmoment in Richtung der Drehachse über entsprechende Vektordiagramme, die in Abb. 5.20 skizziert sind:

$$|\vec{\mu}_{\text{eff}}| = |\vec{\mu}| \cdot \frac{K}{\sqrt{(J \cdot (J+1))}} \tag{237}$$

---

49 die wir in den Lehreinheiten 04 und 05 bereits kennengelernt haben und die ein Maß für die Orientierung des Drehimpulsvektors relativ zu einer Vorzugsrichtung darstellt.

50 Notiz: Der Stark-Effekt wurde ursprünglich 1913 von Johannes Stark anhand der Aufspaltung der Spektrallinien von atomarem (d. h. einatomigem!) Wasserstoff unter Einfluss eines elektrischen Feldes entdeckt. Insofern entspricht dieser Effekt exakt dem Zeeman-Effekt, da es sich um eine Aufhebung der entarteten Spin-Zustände mit den magnetischen Spin-Quantenzahlen $m_s = \pm\frac{1}{2}$ handelt. Der Ausdruck Stark-Effekt wird aber nicht nur auf solche Spinzustände angewendet, sondern grundsätzlich auf die Aufhebung von Entartung, d. h. eine spektrale Aufspaltung von Linien, bei Anlegen eines elektrischen Feldes. Wir unterscheiden diesbezüglich nun den sogenannten linearen Stark-Effekt (Aufspaltung proportional zur Stärke des elektrischen Feldes, trifft zu für Rotatoren mit permanentem Dipolmoment wie HCl etc.), und den quadratischen Stark-Effekt. Für letzteren erzeugt das angelegte Feld durch Induktion erst ein Dipolmoment, und die Aufspaltung hängt entsprechend quadratisch mit der äußeren Feldstärke zusammen.

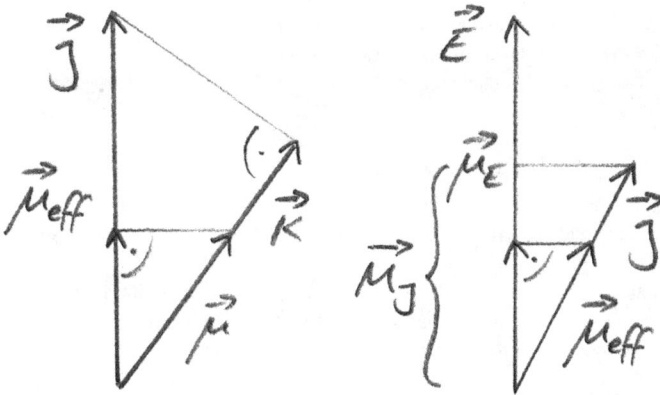

Abb. 5.20: Vektordiagramme zur Berechnung des effektiven Dipolmoments für die Rotationsachse J.

Bei Anlegen eines elektrischen Feldes ergibt sich nun eine Quantisierung des Drehimpulses J bezüglich der Projektion auf die Richtung des Feldes entsprechend der magnetischen Drehimpulsquantenzahlen $M_J = -J, ..., +J$. Für eine Wechselwirkung mit dem elektrischen Feld wird nur die Komponente des Dipolmoments in Feldrichtung berücksichtigt:

$$|\vec{\mu}_E| = |\vec{\mu}_{\text{eff}}| \cdot \frac{M_J}{\sqrt{(J \cdot (J+1))}} \tag{238}$$

Die Wechselwirkungsenergie selbst, die letztlich zur Aufhebung der Entartung für verschiedene Quantenzahlen M_J führt, ergibt sich direkt durch Multiplikation des Vektors des effektiven Dipolmoments mit dem elektrischen Feldvektor des angelegten äußeren Feldes, und wir erhalten somit in Abhängigkeit der diversen Quantenzahlen:

$$\Delta E = -\mu \cdot E \cdot \frac{K \cdot M_J}{J \cdot (J+1)} \tag{239}$$

Legen wir nun das elektrische Feld parallel zum elektrischen Wechselfeld der einfallenden Mikrowellenstrahlung an, so ändern sich beim Rotationsübergang selbst weder K noch M_J, und wir erhalten entsprechend für die Frequenz-Verschiebung der Rotationslinie beim Übergang von $J-1$ nach J:

$$\Delta\nu = -\mu \cdot \frac{E}{h} \cdot \frac{K \cdot M_J}{(J-1) \cdot J} - \mu \cdot \frac{E}{h} \cdot \frac{K \cdot M_J}{J \cdot (J+1)} = \mu \cdot \frac{E}{h} \cdot \frac{2 \cdot K \cdot M_J}{(J^2-1) \cdot J} \tag{240}$$

Beachten Sie, dass für ein lineares Molekül wie oben bereits gezeigt $K = 0$ gilt, und somit entsprechend Gl. 240 für beispielsweise das HCl-Molekül kein linearer Stark-Effekt gefunden wird.

i

Rotatoren verschiedener Symmetrien, Entartung und linearer Stark-Effekt

Für ein beliebiges unsymmetrisches nichtlineares Molekül, wie beispielsweise Glucose, existieren drei Freiheitsgrade der Rotation, und entsprechend müssen wir für die Rotationsenergie den folgenden allgemeinen Ansatz wählen:

$$E = \frac{\vec{J}^2}{2 \cdot I} = \frac{\vec{J}_1^2}{2 \cdot I_1} + \frac{\vec{J}_2^2}{2 \cdot I_2} + \frac{\vec{J}_3^2}{2 \cdot I_3}$$

D. h. bezüglich dreier orthogonaler Drehachsen 1, 2 und 3 nehmen wir zunächst jeweils drei verschiedene Drehimpulse und drei verschiedene Trägheitsmomente an und addieren die jeweiligen Rotationsenergien zu einer Gesamtenergie.

Für symmetrische Moleküle lässt sich dieser Ausdruck deutlich vereinfachen. So gilt für den sphärischen Kreisel, d. h. Moleküle mit Kugelgestalt (z. B. näherungsweise CCl$_4$), dass alle drei Drehachsen hinsichtlich ihrer Trägheitsmomente identisch sind. Wir erhalten daher für diesen Fall:

$$E = \frac{\vec{J}_1^2 + \vec{J}_2^2 + \vec{J}_3^2}{2 \cdot I} = \frac{\vec{J}^2}{2 \cdot I} \text{ mit den Eigenwerten } \vec{J}^2 = \hbar^2 \cdot J \cdot (J+1) \text{ und } J = 0, 1, 2, \dots$$

Für symmetrische Kreisel, wie wir sie bereits oben als Oblate oder Prolate kennengelernt haben, sind hingegen zwei Trägheitsmomente, nämlich diejenigen für Drehungen um die beiden Achsen senkrecht zur Symmetrieachse, identisch. Entsprechend ändert sich unsere allgemeine Gleichung zu:

$$E = \frac{\vec{J}_1^2}{2 \cdot I_1} + \frac{\vec{J}_2^2 + \vec{J}_3^2}{2 \cdot I_{23}} \text{ wobei der Index 1 hier für die Symmetrieachse als Drehachse steht.}$$

Setzen wir in diese Gleichung den Gesamtdrehimpuls $\vec{J}^2 = \vec{J}_1^2 + \vec{J}_2^2 + \vec{J}_3^2$ ein, so ergibt sich:

$$E = \frac{\vec{J}_1^2}{2 \cdot I_1} + \frac{\vec{J}^2 - \vec{J}_1^2}{2 \cdot I_{23}}$$

Mit $\vec{J}^2 = \hbar^2 \cdot J \cdot (J+1)$ und $\vec{J}_1^2 = \hbar^2 \cdot K^2$ (wobei K wie oben gezeigt die Quantenzahl des Gesamtdrehimpulses bezüglich einer Vorzugsachse, nämlich der Molekülachse, darstellt, s. a. Gl. 223) erhalten wir hieraus schließlich analog zu Gl. 223 den folgenden Ausdruck für die Energie-Eigenwerte des symmetrischen Kreisels:

$$E_J = [J \cdot (J+1) - K^2] \cdot \frac{\hbar^2}{2 \cdot I_{23}} + K^2 \cdot \frac{\hbar^2}{2 \cdot I_1}. \text{ In Gl. 223 hatten wir hierbei } I_{23} \text{ als } I_{xy} \text{ und } I_1 \text{ als } I_z \text{ bezeichnet.}$$

Für die Quantenzahlen in dieser Gleichung gilt $J = 0, 1, 2, \dots$ bzw. für die zugehörige Orientierungsquantenzahl (= Quantenzahl bezüglich der Molekülachse) $K = 0, \pm 1, \dots, \pm J$.

Für den linearen Kreisel gilt nun wie bereits gezeigt $K = 0$, da die Drehung um die Molekülachse in diesem Fall keinen quantenmechanisch erlaubten Freiheitsgrad darstellt, und entsprechend hängt die Rotationsenergie in diesem Fall lediglich von der Quantenzahl J ab. Somit scheinen die Energie-Eigenwerte von sphärischem Kreisel und linearem Kreisel in dieser Hinsicht formal identisch. Beachten Sie aber, dass für den sphärischen Kreisel eben nicht gilt $K = 0$, sondern lediglich die Energie-Eigenwerte nicht von K abhängen!

Die Symmetrie eines Moleküls hat generell wichtige Konsequenzen für den jeweiligen Entartungsgrad eines Rotationszustands J und damit für die im Fall des Stark-Effekts auftretende Aufspaltung in mehrere Spektrallinien: so gilt für den symmetrischen Kreisel, dass für $K \neq 0$ alle Energieniveaus zweifach entartet sind. Hinzu kommt die Abhängigkeit von der magnetischen Drehimpulsquantenzahl m_J, sodass sich schließlich insgesamt die folgenden Entartungsgrade ergeben:

(i) Symmetrischer Kreisel, $K \neq 0$: Entartungsgrad $2 \cdot (2 \cdot J + 1)$ (da die Energie-Eigenwerte quadratisch von K abhängen, d. h. nur der Betrag von K spielt eine Rolle für die Energie-Eigenwerte)

(ii) Symmetrischer Kreisel, $K = 0$, und entsprechend auch linearer Kreisel: Entartungsgrad $2 \cdot J + 1$

Für den sphärischen Kreisel schließlich sind alle drei Trägheitsmomente identisch. Betrachten wir den sphärischen Kreisel daher als Spezialfall des symmetrischen Kreisels, so kürzt sich die Abhängigkeit der Energie-Eigenwerte von der Quantenzahl K heraus, da ja jetzt gilt $I_{23} = I_1$. K kann aber immer noch

$2 \cdot J + 1$ verschiedene Werte annehmen, und somit erhalten wir zusammen mit dem Entartungsgrad $2 \cdot J + 1$ für die Quantenzahl J insgesamt folgendes Resultat:
(iii) Sphärischer Kreisel: Entartungsgrad $(2 \cdot J + 1)^2$.
Der lineare Stark-Effekt hebt nun entsprechend Gl. 240 die Entartung der Zustände für $K \neq 0$ auf.

Betrachten wir zur Erläuterung einen symmetrischen Kreisel und die beiden im Fall der Abwesenheit eines elektrischen Feldes jeweils entarteten Zustände $J = 2, M_J = -2, -1, ...2, K = \pm 2$ (Grundzustand) bzw. $J = 3, M_J = -2, -1, ...2, K = \pm 2$ (angeregter Zustand). Durch den linearen Stark-Effekt ergibt sich in diesem Fall die Aufspaltung in die folgenden energetisch verschiedenen Übergänge (Auswahlregel $\Delta J = 1$, $\Delta M_J = 0$ und $\Delta K = 0$):

1. $J = 2, M_J = -2, K = -2$ nach $J = 3, M_J = -2, K = -2$

2. $J = 2, M_J = -1, K = -2$ nach $J = 3, M_J = -1, K = -2$

3. $J = 2, M_J = 0, K = -2$ nach $J = 3, M_J = 0, K = -2$

4. $J = 2, M_J = 1, K = -2$ nach $J = 3, M_J = 1, K = -2$

5. $J = 2, M_J = 2, K = -2$ nach $J = 3, M_J = 2, K = -2$

6. $J = 2, M_J = -2, K = 2$ nach $J = 3, M_J = -2, K = 2$

7. $J = 2, M_J = -1, K = 2$ nach $J = 3, M_J = -1, K = 2$

8. $J = 2, M_J = 0, K = 2$ nach $J = 3, M_J = 0, K = 2$

9. $J = 2, M_J = 1, K = 2$ nach $J = 3, M_J = 1, K = 2$

10. $J = 2, M_J = 2, K = 2$ nach $J = 3, M_J = 2, K = 2$.

Wir finden also insgesamt 10 Spektrallinien, während bei Abwesenheit des linearen Stark-Effekts nur eine einzige auftreten würde, entsprechend dem in diesem Fall aufgehobenen Entartungsgrad des Grundzustands von $2 \cdot (2 \cdot J + 1) = 10$.
Sie können sich leicht vorstellen, wie kompliziert das Spektrum des sphärischen Kreisels mit seinem noch deutlich höheren Entartungsgrad im Fall des linearen Stark-Effekts aussehen würde.

Betrachten wir schließlich noch, allerdings ohne Herleitung, den sogenannten quadratischen Stark-Effekt, wie er für Rotatoren ohne permanentes Dipolmoment auch im Fall einfacher linearer Moleküle auftreten kann. Die Formel für die spektrale Frequenz-Verschiebung für den Übergang von $J - 1 \rightarrow J$ lautet in diesem Fall:

$$\Delta v = \left(\mu \cdot \frac{E}{h} \right)^2 \cdot \frac{6 \cdot M_J^2 \cdot (8 \cdot J^2 - 3) - 8 \cdot J^2 \cdot (J^2 + 1)}{2 \cdot B \cdot J \cdot (J^2 - 1) \cdot (4 \cdot J^2 - 1) \cdot (4 \cdot J^2 - 9)} \tag{241}$$

In diesem Fall erhalten wir für einen gegebenen $J - 1 \rightarrow J$ Übergang lediglich eine Aufspaltung in $J + 1$ Linien, da sich für betragsmäßig identische negative und positive Werte von M_J identische Werte für die Verschiebung ergeben.
Zum Abschluss dieses Abschnitts über die reinen Rotationsanregungsspektren von Molekülen wollen wir uns noch der charakteristischen **Intensitätsverteilung** der Liniensequenz im Spektrum zuwenden, die wir bereits in Abb. 5.17 gesehen und dort zunächst

unkommentiert stehengelassen haben. Diese ergibt sich direkt aus der thermischen **Besetzungswahrscheinlichkeit** der Rotationszustände J entsprechend der **Boltzmann-Verteilung** und deren Entartungsgrad. Konkret nimmt mit steigendem J die Besetzung der Zustände gemäß Boltzmann-Verteilung exponentiell ab, jedoch nimmt der Entartungsgrad linear entsprechend $2 \cdot J + 1$ zu. Die Überlagerung beider Effekte führt zu den in Abb. 5.17 sichtbaren Peak-Intensitäten, die mit steigender Energie (bzw. Wellenzahl) entsprechend erst zu- und dann abnehmen. Die genauere Berechnung hiervon werden wir noch im Rahmen der späteren Kapitel zur Statistischen Thermodynamik kennenlernen, weshalb wir an dieser Stelle lediglich das Ergebnis vorwegnehmen. Wir erhalten für die Besetzungswahrscheinlichkeit des Rotationszustands J den Ausdruck:

$$\frac{N_J}{N} = (2 \cdot J + 1) \cdot \frac{h \cdot c \cdot B}{k_\mathrm{B} \cdot T} \cdot e^{\left(-\frac{E_J}{k_\mathrm{B} \cdot T}\right)} \tag{242}$$

Hier gibt N_J die Anzahl der Moleküle im Rotationszustand J und N die Anzahl der Moleküle insgesamt in unserem Ensemble an. Um nun den Zustand mit der höchsten Besetzungswahrscheinlichkeit und damit den intensivsten Übergang im Rotationsspektrum zu identifizieren, müssen wir Gl. 242 nach J ableiten und diese Ableitung entsprechend einer Extremwertbetrachtung null setzen.[51] Wir erhalten entsprechend:

$$J_{\max} = \sqrt{\frac{k_\mathrm{B} \cdot T}{2 \cdot h \cdot c \cdot B}} - \frac{1}{2} \tag{243}$$

Nach Gl. 243 können wir die Position des Maximums in der spektralen Serie der Rotationsübergänge nutzen, um die Temperatur der untersuchten Probe zu bestimmen.

Im nächsten Abschnitt wollen wir nun die Anregung von molekularen Schwingungsübergängen mittels der Absorption von infrarotem Licht betrachten. Beachten Sie, dass hierbei auch immer die in diesem ersten Abschnitt vorgestellten Rotationsübergänge mit angeregt werden. Da IR-Spektren aber häufig in kondensierter Phase aufgenommen werden, werden die Rotationsübergänge jedoch wegen der Stoßverbreiterung (s. Lehreinheit 09) meist nicht spektral aufgelöst.

5.3.3 Schwingungs-Spektren

Neben der Rotation ist ein weiterer molekularer Bewegungsfreiheitsgrad, der durch vergleichsweise geringe Energien anregbar ist, die molekulare Schwingung. Wir haben uns mit deren Grundlagen aus quantenmechanischem Blickwinkel bereits in Lehreinheit 05 befasst. Bevor wir uns nun den zugehörigen Schwingungsspektren widmen, wie-

---

51 Wir behandeln hierbei J zweckmäßigerweise so, als sei es eine kontinuierliche Variable.

derholen wir die wichtigsten Ausführungen zum quantenmechanischen Modell des harmonischen Oszillators.

In Abb. 5.21 finden Sie eine Skizze des mechanischen Modells für die Schwingung eines heteroatomaren zweiatomigen Moleküls, wie beispielsweise HCl oder HI.

Abb. 5.21: Mechanisches Modell der harmonischen Schwingung eines zweiatomigen heteroatomaren Moleküls.

Die **harmonische Schwingung** führt uns über das Hookesche Federgesetz und die Newtonsche Mechanik zu folgender homogenen Differenzialgleichung:

$$F_X = -k \cdot x(t) = m \cdot a_x = m \cdot \frac{d^2 x}{dt^2} \tag{244}$$

Eine mögliche Lösung dieser Gleichung lautet:

$$x = x_0 \cdot \sin(\omega \cdot t) \tag{245}$$

Die Winkelgeschwindigkeit und entsprechend die Frequenz der harmonischen Schwingung hängt mit der **Bindungsstärke** k sowie der reduzierten Masse m_r wie folgt zusammen:

$$\omega = 2 \cdot \pi \cdot \nu = \sqrt{\left(\frac{k}{m_r}\right)} \tag{246}$$

$$\text{mit} \quad m_r = \frac{m_1 \cdot m_2}{m_1 + m_2} \tag{247}$$

Die zugehörige Potenzialkurve ist eine Normalparabel mit einem Minimum bei der mittleren Bindungslänge. Lösen wir das Problem hingegen nicht klassisch sondern quantenmechanisch, so ergeben sich diskrete äquidistante Energiezustände, wobei der niedrigste Zustand bei der sogenannten **Nullpunktsenergie** liegt (s. Abb. 5.22).

Die Bindungsverhältnisse in einem realen Molekül lassen sich nur bedingt mit diesem einfachen Potenzial beschreiben, da zum einen die Bindungslängen nicht beliebig klein werden können, und zum anderen bei Bindungsdehnung ab einer bestimmten Länge ein Bindungsbruch (Dissoziation des Moleküls) erfolgt. 1929 schlug deshalb der amerikanische Physiker Philip McCord Morse eine geeignete Modifikation des harmonischen Oszillators vor, den sogenannten anharmonischen Oszillator, dessen Grundlage das nach ihm benannte **Morse-Potenzial** bildet (s. Abb. 5.23). Der mathematische Ausdruck dafür lautet:

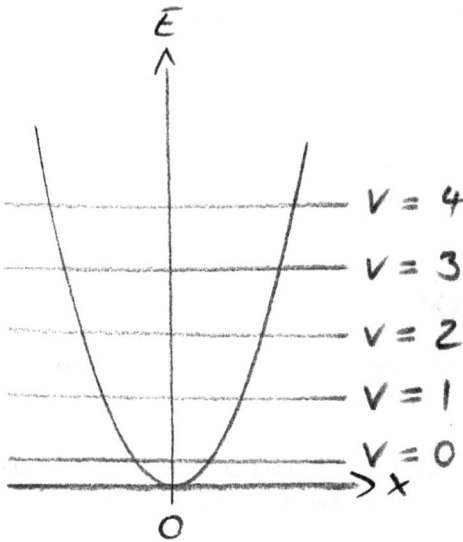

Abb. 5.22: Potenzialkurve des harmonischen Oszillators mit diskreten Energiezuständen, die stets einen gleichen gegenseitigen Abstand haben.

$$V(r) = D \cdot \left(1 - e^{\left(-a \cdot (r - r_0)\right)}\right)^2 \tag{248}$$

Hierbei ist D die **Dissoziationsenergie** der chemischen Bindung; sie entspricht anschaulich der Tiefe der Potenzialmulde in Abb. 5.23; r_0 ist der Gleichgewichtsabstand der beiden Atomschwerpunkte; a stellt eine anpassbare Konstante dar. Im Vergleich zum Parabelpotenzial des harmonischen Oszillators ist das Morse-Potenzial des anharmonischen Oszillators bei größeren Abständen aufgeweitet, wie Abb. 5.23 zeigt. Im inneren Bereich hat es noch eine nahezu parabolische Form, und wir können somit zur Behandlung der Schwingung bei kleinen Auslenkungen oft auch das einfache harmonische Parabelpotenzial verwenden.[52]

Die Lösung der Schrödinger-Gleichung für das Morse-Potenzial ergibt

---

52 Wir können uns das auch mathematisch klarmachen: Das Morse-Potenzial lässt sich, wie jede glatte mathematische Funktion, in einer Taylor-Reihe entwickeln. Deren konstantes Glied können wir null setzen, und deren lineares Glied ist ebenfalls null, da dessen Vorfaktor der ersten Ableitung der Potenzialkurve entspricht, die im Minimum null ist. Das erste nicht verschwindende Glied ist damit das quadratische Glied der Taylor-Reihe, und wenn wir diese dahinter abbrechen, haben wir einen einfachen Parabelausdruck; eben wie jenen des harmonischen Oszillators.

$$E_v = h \cdot v \cdot \left(v + \frac{1}{2}\right) - h^2 \cdot v^2 \cdot \left(v + \frac{1}{2}\right)^2 \cdot \frac{1}{4 \cdot D} \tag{249}$$

In dieser Gleichung wird der zweite Term mit steigendem v immer wichtiger, und da er vom ersten Term abgezogen wird, rücken die Energieniveaus zusammen. Auch dies ist in Abb. 5.23 zu sehen.

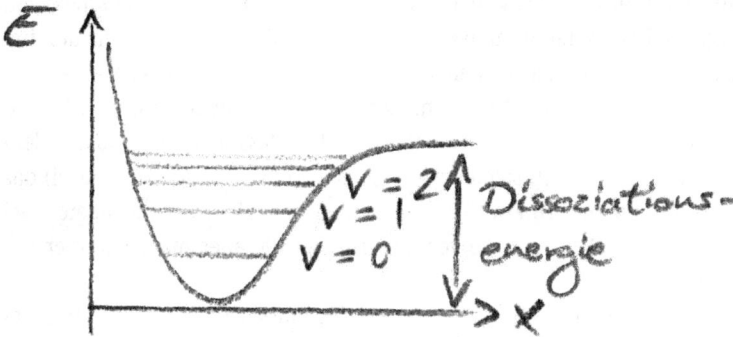

Abb. 5.23: Potenzialkurve des anharmonischen Oszillators mit diskreten Energiezuständen, deren gegenseitiger Abstand nach oben hin abnimmt.

Nach dieser kurzen Wiederholung wollen wir nun zur Schwingungsspektroskopie kommen. Die Absorption von Lichtquanten passender Energie führt zu einem molekularen Übergang von $v = 0$ nach $v = 1$. Die entsprechende Energiedifferenz beträgt dabei:

$$\Delta E = E_{v=1} - E_{v=0} = h \cdot v \cdot \left(1 + \frac{1}{2}\right) - h \cdot v \cdot \left(0 + \frac{1}{2}\right) = h \cdot v \tag{250}$$

Das bedeutet, dass die Frequenz des absorbierten Lichts gerade der Schwingungsfrequenz des Moleküls entspricht. Typischerweise liegen wir damit im IR-Bereich des elektromagnetischen Spektrums. Wir können uns das klassisch als Resonanz des angeregten Moleküls mit dem anregenden IR-Licht vorstellen.

Wir hatten zu Beginn dieser Lehreinheit schon die **Auswahlregel** für die Schwingungsanregung festgehalten; sie lautet $\Delta v = +1$. Es können also stets nur Übergange zwischen benachbarten Stufen auf der Schwingungsenergieleiter stattfinden. Beim harmonischen Oszillator sind all diese Stufen gleich weit voneinander entfernt (s. Abb. 5.22). Wir erwarten in diesem Fall im Spektrum also nur eine einzige Linie. Beim anharmonischen Oszillator nimmt der Stufenabstand hingegen mit steigender Energie ab (s. Abb. 5.23). Hier sind also bei höheren Schwingungsanregungen mehrere Linien zu erwarten. Der deutlich häufigste Übergang ist allerdings in jedem Fall der vom Grundzustand in den ersten angeregten Schwingungszustand, da bei Raumtemperatur als Ausgangszustand quasi ausschließlich der Grundzustand besetzt ist.

Normalerweise gilt für die Schwingungsspektroskopie die Auswahlregel $\Delta v = +1$ streng, und wir bezeichnen die zugehörige Schwingung auch als **Grundschwingung** des Moleküls. Es gibt aber auch Ausnahmen, z. B. bei Kopplung von Grundschwingungen, wie sie beispielsweise für die C=O Gruppen in 1,2-Diketonen auftreten. Entsprechend finden sich hier höherenergetische *Oberschwingungen*, die formal dem Übergang $v = 0$ nach $v = 2$ entsprechen. Wirkliche Übergänge von $v = 0$ nach $v = 2$ sind hingegen selten.[53]

Bevor wir nun die typischen Schwingungsspektren (oder IR-Absorptionsspektren) verschiedener organischer Moleküle näher betrachten, kommen wir wegen der immensen praktischen Bedeutung und weiten Verbreitung dieser spektroskopischen Methode noch kurz auf die eigentliche Messtechnik zu sprechen. Prinzipiell unterscheiden wir zwei verschiedene Typen von IR-Spektrometern: (i) den klassischen Aufbau, bei dem ein definierter Wellenlängenbereich sequenziell abgefahren wird (*scannen*), und (ii) das heute meistverwendete modernere Fourier-Transformations (FT) IR-Spektrometer, bei dem lediglich eine definierte Wellenlänge verwendet wird, die aber nur als kurzer Impuls auf die Probe einwirkt.

Abbildung 5.24 gibt schematisch den Aufbau eines klassischen IR-Spektrometers wieder.

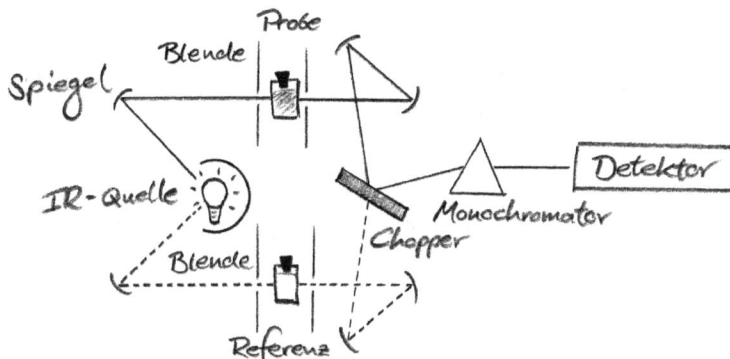

Abb. 5.24: Aufbau eines klassischen IR-Spektrometers (Zweistrahl-Prinzip).

Wichtigste Bestandteile sind eine Lichtquelle, welche den gesamten Wellenlängenbereich, in dem molekulare Schwingungen detektiert werden können, abdecken muss, sowie ein Monochromator, der aus diesem Spektrum jeweils eine möglichst definierte

---

53 Sie sind jedoch nicht völlig ausgeschlossen, denn die Auswahlregel $\Delta v = +1$ stammt aus der Berechnung des Übergangsdipolmoments unter (vereinfachender) Verwendung der Wellenfunktionen des harmonischen Oszillators. Da wir es in der Tat jedoch stets mit einem anharmonischen Oszillator zu tun haben, sind diese Wellenfunktionen nicht exakt gültig, und somit ist auch die daraus hergeleitete Auswahlregel nicht ganz exakt gültig.

Wellenlänge selektiert. In unserer Skizze befindet sich dieser Monochromator hinter der Probe und vor dem Detektor. Um nun den Anteil des absorbierten Lichts quantitativ zu bestimmen, wird häufig wie gezeigt ein Zweistrahl-Aufbau verwendet: Darin trifft IR-Licht derselben Intensität zum einen auf eine Messzelle, welche eine Lösung der Probe enthält, und zum anderen auf eine Messzelle mit dem reinen Lösungsmittel (Referenz). Ein Chopper lässt dann, je nach Einstellung, nur je einen der beiden Strahlen zum Detektor durch. Bezeichnen wir die bei selektierter Wellenlänge nach Passieren der Referenz gemessene Lichtintensität als I_0 und die nach Passieren der Probenlösung unter sonst gleichen Bedingungen gemessene verringerte Intensität als I, so ergibt sich gemäß Lambert–Beer Gesetz unsere Messgröße, die Extinktion E, als:

$$E = \log_{10}\left(\frac{I_0}{I}\right) = \varepsilon \cdot c \cdot d \qquad (251)$$

Auftragung dieser Extinktion gegen die selektierte Wellenlänge oder besser, da direkt proportional zur Energie des IR-Lichts, gegen die Wellenzahl, ergibt das **IR-Spektrum**. Typischerweise dauert die Aufnahme eines Spektrums nach dieser Methode etwa 10 Minuten, da der Wellenlängenbereich einzeln abgefahren werden muss. Dabei finden je nach gewünschter Datendichte bzw. spektraler Auflösung mehrere hundert Einzelmessungen gemäß Gl. 251 pro Spektrum statt.

Deutlich praktischer ist das Verfahren der **FT IR-Spektroskopie.** Hierbei müssen die Wellenlängen nicht einzeln abgescannt werden, sondern werden über einen sehr kurzen Licht-Impuls simultan erfasst. Wir hatten bereits bei der Besprechung des Welle–Teilchen Dualismus und der Heisenbergschen Unschärferelation gesehen, dass sich ein kurzer Energieimpuls in ein breites Wellenlängenspektrum zerlegen lässt, während für eine definierte Wellenlänge eine unendliche Ausdehnung erforderlich ist. Diese Unschärferelation gilt sowohl für Impuls und Ort als auch für Energie und Zeit; letzteres machen wir uns bei der Fourier-Transformations (FT) Spektroskopie praktisch zunutze.

Wir wollen an dieser Stelle noch kurz auf die eigentlichen Proben eingehen. Für flüssige Proben oder Gase werden spezielle Glasküvetten verwendet, während feste Proben in Form eines KBr-Presslings vermessen werden. Hierzu wird ca. 1 mg des zu untersuchenden Feststoffs mit ca. 250 mg getrocknetem KBr gut durchmischt und dieses Pulver anschließend mit einer hydraulischen Presse unter einem Druck von ca. 100.000 $N \cdot cm^{-2}$ für 2–3 Minuten zu einem optisch klaren Pressling zusammengedrückt.

Betrachten wir nun exemplarisch einige IR-Absorptionsspektren und beginnen mit einem vergleichsweise einfachen Molekül, dem Kohlendioxid CO_2. Nach der Regel der molekularen Freiheitsgrade besitzt dieses lineare Molekül $3 \cdot N - 5 = 4$ verschiedene Grundschwingungen (oder Moden), die in Abb. 5.25 skizziert sind.

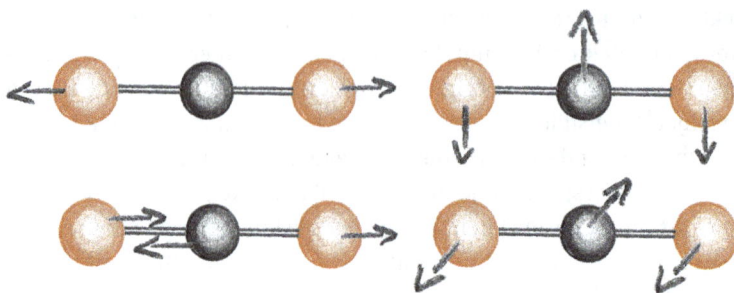

Abb. 5.25: Grundschwingungen des Kohlendioxids.

Wir unterscheiden in diesem Fall zwischen **Valenzschwingungen**, bei denen sich die Bindungslängen periodisch mit der Zeit verändern, und **Deformationsschwingungen**, bei denen die Bindungslängen konstant bleiben aber die Bindungswinkel oszillieren. Typischerweise sind die Valenzschwingungen energiereicher, da sich hierbei die Überlappungsintegrale der beteiligten Atomorbitale deutlicher verändern, wozu entsprechend mehr Energie nötig ist. Ein weiteres Charakteristikum, das entscheidend für ein nicht-verschwindendes Übergangsdipolmoment entsprechend Fermis Goldener Regel ist, stellt die **Symmetrie** der jeweiligen Schwingung dar. In Abb. 5.25 ändert sich durch die obere Valenzschwingung die Symmetrie des CO_2-Moleküls nicht (bezogen auf den Gleichgewichtszustand), weshalb diese Grundschwingung auch als **symmetrische Schwingung** bezeichnet wird. Die untere Valenzschwingung führt hingegen zu einer periodischen Verzerrung der Gleichgewichtssymmetrie und wird entsprechend als **antisymmetrische Schwingung** bezeichnet. Die Deformationsschwingungen sind hingegen beide antisymmetrisch und zudem energetisch äquivalent, d. h. entartet. Insgesamt ergeben sich also maximal drei energetisch verschiedene Übergänge für das Schwingungsspektrum des CO_2-Moleküls. Beziehen wir noch Fermis Goldene Regel ein, so erkennen wir bei diesem einfachen Molekül direkt, dass die symmetrische Valenzschwingung kein Übergangsdipolmoment aufweisen kann. Somit finden wir im IR-Spektrum des CO_2 lediglich zwei Absorptionsbanden, und zwar bei ca. $2.300\,\mathrm{cm}^{-1}$ die höherenergetische asymmetrische Valenzschwingung und bei ca. $700\,\mathrm{cm}^{-1}$ die beiden energetisch entarteten asymmetrischen Biegeschwingungen. An dieser Stelle sei beachtet, dass eben diese IR-Absorptionsbanden den Hauptteil des anthropogenen Treibhauseffekts des Kohlendioxids in der Atmosphäre der Erde ausmachen.

> **ℹ** **Exkurs IR-Absorption und Treibhausgase**
> Der menschengemachte sogenannte **anthropogene Treibhauseffekt** stellt eine der größten Bedrohungen für die Menschheit dar; dabei verdankt sie andererseits ihre eigene Existenz wiederum einem **natürlichen Treibhauseffekt**.
> Eines der wichtigsten **natürlichen Treibhausgase** ist Wasserdampf in der Atmosphäre. Hierdurch kommt es zu Absorption von Wärmestrahlung, die die Erde aufgrund ihrer Eigentemperatur abstrahlt und eigentlich an den Weltraum verlieren würde. Da somit nun aber ein Teil dieser Wärmeenergie im

Erdsystem zurückhalten wird, kommt es zu einer Erwärmung. Ohne diesen Effekt hätte die Erde, wenn wir sie als schwarzen Körper im Weltraum im Strahlungsgleichgewicht mit der Sonne betrachten, bloß eine mittlere Oberflächentemperatur von −18 °C (Rechnung siehe Fußnote 9 in Abschnitt 2.3). Durch den natürlichen Treibhauseffekt aber liegt diese deutlich höher.

Hinzu kommt nun allerdings seit Beginn des Industriezeitalters der anthropogene Treibhauseffekt, der darauf beruht, dass vom Menschen emittierte anthropogene Treibhausgase **spektrale Lücken** im IR-Absorptionsspektrum des Wassers (sogenanntes atmosphärisches Fenster) füllen. Dies ist analog zu einem Treibhaus: für den natürlichen Fall stehen noch einige Fenster offen, eben die erwähnten spektralen Lücken im IR-Spektrum des Wassers. Schließen sich nun allerdings diese Fenster durch weitere **anthropogene IR-absorbierende Substanzen**, so kommt es zu einer weiteren Erwärmung des Treibhauses Erde. Diese Analogie ist natürlich angesichts der komplexen Verhältnisse wie Wolkenbildung, Konvektion, Winde, reflektierende versus absorbierende Anteile der Erdoberfläche, chemische Prozesse in der Atmosphäre, und weiteres stark vereinfachend, spiegelt aber den Kern des Problems wider.

Normiert auf das bislang bedeutendste der anthropogenen Treibhausgase, CO_2, sind in der Fachliteratur sogenannte **global warming potentials (gwp)** definiert, welche die zu erwartende mittlere zusätzliche Erderwärmung pro Konzentrationszuwachs an entsprechenden Treibhausgasen relativ zu CO_2 prognostizieren. Für die zwei wichtigsten anthropogenen Treibhausgase außer CO_2 finden sich folgende gwp-Werte (auf 100 Jahre gemittelt) sowie folgende **mittlere Verweildauern** in der Atmosphäre (Quelle: IPCC/TEAP, 2005): gwp(CH_4) = 25, gwp(N_2O) = 298; mittlere Verweildauern: CH_4 = 12 a, N_2O = 114 a. Wir sehen, dass Methan ein vergleichsweise kurzlebiges Treibhausgas ist; sein gwp ist gemittelt auf kürzere Zeiträume daher noch wesentlich höher, etwa gwp(CH_4) = 85 gerechnet für 20 Jahre. Beachten Sie hierbei, dass aufgrund seiner deutlich höheren Konzentration CO_2 aktuell immer noch deutlich stärker zum anthropogenen Treibhauseffekt beiträgt als die anderen beiden Treibhausgase. Im Gegensatz zum gwp-Wert wird der aktuelle anthropogene Treibhauseffekt als im Vergleich zum Jahr 1750 jeweilige zusätzliche **effektive Strahlungsdichte** (*effective radiative forcing*, ERF) definiert und über komplexe Klimamodelle berechnet. Im Bericht des IPCC (Zwischenstaatlicher Ausschuss für Klimaänderungen, *Intergovernmental Panel on Climate Change*) von 2021 finden sich hierzu die folgenden Werte für 2019: CO_2 + 2,16 W · m^{-2}, CH_4 + 0,54 W · m^{-2} und N_2O + 0,21 W · m^{-2}.

Wie passen nun die unterschiedlichen gwp-Werte und somit das unterschiedliche Potenzial der drei genannten Treibhausgase zum bisher Gelernten? Ein möglicher Ansatz zur Beantwortung dieser Frage ist die Bestimmung der **Anzahl der IR-aktiven Schwingungsmoden** für jedes der drei Gase, beispielsweise über gruppentheoretische Analyse. Für CO_2 (Punktgruppe $D_{\infty h}$) finden sich entsprechend 3, für CH_4 (Punktgruppe T_d) 6 (= 2 · T), und für das vergleichsweise am wenigsten symmetrische Molekül N_2O (Punktgruppe $C_{\infty v}$) 4 IR-aktive Schwingungsmoden. Wir sehen direkt, dass das entsprechende Zahlenverhältnis 3 : 6 : 4 nicht zum oben genannten Verhältnis der gwp-Werte von 1 : 25 : 298 passt. Beziehen wir die Verweildauern mit ein, so können wir zwar semi-quantitativ nachvollziehen, warum N_2O den höchsten gwp-Wert aufweist, allerdings scheint immer noch unklar, warum N_2O und CH_4 als Treibhausgase um 1–2 Größenordnungen effizienter sind als CO_2, dem immerhin mittlere Verweildauern im Bereich von 1–100 a zugeschrieben werden (entsprechend verschiedener Mechanismen, u. a. Bindung in Wasser, welche zu einer sehr kurzen Verweildauer führt). Auch wenn wir berücksichtigen, dass für die IR-Absorption nicht nur die Symmetrie, sondern auch die Stärke der elektrischen Dipoländerung bei der jeweiligen Schwingungsmode entscheidend ist, weswegen die molaren dekadischen Extinktionskoeffizienten für verschiedene IR-aktive Schwingungsmoden auch deutlich voneinander abweichen können, so erklärt dies alleine nicht die sehr großen Unterschiede in den genannten gwp-Werten.

Diese Unterschiede müssen somit wesentlich an den spektralen Lücken in der natürlichen Atmosphären-Absorption (atmosphärisches Fenster, s. o.) liegen, die Methan quasi von null kommend verschließt, während die IR-Absorption von CO_2 schon teilweise von der des Atmosphärenwasserdampfes abgedeckt wird, und CO_2 andererseits auch im natürlichen System bereits in größeren Mengen (248 ppm vor dem Jahr 1750) vorhanden war. Ein wesentlicher Aspekt in diesem Zusammenhang ist, dass gemäß Lambert–Beer Gesetz der Anteil an absorbiertem Licht nicht linear mit der Konzentration bzw. optischen Dichte steigt, sondern einer **Sättigungskurve** folgt: im unteren Bereich verläuft die Kurve näherungsweise linear, im oberen biegt sie sich in ein Plateau. Je niedriger die aktuelle Konzentration eines Treibhausgases, welches im optischen Fenster der Atmosphäre absorbiert, also dort wo die optische Dichte der Atmosphäre hinsichtlich der IR-Absorption noch niedrig ist, desto relevanter ist somit sein potenzieller zukünftiger Beitrag zum anthropogenen Treibhauseffekt. Konkret bedeutet der Verlauf einer Sättigungskurve, dass eine Konzentrationsänderung bzw. Änderung der optischen Dichte von beispielsweise 0 auf 0,1 hinsichtlich der Menge an absorbierter IR-Strahlung und damit des Treibhauseffektes etwa dieselbe Wirkung wie eine Konzentrationsänderung von 0,5 auf 1,0 hat. Deswegen wirken sich Konzentrationserhöhungen eines im atmosphärischen Fenster absorbierenden Spurengases wie CH_4 (1750: 700 ppb, 1998: 1745 ppb, 2019: 1866 ppb) oder N_2O (1750: 270 ppb, 1998: 314 ppb, 2019: 332 ppb) im Vergleich zu CO_2 (1750: 258 ppm, 1998: 365 ppm, 2019: 410 ppm) umso stärker aus (Quelle der Zahlen: IPPC-Berichte 2005 und 2021). Die Anzahl an IR-aktiven Schwingungsmoden hingegen ist mit 3, 6 und 4 in etwa vergleichbar und liefert, selbst unter Einbeziehung der mittleren Verweildauern in der Atmosphäre und der jeweiligen Intensitäten der IR-Absorptionsbanden bzw. molaren dekadischen Extinktionskoeffizienten, keine alleinige Erklärung für ein gwp-Verhältnis von 1 : 25 : 298 ($CO_2 : CH_4 : N_2O$).

Deformationsschwingungen lassen sich weiter spezifizieren, wenn wir statt eines linearen Moleküls ein gewinkeltes wie beispielsweise Dichlormethan betrachten. Die zugehörigen Valenz- und Deformationsschwingungen sind in Abb. 5.26 dargestellt.

Beachten Sie aber, dass wir für das nichtlineare Molekül Dichlormethan insgesamt $3 \cdot N - 6$, also konkret 9 Grundschwingungen erwarten würden.

Generell treten Valenzschwingungen eher in einem Wellenzahlenbereich von 4.000 bis 1.500 cm^{-1} auf, während die energetisch niedrigeren Deformationsschwingungen typischerweise von 1.500 bis 600 cm^{-1} zu finden sind. Die genauen Wellenzahlen der jeweiligen Schwingungsanregungen hängen natürlich spezifisch von der jeweiligen Bindungsstärke sowie den Massen der beteiligten Atome ab. Entsprechend sind die Wellenzahlen für Dreifachbindungen größer als die für Doppelbindungen, und diese wiederum größer als die für Einfachbindungen. Eine Besonderheit ist der Isotopeneffekt: Da sich C–H und C–D bezüglich der Masse des beweglicheren Atoms um den Faktor 2 unterscheiden, treten die Valenzschwingungen der C–H bzw. C–D Bindung im IR-Absorptionsspektrum auch an deutlich unterschiedlichen Positionen auf; die Wellenzahlen unterscheiden sich um den Faktor $\sqrt{2}$. So findet sich beispielsweise für Chloroform die C–H Streckschwingung bei ca. 3.100 cm^{-1}, während für Deuterochloroform die C–D Streckschwingung bei ca. 2.200 cm^{-1} liegt.

Betrachten wir als nächstes Beispiel ein im Vergleich zum CO_2 nur geringfügig komplizierteres Molekül, das Ethin. Beachten Sie hierbei, dass Ethin die gleiche Molekülsymmetrie wie CO_2 aufweist, wegen der um 1 größeren Anzahl an Atomen aber 3 Grundschwingungen mehr, d. h. insgesamt 7, besitzt. Diese 7 Grundschwingungen des Ethins sind in Abb. 5.27 dargestellt.

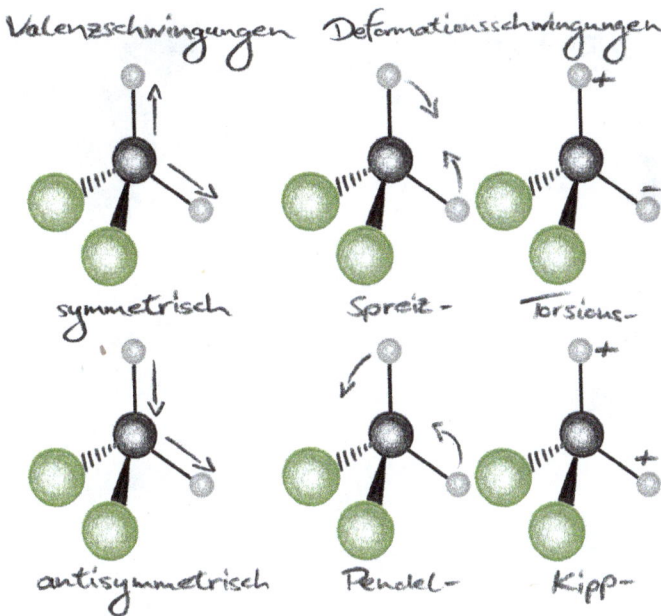

Abb. 5.26: Grundschwingungen des Dichlormethans als Beispiel für ein nichtlineares Molekül.

Speziell in der Organischen Chemie ist die IR-Spektroskopie häufig eine sehr wichtige und weitverbreitete analytische Methode, um Zielstrukturen nachzuweisen. Wir wollen daher im Folgenden eine tabellarische Übersicht über die charakteristischen Schwingungswellenzahlen der wichtigsten organischen Verbindungen geben. Für größere Moleküle lassen sich häufig die Schwingungsübergänge einzelner funktioneller Gruppen untersuchen, da ihre Übergangsenergien von der Struktur des restlichen Moleküls aufgrund von dessen deutlich trägerer Masse nahezu unabhängig sind. Hier zeigt sich die Stärke der IR-Spektroskopie in der organischen Analytik: sie dient dort als Werkzeug, um funktionelle Gruppen in Molekülen zu identifizieren. Tabelle 5.5 stellt hierzu beispielhaft die Wellenzahlen der C–H Valenzschwingung einiger wichtiger organischer Moleküle zusammen.

Als nächstes wollen wir die Valenzschwingung der Carbonylgruppe für verschiedene Verbindungen betrachten (Tab. 5.6). Auch hier liegen die Übergänge zwischen $1.550\ \mathrm{cm}^{-1}$ und $1.850\ \mathrm{cm}^{-1}$ und damit in einem recht engen Energiebereich. Speziell das Säureanion weist eine vergleichsweise niedrige Wellenzahl auf, was auf die Lockerung der Bindung infolge der möglichen mesomeren Grenzstrukturen zurückzuführen ist.

Abschließend zu dieser Übersicht folgt in Tab. 5.7 noch eine Zusammenstellung der charakteristischen Schwingungsübergänge für einige häufig anzutreffende funktionelle Gruppen in der Organischen Chemie. Grundsätzlich lässt sich das IR-Spektrum organischer Moleküle in zwei Bereiche unterteilen. Bei Wellenzahlen oberhalb $1.500\ \mathrm{cm}^{-1}$ finden sich die Valenzschwingungen, während unterhalb dieser

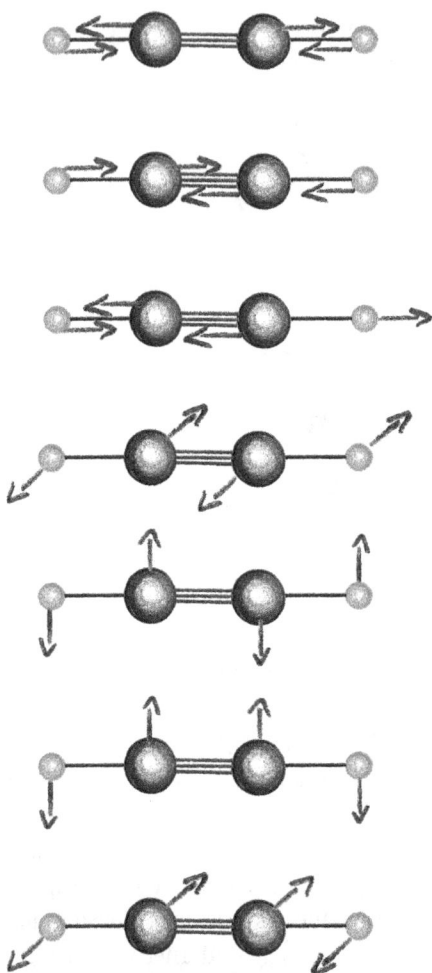

Abb. 5.27: Grundschwingungen des Ethins.

Tab. 5.5: Wellenzahlen für die C–H Valenzschwingung einiger wichtiger organischer Moleküle. Die Buchstaben in Klammern bezeichnen die Intensität der jeweiligen Bande im IR-Spektrum: so steht s für *strong*, m für *medium* und w für *weak*. Daten aus Manfred Hesse, Herbert Meier, Bernd Zeeh: *Spektroskopische Methoden in der organischen Chemie*, 8. überarb. Auflage, Thieme, Stuttgart, **2011**.

CH-Bindung	Wellenzahl $\tilde{\nu}$ / cm^{-1}	CH-Bindung	Wellenzahl $\tilde{\nu}$ / cm^{-1}
Alkane	2.850–2.960 (s)	Aldehyd	2.720 (w)
Alkene, Aryl	3.010–3.100	Ester, Ether	2.770–2.850 (m)
Alkine	3.300 (s)	Alkylamine	2.820 (m)
Cyclopropyl, Epoxide	3.050 (w)	C–D (Alkan)	$\approx$ 2.200 (s)

Tab. 5.6: Wellenzahlen für die C=O Valenzschwingung einiger wichtiger organischer Moleküle. Daten aus Manfred Hesse, Herbert Meier, Bernd Zeeh: *Spektroskopische Methoden in der organischen Chemie*, 8. überarb. Auflage, Thieme, Stuttgart, **2011**.

C=O Bindung	Wellenzahl $\tilde{v}$ / cm^{-1}	C=O Bindung	Wellenzahl $\tilde{v}$ / cm^{-1}
Anhydrid	1.850–1.800	Säure	1.725–1.700
	1.790–1.740		
Säurechlorid	1.850–1.790	Keton	1.725–1.705
		6-Ring	1.725–1.705
		5-Ring	1.750–1.740
		4-Ring	1.780
Ester, Lacton	1.750–1.735	S.-Amid, Lactam	1.690 (1.650), 1.600 (1.640)
6-Ring	1.750–1.735		flüssig (fest)
5-Ring	1.780–1.860	6-Ring	1.670
4-Ring	1.820	5-Ring	1.700
		4-Ring	1.745
Aldehyd	1.740–1.720	Säureanion	1.610–1.550

Tab. 5.7: Wellenzahlen für einige wichtige funktionelle Gruppen in der Organischen Chemie. (Zusammengestellt aus Manfred Hesse, Herbert Meier, Bernd Zeeh: *Spektroskopische Methoden in der organischen Chemie*, 8. überarb. Auflage, Thieme, Stuttgart, **2011**.).

Funkt. Gruppe	Wellenzahl $\tilde{v}$ / cm^{-1}	Beispiele / Anmerkung
C–O–C	1.150–1.040 (s)	Ester, Ether
-COOH	2.500–3.000	Säuren (breit)
-C$\equiv$N	2.200–2.260 (s)	
C–C (Isopropyl)	1.360 / 1.380	Sym. Dublett
C–C (*t*-Butyl)	1.395–1.385 / 1.365	Asym. Dublett (1:2)
-OH	3.590–3.650	Frei
	3.200–3.400	H-Brücke
-NH$_2$	3.300–3.500	Amine / Amide (sym. Dublett)
-NH	3.300–3.500	Amine / Amide (einfach)
H$_2$O	3.600–2.700	Sehr breit
C–F	1.400–1.000	
C–Cl	800–600	
C–Br	750–500	
C–I	500	

Grenze die Deformationsschwingungen auftreten. Hinzu kommen Oberschwingungen im ersten Bereich und Gerüstschwingungen des gesamten Moleküls im zweiten Bereich, was die Interpretation der IR-Spektren in der Praxis mitunter erschwert. Die Identifikation funktioneller Gruppen erfolgt daher generell ausschließlich im oberen Bereich des Spektrums. Die Molekülgerüstschwingungen im unteren Bereich sind hingegen ein sehr spezifisches Molekül-Charakteristikum, weswegen dieser Bereich $< 1.500\ \text{cm}^{-1}$ als **Fingerprint-Bereich** bezeichnet wird.[54] In diesem Bereich wird die IR-Spektroskopie oft zur automatisierten Identifikation von Substanzen verwendet, etwa in Hochdurchsatz-Analytiklaboren oder auch beispielsweise bei Rauschmittel- und Sprengstoffkontrollen an Flughäfen, indem dort aufgenommene IR-Spektren mit Spektrendatenbanken im Fingerprint-Bereich abgeglichen werden.

5.3.4 Hochaufgelöste Rotations–Schwingungs Spektren

Im nächsten und letzten Abschnitt dieser Lehreinheit wollen wir nun das bisher Gelernte kombinieren und uns den hochaufgelösten **Rotations–Schwingungs Spektren** zuwenden, wie sie für Moleküle in der Gasphase bei nicht zu hohen Temperaturen und Drücken, d. h. also bei möglichst geringer Linienbreite, gemessen werden können.

Wie oben gezeigt, gilt für den Schwingungsübergang im IR-Spektrum die Auswahlregel $\Delta v = +1$, während wir für angeregte Rotationsübergänge im Mikrowellenbereich die Auswahlregel $\Delta J = \pm 1$ haben. Für hochaufgelöste IR-Spektren lassen sich nun innerhalb der Banden für den Schwingungsübergang auch jeweils diskrete Banden für die gleichfalls mit der Schwingung angeregten Rotationsübergänge detektieren. Um das zugehörige Spektrum zu beschreiben, müssen wir lediglich die beiden Auswahlregeln für Schwingung und Rotation kombinieren und erhalten damit das in Abb. 5.28 skizzierte Termübergangsschema:

Symmetrisch verteilt um die sogenannte **Nulllücke**, die im Spektrum einem (verbotenen) reinen Schwingungsübergang mit $\Delta J = 0$ zuzuordnen wäre, finden wir zwei Serien nahezu äquidistanter Peaks mit der für ein Rotationsspektrum charakteristischen Intensitätsverteilung. Die Serie für $\Delta J = -1$ ist hierbei gegenüber der Nulllücke zu niedrigeren Wellenzahlen ins Rote verschoben und wird als **P-Zweig** bezeichnet, während die Serie für $\Delta J = +1$ gegenüber der Nulllücke zu höheren Wellenzahlen ins Blaue verschoben ist und **R-Zweig** genannt wird. Üblicherweise gelten die Auswahlregeln streng, und es finden sich entsprechend auch nur diese beiden Zweige im hochaufgelösten IR-Absorptionsspektrum. Wir wollen aber auch den Spezialfall nicht unerwähnt lassen, dass z. B. für das NO-Radikal auch der Übergang $\Delta J = 0$ erlaubt ist und somit auch an der Nulllücke ein Peak auftritt, der wegen der Anharmonizität des Oszillators (s.unten) gleichfalls in eine Serie aufspaltet und als **Q-Zweig** bezeichnet wird.

Betrachten wir zur Illustration noch das hochaufgelöste IR-Absorptionsspektrum des HCl-Moleküls (s. Abb. 5.29).

Im gezeigten Spektrum fällt zunächst auf, dass die Peaks eigentlich **Doppelpeaks** sind. Dies ist auf die natürliche **Isotopenverteilung** der Cl-Atome zurückzuführen.

---

[54] Die Absorptionen darin sind für die meisten Moleküle so spezifisch wie ein Fingerabdruck.

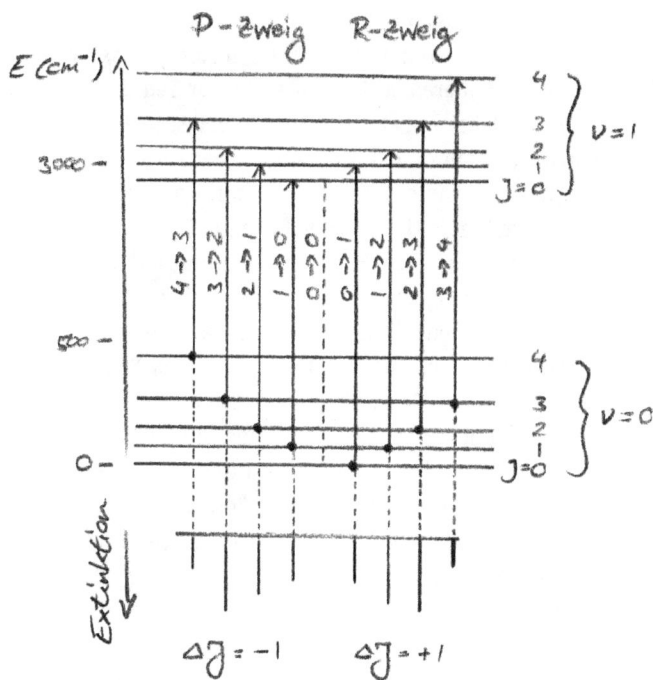

Abb. 5.28: Termübergangsschema für hochaufgelöste Rotations–Schwingungs Spektren und Skizze des resultierenden Spektrums.

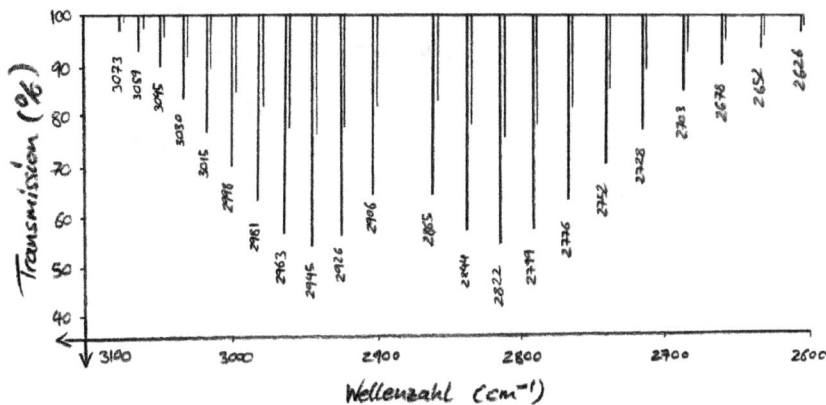

Abb. 5.29: Hochaufgelöstes Rotations–Schwingungs Spektrum des HCl-Moleküls.

Entsprechend der verschiedenen Atommassen ergeben sich je nach Isotop zwei verschiedene Rotationskonstanten und somit zwei geringfügig gegeneinander verschobene hochaufgelöste Rotations–Schwingungs Spektren.

In Abb. 5.29 erkennen wir außerdem, dass die Peaks nicht wie erwartet äquidistant sind, sondern zu niedrigeren Wellenzahlen (in der Darstellung in Abb. 5.29 ist das der rechte Teil) weiter auseinander und zu höheren Wellenzahlen (linker Teil in Abb. 5.29) näher zusammenrücken. Wir sprechen dabei von einer **Rotdehnung** des Spektrums. Dieser Effekt kann nicht auf die Zentrifugaldehnung, d. h. eine relative Verringerung der Rotationsenergien mit steigender Rotationsquantenzahl J zurückzuführen sein, denn in diesem Fall müssten sämtliche Peaks im Vergleich zum Idealfall äquidistanter Linien mit steigender Rotationsquantenzahl näher an die Nulllücke des Spektrums heranrücken; es ergäbe sich also eine symmetrische Verzerrung und keine Dehnung lediglich in Richtung niedriger Wellenzahl. Da dieser Effekt einer energetischen Verschiebung der Übergänge also nicht in den reinen Rotationsspektren, sondern nur in den Rotations–Schwingungs Spektren auftritt, muss er auf einer Rotations–Schwingungs Kopplung beruhen. An der Rotverzerrung erkennen wir, dass die Rotationskonstante offensichtlich vom Schwingungszustand des Moleküls abhängt sowie von $v = 0$ nach $v = 1$ abnehmen muss. Dies lässt sich verstehen, wenn wir bedenken, dass wir zur exakten Beschreibung der Molekülschwingung das Modell des anharmonischen Oszillators verwenden müssen. Da dieses Potenzial asymmetrisch zu höheren Atomabständen verzerrt ist, vergrößert sich beim Schwingungsübergang auch die mittlere Bindungslänge und somit das Trägheitsmoment. Da aber die jeweilige Rotationskonstante umgekehrt proportional zum Trägheitsmoment ist, folgt hieraus direkt, dass $B(v = 1) < B(v = 0)$ ist, und sich entsprechend die Rotdehnung des hochaufgelösten Rotations–Schwingungs Spektrums ergibt.

Wie lässt sich hieraus nun die jeweilige Rotationskonstante aus dem Spektrum bestimmen? Die Antwort liefert der Abstand der innersten beiden Linien an der Nulllücke, der insgesamt $2 \cdot B(v = 1) + 2 \cdot B(v = 0)$ betragen muss, da ja jeweils nur die Rotationszustände für $v = 1$ (R-Zweig) bzw. $v = 0$ (P-Zweig) involviert sind, wie Sie in Abb. 5.27 erkennen können.

Wir beschließen diesen Abschnitt mit einem kurzen Rechenbeispiel, um zu illustrieren, welche molekularen Charakteristika wie aus einem hochaufgelösten Rotations–Schwingungs Spektrum bestimmt werden können:

Rechenbeispiel
(aus Wolfgang Schärtl: *Statistical Thermodynamics and Spectroscopy*, 1st ed.; bookboon learning, **2015.**)

Gegeben sei ein hochaufgelöstes Rotations–Schwingungs Spektrum von HCl in der Auftragung Extinktion gegen Anregungsfrequenz, mit einer Nulllücke bei $8{,}66 \cdot 10^{13}$ Hz sowie einem inneren Peakabstand bei der Nulllücke von $0{,}12 \cdot 10^{13}$ Hz. Aus diesen Angaben sollen die Bindungsstärke sowie die Bindungslänge des HCl-Moleküls berechnet werden, wobei Sie näherungsweise die Bindungslänge aus dem mittleren Trägheitsmoment bestimmen (d. h. Sie setzen die Breite der Nulllücke $= 4 \cdot B$ (in Wellenzahlen)).

(i) Berechnung der Bindungsstärke:
Die Nulllücke entspricht hypothetisch einem reinen Schwingungsübergang von $v = 0$ nach $v = 1$ ohne Rotationsanregung. Damit ergibt sich aus deren Position auch direkt die Schwingungsfrequenz des Oszillators, d. h. es muss gelten:

$$\omega = 2 \cdot \pi \cdot v = 2 \cdot \pi \cdot 8{,}66 \cdot 10^{13} \ s^{-1} = \sqrt{\frac{k}{m_r}}$$

Um hieraus die Kraftkonstante k und damit die Bindungsstärke berechnen zu können, benötigen wir noch die reduzierte Masse eines HCl-Moleküls in kg:

$$m_{r,molar} = \frac{m_H \cdot m_{Cl}}{m_H + m_{Cl}} = \frac{35{,}5}{36{,}5} \ g \cdot mol^{-1} \Rightarrow m_{r,molekular} = 1{,}6156 \cdot 10^{-27} \ kg$$

Aufgelöst nach der Bindungsstärke erhalten wir also:

$$k = \left(2 \cdot \pi \cdot 8{,}66 \cdot 10^{13} \ s^{-1}\right)^2 \cdot 1{,}6156 \cdot 10^{-27} \ kg = 478 \ kg \cdot s^{-2} = 478 \ N \cdot m^{-1}$$

(ii) Für die Berechnung der Bindungslänge benutzen wir entsprechend der Angaben nach Umrechnung der Frequenz in die Wellenzahl:

$$4 \cdot B = \tilde{v} = \frac{1}{\lambda} = \frac{v}{c} = \frac{0{,}12 \cdot 10^{13} \ s^{-1}}{3 \cdot 10^8 \ m \cdot s^{-1}} = 4.000 \ m^{-1} \ bzw. \ B = 1.000 \ m^{-1}$$

Aus der Rotationskonstante können wir das Trägheitsmoment berechnen:

$$I = \frac{1}{B} \cdot \frac{h}{8 \cdot \pi^2 \cdot c} = \frac{1}{1.000 \ m^{-1}} \cdot \frac{6.626 \cdot 10^{-34} \ kg \cdot m^2 \cdot s^{-1}}{8 \cdot \pi^2 \cdot c} = 2{,}797 \cdot 10^{-47} \ kg \cdot m^2$$

Aus der unter (i) bereits berechneten reduzierten Masse lässt sich nun die gesuchte Bindungslänge berechnen:

$$l = \sqrt{\frac{I}{m_r}} = \sqrt{\frac{2{,}797 \cdot 10^{-47} \ kg \cdot m^2}{1{,}6156 \cdot 10^{-27} \ kg}} = 1{,}32 \cdot 10^{-10} \ m = 0{,}132 \ nm$$

DAS WICHTIGSTE IN KÜRZE

!

- **Zweiatomige heteronukleare Moleküle** zeigen wegen ihres **permanenten Dipolmoments** sowohl Rotations- als auch Schwingungsübergänge. Für Moleküle aus mehr als zwei Atomen ist diese Betrachtung hingegen meist nicht trivial und erfordert **Symmetriebetrachtungen** mittels Gruppentheorie.
- Für **Rotationsspektren** ergibt sich aus dem Drehimpulserhalt die Auswahlregel $\Delta J = +1$ und somit eine Serie von äquidistanten Absorptionslinien im Wellenzahlen-Abstand von jeweils $2 \cdot B$ (gilt nur für **einfache Rotatoren** mit lediglich einer Rotationskonstante, d. h. nur zweiatomige oder andere strikt-lineare Moleküle!). Für **nichtlineare symmetrische Rotatoren** unterscheiden wir **Oblate** und **Prolate**: hier benötigen wir eine Richtungsquantenzahl K für die Orientierung der jeweils betrachteten Rotationsachse relativ zur Symmetrieachse des Moleküls, für erlaubte Übergänge gilt $\Delta K = 0$.
- Rotationsspektren zeigen eine charakteristische **Intensitätsverteilung** der Liniensequenz, welche sich aus der thermischen Besetzungswahrscheinlichkeit der Rotationszustände J entsprechend der **Boltzmann-Verteilung** und deren **Entartungsgrad** ergibt. Infolge der **Zentrifugaldehnung** nehmen im gemessenen Rotationsspektrum die Abstände mit steigender Rotationsquantenzahl J ab, da $E = h \cdot c \cdot B \cdot J \cdot (J+1) - h \cdot c \cdot D \cdot J^2 \cdot (J+1)^2$ (D = Dehnungskonstante).
- Absorption von Lichtquanten im IR-Bereich führt zu einem molekularen Schwingungsübergang mit der Auswahlregel $\Delta v = +1$. Überlagert wird dieser von den beiden Rotationsserien $\Delta J = +1$ und $\Delta J = -1$; dies ist in hochaufgelösten **Rotations–Schwingungs Spektren** erkennbar.

? VERSTÄNDNISFRAGEN

1. **Wieso lautet die Auswahlregel bei der Rotationsspektroskopie $\Delta J = \pm 1$?**
   a) Weil die Rotation und damit auch der Drehimpuls angeregt wird.
   b) Weil der Gesamtdrehimpuls bei der Rotationsanregung mit Licht erhalten bleibt.
   c) Weil der Gesamtdrehimpuls bei der Rotationsanregung mit Licht nicht erhalten bleibt.
   d) Weil das absorbierte Photon seinen Drehimpuls zur Drehbewegung des Moleküls addiert.

2. **Wie lautet die Auswahlregel bei der Schwingungsspektroskopie?**
   a) $\Delta v = +1$
   b) $\Delta v = \pm 1$
   c) Hinsichtlich Δv gibt es streng genommen keine Auswahlregel.
   d) Dies hängt vom betrachteten Molekül ab.

3. **Welches der folgenden Moleküle zeigt im Rotationsspektrum mehrere verschiedene Rotationsübergänge (d. h. mit verschiedenen Rotationskonstanten)?**
   a) H_2O
   b) HCl
   c) CCl_4
   d) CO_2

4. **Wie sieht das hochaufgelöste Rotations–Schwingungs Spektrum von HCl aus?**
   a) Es besteht aus zwei Serien von äquidistanten Peaks, welche spiegelbildlich zueinander sind.
   b) Es besteht aus einer Serie von äquidistanten Peaks.
   c) Es besteht aus zwei Serien von nahezu äquidistanten Doppel-Peaks, welche fast spiegelbildlich zueinander, bei genauerem Hinsehen jedoch rotverzerrt sind.
   d) Es besteht aus zwei Serien von nahezu äquidistanten Peaks, welche fast spiegelbildlich zueinander, bei genauerem Hinsehen jedoch rotverzerrt sind.

VERTIEFUNGSFRAGEN

5. **Was ist die Ursache der Rotverzerrung im Rotations–Schwingungs Spektrum?**
    a) Die Rotations–Schwingungs Kopplung. Die Rotationskonstante nimmt bei der Schwingungsanregung zu.
    b) Die Rotations–Schwingungs Kopplung. Die Rotationskonstante nimmt bei der Schwingungsanregung ab.
    c) Die Zentrifugaldehnung. Die Rotationskonstante nimmt bei der Rotationsanregung zu.
    d) Die Zentrifugaldehnung. Die Rotationskonstante nimmt bei der Rotationsanregung ab.

6. **Was würden Sie im Rotations–Schwingungs Spektrum von HCl beobachten, falls es lediglich den Effekt der Zentrifugaldehnung gibt?**
    a) Die beiden Serien zeigen spiegelbildlich mit steigendem Abstand von der Nulllücke abnehmende Peak-Abstände.
    b) Die beiden Serien zeigen spiegelbildlich mit steigendem Abstand von der Nulllücke zunehmende Peak-Abstände.
    c) Die beiden Serien zeigen jeweils konstante Peak-Abstände.
    d) Die beiden Serien wären asymmetrisch im Vergleich zum Idealfall zu höheren Wellenzahlen verschoben (Blaudehnung).

7. **Wieso zeigt CH_4 trotz seiner Symmetrie bei genauem Hinsehen Rotationsübergänge, wenn auch mit sehr geringer Intensität?**
    a) Fermis Goldene Regel entspringt diversen mathematischen Näherungen und gilt daher nicht streng.
    b) CH_4 zeigt nur bei Anlegen eines äußeren elektrischen Feldes (Stark-Effekt) Rotationsübergänge.
    c) CH_4 weist aufgrund der Zentrifugaldehnung ein geringes Dipolmoment auf und erfüllt daher Fermis Goldene Regel.
    d) Es handelt sich womöglich um Messartefakte, da CH_4 aufgrund seiner Symmetrie kein Dipolmoment besitzt und damit das Übergangsdipolmoment bei Rotation null betragen muss.

8. **Für welches der folgenden Moleküle tritt im Rotations–Schwingungs Spektrum auch der Übergang $\Delta J = 0$ auf?**
    a) Cl_2
    b) NO
    c) N_2O
    d) NO_2

5.4 Raman-Streuung

5.4.1 Raman-Spektroskopie: Theoretische Grundlagen

Der Raman-Effekt ist eine vergleichsweise schwache **inelastische Streuung**,[55] die bei
Bestrahlung von geeigneten Proben mit definiertem (d. h. monochromatischem und po-
larisiertem) hochintensivem Licht detektierbar wird. Als Lichtquelle kommen vor allem
Laser in Frage. Über 99,99% der Lichtintensität wird hierbei in Form einer elastischen
Streuung direkt wieder abgestrahlt, der sogenannten **Rayleigh-Streuung**, bei der die
Wellenlänge des einfallenden Lichts und die des gestreuten Lichts übereinstimmen.[56]
Die Intensität der Rayleigh-Streuung skaliert mit der Polarisierbarkeit der streuenden
Moleküle.[57] Schließlich spielt auch die Wellenlänge eine wichtige Rolle: die Streuintensität der Rayleigh-Streuung ist umgekehrt proportional zur *vierten* Potenz der Wellenlänge des einfallenden (und des gestreuten) Lichts. Das erklärt, warum uns der Himmel
trotz des einfallenden weißen Sonnenlichts blau erscheint: Hierfür ist die hohe Intensität des in der Atmosphäre gestreuten kurzwelligen blauen Lichts (im Gegensatz zu einer
nahezu fünfmal schwächeren Streuintensität im längerwelligen roten Spektralbereich)

---

55 Als inelastisch bezeichnen wir Streuung mit veränderter Wellenlänge im Vergleich zum einfallenden Licht.

56 An dieser Stelle sei allerdings erwähnt, dass eine *Bewegung* der streuenden Teilchen zu einer
Dopplerverschiebung und damit zu einer Linienverbreiterung führt. Dies lässt sich bei der Bestimmung von Diffusionskoeffizienten in der dynamischen Lichtstreuung ausnutzen, die deshalb auch als
quasielastische Lichtstreuung bezeichnet wird, da sie auf der Linienverbreiterung der an sich elastischen Rayleigh-Streuung beruht.

57 bzw. für Moleküle in Lösung streng genommen mit dem Unterschied der Polarisierbarkeit von ge-
lösten Molekülen und Lösungsmittel.

verantwortlich. Die Sonne selbst nehmen wir dann in der übrigbleibenden Komplementärfarbe gelb wahr.[58]

Speziell bei Bestrahlung einer Probe mit sehr intensivem Licht finden sich bisweilen auch zwei inelastische Streupeaks geringerer Intensität, die gegenüber dem Hauptpeak der Rayleigh-Streuung um Wellenzahlen in der Größenordnung von $1.000 \, cm^{-1}$ zu höheren (blau) bzw. niedrigeren (rot) Wellenzahlen verschoben sind. Diese Verschiebung entspricht energetisch exakt den in unserer vorigen Lehreinheit besprochenen Energien der molekularen Schwingungsübergänge und resultiert in der Tat aus einer Kopplung eines erzwungenen elektronischen Übergangs an die molekularen Kernschwingungen. Bei dieser Kopplung wird die Schwingungsenergie entweder bei der Emission abgezogen und es resultiert ein im Vergleich zur elastischen Streuung *rotverschoben*er **Stokes-Peak**, oder die Schwingungsenergie wird addiert, was zu einem *blauverschoben*en **Antistokes-Peak** führt. Die entsprechenden Übergänge sowie die daraus resultierenden Emissionsspektren sind in Abb. 5.30 skizziert.

Beachten Sie, dass die Intensität des Antistokes-Peaks deutlich geringer als die des Stokes-Peaks ist. Die Ursache hierfür erkennen Sie am skizzierten Termübergangsschema: während der Stokes-Peak aus einer erzwungenen elektronischen Anregung ausgehend vom Schwingungsgrundzustand herrührt, stammt der Antistokes-Peak von der erzwungenen elektronischen Anregung ausgehend vom ersten angeregten Schwingungszustand. Somit entspricht das Verhältnis der Intensitäten von Antistokes- zu Stokes-Peak direkt dem thermischen Besetzungsverhältnis vom angeregten Schwingungszustand zum Schwingungsgrundzustand gemäß einer Boltzmann-Verteilung.

Wie kommt es nun zur inelastischen Emission von Streulicht? Hierzu benötigen wir im Gegensatz zur Absorptionsspektroskopie diesmal keine Quantenmechanik, sondern können sämtliche Vorgänge im Rahmen der klassischen Physik erklären. Durch den oszillierenden elektrischen Feldvektor des einfallenden Lichts wird im streuenden Molekül durch eine zeitlich-oszillierende Verschiebung von Elektronen ein oszillierender elektrischer Dipol erzeugt, der mit der gleichen Frequenz wie das anregende Licht schwingt.

$$\vec{\mu} = \alpha \cdot \vec{E} = \alpha \cdot \vec{E}_0 \cdot \cos(2 \cdot \pi \cdot \nu_0 \cdot t) \tag{252}$$

In Gl. 252 ist ν_0 die Frequenz des einfallenden Lichts und $\vec{E}_0$ dessen elektrischer Feldvektor. α bezeichnet die **Polarisierbarkeit** der streuenden Teilchen; dieser Parameter ist eigentlich ein Tensor zweiter Stufe, genauer eine Matrix aus 3×3 Elementen, da je nach Bindungsachsen eines Moleküls relativ zum elektrischen Feldvektor des einfallenden Lichts das induzierte Dipolmoment nicht zwingend parallel zum elektrischen Feldvektor verläuft. Daher genügt es nicht, den Feldvektor einfach mit einer

---

58 Bei Sonnenauf- und -untergang hingegen sorgt der flache Lichtstrahlwinkel dafür, dass die blauen Anteile und auch weitere Wellenlängen komplett weggestreut werden, sodass nur orangerot übrigbleibt; die Morgen- und Abendröte.

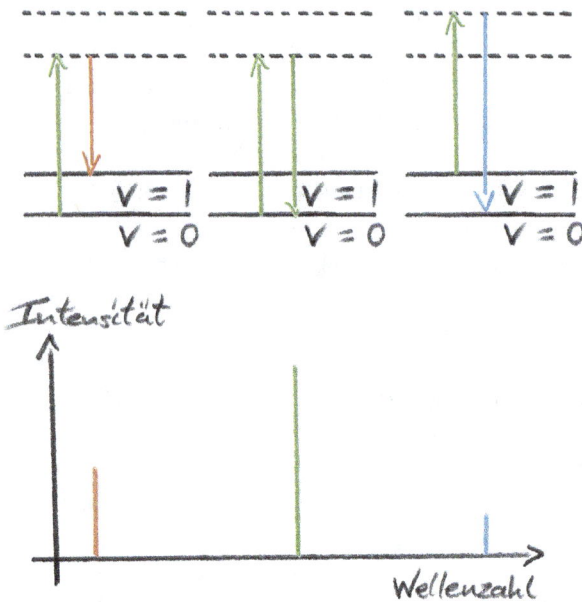

Abb. 5.30: Termübergangsschema und daraus resultierendes Emissionsspektrum für die elastische Rayleigh-Streuung sowie die beiden inelastischen Raman-Peaks. Die Quantenzahlen $v = 0$ und $v = 1$ bezeichnen hierbei den Grundzustand und den ersten angeregten Zustand der molekularen Schwingung, während die horizontalen gestrichelten Linien erzwungenen elektronischen Zuständen entsprechen. Bild nach Wolfgang Schärtl: *Statistical Thermodynamics and Spectroscopy*, 1st ed.; bookboon learning, **2015**.

Polarisierbarkeitszahl zu multiplizieren, sondern meist wird dafür eben ein Polarisierbarkeits*tensor* benötigt. Diese besondere Eigenschaft der Polarisierbarkeit werden wir noch berücksichtigen müssen, wenn wir in Lehreinheit 14 mit Hilfe der Gruppentheorie entscheiden wollen, ob eine Molekülschwingung IR-aktiv, Raman-aktiv, beides, oder weder noch ist. Um in diesem Zusammenhang die **Auswahlregel** für Ramanaktive Schwingungen herzuleiten, setzen wir zunächst die Polarisierbarkeit als Funktion der Kernkoordinaten q mittels einer Taylor-Reihe in allgemeiner Form an:

$$\alpha = \alpha_{q=0} + \left(\frac{d\alpha}{dq}\right)_{q=0} \cdot q + \dots \tag{253}$$

In dieser Formulierung soll $q = 0$ der Gleichgewichtskonformation des Moleküls entsprechen. Weichen die Atompositionen nur wenig von ihrer Gleichgewichtslage ab, so können wir die Taylor-Reihe für die Polarisierbarkeit wie in Gl. 253 gezeigt nach dem linearen Term abbrechen. Im Kontext der Raman-Streuung interessieren wir uns nun für die Kopplung der Kernschwingungen an einen erzwungenen elektronischen Übergang. Daher setzen wir hier die Abweichung von der Gleichgewichtslage als harmonische Schwingung an, d. h.

$$q = q_0 \cdot \cos(2 \cdot \pi \cdot \nu_M \cdot t) \tag{254}$$

Im Gegensatz zu ν_0, der Frequenz des anregenden Lichts im sichtbaren Bereich, stellt ν_M die Frequenz der Kernschwingungen dar und liegt daher im IR-Bereich. q_0 stellt die Amplitude der harmonischen Kernschwingung und somit die maximale Auslenkung aus der Gleichgewichtslage dar.

Setzen wir nun die Ausdrücke aus Gl. 254 und Gl. 253 in Gl. 252 ein, so erhalten wir für unser induziertes oszillierendes Dipolmoment:

$$\vec{\mu} = \alpha \cdot \vec{E} = \left(\alpha_{q=0} + \left(\frac{d\alpha}{dq} \right)_{q=0} \cdot q_0 \cdot \cos(2 \cdot \pi \cdot \nu_M \cdot t) \right) \cdot \vec{E}_0 \cdot \cos(2 \cdot \pi \cdot \nu_0 \cdot t) \tag{255a}$$

$$\vec{\mu} = \alpha_{q=0} \cdot \vec{E}_0 \cdot \cos(2 \cdot \pi \cdot \nu_0 \cdot t) + \left(\frac{d\alpha}{dq} \right)_{q=0} \cdot q_0 \cdot \vec{E}_0 \cdot \cos(2 \cdot \pi \cdot \nu_M \cdot t) \cdot \cos(2 \cdot \pi \cdot \nu_0 \cdot t) \tag{255b}$$

Der erste Summand in Gl. 255b entspricht direkt der Rayleigh-Streuung, da er einen mit der Frequenz des anregenden Lichts oszillierenden elektrischen Dipol beschreibt, der analog zu einer Radioantenne als Sender einer elektromagnetischen Welle mit der identischen Frequenz wie das anregende elektromagnetische Wechselfeld fungiert. Der zweite Summand enthält das Produkt zweier Cosinusfunktionen, welches wir mittels des Additions- und Subtraktionstheorems der Cosinusfunktion weiter umformen können:

$$\cos(2 \cdot \pi \cdot \nu_M \cdot t) \cdot \cos(2 \cdot \pi \cdot \nu_0 \cdot t)$$

$$= \frac{1}{2} \cdot (\cos(2 \cdot \pi \cdot (\nu_0 + \nu_M) \cdot t) + \cos(2 \cdot \pi \cdot (\nu_0 - \nu_M) \cdot t)) \tag{256}$$

Falls also die Änderung der Polarisierbarkeit mit den harmonisch ausgelenkten Kernabständen $\left(\frac{d\alpha}{dq} \right)_{q=0}$ verschieden von null ist, so treten gemäß Gl. 255b und Gl. 256 zwei weitere Schwingungsfrequenzen des oszillierenden Dipolmoments auf. Hierbei entspricht die im Vergleich zur anregenden Frequenz ν_0 größere Frequenz $\nu_0 + \nu_M$ der Antistokes-Streuung, während die entsprechend geringere Frequenz $\nu_0 - \nu_M$ der intensiveren Stokes-Streuung entspricht. Die Auswahlregel für diese beiden zusätzlichen Schwingungsfrequenzen und damit für Raman-aktive Kernschwingungen lautet somit:

$$\left(\frac{d\alpha}{dq} \right)_{q=0} \neq 0 \tag{257}$$

Ob diese Auswahlregel erfüllt ist, lässt sich nicht immer ohne weiteres entscheiden. Auch hier liefert die Gruppentheorie eine wertvolle Hilfe. Wichtig ist in diesem Zusammenhang nochmals das bereits in unserer vorigen Lehreinheit erwähnte **Alternativverbot**, demgemäß für Moleküle mit Symmetriezentrum eine Schwingung entweder IR-aktiv oder Raman-aktiv sein muss; wir werden hierauf noch in Abschnitt 5.4.3. zurückkommen.

Wie wir gesehen haben, ist also die Polarisierbarkeit eine entscheidende Größe für die Raman-Streuung. Da diese ein Tensor ist, hat auch die Schwingungsrichtung des elektrischen Feldes relativ zur Orientierung der Moleküle speziell für geordnete Proben, d. h. solche mit einer bestimmten Ausrichtung der Moleküle im Raum, Auswirkungen auf die Intensität der Raman-Übergänge. Häufig werden für die Analyse des Raman-Spektrums daher sogenannte Polarisationsfilter sowohl zwischen anregendem Laserlicht und der Probe (= Polarisator) als auch zwischen der Probe und dem Detektor verwendet, welcher die Intensität des gestreuten Lichts misst (= Analysator). Ist der Analysator gegenüber dem Polarisator verdreht, so wird nur dann eine Intensität des Raman-Peaks gemessen, falls die Schwingungsrichtung des oszillierenden Dipolmoments gegenüber der Schwingungsrichtung des elektrischen Feldvektors des anregenden Lichts verändert ist. Mathematisch ist das gleichbedeutend damit, dass auf diese Weise selektiv Komponenten des Polarisierbarkeitstensors bestimmt werden können, welche nicht in der Diagonale der entsprechenden Matrix liegen. Diese Vorgänge finden sich in Abb. 5.31 skizziert.

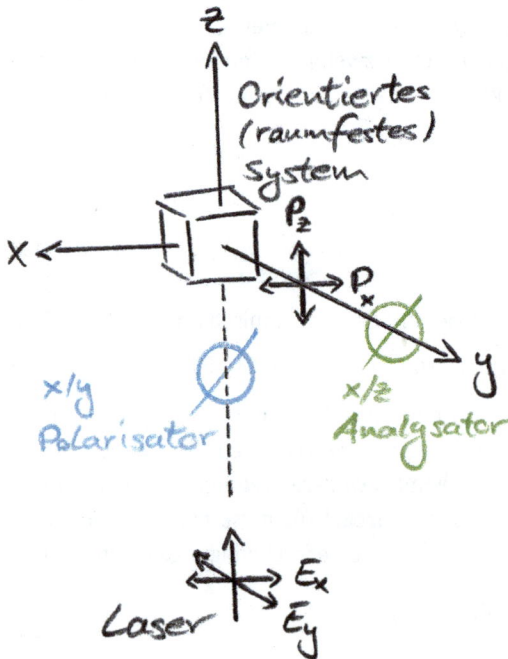

Abb. 5.31: Raman-Spektroskopie unter Einsatz von Polarisationsfiltern zur Bestimmung der nicht-Diagonalelemente des Polarisierbarkeitstensors.

Hierzu betrachten wir explizit die mathematische Darstellung des Polarisierbarkeitstensors:

$$\bar{a} = \begin{pmatrix} a_{xx} & a_{xy} & a_{xz} \\ a_{yx} & a_{yy} & a_{yz} \\ a_{zx} & a_{zy} & a_{zz} \end{pmatrix} \tag{258a}$$

Für eine orientierte Probe und y-polarisiertes Laserlicht erhalten wir entsprechend das folgende oszillierende Dipolmoment:

$$\vec{\mu} = \bar{a} \cdot \vec{E} = \begin{pmatrix} a_{xx} & a_{xy} & a_{xz} \\ a_{yx} & a_{yy} & a_{yz} \\ a_{zx} & a_{zy} & a_{zz} \end{pmatrix} \cdot E \cdot \begin{pmatrix} 0 \\ 1 \\ 0 \end{pmatrix} = E \cdot \begin{pmatrix} a_{xy} \\ a_{yy} \\ a_{zy} \end{pmatrix} \tag{258b}$$

Die Detektion von xz-polarisiertem Licht ergibt somit die Summe der beiden off-Diagonal-Komponenten a_{xy}^2 und a_{zy}^2. Dies bedeutet andererseits, dass, falls sämtliche off-Diagonal-Komponenten null sind und somit in diesem Fall das induzierte Dipolmoment lediglich parallel zum elektrischen Feldvektor nur in y-Richtung oszilliert, wir bei Detektion von xz-polarisiertem Licht eine Raman-Intensität von null finden würden.

Als zweites Beispiel betrachten wir x-polarisiertes Laserlicht und eine erneute Detektion in der xz-Ebene. In diesem Fall ergibt sich zunächst für das oszillierende Dipolmoment:

$$\vec{\mu} = \bar{a} \cdot \vec{E} = \begin{pmatrix} a_{xx} & a_{xy} & a_{xz} \\ a_{yx} & a_{yy} & a_{yz} \\ a_{zx} & a_{zy} & a_{zz} \end{pmatrix} \cdot E \cdot \begin{pmatrix} 1 \\ 0 \\ 0 \end{pmatrix} = E \cdot \begin{pmatrix} a_{xx} \\ a_{yx} \\ a_{zx} \end{pmatrix} \tag{258c}$$

In diesem Fall ergibt die Detektion von xz-polarisiertem Licht die Summe der beiden Komponenten a_{xx}^2 und a_{zx}^2. Entsprechend ergibt sich diesmal eine messbare Ramanintensität selbst wenn sämtliche off-Diagonal-Komponenten des Polarisierbarkeitstensors null sind und das Dipolmoment somit parallel zum anregenden Feld nur in x-Richtung oszilliert, da wir in diesem Fall ja immer noch die Komponente a_{xx} detektieren.

Wir halten also fest, dass es zu einer Änderung der Polarisationsrichtung des induzierten Dipolmoments im Vergleich zur Polarisation des anregenden Lichts kommt, falls der Polarisationstensor Elemente jenseits der Diagonalen der in Gl. 258a dargestellten Matrix enthält. Diese off-Diagonal-Elemente lassen sich für orientierte Proben, beispielsweise Einkristalle, über den Einsatz von Polarisationsfiltern in der Raman-Spektroskopie gezielt messen.

5.4.2 Rotations-Raman Spektroskopie

Wir haben uns bis hierher mit den theoretischen Grundlagen der **Schwingungs-Raman Spektroskopie** beschäftigt, die wegen ihrer Analogie zur IR-Spektroskopie auch eine der wichtigsten Anwendungen der Raman-Methode darstellt. Es gibt überdies auch eine **Rotations-Raman Spektroskopie**, in Analogie zur Mikrowellenspektroskopie, bei der reine Rotationsübergänge detektiert werden. Abb. 5.32 zeigt ein hochaufgelöstes Raman-Spektrum eines zweiatomigen Moleküls, bei dem die Feinstruktur der Schwingungsübergänge inklusive der diesen überlagerten Rotationsübergänge zu sehen ist.

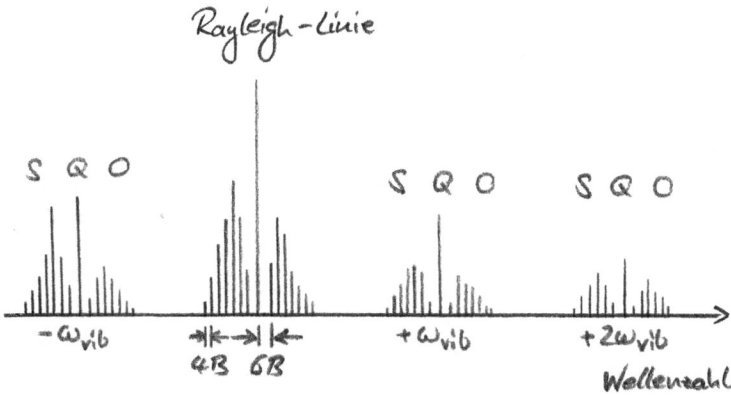

Abb. 5.32: Hochaufgelöstes Raman-Spektrum einer zweiatomigen Molekülschwingung.

Um einen **Rotations-Raman Effekt** detektieren zu können, muss die Polarisierbarkeit der Moleküle sich mit der Moleküldrehung ändern und somit anisotrop sein. Entsprechend können wir für nicht-kugelsymmetrische Moleküle zwei verschiedene Hauptpolarisierbarkeiten parallel bzw. senkrecht zur betrachteten Drehachse definieren. Der Rotations-Raman Effekt hängt nun gerade von der Differenz dieser beiden Polarisierbarkeiten ab, welche besonders für lineare Moleküle sehr stark ausgeprägt ist. Für kugelsymmetrische Moleküle hingegen, wie beispielsweise Methan CH_4, finden sich keine Rotations-Raman Linien.

Für die Rotations–Schwingungs Raman Spektroskopie lassen sich nun in Analogie zur IR-Absorptionsspektroskopie die folgenden Auswahlregeln ermitteln: $\Delta v = \pm 1$ und $\Delta J = \pm 2, 0$. Für reine Rotations-Raman Spektren ohne die Beteiligung von Schwingungszuständen gilt hingegen $\Delta J = \pm 2$. Wir können die Auswahlregel für die Änderung der Drehimpulsquantenzahl analog zur Auswahlregel bei der IR-Spektroskopie, $\Delta J = \pm 1$, plausibel verstehen, wenn wir berücksichtigen, dass es sich bei der Raman-Streuung um einen Zwei-Photonenprozess handelt, d. h. es wird ein Photon absorbiert und ein Photon emittiert. Da Photonen aber Bosonen sind und somit eine magnetische Spinquantenzahl von ± 1 besitzen, muss sich für die Erfüllung des Drehimpulserhaltungssatzes im Fall eines Zwei-Photonenprozesses die Drehimpulsquantenzahl des Moleküls um 2 (für zwei Photonen mit magnetischen Spinquantenzahlen −1, −1), 0 (für zwei Photonen mit magnetischen Spinquantenzahlen −1, 1) oder −2 (für zwei Photonen mit magnetischen Spinquantenzahlen 1, 1) ändern.

Entsprechend dieser Auswahlregeln für die Rotationsquantenzahl erhalten wir gegenüber dem elastischen Rayleigh-Peak nun die folgenden Verschiebungen. Für die Rotationsenergien eines linearen Rotators gilt:

$$E_J = h \cdot c \cdot B \cdot J \cdot (J+1) \tag{259a}$$

bzw. in Wellenzahlen:

$$\tilde{\nu}_J = B \cdot J \cdot (J+1) \tag{259b}$$

Für die Antistokes-Verschiebung infolge des Rotations-Raman Effekts gilt $\Delta J = -2$, und entsprechend:

$$\Delta\tilde{\nu}_J = -(B \cdot (J-2) \cdot (J-1) - B \cdot J \cdot (J+1)) = B \cdot (4 \cdot J - 2) \tag{260a}$$

$$J = 2, 3, 4, \dots.$$

Für die Stokes-Verschiebung infolge des Rotations-Raman Effekts gilt $\Delta J = 2$, und entsprechend:

$$\Delta\tilde{\nu}_J = -(B \cdot (J+2) \cdot (J+3) - B \cdot J \cdot (J+1)) = -B \cdot (4 \cdot J + 6) \tag{260b}$$

$$J = 0, 1, 2, \dots.$$

Betrachten wir zur Veranschaulichung ein Beispiel für die Stokes-Verschiebung infolge des Rotations-Raman Effekts, und zwar den Übergang $(v = 0, J = 2)$ nach $(v = 1, J = 4)$. Im Vergleich zur elastischen Rayleigh-Streuung ist die entsprechende emittierte Strahlung sowohl hinsichtlich der verbleibenden Schwingungsanregung von $v = 0$ nach $v = 1$ als auch einer Rotationsanregung von $J = 2$ nach $J = 4$ jeweils zu niedrigeren Wellenzahlen verschoben. Die Rotverschiebung infolge der nach der Einstrahlung mit sichtbarem Licht hier verbleibenden Rotationsanregung ergibt sich dabei zu $B \cdot 4 \cdot 5 - B \cdot 2 \cdot 3$, also insgesamt $20 \cdot B - 6 \cdot B = 14 \cdot B$. Der zugehörige Übergang ist daher im Vergleich zu einem reinen Raman-Schwingungsübergang um insgesamt $14 \cdot B$ zu niedrigeren Wellenzahlen verschoben. Die zum Rayleigh-Peak nächstgelegenen Übergänge liegen bei einer Wellenzahlverschiebung von $-2 \cdot B$ (Stokes-Übergang, $J = 0 \rightarrow J = 2$) bzw. $+6 \cdot B$ (Antistokes-Übergang, $J = 2 \rightarrow J = 0$), und alle weiteren Übergänge sind um jeweils $4 \cdot B$ zu niedrigeren bzw. höheren Wellenzahlen verschoben. Gleiches gilt auch für die reinen Schwingungs-Raman Übergänge: So findet sich beispielsweise für den Stokes-Schwingungsübergang mit $\Delta v = +1$ wie in Abb. 5.32 gezeigt eine nahezu symmetrische Rotationsfeinstruktur. Das Intensitätsverhältnis folgt dabei wie bereits in unserer vorigen Lehreinheit gezeigt dem Produkt aus Boltzmann-Verteilung und Entartungsgrad der jeweiligen Grundzustände.

Gleichfalls gilt wiederum die Rotations–Schwingungs Kopplung, welche zu unterschiedlichen Rotationskonstanten für den Schwingungsgrundzustand und den ersten angeregten Schwingungszustand führt, und damit zu nicht exakt äquidistanten Linien, sondern zu einer Rotverzerrung.

Wir finden im hochaufgelösten Raman-Spektrum eines linearen Moleküls infolge des Rotations-Raman Effekts für jeden Schwingungsübergang insgesamt drei charakteristische sogenannte Zweige: (i) den **Q-Zweig** mit $\Delta J = 0$, für den die einzelnen Rotationsübergänge wie in Abb. 5.32 gezeigt in einer einzigen geringfügig verbreiterten Bande zusammenfallen, sowie (ii) den **S-Zweig** mit $\Delta J = 2$ als Serie nahezu äquidistanter Peaks, welche im Vergleich zum Q-Zweig zu niedrigeren Wellenzahlen verschoben sind, und schließlich (iii) den **O-Zweig** mit $\Delta J = -2$ als Serie nahezu äquidistanter Peaks welche im Vergleich zum Q-Zweig zu höheren Wellenzahlen verschoben sind. Hierbei entspricht der S-Zweig dem Stokes–Rotations Raman-Übergang und weist entsprechend insgesamt eine höhere Intensität auf als der O-Zweig.

Neben den bereits geschilderten Vorgängen kann speziell für homonukleare lineare Moleküle wie beispielsweise H_2 noch ein weiterer Effekt auftreten, der sich auf die Intensitätsverhältnisse der Übergänge von Rotationsquantenzahlen mit geradem und mit ungeradem J auswirkt, nämlich der Einfluss des Kernspins auf die Besetzungswahrscheinlichkeiten der Rotationszustände. Die Gesamtwellenfunktion muss nach dem Pauli-Prinzip antisymmetrisch gegen Vertauschung der Atome sein. Je nach Orientierung der Kernspins der beiden Wasserstoffatome lassen sich nun *ortho-* (beide Spins parallel) und *para-*Wasserstoff (beide Spins antiparallel) unterscheiden. Da die Spinwellenfunktion im Fall des *ortho-*Wasserstoffes dreifach entartet ist, besitzt dieser auch eine dreimal höhere Besetzungswahrscheinlichkeit. Hinzu kommt, dass wegen des Pauli-Verbots für den *ortho-*Wasserstoff nur Rotationszustände mit ungeraden Rotationsquantenzahlen erlaubt sind, während es für den *para-*Wasserstoff nur solche mit geraden J sind. Entsprechend zeigen sich in den hochaufgelösten Rotations-Raman Spektren des Wasserstoffs charakteristische Zweige mit alternierenden Intensitäten der Übergänge, was darauf zurückzuführen ist, dass es zu einer Überlagerung der Spektren von zwei verschiedenen Spezies des Wasserstoffmoleküls kommt: *ortho-*Wasserstoff mit relativ höherer Intensität und Übergängen mit J (Grundzustand) = 1, 3, 5, 7, ..., und *para-*Wasserstoff mit relativ niedrigerer Intensität und Übergängen mit J (Grundzustand) = 0, 2, 4, 6, ... Diese Verhältnisse finden Sie in Abb. 5.33 dargestellt.

5.4.3 Raman-Spektroskopie: Messtechnik

Wie können wir Raman-Spektren nun messen? Typischerweise enthält ein Raman-Spektrometer neben der Steuerelektronik einen Laser als Lichtquelle, eine Lichtleitfaser um das Licht auf die Probe zu leiten, und einen halbdurchlässigen Spiegel plus einen optischen Filter um das von der Probe zurückgestreute Licht in einer sogenannten 180°-Geometrie zu detektieren. Dieser Aufbau ist in Abb. 5.34 skizziert.

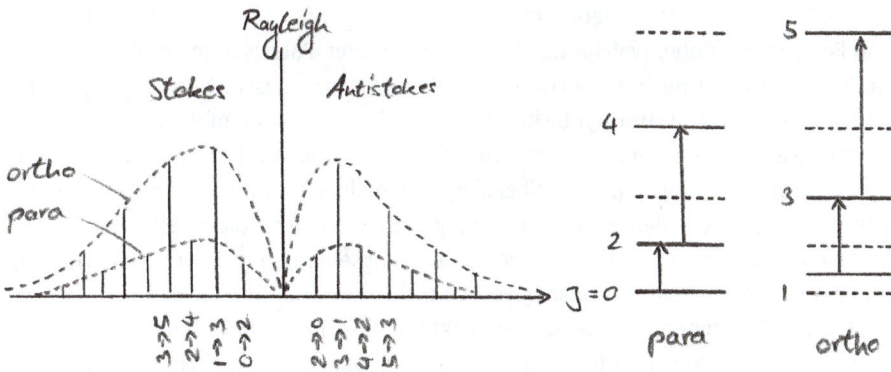

Abb. 5.33: Überlagerung der Rotations-Raman Spektren von *ortho*- und *para*-Wasserstoff.

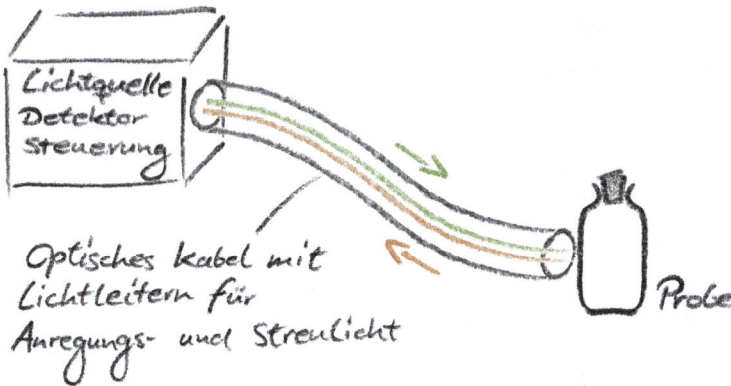

Abb. 5.34: Schematischer Aufbau eines Raman-Spektrometers mit 180°-Messgeometrie (Rückstreuung).

Als Lichtquelle kommen sowohl Laser mit Edelgasmischung (wie der HeNe-Laser, der rotes Licht bei 633 nm emittiert) als auch Farbstofflaser oder Laserdioden infrage. Das emittierte Licht ist monochromatisch und kohärent[59] und auf ca. 1 mm Strahldurchmesser fokussiert, d. h. weist eine hohe Leistungsdichte auf. Zudem erlaubt der zusätzliche Einbau sogenannter Brewster-Fenster in den Strahlengang die Selektion definierter Polarisationsrichtungen. Typische Laserleistungen betragen je nach Anwendung 30 mW bis 1 W, sodass manche Raman-Spektrometer, falls sie im Gegensatz zu kommerziell erhältlichen Geräten nicht komplett gekapselt sind, unter die Laserschutzverordnung fallen.

---

59 Kohärentes Licht weist eine feste Phasenbeziehung auf. Das ist für die Raman-Spektroskopie nicht unbedingt nötig, sehr wohl aber für andere Methoden die auf Laser zurückgreifen, etwa die dynamische Lichtstreuung oder Photonen-Korrelationsspektroskopie.

Als Polarisator bzw. Analysator (s. a. Abb. 5.31) dient entweder ein Kristall oder eine Polarisationsfolie, welche nur Licht gewünschter Polarisation passieren lassen. An dieser Stelle sei nochmals erwähnt, dass nicht-symmetrische Schwingungsmoden die Polarisation des gestreuten Lichts im Vergleich zu der des einfallenden Lichts verändern, weshalb die Verwendung von Polarisator und Analysator in der Raman-Spektroskopie die Zuordnung der Übergänge im Spektrum erlaubt. Eine einfache Analytik im Abgleich mit den in sogenannten Spektrenkatalogen (oder teils auch diesem Buch) angegebenen charakteristischen Schwingungsenergien (s. Lehreinheit 11) ist allerdings auch ohne Polarisationsanalyse möglich.

In Abb. 5.35 sehen Sie das Raman-Spektrum von Tetrachlorkohlenstoff, welches trotz seiner insgesamt $15 - 6 = 9$ Schwingungsfreiheitsgrade lediglich vier Übergänge zeigt. Um dies zu verstehen, benötigen wir die Gruppentheorie, mit deren praktischer Anwendung auf die IR-, Raman- und UV/Vis-Spektroskopie wir uns in Lehreinheit 14 noch näher befassen wollen.

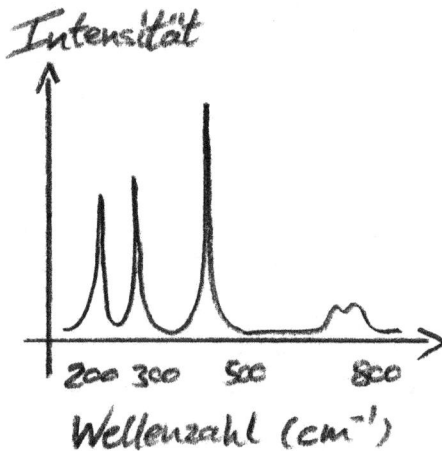

Abb. 5.35: Raman-Spektrum von CCl_4.

Ein großer Vorteil der Raman-Spektroskopie ist, dass keinerlei spezielle Probenbereitung erforderlich ist. So werden Raman-Spektrometer beispielsweise an Flughäfen zur Identifikation von Drogen oder Sprengstoff eingesetzt. Störend auf das Raman-Signal wirkt sich allerdings gelegentlich Fluoreszenz aus, da diese als breitbandige Emission das spektral deutlich definiertere Raman-Signal derart überlagern kann, dass die Raman-Übergänge nur noch schwer zu detektieren sind. Diese Fluoreszenz tritt dann auf, wenn es in der Probe zu echten elektronischen Anregungen und nicht nur zur gewünschten Quasi-Anregung der virtuellen Zustände kommt. Rührt diese Fluoreszenz von Verunreinigungen der Probe her, so sollten diese daher entfernt werden. Alternativ kann die Fluoreszenz auch durch Zugabe sogenannter Fluoreszenzlöscher wie beispielsweise Nitrobenzen vermindert werden, oder es kann die Anregungswellenlänge gewechselt werden, sodass keine echte Absorption des anregenden Lichts mehr vorliegt.

Wir wollen diesen Abschnitt mit einem kleinen Rechenbeispiel zur Energie der in einem Raman-Spektrum detektierbaren inelastischen Übergänge beschließen:

Rechenbeispiel

Eine Probe werde mit sichtbarem Licht der Wellenlänge 700 nm bestrahlt. Der Schwingungsübergang entspricht einer Wellenzahl von 3.000 cm^{-1}. Berechnen Sie die Wellenlängen des Stokes- und Antistokes-Peaks im Raman-Spektrum.

Lösung:
Zuerst rechnen wir die Energie des einfallenden Lichts in Wellenzahlen um:

$$\tilde{v} = \frac{1}{\lambda} = \frac{1}{700 \cdot 10^{-9}\,m} = 1{,}4286 \cdot 10^6\,m^{-1}$$

Die Wellenzahlen des Stokes- und Antistokes-Peaks berechnen sich entsprechend zu:

$$\tilde{v}_{Stokes} = 1{,}4286 \cdot 10^6\,m^{-1} - 3 \cdot 10^5\,m^{-1} = 1{,}1286 \cdot 10^6\,m^{-1}$$

$$\tilde{v}_{Antistokes} = 1{,}4286 \cdot 10^6\,m^{-1} + 3 \cdot 10^5\,m^{-1} = 1{,}7286 \cdot 10^6\,m^{-1}$$

Die Wellenlängen erhalten wir jeweils wieder als Kehrwert:

$$\lambda_{Stokes} = \left(1{,}1286 \cdot 10^6\,m^{-1}\right)^{-1} = 886{,}1\,nm$$

$$\lambda_{Antistokes} = \left(1{,}7286 \cdot 10^6\,m^{-1}\right)^{-1} = 578{,}5\,nm$$

Beachten Sie, dass die beiden Raman-Peaks zwar jeweils um die gleiche Wellenzahl, nämlich 3.000 cm^{-1}, gegenüber dem Rayleigh-Peak verschoben sind, nicht jedoch um die gleiche Wellenlänge. Dies hängt damit zusammen, dass Energie und Wellenlänge reziprok zueinander sind.

5.4.4 Vergleich zwischen Raman- und IR-Spektroskopie

Als nächstes wollen wir die mittels IR-Absorptionsspektroskopie und Raman-Spektroskopie detektierbaren Molekülschwingungen am Beispiel des Kohlendioxids, des wichtigsten anthropogenen Treibhausgases, etwas näher betrachten. Gemäß der $(3 \cdot N - 5)$-Regel für lineare Moleküle besitzt das CO_2-Molekül $9 - 5 = 4$ Schwingungsfreiheitsgrade. Diese teilen sich auf in Streck- und Deformationsschwingungen. Da CO_2 zudem ein Symmetriezentrum besitzt, gilt hier das Alternativverbot, d. h. Schwingungen sind entweder IR-aktiv oder Raman-aktiv. Da für die IR-aktiven Schwingungen aber entsprechend Fermis Goldener Regel ein Übergangsdipolmoment vorliegen muss, kann in diesem Fall lediglich die symmetrische Streckschwingung Raman-aktiv sein, d. h. in einem Raman-Spektrum von CO_2 findet sich lediglich ein einziger Übergang. In Abb. 5.36 finden Sie die entsprechenden Schwingungen sowie den Verlauf der Polarisierbarkeit als Funktion der Kernpositionen skizziert.

Beachten Sie zum einen, dass die Deformationsschwingung zweifach entartet ist und daher zwei Schwingungsfreiheitsgraden entspricht. Die Polarisierbarkeit zeigt für die De-

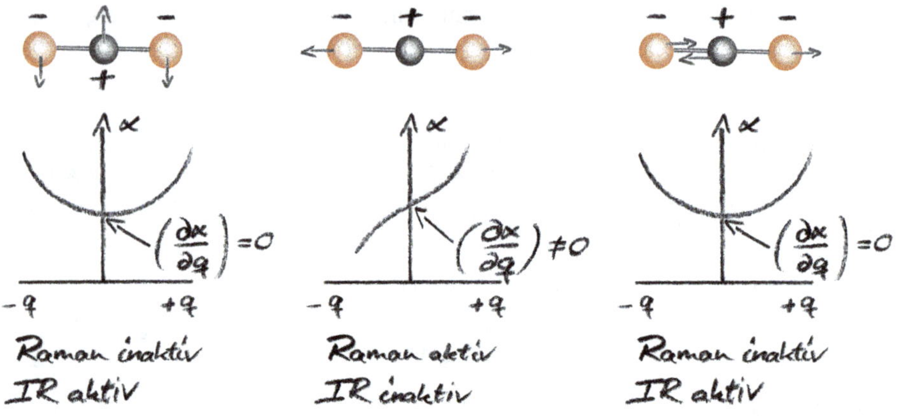

Abb. 5.36: Schwingungsmoden des CO_2-Moleküls und entsprechende Änderung der Polarisierbarkeit, sowie Zuordnung der daraus resultierenden IR- und Raman-Aktivität. Die Deformationsschwingung (links) ist zweifach entartet, sodass insgesamt 4 Schwingungsfreiheitsgrade existieren.

formationsschwingung sowie die asymmetrische Streckschwingung ein Minimum beim Gleichgewichtszustand, weshalb die erste Ableitung entsprechend Gl. 253 null beträgt und diese beiden Prozesse somit nicht Raman-aktiv sein können. Für die symmetrische Streckschwingung hingegen zeigt die Polarisierbarkeit am Gleichgewichtsabstand einen Wendepunkt mit endlicher Steigung, weshalb die Auswahlregel entsprechend Gl. 257 erfüllt ist und dieser Übergang Raman-aktiv ist.

Neben dem Alternativverbot für Moleküle mit Symmetriezentrum zeigen sich bei der IR-Spektroskopie und der Raman-Spektroskopie noch einige grundsätzliche Unterschiede, die in Tab. 5.8 zusammengefasst sind.

Tab. 5.8: Vergleich von IR- und Raman-Spektroskopie.

	IR-Spektroskopie	Raman-Spektroskopie
Physikalische Basis	Absorption	Inelastische Streuung
Lichtquelle	Lampe mit Monochromator, IR	Laser, Vis
Spektrum – Frequenzbereich	IR (entsprechend Lichtquelle)	IR (relativ zur Lichtquelle)
Auswahlregeln	Dipolmoment ändert sich bei Schwingung	Polarisierbarkeit ändert sich bei Schwingung
Anwendung	Analytik in der Chemie	Analytik in der Chemie, Routine z. B. bei Gepäckkontrollen
Probenpräparation	Relativ aufwendig (speziell für Feststoffe), wasserfrei	Meist nicht erforderlich

SERS

(Quelle: Judith Langer et al. Present and Future of Surface-Enhanced Raman Scattering. *ACS Nano* **2020**, *14*(1) 28–117.)

Wir haben gesehen, dass die inelastischen Streusignale bei der Raman-Spektroskopie im Vergleich zur elastischen Rayleigh-Streuung vergleichsweise schwach sind. Umso wichtiger ist eine entscheidende technologische Entwicklung, die in den 1970ern begann und sich seitdem speziell in der akademischen Forschung sehr weit verbreitet hat: Die oberflächenverstärkte Raman-Streuung (SERS = *Surface Enhanced Raman Scattering*). Entscheidend hierbei ist, dass sich die zu untersuchenden Moleküle an einer nanoskopisch strukturierten Oberfläche befinden, typischerweise monodispersen Gold- oder Silbernanopartikeln. In diesem Fall wird das Raman-Signal im Vergleich zur bereits besprochenen konventionellen Methode um einen Faktor von bis über 100 verstärkt, weshalb teils sogar isolierte Einzelmoleküle untersucht werden können. Entscheidend für diesen Effekt ist die Plasmonenresonanz der Metallnanopartikel, welche die lokale Dichte des elektrischen Feldes des anregenden Lichts extrem erhöht. Dieser Ansatz lässt sich zudem mit Rasterkraftmikroskopen kombinieren, wodurch sich ein äußerst empfindliches Raman-Spektrum mit einer Ortsauflösung im Nanometerbereich ergibt. Kein Wunder also, dass diese innovative Methode ein hohes Potenzial in den Materialwissenschaften, aber auch in Biologie und Medizin zur Aufklärung physiologisch relevanter Prozesse, entfaltet.

SERS wurde zufällig 1974 von Martin Fleischmann, Patrick J. Hendra und A. James McQuillan entdeckt, als diese die Raman-Spektren von Pyridin auf einer aufgerauten Silberelektrode aufnahmen. Der Effekt wurde zunächst lediglich auf die vergrößerte Oberfläche zurückgeführt. Unabhängig entdeckten auch David L. Jeanmaire und Richard P. Van Duyne sowie M. Grant Albrecht und J. Alan Creighton den SERS-Effekt 1977, mit Verstärkungsfaktoren von bis zu 106. Albrecht und Creighton schlugen hier einen Zusammenhang der Raman-Verstärkung mit der Plasmonenanregung von Metallnanopartikeln vor, was auch etwas später von Moskovits bestätigt wurde. Mittlerweile existieren zehntausende wissenschaftliche Publikationen zu dieser wichtigen Methode, die gut verstanden ist: so basiert der SERS-Effekt zum einen auf einer physikalischen Verstärkung des lokalen elektromagnetischen Feldes infolge der Plasmonenresonanz von Metallnanopartikeln; darüber hinaus spielt aber auch eine chemische Verstärkung eine Rolle, welche darauf beruht, dass die zu untersuchenden Moleküle in der Lage sind Elektronen zwischen sich und den Metallpartikeln zu übertragen, wobei sowohl elektronische Grundzustände als auch angeregte Zustände involviert sind und häufig auch echte chemische Bindungen zwischen Molekül und Metall ausgebildet werden.

! DAS WICHTIGSTE IN KÜRZE

– Der **Raman-Effekt** beschreibt eine vergleichsweise schwache inelastische Streuung und beruht auf der Kopplung eines erzwungenen elektronischen Übergangs an die molekularen Kernschwingungen. Wir unterscheiden je nach Lage relativ zur elastischen **Rayleigh-Streuung** zwischen **Stokes-Peak** (rotverschoben) und **Antistokes-Peak** (blauverschoben). Großer Vorteil der Ramanspektroskopie ist, dass im Gegensatz zur IR-Spektroskopie keinerlei spezielle Probenbereitung erforderlich ist, und dass sie auch auf wässrige Systeme anwendbar ist.

– Physikalisch-mathematisch beruht der Raman-Effekt auf einem **induzierten oszillierenden elektrischen Dipol**. Durch **Kopplung an die harmonische Kernbewegung** erhalten wir:

$$\vec{\mu} = a \cdot \vec{E} = a_{q=0} \cdot \vec{E}_0 \cdot \cos(\omega_0 \cdot t) + \left(\frac{da}{dq}\right)_{q=0} \cdot \vec{E}_0 \cdot (\cos((\omega_0 - \omega_1) \cdot t) + \cos((\omega_0 + \omega_1) \cdot t))$$

(1. Summand = Rayleighstreuung, 2. Summand = Stokes- und Antistokes-Peak)

– Es gilt das **Alternativverbot**, demgemäß für Moleküle mit Symmetriezentrum eine Schwingung entweder IR-aktiv oder Raman-aktiv ist. Für CO_2 beispielsweise ist lediglich die symmetrische Streckschwingung Raman-aktiv, während die asymmetrische Streckschwingung und die (zweifach entartete) Biegeschwingung IR-aktiv sind.

– Berücksichtigen wir noch Rotationsprozesse, so ergeben sich für die **Rotations–Schwingungs Raman-Spektroskopie** die Auswahlregeln: $\Delta v = \pm 1$ und $\Delta J = \pm 2, 0$. Die Auswahlregeln für die Rotationsquantenzahl J beruhen hierbei auf der **Raman-Streuung als Zwei-Photonenprozess**.

VERSTÄNDNISFRAGEN

1. **Was sind virtuelle Zustände?**
   a) Sehr kurzlebige erzwungene Anregungen
   b) Mathematische Modellvorstellungen ohne Bezug zur physikalischen Realität
   c) Eigentlich nach Fermis Goldener Regel verbotene Übergänge
   d) Nach dem Prinzip der Drehimpulserhaltung verbotene Übergänge

2. **Welches der folgenden Moleküle besitzt die höchste Polarisierbarkeit?**
   a) HCl
   b) Cl_2
   c) HI
   d) I_2

3. **Wie lauten die Auswahlregeln beim Rotations-Raman Effekt?**
   a) $\Delta J = \pm 2$
   b) $\Delta J = \pm 1$
   c) $\Delta J = 0, \pm 2$
   d) $\Delta J = 0, \pm 1$

4. **Wieso ist der Antistokes-Übergang im Spektrum weniger intensiv als der Stokes-Übergang?**
   a) Da hierfür mehr Energie bei der Anregung der virtuellen Zustände benötigt wird.
   b) Da die angeregten Schwingungsübergänge eine geringere thermische Besetzung haben.
   c) Da er eigentlich quantenmechanisch verboten ist.
   d) Da er mehr strahlungslose Konkurrenz-Prozesse als der Stokes-Übergang aufweist.

VERTIEFUNGSFRAGEN

5. **Wie viele Übergänge erwarten Sie im Raman-Schwingungsspektrum von CO_2?**
   a) Genau vier, da das Molekül auch vier Schwingungsmoden besitzt.
   b) Genau drei analog zum IR-Spektrum, wobei die Biegeschwingungen energetisch entartet sind.
   c) Dies lässt sich ohne eine ausführliche Symmetrieanalyse mittels Gruppentheorie nicht beantworten.
   d) Genau einen, da im IR-Spektrum drei der vier Schwingungsmoden aktiv sind.

6. **Warum ist die Polarisierbarkeit ein Tensor?**
   a) Weil das induzierte Dipolmoment je nach molekularer Struktur nicht unbedingt parallel zum elektrischen Feldvektor weist.
   b) Weil das induzierte Dipolmoment ein Vektor ist.
   c) Weil das induzierte Dipolmoment von dem Amplitudenquadrat des elektrischen Feldvektors abhängt.
   d) Weil das induzierte Dipolmoment mathematisch streng genommen auch als Tensor beschrieben werden muss.

7. **Was ist *kein* wichtiger Vorteil der Raman-Spektroskopie im Vergleich zur IR-Spektroskopie?**
   a) Die Raman-Spektroskopie ist auch auf wässrige Proben anwendbar.
   b) Die Raman-Spektroskopie erfordert keine aufwendige Probenvorbereitung.
   c) Die Raman-Spektroskopie ist viel empfindlicher als die IR-Spektroskopie.
   d) Die Raman-Spektroskopie ermöglicht die Untersuchung von nicht IR-aktiven Schwingungen.

8. **Was verstehen wir unter SERS?**
   a) Surface Enhanced Raman Scattering
   b) Special Enhanced Raman Spectroscopy
   c) Surface Excitation Raman Spectroscopy
   d) Special Excitation Raman Scattering

EINHEIT 13: UV/VIS-ABSORPTIONSSPEKTROSKOPIE
Wir haben uns bislang mit der Absorption von Licht im IR-Bereich und der entsprechenden Anregung von molekularen Rotationen und Schwingungen beschäftigt. In dieser Lehreinheit betrachten wir nun die Absorption höherenergetischen Lichts im sichtbaren und UV-Bereich des Spektrums. Hierdurch kommt es zu elektronischen Übergängen. Wir werden dabei zwischen Spektren von Atomen und Molekülen unterscheiden. Atome haben keine molekularen Freiheitsgrade außer der nichtgequantelten Translation; deren Elektronenspektren bestehen daher aus mehr oder weniger scharfen Übergängen. Bei Molekülen tritt hingegen neben der Elektronenanregung immer auch eine Anregung von Schwingung und Rotation auf; es kommt daher zu charakteristischen breiten Banden. Die Anregung von Elektronen mit sichtbarem Licht hat neben der wissenschaftlichen auch eine praktische Bedeutung: Sie ist in vielen Fällen für unseren Sinneseindruck der Farbigkeit bestimmter Stoffe verantwortlich.

5.5 UV/Vis-Absorptionsspektroskopie

5.5.1 Experimentelle Grundlagen

Beginnen wir wie bereits in den vorangehenden Kapiteln mit den experimentellen Grundlagen der UV/Vis-Absorptionsspektroskopie. Die theoretischen Grundlagen im Sinne der quantenmechanischen Behandlung der Elektronenstruktur von Atomen und Molekülen haben wir bereits in den früheren Einheiten 06 und 07 besprochen. Abbildung 5.37 zeigt eine Skizze eines typischen Absorptionsspektrometers.

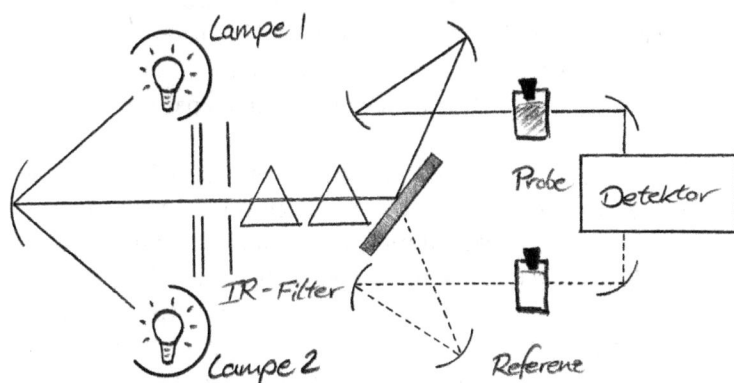

Abb. 5.37: Skizze eines UV/Vis-Absorptionsspektrometers.

Um sowohl den sichtbaren (Vis) als auch den UV-Bereich des Spektrums abzudecken, werden zwei Lampen verwendet und während des Scanvorgangs an passender Stelle im Spektrum von einer zur anderen umgeschaltet. Als Monochromator dienen hierbei oft Beugungsgitter, welche je nach Winkel zur einfallenden Strahlung durch Interferenz bestimmte Wellenlängen verstärken. Über ein Spiegelsystem gelangt das monochromatische Licht analog zum IR-Absorptionsspektrometer auf die Probe bzw. eine Referenz. Das durchgelassene Licht (= Transmission) wird dann über einen Photomultiplier quantitativ bestimmt, und aus dem Verhältnis des für die Referenz bzw. die Probe bei jeder Wellenlänge jeweils durchgelassenen Lichts wird die Extinktion bestimmt. Im eigentlichen Spektrum ist dann diese Größe gegen die Wellenzahl aufgetragen, die direkt proportional zur Energiedifferenz von Grundzustand und angeregtem Zustand ist.

Beachten Sie hierbei einen wichtigen Unterschied zwischen IR- und UV/Vis-Spektrometern: Beim IR-Spektrometer befindet sich der Monochromator vor dem Detektor, beim UV/Vis-Spektrometer hingegen vor der Probe. Dies hat den wichtigen Grund, dass ansonsten die Probe während der gesamten Messdauer mit hochenergetischem Licht bestrahlt würde, nämlich mit dem vollen UV/Vis-Emissionsspektrum der verwendeten Lichtquelle, und dies sowohl zu ungewollten photochemischen Prozessen als auch zu einer Veränderung des Absorptionsspektrums führen kann. Beim IR-Spektrum besteht hier keine Gefahr, da die angeregten Schwingungszustände mit ca. 10^{-13} Sekunden (s. a. Lehreinheit 09: Grundlagen der Spektroskopie mit Lebensdauern im Termübergangsschema) extrem kurzlebig sind und somit die kontinuierliche Anregung keinen Einfluss auf das gemessene Spektrum hat.

5.5.2 UV/Vis-Spektren von Atomen

Wir hatten in Lehreinheit 02 bereits das Linienspektrum des Wasserstoffatoms und dessen Deutung durch das Bohrsche Atommodell kennengelernt. In Abb. 5.38 greifen wir das nochmals auf. Diese Betrachtung gilt für die Emission von Licht nach beispielsweise thermischer Anregung bei hoher Temperatur; es ergeben sich jedoch dieselben Übergänge auch in Form von Absorption bei Einstrahlung von Licht im passenden Wellenlängenbereich.

Im Elektronenanregungsspektrum von Atomen (und genauso auch in deren Spektren der Emission, d. h. bei Rückfall der Elektronen nach Anregung) finden sich scharfe Übergänge[60] – sogenannte **Spektrallinien**. Die wichtigste Auswahlregel für diese Übergänge ist das **Spin-Verbot**, $\Delta S = 0$. Hinzu kommt eine Auswahlregel für die Drehimpulsquantenzahl, welche im Prinzip über die klassisch-physikalische Drehimpulserhaltung plausibel ist. Da das absorbierte Photon als Boson einen Drehimpuls von 1 hat, muss sich auch der Bahndrehimpuls des Elektrons bei der Absorption von Licht entsprechend ändern. Dies führt zur Auswahlregel für die Änderung der Nebenquantenzahl, $\Delta l = \pm 1$. Für die Änderung der magnetischen Drehimpulsquantenzahl gilt $\Delta m_l = 0, \pm 1$.

---

[60] scharf im Rahmen der spektralen Auflösung sowie der in Lehreinheit 09 vorgestellten Effekte der Linienverbreiterung.

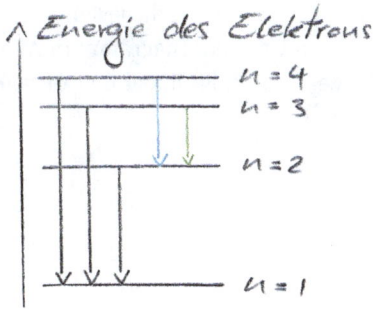

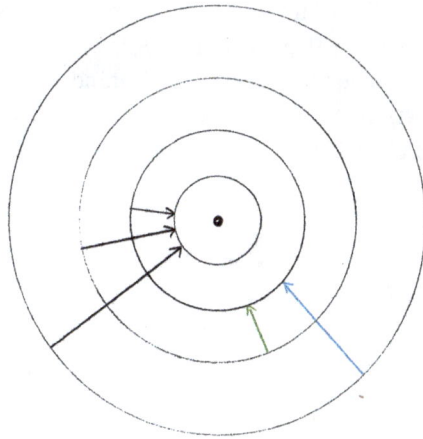

Abb. 5.38: (vgl. **Abb. 2.3**): Emission von Licht definierter Wellenlänge nach Anregung der Elektronen des Atoms auf höhere Bahnradien.

In Abb. 5.39 finden Sie das **Termschema** für die elektronischen Übergänge des Wasserstoffatoms (wiederum für den Fall der Emission) unter Berücksichtigung der Drehimpulsquantenzahlen, ein sogenanntes **Grotrian-Diagramm**.

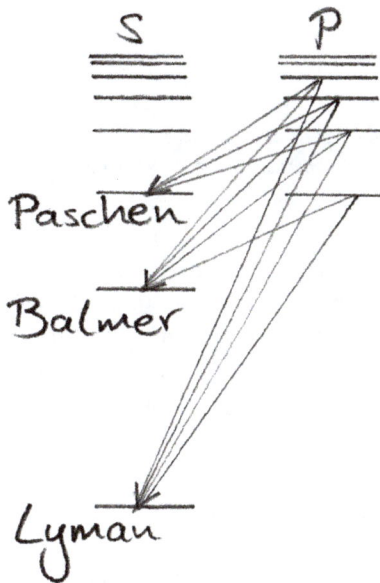

Abb. 5.39: Grotrian-Diagramm für die Elektronenübergänge des Wasserstoffatoms.

Für die elektronischen Übergänge von Mehrelektronensystemen, deren einfachster Vertreter das Heliumatom ist, verwenden wir **Termsymbole**, welche die jeweiligen Grundzustände und angeregten Zustände im zugehörigen Grotrian-Diagramm in Abb. 5.40 verbinden. Die Aufstellung der Termsymbole berücksichtigt dabei den Gesamtspin und den Gesamtdrehimpuls des jeweiligen Zustands.

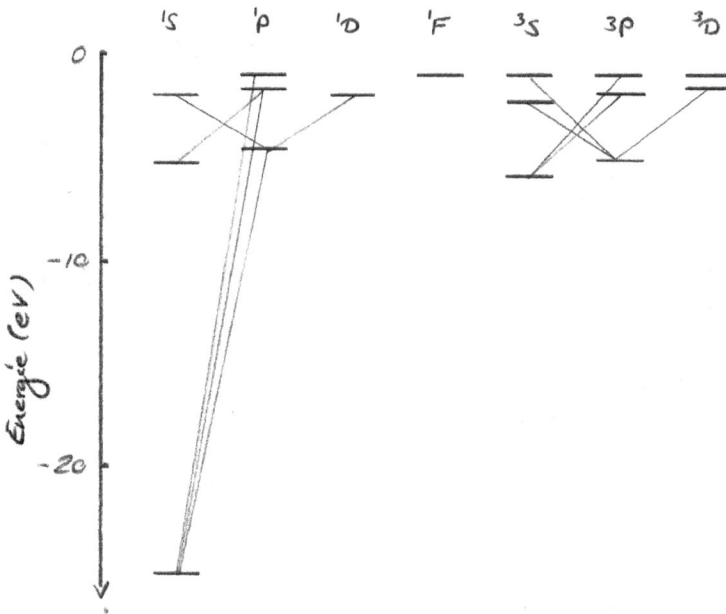

Abb. 5.40: Grotrian-Diagramm für die Elektronenübergänge (Absorption bzw. Emission von Licht) des Heliumatoms. Bild nach Peter W. Atkins, Julio de Paula: *Physikalische Chemie*, 5. Auflage; Wiley-VCH, Weinheim, **2013**.

Um das Konzept des Gesamtspins an dieser Stelle zu verstehen, führen wir uns noch einmal das quantenmechanische Grundprinzip vor Augen, welches wir in den Einheiten 06 und 07 bereits behandelt haben und auf dem die elektronischen Zustände von Atomen und Molekülen basieren: Ein Molekül mit m Atomkernen und mit n Elektronen in einem quantenmechanischen Zustand j wird durch eine stationäre Wellenfunktion beschrieben:

$$\Psi_j\left(\vec{R}_1...\vec{R}_m, \vec{r}_1...\vec{r}_n\right) \tag{261}$$

Hierbei stehen große R für die Positionsvektoren der Atomkerne und kleine r für die Positionsvektoren der Elektronen. Entsprechend der Born–Oppenheimer Näherung lassen sich Kern- und Elektronenkoordinaten aufgrund ihrer deutlich unterschiedlichen Massenträgheit in einem **Produktansatz** separieren:

$$\Psi_j\left(\vec{R}_1...\vec{R}_m, \vec{r}_1...\vec{r}_n\right) = \varphi_j(\vec{r}_1...\vec{r}_n) \cdot \chi_{j\nu}\left(\vec{R}_1...\vec{R}_m\right) \tag{262}$$

Die Elektronenwellenfunktion lässt sich ihrerseits aus individuellen Ein-Elektronenwellenfunktionen zusammensetzen, von denen jede einem **Orbital** entspricht:

$$\varphi_j(\vec{r}_1...\vec{r}_n) = \prod \phi_i(\vec{r}_i) \tag{263}$$

Bei der UV/Vis-Absorption kommt es nun formal zum Übergang eines Elektrons zwischen diesen Elektronenorbitalen. In der Photochemie wird per Konvention das Orbital, in welches das Elektron bei der Anregung übertragen wird, meist mit einem * versehen, sodass wir auch von einem $\phi_m \rightarrow \phi_n^*$-Übergang reden.

Um unsere Vorstellung zu vervollständigen, müssen wir noch den Spin der Elektronen einbeziehen: dies geschieht mit der bereits besprochenen Spin-Funktion, welche für ein Elektron nur die beiden Werte α oder β annehmen darf. Zudem gilt, dass diese beiden Spin-Funktionen orthonormiert sind, d. h.

$$\int \alpha^* \cdot \alpha \, dq = \int \beta^* \cdot \beta \, dq = 1; \quad \int \alpha^* \cdot \beta \, dq = \int \beta^* \cdot \alpha \, dq = 0 \tag{264}$$

Unsere Wellenfunktion für den elektronischen Zustand setzt sich also aus einzelnen Faktoren für jedes Elektron zusammen, welche ihrerseits jeweils die Spinfunktion enthalten:

$$\varphi_j(\vec{r}_1...\vec{r}_n) = \prod (\phi_i(\vec{r}_i) \cdot \sigma_i) \tag{265}$$

Gemäß Pauli-Prinzip gilt hierbei, dass jedes der Orbitale ϕ_i von maximal zwei Elektronen besetzt sein darf, nämlich einem mit der Spinfunktion α und einem mit der Spinfunktion β.

Wir können diesen Ausdruck für eine gegebene Elektronenkonfiguration auch so separieren, dass sämtliche Spinfunktionen in einem Faktor enthalten sind:

$$\varphi_j(\vec{r}_1...\vec{r}_n) = \prod (\phi_i(\vec{r}_i) \cdot \sigma_i) = \prod (\phi_i(\vec{r}_i)) \cdot \prod \sigma_i \tag{266}$$

Der Gesamtspin S dieses Zustands mit Spin-Multiplizität $2 \cdot S + 1$ ergibt sich nun entsprechend der sogenannten **Russell–Saunders Kopplung** als Vektorsumme über sämtliche Einzelelektronenspins. Es wird dabei auch von **LS-Kopplung** gesprochen. Diese Faktorisierung wird häufig in eine **Term-Schreibweise** übersetzt. Dafür gibt es zwei Möglichkeiten:

1. Hochgestellter Vorfaktor für die Spinmultiplizität vor dem Symbol für die Elektronenkonfiguration, welches sich aus dem Gesamtbahndrehimpuls ableitet: $^{2 \cdot S+1}\prod (\phi_i(\vec{r}_i))$

2. Termsymbol entsprechend der Spinmultiplizität, z. B. S für Singulett ($S = 0$), D für Dublett ($S = \frac{1}{2}$), T für Triplett ($S = 1$), und nachfolgend ein tiefgestellter Index 0, 1, 2 in der Energieabfolge der elektronischen Zustände, z. B. $S_0, S_1, T_1, \dots$

Da die Ein-Elektronenspinfunktionen orthonormiert sind, muss dies auch für die Gesamtspinfunktionen gelten, d. h.

$$\int S^* \cdot S \, dq = \int T^* \cdot T \, dq = 1; \qquad \int S^* \cdot T \, dq = \int T^* \cdot S \, dq = 0 \tag{267}$$

Dies gilt aber nur für die Russell–Saunders Kopplung, bei der wir die Spins und die Drehimpulse der Elektronen jeweils separat voneinander über sämtliche Elektronen als Vektoren aufsummieren.

Eine Alternative, die überwiegend bei schweren Elementen eine Rolle spielt, ist die **jj-Kopplung**: Hier führt die Wechselwirkung der magnetischen Momente des Bahndrehimpulses und des Spins, die **Spin–Bahn Kopplung**, für jedes einzelne Elektron zu einem neuen Drehimpuls j, d. h. die Spinfunktionen α und β und deren entsprechende Orthonormierungen spielen in diesem Fall keine Rolle.

Wir halten somit die folgenden Konsequenzen für die Spektroskopie von Elektronenübergängen fest:

(i) Für Systeme mit vergleichsweise leichten Atomen finden wir eine Russell–Saunders Kopplung von Spin und Bahndrehimpuls und entsprechende Terme für den Gesamtspin des betrachteten Systems. Übergänge zwischen Termen mit verschiedenen Spinmultiplizitäten werden in diesem Fall nur mit sehr geringer Übergangswahrscheinlichkeit detektiert, da sie aufgrund der Orthonormierung der Spinfunktionen quantenmechanisch verboten sind (Spin-Verbot).

(ii) Für Systeme mit schwereren Atomen finden wir hingegen die beschriebene jj-Kopplung. In diesem Fall treten in den Elektronenspektren auch Übergänge zwischen Termen verschiedener Multiplizitäten auf, da in diesem Fall die orthonormierten Spinfunktionen nicht in der quantenmechanischen Beschreibung der Elektronenzustände enthalten sind.

Hiermit können wir nun die im Folgenden exemplarisch besprochenen Termdiagramme und Termsymbole auch komplizierterer Atome und Moleküle verstehen.

Zur Erläuterung der in Abb. 5.40 gezeigten Termsymbole des Heliums betrachten wir zunächst den elektronischen Grundzustand, bei dem sich beide Elektronen mit entgegengesetztem Spin im 1s-Orbital befinden. Hier ergibt sich ein Gesamtdrehimpuls von $L = 0 + 0 = 0$ und somit ein sogenannter S-Term, mit einem gesamten Spin von $\frac{1}{2} + (-\frac{1}{2}) = 0$ und entsprechend einer Spinmultiplizität von $2 \cdot S + 1 = 1$, d. h. ein sogenannter **Singulett-Zustand**. Allgemein haben die Terme hierbei die Form $^{2 \cdot S+1}\Pi$, wobei die vorgestellte Hochzahl die Spinmultiplizität des Gesamtspins und der für Π

einzusetzende Buchstabe dem Gesamtdrehimpuls entspricht (d. h. $L = 0, 1, 2, 3$ entspricht den Buchstaben $\Pi = S, P, D, F$ analog zu den Kleinbuchstaben s, p, d, f für die Elektronenorbitale).

Heben wir nun ein Elektron durch Lichtabsorption in ein energetisch höheres Elektronenorbital, so muss dieser Übergang in ein p-Orbital erfolgen, da die Auswahlregel $\Delta L = 1$ gilt. Entsprechend erhalten wir als Termsymbol des elektronisch angeregten Zustands ^1P und entsprechend einen Übergang von ^1S nach ^1P, wie in Abb. 5.40 gezeigt ist. Beachten Sie hierbei, dass wir für die verschiedenen Hauptquantenzahlen $n = 1, 2, 3$ ebenso verschiedene ^1P-Terme finden, die energetisch immer näher an den Wert 0 für das freie ungebundene Elektron heranrücken. Aus den angeregten Zuständen ergeben sich dann mehrere mögliche Übergänge:

(i) Aus dem ^1P-Term ergeben sich Übergänge in energetisch höhere (im Vergleich zum Grundzustand) ^1S-Terme sowie in ^1D-Terme.
(ii) Ist das Molekül beispielsweise durch *Intersystemcrossing* in einen elektronisch angeregten Triplettzustand gelangt, so ergeben sich diverse erlaubte Übergänge unter Erhalt der Spinmultiplizität, z. B. von ^3P nach ^3S oder ^3D.

Die Atomabsorptionsspektren sind somit charakteristisch für eine gegebene Elektronenkonfiguration des elektronischen Grundzustands und damit für jedes chemische Element, was sie für die chemische Analytik wichtig macht. Dies gilt nicht nur für Laboratorien auf der Erde, sondern auch für astronomische Verhältnisse: So erlaubt die spektrale Analyse des von der Sonne oder einem Stern emittierten Lichts einen Rückschluss auf die darin vorkommenden chemischen Elemente.

Ein berühmtes Beispiel hierfür ist die Natrium D-Linie, bei der der Übergang vom ^2S-Grundzustand in den angeregten ^2P-Zustand durch Spin–Bahn Kopplung in zwei energetisch nahe beieinander liegende Übergänge aufspaltet, wie in Abb. 5.41 gezeigt ist.

Beachten Sie hierbei, dass wir die Termsymbole jeweils noch um einen tiefgestellten Index, welcher den gesamten aus Bahndrehimpuls und Spin berechneten Drehimpuls j bezeichnet, ergänzt haben. Im Fall des Natriumatoms betrachten wir lediglich das Valenzelektron im 3s-Orbital zur Bestimmung der Terme und erhalten somit für den Grundzustand einen $^2S_{1/2}$-Term, mit gesamtem Drehimpuls $j = 0 + \frac{1}{2} = \frac{1}{2}$. Bei Absorption von sichtbarem Licht im Bereich von ca. 590 nm Wellenlänge geht das Valenzelektron nun in ein 3p-Orbital über, wodurch wir dann zwei ^2P-Terme mit zwei verschiedenen Möglichkeiten für den Gesamtdrehimpuls j erhalten, nämlich $j = 1 + \frac{1}{2} = \frac{3}{2}$ und $j = 1 - \frac{1}{2} = \frac{1}{2}$, und entsprechend $^2P_{3/2}$ und $^2P_{1/2}$. Diese beiden Terme sind nun infolge der Spin–Bahn Kopplung nicht mehr energetisch entartet: Zeigen Spin- und Bahndrehimpuls in entgegengesetzte Richtungen, so kommt es analog zur Spinpaarung zweier Elektronen zu einer Stabilisierung oder energetischen Absenkung, während bei paralleler Ausrichtung analog zu elektronischen Triplettzuständen eine Destabilisierung oder energetische Anhebung erfolgt.

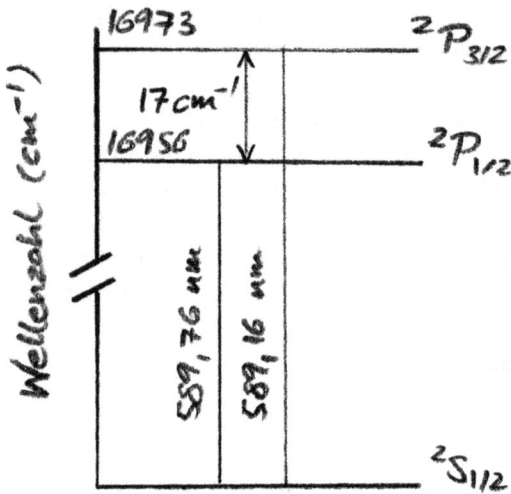

Abb. 5.41: Natrium D-Linie durch Aufspaltung des ^{2}P-Terms entsprechend der Zustände $j = l \pm s = \frac{3}{2}, \frac{1}{2}$. Bild nach Peter W. Atkins, Julio de Paula: *Physikalische Chemie*, 5. Auflage; Wiley-VCH, Weinheim, **2013**.

Noch komplizierter werden die Atomabsorptionsspektren für Mehrelektronensysteme mit sehr vielen Elektronen, d. h. für schwerere Atome, bei denen zunehmend Spin–Bahn Kopplung der einzelnen Elektronen auftritt und entsprechend die Quantenzahlen L und S für den Gesamtdrehimpuls und den Gesamtspin durch eine neue Quantenzahl J ersetzt werden müssten, wie oben geschildert. Zum Glück gibt es aber eine definierte Beziehung zwischen den für leichtere Atome über Russell–Saunders Kopplung aufgestellten Termen und den Termen für schwerere Atome über jj-Kopplung, wie in Abb. 5.42 gezeigt ist. Wir können daher formal die über Russell–Saunders Kopplung aufgestellten Terme für die elektronischen Zustände auch für die sich aus der jj-Kopplung ergebenden Terme schwerer Atome verwenden.

In Abb. 5.42 ist der eingezeichnete tiefstgelegene Zustand ein ^{3}P$_0$-Term, welcher im Fall von Kohlenstoff der angeregten Elektronenkonfiguration 2p^1 3p^1 und damit zwei ungepaarten Elektronen mit parallelem Spin (Triplettzustand) sowie einem Gesamtbahndrehimpuls von $L = 1$ entspricht. Entsprechend erhalten wir die Spinmultiplizität 3 sowie das Termsymbol P für den Gesamtbahndrehimpuls von 1, was allerdings quantenmechanisch „sauber" nur für die leichteren Atome im linken Bereich der Abb. 5.42 ein adäquates Termsymbol ist. Analog lassen sich die anderen in der Abbildung gezeigten Terme herleiten: für zwei p-Elektronen ergeben sich durch Vektoraddition Gesamtbahndrehimpulse von 2, 1 und 0, d. h. also wie in der Abbildung gezeigt D, P und S-Terme. Betrachten wir hingegen das schwere Bleiatom als Beispiel mit reiner jj-Kopplung, so finden wir entsprechend die Symbole $(\frac{1}{2}, \frac{1}{2})$, $(\frac{3}{2}, \frac{1}{2})$ und $(\frac{3}{2}, \frac{3}{2})$ welche wir wie folgt verstehen können: Wir betrachten zur Vereinfachung wiederum lediglich die beiden p-Valenzelektronen, und bestimmen zunächst den Gesamtdrehimpuls

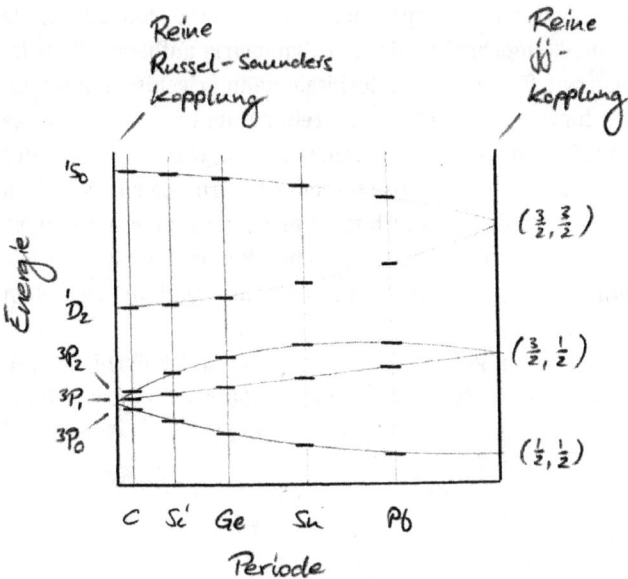

Abb. 5.42: Übergang von der *LS*-Kopplung zur *jj*-Kopplung mit zunehmender Elektronenzahl. Betrachtet werden jeweils nur die beiden Valenzelektronen. Bild nach Peter W. Atkins, Julio de Paula: *Physikalische Chemie*, 5. Auflage; Wiley-VCH, Weinheim, **2013**.

jedes einzelnen Elektrons, welcher sich aus Spin und Bahndrehimpuls durch Vektoraddition zusammensetzt. Für ein p-Elektron erhalten wir entsprechend jeweils Werte von $1 + \frac{1}{2} = \frac{3}{2}$ bzw. $1 - \frac{1}{2} = \frac{1}{2}$, woraus sich für zwei Elektronen dann durch Kombination die Terme $(j_1, j_2) = \left(\frac{1}{2}, \frac{1}{2}\right)$, $\left(\frac{3}{2}, \frac{1}{2}\right)$ und $\left(\frac{3}{2}, \frac{3}{2}\right)$ ergeben, wie in Abb. 5.42 gezeigt. Nach diesem Muster lässt sich für jeden der in Abb. 5.42 gezeigten Terme vom Typ $^{2 \cdot S + 1}\Pi_j$ auf der linken Seite ein *jj*-Term vom Typ (j_1, j_2) eindeutig zuordnen. Dies muss auch so sein, da sich ja identische Elektronenkonfigurationen im Sinne besetzter Orbitale mit definierten Spinzuständen hinter diesen Termen verbergen. Diese werden für leichte bzw. schwere Atome nur jeweils hinsichtlich der Kopplung von Spin und Bahndrehimpuls unterschiedlich zu einem entsprechenden Termsymbol „verrechnet". Da hinter diesen Termsymbolen aber quantenmechanische Wellenfunktionen für eine sinnvolle Beschreibung des jeweiligen Atoms stehen, haben die beiden unterschiedlichen Ansätze dann doch wie bereits geschildert deutliche Konsequenzen für die Elektronenanregungsspektren der betrachteten Atome.

5.5.3 UV/Vis-Spektren von Molekülen

Auch bei der elektronischen Anregung von Molekülen gilt das Spin-Verbot streng. Die weiteren Auswahlregeln ergeben sich aus den Symmetrien der beteiligten Molekülorbitale. In Lehreinheit 07 hatten wir bereits besprochen, wie sich diese Molekülorbitale durch Linearkombination von Atomorbitalen gleicher Symmetrie aufbauen. Statt lateinischer Buchstaben haben wir für die Molekülorbitale dann griechische Buchstaben verwendet, und zwar σ für ein bezüglich einer Drehung um die Bindungsachse symmetrisches Orbital, und π für ein anti-symmetrisches Orbital, wie es etwa aus der Überlappung zweier senkrecht zur Bindungsachse stehender p-Orbitale entsteht. Sind die Molekülorbitale im Vergleich zu den Atomorbitalen energetisch höherliegend, so kommt es zudem zu einer Destabilisierung der chemischen Bindung, weswegen wir diese Orbitale auch als *antibindend* bezeichnet und mit einem * als Index versehen haben.

Die an den Übergängen zweiatomiger Moleküle beteiligten Molekülorbitale wollen wir an dieser Stelle nochmals in einer Zusammenstellung (Abb. 5.43) betrachten, bevor wir uns dem entsprechenden Absorptionsspektrum näher widmen können.

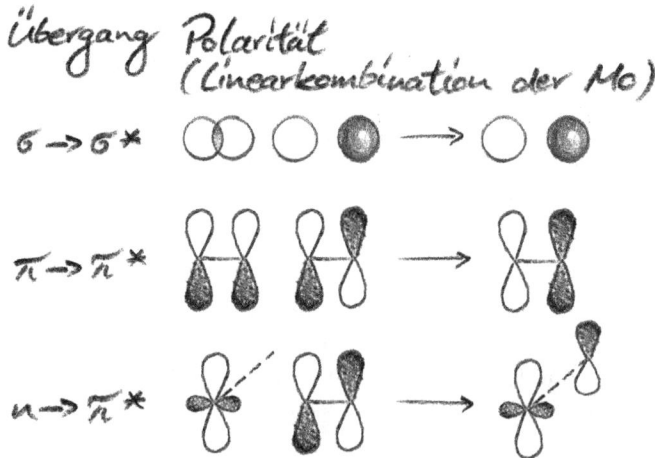

Abb. 5.43: Molekülorbitale, die an der elektronischen Anregung zweiatomiger Moleküle beteiligt sind. Rechts ist die Kombination aus Grundzustand und angeregtem Zustand dargestellt, aus der sich die Auswahlregeln für erlaubte Übergänge im Sinne Fermis Goldener Regel ergeben.

Als nächstes wollen wir die in Einheit 10 bereits ausführlich besprochene Goldene Regel von Fermi vor allem unter dem Aspekt der elektronischen Übergänge von Molekülen nochmals rekapitulieren:

Die Intensität eines spektroskopischen Übergangs zwischen zwei Zuständen ist proportional zum Quadrat des **Übergangsdipolmoments**, das definiert ist als:

$$R_{mn} = \int \Psi_n^* \cdot \hat{\mu}\, \Psi_m\, \mathrm{d}q \tag{268}$$

Hierbei bezeichnet n den angeregten und m den Grundzustand. Für die Anregung elektronischer Zustände separieren wir wiederum entsprechend der Born–Oppenheimer Näherung die Wellenfunktionen in einen Faktor für die Elektronenkoordinaten und einen Faktor für die Kernkoordinaten, wobei wir die uns hier interessierenden Wellenfunktionen der Kernkoordinaten aus der quantenmechanischen Lösung des Oszillator-Problems erhalten, d. h.

$$\Psi = \Psi_{el} \cdot \Psi_{vib} \tag{269}$$

Für den elektronischen Übergang ergibt sich daher unter der Berücksichtigung, dass der Ortsoperator des Dipolmomentoperators in diesem Fall wegen der kurzen Zeitskala nur auf die Elektronen-Wellenfunktionen wirkt:

$$R_{mn} = \int \Psi_n^* \cdot \widehat{\mu} \, \Psi_m \, dq = \int \Psi_{el,n}{}^* \cdot \Psi_{vib,n}{}^* \cdot \widehat{\mu} \, (\Psi_{el,m} \cdot \Psi_{vib,m}) \, dq$$

$$= \int \Psi_{el,n}{}^* \cdot \widehat{\mu} \, \Psi_{el,m} \, dq \cdot \int \Psi_{vib,n}{}^* \cdot \Psi_{vib,m} \, dq \tag{270}$$

Hierbei stellt der erste Integralterm ein Maß für die Änderung des Dipolmoments bei einer Änderung der Elektronenkonfiguration dar, und der zweite Integralterm ist das sogenannte **Überlappungsintegral** der Kernwellenfunktionen, und damit ein Maß für die Ähnlichkeit der Schwingungswellenfunktionen welche jeweils zum elektronischen Grundzustand m und zum angeregten Elektronenzustand n gehören. Dieses Überlappungsintegral hatten wir in Einheit 09 bereits als **Franck–Condon Faktor** kennengelernt.

Die Intensität eines spektroskopischen Übergangs bei der Anregung von Elektronen in Molekülen hängt demgemäß sowohl von den Franck–Condon Faktoren als auch vom Übergangsmoment der beteiligten Elektronenwellenfunktionen (Molekülorbitale) ab; letzteres wiederum ist durch die Orbitalsymmetrie geprägt.[61]

Das Übergangsdipolmoment bei der Elektronenanregung ist dann ungleich null, wenn die Molekülorbitale von Grundzustand und angeregtem Zustand die gleiche Rotationssymmetrie besitzen, aber bezüglich der Spiegelung am Schwerpunkt verschiedene Symmetrien aufweisen. Wir bezeichnen dies als **Paritätsverbot**. Hierbei werden Orbi-

---

61 Wir können den ersten Integralterm sogar noch weiter aufspalten, indem wir die Spinfuktionen herausziehen, die dort mit drinstecken. Dann haben wir es mit drei Faktoren zu tun: Dem Franck–Condon Faktor, der die Ähnlichkeit der Schwingungswellenfunktionen und damit der Kernkonfigurationen angibt, einem Orbitalfaktor, der vor allem etwas mit der Symmetrie der Elektronenwellenfunktionen zu tun hat, und einem Spinfaktor, der entscheidend damit zu tun hat ob die Spins orthonormal zueinander sind oder nicht. Wenn einer der drei Faktoren null ist, ist das Übergangsdipolmoment null und der Übergang verboten; dies ist demnach dann der Fall, wenn die Kernkonfigurationen zwischen Grundzustand und angeregtem Zustand nicht gut zueinander passen, wenn die Orbitalsymmetrie nicht passt und/oder wenn der Spinzustand sich beim elektronischen Übergang ändern müsste, d. h. wenn die Spinzustände in den Niveaus n und m unterschiedlich sein sollten.

tale, die spiegelsymmetrisch sind, wie z. B. das σ-Orbital des Wasserstoffmoleküls, als *gerade* (g) bezeichnet, während das entsprechende antibindende σ^*-Orbital des Wasserstoffmoleküls bei Spiegelung am Symmetriezentrum das Vorzeichen wechselt und als *ungerade* (u) bezeichnet wird. Aus diesen Regeln ergibt sich das in Abb. 5.44 gezeigte Schema für die erlaubten Übergänge bei der Elektronenanregung zweiatomiger Moleküle durch Absorption von Licht.

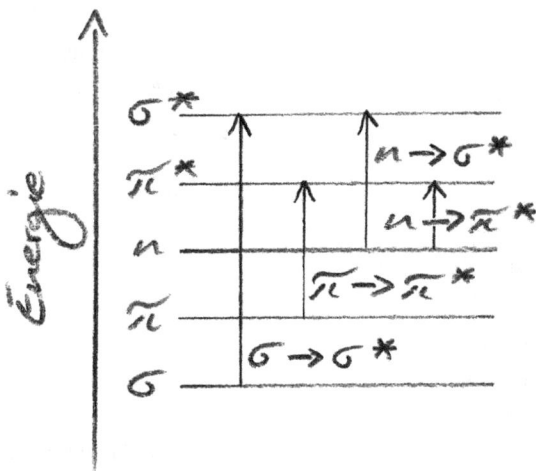

Abb. 5.44: Termschema für die elektronischen Übergänge in zweiatomigen Molekülen.

Die in Abb. 5.44 eingezeichneten nichtbindenden Molekülorbitale gehören weder zu der Symmetrieklasse g noch u, und partizipieren damit als sogenannte **partiell erlaubte Übergänge**. Erlaubte Übergänge führen zu Banden hoher Extinktion im Absorptionsspektrum, mit molaren dekadischen Extinktionskoeffizienten in der Größenordnung 10^3–10^5 L $\cdot$ mol^{-1} $\cdot$ cm^{-1}. In Tab. 5.9 finden Sie eine Zusammenfassung der wichtigsten spektroskopischen Eigenschaften wie Wellenlängenbereich und Extinktionskoeffizient für die in Abb. 5.44 gezeigten Übergänge.

Tab. 5.9: Spektroskopische Eigenschaften für die elektronischen Übergänge in zweiatomigen Molekülen.

$\sigma \rightarrow \sigma^*$	voll Symmetrie-erlaubt	$\varepsilon = 10^3 - 10^4$ L $\cdot$ mol^{-1} $\cdot$ cm^{-1}	$\lambda < 200$ nm
$\pi \rightarrow \pi^*$	voll Symmetrie-erlaubt	$\varepsilon = 10^3 - 10^5$ L $\cdot$ mol^{-1} $\cdot$ cm^{-1}	$\lambda > 200$ nm
$n \rightarrow \pi^*$	partiell erlaubt	$\varepsilon = 1 - 10^3$ L $\cdot$ mol^{-1} $\cdot$ cm^{-1}	$\lambda > 250$ nm
$n \rightarrow \sigma^*$	partiell erlaubt	$\varepsilon = 1 - 10^3$ L $\cdot$ mol^{-1} $\cdot$ cm^{-1}	$\lambda > 200$ nm

Die in Tab. 5.9 aufgelisteten Extinktionskoeffizienten stimmen gut mit den in Abb. 5.43 gezeigten Molekülorbitalen und vor allem mit der dort rechts gezeigten Produktfunktion aus Grundzustand und angeregtem Zustand überein. Anschaulich gilt, dass je stärker sich die Ladungsverteilung dieses Produkts im Vergleich zur Ladungsverteilung der Molekülorbitale von Grund- und angeregtem Zustand verändert, desto größer ist das zugehörige Übergangsdipolmoment und entsprechend der Extinktionskoeffizient. Für den $\pi \to \pi^*$-Übergang beispielsweise ändert sich diese Ladungsverteilung deutlich – so weist das Produkt der beiden Molekülorbitale im Gegensatz zu den Molekülorbitalen selbst Dipolcharakter auf – und entsprechend finden wir für diesen Übergang Extinktionskoeffizienten bis zu $10^5 \, L \cdot mol^{-1} \cdot cm^{-1}$. Für den $n \to \pi^*$-Übergang hingegen sind die Unterschiede in der Ladungsverteilung von Produkt und Molekülorbitalen bei weitem nicht so ausgeprägt, und entsprechend findet sich auch ein um zwei Größenordnungen geringerer Extinktionskoeffizient.

In Lehreinheit 10 hatten wir bereits das **Jablonski-Diagramm** kennengelernt, das sämtliche im Zusammenhang mit der elektronischen Anregung von Molekülen stehenden Übergänge anschaulich zusammenfasst. Auch dies wollen wir hier nochmals rekapitulieren (s. Abb. 5.45). Wichtig dabei ist, dass im Gegensatz zum Absorptionsspektrum von Atomen das Spektrum von Molekülen wegen der beteiligten molekularen Freiheitsgrade eine Schwingungsfeinstruktur aufweist, und dass das Emissionsspektrum oder **Fluoreszenzspektrum**, auf das wir in Lehreinheit 15 noch tiefer eingehen wollen, im Vergleich zum Absorptionsspektrum zu niedrigeren Wellenzahlen (d. h. rot) verschoben ist. Ansonsten ähneln sich Absorptionsspektrum und Emissionsspektrum aber nahezu spiegelbildlich.

Lassen Sie uns einen näheren Blick auf die Absorptionsspektren einiger der in Abb. 5.44 gezeigten Übergänge werfen. Beginnen wir mit dem aus Symmetriegründen komplett erlaubten und daher im Spektrum sehr intensiven $\pi \to \pi^*$-Übergang, der in Abb. 5.46 inklusive des zugehörigen Termschemas gezeigt ist.

In Abb. 5.46 erkennen wir deutlich die **Schwingungsfeinstruktur** des Spektrums. Während die gezeigte breite Absorptionsbande im UV-Bereich bei Wellenlängen von ca. 200 nm liegt, ist der energetische Abstand zwischen den einzelnen Unterpeaks in der Größenordnung von IR-Licht, weil sich die jeweiligen Übergänge jeweils um die Energie benachbarter Schwingungszustände unterscheiden.

Betrachten wir schließlich noch das entsprechende Emissionsspektrum im direkten Vergleich. Auffällig bei beiden in Abb. 5.47 gezeigten Spektren ist, dass diese symmetrisch aussehen, mit einem Maximum in den Subbanden der Schwingungsfeinstruktur, welches in Übereinstimmung mit dem in Abb. 5.46 gezeigten Termübergangsschema dem Übergang $0 \to 2'$ bzw. $2' \to 0$ entsprechen sollte.[62] Ursache dieser Bandenintensitätsverteilung sind die **Franck–Condon Faktoren** sowie der Umstand, dass der Potenzialtopf des angeregten elektronischen Zustands aufgrund von dessen antibindendem Charakter im Vergleich zum elektronischen Grundzustand zu größeren Atomabständen oder Bindungslängen verschoben ist. Entsprechend ist der Überlapp der beiden

---

62 Diese Zahlen bezeichnen die jeweiligen Schwingungsquantenzahlen innerhalb des elektronischen Grundzustands bzw. des elektronischen angeregten Zustands (').

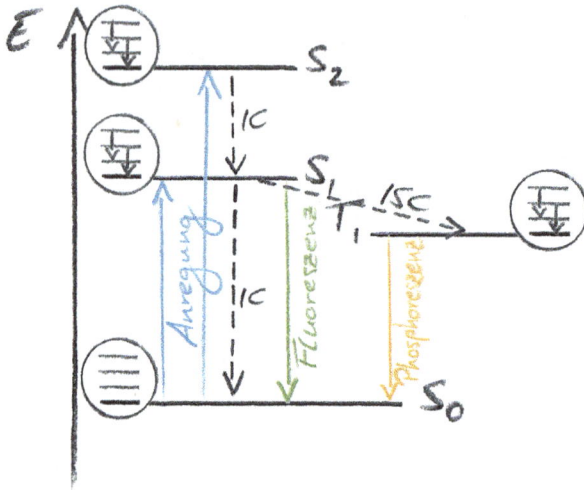

Abb. 5.45: (vgl. **Abb. 5.9**): Jablonski-Diagramm, das sämtliche bei der optischen Anregung der elektronischen Zustände von Molekülen auftretenden Übergänge zusammenfasst. Gestrichelte Pfeile stehen hierbei für strahlungslose Übergänge (innere Umwandlung IC und Intersystemcrossing ISC), blaue vertikale Pfeile nach oben für Anregung durch Absorption von Strahlung, der grüne vertikale Pfeil nach unten für Abregung unter Strahlungsemission von Fluoreszenz und der orangene vertikale Pfeil nach unten für Abregung unter Strahlungsemission von Phosphoreszenz. Die elektronischen Zustände selbst werden je nach Spinzustand entweder mit S (Singulett, Grundzustand S_0) oder T (Triplett) bezeichnet.

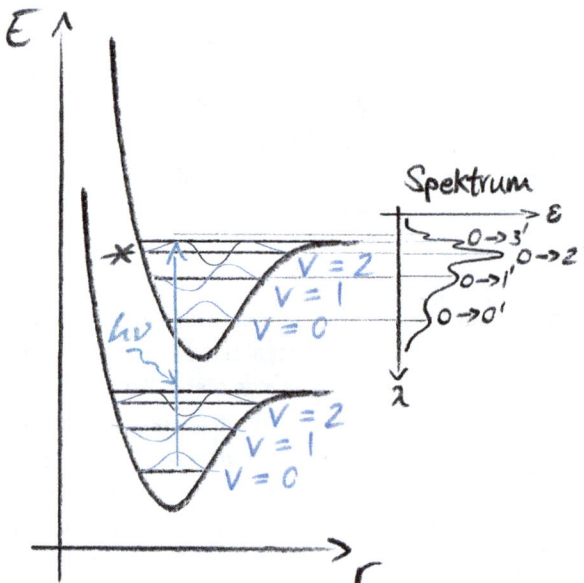

Abb. 5.46: Termübergangsschema (links) und optisches Spektrum für den $\pi \rightarrow \pi^*$-Übergang bei der elektronischen Anregung zweiatomiger Moleküle durch Lichtabsorption.

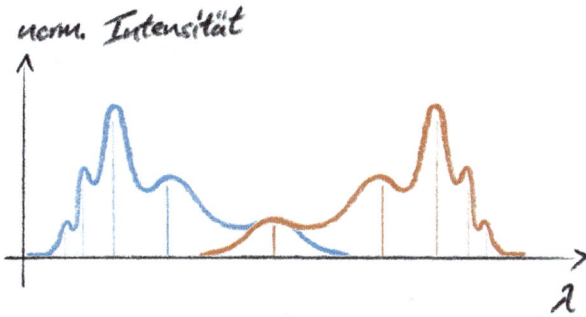

Abb. 5.47: Absorptions- (blau) und rotverschobenes Emissionsspektrum (orange) für den $\pi \to \pi^*$-Übergang bei der elektronischen Anregung zweiatomiger Moleküle durch Lichtabsorption.

Schwingungs-Wellenfunktionen für $v = 0$ und $v' = 0'$, wie auch in Abb. 5.46 gezeigt, sehr gering, und die Subbande, in der sich Absorptions- und Emissionsspektrum überlappen, d. h. die eben diesem sogenannten $0 \to 0$ -Übergang entspricht, fällt vergleichsweise schwach aus.

Anders liegen die Verhältnisse im Fall des $n \to \pi^*$-Übergangs. In Abb. 5.48 finden Sie das Termübergangsschema sowie das resultierende Absorptionsspektrum für diesen Übergang. Wir erkennen im Gegensatz zum $\pi \to \pi^*$-Übergang eine deutlich asymmetrische Schwingungsfeinstruktur, wobei die Subbande $v = 0$ nach $v' = 0'$ diesmal aufgrund des maximalen Überlapps der zugehörigen Schwingungs-Wellenfunktionen deutlich am intensivsten ausfällt. Dies liegt darin begründet, dass der nichtbindende Zustand n im Vergleich zum bindenden elektronischen Grundzustand kaum zu einer Verschiebung des Potenzialtopfes zu höheren Kernabständen führt. Entsprechend fällt beim Vergleich von Absorptions- und Emissionsspektrum auch die Subbande am intensivsten aus, bei der die beiden Spektren gerade überlappen, wie in Abb. 5.49 gezeigt ist.

Das bislang zu den Absorptionsspektren von Molekülen Gesagte gilt streng genommen nur für die elektronische Anregung zweiatomiger Moleküle, welche über eine Doppelbindung verfügen, wie beispielsweise Ethylen, bei dem sich die bei der optischen Anregung adressierten Valenzelektronen auf die zentrale Doppelbindung beschränken. Das Termschema lässt sich allerdings vergleichsweise einfach auf chemische Derivate des Ethylens übertragen. Betrachten wir hierzu die Veränderung des Molekülorbitalschemas, wenn wir ein Wasserstoffatom des Ethylens durch einen zunächst beliebigen Substituenten X mit zwei Valenzelektronen in einem nichtbindenden Zustand n ersetzen. Entsprechend müssen wir aus den Molekülorbitalen π und π^* des Ethylens und dem Orbital n des Substituenten nun drei neue Molekülorbitale konstruieren, die wir für den elektronischen Grundzustand von unten nach oben mit insgesamt 4 Elektronen auffüllen müssen, wie in Abb. 5.50 gezeigt.

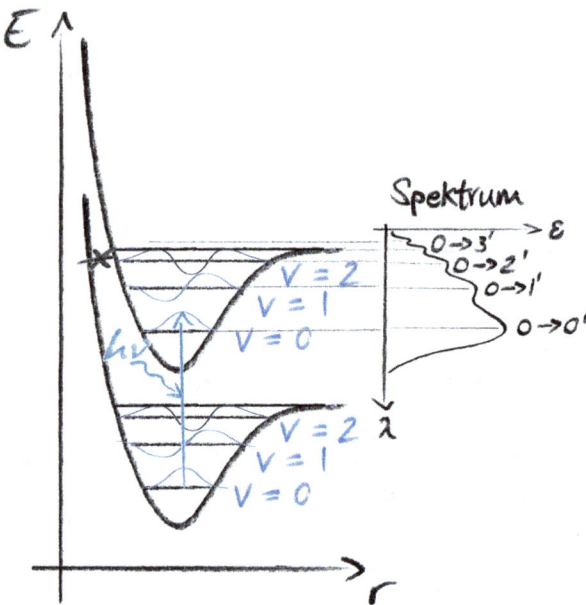

Abb. 5.48: Termübergangsschema (links) und optisches Spektrum für den $n \rightarrow \pi^*$-Übergang bei der elektronischen Anregung zweiatomiger Moleküle durch Lichtabsorption.

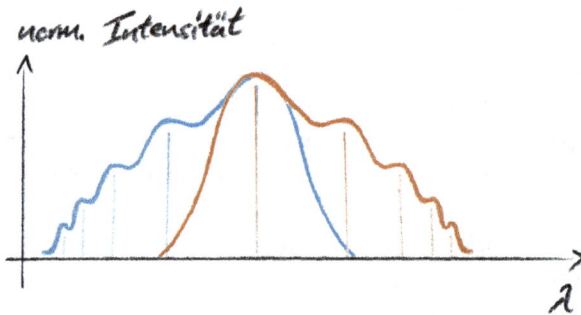

Abb. 5.49: Absorptions- (blau) und rotverschobenes Emissionsspektrum (orange) für den $n \rightarrow \pi^*$-Übergang bei der elektronischen Anregung zweiatomiger Moleküle durch Lichtabsorption.

Wir erkennen, dass sich die Energiedifferenz für eine Anregung der Elektronen im Fall der Substitution im Vergleich zum unsubstituierten Ethylen deutlich verändert hat. Durch diese Veränderung entsteht auch ein anderer Farbeindruck, was sich bei der chemischen Modellierung synthetischer Farbstoffe gezielt ausnutzen lässt. Als Farbstoff sind aber einfache Doppelbindungen wie im Fall des Ethylens noch nicht geeignet, da hier das Absorptionsmaximum im Wellenlängenbereich von ca. 200 nm und damit weit im UV-Bereich des optischen Spektrums liegt. Um näher in den sicht-

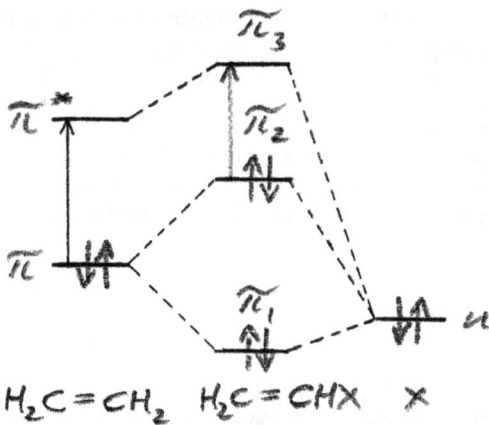

Abb. 5.50: MO-Schema für Ethylen und substituierte Ethylene, wobei nur die für den $\pi \rightarrow \pi^*$-Übergang relevanten Orbitale herausgegriffen wurden.

baren Bereich zu kommen, benötigen wir eine räumlich größere **Delokalisation** der π-Elektronen, wodurch entsprechend des quantenmechanischen Modells vom Teilchen im Kasten die Energiedifferenzen zwischen den elektronischen Zuständen geringer werden und sich damit das Absorptionsmaximum zu längeren Wellenlängen in den sichtbaren Bereichs des Spektrums hinein verschiebt. Derartige ausgedehntere π-Systeme lassen sich sowohl über aliphatische Kohlenwasserstoffketten mit alternierenden Doppelbindungen wie im Fall des natürlichen Farbstoffes Karotin, als auch über das aromatische Benzen-Ringsystem realisieren. Benzen selbst absorbiert zwar immer noch im UV-Bereich, doch werden darin ein oder mehrere H-Atome durch geeignete funktionelle Gruppen X (d. h. solche mit freien Elektronenpaaren wie NR_2, OR, $COOH$, ...) substituiert, so führt dies analog zum in Abb. 5.50 gezeigten Schema für substituiertes Ethylen zu einer Rotverschiebung der Absorption und damit zu einem Farbstoff. Derartige Substituenten werden aufgrund dieses Effekts auch **auxochrome Gruppen** (griechisch: zunehmende Farbigkeit) genannt.

Substituenten können auch eine Verschiebung der Absorptionsbande in den höherenergetischen, blauen Bereich bewirken. Je nach Effekt müssen wir also zwei Arten von auxochromen Substituenten unterscheiden: Rotverschiebung (**bathochromer Effekt**) und Blauverschiebung (**hypsochromer Effekt**). Den Einfluss auf die *Intensität* der Absorptionsbande hingegen bezeichnen wir im Fall einer Verstärkung als *hyperchrom*, im Fall einer Abschwächung als *hypochrom*, Ausdrücke, die Sie vielleicht so ähnlich schon im Zusammenhang mit dem menschlichen Blutdruck gehört haben (Hypertonie = Bluthochdruck, Hypotonie = zu niedriger Blutdruck).

Betrachten Sie beispielsweise den Einfluss endständiger Substituenten auf die Absorptionsspektren, genauer den $\pi \rightarrow \pi^*$-Übergang, von linearen Kohlenwasserstoffketten mit alternierenden Doppelbindungen, sogenannten Polyenen, in Abhängigkeit von der Größe des π-Elektronensystems sowie den beiden endständigen Substituenten CH_3 und Phenyl, wie in Tab. 5.10 zusammengefasst.

Tab. 5.10: Absorptionsbande für den $\pi \to \pi^*$-Übergang von linearen Kohlenwasserstoffketten mit alternierenden Doppelbindungen, sogenannten Polyenen, in Abhängigkeit von der Größe des π-Elektronensystems sowie den beiden endständigen Substituenten CH_3 (oben) und Phenyl (unten). Daten aus Manfred Hesse, Herbert Meier, Bernd Zeeh: *Spektroskopische Methoden in der organischen Chemie*, 8. überarb. Auflage, Thieme, Stuttgart, **2011**.

$H_3C-(CH=CH-)_nCH_3$						
n	1	2	3	4	5	6
λ / nm	174	227	274	310	342	380
ε / $L \cdot mol^{-1} \cdot cm^{-1}$	24.000	24.000	30.000	76.500	122.000	146.500
$H_5C_6-(CH=CH-)_nC_6H_5$						
n	1	2	3	4	5	6
λ / nm	306	334	358	384	403	420
ε / $L \cdot mol^{-1} \cdot cm^{-1}$	24.000	48.000	75.000	86.000	94.000	113.000

Wir erkennen zum einen, dass der Übergang mit zunehmender Größe des π-Elektronensystems (steigende Zahl n in Tab. 5.10) immer weiter rotverschoben ist. Die Phenylsubstituenten tragen im Gegensatz zu den Methylgruppen selbst deutlich zur Ausdehnung des π-Elektronensystems bei, weshalb hier die Absorptionsbanden bereits bei deutlich höheren Wellenlängen liegen. Auffällig sind aber zum anderen auch die unterschiedlichen Extinktionskoeffizienten: Während diese für $n = 1$, d. h. einfaches substituiertes Ethylen, noch identisch sind, findet sich für $n = 2$ und 3 ein deutlich hyperchromer Effekt der Phenylgruppen, welcher dann aber ab $n = 4$ in einen hypochromen Effekt umschlägt.

Betrachten wir zum Abschluss noch einige der wichtigsten auxochromen Gruppen am Benzenring etwas genauer, sowie einige auf derartigen substituierten Benzenringen basierende organische Farbstoffsysteme. In Abb. 5.51 finden Sie zunächst die spektroskopischen Eigenschaften von Benzen und einigen substituierten Benzenmolekülen.

Alle gezeigten Substituenten zeigen im Vergleich zum einfachen Benzenmolekül einen hyperchromen Effekt, welcher sich durch Einbringen mehrerer Substituenten offensichtlich noch steigern lässt. Überdies zeigen die Nitro- und die Hydroxy-Gruppe einen vergleichbaren bathochromen Effekt mit einer Rotverschiebung der Absorptionsbande um jeweils ca. 15 nm. Diese beiden Effekte lassen sich wiederum kombinieren, wobei sie sich sogar noch insgesamt zu verstärken scheinen; für das *para*-Hydroynitrobenzen liegt somit insgesamt eine deutliche bathochrome Verschiebung um 56 nm vor.

Strukturformel	λ (nm)	$\log \varepsilon$
	254	2,31
	269	3,16
	270	3,89
	310	4,00

Abb. 5.51: Spektroskopische Eigenschaften von Benzen und einigen substituierten Benzenmolekülen. Daten aus Manfred Hesse, Herbert Meier, Bernd Zeeh: *Spektroskopische Methoden in der organischen Chemie*, 8. überarb. Auflage, Thieme, Stuttgart, **2011**.

In Abb. 5.52 finden Sie die mesomeren Grenzstrukturen des sehr intensiv gefärbten Farbstoffes Kristallviolett,[63] bei dem die Substituenten nach Abspaltung eines Hydrid-Ions zu einer deutlichen räumlichen Vergrößerung des delokalisieren π-Elektronensystems führen und sich somit insgesamt eine sehr starke bathochrome Verschiebung ergibt.

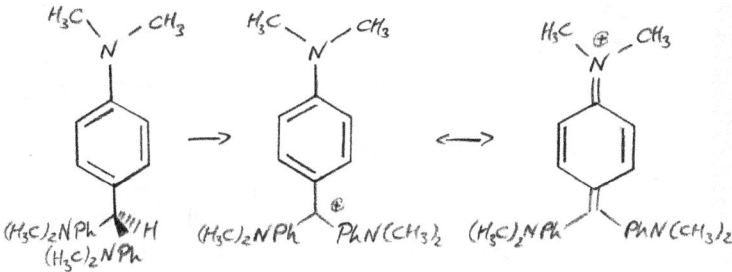

Abb. 5.52: Farbstoff Kristallviolett mit mesomeren Grenzstrukturen.

In Abb. 5.53 finden Sie schließlich die Strukturformel des wichtigen pH-Indikatorfarbstoffes Phenolphtalein, welcher im Basischen (d. h. für pH > 7) eine deutliche Rotfärbung zeigt, während er in saurem Milieu farblos erscheint.

---

[63] Vielleicht haben Sie damit im OC-Grundpraktikum schon farbenfrohe Erfahrungen gemacht. „Never forget Kristallviolett."

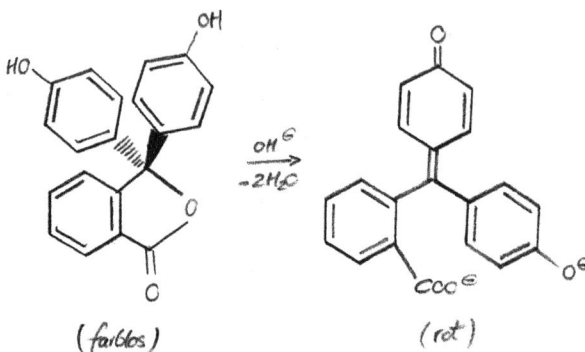

(farblos)

(rot)

Abb. 5.53: Farbstoff Phenolphtalein mit pH-abhängiger Färbung.

Wie Sie erkennen, entsteht durch Abspaltung zweier Protonen in basischer Lösung ein System aus substituierten Benzenringen, welche zudem eine miteinander verbundene und somit ausgedehnte mesomere Grenzstruktur besitzen. Entsprechend kommt es zu einer deutlichen bathochromen Verschiebung der Absorptionsbande in den sichtbaren Bereich des optischen Spektrums.

Insgesamt können wir somit die Lage der verschiedenen Typen elektronischer Übergänge im Spektralbereich konzeptuell verstehen. Abbildung 5.54 zeigt eine Übersicht.

Wir haben bis hierher gelernt, wie wir die elektronischen Übergänge von einfachen zweiatomigen Molekülen sowie von substituierten Doppelbindungen hinsichtlich der Übergangswahrscheinlichkeiten nach Fermis Goldener Regel anhand vergleichsweise einfacher Symmetriebetrachtungen behandeln können. Für mehratomige Moleküle ergeben sich jedoch im Gegensatz zu den einfachen Termsymbolen σ oder π mit definierten Symmetrien bezüglich einer ausgezeichneten Bindung deutlich kompliziertere Symmetrien für die aus den Valenzorbitalen durch Linearkombination der Atomorbitale sämtlicher beteiligten Atome zu konstruierenden Molekülorbitale. Dies klang auch schon in Abb. 5.50 für den Fall des substituierten Ethylens an, jedoch haben wir uns in diesem Kapitel noch auf die Betrachtung der zentralen Doppelbindung beschränkt. Wollen wir hingegen das UV/Vis-Absorptionsverhalten bereits eines so einfachen dreiatomigen Moleküls wie Wasser ausführlich diskutieren, so kommen wir an gruppentheoretischen Überlegungen nicht vorbei. Dies wird Gegenstand der nächsten Lehreinheit 14 sein.

5.5.4 Anwendungen der UV/Vis-Spektroskopie

Wir haben in Abschnitt 5.5.2. gesehen, dass UV/Vis-Spektroskopie zur Bestimmung chemischer Elemente verwendet wird. Hierbei lassen sich die spezifischen Energien elektronischer Zustände von Atomen und damit die charakteristischen Elektronenanregungsspektren nutzen. Gemäß Lambert–Beer Gesetz können die Absorptionsspektren aber auch grundsätzlich zur Konzentrationsbestimmung dienen, wobei entweder

Wellenzahl (cm⁻¹)

50000   33000   25000   20000   16667   14286

Vakuum UV | UV   n → π *   sichtbar

n → π *   Konjugierte Gruppen

n → π *   isolierte Gruppen

π → π *   Konjugierte π-Bindungen

π → π *   Diene

π → π *   isolierte π-Bindungen

n → σ *

σ → σ *

100   200   300   400   500   600   700   800

Wellenlänge (nm)

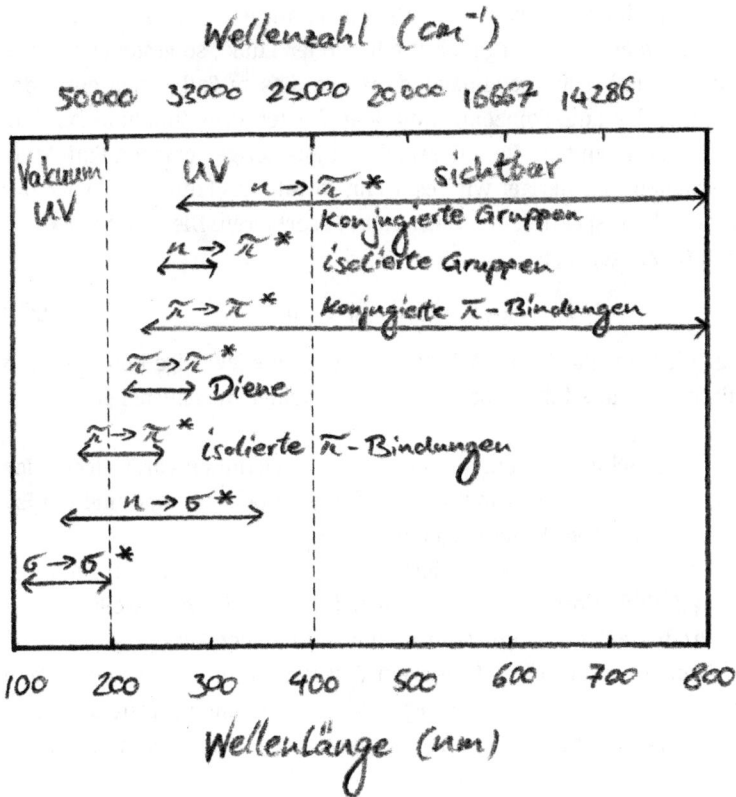

Abb. 5.54: Lage der verschiedenen Arten von elektronischen Übergängen in UV/Vis-Anregungsspektren.

der molare dekadische Extinktionskoeffizient der betreffenden Substanz bekannt sein muss oder eine Kalibrierung des Spektrometers über Vergleichslösungen mit bekannter Konzentration erforderlich ist. Speziell für die Untersuchung der Kinetik chemischer Reaktionen kommt die UV/Vis-Spektroskopie häufig zum Einsatz, da sie auch aufgrund der sehr kurzen Messdauer eine zeitliche Bestimmung der Konzentrationen ohne Veränderung der Reaktionsbedingungen erlaubt; im Gegensatz beispielsweise zu einer volumetrischen Konzentrationsbestimmung über Titration, die nur für sehr langsame chemische Reaktionen sinnvoll ist und auch dann das Ziehen vieler separater Proben erfordert.[64]

Wesentlich eleganter und experimentell deutlich weniger aufwendig gestaltet sich hier die spektroskopische Untersuchungsmethode. Betrachten wir hierfür exempla-

---

64 Die Autoren haben einen derart aufwendigen Versuch zur volumetrischen Vermessung einer Kinetik noch selbst im physikalisch-chemischen Praktikum kennengelernt. Dieser Versuch hieß im studentischen Jargon „saure Esterverzweiflung."

risch eine einfache Reaktion vom Typ A → B. Absorbiert nur eine dieser Spezies Licht im untersuchten spektralen Bereich, egal ob Produkt oder Edukt, so gestaltet sich unsere kinetische Messreihe besonders einfach, da wir in diesem Fall gezielt entweder die zeitliche Abnahme der Eduktkonzentration oder die zeitliche Zunahme der Produktkonzentration gemäß Lambert–Beer Gesetz direkt aus der gemessenen Extinktion bzw. Absorption erhalten. Schwieriger wird es, wenn sowohl das Edukt A als auch das Produkt B im untersuchten spektralen Bereich Licht absorbieren. Die gesamte Extinktion ist dann durch Gl. 271 gegeben:

$$E = E_A + E_B = \varepsilon_A \cdot c_A \cdot d + \varepsilon_B \cdot c_B \cdot d \tag{271}$$

Hierbei steht d für die Schichtdicke der Messküvette, c für die jeweilige Konzentration von Edukt und Produkt, und ε für die beiden (im Allgemeinen verschiedenen) Extinktionskoeffizienten.

Es liegt somit ein Gleichungssystem mit mehreren Unbekannten vor, welches sich analytisch lösen lässt, wenn beide Extinktionskoeffizienten bekannt sind und die Extinktion bei zwei verschiedenen Wellenlängen gemessen wird.

Läuft die betrachtete Reaktion als definierte Elementarreaktion ab, d. h. ohne Nebenreaktionen und Zwischenprodukte, so finden sich in der Lösung jeweils nur die Edukte A und die Produkte B, deren Konzentration in Summe der Ausgangskonzentration des Edukts A entsprechen muss. In diesem Fall weisen die zu verschiedenen Zeiten im Reaktionsverlauf gemessenen Absorptionsspektren einen sogenannten **isosbestischen Punkt** auf, in dem sich sämtliche Spektren schneiden, wie in Abb. 5.55 gezeigt ist.

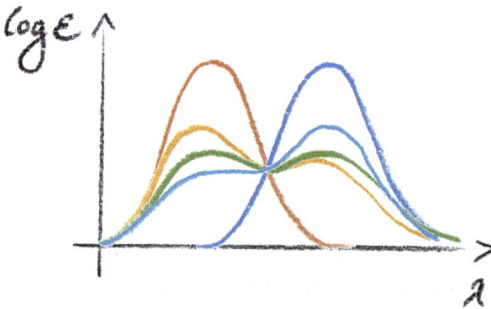

Abb. 5.55: Spektren mit isosbestischem Punkt, etwa für Säure–Base Gleichgewichte bei verschiedenen pH-Werten oder zu verschiedenen Zeitpunkten von Elementarreaktionen bei denen sowohl Edukt als auch Produkt Licht absorbieren. Rot kennzeichnet die undissoziierte Säure bzw. das Edukt; blau die korrespondierende Base bzw. das Produkt. Die Zwischenfarben orange, grün und türkis markieren die Zwischenstufen, bei denen Säure und Base bzw. Edukt und Produkt nebeneinander vorliegen.

Anwendungsbeispiel: Bestimmung einer Säurekonstanten

Als Anwendungsbeispiel wollen wir hier betrachten, wie sich die Säurekonstante einer schwachen Säure spektroskopisch bestimmen lässt, wenn sowohl die Säure als auch die Base im betrachteten Spektralbereich Licht absorbieren, ohne die Extinktionskoeffizienten der beiden Spezies zu kennen. Das Säure–Base Gleichgewicht und die zugehörige Säurekonstante sind gegeben als:

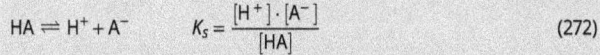

$$HA \rightleftharpoons H^+ + A^- \qquad K_s = \frac{[H^+] \cdot [A^-]}{[HA]} \qquad (272)$$

Sowohl die Säure HA als auch die Base A^- tragen nun zur gemessenen Extinktion bei, sodass gilt:

$$E = \varepsilon(HA) \cdot [HA] \cdot d + \varepsilon(A^-) \cdot [A^-] \cdot d \qquad (273)$$

Um sicherzugehen, dass in der Lösung keine weiteren lichtabsorbierenden Spezies vorliegen, wird das UV/Vis-Absorptionsspektrum für Lösungen von HA bei verschiedenen pH-Werten im sauren und basischen Bereich gemessen. Diese Spektren sollten sich bei Vorliegen eines definierten chemischen Gleichgewichtes ohne Nebenprodukte wie in Abb. 5.55 gezeigt sämtlich in einem isosbestischen Punkt schneiden. Bei sehr niedrigem pH-Wert liegt das Gleichgewicht nahezu vollständig auf der Seite der Säure HA, was in Abb. 5.55 dem rot eingezeichneten Spektrum entspricht. Bei sehr hohen pH-Werten hingegen ist die Säure nahezu vollständig dissoziiert, und es wird ein Spektrum wie die blaue Kurve aus Abb. 5.55 erhalten. Bei mittleren pH-Werten in Größenordnung des gesuchten pK_s-Wertes hingegen liegen sowohl die Säureform HA als auch die Basenform A^- vor und tragen entsprechend beide zur Absorption bei, weshalb wir hier ein Doppelpeakspektrum analog zu den Kurven in orange, grün und türkis in Abb. 5.55 erhalten.

Für die Bestimmung des Konzentrationsverhältnisses von A^- und HA benötigen wir nun insgesamt drei Spektren, nämlich bei sehr hohem, mittlerem und sehr niedrigem pH-Wert. Präziser benötigen wir, nachdem wir uns von der Existenz eines isosbestischen Punkts für unser untersuchtes Säure–Base Gleichgewicht überzeugt haben, streng genommen nicht das gesamte Spektrum, sondern lediglich die bei einer Wellenlänge jeweils gemessene Extinktion – wobei dies aber nicht die Wellenlänge des isosbestischen Punkts sein darf. Für die drei verschiedenen pH-Werte ergeben sich je nach Vorhandensein von lichtabsorbierender Spezies die folgenden Extinktionen

$$\text{(i)} \quad \text{niedriger pH:} \quad E = \varepsilon(HA) \cdot [HA] \cdot d = \varepsilon(HA) \cdot c_0 \cdot d = E_{HA}$$

$$\text{(ii)} \quad \text{hoher pH:} \quad E = \varepsilon(A^-) \cdot [A^-] \cdot d = \varepsilon(A^-) \cdot c_0 \cdot d = E_{A^-} \qquad (274)$$

$$\text{(iii)} \quad \text{mittlerer pH:} \quad E = \varepsilon(HA) \cdot [HA] \cdot d + \varepsilon(A^-) \cdot [A^-] \cdot d$$

Hierbei ist c_0 entsprechend die Gesamtkonzentration an HA plus A^-. Als nächstes erweitern wir Gl. 274 (iii) mit der Gesamtkonzentration c_0 und erhalten

$$E \cdot c_0 = c_0 \cdot \varepsilon(HA) \cdot [HA] \cdot d + c_0 \cdot \varepsilon(A^-) \cdot [A^-] \cdot d$$
$$= E_{HA} \cdot [HA] + E_{A^-} \cdot [A^-] \qquad (275)$$

Auf der linken Seite ersetzen wir nun noch c_0 durch $[HA] + [A^-]$, und erhalten dann:

$$E \cdot ([HA] + [A^-]) = E_{HA} \cdot [HA] + E_{A^-} \cdot [A^-] \qquad (276)$$

Hieraus ergibt sich durch Umformen das Verhältnis der Konzentrationen von Base und Säure direkt aus den drei bei nur einer Wellenlänge aber drei verschiedenen pH-Werten gemessenen Extinktionen:

$$\frac{[A^-]}{[HA]} = \frac{E - E_{HA}}{E_{A^-} - E} \qquad (277)$$

Am isosbestischen Punkt ergibt der Quotient auf der rechten Seite in Gl. 277 natürlich $\frac{0}{0}$, da sich hier ja alle drei bei den verschiedenen pH-Werten gemessenen Spektren schneiden und demzufolge die drei Extinktionswerte identisch sind. Für beliebige andere Wellenlängen, möglichst noch in der Nähe des isosbestischen Punkts damit die Extinktionswerte nicht zu klein werden, lässt sich Gl. 277 aber lösen. Um nun die gesuchte Säurekonstante zu erhalten, muss lediglich noch die Protonenkonzentration aus dem pH-Wert der betreffenden Lösung, bei der die Extinktion E gemessen wurde, bestimmt werden.

!

DAS WICHTIGSTE IN KÜRZE

- **Elektronenanregungsspektren von Atomen** zeigen **scharfe Übergänge** – sogenannte **Spektrallinien**. Wichtigste Auswahlregel für diese Übergänge ist das Spin-Verbot $\Delta S = 0$. Für elektronische Übergänge von **Mehrelektronensystemen** verwenden wir **Termsymbole**, die die jeweiligen Grundzustände und angeregten Zustände im **Grotrian-Diagramm** symbolisieren: $^{2 \cdot S+1}\Pi$, wobei die vorgestellte Hochzahl der Multiplizität des Gesamtspins S und der für Π einzusetzende Buchstabe dem Gesamtdrehimpuls L entspricht. Für die Änderung des Bahndrehimpulses gilt $\Delta L = +1$.
- Bei schwereren Elementen liegt **_jj_-Kopplung** vor – Spin–Bahn Kopplung für jedes einzelne Elektron zu einem neues Drehimpuls j. **Schwerere Atome** zeigen daher auch **Übergänge zwischen Termen verschiedener Spin-Multiplizitäten**, da die orthonormierten Spinfunktionen nicht in der quantenmechanischen Beschreibung enthalten sind.
- Im Gegensatz zu Absorptionsspektren von Atomen zeigen Spektren von Molekülen wegen der beteiligten molekularen Freiheitsgrade eine **Schwingungsfeinstruktur**. Die Intensität eines spektroskopischen Übergangs bei der Anregung von Elektronen in Molekülen hängt sowohl von den **Franck–Condon Faktoren** als auch vom **Übergangsmoment** der beteiligten Elektronenwellenfunktionen ab.
- **Chemische Substituenten** verändern die Energiedifferenz für eine Anregung der Elektronen im Molekül teils deutlich, was bei der chemischen Modellierung synthetischer Farbstoffe gezielt eingesetzt wird. Eine Rotverschiebung heißt **bathochromer** Effekt, die gegenteilige Blauverschiebung **hypsochromer** Effekt. Eine Verstärkung der Absorption und damit der Intensität eines Farbstoffes nennen wir **hyperchrom**, die Abschwächung **hypochrom**.

VERSTÄNDNISFRAGEN

1. **Welcher prinzipielle Unterschied besteht zwischen den elektronischen Absorptionsspektren von Atomen und Molekülen?**
   a) Für Moleküle erfolgt die Anregung bei deutlich größeren Wellenlängen.
   b) Für Atome erfolgt die Anregung bei deutlich größeren Wellenlängen.
   c) Für Atome werden Linienspektren erhalten, bei Molekülen dagegen Bandenspektren.
   d) Für Moleküle werden Linienspektren erhalten, bei Atomen dagegen Bandenspektren.

2. **Welches der Moleküle Benzen, Naphtalin und Anthracen absorbiert im UV/Vis-Bereich des optischen Spektrums bei der niedrigsten Wellenlänge?**
   a) Benzen, weil es das leichteste Molekül ist.
   b) Benzen, weil es das kleinste Molekül ist.
   c) Alle drei Moleküle sind Aromaten und absorbieren daher in etwa bei der gleichen Wellenlänge.
   d) Anthracen, weil es das größte delokalisierte π-Elektronensystem besitzt.

3. **Wieso absorbieren Atome Licht, obwohl sie kein Dipolmoment besitzen?**
   a) Weil Fermis Goldene Regel nur für die Kernkoordinaten von Molekülen gilt.
   b) Weil die Elektronen sowohl im Grund- als auch im angeregten Zustand nicht gleichmäßig um den Kern verteilt sind.
   c) Weil durch die Elektronenverschiebung bei der Lichtabsorption ein Dipol entsteht.
   d) Weil die Wechselwirkung mit Licht einen oszillierenden Dipol erzeugt.

4. **Welche der Prozesse A (Absorption), F (Fluoreszenz), IC (innere Umwandlung), ISC (Intersystemcrossing) und P (Phosphoreszenz) finden typischerweise im sichtbaren Bereich des elektromagnetischen Spektrums statt?**
   a) F und P
   b) A und F
   c) nur F
   d) nur A

VERTIEFUNGSFRAGEN

5. **Was ist die molekulare Ursache dafür, dass die Fluoreszenz gegenüber der Absorption rotverschoben ist?**
    a) Weil die Bindungsenergie des angeregten Zustands geringer ist als die des Grundzustands.
    b) Weil die Bindungslänge des angeregten Zustands größer ist als die des Grundzustands.
    c) Weil bei der Wechselwirkung von Molekülen mit Licht immer Energie in Form von Wärme verloren geht.
    d) Weil die Fluoreszenz bei einer größeren Wellenlänge als die Absorption auftritt.

6. **Wieso zeigen Moleküle im Gegensatz zu Atomen breite Absorptionsbanden?**
    a) Weil neben der elektronischen Anregung auch Schwingungen der Atomkerne angeregt werden, wobei die zugehörigen Übergänge durch Linienverbreiterung verschmieren.
    b) Weil die elektronischen Zustände von Molekülen aufgrund der Linearkombination der Atomorbitale energetisch nicht so scharf definiert sind wie die von Atomen.
    c) Weil Moleküle meist eine größere Masse als Atome besitzen und daher eine weniger ausgeprägte Quantisierung als Atome aufweisen.
    d) Weil Moleküle nicht isotrop sind und daher keine definierten elektronischen Zustände aufweisen.

7. **Welchen durch Lichtabsorption angeregten elektronischen Übergang finden Sie nicht in zweiatomigen Molekülen?**
    a) $n \rightarrow \pi^*$
    b) $\pi \rightarrow \pi^*$
    c) $\sigma \rightarrow \pi^*$
    d) $\sigma \rightarrow \sigma^*$

8. **Welche Bedeutung hat ein isosbestischer Punkt?**
    a) Er bezeichnet den Schnittpunkt der Spektren für eine chemische Reaktion und tritt immer dann auf, wenn Edukte und Produkte identische molare dekadische Extinktionskoeffizienten besitzen.
    b) Er bezeichnet den Schnittpunkt der Spektren für eine chemische Reaktion und tritt nur dann auf, wenn es sich um eine Elementarreaktion handelt.
    c) Er bezeichnet den Schnittpunkt der Spektren für eine chemische Reaktion, hat aber ansonsten keine tiefere Bedeutung.
    d) Er bezeichnet den Schnittpunkt der Spektren für eine chemische Reaktion und tritt dann auf, wenn das chemische Gleichgewicht erreicht ist.

EINHEIT 14: GRUPPENTHEORIE UND OPTISCHE SPEKTROSKOPIE
In dieser Lehreinheit wollen wir an einigen einfachen Beispielen zeigen, wie sich IR-Absorptionsspektren, Raman-Spektren sowie UV/Vis-Absorptionsspektren auch für Moleküle aus mehr als zwei Atomen im Rahmen der Gruppentheorie quantitativ deuten lassen. Während wir für zweiatomige Moleküle anhand recht einfacher geometrischer Überlegungen in den Einheiten 11 und 13 entscheiden konnten, ob das jeweilige Übergangsdipolmoment verschieden von null ist, benötigen wir bereits für dreiatomige Moleküle eine kompliziertere Symmetrieanalyse der beteiligten Wellenfunktionen. Hierzu liefert die Gruppentheorie ein mächtiges und einfach zu gebrauchendes Werkzeug, mit dem wir die Anzahl der detektierbaren Übergänge zuverlässig vorhersagen können. Aus Gründen der Übersichtlichkeit werden wir uns auf drei Symmetriegruppen beschränken: die Punktgruppen C_{2v}, C_{3v}, und T_d, mit den jeweils prominenten molekularen Vertretern Wasser (C_{2v}), Ammoniak oder Chloroform (beide C_{3v}), und Methan oder Tetrachlorkohlenstoff (beide T_d). In zwei Abschnitten wenden wir dann die Gruppentheorie auf Schwingungsspektroskopie (IR-Absorption) und auf Elektronenanregungsspektroskopie (UV/Vis-Absorption) an.

5.6 Gruppentheorie und optische Spektroskopie

5.6.1 Gruppentheorie und Schwingungsspektroskopie

Exemplarisch wollen wir zunächst die Detektierbarkeit der molekularen Schwingungen des Wassermoleküls in der IR- und Raman-Spektroskopie im Rahmen der gruppentheoretischen Behandlung diskutieren. Wir haben bereits in Lehreinheit 01 gesehen, dass das Wassermolekül zur Symmetriegruppe C_{2v} gehört, da es eine zweizählige Drehachse und zwei vertikale Spiegelebenen als Symmetrieelemente aufweist. Auch die Bestimmung der IR-aktiven Schwingungsmoden hatten wir bereits in Einheit 01 dargestellt, wollen diese aber im Kontext von Fermis Goldener Regel an dieser Stelle nochmals wiederholen. In Tab. 5.11 finden Sie die entsprechende Charaktertafel.

Tab. 5.11: Charaktertafel der Punktgruppe C_{2v}. Die letzte Tabellenspalte listet jeweils Beispiele für irreduzible Darstellungen in Form von Translationen, Rotationen und Tensorkomponenten.

C_{2v}	E	C_2	$\sigma_v(xz)$	$\sigma'_v(yz)$	
A_1	1	1	1	1	z, x^2, y^2, z^2
A_2	1	1	−1	−1	R_z, xy
B_1	1	−1	1	−1	x, R_y, xz
B_2	1	−1	−1	1	y, R_x, yz

Die reduzible Darstellung des Wassermoleküls ist, wie wir bereits in Einheit 01 gesehen haben, gegeben als:

$$\Gamma = 3 \cdot A_1 + A_2 + 2 \cdot B_1 + 3 \cdot B_2 \tag{278}$$

Um nun die Symmetrie der drei Schwingungsmoden des Wassermoleküls zu bestimmen, ziehen wir die Freiheitsgrade der Translation und Rotation hinsichtlich ihrer entsprechenden Symmetrien, die wir aus der Charaktertafel anhand der rechten Spalte einfach ablesen können, von der reduziblen Darstellung ab. Das liefert den Ausdruck:

$$\Gamma_{vib} = 2 \cdot A_1 + B_2 \tag{279}$$

Es handelt sich also um zwei totalsymmetrische Molekülschwingungen und eine asymmetrische Mode; wir hatten sie bereits in Einheit 01 skizziert (Abb. 5.56).

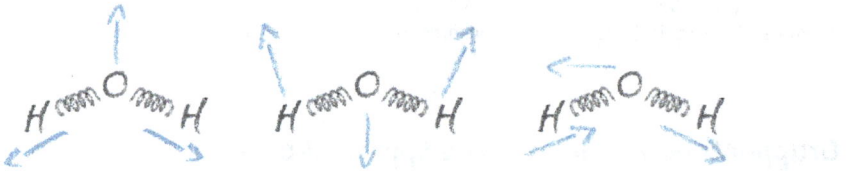

Abb. 5.56: (vgl. **Abb. 1.6**): Schwingungsmoden für das H_2O-Molekül.

Wie verhält es sich aber nun mit der Detektierbarkeit dieser Schwingungsmoden in der Spektroskopie? Hierfür verwenden wir die Auswahlregeln aus den vorangehenden Kapiteln, nämlich dass für die Absorptionsspektroskopie entsprechend Fermis Goldener Regel das Übergangsdipolmoment verschieden von null sein muss, während sich für Raman-Aktivität die Polarisierbarkeit mit der Schwingungsbewegung der Kerne verändern muss.

Betrachten wir zunächst die IR-Aktivität. Das Übergangsdipolmoment stellt ein Integral über die Kernkoordinaten q dar, welches nur dann verschieden von null ist, wenn der Intergrand insgesamt eine symmetrische Funktion darstellt. Dies ist genau dann der Fall, wenn die Symmetrie der Schwingung der Symmetrie des Dipolmoment-Operators entspricht. Da der Dipolmoment-Operator aber auf einen Vektor im Raum zurückzuführen ist, weist er in irreduzibler Darstellung die gleichen Symmetrien auf wie die drei Raumrichtungen x, y und z. Diese hatten wir bereits benutzt, um aus der Charaktertafel die Symmetrie der drei Translationsfreiheitsgrade zu bestimmen. Diesmal verwenden wir x, y und z jedoch, um aus der Charaktertafel die Symmetrie des Dipolmoment-Operators und damit die Symmetrie der im IR-Spektrum detektierbaren Schwingungen zu bestimmen. Ein Blick in die Charaktertafel zeigt uns also, dass Schwingungen nur dann IR-aktiv sein können, wenn sie die Symmetrie A_1, B_1 oder B_2 aufweisen. Vergleichen wir dies mit der Gesamtsymmetrie der Schwingungsfreiheitsgrade aus Gl. 279, so stellen wir fest, dass alle drei Schwingungsfreiheitsgrade des Wassermoleküls im IR-Spektrum detektierbar sind, d. h. wir erwarten also insgesamt bis zu drei Absorptionsbanden, vorausgesetzt die Schwingungen haben nicht zufälligerweise die gleiche Energie; dies können wir aber aufgrund der deutlich unterschiedlichen Natur der Schwingungen hier ausschließen. In der Literatur finden sich für Wasser, genauer Wasserdampf bei niedrigem Druck ohne Wasserstoffbrücken, folgende drei Übergänge im IR-Spektrum: $3.756\,\text{cm}^{-1}$ (B_2-Streckschwingung), $3.657\,\text{cm}^{-1}$ (A_1-Streckschwingung), und $1.595\,\text{cm}^{-1}$ (A_1-Deformationsschwingung).[65]

Als nächstes betrachten wir die Raman-Aktivität der Molekülschwingungen des Wassermoleküls. Diesmal führt uns die Auswahlregel darauf, dass die Polarisierbarkeit die gleiche Symmetrie wie eine Raman-aktive Schwingung aufweisen muss. Wir erhalten einen Tensor der Dimension 3×3, wie Gl. 280 zeigt.

$$\overline{\alpha} = \begin{pmatrix} \alpha_{xx} & \alpha_{xy} & \alpha_{xz} \\ \alpha_{yx} & \alpha_{yy} & \alpha_{yz} \\ \alpha_{zx} & \alpha_{zy} & \alpha_{zz} \end{pmatrix} \tag{280}$$

Analog zur Betrachtung des Dipolmoments, welches einem Vektor der Symmetrien x, y und z entspricht, können wir der Polarisierbarkeit nun Symmetrien vom Typ ab zuordnen, mit $a = x, y, z$ und $b = x, y, z$. Die Symmetrien dieser Matrixelemente finden sich gleichfalls in unserer Charaktertafel, und zwar bei sämtlichen irreduziblen Symmetrieklassen A_1 (xx, yy, zz), A_2 (xy), B_1 (xz) und B_2 (yz). Dies können Sie auch überprüfen, wenn die Symmetrien der drei Raumrichtungen x, y und z gegeben sind, welche wir aus einfachen geometrischen Überlegungen zuordnen können (z. B. $z =$ Richtung der Drehachse, also total-symmetrisch (A_1)): hierfür müssen Sie lediglich die zugehörigen Charaktere für sämtliche Symmetrieoperationen miteinander multiplizieren, z. B. xy ergibt $1 \cdot 1$ für E, $(-1) \cdot (-1)$ für C_2, $1 \cdot (-1)$ für $\sigma_v(xz)$, und $(-1) \cdot 1$ für $\sigma_v(yz)$. Insgesamt erhalten wir also $1, 1, -1, -1$ als Charakter für die vier Symmetrieoperationen, was der Klasse A_2 entspricht, wie auch in der Charaktertafel abzulesen ist.

Da also sämtliche Symmetrieklassen der Punktgruppe C_{2v} mindestens der Symmetrie einer Komponente des Polarisierbarkeitstensors entsprechen und die Moleküle für Wasserdampf beliebige Orientierungen im Raum annehmen können, sind auch alle drei Schwingungsmoden Raman-aktiv. Tab. 5.12 fasst das bislang Gelernte noch einmal zusammen.

Tab. 5.12: Charaktertafel der Punktgruppe C_{2v} mit farbiger Markierung der für IR-aktive Schwingungen (rot) bzw. Raman-aktive Schwingungen (grün) erforderlichen Symmetrie.

C_{2v}	E	C_2	$\sigma_v(xz)$	$\sigma'_v(yz)$	
A_1	1	1	1	1	z, x^2, y^2, z^2
A_2	1	1	−1	−1	R_z, xy
B_1	1	−1	1	−1	x, R_y, xz
B_2	1	−1	−1	1	y, R_x, yz

---

65 Werte aus Kazuo Nakamoto: *Infrared and Raman spectra of inorganic and coordination compounds* (5th ed.). Wiley, **1997**.

Als nächstes wollen wir die Schwingungsspektroskopie für eine weitere Symmetriegruppe diskutieren, C_{3v}, zu der beispielsweise Ammoniak oder Chloroform zählen. Die entsprechenden Moleküle weisen sowohl vertikale Spiegelebenen als auch eine dreizählige Drehachse auf (d. h. das Molekül geht bei einer Drehung um $\frac{360°}{3} = 120°$ in sich selbst über). Im Gegensatz zur Punktgruppe C_{2v} können wir aufgrund der 120°-Symmetrie zwar die z-Koordinate in Richtung der prinzipiellen Drehachse festlegen, die x- und y-Koordinaten sind aber nicht mehr fix, sondern werden stattdessen als (x,y)-Ebene senkrecht zur z-Achse zusammengefasst. In der zugehörigen Charaktertafel, dargestellt in Tab. 5.13, taucht entsprechend auch eine neue zweidimensionale irreduzible Darstellung auf, welche wir als E bezeichnen.

Tab. 5.13: Charaktertafel der Punktgruppe C_{3v}.

C_{3v}	E	$2\,C_3$	$3\,\sigma_v$	
A_1	1	1	1	$z; x^2+y^2; z^2$
A_2	1	1	−1	R_z
E	2	−1	0	$(x,y); (R_x,R_y);$ $(x^2-y^2, xy); (xz, yz)$

Sie erkennen ferner, dass die Drehachse jetzt doppelt gezählt wird, was wir formal so verstehen können, dass sowohl eine Drehung um 120° als auch um $2 \cdot 120° = 240°$ eine Symmetrieoperation dieser Punktgruppe darstellt. Außerdem finden sich drei äquivalente vertikale Spiegelebenen, die aber im Gegensatz zu den vertikalen Spiegelebenen beim Wassermolekül (die übrigens wie in Tab. 5.11 und 5.12 ersichtlich nicht äquivalent sind) nicht senkrecht aufeinander stehen und daher auch nicht als xz oder yz indiziert werden können. Eine weitere Auffälligkeit in der gezeigten Charaktertafel ist schließlich, dass wir nicht nur die (x,y)-Koordinaten und damit die Freiheitsgrade der Translation in der neuen zweidimensionalen Symmetrieklasse E zusammenfassen, sondern auch zwei der drei Rotationsfreiheitsgrade; lediglich die Rotation um die Hauptdrehachse entspricht analog zum Wassermolekül der Darstellung A_2. Wir finden zudem auch zweidimensionale Linearkombinationen der Ausdrücke ab, mit $a = x,y,z$ und $b = x,y,z$, mit der Symmetrie E, was für die Interpretation der Raman-Aktivität wichtig ist.

Um nun zunächst die Symmetrie der Schwingungsfreiheitsgrade zu bestimmen, benötigen wir analog zum für das Wassermolekül gezeigten Vorgehen wieder die reduzible Darstellung. Diese ergibt sich durch geometrische Überlegungen für die beiden Moleküle Ammoniak bzw. Chloroform wie in Tab. 5.14.

Für die Symmetrieoperation E entspricht der Charakter der reduziblen Darstellung einfach der Gesamtzahl der molekularen Freiheitsgrade $3 \cdot N$, d. h. 12 für das 4-atomige Ammoniakmolekül und 15 für das 5-atomige Chloroformmolekül. Für die anderen bei-

Tab. 5.14: Reduzible Darstellung für Ammoniak und Chloroform.

Reduzible Darst. C_{3v}	E	$2\,C_3$	$3\,\sigma_v$
Γ (NH$_3$)	12	0	2
Γ (HCCl$_3$)	15	0	3

den Symmetrieoperationen überlegen wir zunächst, welche Atome jeweils am Platz verbleiben, und anschließend, was mit deren zugehörigen x, y und z-Vektorkoordinaten geschieht. Für C_3 sind dies 1 (NH$_3$) bzw. 2 Atome (HCCl$_3$), deren z-Koordinatenvektor sich
bei der Drehung nicht verändert, und deren x, y-Koordinatenvektoren bei einer Drehung um 120° jeweils von (1,1) wie in Abb. 5.57 dargestellt wechselt.

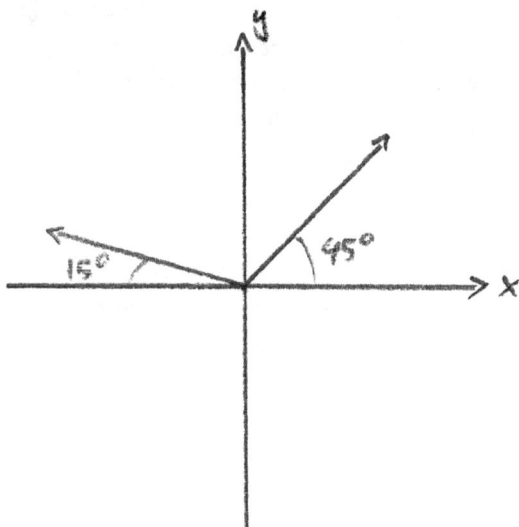

Abb. 5.57: C_3-Drehung um die z-Achse für einen Vektor (1,1) in der xy-Ebene.

Den Charakter dieser Symmetrieoperation für die beiden x, y-Positionsvektoren müssen wir uns nicht extra mathematisch überlegen, sondern können ihn als -1 direkt
aus der Charaktertafel (Tab. 5.13) übernehmen. Damit ergibt sich aber für die reduzible Darstellung als Charakter der C_3-Operation insgesamt 0, nämlich 1 für den z-
Positionsvektor plus -1 für die beiden x, y-Positionsvektoren, und zwar unabhängig
von der Anzahl der am Platz verbleibenden Atome. Für die Spiegelebene können wir
schließlich genauso vorgehen: die Anzahl der am Platz verbleibenden Atome beträgt
diesmal 2 (NH$_3$) bzw. 3 Atome (HCCl$_3$), und für die zugehörigen Positionsvektoren ergibt sich pro Atom ein Beitrag zum Gesamtcharakter der reduziblen Darstellung von 1
(z) bzw. 0 (x, y), wie wir wiederum direkt der Charaktertafel entnehmen. Wir erhalten

also für die Spiegelebenen im Fall des Ammoniaks einen Charakter von 2 und für Chloroform einen Charakter von 3.

Das Ausreduzieren der beiden reduziblen Darstellungen entspricht nun, wie in Lehreinheit 01 gezeigt, in diesem Fall dem Lösen dreier Gleichungen mit drei Unbekannten (drei Symmetrieoperationen, drei irreduzible Symmetrieklassen). Unter Verwendung der in Lehreinheit 01 hierfür angegebenen Gleichungen ergibt sich in diesem Fall:

$$NH_3: \qquad \Gamma = 3 \cdot A_1 + A_2 + 4 \cdot E \tag{281a}$$

$$HCCl_3: \qquad \Gamma = 4 \cdot A_1 + A_2 + 5 \cdot E \tag{281b}$$

Dies können Sie auch selbst durch einfaches Einsetzen überprüfen.

Um nun als nächstes die Symmetrie der molekularen Schwingungsmoden zu bestimmen, müssen wir die Symmetrie von Translation und Rotation, welche wir wieder aus der Charaktertafel entnehmen, von den in Gl. 281 gegebenen Ausreduktionen der reduziblen Darstellungen abziehen. Für die Translation ziehen wir entsprechend jeweils A_1 und E ab, für die Rotation A_2 und E, und wir erhalten somit:

$$NH_3: \qquad \Gamma_{vib} = 2 \cdot A_1 + 2 \cdot E \tag{282a}$$

$$HCCl_3: \qquad \Gamma_{vib} = 3 \cdot A_1 + 3 \cdot E \tag{282b}$$

Schließlich analysieren wir diese Schwingungsfreiheitsgrade noch anhand ihrer Symmetrie bezüglich IR- bzw. Raman-Aktivität. Hierzu greifen wir in Tab. 5.15 nochmals die Charaktertafel auf und unterlegen farblich wie bereits im Fall von C_{2v} die gemäß den jeweiligen Auswahlregeln erlaubten Symmetrien.

Tab. 5.15: Charaktertafel der Punktgruppe C_{3v} mit farbiger Markierung der für IR-aktive Schwingungen (rot) bzw. Raman-aktive Schwingungen (grün) erforderlichen Symmetrie.

C_{3v}	E	$2\,C_3$	$3\,\sigma_v$	
A_1	1	1	1	z; $x^2 + y^2$; z^2
A_2	1	1	-1	R_z
E	2	-1	0	(x, y); (R_x, R_y); $(x^2 - y^2, xy)$; (xz, yz)

Wir sehen, dass wiederum alle Schwingungsfreiheitsgrade sowohl IR- als auch Raman-aktiv sind, d. h. wir erhalten sowohl im IR-Spektrum als auch im Raman-Spektrum eine identische Anzahl von Banden, und zwar 4 für Ammoniak und 6 für Chloroform. Hier besteht jedoch ein entscheidender Unterschied zu den Spektren des Wassermoleküls, da 2 (NH_3) bzw. 3 ($HCCl_3$) Banden zur Symmetrieklasse E gehören und somit zweifach entartet sind bzw. jeweils zwei Schwingungsfreiheitsgraden entsprechen. Es gibt also im IR-Spektrum des Chloroforms zwar insgesamt 6 Banden, von diesen sind aber 3 einer zweifach entarteten Schwingung zuzuordnen, sodass wir insgesamt sämtliche 9 Schwingungsfreiheitsgrade des 5-atomigen Moleküls detektieren.

Wir haben bislang drei durch verschiedene Großbuchstaben bezeichnete irreduzible Darstellungen kennengelernt, nämlich A für nicht-entartet rotationssymmetrisch bezüglich der Hauptdrehachse des Moleküls, B für nicht-entartet und nicht-rotationssymmetrisch bezüglich der Hauptdrehachse des Moleküls, und schließlich E für zweifach entartet (und nicht-rotationssymmetrisch bezüglich der Hauptdrehachse des Moleküls). Es gibt nur noch einen weiteren Buchstaben für irreduzible Darstellungen, nämlich T für dreifach entartet. Daher wollen wir die gruppentheoretische Analyse zur spektroskopischen Aktivität der Schwingungsfreiheitsgrade noch an einem weiteren Beispiel demonstrieren, der Punktgruppe T_d für Tetraedersymmetrie, zu der beispielsweise Methan oder Tetrachlorkohlenstoff gehören. In Einheit 11 haben wir gesehen, dass wir tetraedrische Moleküle als hochsymmetrisch ansehen und deshalb näherungsweise auch als perfekte sphärische Kreisel mit drei äquivalenten Rotationsachsen betrachten können. Für die Analyse der Schwingungsübergänge brauchen wir aber auch in diesem Fall die Gruppentheorie; es gilt hierbei sogar je symmetrischer ein Molekül ist, desto komplizierter ist die zugehörige Charaktertafel.

In Tab. 5.16 finden Sie die Charaktertafel der Punktgruppe T_d.

Tab. 5.16: Charaktertafel der Punktgruppe T_d.

T_d	E	$8\,C_3$	$3\,C_2$	$6\,S_4$	$6\,\sigma_d$	
A_1	1	1	1	1	1	$x^2 + y^2 + z^2$
A_2	1	1	1	−1	−1	
E	2	−1	2	0	0	$(2z^2 - x^2 - y^2, x^2 - y^2)$
T_1	3	0	−1	1	−1	(R_x, R_y, R_z)
T_2	3	0	−1	−1	1	$(x, y, z); (xy, xz, yz)$

Die Symmetrieoperationen E für Identität und C_n für n-zählige Drehachse haben wir bereits in den anderen beiden Beispielen kennengelernt. Unter σ_d verstehen wir eine sogenannte diagonale Spiegelebene, die wir hier deswegen nicht als vertikal bezeichnen können, da keine der Raumrichtungen x, y und z für unser hochsymmetrisches Tetraeder festgelegt werden kann. Völlig neu ist hier das Symbol S_4, welches eine sogenannte vierzählige Drehspiegelachse bezeichnet: d. h. nach Drehung um eine ausgezeichnete Achse um 90° und anschließende Spiegelung an einer Ebene senkrecht zur Drehachse geht das Molekül wieder in sich selbst über, wie in Abb. 5.58 illustriert ist.

Neben den Symmetrieklassen A und E finden wir in der Charaktertafel auch die neue dreidimensionale oder vielleicht besser dreifach entartete Symmetrieklasse T. Wir hatten eben bereits erwähnt, dass wir Moleküle mit Tetraedersymmetrie auch als sphärische Kreisel betrachten können. Somit verwundert es nicht, dass, wie aus

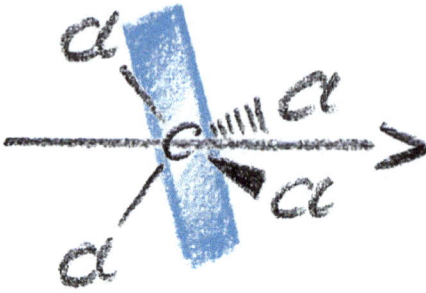

Abb. 5.58: Tetrachlorkohlenstoff und eine von vier möglichen Drehspiegelachsen S_4.

der Charaktertafel direkt ersichtlich ist, sowohl die Freiheitsgrade der Translation als auch die der Rotation jeweils gleichberechtigt und somit dreifach entartet vorliegen, und deshalb der irreduziblen Symmetrieklasse T_2 bzw. T_1 entsprechen.

Wir gehen nun weiter nach dem bewährten Rezept vor, d. h. wir benötigen zunächst die reduzible Darstellung (Tab. 5.17), welche sich hier aus mehr oder weniger einfachen geometrischen Überlegungen ableiten lässt.

Tab. 5.17: Reduzible Darstellung der Punktgruppe T_d für tetraedrische Moleküle wie Methan oder Tetrachlorkohlenstoff.

T_d	E	$8\,C_3$	$3\,C_2$	$6\,S_4$	$6\,\sigma_d$
Γ	15	0	−1	−1	3

Der Charakter der Symmetrieoperation E ist für unser 5-atomiges Molekül wegen der $3 \cdot N$ Freiheitsgrade direkt ersichtlich (nämlich 15), die Charaktere für die beiden Drehachsen entsprechen hingegen direkt denen in den Punktgruppen C_{2v} (also −1 für die C_2-Achsen, s. Tab. 1.1.) bzw. C_{3v} (also 0 für die C_3-Achsen, s. Tab. 5.14), die aus Sicht der Symmetrie beide in T_d enthalten sind. Um sich dies zu veranschaulichen, tauschen Sie einfach eines bzw. zwei der Chloratome des Tetrachlorkohlenstoffs aus, und Sie erhalten die entsprechenden beiden Punktgruppen, wie in Abb. 5.59 skizziert ist.

In Abb. 5.59 erkennen wir auch die Lage der diagonalen Spiegelebenen und dass bei der zugehörigen Spiegelung jeweils 3 Atome ihre Position behalten. Für diese 3 Atome wiederum bleiben jeweils die in der Ebene liegenden beiden Positionsvektoren erhalten, während der zu diesen orthogonale dritte Positionsvektor sein Vorzeichen ändert. Dies ergibt für jedes der unveränderten Atome bei der Spiegelung einen Charakter von 1, und somit insgesamt einen Charakter von 3.

Für die Drehspiegelung schließlich bleibt lediglich das Zentralatom des Tetraeders am Platz, dessen Positionsvektor in Richtung der Drehspiegelachse ändert durch die Spiegelung sein Vorzeichen, und die beiden Positionsvektoren in der zugehörigen Spie-

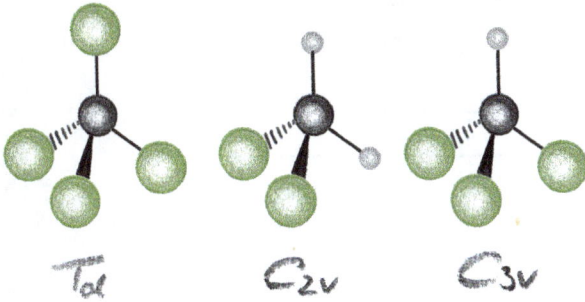

Abb. 5.59: Aus der Punktgruppe T_d (Beispiel CCl_4, links) lassen sich durch Austausch einzelner Atome leicht die Punktgruppen C_{2v} (Beispiel H_2CCl_2, Mitte) bzw. C_{3v} (Beispiel $HCCl_3$, rechts) erzeugen. Somit enthält die Punktgruppe T_d also mindestens alle Symmetrieelemente der beiden Punktgruppen C_{2v} und C_{3v}, und für die Charaktere der zugehörigen Drehachsen in der reduziblen Darstellung erhalten wir die gleichen Werte wie für H_2O oder H_2CCl_2 (C_2 in Punktgruppe C_{2v}) bzw. $HCCl_3$ (C_3 in Punktgruppe C_{3v}).

gelebene gehen durch die 90°-Drehung jeweils in 0 über (orthogonal), weswegen wir hier insgesamt einen Charakter von -1 erhalten.

Als nächstes müssen wir wiederum die reduzible Darstellung als Summe der irreduziblen Darstellungen formulieren (ausreduzieren), und erhalten entsprechend:

$$\Gamma = A_1 + E + T_1 + 3 \cdot T_2 \tag{283}$$

Hiervon ziehen wir die Symmetrien der Translationsfreiheitsgrade und der Rotationsfreiheitsgrade ab, und es ergibt sich für die Symmetrien der 9 Schwingungsfreiheitsgrade:

$$\Gamma = A_1 + E + 2 \cdot T_2 \tag{284}$$

Beachten Sie, dass die hohe Symmetrie der tetraedrischen Moleküle zu einem sehr hohen Entartungsgrad der Schwingungsfreiheitsgrade führt. Trotz insgesamt 9 Schwingungen finden wir, je nach Aktivität (die wir gleich noch diskutieren müssen), nur maximal 4 Banden im Spektrum, wie anhand Gl. 284 ersichtlich. Für die Diskussion der spektralen Aktivität unterlegen wir in Tab. 5.18 wiederum die entsprechenden Symmetrien innerhalb der Charaktertafel mit bestimmten Farben.

Während wiederum sämtliche Schwingungsmoden Raman-aktiv sind, erwarten wir im IR-Spektrum diesmal nur maximal zwei Banden, von denen allerdings jede dreifach entartet ist weshalb trotz des vermeintlich einfachen Spektrums 2/3 der Schwingungsfreiheitsgrade IR-aktiv sind. Im Raman-Spektrum hingegen finden wir die erwarteten vier Banden, wie in Abb. 5.60 gezeigt ist.

Beachten Sie in Abb. 5.60 die eigentümliche Form der Bande bei der höchsten Wellenzahl von ca. 780 cm^{-1}. Anhand der einschlägigen Fachliteratur lassen sich die gezeigten Banden den vier Schwingungstermen aus Gl. 284 zuordnen (s. Tab. 5.19).

Tab. 5.18: Charaktertafel der Punktgruppe T_d mit farbiger Markierung der für
IR-aktive Schwingungen (rot) bzw. Raman-aktive Schwingungen (grün)
erforderlichen Symmetrie.

T_d	E	$8\,C_3$	$3\,C_2$	$6\,S_4$	$6\,\sigma_d$	
A_1	1	1	1	1	1	$x^2 + y^2 + z^2$
A_2	1	1	1	−1	−1	
E	2	−1	2	0	0	$\left(2z^2 - x^2 - y^2, x^2 - y^2\right)$
T_1	3	0	−1	1	−1	$\left(R_x, R_y, R_z\right)$
T_2	3	0	−1	−1	1	$(x, y, z);(xy, xz, yz)$

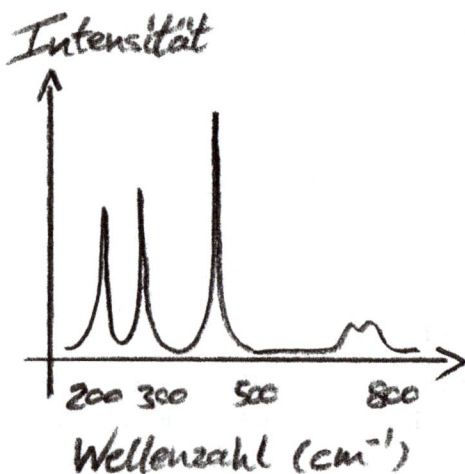

Abb. 5.60: (vgl. **Abb. 5.35**): Raman-Spektrum von CCl_4.

Tab. 5.19: Raman-Übergänge und Zuordnung zu den Schwingungsmoden
mit entsprechender Symmetrie.

Wellenzahl Raman-Signal / cm^{-1}	Zugehörige Schwingungsmode
214	T_1
319	T_2
457	A_1
755	E

Die merkwürdige Doppelbande entspricht also einem Übergang der Symmetrieklasse E
und somit eigentlich zwei in diesem Fall entarteten Schwingungsfreiheitsgraden. Interessant ist aber, dass die dreifach entarteten Übergänge jeweils scharfe Signale ergeben und sich daher rein optisch nicht von dem nicht-entarteten A_1-Übergang unterscheiden.

Insgesamt gibt es je nach vorhandenen Symmetrieelementen 19 vom Typ her verschiedene Punktgruppen (z. B. Drehachse und vertikale Spiegelebenen: C_{nv}, zu der sowohl C_{2v} als auch C_{3v} zählen), die wir hier natürlich nicht alle ausführlich behandeln können. Wir beschränken uns hingegen auf die Gruppen, bei denen sich anschaulich sämtliche wichtigen Symmetrieoperationen einführen lassen, sowie alle irreduziblen Symmetrieklassen. Eine Übersicht über sämtliche Punktgruppen, und wie sie für ein gegebenes Molekül die zugehörige Gruppe bestimmen können, zeigt das Fließschema in Abb. 5.61.

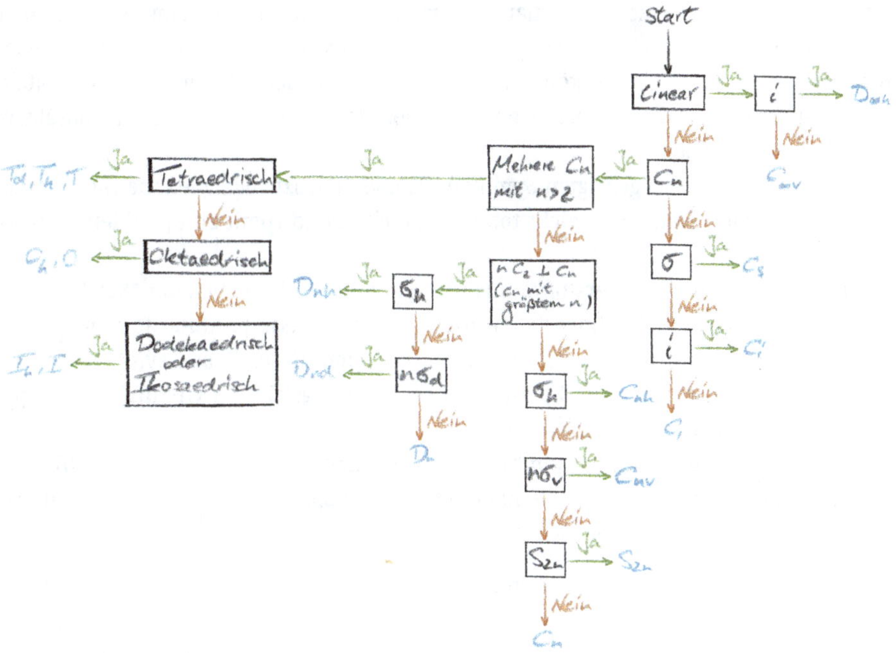

Abb. 5.61: Fließschema zur Bestimmung der Punktgruppe anhand der vorhandenen Symmetrieelemente.

Im zweiten Abschnitt dieser Lehreinheit werden wir nun sehen, wie die Gruppentheorie auch für UV/Vis-Absorptionsspektren und die entsprechende Anregung elektronischer Übergänge ein wertvolles Werkzeug darstellt. Exemplarisch betrachten wir hierfür wiederum das Wassermolekül.

5.6.2 Gruppentheorie und UV/Vis-Absorption von Molekülen

Wasser zählt zur Punktgruppe C_{2v}. Die entsprechende Charaktertafel, die wir auch für die Bestimmung der im UV/Vis-Spektrum sichtbaren elektronischen Übergänge benötigen, finden Sie oben in Tab. 5.11. Um entscheiden zu können, ob das Übergangsdipolmoment ungleich null ist, müssen wir diesmal neben der Symmetrie des Dipolmomentoperators

$(= x, y, z)$ die Symmetrien der Molekülorbitale des elektronischen Grundzustands und der interessierenden angeregten elektronischen Zustände betrachten. Die Molekülorbitale erhalten wir wie in Einheit 07 beschrieben über Linearkombinationen der Elektronenorbitale der beteiligten Atome, wobei wir im Rahmen der Gruppentheorie jetzt beachten, dass jeweils nur solche Atomorbitale kombiniert werden dürfen, die zur gleichen Symmetrieklasse gehören. Daher stellen wir in Abb. 5.62 zunächst sämtliche Valenzorbitale der beiden Wasserstoffatome und des Sauerstoffatoms zusammen. Hierbei ist zu beachten, dass wir die beiden Wasserstoffatome bereits vorab zu einer eigenen symmetrischen und asymmetrischen Linearkombination zusammenfassen müssen, damit diese zu den Symmetrieelementen der Punktgruppe C_{2v} passen und so einer entsprechenden Symmetrieklasse zugeordnet werden können. Außerdem verwenden wir für die Atomorbitale und auch für die aus diesen gebildeten Molekülorbitale im Gegensatz zu der Charaktertafel kleine Buchstaben.

Um die in Abb. 5.62 gezeigten Symmetrieklassen nachzuvollziehen, betrachten wir die nicht-trivialen Fälle (d. h. nicht totalsymmetrisch und somit zu a_1 zählend) etwas genauer:

(i) Das $2p_x$-Orbital des Sauerstoffatoms ist asymmetrisch bezüglich der 180°-Drehung um die z-Achse und gehört daher zur Symmetrieklasse b. Außerdem liegt es in der xz-Ebene, weshalb es bei Spiegelung an eben dieser Ebene symmetrisch ist und daher insgesamt zur Klasse b_1 gehört. Analog können wir direkt das $2p_y$-Orbital des Sauerstoffatoms der Klasse b_2 zuordnen.

(ii) Die asymmetrische Linearkombination der beiden 1s-Atomorbitale der Wasserstoffatome gleicht einem auseinandergezerrten $2p_y$-Orbital des Sauerstoffatoms und ist somit ebenfalls der Klasse b_2 zuzuordnen.

Aus den sechs Atomorbitalen ergeben sich somit auch sechs Molekülorbitale, und zwar drei mit der totalsymmetrischen Klasse a_1, zwei mit der Symmetrieklasse b_2 und eines mit der Symmetrieklasse b_1. Einige dieser Molekülorbitale haben wir in Abb. 5.63 dargestellt.

Um nun die Symmetrie des elektronischen Grundzustands bzw. die der angeregten elektronischen Zustände bestimmen zu können, benötigen wir noch die energetische Abfolge der sechs Molekülorbitale. Diese ergibt sich aus dem Überlapp der Wellenfunktionen der zugehörigen Atomorbitale. Bei diesem Überlapp ist auch das Vorzeichen der jeweiligen Wellenfunktionen bzw. die Phase entscheidend. So führt ein Überlapp von Wellenfunktionen mit unterschiedlichen Vorzeichen energetisch im Vergleich zu den Atomorbitalen zu einer Destabilisierung oder einem antibindenden Charakter, während ein Überlapp von Wellenfunktionen mit gleichem Vorzeichen stabilisierend wirkt und damit einen bindenden Charakter ergibt – wie wir ja auch schon in Einheit 07 für einfache zweiatomige Moleküle gelernt haben. Entsprechend sind die drei in Abb. 5.63 gezeigten Molekülorbitale von unten nach oben auch in der korrekten energetischen Reihenfolge wiedergegeben: der Überlapp der drei s-Atomorbitale mit identischem Vorzeichen (+) ergibt einen maximalen Überlapp mit bindendem Charakter und somit das energetisch am tiefsten liegende Molekülorbital mit Symmetrieklasse a_1, welches wir

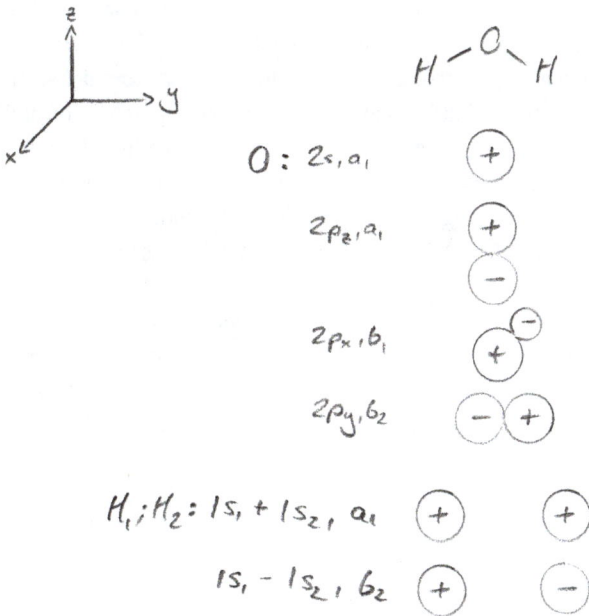

$O: 2s, a_1$

$2p_z, a_1$

$2p_x, b_1$

$2p_y, b_2$

$H_1; H_2: 1s_1 + 1s_2, a_1$

$1s_1 - 1s_2, b_2$

Abb. 5.62: (vgl. **Abb. 4.21**): Valenzorbitale von Wasserstoff und Sauerstoff, aus denen sich über Linearkombinationen die Molekülorbitale des Wassermoleküls ergeben, inklusive der jeweiligen Symmetrieklassen.

$2b_2$

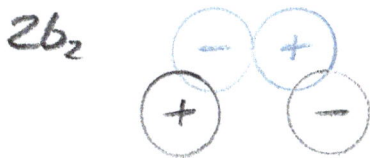

$1b_2$

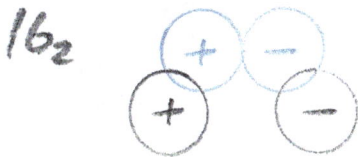

$1a_1$

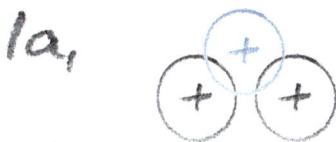

Abb. 5.63: (vgl. **Abb. 4.22**): Darstellung einiger Molekülorbitale des Wassermoleküls inklusive ihrer jeweiligen Symmetrieklassen, welche sich aus der Linearkombination von Atomorbitalen der **Wasserstoffatome** (schwarz) und des **Sauerstoffatoms** (blau) mit jeweils gleicher Symmetrieklasse ergeben.

daher auch als $1a_1$ bezeichnen wollen. Der Überlapp des $2p_y$-Orbitals des Sauerstoffatoms mit der asymmetrischen Linearkombination der beiden Atomorbitale der Wasserstoffatome kann hingegen je nach Orientierung des $2p_y$-Orbitals (bzw. Vorzeichen in der Linearkombination, + oder –) ein bindendes oder ein antibindendes Molekülorbital der Symmetrieklasse b_2 ergeben: Das energetisch tiefer liegende bindende Orbital bezeichnen wir hier als $1b_2$, während das energetisch höher liegende antibindende Orbital $2b_2$ genannt wird. Das nicht in Abb. 5.64 gezeigte $2p_x$-Orbital des Sauerstoffs ergibt schließlich ein eigenes nichtbindendes Molekülorbital der Symmetrieklasse b_1; wir nennen es $1b_1$. Es kann aufgrund seiner räumlichen Ausrichtung weder stabilisierend noch destabilisierend mit den Atomorbitalen der Wasserstoffatome überlappen.

Wir konnten also bereits vier der insgesamt sechs Atomorbitale durch vergleichsweise einfache geometrische Überlegungen in ihrer Energiereihenfolge einordnen. Insgesamt ergibt sich das in Abb. 5.64 gezeigte MO-Schema des Wassermoleküls.

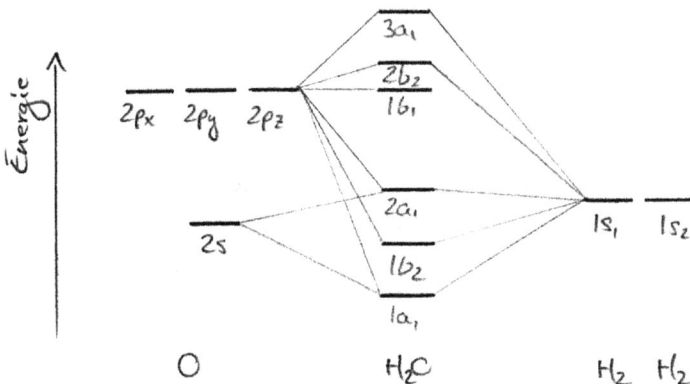

Abb. 5.64: (vgl. **Abb. 4.23**): MO-Schema des Wassermoleküls.

Um nun schließlich noch die Symmetrie des elektronischen Grundzustands des Wassermoleküls zu bestimmen, müssen wir die in Abb. 5.64 gezeigten Molekülorbitale von unten nach oben mit sämtlichen Valenzelektronen jeweils paarweise auffüllen. Die Anzahl der Valenzelektronen beträgt insgesamt 8, zwei 1s-Elektronen für die beiden Wasserstoffatome und 6 Elektronen aus der zweiten Hauptschale für das Sauerstoffatom. Wir erhalten daher die folgende Elektronenkonfiguration für den elektronischen Grundzustand des Wassermoleküls: $1a_1$ (2), $1b_2$ (2), $2a_1$ (2), $1b_1$ (2), wobei die Zahlen in Klammern jeweils den Besetzungsgrad des betreffenden Molekülorbitals angeben. Die Symmetrie dieses Zustands ergibt sich nun einfach, indem wir für alle Elektronen die entsprechenden Charaktere der zugehörigen Symmetrieklassen miteinander multiplizieren. Damit Sie nicht blättern müssen, zeigen wir in Tab. 5.20 nochmals die Charaktertafel der Punktgruppe C_{2v}, und markieren auch schon direkt die Symmetrien des Dipolmoment-Operators x, y und z.

Tab. 5.20: Charaktertafel der Punktgruppe C_{2v} mit farbiger Markierung der für UV/Vis-aktive Elektronenübergänge erforderlichen Symmetrie (orange).

C_{2v}	E	C_2	$\sigma_v(xz)$	$\sigma'_v(yz)$	
A_1	1	1	1	1	z, x^2, y^2, z^2
A_2	1	1	−1	−1	R_z, xy
B_1	1	−1	1	−1	x, R_y, xz
B_2	1	−1	−1	1	y, R_x, yz

Da für den Grundzustand alle Molekülorbitale doppelt besetzt sind, können wir uns die Rechnung an dieser Stelle sparen – wir müssen ja jeweils die Charaktere quadrieren, und da nur 1 oder −1 in der Charaktertafel vorkommen, muss sich insgesamt für die vier Symmetrieoperationen 1, 1, 1, 1 bzw. ein Term der Symmetrie A_1 ergeben. Wir wollen an dieser Stelle grundsätzlich festhalten, dass der elektronische Grundzustand eines Moleküls im Fall vollständig besetzter Molekülorbitale totalsymmetrisch ist und somit der Symmetrieklasse A_1 angehört.

Dies erleichtert uns aber auch deutlich die Berechnung der Symmetrieklassen der angeregten elektronischen Zustände, müssen wir hierfür doch lediglich die einfach besetzten Molekülorbitale berücksichtigen und die entsprechend der Symmetrieklassen sich für diese Orbitale ergebenden Charaktere miteinander multiplizieren. Im Rahmen des in Abb. 5.64 gezeigten MO-Schemas ergeben sich für die Anhebung eines Elektrons aus dem energetisch höchstgelegenen Molekülorbital, d. h. ausgehend vom nichtbindenden $1b_1$-Orbital, zwei Möglichkeiten: (i) Übertragung in das $2b_2$-Orbital, woraus sich mit Hilfe der Charaktertafel eine Symmetrie von $b_1 \cdot b_2 = (1, 1, -1, -1) = A_2$ ergibt, und (ii) Übertragung in das $3a_1$-Orbital, was entsprechend einen angeregten elektronischen Zustand mit der Symmetrie B_1 ergeben muss.

Damit das Übergangsdipolmoment verschieden von null ist, muss es einer totalsymmetrischen Funktion mit Symmetrieklasse A_1 entsprechen. Im Gegensatz zu den elektronischen Zuständen ist der Dipolmoment-Operator aber eine vektorielle Größe und weist für die Punktgruppe C_{2v} die Symmetrie $(x, y, z) = (B_1, B_2, A_1)$ auf. Für eine nichtkristalline Probe sind alle Orientierungen der Moleküle gleich wahrscheinlich, und somit genügt es, wenn wir für die Symmetrie des Übergangsdipolmoments, welches gleichfalls ein Vektor ist, an mindestens einem Eintrag dieses Vektors totale Symmetrie finden. Wir wollen dies für die beiden angeregten elektronischen Übergänge des Wassermoleküls überprüfen.

(i) Für den Übergang von A_1 nach A_2, in diesem Fall auch der Übergang vom HOMO zum LUMO, finden wir für das Übergangsdipolmoment eine vektorielle Symmetrie von $A_1 \cdot (B_1, B_2, A_1) \cdot A_2 = (B_1 \cdot A_2, B_2 \cdot A_2, A_1 \cdot A_2) = (B_2, B_1, A_2)$. Dieser Vektor enthält keine Komponente A_1, weshalb dieser Übergang auch nicht im UV/Vis-Spektrum sichtbar ist.

(ii) Für den Übergang von A_1 nach B_1 finden wir für das Übergangsdipolmoment eine vektorielle Symmetrie von $A_1 \cdot (B_1, B_2, A_1) \cdot B_1 = (B_1 \cdot B_1, B_2 \cdot B_1, A_1 \cdot B_1) = (A_1, A_2, B_1)$. Diesmal enthält der für das Übergangsdipolmoment berechnete Vektor der Symmetrieklassen die Komponente A_1, weshalb dieser hochenergetische Übergang als Bande im UV/Vis-Spektrum des Wassermoleküls sichtbar ist.

Sämtliche hier angestellten Überlegungen lassen sich auf die elektronische Anregung beliebiger Moleküle mittels Absorption von UV- oder sichtbarem Licht übertragen, Sie benötigen hierfür aber jeweils die entsprechende Punktgruppe mit Charaktertafel, sowie das MO-Schema des Moleküls inklusive der Symmetrieklassen der Molekülorbitale. Hierbei genügen allerdings, wie wir gesehen haben, meist die Symmetrieklassen des höchstbesetzten Molekülorbitals (HOMO) sowie die Symmetrieklassen der energetisch höher gelegenen unbesetzten Molekülorbitale, in die die jeweilige Elektronenanregung erfolgt (da für vollständig besetzte Orbitale ja jeweils die Symmetrieklasse A_1 gilt).

Eine Ausnahme ergibt sich allerdings, wenn das HOMO energetisch entartet ist und daher eine Symmetrieklasse vom Typ E oder T aufweist. In diesem Fall ist eine derart vereinfachte gruppentheoretische Behandlung spektroskopischer Übergänge wie hier gezeigt nicht mehr ohne weiteres möglich.

!

DAS WICHTIGSTE IN KÜRZE

- Um die **Symmetrie der Schwingungsmoden** eines Moleküls zu bestimmen, ziehen wir die Freiheitsgrade der Translation und Rotation hinsichtlich ihrer entsprechenden Symmetrien, die wir aus der **Charaktertafel** direkt ablesen können, von der **reduziblen Darstellung** ab.
- **Schwingungen** sind dann **IR-aktiv**, wenn ihre Symmetrie der des **Dipolmoment-Operators** entspricht, welcher wiederum als Vektor die gleiche Symmetrie wie die drei Raumrichtungen bzw. Translationsfreiheitsgrade x, y, z besitzt. Schwingungen sind dann **Raman-aktiv**, wenn ihre Symmetrie der der **Polarisierbarkeit** entspricht, welche als Tensor Symmetrien vom Typ „ab" aufweist, mit $a = x, y, z$ und $b = x, y, z$.
- Angewandt auf C_{2v} und C_{3v} ergibt sich, dass sämtliche Schwingungen sowohl Raman- als auch IR-aktiv sind. Die hohe Symmetrie **tetraedrischer Moleküle** führt zu einem sehr hohen **Entartungsgrad** der Schwingungsmoden und zu weniger IR-Aktivität – für CH_4 beispielsweise nur 4 Banden ($A, E, 2 \cdot T =$ alle 9 Freiheitsgrade) im Raman- und nur 2 Banden ($2 \cdot T = 6$ Freiheitsgrade) im IR-Spektrum.
- Bei der UV/Vis-Absorptionsspektroskopie sind neben der Symmetrie des Dipolmomentoperators ($= x, y, z$) noch die **Symmetrien der Molekülorbitale** relevant. Die Symmetrie des elektronischen Zustands eines Moleküls ergibt sich durch **Multiplizieren der Charaktere** der beteiligten Molekülorbitale entsprechend deren elektronischer Besetzung. Die Symmetrie des Singulett-Grundzustands ist somit A_1, für die Berechnung der Symmetrie der angeregten elektronischen Zustände müssen lediglich die einfach besetzten Molekülorbitale berücksichtigt werden.

VERSTÄNDNISFRAGEN

1. **Worauf lässt sich die Gruppentheorie prinzipiell anwenden?**
   a) Nur auf absorptionsspektroskopische Verfahren wie IR- oder UV/Vis-Spektroskopie
   b) Sowohl auf absorptionsspektroskopische Verfahren wie IR- oder UV/Vis-Spektroskopie, als auch auf das emissionsspektroskopische Verfahren Ramanstreuung
   c) Auf sämtliche absorptionsspektroskopische Verfahren sowohl für Atome als auch für Moleküle
   d) Auf die IR-Absorptionsspektroskopie für sämtliche Moleküle

2. **Welchen Symmetrieklassen gehören IR-aktive Schwingungen an?**
   a) Den gleichen wie x, y oder z
   b) Den gleichen wie x^2, y^2 oder z^2
   c) Grundsätzlich zählt A_1 zu den IR-aktiven Schwingungen.
   d) Grundsätzlich zählt A_1 nicht zu den IR-aktiven Schwingungen.

3. **Wie viele Übergänge erwarten Sie im IR-Spektrum von Ammoniak?**
   a) 6, weil es insgesamt 6 Schwingungsfreiheitsgrade gibt, die alle IR-aktiv sind.
   b) 4, weil es zwar insgesamt 6 Schwingungsfreiheitsgrade gibt, von denen jedoch nur 4 IR-aktiv sind.
   c) 4, weil es zwar insgesamt 6 Schwingungsfreiheitsgrade gibt, die alle IR-aktiv sind, von denen allerdings zwei energetisch entartet sind.
   d) 3, entsprechend den Symmetrieklassen für das Dipolmoment (x, y und z).

4. **Wie bestimmen Sie die Symmetrieklassen der Molekülorbitale?**
   a) Durch numerische Berechnungen
   b) Über die Symmetrieklassen der Valenzorbitale der beteiligten Atome
   c) Dies ist nicht ohne weiteres möglich.
   d) Über die Symmetrieklassen der Translationsfreiheitsgrade x, y und z

VERTIEFUNGSFRAGEN

5. **Zu welcher Symmetrieklasse gehört die asymmetrische Streckschwingung des Wassermoleküls?**
   a) *A*
   b) *B*
   c) *E*
   d) *T*

6. **Zu welcher Symmetrieklasse zählen die meisten der Valenz-Molekülorbitale des Wassermoleküls?**
   a) A_1
   b) A_2
   c) B_1
   d) B_2

7. **Zu welcher Symmetrieklasse gehört der elektronische Grundzustand des Methanmoleküls?**
   a) *A*
   b) *B*
   c) *E*
   d) *T*

8. **Welche Symmetrieklasse muss der Integrand des Übergangsdipolmoments für eine erlaubte elektronische Anregung des Wassermoleküls aufweisen?**
   a) Je nach beteiligten Orbitalen *A* oder *B*
   b) A_1
   c) A_2
   d) B_1

EINHEIT 15: FLUORESZENZSPEKTROSKOPIE
Wir haben in den Lehreinheiten 10 und 12 bereits das Phänomen der Fluoreszenz kennengelernt. Jetzt möchten wir dem ein eigenes Kapitel widmen; vor allem im Hinblick auf einige darauf basierende analytische Methoden. Neben einer ausführlicheren Diskussion der Grundlagen der Fluoreszenzspektroskopie werden wir in diesem Lehrabschnitt wichtige fluoreszenzbasierte Methoden zur quantitativen Untersuchung der Mobilität von Molekülen (Fluoreszenzrückkehr nach dem Photobleichen, engl. *Fluorescence Recovery after Photobleaching* (FRAP) sowie Fluoreszenzkorrelations-Spektroskopie (FCS)) und eine wichtige Methode zur Bestimmung intermolekularer Abstände auf nanoskopischen Längenskalen (Fluoreszenz-Resonanz Energie Transfer (FRET) oder Förster-Transfer) kennenlernen.

5.7 Fluoreszenzspektroskopie

5.7.1 Grundlagen der Fluoreszenzspektroskopie

Die Absorption von Licht im UV/Vis-Bereich des elektromagnetischen Spektrums führt, wie wir in Einheit 12 besprochen haben, zur Anregung elektronischer Zustände. Im Fall von Molekülen werden dabei auch Schwingungsübergänge mit angeregt. Diese Energie kann nun sowohl in Form von Licht als auch strahlungslos z. B. in Form von Wärme wieder an die Umgebung abgegeben werden. Das Verhältnis der Anzahl emittierter zur Anzahl aufgenommener Photonen wird dabei als **Quantenausbeute** bezeichnet. Diese ist für die meisten organischen Farbstoffe wegen vielerlei möglicher strahlungsloser Prozesse für die Rückkehr aus dem angeregten Zustand meist deutlich kleiner als 1. Die Quantenausbeute kann gleichsam auch als Funktion der Geschwindigkeitskonstanten für die Lichtemission k_1 und der strahlungslosen Übergänge k_2 definiert werden.

$$Q = \frac{\text{emittierte Photonen}}{\text{absorbierte Photonen}} = \frac{k_1}{k_1 + k_2} \tag{285}$$

k_2 fasst hierbei alle strahlungslosen Prozesse zusammen, also alle Pfade der Energie außer der Fluoreszenzemission, wie zum Beispiel innere Umwandlung (engl. *internal conversion*, IC), Intersystemcrossing (ISC) oder Übertragung der Energie auf andere Moleküle (engl. *quenching*). Die entsprechenden Vorgänge haben wir in Abb. 5.65 nochmals in einem **Jablonski-Diagramm**, welches wir bereits in den vorangegangen Kapiteln kennengelernt haben, zusammengefasst.

Die Fluoreszenz ist gegenüber der Absorption im Allgemeinen **rotverschoben** (wir sprechen dabei vom sogenannten **Stokes-Shift**), was wir leicht verstehen können, wenn wir wie bereits ausführlich in Lehreinheit 09 beschrieben die Potenzialtöpfe des elektronischen Grundzustands und des angeregten elektronischen Zustands und die entsprechenden Franck–Condon Faktoren der Wellenfunktionen der Molekülschwingungen betrachten.

In Abb. 5.66 finden Sie eine schematische Zeichnung der typischen Form von Absorptions- und Fluoreszenzspektren.

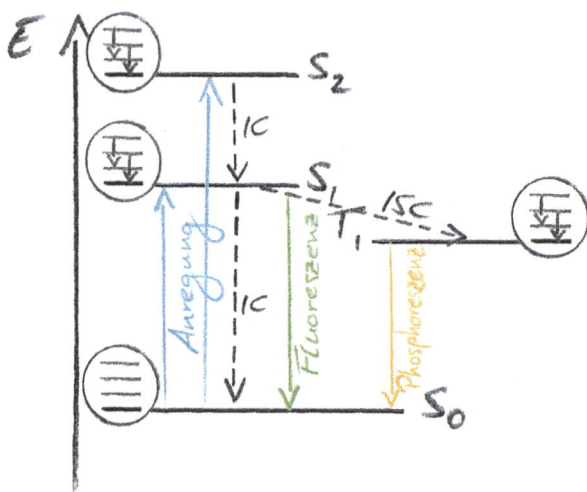

Abb. 5.65: (vgl. **Abb. 5.9**): Jablonski-Diagramm zur Veranschaulichung möglicher emittierender (Fluoreszenz, Phosphoreszenz) und strahlungsloser Übergänge infolge einer Anregung.

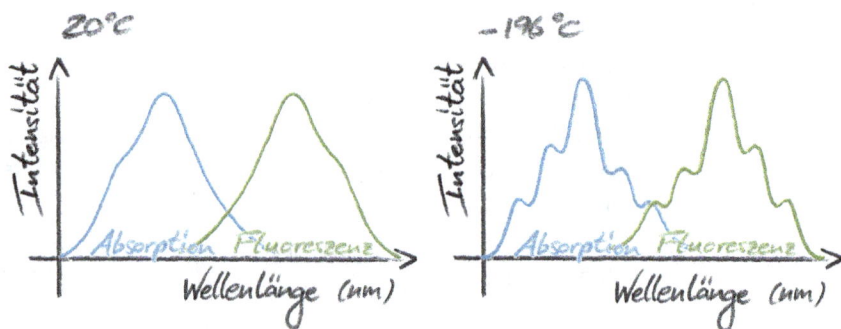

Abb. 5.66: Absorptions- und zugehörige Fluoreszenzspektren bei hoher und tiefer Temperatur.

Bei Raumtemperatur sehen wir bloß breite Banden sowohl für die Absorption als auch für die Emission. Grund dafür ist die bereits an voriger Stelle besprochene **Linienverbreiterung**. Bei tiefen Temperaturen und entsprechend unterdrückter Stoßverbreiterung spalten diese breiten Banden in die **Feinstruktur** der Schwingungsübergänge auf. Auffällig an Abb. 5.66 ist, dass das schwingungsaufgelöste Absorptions- und Fluoreszenzspektrum fast spiegelbildlich aussehen; wir sprechen hierbei von der sogenannten **Spiegelbildregel** (engl. *mirror image rule*). Dies hängt vor allem damit zusammen, dass die Schwingungszustände im elektronischen Grundzustand S_0 und im angeregten Zustand S_1 sehr ähnlich sind hinsichtlich ihrer Energie-Eigenwerte und entsprechenden Wellenfunktionen; lediglich die beiden Potenzialtöpfe sind gegeneinander verschoben.

Beachten Sie, dass die Anregung mit Strahlung unterschiedlicher Energie und somit in unterschiedliche Schwingungsniveaus des angeregten elektronischen Zustands erfolgen kann, die zugehörigen Fluoreszenzspektren aber immer gleich aussehen, da die Fluoreszenz nach vorangegangener rascher Schwingungsrelaxation unter Abgabe von Wärmeenergie stets aus dem Schwingungs*grundzustand* des angeregten elektronischen Zustands erfolgt. Als eigentliches Fluoreszenzspektrum bezeichnen wir daher auch gerade die Auftragung der Intensität des *emittierten Lichts* als Funktion von dessen Wellenlänge oder Wellenzahl für eine gegebene feste Anregungsenergie; wir sprechen hierbei vom **Fluoreszenz-Emissionsspektrum.** Andererseits können wir auch umgekehrt die Wellenlänge der Anregung durchstimmen und die Emission bei einer festen Emissions-Wellenlänge als Funktion eben dieser veränderlichen Anregungs-Wellenlänge auftragen, was als **Fluoreszenz-Anregungsspektrum** bezeichnet wird. Achten wir zusätzlich darauf, dass die Lichtintensität des anregenden Lichts bei jeder Wellenlänge identisch ist, so sprechen wir vom sogenannten korrigierten Anregungsspektrum. Da die Quantenausbeute im Allgemeinen unabhängig von der Wellenlänge des anregenden Lichts ist, entspricht das korrigierte Anregungsspektrum direkt dem molaren dekadischen Extinktionskoeffizienten der Probe und somit dem **Absorptionsspektrum**, wie wir es ansonsten in der UV/Vis-Absorptionsspektroskopie messen.

Für die meisten Moleküle mit insgesamt gerader Anzahl an Valenzelektronen spielen nur die in Abb. 5.65 eingezeichneten Singulettzustände eine Rolle bei der Lumineszenz, die dann ausschließlich als *Fluoreszenz* erfolgt. Es gibt aber auch Ausnahmen, bei denen die eigentlich spinverbotenen Übergänge zu einem Triplettzustand (Intersystemcrossing, ISC) im Nanosekundenbereich erfolgen, nämlich im Fall einer sogenannten ausgeprägten Spin–Bahn Kopplung, und entsprechend aus diesem angeregten Triplettzustand dann eine eigentlich spinverbotene und somit zeitlich stark verzögerte Lumineszenz auftritt, die sogenannte **Phosphoreszenz.** Wegen der Spinpaarungsenergie liegt der Triplett-Zustand jeweils energetisch niedriger als der zugehörige Singulett-Zustand, und wir erwarten entsprechend, dass Phosphoreszenz bei längeren Wellenlängen oder niedrigeren Wellenzahlen als Fluoreszenz auftritt. Dies ist in der schematischen Abb. 5.65 dadurch zu erkennen, dass der orange-gelbe Phosphoreszenz-Pfeil kürzer (d. h. energieärmer) ist als der grüne Fluoreszenz-Pfeil.

Tabelle 5.21 fasst die Zeitskalen bzw. die Geschwindigkeitskonstanten für die zum Teil auch in Abb. 5.65 gezeigten Prozesse, die aus einem durch Lichtabsorption angeregten elektronischen Zustand heraus erfolgen können, in einer Übersicht zusammen. Die in der Tabelle angegebenen Geschwindigkeitskonstanten hängen direkt mit der in Gl. 285 definierten Fluoreszenzquantenausbeute Q zusammen. Die Konstante für den Strahlungsübergang k_1 ist hierbei identisch mit k_f, während sich die Konstante für den strahlungslosen Übergang k_2 additiv aus k_{ic} ($S_1 \rightarrow S_0$) und k_{isc} zusammensetzt.

Für schwach absorbierende Proben mit entsprechend hoher Verdünnung hängt die Fluoreszenzintensität über die Quantenausbeute sowohl direkt mit der Absorption und damit mit der Intensität des einfallenden Lichts als auch mit der Konzentration der

Tab. 5.21: Geschwindigkeitskonstanten für die möglichen Pfade aus angeregten elektronischen Zuständen von Fluorophoren.

Internal Conversion	$S_n \rightarrow S_1, T_n \rightarrow T_1$	k_{ic}	$10^{10} - 10^{14}\ s^{-1}$
Internal Conversion	$S_1 \rightarrow S_0$	k_{ic}	$10^6 - 10^7\ s^{-1}$
Schwingungsrelaxation	$S_{1,v=n} \rightarrow S_{1,v=0}$	k_{vr}	$10^{10} - 10^{12}\ s^{-1}$
Singulett–Singulett Anregung	$S_1 \rightarrow S_n$	k_{exc}	$10^{15}\ s^{-1}$
Fluoreszenz	$S_1 \rightarrow S_0$	k_f	$10^7 - 10^9\ s^{-1}$
Intersystemcrossing	$S_1 \rightarrow T_1, S_n \rightarrow T_n, T_n \rightarrow S_n$	k_{isc}	$10^5 - 10^8\ s^{-1}$
Phosphoreszenz	$T_1 \rightarrow S_0$	k_p	$10^{-2} - 10^3\ s^{-1}$
Triplett–Triplett Anregung	$T_1 \rightarrow T_n$	k_{exc}	$10^{15}\ s^{-1}$

Fluorophore zusammen. Entsprechend ist das Signal lediglich durch die Empfindlichkeit des Detektors limitiert, weshalb auch Konzentrationen bis hinunter zu 10^{-12} molar noch messbar sind. Im Gegensatz hierzu wird für die Konzentrationsbestimmung mittels Absorptionsspektroskopie gemäß Lambert–Beer Gesetz die Auflösungsgrenze dadurch gegeben, dass noch zwischen der Primärlichtintensität I_0 und der im Fall hochverdünnter Lösungen fast gleichen Intensität des durchgelassenen Lichts I unterschieden werden kann, wodurch sich in der Praxis eine Konzentrationsgrenze von minimal 10^{-8} molar ergibt. Die hohe Sensitivität der Fluoreszenzmethodik wird überdies noch dadurch verstärkt, dass ein Fluoreszenzfarbstoff den Zyklus aus Anregung und Emission eines Fluoreszenzphotons viele Male wiederholt durchlaufen kann; so können auch lediglich wenige Moleküle viele Fluoreszenzphotonen generieren. Und eben diese hohe Empfindlichkeit der Fluoreszenz selbst bei extrem verdünnten Proben macht sie wichtig für die Analytik, beispielsweise im biomedizinischen Bereich, etwa wenn es darum geht bestimmte Spezies (wie bestimmte Wirkstoffträger oder bestimmte Komponenten in einem Gewebe) zu markieren, aber dabei nicht zu sehr chemisch zu modifizieren. Fluoreszenzmarkierung ist hier vorteilhaft, weil wir nur wenig Marker anbringen müssen, aber dennoch gute Signale damit bekommen.[66] Und es gibt noch einen weiteren Vorteil: Fluoreszenzlicht ist gegenüber dem Anregungslicht, wie wir gesehen haben, rotverschoben. Es lässt sich also durch geeignete Optiken (beispielsweise Filter oder dichroitische Spiegel) gut von einfachem Streulicht, welches nahezu die identische Wellenlänge wie das anregende Licht besitzt, abtrennen. Hierdurch gelingt es, ausschließlich eine markierte Spezies vor einem Hintergrund sichtbar zu machen der sich ansonsten chemisch und thermodynamisch kaum

---

66 Für die Anwendung der Fluoreszenzspektroskopie zur analytischen Konzentrationsbestimmung ist es in diesem Zusammenhang umgekehrt ebenso essenziell, auch die *obere* Konzentrationsgrenze zu bestimmen, ab der die Intensität des emittierten Lichts nicht mehr linear mit der Konzentration skaliert. Das kann beispielsweise infolge der Zunahme intermolekularer Stöße zustande kommen, die zu einer Löschung der Fluoreszenz durch strahlungslose Prozesse (Quenching) beitragen können.

von ihr zu unterscheiden braucht.[67] Das geht auch mit mehreren Farben parallel; so können wir gleich mehrere interessante markierte Spezies parallel aber dennoch separat voneinander vor einem sozusagen ausgeblendeten Hintergrund beobachten.

Betrachten wir als nächstes den prinzipiellen Aufbau eines Fluoreszenz-Spektrometers, wie er in Abb. 5.67 skizziert ist.

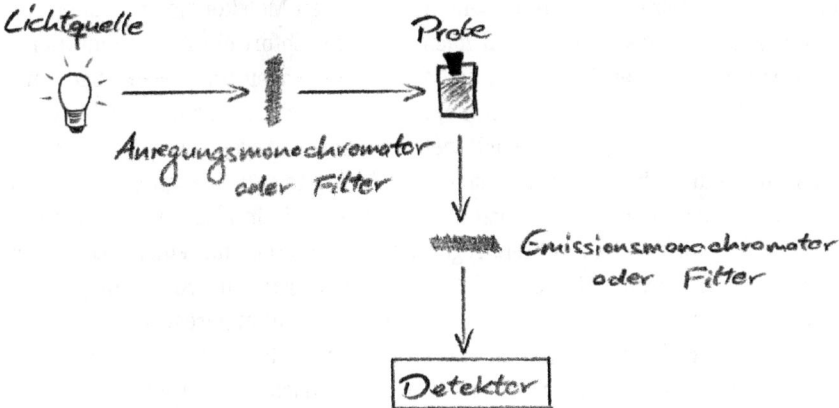

Abb. 5.67: Aufbau eines Fluoreszenz-Spektrometers.

Der in Abb. 5.67 gezeigte Aufbau ähnelt in vielfacher Hinsicht dem Aufbau eines Raman-Spektrometers, welchen wir in Lehreinheit 12 kennengelernt haben. Dies ist auch plausibel, da wir in beiden Fällen die Probe mit höherenergetischem Licht bestrahlen und anschließend von der Probe im Vergleich zum Anregungslicht rotverschobene emittierte Strahlung (Fluoreszenz bzw. Stokes-Streuung) detektieren. Entsprechend enthalten alle Fluoreszenz-Spektrometer die gleichen Grundkomponenten: eine Lichtquelle, eine Probenhalterung und einen Detektor, sowie optische Filter um das Anregungslicht und das rotverschobene detektierte Emissionslicht zu trennen.

5.7.2 Zeitaufgelöste Fluoreszenzspektroskopie

Wir haben bereits gesehen, dass die Geschwindigkeitskonstante der Fluoreszenz oder deren Kehrwert, die **Fluoreszenzlebensdauer**, entscheidend für die Quantenausbeute ist. Neben der einfachen spektroskopischen Konzentrationsbestimmung gehört daher die Messung von Fluoreszenzlebensdauern zu den wichtigen Standardmethoden in der fluoreszenzbasierten Analytik. Dies ist insbesondere deshalb interessant, weil die Fluo-

---

67 etwa ein markiertes Polymer in einer Matrix aus unmarkierten aber sonst gleichen Polymeren.

reszenzlebenszeit eines Fluoreszenzmoleküls stark von dessen Umgebung abhängt. Entsprechend kann uns diese Größe (und etwaige Änderungen derselben) dienen, um indirekt Aussagen über die Umgebung (und etwaige Änderungen darin) eines Moleküls treffen zu können. Diese Umgebung kann beispielsweise eine Bindungstasche eines Proteins sein oder das Innere einer Polymer-Mizelle oder ein biologisches Gewebe.

Wie messen wir Fluoreszenzlebenszeiten? Hierzu machen wir uns zunutze, dass die Emission eines Fluoreszenzphotons aus einem angeregten Molekül ein spontaner Prozess ist. Das bedeutet, dass ein Molekül nach Anregung sofort ein Photon emittieren kann oder erst nach einiger Zeit, wobei die Wahrscheinlichkeit für die sofortige Emission höher ist als die für eine Emission erst nach längerer Zeit. In einem Ensemble vieler angeregter Moleküle emittieren demnach viele direkt nach Anregung, weniger erst einige Zeit später, und noch weniger noch später. Somit ergibt sich eine mit der Zeit exponentiell abklingende Fluoreszenzintensität, etwa so, wie sie in Abb. 5.68 schematisch gezeichnet ist. Um dies nun zu messen, regen wir unsere Probe mit einem schwachen Lichtblitz an, so schwach, dass in den meisten Fällen dabei gar keine Anregung passiert. Nur etwa alle 1.000 Blitze wird überhaupt mal ein Molekül angeregt, und zwar mit hoher Wahrscheinlichkeit dann auch nur ein einziges in der Probe. Dessen Emission erfolgt spontan. Wir messen nun die Dauer davon indem nach dem Anregungsblitz eine Stoppuhr gestartet wird und diese stoppt, sobald das erste Photon beim Detektor ankommt (welches dann auch das einzige in der Probe ist, da wir ja nur ein einziges Molekül angeregt haben). Danach werden neue Anregungsblitze erzeugt, bis davon wieder ein einziges Molekül angeregt wird und dessen erstes (und einziges) Fluoreszenzphoton beim Detektor ankommt. Das Ergebnis dieser Prozedur wird sein, dass viele Photonen sofort bzw. nach nur kurzer Verweilzeit im angeregten Zustand den Detektor erreichen und nur wenige erst später, nach längerer Verweilzeit. Wegen der Ergodizität unseres Systems entspricht die Zeitstatistik, die wir damit für einzelne Moleküle erhalten, genau der exponentiellen Abklingkurve der Intensität in einem Vielteilchen-Ensemble. Und diese ist uns damit eben auf diese Weise zugänglich. Oft geben wir als charakteristische Größe nur die Zeit τ an, in der die exponentielle Abklingkurve auf einen Restanteil von $\frac{1}{e}$ der Ausgangsintensität gesunken ist. Wir bezeichnen diese Größe gemeinhin als **Fluoreszenzlebensdauer**. Für viele Fluoreszenzfarbstoffe liegt sie im Bereich einiger weniger Nanosekunden, typischerweise umso kürzer je polarer der Farbstoff und das umgebende Medium ist. Bei der hier dargelegten Messmethode der zeitkorrelierten Zählung einzelner emittierter Photonen (engl. *time-correlated single photon counting*, TCSPC) wird die Probe daher typischerweise mit einem Laserpuls sehr kurzer Dauer (200 ps) periodisch mit einer Frequenz von 10 MHz (d. h. also in Abständen von 100 ns) angeregt. Benutzen wir für diese Art der Detektion ein Fluoreszenzmikroskop, so lässt sich sogar quasi eine dreidimensionale hochaufgelöste Landkarte der Fluoreszenzlebensdauern erstellen (engl. *Fluorescence-Lifetime Imaging Microscopy*, FLIM). Da uns diese, wie eingangs gesagt, etwas über die chemischen Umgebungen der Farbstoffe sagen, sind eben diese hiermit abbildbar.

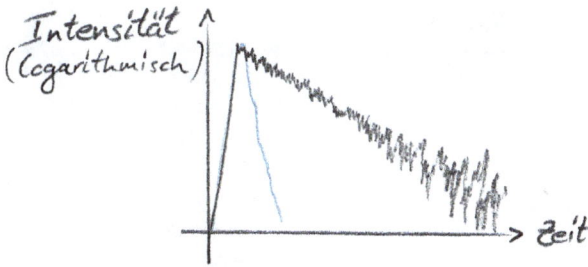

Abb. 5.68: Fluoreszenzabklingkurve mit monoexponentiellem Abfall und instrumentelle zeitliche Auflösungsfunktion welche für eine streuende Probe ohne Fluorophore gemessen wurde („Lampenpuls", blau).

5.7.3 Fluoreszenz-Resonanz Energie Transfer (FRET)

In der Fluoreszenzspektroskopie messen wir Fluoreszenzintensitäten und deren Lebenszeiten und gewinnen dadurch Rückschlüsse auf die Beschaffenheit und Umgebung von Fluoreszenzmolekülen. Beides kann sich ändern, wenn sich in der Umgebung weitere Fluoreszenzmoleküle befinden, zu denen **Energie-Übertragung** möglich ist. Genau dies lässt sich wiederum ausnutzen, um solche Prozesse *bewusst* ablaufen zu lassen, um dann über ihr Ausmaß Rückschlüsse über das System ziehen zu können in denen sie stattfinden; beispielsweise im Hinblick auf nanoskalige Abstände, etwa die zwischen den Enden einer Polymerkette oder die Dicke einer Membran. Die dazu verwendete Fluoreszenz-spektroskopische Messmethode, welche auf dem sogenannten **Fluoreszenz-Resonanz Energie Transfer (FRET)** oder auch **Förster-Transfer** genannten Prozess beruht, wird dabei häufig als molekulares Lineal (engl. *molecular ruler*) bezeichnet. Dies hängt damit zusammen, dass aus dem Messsignal intermolekulare Abstände im Bereich weniger Nanometer sehr präzise und genau bestimmt werden können.

Unter bestimmten Bedingungen kann ein Fluorophor seine absorbierte Lichtenergie als **Donor** auf ein anderes Fluorophor in der Umgebung, das als **Akzeptor** wirkt, über eine Wechselwirkung der zugehörigen elektrischen Dipolmomente übertragen. Voraussetzung dafür ist, dass die Absorptions- und Emissionsspektren der beiden Partner passenden Überlapp haben, wie in Abb. 5.69 gezeigt ist.

Eine Quantifizierung dieser Effizienz ergibt sich aus der Anzahl der Energietransfers pro Zeiteinheit im Verhältnis zu den in der gleichen Zeiteinheit erfolgenden Anregungen des Donors, was sich auch über das Verhältnis der entsprechenden Geschwindigkeitskonstanten ausdrücken lässt.

$$E = \frac{k_{ET}}{k_D + k_{ET} + k_1 + k_2 + \ldots} \tag{286}$$

Hierbei ist k_{ET} die Rate des Energietransfers über den Förster-Mechanismus, k_D die Fluoreszenz-Emissionsrate des Donors, und $k_1, k_2, \ldots$ alle weiteren nicht näher spezifi-

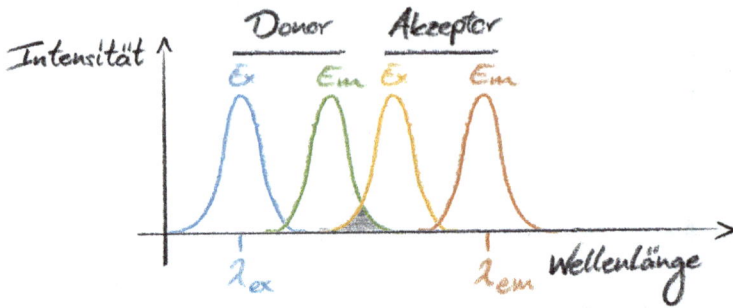

Abb. 5.69: Absorptions- und Emissionsspektrum für ein FRET-zeigendes Donor–Akzeptor Paar.

zierten Prozesse außer den bereits Genannten beiden. Im Folgenden werden wir die Beiträge von k_1, k_2 etc. vernachlässigen.

k_{ET} hängt nun sowohl von der Fluoreszenz-Emissionsrate des Donors k_D als auch vom Abstand r zwischen Donor und Akzeptor ab, wobei der Parameter R_0 eine systemspezifische Größe, der sogenannte **Förster-Radius**, ist.

$$k_{ET} = k_D \cdot \frac{R_0^6}{r^6} \qquad (287)$$

Da der Abstand in Gl. 287 zur sechsten Potenz eingeht, ist die Effizienz des Förster-Transfers sehr empfindlich auf geringe Änderungen der intermolekularen Abstände von Donor und Akzeptor. Daher wird eine sehr gute Längenauflösung derartiger Abstände im Bereich von Nanometern ermöglicht. Der sogenannte Förster-Radius entspricht hierbei gerade dem Abstand, für den k_{ET} und k_D identisch sind, und somit eine Effizienz des Förster-Transfers von näherungsweise 50% vorliegt.

Fassen wir die beiden Gleichungen 286 und 287 zusammen, so können wir die Effizienz des Förster-Transfers auch wie folgt ausdrücken:

$$E = \frac{1}{1 + \frac{r^6}{R_0^6}} = 1 - \frac{F}{F_0} \qquad (288)$$

Hierbei ist F_0 die Fluoreszenz einer reinen Donor-Lösung, und F die bei Anwesenheit des Akzeptors verringerte Donor-Fluoreszenz. Entsprechend wird die Fluoreszenzintensität einer Donor-Lösung ohne und mit Akzeptor gemessen und hieraus anschließend der Abstand der beiden Farbstoffmoleküle berechnet, wobei der Förster-Radius in diesem Fall bekannt sein muss.

Da der Förster-Transfer zur Auslöschung der Donor-Fluoreszenz führt, falls sich ein Akzeptor in einem Abstand von wenigen Nanometern befindet, können wir diesen Vorgang auch als **Quenching** der Donor-Fluoreszenz bei einer Assoziation von Donor- und Akzeptormolekülen in einer verdünnten Lösung der beiden Farbstoffe betrachten. Ohne Assoziation erfolgt in diesem Fall kein Förster-Transfer und somit auch kein Quenching der Donor-Fluoreszenz, da die Abstände deutlich größer als die erforderlichen 10 nm sind. Dieser Zusammenhang wird durch die **Stern–Vollmer Gleichung** beschrieben:

$$\frac{F_0}{F} = 1 + K_{SV} \cdot c_Q \tag{289}$$

Hierbei ist K_{SV} die sogenannte Stern–Vollmer Konstante, die wir wie gerade geschildert auch als Assoziationskonstante des Donor–Akzeptor Paares verstehen können, und c_Q die Konzentration des Quenchers der Donor-Fluoreszenz, in diesem Fall des Akzeptors. Gl. 289 bildet die Grundlage für den in Abb. 5.70 gezeigten Stern–Vollmer Plot, aus dessen Steigung sich die Assoziationskonstante und entsprechend als deren Kehrwert die Dissoziationskonstante des Donor–Akzeptor Paares ergibt.

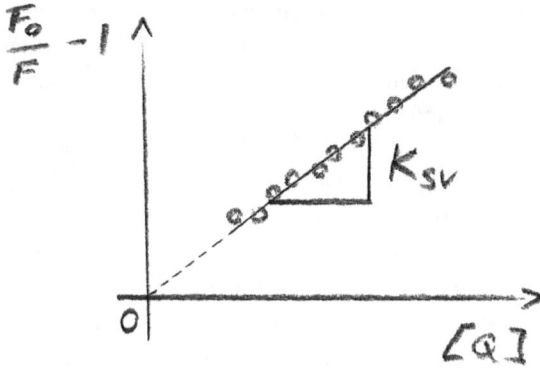

Abb. 5.70: Stern–Vollmer Plot des Quenchings der Donor-Fluoreszenz in Abhängigkeit von der Akzeptorkonzentration (hier: Quencherkonzentration [Q]).

Wie wir sehen, können wir die auf der Fluoreszenzspektroskopie basierenden Messungen zum FRET-Mechanismus nicht nur zur Bestimmung nanoskopischer intermolekularer Abstände, sondern auch zur Bestimmung chemischer Gleichgewichtskonstanten für die Dissoziation von Molekülen benutzen.

Eine alternative Methode, um den Förster-Energietransfer zu quantifizieren, ist über die Fluoreszenzlebenszeit. In Gegenwart von Akzeptoren zerfällt der angeregte Zustand eines Donors neben der eigenen Fluoreszenz eben auch über den Energietransfer; die zeitliche Abklingfunktion wird damit biexponentiell. Das Ausmaß der beiden Zerfallsraten in eben diesem biexponentiellen Prozess gibt dann Rückschlüsse auf die Energietransfer-Effizienz. Oft ist diese Form der Messung sogar genauer als die über die Fluoreszenzintensitäten; zumal letztere nicht als Absolutgrößen zugänglich sind, sondern immer auch von der Anregungslichtstärke und weiteren Eingangsgrößen abhängen.

5.7.4 Fluorescence Recovery after Photobleaching (FRAP)

Durch Fluoreszenzspektroskopie können wir viele Aussagen über die Beschaffenheit fluoreszierender Moleküle machen. Zeitaufgelöste Messungen der Fluoreszenzlebenszeit liefern uns sogar indirekte Aussagen über deren lokale Umgebung. Ist Energietransfer möglich, so können wir damit selbst molekulare Abstände quantifizieren. Eine weitere interessante Information ist überdies, Aussagen über die *Beweglichkeit* fluoreszierender oder fluoreszenzmarkierter Spezies zu bekommen. Konkret heißt das beispielsweise, deren **Diffusionskoeffizienten** zu messen. Auch hierfür bieten Fluoreszenzmethoden vielerlei Möglichkeiten. Sie zielen im Wesentlichen darauf ab, die zeitliche Entwicklung der Fluoreszenz in einem interessierenden Probenvolumen bekannter oder messbarer Größe und Form zu bestimmen.

In den letzten Jahrzehnten hat sich hierzu vor allem die Methode der Fluoreszenzrückkehr nach dem Photobleichen (engl. *Fluorescence Recovery After Photobleaching*, **FRAP**) zu einem wichtigen Werkzeug entwickelt, um das Diffusionsverhalten von geeignet markierten Tracermolekülen in einer unmarkierten Umgebung quantitativ zu untersuchen. Anwendungen davon finden sich beispielsweise in der pharmakologischen Wirkstoffforschung, der Biophysik und der Polymerchemie. Das Messprinzip der FRAP-Methodik basiert auf dem irreversiblen Ausbleichen eines Fluoreszenzfarbstoffes innerhalb einer definierten Region der zu untersuchenden Probe mittels eines kurzzeitigen hochintensiven Laserpulses.[68] Der Austausch von gebleichten und ungebleichten Molekülen aus der Umgebung über diffusiven Materietransport führt dann zu einer zeitlichen Verschmierung des Bleichmusters (und damit zur Rückkehr der Fluoreszenz innerhalb des ausgebleichten Gebiets), welche durch Anregung mit einem deutlich abgeschwächten Laserstrahl (zur Vermeidung weiteren Bleichens) quantitativ verfolgt werden kann. Der Diffusionskoeffizient ergibt sich dann aus der zeitlich und örtlich aufgelösten Quantifizierung dieses Prozesses.

Nutzen wir für das geschilderte FRAP-Verfahren ein **konfokales Laser Scanning Mikroskop**, so können wir den Vorgang hochaufgelöst auf Längenskalen von wenigen Mikrometern verfolgen. Den bei der FRAP-Methode studierten Diffusionsprozessen liegt die Diffusionsgleichung (2. Ficksches Gesetz) 290 zugrunde:

---

68 Photochemisch verstehen wir unter dem Begriff „Bleichen" die Summe aller Prozesse, die zum Ausbruch aus dem Jablonski-Schema aus Abb. 5.65 führt. Typischerweise ist damit eine chemische Veränderung der fluoreszierenden Moleküle gemeint, sodass sie danach nicht mehr wie vorher angeregt werden und fluoreszieren können; sie sind damit aus dem Anregungs–Emissions Zyklus ausgebrochen und demnach eben dann „dunkel" – oder „gebleicht". Ein ganz typischer Mechanismus dafür ist Photo-Oxidation durch Luftsauerstoff. In den meisten Fällen ist der langlebige Triplettzustand hierfür der Ausgangszustand, weil dessen Lebenszeit lang genug ist, sodass ein darin befindliches Fluoreszenzmolekül während der Zeit seiner Anregung auf ein umgebendes Sauerstoffmolekül treffen kann und dann aus dem angeregten Zustand heraus photo-oxidiert wird. Damit ändert sich dessen elektronische Struktur (typischerweise werden vormals ausgedehnte π-Elektronensysteme dadurch unterbrochen), wodurch das Molekül danach nicht mehr fluoresziert.

$$\frac{\partial c(r,t)}{\partial t} = D \cdot \nabla^2 c(r,t) \tag{290}$$

Hierbei bezeichnet c die Konzentration der betrachteten Spezies und D den Diffusionskoeffizienten. Gleichung 290 gilt in dieser Form für die Diffusion in einer isotropen Umgebung in 1–3 Dimensionen, und die entsprechende Lösung für die zeitliche Entwicklung der lokalen Konzentration $c(r,t)$ ergibt sich aus den jeweiligen Anfangs- und Randbedingungen. Für den einfachsten Fall der Diffusion aus einer unendlich schmalen Punkt-, Linien- oder Flächenquelle heraus in ein unendlich ausgedehntes Medium erhalten wir:

$$c(r,t) = \frac{M}{(4 \cdot \pi \cdot D \cdot t)^{d/2}} \cdot e^{\left(-\frac{r^2}{4 \cdot D \cdot t}\right)} \tag{291}$$

Hierbei steht r für den Abstand vom Zentrum der Diffusionsquelle, und M im Fall einer Diffusion in drei Raumdimensionen für die Gesamtmenge der diffundierenden Spezies, während M in ein oder zwei Dimensionen einer Substanzmenge pro Flächeneinheit bzw. pro Längeneinheit entspricht. d bezeichnet die Dimensionalität der untersuchten Diffusionsvorgänge.

Gleichung 291 beschreibt eine Gauss-Kurve mit charakteristischer Breite, welche von der zurückgelegten Diffusionsstrecke der Moleküle und damit von der Beobachtungszeit und dem Diffusionskoeffizienten abhängt. Mit der Zeit werden diese Kurven flacher und breiter, wie in Abb. 5.71 visualisiert.

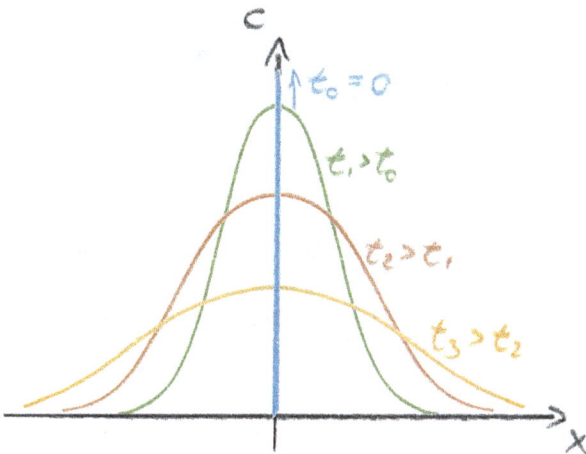

Abb. 5.71: Grafische Darstellung der Lösung des zweiten Fickschen Gesetzes (gemäß Gl. 291) für den Fall einer eindimensionalen Diffusion in x-Richtung.

Der Vorfaktor und damit das Maximum der Gauss-Kurve hängt in seiner zeitlichen Entwicklung von der Dimensionalität und der Probenmenge M ab und eignet sich daher direkt zur Bestimmung dieser beiden Parameter, während der Diffusionskoeffizient unabhängig auch aus der zeitlichen Verbreiterung der Kurve zugänglich ist.

Bei einem FRAP-Experiment haben wir es nun im Prinzip mit einer umgekehrten Gauss-Kurve zu tun, da durch den Bleichvorgang fluoreszierende Moleküle aus der beobachteten Region quasi entfernt werden und somit im Hinblick auf unser Signal, die Fluoreszenz, die ja der Konzentration proportional ist (insofern diese gering ist und kein Quenching auftritt), im Vergleich zur Umgebung ein „Loch" entsteht. Wir können das aber durch dieselbe Gleichung beschreiben, indem wir einfach ein Minus davor schreiben; oder zulassen, dass der Vorfaktor (die Gauss-Amplitude) eben negative Werte annimmt. Abbildung 5.72 zeigt solche Gauss-Profile der gebleichten Fluoreszenzintensität und deren zeitliche Entwicklung in einem FRAP-Experiment.

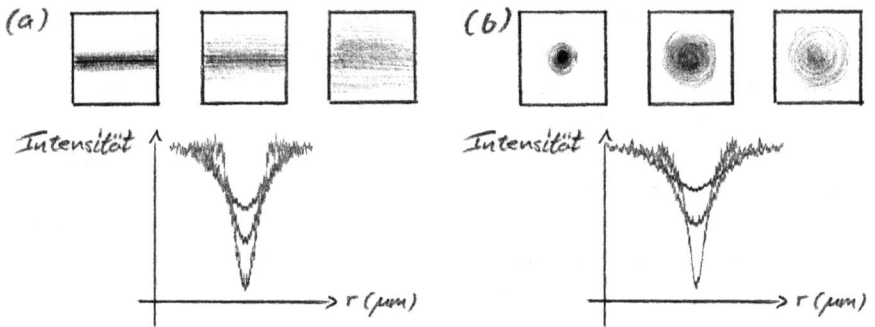

Abb. 5.72: Schnittbilder der Fluoreszenzintensität sowie daraus ermittelte Gauss-Profile (a) in einer gebleichten Probe in einem FRAP-Experiment im Fall eindimensionaler Diffusion durch Bleichen eines Linienmusters in die Schnittebene und (b) im Fall zweidimensionaler Diffusion durch Bleichen eines Punktmusters in die Schnittebene.

Nutzen wir für das Bleichen nun ein konfokales Laser Scanning Mikroskop mit geeignetem Objektiv, so lassen sich Regionen mit definierter Geometrie innerhalb der Probe ausbleichen, welche im Idealfall dem Fall der eindimensionalen Diffusion (ausgebleichte Fläche in der 3d-Probe, entspricht einem Linienmuster in einer 2d-Schnittebene senkrecht dazu), dem Fall der zweidimensionalen Diffusion (ausgebleichte Linie in der 3d-Probe, entspricht einem Punktmuster in einer 2d-Schnittebene senkrecht dazu), oder dem Fall der dreidimensionalen Diffusion (ausgebleichter Punkt in der 3d-Probe) nahekommen. Entsprechend können wir die Diffusionsgleichung 290 analytisch lösen und erhalten:

$$I(r,t) = I_0 - \frac{M}{(4 \cdot \pi \cdot D \cdot t)^{d/2}} \cdot e^{\left(-\frac{r^2}{4 \cdot D \cdot t}\right)} = I_0 - A(t) \cdot e^{\left(-\frac{r^2}{2 \cdot w^2}\right)} \tag{292}$$

I steht hier für die gemessene Fluoreszenzinzensität zum Zeitpunkt t nach dem Bleichen im Abstand r vom Zentrum der gebleichten Region. M entspricht nun formal der verringerten Fluoreszenzintensität im Vergleich zur ungebleichten Umgebung und damit direkt der Menge an ausgebleichten Fluorophoren. w ist die Breite der Gauss-Funktion und I_0 die Fluoreszenzintensität des Hintergrunds, d. h. für sehr große Abstände r zur ausgebleichten Region.

Den Diffusionskoeffizienten D können wir anhand von Gl. 292 nun sowohl aus der Zeitabhängigkeit des Vorfaktors als auch aus der des Exponenten der Gauss-Funktion bestimmen. Für den Exponenten ergibt sich analog zu Gl. 291:

$$w^2 = 2 \cdot D \cdot t \tag{293}$$

Tragen wir daher die Breite w der Gauss-Funktionen für eine sukzessive Messreihe von Fluoreszenzintensitätsprofilen, welche wir aus entsprechenden Mikroskopieaufnahmen entnehmen, quadratisch gegen die Zeit t auf, so sollten wir eine Ursprungsgerade mit der Steigung $2 \cdot D$ erhalten.

Die zeitliche Entwicklung des Vorfaktors $A(t)$ ergibt sich ihrerseits zu:

$$A(t) = \frac{M}{(4 \cdot \pi \cdot D)^{d/2}} \cdot t^{-d/2} \tag{294}$$

Diese Gleichung können wir auch logarithmisch darstellen und erhalten:

$$\log(A(t)) = -\frac{d}{2} \cdot \log t + \log \frac{M}{(4 \cdot \pi \cdot D)^{d/2}} = -\frac{d}{2} \cdot \log t + K \tag{295}$$

Tragen wir entsprechend den Vorfaktor A in doppelt logarithmischer Darstellung gegen die Zeit t auf, so sollten wir eine Gerade mit der Steigung $-\frac{d}{2}$ erhalten, was uns erlaubt die Dimensionalität der beobachteten Diffusionsprozesse abzuleiten.

Wie sieht nun eine solche Datenanalyse praktisch aus? Abbildung 5.73 zeigt typische Formen der Anpassung von Messdaten entsprechend der obigen Gleichungen 293 und 295. Wir sehen, dass die Daten nicht so ganz unseren Erwartungen entsprechen: Die Auftragung von w^2 gegen t ergibt keine Ursprungsgerade (a), und die doppelt logarithmische Auftragung von A gegen t verläuft nur im hinteren Bereich linear (b).

Diese Abweichungen lassen sich darauf zurückführen, dass im realen Experiment die Anfangsbedingungen für eine Diffusion definierter Dimensionalität nur näherungsweise realisiert werden können. Für den zweidimensionalen Fall beispielsweise erhalten wir direkt nach dem Bleichen ($t = 0$) statt einer unendlich dünnen Linie einen Strich mit endlicher Breite. Zusätzlich erfordert der Bleichprozess eine gewisse Zeit, während der aber bereits die Diffusion einsetzt, was zu einer weiteren Verbreiterung des Ausgangsprofils führt. Letzteres spielt besonders für schnelle Diffusionsprozesse eine entscheidende Rolle. Die Verbreiterung des Ausgangsprofils limitiert dann

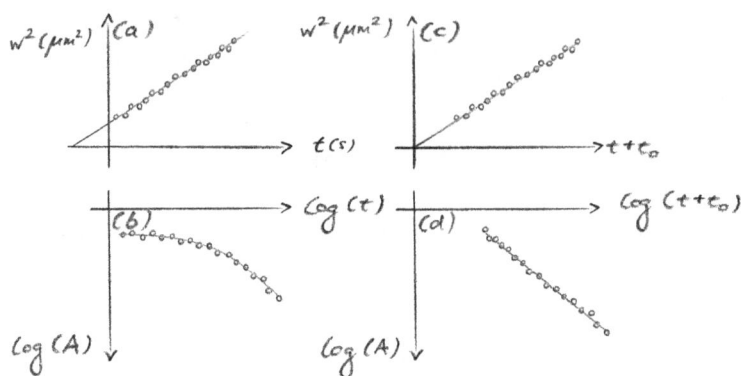

Abb. 5.73: Auftragungen von w^2 vs. t und log(A) vs. log(t) für die in einem FRAP-Experiment erhaltenen Gauss-förmigen Fluoreszenz-Intensitätsprofile, wie sie beispielhaft in Abb. 5.72 skizziert sind. (a) & (b) zeigen die Originaldaten mit Abweichungen vom erwarteten Verlauf. Einführen einer geeigneten Zeitverschiebung t_0 ergibt den erwarteten Verlauf in (c) & (d).

aber die Ortsauflösung unseres FRAP-Experiments. Die geschilderten Effekte lassen sich jedoch vergleichsweise leicht kompensieren, indem wir einfach die Zeitskala der Messung geeignet um eine Zeit t_0 verschieben; formal reisen wir quasi zurück in die Zeit vor dem tatsächlichen Bleichvorgang und modellieren damit das Experiment auf ein idealisiertes unendlich schmales Ausgangsprofil. Hierbei haben wir entsprechend der Gleichungen 293 und 295 zwei voneinander unabhängige Kriterien zur Hand, um die Verschiebung der Zeitskala konsistent bestimmen zu können. Praktisch gehen wir in zwei Schritten wie folgt vor:

(1) Wir bestimmen zunächst t_0 aus der Auftragung w^2 gegen t, welche sich dort einfach direkt aus dem Schnittpunkt der nach links extrapolierten Geraden mit der t-Achse ergibt.

(2) Zur Feinabstimmung plotten wir dann log($A(t)$) gegen log($t + t_0$) und passen t_0 dann noch iterativ so an, dass wir einem linearen Verlauf gemäß Gl. 295 möglichst nahe kommen.

Die entsprechend korrigierten Auftragungen finden Sie gleichfalls in Abb. 5.73; hier ergeben sich dann die erwarteten Verläufe einer Ursprungsgerade im w^2-t Plot (c) und einer Geraden im doppelt logarithmischen Plot von $A(t)$ gegen t (d). Aus den Steigungen können wir den Diffusionskoeffizienten und die Diffusions-Dimensionalität bestimmen.

Wir können das Verfahren sogar noch erweitern. Da Gl. 292, die ja auf Gl. 291 basiert, eine Lösung einer Differenzialgleichung (nämlich der Diffusionsgleichung Gl. 290) ist, sind auch Superpositionen hiervon Lösungen. Das bedeutet, dass wir auch mehrere Diffusionsprozesse die parallel ablaufen durch geeignete Anpassung der Messdaten an entsprechende superpositionierte Lösungsgleichungen quantifizieren können. Wir könnten es mit so etwas beispielsweise zu tun haben, wenn die diffundierenden Moleküle sowohl solo als auch in Form von Aggregaten diffundieren, oder wenn wir es mit einer markierten Spezies mit einer Größenverteilung zu tun haben, beispielsweise Polymeren oder Kolloidpartikeln.

5.7.5 Fluoreszenz-Korrelationsspektroskopie (FCS)

Auch die Fluoreszenz-Korrelationsspektroskopie (engl. *fluorescence correlation spectroscopy*, **FCS**) stellt eine wichtige Methode zur Bestimmung der Mobilität fluoreszierender Spezies dar. Sie basiert auf einem Fluoreszenzmikroskop und der zeitlichen Bestimmung der Anzahl Fluorophore, die sich in einem äußerst kleinen Probenvolumen aufhalten, das durch guten mikroskopischen Fokus nur ca. 1 μm^3 umfasst. Idealerweise ist die Probe so verdünnt, dass diese Anzahl bloß eins oder null beträgt, d. h. im Mittel hält sich in unserem Detektionsvolumen entweder gar kein oder nur ein einziges Fluoreszenzmolekül auf. Da nun ständig Fluorophore aus der Umgebung in das Messvolumen hinein- und hinausdiffundieren, fluktuiert die detektierte Fluoreszenzintensität darin zeitlich. Abbildung 5.74 illustriert dieses Prinzip. Eben aus dieser zeitlichen Schwankung lässt sich dann direkt die Mobilität der fluoreszierenden Spezies bestimmen. Bei dieser Methode ist die bereits erwähnte hohe Detektionsempfindlichkeit

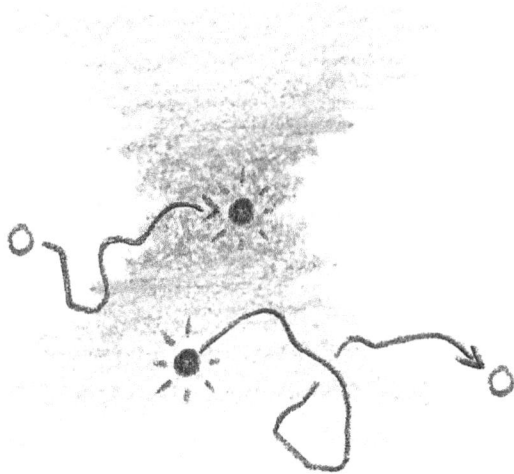

Abb. 5.74: Messprinzip in der Fluoreszenz-Korrelationsspektroskopie: Die stetige Ein- und Ausdiffusion einzelner Moleküle in einem sehr kleinen, fokussierten Laserstrahl-Volumen sorgt darin für eine stetige Fluktuation der Fluoreszenzintensität. Zeitliche Autokorrelation der fluktuierenden Intensität liefert die mittlere Verweilzeit der Fluorophore im Volumen, woraus sich bei bekannter Größe des Volumens auf den Diffusionskoeffizienten schließen lässt.

der Fluoreszenzspektroskopie besonders wichtig, um eben auch die Emission von einzelnen Fluorophoren in einer nanomolaren Lösung messtechnisch erfassen zu können.

Um die Mobilität der Fluorophore zu bestimmen, müssen wir nur quantifizieren, wie lange sich ein solches im Mittel im Probenvolumen aufhält; zusammen mit der bekannten räumlichen Ausdehnung des Probevolumens gibt uns das einen Diffusionskoeffizienten. Um die mittlere Aufenthaltsdauer zu quantifizieren, wird einfach die zeitliche **Autokorrelationsfunktion** der Fluktuationen der Fluoreszenzintensität, $\Delta F(t)$, im Probenvolumen entsprechend berechnet:

$$\Delta F(t) = F(t) - \langle F(t) \rangle \tag{296}$$

$$G(\tau) = \frac{\langle \Delta F(t) \cdot \Delta F(t+\tau) \rangle}{\langle F(t)^2 \rangle} \tag{297}$$

Hierbei bezeichnet $\langle F(t) \rangle$ die im zeitlichen Mittel gemessene Fluoreszenzintensität, und $\Delta F(t)$ bzw. $\Delta F(t+\tau)$ die zum Zeitpunkt t bzw. zu einem um τ späteren Zeitpunkt $t+\tau$ gemessene Schwankung der Fluoreszenzintensität, mit τ der sogenannten **Korrelationszeit**.

Intensitätsschwankungen können hierbei nun prinzipiell auf zwei verschiedene Weisen zustande kommen: (i) die Fluorophore bewegen sich durch Diffusion oder Strömung in das konfokale Volumen hinein und wieder aus diesem heraus. (ii) Innerhalb des konfokalen Volumens finden überdies lokale chemische Prozesse statt. Diese beiden Vorgänge lassen sich unterscheiden, wenn die Größe des konfokalen Volumens variiert wird, da dies nur auf die unter (i) beschriebenen Vorgänge einen Effekt hat, während lokale Prozesse ((ii)) unabhängig von der Größe des konfokalen Volumens stets das gleiche zeitliche Fluktuationsmuster zeigen.

Für eine rein diffusive Bewegung der Fluorophore ergibt sich in der FCS eine monoton abklingende Korrelationsfunktion, wie in Abb. 5.75 gezeigt. Die dargestellte Autokorrelationsfunktion können wir im Fall diffundierender Fluoreszenzmoleküle analog zur Vorgehensweise bei der FRAP-Methode wiederum direkt aus dem 2. Fickschen Gesetz ableiten:

$$\frac{\partial c(r,t)}{\partial t} = D \cdot \nabla^2 c(r,t) \tag{298}$$

$$G(\tau) = \frac{1}{N} \cdot \left[1 + \frac{\tau}{\tau_D}\right]^{-1} \cdot \left[1 + \frac{\tau}{\tau_D} \cdot \left(\frac{r_0}{z_0}\right)^2\right]^{-\frac{1}{2}} \tag{299}$$

Hierbei entspricht N der mittleren Anzahl der Fluoreszenztracer innerhalb des konfokalen Volumens. Beachten Sie, dass entsprechend Gl. 299 die Amplitude der Korrelationsfunktion, d. h. der Wert für Korrelationszeiten gegen 0, gerade $\frac{1}{N}$ entspricht. Daher ist die Qualität des FCS-Signals umso besser und damit auch die Bestimmbarkeit der Fluorophor-Mobilität umso genauer, je näher N am bestmöglichen Wert 1 ist, was für nano-

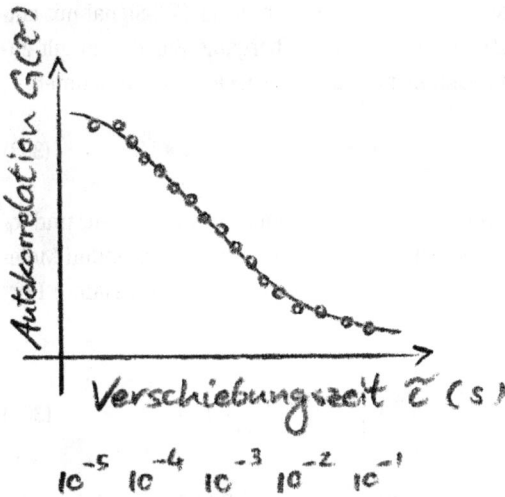

Abb. 5.75: Autokorrelationsfunktion für die diffusive Bewegung eines Farbstoffs (wie etwa Rhodamin 6G) in Wasser.

molare Lösungen der Fall ist. r_0 ist der laterale Radius des konfokalen Volumens, z_0 dessen maximale Ausdehnung in der Vertikalen. Entsprechend ergibt sich das konfokale Volumen als

$$V_0 = \pi^{\frac{3}{2}} \cdot r_0{}^2 \cdot z_0 \tag{300}$$

Die Zeit, welche die Fluorophore sich im Mittel im konfokalen Volumen aufhalten, hängt direkt mit der Ausdehnung des Volumens sowie mit der Mobilität, d. h. dem Diffusionskoeffizienten, zusammen:

$$\tau_D = \frac{r_0^2}{4 \cdot D} \tag{301}$$

Gemäß der **Stokes–Einstein Gleichung** hängt der Diffusionskoeffizient mit dem hydrodynamischen Radius der Fluoreszenztracer, der Temperatur der Lösung sowie der Viskosität des Lösungsmittels zusammen.

$$D = \frac{k_B \cdot T}{6 \cdot \pi \cdot \eta \cdot R_h} \tag{302}$$

Das konfokale Volumen wird in der FCS im Allgemeinen durch Kalibrierung mit Spezies bekannter Mobilität bestimmt. Anschließend lässt sich dann mit den beiden Gleichungen 301 und 302 aus dem gemessenen Diffusionskoeffizienten D auch der hydrodynamische Radius R_h einer beliebigen Probe, oder alternativ die eingeschränkte Diffusion in einer strukturierten Matrix wie beispielsweise die Bewegung fluoreszierender Nanopartikel in vernetzten Polymergelen, quantitativ bestimmen.

Nun wollen wir noch einen reversiblen lokalen Prozess in unser FCS-Signal mit einbeziehen; etwa den oftmals gleichsam möglichen Triplett-Übergang. Für diesen gilt zunächst, falls wir einen unimolekularen Reaktionsmechanismus 1. Ordnung annehmen:

$$G_R(\tau) = 1 + \frac{F}{1-F} \cdot e^{-k_R \cdot \tau} \tag{303}$$

mit F der Fraktion der Fluorophore welche kein Fluoreszenzlicht emittieren, und k_R der charakteristischen Geschwindigkeitskonstante mit der die fluoreszierenden Moleküle (reversibel) in den nicht-fluoreszierenden Zustand übergehen. Die gesamte Korrelationsfunktion ergibt sich dann als Produkt von Gl. 299 und Gl. 303.

$$G(\tau) = \frac{1}{N} \cdot \left[1 + \frac{\tau}{\tau_D}\right]^{-1} \cdot \left[1 + \frac{\tau}{\tau_D} \cdot \left(\frac{r_0}{z_0}\right)^2\right]^{-\frac{1}{2}} \cdot \left[1 + \frac{F}{1-F} \cdot e^{-k_R \cdot \tau}\right] \tag{304}$$

Der zusätzliche lokale Prozess ist im Allgemeinen deutlich schneller als die zeitliche Veränderung der Fluoreszenz durch Diffusion, und führt somit in der Korrelationsfunktion zu einer vorgelagerten Stufe und hinsichtlich der Amplitude zu Werten deutlich größer 1, wie in Abb. 5.76 gezeigt ist.

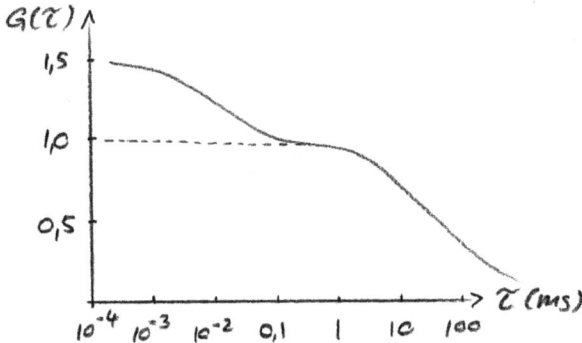

Abb. 5.76: Autokorrelationsfunktion für die Überlagerung einer rein diffusiven Bewegung (gestrichelt) mit einem lokalen Prozess.

Wir können also dem FCS-Signal meist direkt ansehen, ob es durch einen rein diffusiven Prozess zustande kommt oder nicht. Neben der Bestimmung der Fluorophormobilität im Sinne einer eher rein physikalischen Fragestellung lassen sich mittels FCS aber auch chemische Reaktivitäten bestimmen, indem wir eine Probe untersuchen, bei der ein fluoreszierendes Molekül in einer chemischen Reaktion an ein Zielmolekül bindet und sich damit die in der FCS mit sehr hoher Empfindlichkeit detektierbare Mobilität charakteristisch verändert. Dieses Verfahren wird beispielsweise auch in der pharmazeutischen Forschung angewandt, bei der entsprechend ein fluoreszenzmarkierter Wirkstoff zusammen mit einer möglichen Zielstruktur (Target) untersucht wird: kommt es zu einer

Wechselwirkung zwischen Tracer und Target, so ändert sich entsprechend die in der FCS gemessene Mobilität.

DAS WICHTIGSTE IN KÜRZE

!

- **Quantenausbeute** bezeichnet das Verhältnis der Anzahl emittierter zur Anzahl aufgenommener Photonen. Sie kann auch als Funktion der Geschwindigkeitskonstanten für die Lichtemission k_1 und der strahlungslosen Übergänge k_2 ausgedrückt werden.
- Fluoreszenz ist gegenüber der Absorption im Allgemeinen rotverschoben (**Stokes-Shift**). Schwingungsaufgelöste Absorptions- und Fluoreszenzspektren sehen fast **spiegelbildlich** aus (*mirror image rule*), da die Schwingungszustände im elektronischen Grundzustand S_0 und im angeregten Zustand S_1 sehr ähnlich sind.
- In der Fluoreszenzspektroskopie ist das Signal lediglich durch die Empfindlichkeit des Detektors limitiert, weshalb auch Konzentrationen bis hinunter zu 10^{-12} molar noch messbar sind. Die hohe **Empfindlichkeit** der Fluoreszenz selbst bei extrem verdünnten Proben macht sie wichtig für die Analytik, beispielsweise im biomedizinischen Bereich.
- Es gibt eine ganze Reihe wichtiger fluoreszenzbasierter Methoden: In Kombination mit einem konfokalen Fluoreszenz-Mikroskop lässt sich eine dreidimensionale hochaufgelöste Landkarte der Fluoreszenzlebensdauern ermitteln. Der **Fluoreszenz-Resonanz Energie Transfer** (**FRET**) oder auch Förster-Transfer ermöglicht eine Längenauflösung von Abständen im Bereich von Nanometern. Die Methode der **Fluoreszenzrückkehr nach dem Photobleichen (FRAP)** erlaubt das Quantifizieren von Transportprozessen auf mikroskopischen Längenskalen, ebenso wie die **Fluoreszenz-Korrelationsspektroskopie (FCS)**.

? VERSTÄNDNISFRAGEN

1. **Was verstehen wir unter Fluoreszenzquantenausbeute?**
   a) Die Anzahl an emittierten Photonen
   b) Die Anzahl an absorbierten Photonen
   c) Die Differenz der absorbierten und der emittierten Photonen
   d) Das Verhältnis der emittierten und der absorbierten Photonen

2. **Wieso sieht ein Fluoreszenzspektrum fast wie das Spiegelbild des Absorptionsspektrums aus?**
   a) Weil dieselben quantenchemischen Zustände beteiligt sind.
   b) Weil die Schwingungszustände des elektronischen Grundzustands in der Regel denen des angeregten Zustands ähneln.
   c) Reiner Zufall, es gibt auch viele Gegenbeispiele.
   d) Weil es sich um quantenchemisch erlaubte Übergänge mit definierten Übergangsmomenten handelt.

3. **Wie lassen sich Fluoreszenz und Phosphoreszenz unterscheiden?**
   a) Gar nicht
   b) Aufgrund der unterschiedlichen Farben des emittierten Lichts
   c) Aufgrund der unterschiedlichen Zeitskalen der Emission
   d) Aufgrund der unterschiedlichen Intensitäten des emittierten Lichts

4. **Wozu kann der Förster-Transfer verwendet werden?**
   a) Diffusionsmessungen
   b) Abstandsmessungen mit Nanometer-Auflösung
   c) Abstandsmessungen mit Mikrometer-Auflösung
   d) Bestimmung der Reaktionsgeschwindigkeit photochemischer Prozesse

VERTIEFUNGSFRAGEN

5. **Was ist *kein* Vorteil der Fluoreszenzmikroskopie?**
   a) Selektive Markierung bestimmter Probenbereiche
   b) Hoher optischer Kontrast
   c) Gutes Signal–Rausch Verhältnis
   d) Hohe Lichtechtheit der Farbstofflabel

6. **Mit welcher Methode können Sie *nicht* das Diffusionsverhalten fluoreszenzmarkierter Tracer untersuchen?**
   a) Dynamische Lichtstreuung
   b) FRAP
   c) FCS
   d) Fluoreszenzmikroskopie

7. **Welcher Effekt trägt *nicht* zu Abweichungen des experimentell bestimmten FRAP-Signals vom theoretisch erwarteten Verlauf bei?**
   a) Diffusion während des Bleichvorgangs
   b) Endliche Linienbreite des Lasers beim Bleichen
   c) Schwaches Bleichen
   d) Kräftiges Bleichen

8. **Wie viele Tracermoleküle befinden sich bei der FCS idealerweise im zeitlichen Mittel im Detektionsvolumen?**
   a) Möglichst viele für ein gutes Signal–Rausch Verhältnis
   b) Kleiner 1 für eine maximale Amplitude der Korrelationsfunktion
   c) Genau 1 für eine möglichst gute Basislinie der Korrelationsfunktion
   d) Die Anzahl der Tracermoleküle spielt für das Messsignal keine Rolle

EINHEIT 16: NMR-SPEKTROSKOPIE
In den vorigen Lehreinheiten haben wir uns mit der Wechselwirkung von Materie mit dem elektrischen Feldvektor des Lichts in Form von Absorptions- und Emissionsspektroskopie sowie Streuung befasst. Als elektromagnetische Erscheinung besitzt Licht allerdings auch eine magnetische Feldkomponente, über die es mit den magnetischen Momenten der Atome und Moleküle wechselwirken kann. Dies ist die physikalische Grundlage der Kernmagnetischen Absorptionsspektroskopie (engl. *nuclear magnetic resonance*, NMR), die eine der wichtigsten Methoden in der chemischen Analytik darstellt.

5.8 NMR-Spektroskopie

5.8.1 Physikalische Grundlagen der NMR-Spektroskopie

Das magnetische Moment eines Atoms, welches ausschlaggebend für die bei der NMR-Spektroskopie untersuchten Übergänge ist, sitzt (wie der Name der Methode nahelegt) im **Kernspin**, der sich aus der Zusammensetzung des Atomkerns aus Protonen und Neutronen ergibt.[69] Der entsprechende Kerndrehimpuls hängt formal mit der Bewegung einer Masse m auf einer Kreisbahn mit Radius r zusammen und ist gegeben als:

$$P = m \cdot v \cdot r = m \cdot (\omega \cdot r) \cdot r = m \cdot \left(\frac{2 \cdot \pi}{t} \cdot r \right) \cdot r = 2 \cdot m \cdot \frac{\pi \cdot r^2}{t} \tag{305}$$

Im Fall einer geladenen bewegten Masse führt diese Kreisbewegung zu einem magnetischen Moment, analog zu einem Kreisstrom der entsprechend den Maxwell-Gleichungen magnetische Felder induziert.

$$|\vec{\mu}| = I \cdot A = \frac{Q}{t} \cdot \pi \cdot r^2 = \frac{Q}{2 \cdot m} \cdot P \tag{306}$$

Der Faktor $\frac{Q}{2 \cdot m}$, d. h. das Verhältnis von Ladung zur doppelten Masse, wird als **gyromagnetisches Verhältnis** γ bezeichnet und ist ein Maß für die Sensitivität der NMR-Spektroskopie auf verschiedene Atomsorten. In Tab. 5.22 finden Sie einige der wichtigsten Elemente inklusive zugehöriger Isotope mit relativer Häufigkeit sowie die entsprechenden gyromagnetischen Verhältnisse zusammengestellt.

Wasserstoff besitzt in seiner Isotopenform ^{1}H ein vergleichsweise großes gyromagnetisches Verhältnis, weswegen die ^{1}H-NMR weit verbreitet ist. Da Wasserstoffatome

---

69 Der Kernspin ist (wie auch der Elektronenspin) ein rein quantenmechanisches Phänomen; es gibt kein klassisches Analogon dazu. Vielfach findet sich in der Literatur der Vergleich mit einer Eigenrotation des Kerns (oder des Elektrons). Wenn es Ihnen hilft, dann benutzen Sie dieses Bild – aber machen Sie sich klar, dass das in die Irre führen kann. Das Phänomen des Spins lässt sich im Grunde nicht verbildlichen und auch nicht mit klassischen Drehbewegungen analogisieren. Der Spin ist eine rein quantenmechanische Erscheinung.

Tab. 5.22: Wichtige Elemente mit Isotopen und zugehörige gyromagnetische Verhältnisse. Daten aus Manfred Hesse, Herbert Meier, Bernd Zeeh: *Spektroskopische Methoden in der organischen Chemie*, 8. überarb. Auflage, Thieme, Stuttgart, **2011**.

Kern	Kernspinquantenzahl	$\gamma / \left[10^8 \dfrac{rad}{Tesla \cdot s}\right]$	Nat. Häufigkeit
^{1}H	$1/2$	2,68	99,98%
D [^{2}H]	1	0,41	0,015%
^{12}C	0	0	98,9%
^{13}C	$1/2$	0,67	1,1%
^{16}O	0	0	99,96%
^{17}O	$5/2$	−0,36	0,037%
^{14}N	1	0,19	99,6%
^{15}N	$1/2$	−0,27	0,4%
^{19}F	$1/2$	2,52	100%
^{29}Si	$1/2$	−0,54	4,7%
^{31}P	$1/2$	1,08	100%

zudem in nahezu allen organischen Verbindungen vorkommen, stellt die **^{1}H-NMR Spektroskopie** eine der wichtigsten Analysemethoden für die Organische Chemie dar. Auffällig ist, dass das gyromagnetische Verhältnis null beträgt für Kerne, die eine gerade Anzahl an Protonen und Neutronen enthalten (sogenannte gg-Kerne), wie ^{12}C oder ^{16}O. Kohlenstoffatome geben daher nur wegen ihres vergleichsweise seltenen Isotops ^{13}C in der NMR-Spektroskopie ein im Vergleich zur ^{1}H-NMR Spektroskopie deutlich schwächeres Signal.

Der Kerndrehimpuls ist nun analog zu den entsprechenden physikalischen Eigenschaften des Elektrons gequantelt, und es gilt:

$$\left|\vec{P}\right| = \sqrt{I \cdot (I+1)} \cdot \hbar \tag{307}$$

Hierbei ist I die Quantenzahl für den Kernspin. Für das zugehörige magnetische Moment, welches als vektorielle Größe in die gleiche Richtung wie der Drehimpulsvektor zeigt (d. h. senkrecht zur Kreisbahn steht), gilt:

$$\left|\vec{\mu}\right| = \gamma \cdot \sqrt{I \cdot (I+1)} \cdot \hbar \tag{308}$$

Wir haben bereits anhand von Tab. 5.22 erwähnt, dass der Kernspin für gg-Kerne null beträgt. uu-Kerne, d. h. Kerne mit einer ungeraden Protonen- und Neutronenzahl wie beispielsweise ^{2}H oder ^{14}N besitzen ganzzahlige Kernspinquantenzahlen I, während gu- und ug-Kerne wie ^{13}C, ^{15}N oder auch ^{1}H halbzahlige Spinquantenzahlen besitzen.

Wie der Drehimpulsvektor des Elektrons oder der molekularen Drehung besitzt auch der Drehimpulsvektor des Kernspins im Fall eines in z-Richtung angelegten äußeren Magnetfeldes nur bestimmte Orientierungen, und entsprechend kommt es für die jeweils zugehörigen magnetischen Kernspinquantenzahlen zu einer Aufhebung der energetischen Entartung; wir sprechen dabei vom kernmagnetischen **Zeeman-Effekt**. Für das magnetische Moment in z-Richtung gilt daher:

$$\mu_z = \gamma \cdot m \cdot \hbar \tag{309}$$

Das entsprechende Vektordiagramm finden Sie in Abb. 5.77.

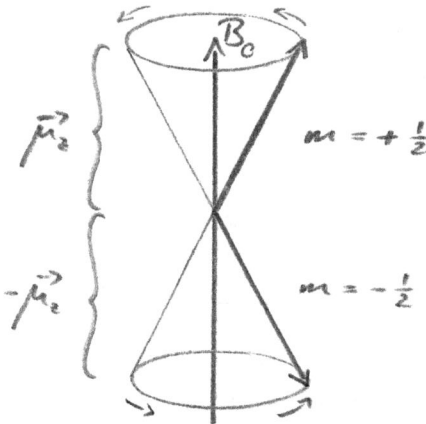

Abb. 5.77: Vektordiagramm zur Orientierung und Präzession der magnetischen Momente eines ^{1}H-Kerns mit Quantenzahlen $I = \frac{1}{2}$ und $m = \pm\frac{1}{2}$.

Sie erkennen in Abb. 5.77, dass die Projektion des magnetischen Moments auf die zentrale z-Achse während einer kreisförmigen Präzessionsbewegung des magnetischen Feldvektors um die z-Achse stets konstant bleibt, während sich die Ausrichtung des gesamten Vektors kontinuierlich ändert. Diese Kreiselbewegung resultiert aus einem Drehmoment, welches sich aus der Interaktion des äußeren angelegten Magnetfeldes mit dem magnetischen Moment ergibt und für welches gilt:

$$\vec{L} = -\vec{\mu} \times \vec{B}_0 = \frac{d\vec{P}}{dt} = \omega \cdot \vec{P} \tag{310}$$

Die Winkelgeschwindigkeit dieser Präzessionsbewegung wird hierbei auch **Larmor-Geschwindigkeit** genannt und ist gegeben als

$$\omega = \gamma \cdot B_0 \tag{311}$$

Wie Sie sehen, ist diese Winkelgeschwindigkeit direkt proportional zum gyromagnetischen Verhältnis, welches spezifisch für die jeweiligen Atome ist, und zur Stärke des angelegten Magnetfeldes. Aus der Larmor-Geschwindigkeit erhalten wir direkt die **Larmor-Frequenz**:

$$\nu_L = \frac{\omega}{2 \cdot \pi} = \frac{\gamma}{2 \cdot \pi} \cdot B_0 \tag{312}$$

Die zugehörigen Energie-Eigenwerte berechnen sich aus dem negativen Produkt der Projektion des magnetischen Moments auf die z-Achse und der Stärke des angelegten Magnetfeldes, also

$$E = -\mu_z \cdot B_0 = -\gamma \cdot m \cdot \hbar \cdot B_0 \tag{313}$$

Für Kerne mit Spinquantenzahl $I = \frac{1}{2}$ wie das ^{1}H-Atom erhalten wir entsprechend die beiden magnetischen Kernspinquantenzahlen $m = \pm\frac{1}{2}$ und somit die beiden verschiedenen Energie-Eigenwerte:

$$E_1 = -\frac{1}{2} \cdot \gamma \cdot \hbar \cdot B_0$$

$$E_2 = +\frac{1}{2} \cdot \gamma \cdot \hbar \cdot B_0 \tag{314}$$

Die Energiedifferenz dieser beiden Eigenwerte beträgt

$$\boxed{\Delta E = E_2 - E_1 = \gamma \cdot \hbar \cdot B_0} \tag{315}$$

Diese energetische Aufspaltung hängt linear mit der Stärke des angelegten Magnetfeldes zusammen, wie in Abb. 5.78 gezeigt ist.

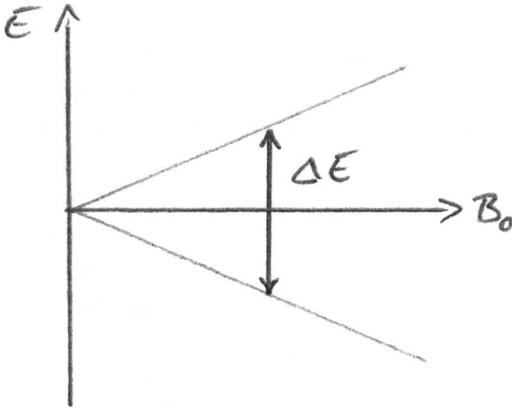

Abb. 5.78: Abhängigkeit der Energie-Eigenwerte der beiden Kernspinzustände $m = \pm\frac{1}{2}$ von der Stärke eines angelegten äußeren Magnetfeldes (Kern Zeeman-Effekt).

Da der Zustand 1 energetisch niedriger liegt, ist dieser auch höher besetzt als Zustand 2. Die Verteilung der Kerne auf die beiden Zustände wird durch die **Boltzmann-Verteilung** beschrieben – wir hatten diese auch bereits bei der Diskussion der Rotations- und Rotations–Schwingungs Spektren kennengelernt. Für die beiden in Abb. 5.78 gezeigten magnetischen Zustände gilt entsprechend:

$$\frac{N_2}{N_1} = e^{\left(-\frac{\Delta E}{k_B \cdot T}\right)} \approx 1 - \frac{\Delta E}{k_B \cdot T} = 1 - \frac{\gamma \cdot \hbar \cdot B_0}{k_B \cdot T} \approx 1 - 10^{-5} \tag{316}$$

Das in Gl. 316 gezeigte Ergebnis gilt für im Fall kommerzieller ^{1}H-NMR Spektrometer gängige Magnetfeldstärken wie sie einer Larmor-Frequenz von 300 MHz entsprechen. Für die Magnetfeldstärke selbst ergibt sich entsprechend:

$$B_0 = \frac{\nu_L \cdot 2 \cdot \pi}{\gamma} = 300 \cdot 10^6 \ \text{s}^{-1} \cdot \frac{6{,}28 \ \text{rad}}{2{,}68 \cdot 10^8 \ \text{rad} \cdot \text{Tesla}^{-1} \cdot \text{s}^{-1}} \approx 7 \ \text{Tesla} \tag{317}$$

Wie Sie anhand des Ergebnisses in Gl. 317 sehen, beträgt $\frac{N_2}{N_1}$ nahezu 1, und entsprechend sind bei Raumtemperatur die beiden Zustände trotz der Aufspaltung nahezu gleich stark besetzt.

Zum Vergleich: das Magnetfeld der Erde beträgt in Mitteleuropa lediglich ca. 50 µTesla, d. h. das Magnetfeld im ^{1}H-NMR Spektrometer ist mehr als 100.000-mal stärker. Dies erklärt auch, warum in der Nähe eines NMR-Spektrometers besondere Vorsicht geboten ist, beispielsweise im Hinblick auf Personen mit empfindlichen medizinischen Elektrogeräten wie Herzschrittmachern.

5.8.2 Grundlagen des Impulsverfahrens

Analog zur IR-Spektroskopie gibt es sowohl das mittlerweile aus der Mode gekommene Verfahren des Einstrahlens einer monochromatischen elektromagnetischen Welle, bei der dann systematisch der Wellenlängenbereich oder alternativ die Stärke des angelegten äußeren Magnetfeldes abgefahren wird, als auch ein auf der Fourier-Transformation und modernen Computeranalysen beruhendes Verfahren, bei dem quasi das gesamte Anregungsspektrum in Form eines Impulses definierter Dauer eingestrahlt wird. Bei der ersten deutlich langwierigeren Methode wird direkt das Absorptionsspektrum aufgezeichnet, während bei dem Pulsverfahren aufgrund der spektralen Bandbreite sämtliche in der Probe vorhandenen Atomkerne angeregt werden und es anschließend zu einem charakteristischen Zerfall der Magnetisierung in der Anregungsrichtung kommt, aus dem sich dann über Fourier-Transformation das eigentliche NMR-Absorptionsspektrum berechnet. Sowohl beim **cw-Verfahren** (engl. *continuous wave*) als auch beim **Impulsverfahren** erfolgt die Anregung der Kerne durch elektromagnetische Wellen im Bereich der Radiowellen, d. h. bei Frequenzen mit mehreren 100 Megahertz. Die Magnetfeldstärke liegt in der Größenordnung von 10 Tesla, wie wir bereits gesehen haben.

Wir wollen die physikalischen Grundlagen des Impulsverfahrens im Folgenden genauer unter die Lupe nehmen. Betrachten wir hierzu eine Probe, die aus mehreren Protonen besteht die unterschiedlich sind, weil sie unterschiedliche chemische Umgebungen besitzen (je nachdem, wo genau in einem Molekül sie eben sitzen). Entsprechend besitzt bei einem gegebenem angelegten Magnetfeld der Stärke B_0 jeder dieser Kerne eine etwas andere eigene Larmor-Frequenz, und daher präzedieren die magne-

tischen Momente auch unterschiedlich schnell und es kommt zu einem aufgefächer-
ten Doppelkegel wie in Abb. 5.79 gezeigt.

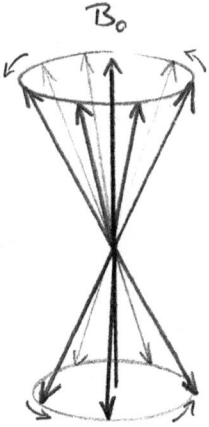

Abb. 5.79: Vektordiagramm zur Orientierung und Präzession der magnetischen Momente einer Probe mit mehreren chemisch unterschiedlichen ^{1}H-Kernen mit Quantenzahlen $I = \frac{1}{2}$ und $m = \pm\frac{1}{2}$.

Um die Kerne anzuregen, wird nun ein kurzer Impuls einer hochfrequenten elektromagnetischen Strahlung senkrecht zum angeregten Magnetfeld, d. h. in x-Richtung,
eingestrahlt. Dieser elektromagnetische Wellenzug ist zudem xy-polarisiert, d. h. die
zugehörigen magnetischen Felder besitzen nur eine Komponente in y-Richtung, welche entlang der x-Achse oszilliert. Durch eine Vektorzerlegung lässt sich diese Oszillation auch als Überlagerung zweier magnetischer Feldvektoren verstehen, welche in
der xy-Ebene um die z-Achse im bzw. gegen den Uhrzeigersinn zirkulieren, wie in
Abb. 5.80 gezeigt ist.

Eine Wechselwirkung mit der Probe findet statt, falls die entsprechende Magnet-
feld-Komponente des eingestrahlten Pulses mit der gleichen Winkelfrequenz und in der
gleichen Richtung wie das magnetische Moment der betreffenden ^{1}H-Kerne um die z-
Achse präzediert, weshalb wir in Abb. 5.80 nur noch die gegen den Uhrzeigersinn umlaufende Komponente des Magnetfeldes berücksichtigen und diese als Störfeld B_1 bezeichnen. Stimmt dessen Umlauffrequenz mit der Larmor-Frequenz überein, so werden
die entsprechenden ^{1}H-Kerne angeregt, d. h. deren magnetische Momente präzedieren
dann sowohl um das zentrale in z-Richtung angelegte Magnetfeld B_0 als auch um das
um die z-Achse rotierende senkrecht zur z-Richtung angelegte Magnetfeld B_1. Entsprechend wird die Magnetisierung dieser Kerne in z-Richtung verändert, was wegen der
doppelten Präzessionsbewegungen jedoch nur schwer zu visualisieren ist. Wir führen
daher statt des statischen Laborsystems der absoluten (x, y, z)-Koordinaten ein sogenanntes rotierendes Koordinatensystem ein: dieses rotiert mit der jeweiligen Larmor-
Frequenz der Kerne um die z-Achse, weswegen die zugehörige Präzessionsbewegung in
diesem Koordinatensystem dann entfällt. Wir können daher sowohl das angelegte Störfeld B_1 als auch die in z-Richtung resultierende Gesamtmagnetisierung der Probe wie in
Abb. 5.81 gezeigt leicht darstellen.

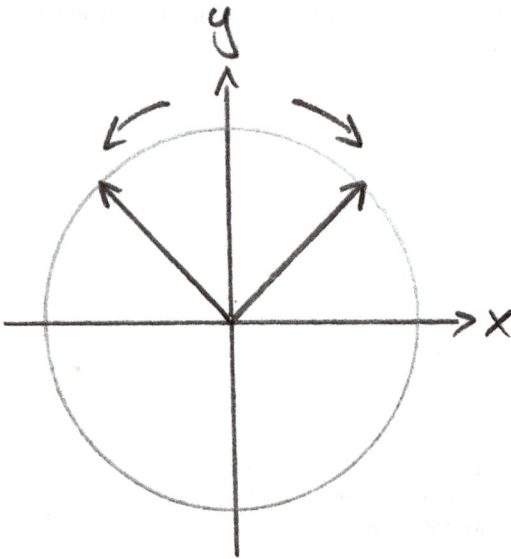

Abb. 5.80: Vektordiagramm zur Darstellung des eingestrahlten elektromagnetischen Wechselfeldes als gegenläufig zirkulierende Feldvektoren.

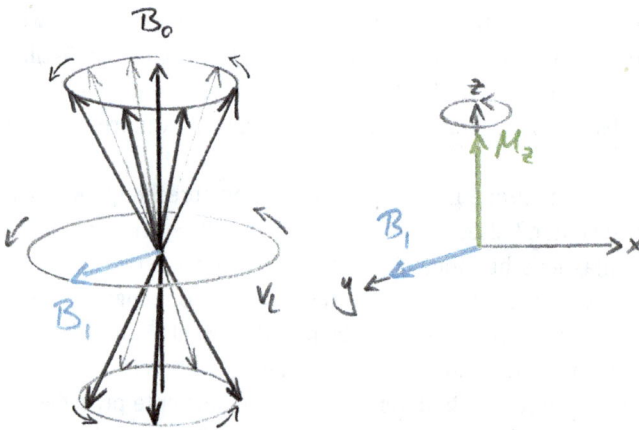

Abb. 5.81: Vektordiagramm zum Verhalten der magnetischen Momente der Probenkerne unter dem Einfluss eines Störfeldes B_1 im Laborkoordinatensystem (links) und im rotierenden Koordinatensystem (rechts).

Im rotierenden Koordinatensystem bewirkt das angelegte Feld B_1 nun eine Drehung der Gesamtmagnetisierung von der z-Achse weg, die umso stärker ausfällt, je länger B_1 auf die Probe einwirkt. Den entsprechenden Winkel, um den die Magnetisierung nach dem Impuls von der z-Achse abweicht, bezeichnen wir auch als **Impulswinkel**. Dieser hängt mit der Wechselwirkung der Kerne mit dem Störfeld und daher direkt proportional mit dem gyromagnetischen Verhältnis, der Stärke des angelegten Magnetfeldes sowie der zeitlichen Dauer des Impulses zusammen:

$$\Theta = \gamma \cdot B_1 \cdot \tau_P \tag{318}$$

Dauert der Störpuls gerade lange genug, um die Magnetisierung komplett in die xy-Ebene und damit im Vergleich zur Ausgangssituation einer Magnetisierung in z-Richtung um einen Winkel von 90° zu drehen, so sprechen wir von einem **90°-Puls**. Wird die Magnetisierung hingegen um 180° in die negative z-Richtung gedreht, was einer Inversion der Besetzung der Zustände $m = \pm \frac{1}{2}$ entspricht, so bezeichnen wir dies als **180°-Puls**. Die zugehörigen Vektordiagramme finden Sie in Abb. 5.82 und 5.83.

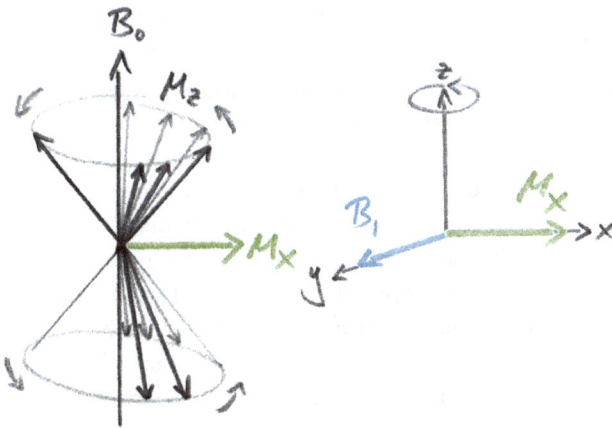

Abb. 5.82: Vektordiagramm der magnetischen Momente und Probenmagnetisierung nach einem 90°-Störpuls im Laborkoordinatensystem (links) und im rotierenden Koordinatensystem (rechts).

Der 180°-Puls ist also molekular leicht zu deuten, da er wie gesagt einer Besetzungsinversion entspricht, d. h. nach der Störung befinden sich im Gegensatz zu vorher mehr Kerne im energetisch angeregten Zustand $m = -\frac{1}{2}$ als im Grundzustand $m = +\frac{1}{2}$. Im Fall des 90°-Pulses hingegen müssen angeregter und Grundzustand exakt gleich besetzt sein, da die Nettomagnetisierung in z-Richtung jetzt null beträgt. Stattdessen finden wir aber eine definiert in der xy-Ebene ausgerichtete Magnetisierung im rotierenden Koordinatensystem, welche somit im Laborkoordinatensystem mit der Larmor-Frequenz um die z-Achse präzediert.

Wird der Störpuls B_1 abgeschaltet, so stellt sich in der Probe wieder ein thermisches Gleichgewicht ein, in dem die Zustände entsprechend der Boltzmann-Verteilung besetzt sind, und es kommt entsprechend zu einer zeitlichen **Relaxation** der Magnetisierung zurück zum Ausgangszustand vor der Störung. Hierbei müssen wir zwei verschiedene Relaxationsmechanismen unterscheiden: die **Spin–Gitter Relaxation** und die **Spin–Spin Relaxation**.

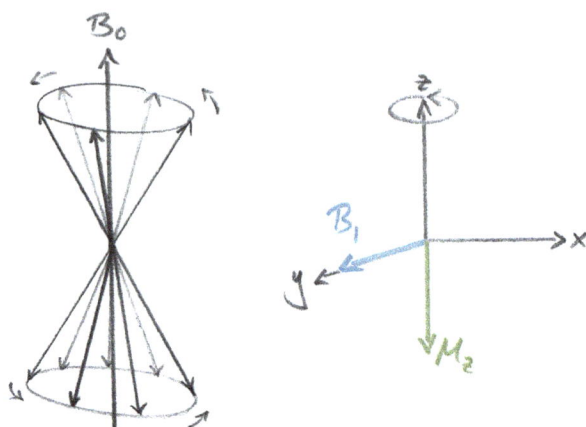

Abb. 5.83: Vektordiagramm der magnetischen Momente und Probenmagnetisierung nach einem 180°-Störpuls im Laborkoordinatensystem (links) und im rotierenden Koordinatensystem (rechts).

Das zeitliche Abklingen der Bündelung der Magnetisierung in der xy-Ebene nach dem 90°-Puls wird als transversale oder Spin–Spin Relaxation bezeichnet. Ursache sind geringfügige Unterschiede in den magnetischen Momenten der Kerne aufgrund Entropie-bedingter Fluktuationen in der Probe, welche zu Abweichungen in der Larmor-Frequenz und damit zu einer Dephasierung der gebündelten magnetischen Momente führen.

Im Gegensatz hierzu ist die Spin–Gitter Relaxation oder longitudinale Relaxation, bei der die Magnetisierung wieder in die ursprüngliche z-Richtung wandert und entsprechend die Besetzungsinversion durch Abgabe der Anregungsenergie in die ursprüngliche Boltzmann-Verteilung übergeht, energetischer Natur. Die zugehörige Spin–Gitter Relaxationszeit wird auch als T_1 bezeichnet. Für ^{1}H-Kerne in organischen Lösemitteln liegt diese in der Größenordnung von 1 s, während sie für ^{13}C sehr stark von der chemischen Umgebung abhängt und entsprechend von 10^{-1} bis 10^2 s variiert.

Grundsätzlich ist die Relaxationszeit der Spin–Spin Relaxation, auch als T_2 bezeichnet, immer deutlich kürzer als T_1, d. h. die transversale Relaxation ist bereits abgeschlossen, bevor die longitudinale Relaxation der Magnetisierung greift.

5.8.3 Anwendung der NMR-Spektroskopie in der chemischen Analytik

Die Larmor-Frequenz einer bestimmten Kernsorte hängt von deren chemischer Umgebung ab. Dieser Effekt beruht darauf, dass Moleküle oder molekulare Gruppen in der Nachbarschaft des betrachteten Kerns häufig ihre eigenen magnetischen Momente besitzen und damit lokale Magnetfelder generieren, welche mit dem angelegten äußeren Magnetfeld B_0 überlagern. Diese lokalen Magnetfelder sind zwar vergleichsweise schwach, haben aber dennoch einen messbaren Einfluss auf die Larmor-Frequenz, den wir als sogenannte **chemische Verschiebung** bezeichnen. Alternativ lässt sich die chemische

Verschiebung auch als *Abschirmeffekt* des zentralen Kerns durch bewegte Ladungen, die Elektronen, in der Umgebung deuten. Am Ort des betrachteten Kerns wirkt somit ein geringfügig abweichendes effektives Magnetfeld.

$$B_{eff} = B_0 \cdot (1 - \sigma) \tag{319}$$

σ wird auch als **Abschirmkonstante** bezeichnet. Die zugehörige Larmor-Frequenz ergibt sich somit zu

$$\nu_i = \left| \frac{\gamma}{2 \cdot \pi} \right| \cdot B_0 \cdot (1 - \sigma) \tag{320}$$

Wie wir in Gleichungen 319 und 320 erkennen, hat die Abschirmkonstante keine physikalische Einheit, sondern gibt stattdessen den relativen Effekt der Abschirmung auf die Verschiebung der Larmor-Frequenz wieder. Dieser liegt in der Größenordnung von 10^{-6} oder ppm (parts per million).

Da die Larmor-Frequenzen somit von der chemischen Natur der untersuchten Moleküle abhängen, ist es nicht sinnvoll die Resonanzfrequenzen der Übergänge auf absolute Größen zu beziehen. Stattdessen verwenden wir einen Standard und tragen dann auf der Energie-Achse eines NMR-Spektrums die Frequenzen relativ zu diesem Standard auf, die sich entsprechend Gl. 320 auch direkt in die chemische Verschiebung relativ zum Standard umrechnen lassen, s. Gl. 321.

$$\delta = \frac{\nu(\text{Probe}) - \nu(\text{TMS})}{\nu(\text{TMS})} \cdot 10^6 \tag{321}$$

Als Referenzsubstanz wird in der ^{1}H-NMR Spektroskopie im allgemeinen **Tetramethylsilan** (TMS) verwendet, welches chemisch inert ist und im NMR-Spektrum einen definierten Peak ergibt, dem entsprechend Gl. 321 formal eine chemische Verschiebung von null zugeordnet wird. Das TMS wird vor der Messung einer Lösung der jeweiligen Probe in einem Anteil von etwa 0,03 bis 1 Volumenprozent zugemischt. Alternativ dazu lässt sich ein gemessenes Spektrum auch auf die bekannte chemische Verschiebung der Restprotonen des deuterierten Lösungsmittels referenzieren.

Betrachten wir im Folgenden die Ursachen der chemischen Verschiebung für verschiedene chemische Strukturen etwas genauer. Eine wichtige Rolle spielen die Elektronen der chemischen Bindung, da diese parallel und senkrecht zur Bindungsachse deutlich unterschiedliche magnetische Momente generieren und daher zu anisotropen lokalen Magnetfeldern führen, wie in Abb. 5.84 für C–C Einfachbindungen, C=C und C=O Doppelbindungen sowie C≡C Dreifachbindungen gezeigt ist.

Entsprechend Abb. 5.84 spielt also die Position eines Protons relativ zu einer chemischen Bindungsachse für dessen chemische Verschiebung eine wichtige Rolle.

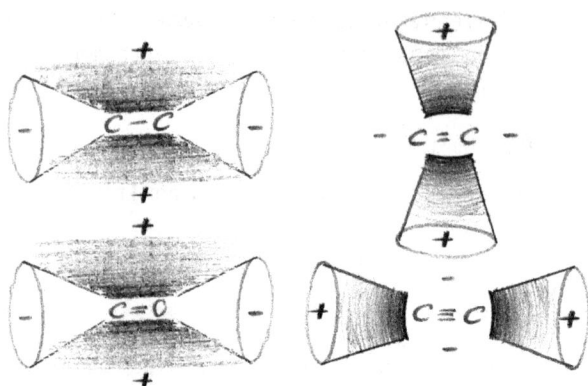

Abb. 5.84: Anisotropie der lokalen Magnetfelder und der entsprechenden chemischen Verschiebungen für C–C Einfachbindungen, C=C und C=O Doppelbindungen, und C≡C Dreifachbindungen. + = positive Verschiebung, – = negative Verschiebung.

Neben den Bindungselektronen spielen auch die Elektronen der Atomorbitale von Substituenten eine Rolle. Für Alkane vom Typ X–CH$_2$–Y lässt sich dieser Effekt nach James Nelson Shoolery quantitativ beschreiben:

$$\delta\,(CH_2) = 0{,}23 + I_x + I_y \tag{322}$$

I_x bzw. I_y steht hierbei für das sogenannte Inkrement des jeweiligen Substituenten. Einige Beispiele finden Sie in Tab. 5.23:

Tab. 5.23: Inkremente für diverse Substituenten zur Berechnung der chemischen Verschiebung der Protonen in X–CH$_2$–Y nach James Nelson Shoolery. Daten aus Horst Friebolin: *Ein- und zweidimensionale NMR-Spektroskopie*, 3. Auflage; Wiley-VCH, Weinheim, **1999**.

Substituent	H	Cl	Br	I	OR	Phenyl	OH	OCOR	COOR
I / ppm	0	2,53	2,33	1,82	2,36	1,85	2,56	3,13	1,55

Der **Ringstrom** der delokalisierten π-Elektronen in aromatischen Systemen wie beispielsweise Benzen hat gleichfalls einen deutlichen anisotropen Einfluss auf das effektive Magnetfeld, wie in Abb. 5.85 skizziert ist.

Analog zur chemischen Verschiebung der Protonen in substituierten Alkanen lässt sich auch die chemische Verschiebung der Protonen substituierter Benzene abschätzen, und zwar nach der empirischen Formel:

$$\delta(H_{Benzen}) = 7{,}27 + \sum I_i \tag{323}$$

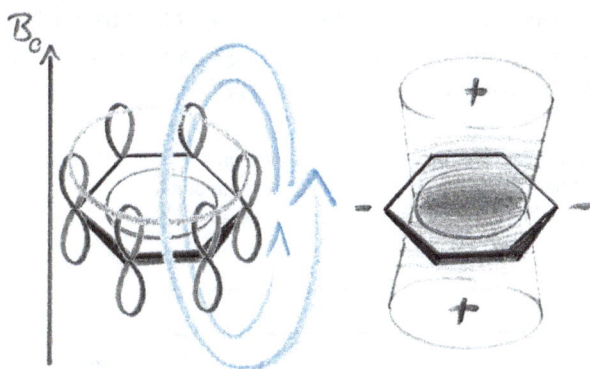

Abb. 5.85: Ringstrom der delokalisierten π-Elektronen in aromatischen Systemen wie beispielsweise Benzen und dessen deutlicher Einfluss auf das effektive Magnetfeld bzw. die chemische Verschiebung.

Für Benzene ist aufgrund der unterschiedlichen Einflüsse auf die mesomeren Grenzstrukturen und damit auf den Ringstrom die relative Position der Substituenten wichtig, wie Sie Tab. 5.24 entnehmen können:

Tab. 5.24: Inkremente für diverse Substituenten zur Berechnung der chemischen Verschiebung der Protonen in Benzenen. Daten aus Manfred Hesse, Herbert Meier, Bernd Zeeh: *Spektroskopische Methoden in der organischen Chemie*, 8. überarb. Auflage, Thieme, Stuttgart, **2011**.

Substituent	H	NO$_2$	CHO	COOH	COOCH$_3$	COCH$_3$	OCH$_3$	OH	NH$_2$
I / ppm ortho	0	0,95	0,58	0,8	0,74	0,64	−0,43	−0,5	−0,76
I / ppm meta	0	0,17	0,21	0,14	0,07	0,09	−0,09	−0,14	−0,24
I / ppm para	0	0,33	0,27	0,2	0,2	0,3	−0,37	−0,4	−0,63

In Tab. 5.24 fallen uns die negativen Werte für die Verschiebungen für einige Substituenten auf. Diese treten dann auf, wenn die Substituenten durch Mesomerie-Effekte die Elektronendichte im Benzenring erhöhen (+M-Effekt) und damit den Ringstrom im Vergleich zum unsubstituierten Benzen verstärken. In Abb. 5.85 erkennen Sie, dass der Ringstrom für die in der Ebene des Rings liegenden H-Atome zu einer negativen Abschirmung und somit zu einer negativen chemischen Verschiebung führt. Wird der Ringstrom hingegen durch elektronenziehende Substituenten abgeschwächt, so fällt die Abschirmung im Vergleich zum unsubstituierten Benzen auch weniger negativ aus und es kommt daher wie in der Tabelle gezeigt insgesamt zu einer positiven chemischen Verschiebung. Hierbei wirken sich Mesomerie-Effekte (–M-Effekt), die in ortho- oder para-Stellung am ausgeprägtesten sind, deutlich stärker aus als einfache induktive Effekte aufgrund der Elektronegativität der Substituenten (–I-Effekt). Dies erklärt die entsprechend größeren chemischen Verschiebungen in der Tabelle für die ortho- und para-Verbindungen.

Wir wollen uns nun noch etwas mit der Auswertung von ^{1}H-NMR Spektren befassen. In Tab. 5.25 finden Sie vorab die chemischen Verschiebungen einiger wichtiger funktionellen Gruppen in der Organischen Chemie.

Tab. 5.25: Chemische Verschiebungen einiger wichtiger funktionellen Gruppen in der Organischen Chemie für die ^{1}H-NMR Spektroskopie. Daten aus Manfred Hesse, Herbert Meier, Bernd Zeeh: *Spektroskopische Methoden in der organischen Chemie*, 8. überarb. Auflage, Thieme, Stuttgart, **2011**.

Protonen	δ	Protonen	δ
-CH$_3$	$1-1,5$	Aldehyd -H	$8-10$
-CH$_2$	$1-4,5$	Carbonsäure -OH	$9-12$
Olephin. -H	$5-6,5$	Alkohol -OH	$1-6$
Aromat. –H	$6,5-8$	Phenol -OH	$4-7$
Benzen	$7,3$	Amine	$1,5-5$

Abbildung 5.86 zeigt nun als erstes Beispiel das ^{1}H-NMR Spektrum für das vergleichsweise einfache Molekül Ethanol.

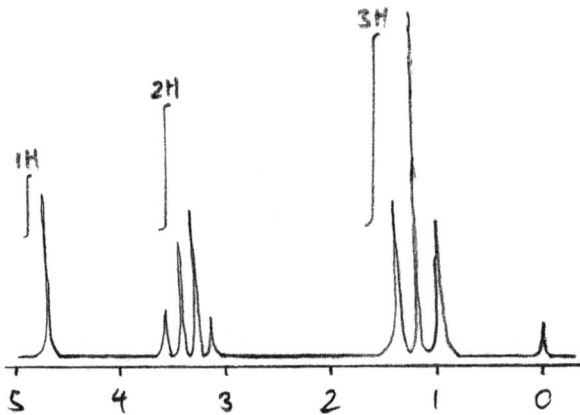

Abb. 5.86: ^{1}H-NMR Spektrum für Ethanol.

Für Ethanol, CH$_3$CH$_2$OH, erwarten wir anhand der drei chemisch verschiedenen Typen von Protonen auch insgesamt drei Übergänge im NMR-Spektrum. Diese drei Übergänge sind jedoch nicht nur einfache Absorptionspeaks, sondern weisen in zwei Fällen eine Aufspaltung in eine charakteristische Feinstruktur auf, wie Sie in Abb. 5.88 erkennen. Diese Feinstruktur basiert auf der sogenannten **Spin–Spin Kopplung** benachbarter H-Atome, welche neben der chemischen Verschiebung noch weitere wichtige Rückschlüsse auf die chemische Struktur der Protonen ermöglicht.

Betrachten wir zunächst die Kopplung eines einfachen Systems aus zwei benachbarten H-Atomen anhand des Moleküls PhCH^A=CH^{X}COOH. Liegt keine Kopplung der beiden Kernspins vor, so ergibt sich die Gesamtenergie des Systems aus der Summe der beiden jeweiligen unveränderten Einzelenergien, s. Gleichungen 324.

$$E_A(\alpha, \beta) = -m_A \cdot \gamma \cdot \hbar \cdot (1 - \sigma_A) \cdot B_0 = -m_A \cdot h \cdot \nu_A \qquad (324a)$$

$$E_X(\alpha, \beta) = -m_X \cdot \gamma \cdot \hbar \cdot (1 - \sigma_X) \cdot B_0 = -m_X \cdot h \cdot \nu_X \qquad (324b)$$

Jeder der beiden Kernspins A und X kann nun bei Anlegen eines äußeren Magnetfeldes zwei verschiedene Orientierungen α und β haben, woraus sich dann insgesamt vier mögliche Kombinationen für die beiden Spins und entsprechend der zugehörigen Wechselwirkungen der beiden magnetischen Momente auch vier verschiedene Energieniveaus ergeben, wie in Abb. 5.87 links gezeigt ist.

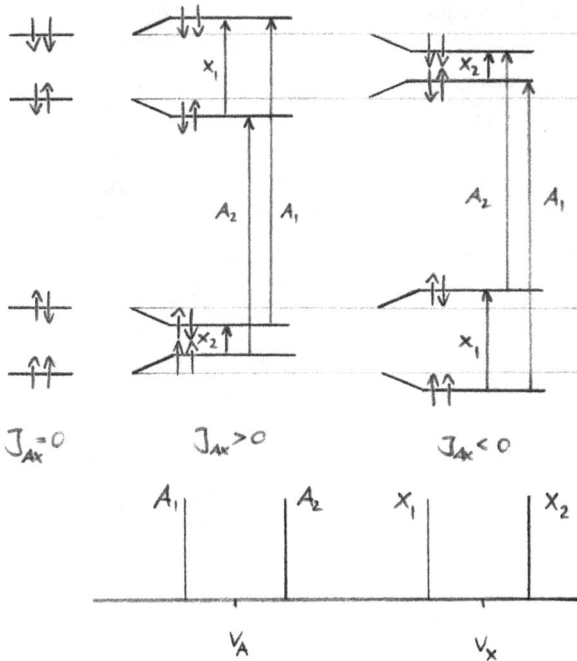

Abb. 5.87: Energieniveau-Schema für ein *AX*-Spinsystem ohne Kopplung (oben links) und mit positiver (oben Mitte) bzw. negativer (oben rechts) Kopplungskonstante *J*. Die untere Skizze zeigt das zugehörige NMR-Spektrum für den Fall der positiven Kopplungskonstanten, mit von links nach rechts abnehmenden Übergangsfrequenzen.

Die Energie-Eigenwerte für die entsprechenden Kombinationen lauten ohne Kopplung jeweils in Summe:

$$\alpha\alpha:\ E_1 = E_A(\alpha) + E_X(\alpha) = -\frac{1}{2}\cdot\gamma\cdot\hbar\cdot(2-\sigma_A-\sigma_X)\cdot B_0 = -\frac{1}{2}\cdot h\cdot(\nu_A+\nu_X) \qquad (325a)$$

$$\alpha\beta:\ E_2 = E_A(\alpha) + E_X(\beta) = -\frac{1}{2}\cdot\gamma\cdot\hbar\cdot(-\sigma_A+\sigma_X)\cdot B_0 = -\frac{1}{2}\cdot h\cdot(\nu_A-\nu_X) \qquad (325b)$$

$$\beta\alpha:\ E_3 = E_A(\beta) + E_X(\alpha) = -\frac{1}{2}\cdot\gamma\cdot\hbar\cdot(\sigma_A-\sigma_X)\cdot B_0 = -\frac{1}{2}\cdot h\cdot(-\nu_A+\nu_X) \qquad (325c)$$

$$\beta\beta:\ E_4 = E_A(\beta) + E_X(\beta) = \frac{1}{2}\cdot\gamma\cdot\hbar\cdot(2-\sigma_A-\sigma_X)\cdot B_0 = \frac{1}{2}\cdot h\cdot(\nu_A+\nu_X) \qquad (325d)$$

In diesem Beispiel gilt $\nu_A > \nu_X$, d. h. für die Änderung der magnetischen Spinquantenzahl von A von $+\frac{1}{2}$ nach $-\frac{1}{2}$ wird mehr Energie benötigt als für die entsprechende Änderung der magnetischen Spinquantenzahl von X. Kommt es zu keiner Kopplung zwischen den benachbarten Spins ($J = 0$), so sind die beiden Möglichkeiten des Übergangs des Spins von A, nämlich $\alpha\alpha$ nach $\beta\alpha$ und $\alpha\beta$ nach $\beta\beta$, wie aus den Gleichungen 325 ersichtlich, identisch: $\Delta E = E_3 - E_1 = E_4 - E_2 = h\cdot\nu_A$. Kommt es hingegen zu einer Kopplung zwischen den beiden Spins X und A, so werden die jeweiligen Energie-Niveaus wie in Abb. 5.87 gezeigt verändert. Eine positive Kopplungskonstante $J > 0$ ergibt eine Anhebung oder Destabilisierung der Zustände mit parallelen Spins $\alpha\alpha$ und $\beta\beta$ und eine Absenkung oder Stabilisierung der Zustände mit antiparallelen Spins $\alpha\beta$ und $\beta\alpha$, während eine negative Kopplungskonstante $J < 0$ zu einer Destabilisierung der Zustände mit antiparallelen Spins bzw. zu einer Stabilisierung der Zustände mit parallelen Spins führt. Entsprechend sind die beiden Möglichkeiten der Anregung der Spins A bzw. X nun nicht mehr energetisch entartet, sondern es entsteht jeweils eine **Dublett-Aufspaltung** wie in Abb. 5.87 gezeigt ist.

Im Fall zweier äquivalenter Nachbarn, d. h. für ein AX_2-System, finden wir für den Übergang von A ein Triplett und für den Übergang von X ein Dublett, wie in Abb. 5.88 zu erkennen ist.

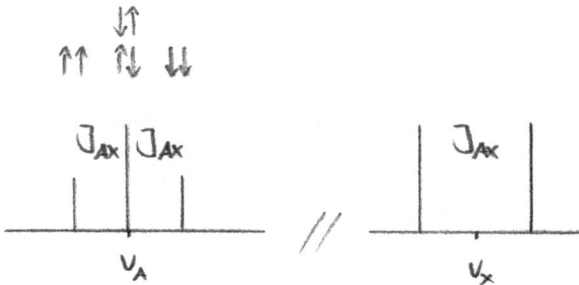

Abb. 5.88: Kopplungsmuster für ein AX_2-System, oben als Doppelpfeile die jeweils möglichen Konfigurationen der beiden X-Spins bei Anregung des Spins A, und darunter das zugehörige Spektrum.

Für beliebige Spin-Systeme AX_n lässt sich entsprechend dem in Abb. 5.89 gezeigten Pascalschen Dreieck eine einfache Regelung zur **Multiplett-Aufspaltung** der jeweiligen Übergänge von A aufstellen, wobei die Zahlen direkt den relativen Intensitäten der Übergänge entsprechen. Für unser AX-System erhalten wir ein Dublett mit zwei Linien identischer Intensität, wie auch in Abb. 5.87 zu sehen ist. Für AX_2 ergibt sich ein Triplett mit Intensitätsverhältnis 1:2:1, wie in Abb. 5.88 gezeigt ist.

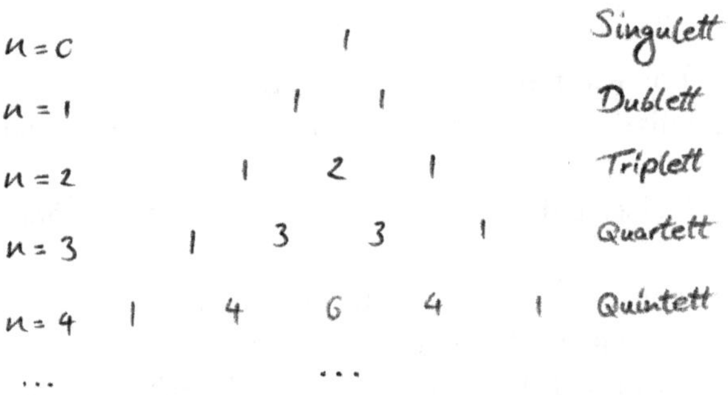

$n = 0$				1				Singulett
$n = 1$			1		1			Dublett
$n = 2$			1	2	1			Triplett
$n = 3$		1	3	3	1			Quartett
$n = 4$	1	4	6	4	1			Quintett
...			...					

Abb. 5.89: Pascalsches Dreieck zur Bestimmung der Feinstruktur von Multiplett-Übergängen im ^{1}H-NMR Spektrum.

DAS WICHTIGSTE IN KÜRZE !

– Der **Kernspin** ergibt sich aus der Zusammensetzung des Atomkerns aus Protonen und Neutronen und wird durch das **gyromagnetische Verhältnis** γ bestimmt, welches auch ein Maß für die Sensitivität der NMR-Spektroskopie auf verschiedene Atomsorten ist. Protonen besitzen ein vergleichsweise großes gyromagnetisches Verhältnis, weswegen die **^{1}H-NMR Spektroskopie** weit verbreitet ist.

– Für ein in z-Richtung angelegtes äußeres Magnetfeld kommt es hinsichtlich der magnetischen Kernspinquantenzahlen zu einer Aufhebung der energetischen Entartung (**Kernmagnetischer Zeeman-Effekt**), wobei für das ^{1}H-Atom bei Raumtemperatur die beiden Zustände thermisch nahezu gleich besetzt sind. Klassisch interpretiert erfolgt eine **Kreiselbewegung** des Gesamt-Kernspins der Probe mit der **Larmor-Geschwindigkeit** ω_L um die z-Achse. ω_L wird neben der Kernsorte auch durch die chemische Umgebung bestimmt (**chemische Verschiebung**).

– Bei der **NMR-Spektroskopie** wird im sogenannten **Pulsverfahren** ein Stoß hochfrequenter elektromagnetischer Strahlung mit linearer Polarisierung senkrecht zum angelegten Magnetfeld eingestrahlt. Im **rotierenden Koordinatensystem** bewirkt dieser klassisch eine Drehung der Gesamtmagnetisierung von der z-Achse weg. Je nach Dauer des Pulses wird die Magnetisierung komplett in die xy-Ebene (**90°-Puls**) oder sogar um 180° in die negative z-Richtung gedreht (**180°-Puls**, **Besetzungsinversion** der Zustände $m = \pm \frac{1}{2}$).

– Nach Abklingen des Pulses erfolgt eine Relaxation der Magnetisierung zurück zum Ausgangszustand, wobei wir zwei verschiedene Relaxationsmechanismen unterscheiden: **Spin–Gitter Relaxation** (longitudinale Relaxation, Rückkehr zum thermischen Gleichgewicht unter Abgabe der Anregungsenergie als Wärme) und **Spin–Spin Relaxation** (transversale Relaxation, basiert auf geringfügigen Unterschieden in den lokalen Magnetfeldern).

? **VERSTÄNDNISFRAGEN**

1. **Warum stellt Wasserstoff einen ausgezeichneten Signalgeber für die NMR-Spektroskopie dar?**
   a) Wegen seiner geringen Masse
   b) Wegen seiner geringen Elektronenanzahl
   c) Wegen seines geringen gyromagnetischen Verhältnisses
   d) Wegen seines großen gyromagnetischen Verhältnisses

2. **Warum geben Kohlenstoffatome nur ein geringes NMR-Signal?**
   a) Weil das bei weitem häufigste Isotop eine gerade Anzahl von Protonen und Neutronen besitzt.
   b) Weil im Vergleich zum Wasserstoffatom ihre Masse um den Faktor 12 größer ist.
   c) Weil sie ein negatives gyromagnetisches Verhältnis aufweisen.
   d) Weil ihr magnetisches Kernmoment durch die im Vergleich zum Wasserstoffatom deutlich größere Anzahl an Elektronen effektiv abgeschirmt wird.

3. **Was beschreiben wir mit der Larmor-Geschwindigkeit?**
   a) Nichts anschaulich Konkretes, da die Larmor-Geschwindigkeit eine rein quantenchemische Größe ist.
   b) Die Präzessionsbewegung des magnetischen Moments eines Kernspins um die Achse eines angelegten äußeren Magnetfeldes.
   c) Die Eigendrehung eines Kernspins unter dem Einfluss eines angelegten äußeren Magnetfeldes.
   d) Eine hypothetische Geschwindigkeit, welche sich aus der Übergangsfrequenz im NMR-Spektrum formal durch Multiplizieren mit $2 \cdot \pi$ berechnet.

4. **Was ist die physikalische Grundlage des Zeeman-Effekts?**
   a) Atomkerne strahlen durch Wechselwirkung mit äußeren elektromagnetischen Feldern Energie ab.
   b) Die magnetischen Momente von Atomkernen können bezüglich einem äußeren angelegten Magnetfeld nur zwei mögliche Orientierungen aufweisen, welche aufgrund der Wechselwirkung dieser Momente mit dem Magnetfeld unterschiedliche Energien besitzen.
   c) Die magnetischen Momente von Atomkernen können bezüglich einem äußeren angelegten Magnetfeld je nach Kernspin nur eine definierte Anzahl an möglichen Orientierungen aufweisen, welche aufgrund der Wechselwirkung dieser Momente mit dem Magnetfeld unterschiedliche Energien besitzen.
   d) Die magnetischen Momente eines Kerns richten sich entweder parallel oder antiparallel zu einem äußeren angelegten Magnetfeld aus. Durch magnetische Wechselwirkungen kommt es dann entsprechend zu einer Absenkung oder Erhöhung der Energien dieser beiden Zustände

VERTIEFUNGSFRAGEN

5. **Was verstehen wir unter dem Puls-Verfahren?**
   a) Periodische Bewegung der Probe um Störungen im Magnetfeld herauszumitteln
   b) Einstrahlung einer elektromagnetischen Welle mit definierter Frequenz über mehrere Zeitintervalle
   c) Einstrahlung eines zeitunabhängigen magnetischen Störfeldes senkrecht zum angelegten Feld über eine sehr kurze Zeitdauer
   d) Einstrahlung eines elektromagnetischen Störfeldes definierter Frequenz über eine sehr kurze Zeitdauer

6. **Was verstehen wir unter dem rotierenden Koordinatensystem?**
   a) Ein Koordinatensystem, welches mit der Drehgeschwindigkeit des Moleküls um die zentrale Symmetrieachse des Moleküls präzediert, sodass das Molekül als unbeweglich angesehen werden kann.
   b) Ein Koordinatensystem, welches mit der Larmor-Frequenz um die Achse des angelegten statischen Magnetfeldes präzediert.
   c) Ein Koordinatensystem, welches mit der Larmor-Frequenz senkrecht zur Achse des angelegten statischen Magnetfeldes präzediert.
   d) Ein Koordinatensystem, welches statt kartesischer Koordinaten rotationssymmetrische Koordinaten (= Kugelkoordinaten) verwendet.

7. **Worauf beruht die longitudinale Relaxation der Magnetisierung?**
   a) Auf lokal innerhalb der Probe unterschiedlichen Fluktuationen der Feldstärke des angelegten Magnetfeldes
   b) Auf einem Strahlungsübergang der angeregten magnetischen Kernzustände in den Grundzustand
   c) Auf einem strahlungslosen Übergang der angeregten magnetischen Kernzustände in den Grundzustand
   d) Auf einer Kopplung der magnetischen Momente der angeregten Kerne an Kerne mit einer anderen Larmor-Frequenz

8. **Worauf beruht die transversale Relaxation der Magnetisierung?**
   a) Auf lokal innerhalb der Probe unterschiedlichen Fluktuationen der Feldstärke des angelegten Magnetfeldes
   b) Auf einem Strahlungsübergang der angeregten magnetischen Kernzustände in den Grundzustand
   c) Auf einem strahlungslosen Übergang der angeregten magnetischen Kernzustände in den Grundzustand
   d) Auf einer Kopplung der magnetischen Momente der angeregten Kerne an Kerne mit einer anderen Larmor-Frequenz

6 Statistische Thermodynamik

„Dass ich erkenne, was die Welt | Im Innersten zusammenhält" ... wünscht sich Goethes
Faust. Wir wissen was das ist. Die elementarsten Prinzipien der stofflichen Welt sind
gegeben durch die Gesetze der Thermodynamik und der Quantenmechanik. Während
erstere die makroskopischen Phänomene von stofflichen Vielteilchensystemen quantitativ durch **Zustandsfunktionen** beschreibt, beispielsweise die Innere Energie oder
den Zusammenhang zwischen Druck und Volumen eines realen Gases, liefert uns letztere mathematische Aussagen über Einzelteilchen in Form von **Wellenfunktionen,**
sowie daraus (durch Applikation von mathematischen Operatoren) ableitbaren Erwar-
tungswerten für uns interessierende Größen wie die Aufenthaltswahrscheinlichkeiten,
Dipolmomente oder Drehimpulse der Teilchen. Was uns aber fehlt, ist eine Verbindung
zwischen beidem. Wenn wir Einzelteilchen beschreiben können, liefert uns das dann
auch Aussagen über Systeme vieler solcher Teilchen? Das Bindeglied hierfür ist die
Statistische Thermodynamik. Sie verbrückt makroskopisch messbare Stoffeigenschaf-
ten mit den mikroskopischen (molekularen) Energiezuständen der beteiligten Teilchen.[70] So kann sie beispielsweise aus den quantenmechanischen Eigenschaften eines
einzelnen He-Atoms, die durch die Wellenfunktionen $\Psi_{n,l,m,s}$ und Energie-Eigenwerte ε_i
beschrieben sind, die Wärmekapazität eines ganzen Mols Heliumgas ableiten. Dabei ist
es eine Herausforderung, ein solches Vielteilchensystemen (1 Mol > 10^{23} Teilchen), in
welchem sich die Teilchen zudem nicht alle gleich verhalten sondern eine *Verteilung*
der Teilcheneigenschaften vorliegt, mathematisch zu erfassen. Dies macht es notwendig
auf statistische Verfahren zurückzugreifen. Zum Glück brauchen wir im Folgenden nur
recht einfache mathematische Werkzeuge, hauptsächlich etwas Algebra und einfache
Analysis (z. B. Ableitungen). Allenfalls die Funktionen, auf die wir das anwenden
müssen, mögen auf den ersten Blick herausfordernd erscheinen, weil sie oft Fakultäten enthalten – aber hierfür werden wir uns die Behandlung durch Anwendung
geeigneter Näherungen dann zweckdienlich vereinfachen.[71]

EINHEIT 17: ANSATZ DER STATISTISCHEN THERMODYNAMIK
In dieser Lehreinheit lernen wir das Grundprinzip der Statistischen Thermodynamik kennen: die Unter-
scheidung von Mikro- und Makrozuständen sowie die Korrelation zwischen beidem. Wir lernen vor allem,
wie wir die makroskopische Energie eines Systems auf mikroskopischer Ebene durch Bevölkerung verschiedener quantenmechanischer Energieniveaus auffassen können, und dass verschiedene solcher Mikrozustände allesamt Repräsentanten einer sogenannten Verteilung darstellen, deren Gewicht sich dadurch
ergibt, wie viele Mikrozustände sie eben ergeben. Gibt es in einem System eine Verteilung mit sehr hohem
Gewicht, so werden dessen Eigenschaften praktisch ausschließlich durch diese Verteilung dominiert.

---

70 Nicht Nieten und Bolzen sind es also, was die Welt im Innersten zusammenhält, sondern Quantenmechanik und Thermodynamik. Die Statistische Thermodynamik verbindet beides.
71 Dadurch wird dann öfters der Logarithmus auftreten – aber den kennen wir inzwischen ja schon
gut und wissen wie er abzuleiten und zu integrieren ist.

https://doi.org/10.1515/9783110737578-006

6.1 Mikro- und Makrozustand

Wie in der obenstehenden Einleitung erwähnt, zeichnet sich die Statistische Thermodynamik dadurch aus, dass sie die mikroskopische mit der makroskopischen chemischen Welt verbrückt. Dies beruht konkret auf zwei elementaren Grundbegriffen: Mikro- und Makrozustand. Was verbirgt sich dahinter?

Ein **Mikrozustand** ist durch die mikroskopische (molekulare) Beschreibung des Vielteilchensystems definiert. Betrachten wir dafür ein System mit N Teilchen und f Freiheiten, beispielsweise N Heliumatome.[72] Quantenmechanisch können wir diesen Zustand durch die Angabe von f Quantenzahlen n_1, n_2, ..., n_f beschreiben. In einer klassischen Beschreibung weisen wir jedem Teilchen f Ortskoordinaten q_1, q_2, ..., q_f und f Impulskoordinaten p_1, p_2, ..., p_f zu. Gemeinsam ergibt dies einen $2 \cdot N \cdot f$-dimensionalen Phasenraum.[73]

Makrozustände kennen wir bereits aus der klassischen Thermodynamik. Sie werden durch die charakteristischen thermodynamischen Funktionen wie $U(S,V)$, $H(S,p)$, $F(V,T)$ und $G(p,T)$ sowie deren partielle Ableitungen wie zum Beispiel C_V oder C_p beschrieben.

Wir veranschaulichen den Zusammenhang zwischen Mikro- und Makrozustand anhand zweier Beispiele:

Im ersten Beispiel betrachten wir ein isoliertes System, in dem der Makrozustand festgelegt sei über die Gesamtteilchenzahl N, das Volumen V und die Innere Energie U. All diese Größen seien konstant; es handelt sich daher um ein abgeschlossenes System, in dem weder Stoffaustausch, Arbeitsaustausch noch Wärmeaustausch mit der Umgebung möglich ist. Dies ist ein sogenannter (N,U,V)-Makrozustand, wobei N, U und V die Zustandsvariablen sind. Die obere Skizze in Abb. 6.1 zeigt diesen Makrozustand für ein System mit $N = 3$, $V = V_0$ und $U = 3 \cdot \varepsilon$.[74] Teilchen sind dort keine gezeichnet, denn die sind für die makroskopisch-thermodynamische Beschreibung gar nicht notwendig.[75]

Auf mikroskopischer Ebene habe unser System verschiedene diskrete Energieniveaus $0 \cdot \varepsilon$, $1 \cdot \varepsilon$, $2 \cdot \varepsilon$ und $3 \cdot \varepsilon$. Wir können unsere Teilchen nun in verschiedenen Mustern auf diese Energieniveaus verteilen, sodass sie in Summe immer $U = 3 \cdot \varepsilon$ ergeben. Jede dieser Teilchenanordnungen entspricht einem *Mikrozustand*, von denen in Abb. 6.1 fünf verschiedene gezeigt sind. Sie alle ergeben denselben *Makrozustand*

---

72 Da diese nur Translationsbewegungen durchführen können, wäre die Summe der Freiheitsgrade hier $f = 3 \cdot N$.

73 Bei der quantenmechanischen Beschreibung haben wir nur f und nicht $2 \cdot f$ Zahlen, weil wir aufgrund der Unschärferelation Ort und Impuls nicht gleichzeitig beliebig genau angeben können. Es sind daher nur f Zahlenangaben sinnvoll.

74 Hierbei ist ε ein Grundenergiewert (z. B. $\varepsilon = k_B \cdot T$), und unser betrachtetes System habe als Gesamtenergie das dreifache davon.

75 In der Tat brauchen wir in der ganzen Thermodynamik eigentlich nie ein Teilchenbild. Wir ziehen oft trotzdem eines heran, aber dies dient nur der Illustration und ist für die eigentliche formelle Thermodynamik nicht nötig.

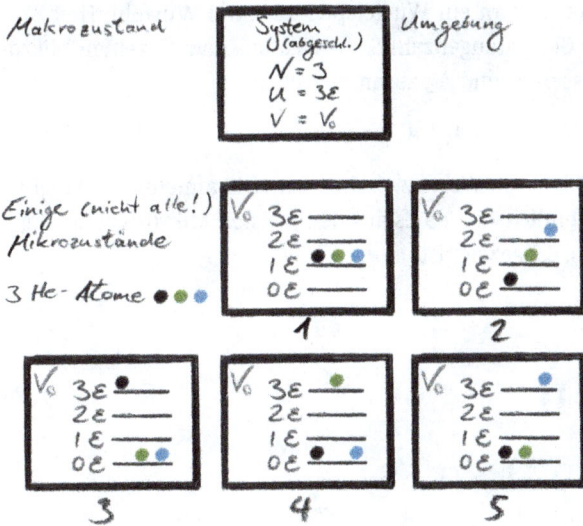

Abb. 6.1: Schematische Darstellung einiger Mikrozustände eines abgeschlossenen Heliumsystems mit $N = 3$ Teilchen und der Inneren Energie $U = 3 \cdot \varepsilon$. Alle gezeigten Mikrozustände realisieren denselben, oben gezeigten Makrozustand.

$U = 3 \cdot \varepsilon$. Wir sehen also, dass ein bestimmter Makrozustand durch eine große Anzahl Ω erlaubter (d. h. zugänglicher) Mikrozustände realisiert wird. Daraus ergibt sich, dass ein bestimmter Makrozustand durch die Häufigkeiten (Wahrscheinlichkeiten) festgelegt wird, mit denen die erlaubten Mikrozustände auftreten. Dabei gilt, dass alle zugänglichen Mikrozustände eines isolierten Systems *gleich wahrscheinlich* sind. Für deren Wahrscheinlichkeit gilt damit:

$$P_r = \begin{cases} 1/\Omega & \text{für alle zugänglichen Mikrozustände } r \\ 0 & \text{sonst} \end{cases} \tag{326}$$

Diese einfache Wahrscheinlichkeitsverteilung ist *die* zentrale Ausgangshypothese der Statistischen Thermodynamik! Sie lässt sich aus tiefliegenden physikalischen Prinzipien begründen.

In chemischen Systemen ist Ω gemeinhin sehr groß, d. h. es gibt sehr viele Mikrozustände. Deren Anzahl hängt auch davon ab, wie der Makrozustand ist. Für das obige Beispiel eines Systems mit drei Teilchen, vier mikroskopischen Energieniveaus $0 \cdot \varepsilon$, $1 \cdot \varepsilon$, $2 \cdot \varepsilon$ und $3 \cdot \varepsilon$ und einer Gesamtenergie $U = 3 \cdot \varepsilon$ können wir insgesamt 10 Mikrozustände finden; fünf davon sind in Abb. 6.1 gezeichnet. Für die Gesamtenergie $U = 9 \cdot \varepsilon$ gibt es hingegen hierbei nur einen einzigen Mikrozustand, nämlich den, wo alle drei Teilchen das oberste mikroskopische Energieniveau bevölkern.

Als zweites Beispiel denken wir an ein Würfelspiel mit zwei Würfeln. Hier entspricht der Makrozustand der Gesamtaugenzahl S, die sich aus den einzelnen Mikrozuständen, den Würfelergebnissen A_1 und A_2, zusammensetzt:

$$S = A_1 + A_2 \tag{327}$$

Die Summe der Augenzahlen S können Werte zwischen 2 und 12 annehmen. Dabei ist das Ergebnis $S = 7$ am wahrscheinlichsten, da es aus den meisten Mikrozuständen gebildet werden kann, wie in Abb. 6.2 gezeigt ist.

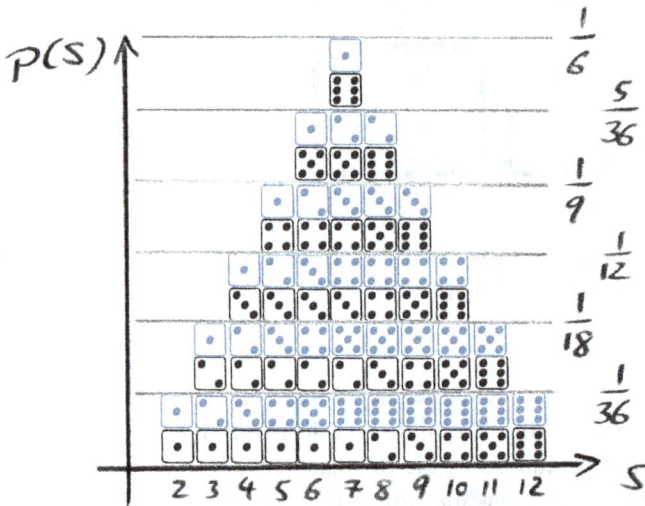

Abb. 6.2: Wahrscheinlichkeitsverteilung $p(S)$ eines Würfelergebnisses S aus zwei Würfeln A_1 und A_2.

Würden wir mit 3, 4, ..., N Würfeln spielen, so würde der häufigste Makrozustand gegenüber den anderen immer signifikanter werden. Die Eigenschaften von Vielteilchensystemen werden für größere N also *vorhersagbar*. Dieser Umstand ist bekannt als das **Gesetz der großen Zahlen**.

Eine illustrative Visualisierung dieses Prinzips liefert das Galtonsche Brett (auch Zufallsbrett genannt). Dies ist ein Brett, auf dem Nägel reihenartig auf regulären Gitterpositionen angeordnet sind, sodass stets jede zweite Reihe auf Lücke steht. Werden nun Kugeln von oben eingeworfen, so stellen diese Nägel für die Kugeln Hindernisse dar. Jede Kugel kann, wenn sie von oben auf einen Nagel trifft, von diesem mit gleicher Wahrscheinlichkeit entweder nach links oder nach rechts abprallen. Dadurch ergeben sich für alle Kugeln Zufallspfade vom Muster eines eindimensionalen Irrflugs (eindimensional in links–rechts Richtung quer zur Kugelfallrichtung von oben nach unten). Nach dem Durchlaufen einiger Nagelreihen werden die Kugeln unten in Fächer aufgefangen, wobei die meisten Kugeln im mittleren Fach landen, weil sie auf ihrem Weg ungefähr gleich oft nach links und nach rechts von Nägeln abgeprallt sind, während nur wenige Kugeln auf ihrem Weg stets nur nach links bzw. stets nur nach rechts abge-prallt sind und somit ganz links bzw. rechts außen ankommen. Die Menge der Kugeln in den Fächern spiegelt direkt die Wahrscheinlichkeitsverteilung des eindimensionalen Irrflugs wider, die einer diskretisierten Gauss-Verteilung entspricht. In diesem Experiment gilt wieder das Gesetz der großen Zahlen. Ein einzelner Pfad einer Kugel ist unvorhersagbar. Aber die meisten Pfade führen in den mittleren Behälter, sodass dort am Ende die meisten Kugeln liegen. Hier wird also die Zukunft vorhersagbar, während die Vergangenheit jeder einzelnen Kugel nach der Durchführung des Experiments im Dunkeln liegt.

Für die statistische Mechanik ist der Galtonsche Versuch ganz elementar. Die einzelnen Pfade der Kugeln entsprechen Mikrozuständen. Die resultierende Netto-Verschiebung von der Mittelposition entspricht einem Makrozustand. Je mehr Mikrozustände, d. h. Einzelpfade, einen bestimmten Makrozustand realisieren, desto wahrscheinlicher ist er, und desto häufiger tritt er auf. Deshalb gibt es mehr Kugeln im mittleren Behälter, der geringe Netto-Verschiebungen sammelt, als in den äußeren Behältern, die große Netto-Verschiebungen sammeln, einfach weil die ersteren wahrscheinlicher sind als die letzteren. Der Grund dafür ist, dass zwar jeder Einzelpfad gleich wahrscheinlich ist, es aber mehr Pfade gibt die zur Mitte hin führen als es Pfade gibt die weit nach außen führen. Anhand genau dieses Grundprinzips, d. h. der Annahme gleich wahrscheinlicher Mikrozustände (hier im Beispiel: alle denkbaren einzelnen Bahnkurven für eine Kugel) und dann einer Bilanzierung, wie viele davon welchen Makrozustand realisieren (hier im Beispiel: letztliche Netto-Verschiebung der Kugel links und rechts von der Mittelposition), können wir makroskopische Eigenschaften von Vielteilchensystemen mit ihren mikroskopischen Teilchen-Konfigurationen korrelieren – und damit daraus quantitativ berechnen.

Exkurs: Entropie-Elastizität von Polymeren

Wir können mit der Analogie des Irrflugs, d. h. zum Beispiel zum Beispiel der Kugeln auf dem Galtonschen Brett, nicht nur eine Illustration davon bekommen was Mikro- und Makrozustände sein können, sondern direkt anwendungsrelevante Einsichten ableiten. Dies führt uns ins Gebiet der Polymerwissenschaft. Die Gestalt einer flexiblen Polymerkette können wir als Irrflugpfad auffassen: Jede Bindung, die von einer Monomereinheit zur nächsten führt, hat in diesem Modellbild eine zufällige Orientierung im Raum, sodass insgesamt eine zufällige Knäuelgestalt resultiert. Wenn wir nun solch ein Zufallsknäuel deformieren indem wir daran ziehen, so ist die einfachste Art diesem äußeren Zwang auf mikroskopischer Ebene nachzukommen, einzelne Bindungen so umzuorientieren dass sie nicht mehr zufällig sondern teils gerichtet angeordnet sind, mit einer Vorzugsorientierung in Richtung des äußeren Zugs. Das entspricht dann einem neuem Irrflugpfad, und zwar einem mit größerer Netto-Verschiebung als zuvor. Dieser hat, nach dem was wir vom Galtonschen Brett bzw. der Irrflugstatistik wissen, eine geringere Wahrscheinlichkeit als die vorige. Und wie wir später in diesem Kapitel noch lernen werden, übersetzt sich das in eine geringere Entropie. Es gibt also eine entropische Strafe beim Dehnen solcher flexibler Polymerketten – und eben dies macht sich in Form einer elastischen Rückstellkraft bemerkbar. Mit Hilfe der Irrflugstatistik und der Boltzmann-Formel für die statistische Definition der Entropie können wir dies auch recht leicht konkret berechnen.

6.2 Verteilung und Gewicht

Da wir in der Statistischen Thermodynamik zumeist mit einer sehr großen Menge an Mikrozuständen zu tun haben, müssen wir einige Hilfsmittel nutzen, um uns den Umgang mit ihnen zu vereinfachen. Betrachten wir dafür ein Beispielsystem aus N Teilchen in den zugänglichen, d. h. quantenmechanisch erlaubten Energiezuständen ε_0, ε_1, ε_2, ..., ε_i. Die **Verteilung** f gibt an, wie viele Teilchen einen bestimmten Zustand besetzen. Sie enthält allerdings keine Information darüber, *welche* Teilchen dies konkret sind. Befinden sich n_0 Teilchen in Energiezustand ε_0, n_1 im Energiezustand ε_1, und schließlich n_i Teilchen im Energiezustand ε_i, so wird deren Verteilung f durch die Kurznotation $f = n_0, n_1, n_2, ..., n_i$ angegeben.[76] Die Verteilung f gibt uns also die *Besetzungszahlen* der mikroskopischen Energiezustände an – wohlgemerkt allerdings ohne Information darüber welche Teilchen genau dies nun sind. Wir können uns aber schon denken, dass letztere Teilinformation auch gar nicht wichtig dafür ist, um beispielsweise abzuschätzen welche makroskopischen Eigenschaften ein System hat, erstere Teilinformation aber sehr wohl.

Das **Gewicht** t einer Verteilung gibt an, durch *wie viele Mikrozustände* eine bestimmte Verteilung realisiert werden kann. Bezogen auf das in Abb. 6.1 gezeigte Beispiel gruppieren sich beispielsweise die Mikrozustände *3*, *4* und *5* zu einer Verteilung (*3,4,5*). Diese ist durch *drei* verschiedene Mikrozustände realisiert, wohingegen Verteilung (*1*) nur durch *einen* Mikrozustand realisiert ist. Die Verteilung (*3,4,5*) hat damit ein *dreimal so hohes Gewicht* wie Verteilung (*1*).

Tabelle 6.1 fasst alle mögliche Verteilungen des in Abb. 6.1 gezeigten Beispiels zusammen. Um die dazugehörigen Gewichte dieser Verteilungen zu bestimmen, notieren wir alle Besetzungsmuster (d. h. alle Mikrozustände) des Systems und zählen ab, wie viele jeweils eine Verteilung realisieren. Die Ergebnisse dieser Fleißarbeit sind in Tab. 6.2 gezeigt.[77]

---

76 Merke: Verteilungen unterliegen ggf. Nebenbedingungen. So ist im isolierten System die Teilchenanzahl $\sum_i n_i = N$ konstant. Es gilt zusätzlich, dass die Anzahl Teilchen mal der Energie dieser Teilchen der Inneren Energie des Systems entspricht. Das heißt, dass auch die Innere Energie $\sum_i n_i \cdot \varepsilon_i = U$ konstant ist.

77 An dieser Stelle lohnt sich ein kurzes Gedankenexperiment. Stellen wir uns vor, wir betrachten unser Beispielsystem 10 Sekunden lang. Statistisch gesehen würden wir dann 1 Sekunde lang Verteilung 1 sehen, 3 Sekunden lang Verteilung 2, und 6 Sekunden lang Verteilung 3. Anschließend betrachten wir 10 der oben genannten Systeme gleichzeitig für nur 1 Sekunde. In diesem Moment hätte ein System gerade die Verteilung 1, drei Systeme gerade die Verteilung 2, und sechs Systeme gerade die Verteilung 3. Der Zeitmittelwert ist hier identisch dem Scharmittelwert; solch ein System wird *ergodisch* genannt. Angewandt auf das Würfelbeispiel aus Abb. 6.2 bedeutet dies, dass es für die Ergebnisverteilung keinen Unterschied macht, ob eine Person zehnmal oder zehn Personen je einmal würfeln. Es gibt auch nicht-ergodische Systeme. Diese liegen generell vor, wenn sich die mikroskopischen Bausteine im System nur sehr langsam oder gar nicht bewegen können um räumliche Inhomogenitäten der Zusammensetzung auszugleichen. Das ist der Fall, wenn die Bausteine sehr groß und damit

Tab. 6.1: Auflistung der im Beispiel in Abb. 6.1 gezeigten möglichen Verteilungen.

	$n_0(0)$	$n_1(1 \cdot \varepsilon)$	$n_2(2 \cdot \varepsilon)$	$n_3(3 \cdot \varepsilon)$
Verteilung 1	0	3	0	0
Verteilung 2	2	0	0	1
Verteilung 3	1	1	1	0

Tab. 6.2: Auflistung aller Mikrozustände des Beispiels aus Abb. 6.1 und Abzählung der Gewichte der Verteilungen dazu.

	Mikrozustände									
Teilchen A	$1 \cdot \varepsilon$	0	0	$3 \cdot \varepsilon$	0	0	$1 \cdot \varepsilon$	$1 \cdot \varepsilon$	$2 \cdot \varepsilon$	$2 \cdot \varepsilon$
Teilchen B	$1 \cdot \varepsilon$	0	$3 \cdot \varepsilon$	0	$1 \cdot \varepsilon$	$2 \cdot \varepsilon$	0	$2 \cdot \varepsilon$	0	$1 \cdot \varepsilon$
Teilchen C	$1 \cdot \varepsilon$	$3 \cdot \varepsilon$	0	0	$2 \cdot \varepsilon$	$1 \cdot \varepsilon$	$2 \cdot \varepsilon$	0	$1 \cdot \varepsilon$	0
	Verteilung 1 Gewicht $t_1 = 1$	Verteilung 2 Gewicht $t_2 = 3$			Verteilung 3 Gewicht $t_3 = 6$					

Allgemein gilt, dass in einem System mit N Teilchen das Gewicht t der Verteilung $f = n_0$, n_1, n_2, ..., n_i auf die erlaubten Quantenzustände mit der Energie ε_0, ε_1, ε_2, ..., ε_i wie folgt formuliert werden kann:

$$t_f = \frac{N!}{n_0! \cdot n_1! \cdot n_2! \cdot \ldots \cdot n_i!} \tag{328}$$

Sollte dabei eine der Besetzungszahlen null sein, so gilt dafür $0! = 1$.

Angewandt auf das oben genannte Beispielsystem aus Abb. 6.1 ergibt sich beispielsweise für Verteilung 2 ein Gewicht t_2 von:

$$t_2 = \frac{3!}{2! \cdot 0! \cdot 0! \cdot 1!} = \frac{3 \cdot 2 \cdot 1}{2 \cdot 1 \cdot 1 \cdot 1} = 3 \tag{329}$$

Das hatten wir ja auch durch Abzählen in Tab. 6.2 gefunden. Die Summe der Gewichte aller Verteilungen ist die Gesamtzahl aller Mikrozustände:

$$\sum_f t_f = \Omega \tag{330}$$

Für unser Beispiel aus Tab. 6.2 wäre dies $\sum_{f=1}^{3} t_f = 10$. Es gibt also insgesamt zehn Mikrozustände, die alle gleich wahrscheinlich sind, welche sich aber zu drei verschiede-

---

schwerfällig sind und sich gegenseitig topologisch oder durch Wechselwirkungen (bis hin zu gegenseitiger Verbindung in Form von Netzwerken) behindern. So etwas ist oft in den Kolloid- und Polymerwissenschaften anzutreffen.

nen Verteilungen gruppieren lassen, die jeweils unterschiedliche Gewichte haben. Das größte Gewicht hat hierbei im Beispiel Verteilung 3.

Die Verteilung mit dem größten Gewicht, $t_f = t_{max}$, wird als **wahrscheinlichste** oder **dominierende Verteilung** bezeichnet. Die Eigenschaften von Vielteilchensystemen werden fast ausschließlich durch diese wahrscheinlichste Verteilung bestimmt (oder dominiert):

$$t_{max} = \infty \approx \Omega \text{ für } N \to \infty \tag{331}$$

Es wird also ausreichen, wenn wir im Folgenden ausschließlich mit dieser besonderen Verteilung arbeiten. Dazu wollen wir für sie nun, in der nächsten Lehreinheit, einen konkreten Formelausdruck analytisch herleiten.

> **!**
>
> **DAS WICHTIGSTE IN KÜRZE**
> - Mit der **Quantenmechanik** können wir Einzelteilchen beschreiben, mit der klassischen **Thermodynamik** hingegen Vielteilchensysteme. Das Bindeglied ist die **Statistische Thermodynamik**, welche makroskopisch messbare Stoffeigenschaften mit den mikroskopischen (molekularen) Energiezuständen der beteiligten Teilchen verbrückt.
> - Ein **Mikrozustand** ist durch die mikroskopische (molekulare) Beschreibung des Vielteilchensystems definiert, ein **Makrozustand** durch die charakteristischen thermodynamischen Funktionen. Für ein isoliertes System ist der Makrozustand festgelegt über die Gesamtteilchenzahl N, das Volumen V und die Innere Energie U, während auf mikroskopischer Ebene die Teilchen verschiedene diskrete Energieniveaus besetzen und in verschiedenen Mustern auf diese Energieniveaus verteilt sind. Ein bestimmter Makrozustand wird durch eine große Anzahl erlaubter Mikrozustände realisiert.
> - Die **Verteilung** gibt an, wie viele Teilchen einen bestimmten Zustand besetzen (Besetzungszahlen der mikroskopischen Energiezustände), ungeachtet welche Teilchen dies sind. Das **Gewicht** einer Verteilung gibt an, durch wie viele Mikrozustände eine Verteilung realisiert wird: $t_f = N! / \prod n_i!$
> - Die Verteilung mit dem größten Gewicht bestimmt als wahrscheinlichste oder **dominierende Verteilung** fast ausschließlich die Eigenschaften von Vielteilchensystemen.

VERSTÄNDNISFRAGEN

1. **Was ist das Hauptanliegen der Statistischen Thermodynamik?**
   a) Verbrückung der Quantenmechanik mit der Thermodynamik
   b) Berechnung der Statistik von Messergebnissen aus Laborversuchen zur Thermodynamik
   c) Verbrückung der Kinetik mit der Thermodynamik
   d) Berechnung von statistisch vorkommenden thermodynamischen Nichtgleichgewichtsphänomenen wie z. B. Siedeverzug, Unterkühlung etc.

2. **Wie können Sie ein System makroskopisch beschreiben?**
   a) Durch Quantenzahlen
   b) Durch Zustandsvariablen
   c) Sie benötigen sowohl Quantenzahlen als auch Zustandsvariablen
   d) Sie benötigen weder Quantenzahlen noch Zustandsvariablen

3. **Wie können Sie ein System mikroskopisch beschreiben?**
   a) Durch Quantenzahlen
   b) Durch Zustandsvariablen
   c) Sie benötigen sowohl Quantenzahlen als auch Zustandsvariablen
   d) Sie benötigen weder Quantenzahlen noch Zustandsvariablen

4. **Sie würfeln gleichzeitig mit einem roten und einem grünen Würfel. Welche Aussage bezüglich der Augenzahlen ist korrekt?**
   a) Gesamtsumme 7 ist der wahrscheinlichste Mikrozustand.
   b) Gesamtsumme 12 ist der wahrscheinlichste Mikrozustand.
   c) 3 rot und 4 grün ist der wahrscheinlichste Makrozustand.
   d) 3 rot und 4 grün ist einer von 36 gleich wahrscheinlichen Mikrozuständen.

VERTIEFUNGSFRAGEN

5. **Wie ändert sich das statistische Gewicht beim Würfeln mit zwei nicht unterscheidbaren Würfeln im Vergleich zu zwei unterscheidbaren? Welche Aussage ist korrekt?**
   a) Für die Gesamtsumme 7 nimmt das statistische Gewicht von 6 auf 4 ab.
   b) Für die Gesamtsumme 7 bleibt das statistische Gewicht unverändert.
   c) Für die Gesamtsumme 6 nimmt das statistische Gewicht von 5 auf 3 ab.
   d) Für die Gesamtsumme 6 nimmt das statistische Gewicht von 4 auf 2 ab.

6. **Fünf unterscheidbare Kugeln können die Zustände 0, 1, 2 und 3 J besetzen, sodass sich insgesamt eine Energie von 5 J ergibt. Welche Konfiguration ist am wahrscheinlichsten?**
   a) $1 \cdot 0\,J, 3 \cdot 1\,J$ und $1 \cdot 2\,J$
   b) $2 \cdot 0\,J, 1 \cdot 1\,J$ und $2 \cdot 2\,J$
   c) $3 \cdot 0\,J, 1 \cdot 2\,J$ und $1 \cdot 3\,J$
   d) $5 \cdot 1\,J$

7. **Vier unterscheidbare Kugeln können die Zustände 0, 1 und 2 J besetzen. Welche Gesamtenergie hat das höchste statistische Gewicht?**
   a) $2\,J$
   b) $3\,J$
   c) $4\,J$
   d) $5\,J$

8. **Sie würfeln gleichzeitig mit einem roten, einem blauen, einem grünen und einem gelben Würfel. Die Verteilung der statistischen Gewichte der Gesamtaugenzahl hat die folgende Kurvenform:**
   a) linearer Anstieg
   b) linearer Abfall
   c) Dreiecksverteilung
   d) Gaußsche Glockenkurve

EINHEIT 18: BOLTZMANN-VERTEILUNG
In der Statistischen Thermodynamik steht die Besetzung von mikroskopischen Energieniveaus im Fokus. Diese wird beschrieben durch Verteilungen, d. h. Sätze von Besetzungszahlen. Im Limit hoher Teilchenzahlen wird nur eine einzige Verteilung maßgeblich; wir nennen sie die dominierende Verteilung, da die Eigenschaften des Systems dann praktisch ausschließlich durch eben diese Verteilung dominiert werden. In dieser Lehreinheit soll diese besondere Verteilung im Fokus stehen. Durch Anwendung der Methode der Variationsrechnung werden wir einen analytischen Formelausdruck für sie herleiten, mit dem wir die Besetzung der mikroskopischen Niveaus in Abhängigkeit von deren Energie konkret ausrechnen können.

6.3 Die wahrscheinlichste Verteilung: Boltzmann-Statistik

In der Statistischen Thermodynamik geht es uns darum, die Mikrowelt mit der Makrowelt zu korrelieren, und zwar mit besonderem Blick auf energetische Informationen, was konkret bedeutet die Besetzung von mikroskopischen Energieniveaus in den Fokus zu nehmen. Dies wird beschrieben durch Verteilungen, d. h. Sätze von Besetzungszahlen der Energieniveaus. Für einen uns interessierenden Makrozustand sind grundsätzlich verschiedene Verteilungen möglich, die verschiedene Gewichte haben, was widerspiegelt wie viele Mikrozustände jeweils eine bestimmte Verteilung von Besetzungszahlen realisieren. Im Limit hoher Teilchenzahlen – was praktisch heißt: bei allen praxisrelevanten Teilchenzahlen (selbst bei lediglich nanomolaren Mengen) – wird nur eine einzige Verteilung maßgeblich. Wir nennen sie die **dominierende Verteilung**, da die Eigenschaften des Systems dann praktisch ausschließlich durch eben diese Verteilung dominiert werden. Wie lautet nun diese besondere Verteilung für ein isoliertes Vielteilchensystem mit den Energieniveaus ε_0, ε_1, ε_2, ..., ε_i? Es handelt sich dabei um die essenziell wichtige **Boltzmann-Verteilung**:

$$n_i \sim e^{-\frac{\varepsilon_i}{k_B \cdot T}} \tag{332}$$

Im Folgenden wollen wir die Herleitung dieses ganz elementaren Formelausdrucks in den Fokus nehmen und damit verstehen, wo die Boltzmann-Verteilung herkommt und wie sie sich begründet. Außerdem werden wir verstehen, was konkret der Formelausdruck konzeptuell bedeutet, und wir werden „unterwegs" auf *die* zentrale Größe der Statistischen Thermodynamik stoßen: die **Zustandssumme**.

6.3.1 Ableitung der Boltzmann-Verteilung

Wir betrachten wieder ein abgeschlossenes System mit N Teilchen und erlaubten Quantenzuständen i der Energie ε_i. Es soll ein Vielteilchensystem mit $N \rightarrow \infty$ sein, sodass Gl. 331 Gültigkeit hat. Wir suchen nun die wahrscheinlichste Verteilung, was dem Maximum des Gewichts t entspricht. Gesucht wird nun also der Satz von Besetzungszahlen

n_1, n_2, n_3, ... für den t maximal wird; wir führen also jetzt eine Art Kurvendiskussion von Gl. 328 durch. Dabei haben wir es wegen der Fakultäten mit sehr großen Zahlen zu tun. Um uns dies handlicher zu gestalten, verwenden wir den Logarithmus davon:[78]

$$\ln t = \ln N! - \ln(n_0! \cdot n_1! \cdot n_2! \cdot ... \cdot n_k!) \tag{333}$$

Da wir ein abgeschlossenes System betrachten, ist die Teilchenzahl und die Energie konstant. Bei unserer Kurvendiskussion haben wir deshalb zwei Nebenbedingungen zu beachten:

$$\sum_i n_i = N = \text{konstant} \tag{334}$$

$$\sum_i n_i \cdot \varepsilon_i = U = \text{konstant} \tag{335}$$

Um diese Nebenbedingungen zu berücksichtigen, verwenden wir als mathematisches Werkzeug die Methode der **Lagrange-Multiplikatoren**. Gleichsam verwenden wir noch ein zweites mathematisches Werkzeug, nämlich die **Stirling-Näherung** für $\ln t$ zur analytischen Behandlung der in den Formeln auftretenden Fakultäten.

Wir wenden die Methode der **Variationsrechnung** an und gehen aus von einer Kombination von Gl. 328 und Gl. 331:

$$\ln \Omega = \ln t_{\max} = \ln N! - \sum_i \ln n_i! \tag{336}$$

Dieser Ausdruck soll nun maximal werden. Wie sich $\ln \Omega(n_i)$ (d. h. $\ln \Omega$ in Abhängigkeit *einer* Besetzungszahl n_i) in der Nähe des Maximums verhält, ist in Abb. 6.3 dargestellt. Wir erkennen, dass eine leichte Veränderung von n_i kaum eine Änderung von $\ln \Omega$ nach sich zieht, wenn die Variation δn_i um das Maximum herum erfolgt. Daraus folgt, dass die Variation am Maximum verschwindet: $\delta \ln \Omega_{\max} = 0$. Dies hat für *jede* Besetzungszahl n_i Gültigkeit (denn wir haben n_i eben gerade nicht näher spezifiziert). Damit können wir den Ansatz für die Variationsrechnung hinschreiben als:

$$\delta \ln \Omega_{\max}(n_0, n_1, n_2, ..., n_i) = 0 \tag{337}$$

Diesen Zusammenhang können wir nun auf $\ln \Omega \approx \ln t_{\max} = \ln N! - \ln(n_0! \cdot n_1! \cdot n_2! \cdot ... \cdot n_k!)$ anwenden. Wir suchen damit den Satz von Besetzungszahlen, für den t bzw. Ω maximal wird. Wir können $\delta \ln \Omega$ wie ein totales Differenzial schreiben, da die Änderung von $\ln \Omega$ für jedes δn_i unabhängig von den anderen $\delta n_{j \neq i}$ ist, d. h. es besteht keine Kopplung hierbei, und jede Besetzungszahl-Änderung wirkt sich individuell und entkoppelt von den anderen auf die Änderung von $\ln \Omega$ aus. Dadurch erhalten wir:

---

[78] $\ln t$ darf anstatt t zur Bestimmung des Maximums benutzt werden, da der ln streng monoton ist, d. h. wenn t als Funktion der Besetzungszahlen größer/kleiner wird, so tut dies auch $\ln t$; wir können die Suche nach $t_{\max}$ also abbilden auf die nach $\ln t_{\max}$.

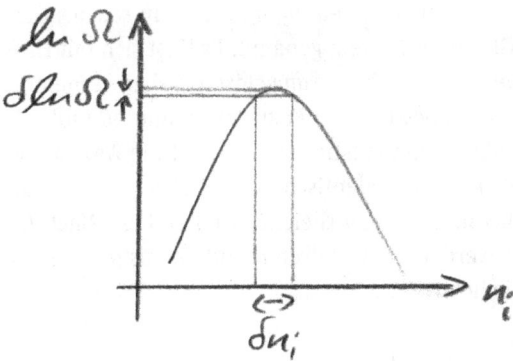

Abb. 6.3: Grafische Darstellung der Summe aller Mikrozustände Ω in Abhängigkeit der Besetzungszahl n_i nahe des Maximums.

$$\mathrm{d}\ln\Omega = \left(\frac{\partial\ln\Omega}{\partial n_1}\right)_{n_2,\dots,n_k}\cdot \mathrm{d}n_1 + \left(\frac{\partial\ln\Omega}{\partial n_2}\right)_{n_1,n_3,\dots,n_k}\cdot \mathrm{d}n_2 + \dots + \left(\frac{\partial\ln\Omega}{\partial n_k}\right)_{n_1,\dots,n_{k-1}}\cdot \mathrm{d}n_k = 0$$

$$\Leftrightarrow \mathrm{d}\ln\Omega = \sum_{i=1}^{k}\left(\frac{\partial\ln\Omega}{\partial n_i}\right)_{n_{j\neq i}}\cdot \mathrm{d}n_i = 0$$

(338)

Diese Bedingung ist erfüllt, wenn alle k Summanden null sind. Das bedeutet:

$$\left(\frac{\partial\ln\Omega}{\partial n_i}\right)_{n_{j\neq i}} = 0$$

(339)

Nun schreiben wir die beiden Nebenbedingungen 334 und 335 in differenzieller Form:

$$\sum_{i=1}^{k}\mathrm{d}n_i = 0$$

(340)

$$\sum_{i=1}^{k}\varepsilon_i\cdot \mathrm{d}n_i = 0$$

(341)

Insgesamt haben wir also folgendes Gleichungssystem:

(1) $\displaystyle\sum_{i=1}^{k}\left(\frac{\partial\ln\Omega}{\partial n_i}\right)_{n_{j\neq i}}\cdot \mathrm{d}n_i = 0$ $\leftarrow$ k Gleichungen, nämlich $\left(\frac{\partial\ln\Omega}{\partial n_i}\right)_{n_{j\neq i}} = 0$ für $i=1,\dots,k$

(2) $\displaystyle\sum_{i=1}^{k}\mathrm{d}n_i = 0$ $\leftarrow$ 1 Gleichung

(3) $\displaystyle\sum_{i=1}^{k}\varepsilon_i\cdot \mathrm{d}n_i = 0$ $\leftarrow$ 1 Gleichung

Damit haben wir $k + 2$ Gleichungen mit k Unbekannten: $n_1, n_2, ... n_k$. Ein solches Gleichungssystem wird überbestimmtes Gleichungssystem genannt. Es lässt sich mit Hilfe der *Methode der unbestimmten Multiplikation nach Lagrange* lösen. Dabei werden die Nebenbedingungen (2) und (3) mit zwei unbestimmten Faktoren, α und $-\beta$ multipliziert, sodass dann insgesamt $k + 2$ Unbekannte existieren. Dann ist die Anzahl der Gleichungen und Unbekannten jeweils $k + 2$, also identisch. Anschließend werden die mit α und $-\beta$ multiplizierten Nebenbedingungen zu Gleichung (1) addiert. Nach Lösung dieses neuen Gleichungssystems werden die Faktoren α und $-\beta$ aus den Nebenbedingungen bestimmt. Diese Strategie liefert uns:

$$(1) \quad \sum_{i=1}^{k} \left(\frac{\partial \ln \Omega}{\partial n_i} \right)_{n_{j \neq i}} \cdot dn_i = 0$$

$$(2) \quad + \sum_{i=1}^{k} \alpha \cdot dn_i = 0$$

$$(3) \quad + \sum_{i=1}^{k} -\beta \cdot \varepsilon_i \cdot dn_i = 0$$

$$= \left[\sum_{i=1}^{k} \left(\frac{\partial \ln \Omega}{\partial n_i} \right)_{n_{j \neq i}} + \alpha - \beta \cdot \varepsilon_i \right] \cdot dn_i = 0 \tag{342}$$

In dieser Gleichung sind die dn_i ungleich null, denn dies sind kleine Variationen der Besetzungszahlen n_i, die zwar klein, aber eben nicht null sind. Damit kann also insgesamt nur dann null herauskommen, wenn alle Summanden in den eckigen Klammern, d. h. alle Ausdrücke $\left(\frac{\partial \ln \Omega}{\partial n_i} \right)_{n_{j \neq i}} + \alpha - \beta \cdot \varepsilon_i$ null werden. Damit gilt also für alle Zustände i mit der Energie ε_i und der Besetzung n_i:

$$\left(\frac{\partial \ln \Omega}{\partial n_i} \right)_{n_{j \neq i}} + \alpha - \beta \cdot \varepsilon_i = 0 \tag{343}$$

Jetzt haben wir noch das Problem mit den Fakultäten im Term $\ln \Omega = \ln N! - \ln(n_0! \cdot n_1! \cdot n_2! \cdot ... \cdot n_k!)$ umzugehen, wenn wir die Ableitung $\left(\frac{\partial \ln \Omega}{\partial n_i} \right)$ bilden wollen. Dazu nutzen wir die **Stirling-Näherung**:

$$\ln N! \approx N \cdot \ln N - N$$

Wir setzen dies nun in Gl. 336 für N und n_i an:

$$\ln \Omega \approx N \cdot \ln N - N - \sum_{i=1}^{k} (n_i \cdot \ln n_i - n_i)$$
| Summe in zwei Teilsummen aufteilen

$$= N \cdot \ln N - N - \sum_{i=1}^{k} n_i \cdot \ln n_i + \sum_{i=1}^{k} n_i$$
| Die Summe der Besetzungszahlen aller Energiezustände, $\sum_{i=1}^{k} n_i$, entspricht der Gesamtteilchenzahl N (die sich ja eben auf all diese Zustände aufteilen)

$$= N \cdot \ln N - N - \sum_{i=1}^{k} n_i \cdot \ln n_i + N$$

$$= N \cdot \ln N - \sum_{i=1}^{k} n_i \cdot \ln n_i \qquad (344)$$

Wir haben damit einen Ausdruck ohne Fakultäten generiert, mit dem wir die Rechnung fortsetzen können. Ableitung nach einer Besetzungszahl n_j des j-ten Zustands ergibt:

$$\frac{\partial \ln \Omega}{\partial n_j} = \frac{\partial (N \cdot \ln N)}{\partial n_j} - \sum_{i=1}^{k} \frac{\partial (n_i \cdot \ln n_i)}{\partial n_j}$$
| N enthält n_j, denn N ist ja die Summe der n_j
⇒ Die Ableitung des ersten Summanden ist nicht trivial null, sondern wir müssen sie berechnen;
⇒ dazu Ableitung aller Terme nach Produktregel

$$= \frac{\partial N}{\partial n_j} \cdot \ln N + N \cdot \underbrace{\frac{\partial \ln N}{\partial n_j}}_{= \frac{1}{N} \cdot \frac{\partial N}{\partial n_j}}$$

$$- \sum_{i=1}^{k} \left(\frac{\partial n_i}{\partial n_j} \cdot \ln n_i + n_i \cdot \frac{\partial \ln n_i}{\partial n_j} \right)$$
| $N = n_1 + n_2 + ... + n_k$, also gilt

$$\frac{\partial N}{\partial n_j} = \begin{matrix} 0 \text{ für } i \neq j \\ 1 \text{ für } i = j \end{matrix}, \text{ also insges. 1}$$

$$= 1 \cdot \ln N + N \cdot \frac{1}{N} \cdot 1 - \sum_{i=1}^{k} \left(\underbrace{\frac{\partial n_i}{\partial n_j}}_{\substack{=1 \text{ für } i=j \\ =0 \text{ für } i \neq j}} \cdot \ln n_i + n_i \cdot \frac{\partial \ln n_i}{\partial n_j} \right)$$

$$= \ln N + 1 - \left(\ln n_j + \sum_{i=1}^{k} \left(n_i \cdot \frac{1}{n_i} \cdot \overbrace{\frac{\partial n_i}{\partial n_j}} \right) \right) = \ln N + 1 - (\ln n_i + 1)$$

$$= \ln N - \ln n_j = \ln \frac{N}{n_j} = - \ln \frac{n_j}{N} \qquad (345)$$

Durch Einsetzen in Gl. 344 und Umbenennen des Index j in i erhalten wir:

$$-\ln \frac{n_i}{N} + \alpha - \beta \cdot \varepsilon_i = 0 \quad \Leftrightarrow \quad \ln \frac{n_i}{N} = \alpha - \beta \cdot \varepsilon_i \quad \Rightarrow \quad \frac{n_i}{N} = e^{\alpha - \beta \cdot \varepsilon_i} = e^{\alpha} \cdot e^{-\beta \cdot \varepsilon_i} \qquad (346)$$

Damit haben wir einen Ausdruck für die wahrscheinlichste Verteilung gefunden. Nun müssen wir nur noch die Faktoren α und β bestimmen, was aus den Nebenbedingungen möglich ist:

$$\boldsymbol{\alpha}: \quad N = \sum_{i=1}^{k} n_i = \sum_{i=1}^{k} N \cdot e^{\alpha} \cdot e^{-\beta \cdot \varepsilon_i}$$

$$= N \cdot e^{\alpha} \cdot \sum_{i=1}^{k} e^{-\beta \cdot \varepsilon_i} \qquad | : N$$

$$\Leftrightarrow 1 = e^{\alpha} \cdot \sum_{i=1}^{k} e^{-\beta \cdot \varepsilon_i} \Leftrightarrow e^{\alpha} = \frac{1}{\Sigma_{i=1}^{k} e^{-\beta \cdot \varepsilon_i}} = \frac{1}{q} \qquad (347)$$

Hier haben wir uns zunutze gemacht, dass sich N als Summe der n_i darstellen lässt, denn die n_i sind ja die Besetzungszahlen der Zustände, auf die sich die insgesamt N Teilchen eben verteilen, d. h. die Summe der n_i entspricht N. Und dann haben wir in diese Summe für n_i den Ausdruck aus Gl. 346 eingesetzt den wir gerade zuvor hergeleitet haben.

Der Nenner des in Gl. 347 gewonnenen Ausdruckes wird **molekulare Zustandssumme** q genannt, welche wir in der nächsten Lehreinheit (Kapitel 6.5) detaillierter betrachten werden. Sie wird sich im Folgenden als *die* zentrale Größe der Statistischen Thermodynamik herausstellen.

$$\boldsymbol{\beta}: \quad \sum_i n_i \cdot \varepsilon_i = U = \text{konst.} \Rightarrow \beta = \frac{1}{k_B \cdot T} \qquad (348)$$

Das letzte Ergebnis folgt aus Anwendung von $\sum_i n_i \cdot \varepsilon_i$ auf ein System, dessen ε_i bekannt sind (z. B. harmonischer Oszillator oder Wasserstoffatom oder andere quantenmechanische Systeme, für die sich die Schrödinger-Gleichung vergleichsweise einfach lösen lässt und wodurch dann deren Energieniveaus aus Applikation geeigneter mathematischer Operatoren auf die aus der Schrödinger-Gleichung erhaltenen Wellenfunktionen berechenbar sind).

Zusammenfassend ergibt sich für die **Boltzmann-Verteilung**:

$$\boxed{\frac{n_i}{N} = \frac{1}{q} \cdot e^{-\beta \cdot \varepsilon_i} \text{ mit } \beta = \frac{1}{k_B \cdot T} \text{ und der } \textbf{molekularen Zustandssumme } q = \sum_{i=1}^{k} e^{-\beta \cdot \varepsilon_i}}$$

$$(349)$$

Sie beschreibt den Bruchteil $\frac{n_i}{N}$ der Teilchen (d. h. die Anzahl Teilchen n_i im Ensemble aus insgesamt N) im Quantenzustand i mit der Energie ε_i in Relation zur thermisch verfügbaren Energie $k_B \cdot T$.[79] Dieser Anteil fällt exponentiell ab, d. h. die meisten Teilchen bevöl-

---

79 Die Analogie im Aufbau der Formel zur Arrhenius-Gleichung ist verblüffend. Sie liegt indes nahe: Die Geschwindigkeit von Gasteilchen unterliegt einer Maxwell–Boltzmann Verteilung. Diese leitet sich aus der hier nun gefundenen Boltzmann-Verteilung insofern ab, dass die durch einen Boltzmann-Ansatz in Form

kern den Grundzustand, weniger Teilchen bevölkern den ersten angeregten Zustand, noch weniger den zweiten angeregten Zustand usw., wie Abb. 6.4 zeigt. Bei höherer Temperatur ist die Bevölkerungsstatistik immer noch exponentiell, aber jetzt mit flacherem Verlauf, wie ebenfalls in Abb. 6.4 gezeigt ist. Hier sind nun die höheren Energiezustände stärker bevölkert als bei niedriger Temperatur, aber immer noch befinden sich die meisten Teilchen in energetisch niedrigen Zuständen, die allermeisten sogar im Grundzustand. Im Grenzfall unendlich hoher Temperatur sind alle Energiezustände *gleich stark* bevölkert; hohe Temperatur bedeutet also nicht, dass nur die hohen Energiezustände bevölkert werden, sondern vielmehr, dass *alle* Zustände *gleichmäßig* bevölkert sind.

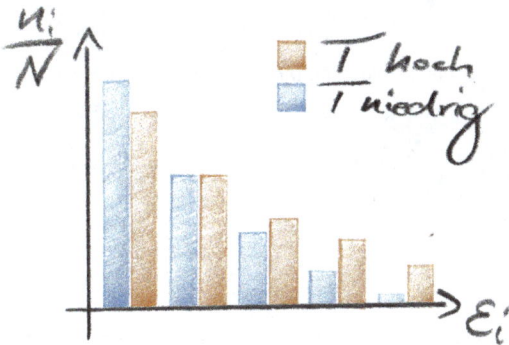

Abb. 6.4: Boltzmann-Verteilung.

Exkurs: Barometrische Höhenformel

Ein Spezialfall der Boltzmann-Verteilung ist die **barometrische Verteilung** oder **barometrische Höhenformel**. Diese gibt die Teilchenzahldichte $\rho(h)$, d. h. die Anzahl der Moleküle pro Volumen, eines idealen Gases bei konstanter Temperatur T als Funktion der Höhe h im Gravitationsfeld der Erde an. Wir stellen uns dazu eine Säule eines solchen Gases mit Querschnittsfläche A vor; das Volumen dV des Teils, der zwischen einer Höhenmarke h und einer zweiten Marke $h + dh$ ein Stück darüber liegt, ist

$$dV = A \cdot dh$$

Die Masse dm entspricht demnach $dm = M \cdot \rho(h) \cdot A \cdot dh$, mit M dem Molekulargewicht des Gases.

von Gl. 349 ausgedrückte Verteilung der kinetischen *Energie* von Gasteilchen sich in eine *Geschwindigkeits*verteilung übersetzen lässt indem sie mit einem Faktor $4 \cdot \pi \cdot v^2 \cdot dv$ multipliziert wird, der die Richtungsabhängigkeit der Vektorgröße v eliminiert. Dies lässt sich grafisch auffassen indem wir uns eine dreidimensionale Auftragung der drei Vektorkomponenten vorstellen, was eine sogenannte *Zustandsdichte* darstellt. Alle Zustände gleicher kinetischer Energie liegen hierbei auf einer Kugelschale um den Ursprung mit Radius v, die mathematisch durch den Ausdruck $4 \cdot \pi \cdot v^2$ gegeben ist. Multiplikation des Boltzmann-Terms mit diesem Faktor und Integration über dv gibt uns dann den Anteil von Molekülen mit Betrag der Geschwindigkeit in einem Intervall $[v; v + dv]$ an. In einer solchen Verteilung sind nun nur die schnellen Teilchen, mit kinetischen Energien E_{kin} im oberen Bereich, reaktionsfähig. Dies bedeutet, dass die reaktionsfähigen Teilchen, und damit auch der Umsatz pro Zeit, einer exponentiellen Verteilung unterliegen.

Dieser Teil des Gases übt durch die nach unten wirkende Erdbeschleunigung g und sein Eigengewicht eine Kraft df auf die Säule darunter aus.

$$df = M \cdot \rho(h) \cdot A \cdot dh \cdot g$$

Der Unterschied im Druck p (Kraft pro Fläche) auf der Höhe h im Vergleich zur Höhe $h + dh$ ergibt sich dadurch zu

$$p_h - p_{h+dh} = -dp = g \cdot M \cdot \rho(h) \cdot dh$$

Diese Gleichung ist für jedes Fluid korrekt, da es sich aber um ein ideales Gas handelt, das dem idealen Gasgesetz ($p \cdot V = n \cdot R \cdot T$) folgt, sind der Druck und die Teilchenzahldichte einfach verknüpft:

$$p = \rho \cdot k_B \cdot T \quad \text{mit} \quad k_B = \frac{R}{N_A} \quad \text{und} \quad \rho = \frac{N}{V} = \frac{n \cdot N_A}{V}$$

Durch diesen Zusammenhang wird aus der Gleichung davor eine Differenzialgleichung für die Teilchenzahldichte $\rho(h)$.

$$\frac{d\rho(h)}{dh} = -\frac{M \cdot g}{k_B \cdot T} \cdot \rho(h)$$

Die Lösung dieser Differenzialgleichung lautet

$$\rho(h) = \rho(h_0) \cdot \exp\left(-\frac{M \cdot g \cdot (h - h_0)}{k_B \cdot T}\right)$$

Hierbei stellt h_0 eine willkürlich ausgewählte Referenzhöhe dar. Besteht das Gas aus mehr als einer Spezies mit verschiedenen Molekulargewichten, so hat jede Spezies ihre eigene Verteilung. Die letztgenannte Gleichung ist die barometrische Höhenformel und stellt einen Spezialfall der Boltzmann-Verteilung dar. Hiernach ist die Wahrscheinlichkeit, ein bestimmtes Molekül bei Höhe h zu finden, proportional zur Teilchenzahldichte; damit stellt die Höhenformel eine Wahrscheinlichkeitsverteilung in Abhängigkeit von h dar. Die Wahrscheinlichkeit ein bestimmtes Molekül bei h zu finden variiert mit dem Exponentialterm in Abhängigkeit von h. Der Term $M \cdot g \cdot h$ stellt eine Energie dar, hier die potenzielle Energie, die mit dem Zustand verbunden ist, in dem sich das Molekül befindet, d. h. auf welcher Höhe h im Schwerefeld der Erde es ist.

Es gibt um diese Formel eine berühmte akademische Legende. Hiernach fragte ein namentlich nicht näher erwähnter Kollege des amerikanischen Chemikers Alexander Calandra im Oktober 1957 in einer Prüfung einen Studenten, wie es mit einem Barometer möglich sei die Höhe eines Turms zu messen. Offenkundig zielte die Frage darauf ab, am Fuß und an der Spitze des Turms den Luftdruck zu messen und mittels der barometrischen Höhenformel den Druckunterschied in einen Höhenunterschied zu übersetzen. Der Student antwortete jedoch, dass dazu das Barometer einfach an einem Seil von der Spitze des Turms bis unten herabzulassen sei und dann schlicht die Länge des Seilstücks gemessen werden müsse. Der Prüfer und Calandra fanden sich daraufhin in einem moralischen Dilemma. Zwar gab der Student auf die Frage eine korrekte Antwort, jedoch verletzte diese die gängigen akademischen Standards, wonach in der Prüfung ein Mindestmaß an physikalischem Verständnis zu demonstrieren sei. Calandra gab dem Studenten daraufhin die Chance, erneut zu antworten, wobei dieser nun physikalisches Wissen verwenden solle. Der Student gab hierauf gleich mehrere Antworten. Erstens sei es möglich, das Barometer einfach von der Turmspitze herunterfallen zu lassen, dabei die Zeit zu messen und dies mittels der Bewegungsgleichung des freien Falls in eine Fallhöhe zu übersetzen. Zweitens könne der Schatten des Barometers im Vergleich zum Schatten des Turms bestimmt werden um aus der bekannten Länge des einen die des anderen zu bestimmen. Drittens könne das

Barometer an einem kurzen Stück Seil als Pendel verwendet werden das am Fuß und an der Spitze des Turms dazu dienen könne, die Unterschiede der höhenabhängigen Gravitationskonstante zu bestimmen. Auch die Verwendung als langes Seilpendel sei möglich, das genau von oben bis unten reiche, um aus der Pendelbewegung die Pendellänge zu bestimmen. Und schließlich lasse sich auch einfach dem Turmwärter das Barometer zum Tausch anbieten, wenn dieser die Turmhöhe nenne. Der Legende nach gab der Student am Ende zu, dass er von Anfang an die erwartete konventionelle Antwort kannte, aber es satt sei, dass der Professor ihm beibringen wolle wie er zu denken habe.

6.4 Entartung

Wie bereits an unserem ersten Beispiel (Abb. 6.1) zu erkennen ist, können verschiedene Mikrozustände gleiche Energieniveaus haben.[80] Ist dies der Fall, so sprechen wir von **Entartung**, d. h. wir sagen „das Energieniveau ε_j ist g_j-fach entartet". Gemeint sind dann g_j Quantenzustände mit derselben Energie ε_j. Zur Veranschaulichung sind in Abb. 6.5 beispielhaft die Energieniveaus einiger Quantenzustände dargestellt, von denen drei entartet sind.

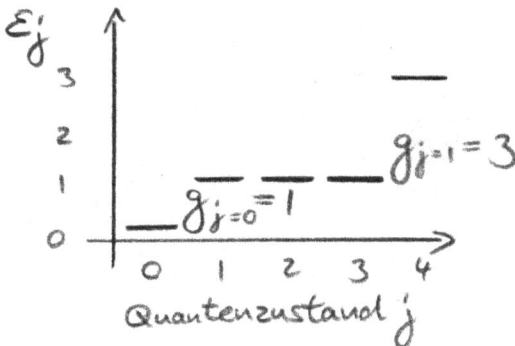

Abb. 6.5: Visualisierung der Entartung von Quantenzuständen: Die Quantenzustände 1, 2 und 3 haben dasselbe Energieniveau und sind damit entartet.

Für die molekulare Zustandssumme q können wir für diesen Fall mit Entartung schreiben:

---

80 Ein anderes Beispiel hierfür ist, wenn in einem Atom verschiedene Orbitale dieselbe Energie haben. Im Wasserstoffatom haben beispielsweise die unbesetzten p_x, p_y, p_z-Orbitale gleiche Energie; sie sind *entartet*. (Das gilt aber nur, solange sie unbesetzt sind.)

$$q = \sum_{\text{Zustände } i} e^{-\beta \cdot \varepsilon_i} = e^{-\beta \cdot \varepsilon_{i=0}} + e^{-\beta \cdot \varepsilon_{i=1}} + e^{-\beta \cdot \varepsilon_{i=2}} + e^{-\beta \cdot \varepsilon_{i=3}} + \dots$$

$$= e^{-\beta \cdot \varepsilon_{j=0}} + e^{-\beta \cdot \varepsilon_{j=1}} + e^{-\beta \cdot \varepsilon_{j=1}} + e^{-\beta \cdot \varepsilon_{j=1}} + \dots$$

$$= e^{-\beta \cdot \varepsilon_{j=0}} + g_j \cdot e^{-\beta \cdot \varepsilon_{j=1}} + \dots$$

$$q = \sum_{\text{Zustände } i} e^{-\beta \cdot \varepsilon_i} = \sum_{\text{Niveaus } j} g_j \cdot e^{-\beta \cdot \varepsilon_j} \tag{350}$$

Auch hierfür gilt die Boltzmann-Verteilung:

$$\frac{n_j}{N} = \frac{g_j}{q} \cdot e^{-\beta \cdot \varepsilon_j} \quad \text{mit} \quad \beta = \frac{1}{k_B \cdot T} \quad \text{und} \quad q = \sum_{\text{Niveaus } j} g_j \cdot e^{-\beta \cdot \varepsilon_j} \tag{351}$$

Diese beschreibt den Bruchteil der Teilchen $\frac{n_j}{N}$ im g_j-fach entarteten Energieniveau ε_j.

Mit dem Verständnis der Entartung können wir den Vorfaktor der Boltzmann-Verteilung, die Zustandssumme, jetzt auch konzeptuell verstehen. In beiden Boltzmann-Verteilungen, Gl. 349 und Gl. 351, sehen wir eine Temperaturabhängigkeit im Exponentialterm der Zustandssumme q. Eine Grenzwertbetrachtung davon lässt uns verstehen, was die Zustandssumme eigentlich ausdrückt. Dafür setzen wir zuerst die Energie des Grundzustands gleich null, $\varepsilon_0 = 0$.

Der Grenzwert für $T \to 0$ lautet

$$\lim_{T \to 0} q = \sum \left[g_j \cdot \lim_{T \to 0} e^{-\frac{\varepsilon_j}{k_B \cdot T}} \right] = g_0 \cdot \lim_{T \to 0} \overbrace{e^{-\frac{0}{k_B \cdot T}}}^{\substack{= 1 \text{ nach de} \\ \text{L'Hospital}}} + g_1 \cdot \lim_{T \to 0} \overbrace{e^{-\frac{\varepsilon_1}{k_B \cdot T}}}^{= 0} + \dots = g_0 \cdot 1 = g_0 \tag{352}$$

Dies zeigt uns: Im Grenzfall $T \to 0$ ist nur der Grundzustand besetzt, und es gibt dann schlicht so viele Mikrozustände, wie dieser eben entartet ist.

Der Grenzwert für $T \to \infty$ lautet:

$$\lim_{T \to \infty} q = \sum \left[g_j \cdot \lim_{T \to \infty} e^{-\frac{\varepsilon_j}{k_B \cdot T}} \right] = g_0 \cdot \lim_{T \to \infty} \overbrace{e^{-\frac{0}{k_B \cdot T}}}^{= 1} + g_1 \cdot \lim_{T \to \infty} \overbrace{e^{-\frac{\varepsilon_1}{k_B \cdot T}}}^{= 1} + \dots$$

$$= g_0 \cdot 1 + g_1 \cdot 1 + \dots = \sum g_j \tag{353}$$

Dies zeigt uns: Im Grenzfall $T \to \infty$ sind *alle* Zustände besetzt!

Wir können die molekulare Zustandssumme also als ein Maß für die *Anzahl der thermisch erreichbaren Zustände* für eine gegebene Temperatur auffassen. Bei $T \to 0$ kann nur der Grundzustand erreicht werden (der ggf. g_0-fach entartet sein kann), während bei $T \to \infty$ alle (erlaubten) Zustände gleich gut erreichbar sind.[81] Im Bereich $0 < T < \infty$ gibt uns q an, wie viele Zustände bei dieser Temperatur realisierbar sind. Wir können uns damit schon vorstellen, dass q eine ganz essenzielle Größe in der Statistischen Thermodynamik ist, denn natürlich wird die Anzahl thermisch erreichbarer mikroskopischer Energiezustände bei der Vorhersage makroskopischer Größen wie den thermodynamischen Potenzialen und auch ihrer Ableitungen, beispielsweise der Wärmekapazitäten, eine zentrale Rolle spielen. In der Tat werden wir im weiteren Verlauf dieses Kapitels genau das erkennen und in quantitative Formen bringen. Es lohnt sich also, wenn wir uns die Zustandssumme noch genauer anschauen. Das wollen wir im nun Folgenden tun.

DAS WICHTIGSTE IN KÜRZE !

- Bei der Herleitung der **Boltzmann-Verteilung** betrachten wir ein **abgeschlossenes System** von N Teilchen, von denen jeweils n_i Teilchen Quantenzustände mit Energie ε_i besetzen. Es handelt sich um sehr viele, unterscheidbare Teilchen ohne Wechselwirkungen mit den **Nebenbedingungen** einer konstanten Teilchenzahl und konstanter Gesamtenergie.

- Die **Verteilung mit dem größten Gewicht**, unter Einbeziehung der Nebenbedingungen, wird über Extremwertbestimmung durch eine **Variationsrechnung** mittels der Methode der **Lagrange-Multiplikatoren** berechnet. Da die Fakultät nicht analytisch differenzierbar ist, benötigen wir hierbei die **Stirling-Näherung**: $\ln N! = N \cdot \ln N - N$ für große N. Insgesamt erhalten wir somit die Differenzialgleichung: $\sum\limits_{i=1}^{k} \left[\left(\frac{\partial \ln \Omega}{\partial n_i} \right)_{n_{j \neq i}} + \alpha - \beta \cdot \varepsilon_i \right] \cdot dn_i = 0$. Da die Änderungen der Besetzungszahlen voneinander unabhängig sind, muss jeder der Summanden in dieser Gleichung 0 betragen.

- Die Lösung der Differenzialgleichung ergibt den Lagrange-Parameter α, welcher mit der molekularen **Zustandssumme** q zusammenhängt. β erhalten wir durch Vergleich mit der Thermodynamik als **reziproke thermische Energie**. Insgesamt ergibt sich somit die **Boltzmann-Verteilung**:

$$\frac{n_i}{N} = \frac{e^{-\beta \cdot \varepsilon_i}}{q} = \frac{e^{-\frac{\varepsilon_i}{k_B \cdot T}}}{\sum e^{-\frac{\varepsilon_i}{k_B \cdot T}}}$$

- Liegen mehrere Quantenzustände mit derselben Energie ε_i vor so sprechen wir von **Entartung**. Im Grenzfall $T = 0$ ist nur der Grundzustand besetzt und es gibt so viele Mikrozustände wie dieser entartet ist. Im Grenzfall unendlich hoher Temperatur sind alle Zustände gleichmäßig besetzt.

---

81 Bei $T \to \infty$ populieren also nicht etwa alle Teilchen nur den energetisch höchsten Zustand, sondern sie *verteilen* sich *gleichmäßig* auf alle Energiezustände.

? VERSTÄNDNISFRAGEN

1. **Was ist *keine* Voraussetzung bei der Herleitung der Formel für die Boltzmann-Verteilung?**
   a) Es werden sehr viele Teilchen betrachtet, sowohl insgesamt als auch in den jew. Zuständen i.
   b) Die Teilchen wechselwirken nicht untereinander.
   c) Die Temperatur des betrachteten Systems ist konstant.
   d) Das Volumen des betrachteten Systems ist konstant.

2. **Was wird in der Statistischen Thermodynamik unter Entartung verstanden?**
   a) Verteilungen, die nicht die Boltzmann-Statistik erfüllen.
   b) Zustandsgrößen der chemischen Thermodynamik, die sich nicht mit der statistischen Thermodynamik berechnen lassen.
   c) Das Auftreten eines identischen statistischen Gewichtes bei zwei verschiedenen Temperaturen.
   d) Das mehrfache Auftreten von mikroskopischen Zuständen mit identischen Energien.

3. **Was ist die Einheit der Boltzmann-Konstanten?**
   a) $kg \cdot m \cdot K^{-1} \cdot s^{-2}$
   b) $J \cdot K^{-1}$
   c) $J \cdot s^2 \cdot kg^{-1} \cdot m^{-2}$
   d) $J \cdot mol^{-1} \cdot K^{-1}$

4. **Die Zustandssumme ist definiert als ...**
   a) die Summe aller quantenmechanisch erlaubten Zustände.
   b) die Summe aller Zustände, die thermisch besetzt sind.
   c) die gewichtete Summe aller Zustände, die thermisch besetzt sind.
   d) die Summe der Teilchen im System, die bestimmte Zustände haben.

VERTIEFUNGSFRAGEN

5. **Für die Boltzmann-Verteilung ist der Zustand mit der niedrigsten Energie immer am stärksten besetzt. Dies gilt aber nicht für die Geschwindigkeitsverteilung, die Sie evtl. aus der kinetischen Gastheorie kennen (Maxwell–Boltzmann Verteilung). Warum?**
   a) In der kinetischen Gastheorie muss noch ein Geometrie-Term berücksichtigt werden, welcher proportional zur Geschwindigkeit ist, wodurch sich eine Verteilung mit einem Maximum ergibt.

b) In der kinetischen Gastheorie muss noch ein Geometrie-Term berücksichtigt werden, welcher proportional zur Geschwindigkeit zum Quadrat ist, wodurch sich eine Verteilung mit einem Maximum ergibt.

c) Bei einer endlichen Temperatur müssen sich alle Gasteilchen mit einer Mindestenergie bewegen, weshalb der Zustand der Energie 0 unbesetzt bleibt.

d) Die Boltzmann-Verteilung spielt für die kinetische Gastheorie keine unmittelbare Rolle, bzw. die Übereinstimmung mit dem exponentiellen Faktor beruht lediglich auf einem rein mathematischen Formalismus.

6. **Welcher der folgenden Formalismen enthält *keinen* Beitrag der Boltzmann-Verteilung?**
   a) Debye–Hückel Theorie
   b) Zeitgesetz des radioaktiven Zerfalls
   c) Arrhenius-Gleichung
   d) Kinetische Gastheorie

7. **Was verstehen wir unter einem pseudo-idealen Kristall?**
   a) Ein mathematisches Modell ohne jegliche anschauliche Deutung
   b) Einen Kristall, der aus unterscheidbaren Atomen gleicher Größe, z. B. Isotopen, aufgebaut ist
   c) Einen perfekten Kristall, wie es ihn leider in der Praxis nicht gibt
   d) Ein System unterscheidbarer Teilchen ohne Interpartikelwechselwirkungen

8. **Wieso gilt für die Herleitung der Boltzmann-Verteilung nicht die Randbedingung $\Sigma \varepsilon_i \cdot dN_i + \Sigma N_i \cdot d\varepsilon_i = 0$ (entsprechend $E = \Sigma N_i \cdot \varepsilon_i = $ konst.)?**
   a) Weil die Energiewerte ε_i gemäß der Quantenmechanik unveränderlich sind.
   b) Weil sonst das Differenzialgleichungssystem unlösbar wäre.
   c) Weil wegen des konstanten Systemvolumens die Energiezustände unveränderlich sind.
   d) Weil dies durch das Lagrange-Verfahren so vorgegeben ist.

> **EINHEIT 19: ZUSTANDSSUMME**
>
> Im Zuge der Herleitung der Boltzmann-Verteilung haben wir die Zustandssumme kennengelernt und bereits angedeutet, dass sie die zentrale Größe der Statistischen Thermodynamik ist. Wir werden diese Größe in dieser Einheit weiter detaillieren. Konkret werden wir erkennen, dass wir zwischen der molekularen Zustandssumme und der Systemzustandssumme unterscheiden müssen, um damit von einer Einzelteilchen- zu einer Vielteilchenbetrachtung übergehen zu können. Dafür müssen wir das Konzept der Gesamtheiten einführen und werden schließlich kennenlernen, wie die beiden verschiedenen Typen der Zustandssumme für Systeme unabhängiger Teilchen miteinander zusammenhängen.

6.5 Molekulare Zustandssumme q und Systemzustandssumme Q

Bisher haben wir von der **molekularen Zustandssumme** q gesprochen und damit eine Beschreibung von Einzelteilchen vorgenommen. Ihre Definition ist hier noch einmal aufgeführt:

$$q = \sum e^{-\beta \cdot \varepsilon_i} \tag{354}$$

Diese Größe gibt uns Informationen über die Zugänglichkeit der quantenmechanischen Energieniveaus einzelner Moleküle. Das Ziel der Statistischen Thermodynamik ist es jedoch, ein *System* aus N Teilchen zu beschreiben die auch untereinander Energie austauschen können, um so eine Brücke zur makroskopischen Thermodynamik zu schlagen. Dafür benötigen wir die **Systemzustandssumme** Q:

$$Q = \sum e^{-\beta \cdot E_i} \tag{355}$$

Darin sind die Energiezustände des gesamten Systems mit E_i angegeben. Im folgenden Abschnitt wollen wir einen Zusammenhang zwischen q und Q finden.

6.5.1 Konzept der Gesamtheiten

Bevor wir diese Überlegung durchführen können, müssen wir ein neues Konzept einführen: die **Gesamtheit**, auch **Ensemble** genannt. Dies ist nötig, da in Vielteilchensystemen unsere Bedingung der konstanten Energie (die wir bei der Herleitung der Boltzmann-Verteilung für die Lagrange-Multiplikatoren gebraucht haben) nicht mehr gilt. Die Teilchen stoßen nämlich untereinander und tauschen Energie aus. Wir benötigen daher den zeitlichen Mittelwert der Energie, den wir für ergodische Systeme über den Scharmittelwert bekommen; und diesen liefert uns nun das Konzept der Gesamtheiten.

Abhängig von der Art des Systems unterscheiden sich die Ensembles voneinander. Wir betrachten dazu ein Beispielsystem, welches aus vier Teilsystemen besteht, die *identische Replikationen* eines Mikrosystems sind. Diese Mikrosysteme, aus denen sich das Gesamtsystem zusammensetzt, können z. B. Wassertropfen sein; die Gesamtheit wäre dann ein System aus vielen solcher Tropfen, also ein Eimer voll Wasser. Wir betrachten die Sache zuerst ganz allgemein (und recht abstrakt) und unterscheiden drei Arten von Ensembles aus Mikrosystemen:

(a) Teilsysteme isoliert voneinander

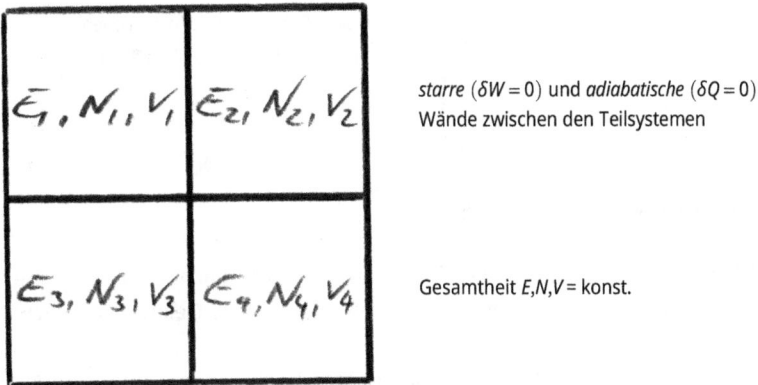

starre ($\delta W = 0$) und *adiabatische* ($\delta Q = 0$) Wände zwischen den Teilsystemen

Gesamtheit E,N,V = konst.

Im ersten Beispielsystem stehen die Teilsysteme in keinerlei Kontakt miteinander und die Gesamtheit E,N,V ist konstant. Dies ist eine **mikrokanonische Gesamtheit**, bzw. ein E,N,V-**Ensemble**.

(b) Teilsysteme geschlossen, aber im thermischen Kontakt (Wärmeaustausch möglich)

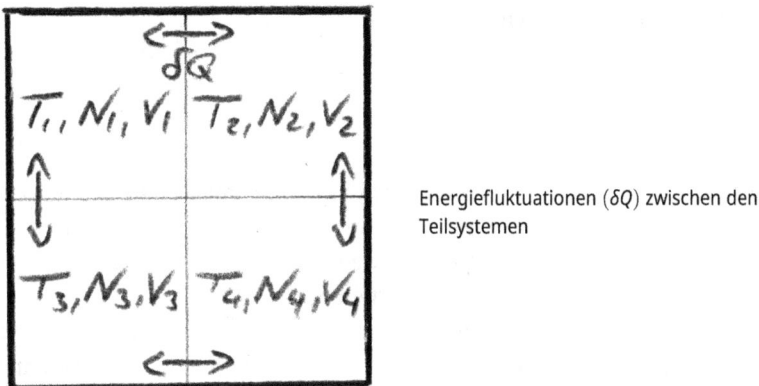

Energiefluktuationen (δQ) zwischen den Teilsystemen

Im zweiten Beispielsystem ist Energieaustausch möglich, während die anderen Größen in ihren Teilsystemen isoliert bleiben. Dies ist eine **kanonische Gesamtheit**, bzw. ein T,N,V-**Ensemble**.

(c) Teilsysteme sind offen (Wärme- *und* Stoffaustausch)

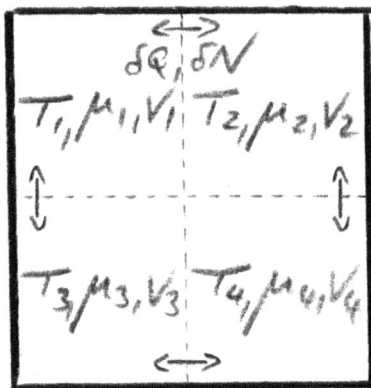

Energie- (δQ) und Dichtefluktuationen (δN) zwischen den Teilsystemen

Sind die Teilsysteme offen, sodass sowohl Energie als auch Teilchen ausgetauscht werden können, so sprechen wir von einer **großkanonischen Gesamtheit**, bzw. von einem *T*,μ,*V*-Ensemble.

Wichtig ist zu beachten, dass die Gesamtheiten nach außen immer adiabatische Wände haben, also die Energie des Gesamtsystems konstant bleibt. Dies ermöglicht uns die Herleitung der Boltzmann-Verteilung für jedes der drei Ensembles analog zu der in Kapitel 6.3.1. gezeigten Rechnung. In Fall (a) erhalten wir eine mikrokanonische Verteilung; das ist die Boltzmann-Verteilung so wie wir sie bereits kennen. Im Fall (b) erhalten wir eine kanonische Verteilung. Im Fall (c) erhalten wir eine großkanonische Verteilung. Der für die Chemie wichtigste Fall ist (b); wir werden uns im Folgenden also vor allem mit diesem Fall befassen.

6.5.2 Kanonische Zustandssumme

Die kanonische Verteilung mit der kanonischen Zustandssumme ist analog der mikrokanonischen Boltzmann-Verteilung, nur dass sie sich nun nicht mehr auf molekulare Energiezustände, sondern auf Energiezustände eines ganzen Systems an Molekülen bezieht. Die mikrokanonische Boltzmann-Verteilung gibt die Anzahl n_i der insgesamt N Moleküle an, welche sich im quantenmechanischen Energieniveau ε_i befinden. Die kanonische Verteilung gibt analog dazu die Anzahl n_i der insgesamt N Teilsysteme an, welche die Systemenergie E_i besitzen:

$$\frac{n_i}{N} = \frac{1}{Q} \cdot e^{-\beta \cdot E_i} \text{ mit der kanonischen bzw. } \textbf{Systemzustandssumme } Q = \sum e^{-\beta \cdot E_i} \quad (356)$$

Wir können uns den Zusammenhang zwischen der molekularen (mikrokanonischen) Zustandssumme und der (kanonischen) Systemzustandssumme leicht klarmachen, wenn wir uns zuvor noch ein weiteres Konzept erarbeiten; das Konzept von Systemen unabhängiger Teilchen.

6.5.3 Systeme unabhängiger Teilchen

Wenn wir in einem System von unabhängigen Teilchen sprechen, dann ist damit gemeint, dass der Zustand und die Energie eines Teilchens darin nicht von anderen beeinflusst wird. Die Teilchen haben also keine Wechselwirkungen miteinander. Wir kennen schon einen Materiezustand, bei dem das gegeben ist: das ideale Gas. Für unsere folgende Betrachtung gibt es noch einen anderen idealisierten Materiezustand, der im Zuge der Statistik sogar noch leichter zu beschreiben ist als das ideale Gas: ein **idealer Kristall**. Hierin haben wir es mit N identischen und *unterscheidbaren* Teilchen zu tun; genau das macht die Behandlung leicht, sogar leichter als die des idealen Gases, bei dem die Teilchen nicht zu unterscheiden sind. In solch einem idealen Kristall besitzt jedes Teilchen gemäß Gl. 354 die *molekulare* Zustandssumme $q = \sum e^{-\beta \cdot \varepsilon_j}$ mit den *molekularen* Energiezuständen ε_j. Mit dem folgenden Ansatz lässt sich daraus der Energiezustand E_i des *Systems* berechnen:

$$E_i = \varepsilon_i(1) + \varepsilon_i(2) + \ldots + \varepsilon_i(N) + V_i \qquad (357)$$

Hier ist $\varepsilon_i(1) + \varepsilon_i(2) + \ldots + \varepsilon_i(N)$ die Energie der isolierten und unabhängigen Teilchen und V_i die Wechselwirkungsenergie zwischen den Teilchen im Systemzustand i. Diese wäre z. B. für zwei Teilchen a und b:

$$V_i = \frac{1}{2} \cdot \sum_{a=1}^{N} \sum_{\substack{b=1 \\ a \neq b}}^{N} V_{ab} \qquad (358)$$

V_{ab} ist die Paarwechselwirkungsenergie der beiden Teilchen a und b.[82]

Bei unabhängigen Teilchen ist die Wechselwirkungsenergie zwischen den Teilchen nicht vorhanden, $V_i = 0$, sodass dieser Term aus Gl. 357 entfällt. Damit ergibt sich für die kanonische Zustandssumme:

---

82 V_{ab} ist eigentlich auch nur eine Näherung, da es nur *paarweise* Wechselwirkungen berücksichtigt, nicht aber simultane Wechselwirkungen von etwa drei oder vier Teilchen.

$$Q = \sum_{\substack{\text{System-} \\ \text{zustände } i}} e^{-\beta \cdot E_i} = \sum_i e^{-\beta \cdot \varepsilon_i(1) - \beta \cdot \varepsilon_i(2) - \dots - \beta \cdot \varepsilon_i(N)}$$

$$= \sum_i e^{-\beta \cdot \varepsilon_i(1)} \cdot \sum_i e^{-\beta \cdot \varepsilon_i(2)} \cdot \dots \cdot \sum_i e^{-\beta \cdot \varepsilon_i(N)}$$

$$= \sum_{\substack{\text{Molekül-} \\ \text{zustände } j}} e^{-\beta \cdot \varepsilon_j(1)} \cdot \sum_j e^{-\beta \cdot \varepsilon_j(2)} \cdot \dots \cdot \sum_j e^{-\beta \cdot \varepsilon_j(N)}$$

$$Q = q(1) \cdot q(2) \cdot \dots \cdot q(N) = q^N \tag{359}$$

Hier ist $q(1)$ die molekulare Zustandssumme des ersten Teilchens, $q(2)$ die molekulare Zustandssumme des zweiten Teilchens, usw. Zur Veranschaulichung betrachten wir ein System mit zwei Teilchen in dem jedes Teilchen zehn mögliche Zustände habe. Wie viele Zustände hat das Gesamtsystem? Einsetzen in die obige Gleichung ergibt: $Q = 10 \cdot 10 = 10^2 = q^2 = q^N$. Das System hat also 100 verschiedene Zustände.

Können wir unseren Teilchen keinen festen Ort zuordnen, sind sie also nicht lokalisierbar, wird die Betrachtung komplizierter. Durch die daraus resultierende ständige Vertauschung durch Platzwechsel aufgrund der Molekularbewegung in Flüssigkeiten und Gasen sind Teilchen, die identisch sind, nicht mehr unterscheidbar.[83] Betrachten wir beispielsweise zwei Teilchen, eines im Zustand $\varepsilon_a(1)$ und das andere im Zustand $\varepsilon_b(2)$, und lassen beide die Position wechseln. Danach ist Teilchen 2 im Zustand $\varepsilon_a(2)$ und Teilchen 1 im Zustand $\varepsilon_b(1)$. Sind beide Teilchen ununterscheidbar, dann sind diese beiden Besetzungsmöglichkeiten aber äquivalent. Würden wir dies wie oben durchgeführt bilanzieren, so würden wir doppelt zählen. Wir müssen dem also Rechnung tragen, indem wir durch die Anzahl Permutationsmöglichkeiten teilen; diese ist $N!$. Daraus folgt für Systeme aus unabhängigen, nicht-lokalisierbaren Teilchen:

$$Q = \frac{1}{N!} \cdot q^N \tag{360}$$

Damit haben wir unser Ziel erreicht; wie haben einen Zusammenhang zwischen der molekularen (mikrokanonischen) Zustandssumme und der (kanonischen) Systemzustandssumme an der Hand.

Die zentrale Frage lautet nun: Wenn wir durch die Systemzustandssumme $Q(T,V)$ sowie weitere Größen, die mit ihr zu tun haben, beispielsweise ihre Ableitungen $\left(\frac{\partial Q}{\partial T}\right)_V$ und $\left(\frac{\partial Q}{\partial V}\right)_T$, eine mikroskopische (statistische) Beschreibung eines Systems quantifizieren können, wie erhalten wir daraus dann eine makroskopische (thermodyna-

---

83 Würden wir sie markieren um sie besser beobachten können, dann wären sie nicht mehr identisch.

mische) Beschreibung des Systems, d. h. Ausdrücke für die thermodynamischen Zustandsfunktionen S, U, H, F, G, und ihre Ableitungen C_V, C_p, usw.? Diese Frage führt uns in das Herz des Kapitels Statistische Thermodynamik, mit dem wir uns nun im Folgenden befassen möchten.

6.6 Zustandssumme und thermodynamische Funktionen

Wir wollen nun die mikroskopisch-statistische Beschreibung von chemischen Systemen mit deren makroskopisch-thermodynamischen Zustandsfunktionen verbrücken. Wir legen dabei los mit einer Betrachtung der zentralen Größe der Thermodynamik überhaupt: der Entropie. Sie ist die Entscheidungsgröße darüber, welche Prozesse im Universum freiwillig ablaufen und welche nicht. Wir schauen uns diese Größe nun aus statistischem Blickwinkel an.

6.6.1 Statistische Definition der Entropie

Bereits als wir das erste Mal mit der Größe Entropie konfrontiert wurden, haben wir gelernt, dass diese etwas mit Aufenthaltswahrscheinlichkeiten und Verteilungen zu tun hat. Diesen Gedanken wollen wir jetzt wieder aufgreifen. Wir betrachten dafür ein isoliertes System aus zwei Teilen **A** und **B**:

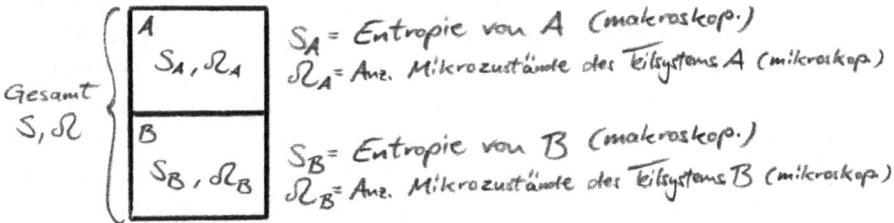

Wir sind in der Lage, dieses System auf zwei verschiedene Arten zu beschreiben. Wir können den *klassisch thermodynamischen Ansatz* wählen und die Entropie S betrachten. Im Gleichgewicht ist die Entropie maximal, sodass es bei S_{max} keine Entropieänderung mehr gibt, $\delta S = 0$. Alternativ können wir auch den *statistisch thermodynamischen Ansatz* verfolgen und das System mit Hilfe seiner Mikrozustände Ω beschreiben. Die Anzahl dieser Mikrozustände ist im Gleichgewicht ebenfalls maximal, sodass sich Ω nicht mehr ändert, $\delta\Omega = 0$. Wie bringen wir nun beide Größen in einen Zusammenhang? Hierzu machen wir uns klar, dass die Entropie beim Vereinen der Teilsysteme **A** und **B** additiv ist: $S = S_A + S_B$ bzw. generell $S = \sum S_i$. Die Zahl der Mikrozustände ist beim Vereinen der Systeme hingegen multiplikativ: $\Omega = \Omega_A \cdot \Omega_B$ bzw. generell $\Omega = \prod \Omega_i$.[84] Der Zusammenhang zwischen Summe und Produkt ist der Logarithmus: $\ln(a \cdot b) = \ln a + \ln b$. Damit folgt $S = k \cdot \ln \Omega$, mit k einer Konstanten. Diese Konstante muss größer null sein, denn es gilt $S_{\max} \Leftrightarrow \Omega_{\max}$. Konkret hat die Konstante den Wert $k_B = +1.38 \cdot 10^{-23}$ J$\cdot$K$^{-1} = \frac{R}{N_A}$; sie wird als **Boltzmann-Konstante** bezeichnet. Wir erhalten damit die **Boltzmann-Formel**:

$$\boxed{S = k_B \cdot \ln \Omega} \tag{361}$$

Hier sorgt k_B dafür, dass die Temperatur später die Einheit Kelvin erhält. Mit dieser Formel wird die multiplikative (und damit nicht-extensive) Größe Ω in die additive (und damit extensive) Größe S überführt.

Beim Zusammenfügen zweier (Teil-)Systeme **A** und **B** gilt dann:

$$S_{ges} = k_B \cdot \ln(\Omega_A \cdot \Omega_B) = k_B \cdot (\ln \Omega_A + \ln \Omega_B) = k_B \cdot \ln \Omega_A + k_B \cdot \ln \Omega_B = S_A + S_B \tag{362}$$

Mit dieser Definition der Entropie wird mehreres erreicht:

1. Wir haben jetzt eine ganz konkrete Bedeutung der Entropie erhalten. Gemeinhin ist diese recht diffus als „Maß der Unordnung" definiert. Wir können dies nun konkretisieren als *Maß für die Anzahl Mikrozustände, die einen Makrozustand realisieren*. Dies hängt in der Tat mit Ordnung respektive Unordnung zusammen. Denken wir an die Verteilung von Molekülen im Raum. Der Makrozustand „alle Moleküle sind nur in einer Hälfte des Systems" ist ordentlicher als der Zustand „die Moleküle sind überall im Raum zufällig verteilt". Wir können nun gleichsam sagen, dass der erste Zustand durch viel weniger Mikrozustände (hier konkret Anordnungsmöglichkeiten der Teilchen im Raum) realisiert ist als der letztere. Gemäß Boltzmann-Formel hat der erste Zustand also eine geringere Entropie als der zweite. Wir können nun überdies mit eben dieser Formel ganz konkret quantitativ ausrechnen, wie die Entropie der zwei Zustände genau ist, und wie sie sich entsprechend beim Übergang des einen zum anderen ändert. Das bringt uns also einen wesentlichen Kompetenzgewinn. Die Analogisierung „Entropie ist Unordnung" ist sicherlich recht eingängig – aber nur mit der statistischen Definition der Entropie verstehen wir so richtig, was das eigentlich konkret heißt.[85] Besser noch als der Begriff „Unordnung" wäre „behebbares Unwissen" oder „Informationsdefizit". Wenn die Entropie eines Systems null ist, kennt dieses System nur

---

84 Betrachten wir hierzu z. B. ein System aus drei Spins mit je zwei diskreten Zuständen (α und β). Für das Gesamtsystem gibt es 8 Zustände, d. h. 2^3 Zustände und nicht etwa nur $2 \cdot 3$ Zustände; dies sind die Zustände $\alpha\alpha\alpha$, $\alpha\alpha\beta$, $\alpha\beta\alpha$, $\beta\alpha\alpha$, $\alpha\beta\beta$, $\beta\alpha\beta$, $\beta\beta\alpha$, $\beta\beta\beta$.

85 Eine weitere schöne Verbildlichung ist „Entropie ist *Möglichkeit*" bzw. „Entropie ist *Freiheit*". Auch dies passt gut zur statistischen Definition der Entropie und drückt diese griffig aus. Für die Realisierung eines Makrozustands hinter dem viele Mikrozustände stehen, haben wir viele Möglichkeiten bzw. viel Freiheit – und dieser Zustand hat auch eine hohe Entropie.

einen Zustand und wir wissen alles über dieses System, was es zu wissen gibt.[86] Je größer die Anzahl der Mikrozustände, desto größer unser Unwissen.[87]

2. Die Entropie ist nun *absolut* definiert, nicht nur differenziell, wie im Rahmen des zweiten Hauptsatzes der klassischen phänomenologischen Thermodynamik. Es gibt einen Entropie-Nullpunkt.[88] Die Entropie ist null, wenn das System nur einen Mikrozustand hat ($k_B \cdot \ln(1) = 0$). Damit erhält die Entropie nun auch eine anschauliche Bedeutung.

3. Es ist uns nun klar, warum die Entropie entsprechend dem zweiten Hauptsatz (für spontane Prozesse) nie abnimmt. Betrachten wir ein System, welches sich anfänglich in einem makroskopischen Zustand mit nur wenigen zugehörigen Mikrozuständen befindet. (Zum Beispiel könnten alle Moleküle eines Gases in lediglich eine Hälfte eines Raums gezwungen worden sein.) Lassen wir dann die makroskopische Randbedingung fallen (z. B. entferne die anfängliche Trennwand in der Mitte). Dadurch werden nun auch andere Mikrokonfigurationen zugänglich, die einem anderen Makrozustand entsprechen. Diese neuen Mikrokonfigurationen sind zahlreicher als die vorigen, und das System wird sich demnach mit größerer Wahrscheinlichkeit (d. h. häufiger) in einem dieser Zustände befinden als in einem der vorigen. Es hat also einen neuen Makrozustand eingenommen, der durch mehr Mikrozustände realisiert wird als der alte – und der demnach eine höhere Entropie hat. Bei diesem

---

86 Beachten Sie den Relativ-Satz: „was es zu wissen gibt". In der Quantenmechanik sind bestimmte Fragen nicht erlaubt. Zum Beispiel dürfen wir nicht versuchen, Ort und Impuls eines Teilchens gleichzeitig sehr genau zu vermessen. Gemäß der Unschärferelation wird das Produkt der betreffenden Unsicherheiten immer größer oder gleich h sein und bleiben.

87 Bleiben wir noch einen Augenblick bei quantifiziertem Unwissen. Quantifiziertes Unwissen ist quantifiziertes Wissen, welches wir haben könnten, aber nicht haben. Deshalb spielt die Entropie auch in der Informationstheorie eine große Rolle. Claude Elwood Shannon definiert „Negentropie" als negative Entropie und quantifiziert den Informationsgehalt einer Nachricht als die Entropie derselben Nachricht, die sich ergäbe, wenn wir über jeden einzelnen Buchstaben im Unklaren wären. Der Informationsgehalt ist demnach ein Maß für die beseitigte Unsicherheit – eben die Negentropie. Je mehr Zeichen wir bei einem Nachrichtenübertragungsprozess von einer Quelle korrekt empfangen, desto mehr Information erhalten wir, und gleichzeitig sinkt die Unsicherheit über das, was hätte gesendet werden können. Dasselbe Konzept lässt sich auch auf andere Informationsträger, wie z. B. die DNA anwenden. Natürlich ist es in der Informationstheorie komplizierter. Zunächst treten die Buchstaben und Worte nicht alle mit gleicher Wahrscheinlichkeit auf. Diesem Umstand lässt sich noch relativ einfach Rechnung tragen. Weiterhin stehen die Buchstaben in Beziehung zueinander. Deshalb sind Rechtschreibfehler oft kein Problem. Diese Beziehungen näher zu betrachten geht hier zu weit. Es sei aber auf den inneren Zusammenhang zwischen hoher Literatur, Kryptografie, Informatik, Evolution, ... und eben der Physikalischen Chemie hingewiesen. Ordnung und Information sind wandelbar. Und die Entropie tritt in vielen dieser auf den ersten Blick komplett unterschiedlichen Gebiete als verwandtes Grundkonzept auf, das letztlich stets in der Statistik verankert ist.

88 Für die Energie leistet die Quantenmechanik etwas Ähnliches. Klassisch sind immer nur Energie-Differenzen definiert. In der Quantenmechanik gibt es aber stets einen wohldefinierten Grundzustand. Diesem Zustand lässt sich die Energie null zuweisen, und alle anderen Energien lassen sich auf diese Energie beziehen.

freiwilligen, spontanen Prozess hat sich also die Entropie erhöht. Die spezielle Makrokonfiguration, die zu Beginn vorlag, wird damit nun keinesfalls unmöglich. Es ist nur so, dass es für die neue Makrokonfiguration (hier: gleichmäßige Verteilung der Moleküle im Raum) wesentlich mehr zugehörige Mikrokonfigurationen gibt als zu der speziellen anfänglichen Verteilung (hier: alle Moleküle nur in einer Hälfte). Weil alle Mikrokonfigurationen gleich wahrscheinlich sind, wird der spezielle makroskopische Anfangszustand später praktisch (so gut wie) nie mehr eingenommen, denn er ist schlichtweg unwahrscheinlich (obwohl er mit den physikalischen Gesetzen nach wie vor verträglich ist).

Die letzte Diskussion öffnet uns den Blick auf das Herzstück der Statistischen Thermodynamik: Die Verbrückung der mikroskopischen und der makroskopischen Beschreibung chemischer Systeme, was mathematisch bedeutet die Zustandssumme mit Zustandsfunktionen in Bezug zu bringen. Damit wollen wir uns im Folgenden nun befassen.

!

DAS WICHTIGSTE IN KÜRZE

– Die **molekulare Zustandssumme** q gibt Informationen über die Zugänglichkeit der quantenmechanischen Energieniveaus einzelner Moleküle bei einer gegebenen Temperatur. Für Systeme vieler Teilchen benötigen wir hingegen die **Systemzustandssumme Q** mit E_i den Energiezuständen des gesamten Systems.

– Als **Gesamtheit oder Ensemble** bezeichnen wir identische Replikationen eines Mikrosystems. Wir unterscheiden entsprechend
  – isolierte Teilsysteme: **mikrokanonische Gesamtheit** bzw. E,N,V-Ensemble
  – geschlossene Teilsysteme im thermischen Kontakt: **kanonische Gesamtheit** bzw. T,N,V-Ensemble
  – offene Teilsysteme: **großkanonische Gesamtheit** bzw. T,μ,V-Ensemble

– Die mikrokanonische Verteilung entspricht der Boltzmann-Verteilung, die kanonische Verteilung der Boltzmann-Verteilung mit E_i statt ε_i. Für unterscheidbare Teilchen ohne Wechselwirkungen ergibt sich die **Systemzustandssumme als Produkt der Molekülzustandssummen** $Q = q^N$, für nicht-unterscheidbare Teilchen (= ideales Gas) erhalten wir $Q = 1/N! \cdot q^N$.

– Mit der Zustandssumme lassen sich thermodynamische Funktionen berechnen, z. B. die Entropie: Klassisch ist die **Entropie additiv**, statistisch ist die **Zahl der Mikrozustände** beim Vereinigen von Systemen **multiplikativ**. Diese Analogie führt uns zu der **Boltzmann-Formel** $S = k_B \cdot \ln \Omega$, wonach die Entropie ein absolutes Maß für die Anzahl Mikrozustände eines Makrozustands ist.

VERSTÄNDNISFRAGEN

1. **Für die kanonische Gesamtheit gilt im Fall der jeweiligen Subensemble:**
   a) p,V,T = konst.
   b) N,V,E = konst.
   c) N,V,T = konst.
   d) μ,V,T = konst.

2. **Für die mikrokanonische Gesamtheit gilt im Fall der jeweiligen Subensemble:**
   a) p,V,T = konst.
   b) N,V,E = konst.
   c) N,V,T = konst.
   d) μ,V,T = konst.

3. **Für die großkanonische Gesamtheit gilt im Fall der jeweiligen Subensemble:**
   a) p,V,T = konst.
   b) N,V,E = konst.
   c) N,V,T = konst.
   d) μ,V,T = konst.

4. **Für ideale Gase hängt die molare Systemzustandssumme Q wie mit der Molekülzustandssumme q zusammen?**
   a) $Q = N_A \cdot q$
   b) $Q = q^{N_A}$
   c) $Q = \dfrac{1}{N_A} \cdot q^{N_A}$
   d) $Q = \dfrac{1}{N_A!} \cdot q^{N_A}$

VERTIEFUNGSFRAGEN

5. **Welche Gesamtheit entspricht formal dem bei Herleitung der Boltzmann-Statistik betrachteten Subsystem?**
   a) Mikrokanonische Gesamtheit
   b) Kanonische Gesamtheit
   c) Großkanonische Gesamtheit
   d) Weder a) noch b) noch c)

6. **Wie lässt sich das Konzept der Systemzustandssumme auf Flüssigkeiten quantitativ anwenden?**
   a) Analog zu idealen Gasen gilt, dass die Teilchen nicht unterscheidbar sind. Somit gilt auch für Flüssigkeiten $Q = \dfrac{1}{N_A!} \cdot q^{N_A}$
   b) Gar nicht

c) Grundsätzlich wird jede Systemzustandssumme als Produkt der molekularen Zustandssummen berechnet, d. h. $Q = q^{N_A}$

d) Unter Berücksichtigung der intermolekularen Wechselwirkungen müssen zunächst neue Energie-Eigenwerte quantenchemisch berechnet werden. Hieraus ergibt sich dann die molekulare Zustandssumme und schließlich die Systemzustandssumme.

7. **Welcher Zusammenhang gilt zwischen der Entropie eines Systems und dem statistischen Gewicht w des entsprechenden Makrozustands?**

a) $S = k \cdot w$

b) $S = k \cdot e^{w}$

c) $S = k \cdot \ln w$

d) $S = k \cdot \sqrt{w}$

8. **Wieso ist die Entropie auch ein Maß für die „Unordnung" eines Systems?**

a) Die Gleichung $S = k_B \cdot \ln w$ stellt klar, was mit dem Satz „Entropie ist ein Maß für Unordnung" gemeint ist. Besser als „Unordnung" wäre „behebbares Unwissen" oder „Informationsdefizit".

b) Nach dem dritten Hauptsatz der Thermodynamik gibt es einen Entropie-Nullpunkt, der einer maximalen Unordnung entspricht. Mit steigender Temperatur steigt die Beweglichkeit der Teilchen, sowie die Anzahl der realisierbaren Mikrozustände, was gleichbedeutend mit steigender Ordnung des Systems ist.

c) Ungeordnete Systeme sind grundsätzlich heißer als geordnete Systeme, heißere Systeme haben aber grundsätzlich auch eine höhere Entropie.

d) Ungeordnete Systeme entstehen aus geordneten Systemen durch Leisten von Volumenarbeit ungeachtet der Prozessführung. Damit nehmen aber die Abstände zwischen den Energieniveaus ab, und entsprechend die Zustandssumme zu. Die Zustandssumme ist nun ihrerseits ein Maß für die Entropie.

EINHEIT 20: ZUSTANDSSUMME UND ZUSTANDSFUNKTIONEN
Die Zustandssumme liefert uns Informationen darüber, in welchem Ausmaß mikroskopische Energieniveaus in chemischen Systemen besetzt sind. Im Folgenden werden wir dies nun in Bezug zu makroskopischen Energiegrößen, d. h. den thermodynamischen Zustandsfunktionen U, S, F, H, G usw. bringen. Wir werden sehen, dass dies stets durch einfache Formelausdrücke möglich ist, in denen jeweils die Zustandssumme bzw. ihre Ableitungen nach den üblichen Zustandsvariablen p, T und V auftauchen. Dies unterstreicht einmal mehr die zentrale Rolle der Zustandssumme, die wir daher auch „thermodynamische Wellenfunktion" nennen. Zum Schluss der Lehreinheit werfen wir noch einen Blick darauf, wie sich molekulare Charakteristika in eben jener Schlüsselgröße wiederfinden.

Wir widmen uns nun zunächst den beiden Schlüsselgrößen des ersten und zweiten Hauptsatzes der Thermodynamik, der Inneren Energie und der Entropie, und wollen sie in Bezug zur Zustandssumme bringen.

6.6.2 Innere Energie und Zustandssumme

Wieder betrachten wir ein System aus N unabhängigen Teilchen, für das gilt:

$$E_{\text{ges}} = \sum_i n_i \cdot \varepsilon_i \ \text{ mit } \ n_i = N \cdot \frac{1}{q} \cdot e^{-\beta \cdot \varepsilon_i} \tag{363}$$

$$\Rightarrow \ E_{\text{ges}} = \frac{N}{q} \cdot \sum_i \varepsilon_i \cdot e^{-\beta \cdot \varepsilon_i} \tag{364}$$

Wir wollen diese Gleichung jetzt rein über die Zustandssumme formulieren, d. h. es sollen nur noch Ausdrücke mit q enthalten sein, wofür gilt:

$$q = \sum e^{-\beta \cdot \varepsilon_j} \tag{365}$$

Abgeleitet nach dem Boltzmann-Faktor β ergibt sich:

$$\frac{\partial \left(e^{-\beta \cdot \varepsilon_i} \right)}{\partial \beta} = -\varepsilon_i \cdot e^{-\beta \cdot \varepsilon_i} \tag{366}$$

Das entspricht dem Ausdruck, der in Gl. 364 hinter dem Summenzeichen steht. Einsetzen liefert:

$$E_{\text{ges}} = \frac{N}{q} \cdot \sum_i \varepsilon_i \cdot e^{-\beta \cdot \varepsilon_i} = -\frac{N}{q} \cdot \sum_i \frac{\partial \left(e^{-\beta \cdot \varepsilon_i} \right)}{\partial \beta} = -\frac{N}{q} \cdot \frac{\partial \sum e^{-\beta \cdot \varepsilon_i}}{\partial \beta} \tag{367}$$

Einsetzen der Definition der molekularen Zustandssumme q gemäß Gl. 354 vereinfacht den Ausdruck zu:

$$E_{ges} = -\frac{N}{q}\cdot\left(\frac{\partial q}{\partial \beta}\right)_V = -N\cdot\left(\frac{\partial \ln q}{\partial \beta}\right)_V \tag{368}$$

Unter Berücksichtigung der Nullpunktsenergie, U_0 (d. h. der Inneren Energie bei $T = 0$ K), gilt:

$$U(T) = U_0 + E_{ges}(T) \quad\Leftrightarrow\quad U - U_0 = -N\cdot\left(\frac{\partial \ln q}{\partial \beta}\right)_V \tag{369}$$

Um eine Verallgemeinerung auf beliebige Systeme, d. h. nicht nur Systeme unabhängiger Teilchen, durchzuführen, ersetzen wir die molekulare durch die kanonische Zustandssumme Q:

$$q \rightarrow Q: \quad Q = q^N; \quad \ln Q = N\cdot\ln q; \quad d\ln Q = N\cdot d\ln q \tag{370}$$

$$\Rightarrow\quad U - U_0 = -\left(\frac{\partial \ln Q}{\partial \beta}\right)_V \tag{371}$$

Schreiben wir den Faktor β gemäß Gl. 348 aus, so können wir dessen Temperaturabhängigkeit bestimmen:

$$\beta \rightarrow T: \quad \beta = \frac{1}{k_B\cdot T} \quad\Leftrightarrow\quad T = \frac{1}{k_B\cdot \beta} \tag{372}$$

Diese wiederum können wir in unsere bisherige Formulierung für die Innere Energie, Gl. 371 einsetzen um die Ableitung nach β in eine Ableitung nach T zu transformieren:[89]

$$\left(\frac{\partial \ln Q}{\partial \beta}\right) = \left(\frac{\partial \ln Q}{\partial T}\right)\cdot\left(\frac{\partial T}{\partial \beta}\right) = \left(\frac{\partial \ln Q}{\partial T}\right)\cdot\left(-\frac{1}{k_B\cdot\beta^2}\right) = \left(\frac{\partial \ln Q}{\partial T}\right)\cdot(-k_B\cdot T^2) \tag{373}$$

$$\Rightarrow\quad U - U_0 = -\left(\frac{\partial \ln Q}{\partial \beta}\right) = +k_B\cdot T^2\cdot\left(\frac{\partial \ln Q}{\partial T}\right) = k_B\cdot T\cdot\left(\frac{\partial \ln Q}{\partial \ln T}\right) \tag{374}$$

Auf diese Weise haben wir nun die Statistische Thermodynamik mit dem ersten Hauptsatz der klassischen Thermodynamik verbrückt. Wir wollen jetzt dasselbe auch für den zweiten Hauptsatz erreichen.

6.6.3 Entropie und Zustandssumme

Ähnlich wie für die Innere Energie U können wir auch für die Entropie S vorgehen. Diese ist in der Statistischen Thermodynamik durch die Boltzmann-Formel gegeben:

---

89 U_0 wird in vielen Lehrbüchern nicht berücksichtig. Dies ist aber meist irrelevant, da wir meist mit ΔU rechnen, wobei U_0 entfällt.

$$S = k_B \cdot \ln \Omega \tag{375}$$

Einsetzen der Beziehung aus Gleichung 344 ($\ln \Omega = N \cdot \ln N - \sum\limits_{i=1}^{k} n_i \cdot \ln n_i$), auf die wir im Zuge der Herleitung der Boltzmann-Verteilung gestoßen sind, ergibt:

$$S = k_B \cdot \left(N \cdot \ln N - \sum_i n_i \cdot \ln n_i \right) \tag{376}$$

Durch Einsetzen der ebenfalls im Zuge der Herleitung der Boltzmann-Verteilung eingeführten Gl. 334 ($N = \sum n_i$) erhalten wir daraufhin:

$$S = k_B \cdot \left(\sum_i n_i \cdot \ln N - \sum_i n_i \cdot \ln n_i \right) = k_B \cdot \sum_i n_i \cdot (\ln N - \ln n_i)$$

$$= -k_B \cdot \sum_i n_i \cdot (\ln n_i - \ln N) = -k_B \cdot \sum_i n_i \cdot \ln \frac{n_i}{N} = -k_B \cdot \frac{N}{N} \cdot \sum_i n_i \cdot \ln \frac{n_i}{N}$$

$$= - \underbrace{\overbrace{k_B \cdot N}^{\text{Dies ist ähnlich zu } R} \cdot \sum \overbrace{\frac{n_i}{N}}^{\substack{\text{Dies ist} \\ \text{eine Art} \\ \text{Molenbruch}}} \cdot \ln \frac{n_i}{N}}_{\substack{\text{Dieser Ausdruck ist ähnlich} \\ \text{dem der Mischungsentropie}}} \tag{377}$$

Die $\frac{n_i}{N}$-Terme geben die Wahrscheinlichkeit dafür an, dass ein Zustand i besetzt ist. Betrachten wir beispielsweise eine binäre Mischung von schwarzen und weißen Kugeln in einem statistischen Gittermodell. Dort gibt es zwei Zustände für jeden Gitterplatz: er kann entweder durch eine schwarze oder eine weiße Kugel besetzt sein. Die Wahrscheinlichkeiten dafür korrelieren direkt mit den Teilchenanzahlen n_{schwarz} und $n_{\text{weiß}}$, womit sich aus der obigen Formel direkt die Formel für die Mischungsentropie ergibt.

Mit der Boltzmann-Verteilung, Gl. 349 ($\frac{n_i}{N} = \frac{1}{q} \cdot e^{-\beta \cdot \varepsilon_i}$ bzw. in logarithmierter Form $\ln \frac{n_i}{N} = -\ln q - \beta \cdot \varepsilon_i$) lautet die Formulierung:

$$S = -k_B \cdot N \cdot \sum_i \frac{1}{q} \cdot e^{-\beta \cdot \varepsilon_i} \cdot (-\beta \cdot \varepsilon_i - \ln q)$$

$$= -k_B \cdot N \cdot \sum_i \frac{-\beta \cdot \varepsilon_i}{q} \cdot e^{-\beta \cdot \varepsilon_i} + k_B \cdot N \cdot \sum_i \frac{\ln q}{q} \cdot e^{-\beta \cdot \varepsilon_i} \tag{378}$$

Diese kann in weiteren Schritten umgeformt werden (im Wesentlichen durch Ausklammern), um schließlich folgenden Ausdruck zu erhalten:

$$S = -k_B \cdot \left(\overbrace{-\beta}^{-\frac{1}{k_B \cdot T}} \cdot \underbrace{\frac{N}{q} \cdot \sum_i \varepsilon_i \cdot e^{-\beta \cdot \varepsilon_i}}_{U - U_0 = k_B \cdot T \cdot \left(\frac{\partial \ln Q}{\partial \ln T} \right)} - \overbrace{N \cdot \ln q}^{\ln Q} \cdot \underbrace{\frac{1}{q} \cdot \sum_i e^{-\beta \cdot \varepsilon_i}}_{\frac{q}{q} = 1} \right)$$

Den Parameter β kennen wir bereits, $\beta = \frac{1}{k_B \cdot T}$. Hinter dem Ausdruck $\frac{N}{q} \cdot \sum_i \varepsilon_i \cdot e^{-\beta \cdot \varepsilon_i}$ verbirgt sich die Innere Energie, und der letzte Term ergibt $\frac{1}{q} \cdot \sum e^{-\beta \cdot \varepsilon_i} = \frac{q}{q} = 1$.

Unter Verwendung all dieser Ausdrücke können wir die obige Gleichung stark vereinfachen zu:

$$S = k_B \cdot \left[\left(\frac{\partial \ln Q}{\partial \ln T} \right) + \ln Q \right] \tag{379}$$

Jetzt haben wir auch für die Entropie einen Ausdruck, in dem nur noch die Zustandssumme Q auftaucht. Diesen können wir auch alternativ schreiben als:

$$S = \frac{U - U_0}{T} + k_B \cdot \ln Q \quad \text{wenn wir ausnutzen, dass} \quad \left(\frac{\partial \ln Q}{\partial \ln T} \right) = \frac{U - U_0}{k_B \cdot T} \tag{380}$$

6.6.4 Weitere thermodynamische Funktionen aus der Zustandssumme

Wir haben jetzt die zentralen Größen U und S mit der Zustandssumme Q verknüpft. Hieraus können wir auch weitere Verknüpfungen für alle weiteren thermodynamischen Energiegrößen ableiten, weil diese alle miteinander zusammenhängen. Die Definition der Freien Energie F lautet beispielsweise:

$$F \equiv U - T \cdot S \tag{381}$$

Mit Hilfe der oben hergeleiteten Gleichungen, 374 und 379 können wir nun leicht F mit Q verbinden:

$$F = k_B \cdot T \cdot \left(\frac{\partial \ln Q}{\partial \ln T} \right)_V - k_B \cdot T \cdot \left[\left(\frac{\partial \ln Q}{\partial \ln T} \right)_V + \ln Q \right] = -k_B \cdot T \cdot \ln Q \tag{382}$$

Auch die Definition der Enthalpie H kennen wir:

$$H \equiv U + p \cdot V \tag{383}$$

Mit der statistisch-thermodynamischen Definition der Inneren Energie U und dem passenden Ausdruck für den Druck, $p = -\left(\frac{\partial F}{\partial V} \right)_T$, erhalten wir:

$$H = k_{\mathrm{B}} \cdot T \cdot \left(\frac{\partial \ln Q}{\partial \ln T}\right)_V + k_{\mathrm{B}} \cdot T \cdot V \cdot \left(\frac{\partial \ln Q}{\partial V}\right)_T \qquad \Big| \text{ mit } V \cdot \frac{\partial}{\partial V} = \frac{\partial}{\partial \ln V}$$

$$= k_{\mathrm{B}} \cdot T \cdot \left(\frac{\partial \ln Q}{\partial \ln T}\right)_V + k_{\mathrm{B}} \cdot T \cdot \left(\frac{\partial \ln Q}{\partial \ln V}\right)_T = k_{\mathrm{B}} \cdot T \cdot \left[\left(\frac{\partial \ln Q}{\partial \ln T}\right)_V + \left(\frac{\partial \ln Q}{\partial \ln V}\right)_T\right] \qquad (384)$$

Jetzt ist es nur noch ein kleiner Schritt um die Freie Enthalpie G zu bestimmen:

$$G \equiv H - T \cdot S \qquad (385)$$

$$= -k_{\mathrm{B}} \cdot T \cdot \left[\ln Q - \left(\frac{\partial \ln Q}{\partial \ln V}\right)_T\right] \qquad (386)$$

Hieraus können wir noch viele weitere Zustandsgrößen ableiten; es seien an dieser Stelle beispielhaft nur eine Handvoll aufgezählt:

$$\text{Volumen: } V = \left(\frac{\partial G}{\partial p}\right)_T = \dots \qquad (387)$$

$$\text{Wärmekapazitäten: } C_V = \left(\frac{\partial U}{\partial T}\right)_V = -T \cdot \left(\frac{\partial^2 F}{\partial T^2}\right)_V = \dots \qquad (388)$$

$$C_p = \left(\frac{\partial H}{\partial T}\right)_p = -T \cdot \left(\frac{\partial^2 G}{\partial T^2}\right)_p = \dots$$

$$\text{Kompressibilität: } \varkappa = -\frac{1}{V} \cdot \left(\frac{\partial V}{\partial p}\right)_T = -\frac{1}{V} \cdot \left(\frac{\partial^2 G}{\partial p^2}\right)_T = \dots \qquad (389)$$

Wir sehen: alle makroskopischen thermodynamischen Informationen sind aus der Zustandssumme Q zugänglich. Wir bezeichnen die Zustandssumme Q daher als „**thermodynamische Wellenfunktion**", um ihre zentrale Bedeutung (in Analogie zur zentralen Bedeutung der Wellenfunktionen als Lösungen der Schrödinger-Gleichung in der Quantenmechanik) zu unterstreichen.

Für Systeme unabhängiger Teilchen mit $Q = q^N$ bzw. $Q = \frac{1}{N!} \cdot q^N$ ist auch eine direkte Berechnung aus der molekularen Zustandssumme q möglich. So gilt z. B. für die Freie Energie:

$$F = -k_{\mathrm{B}} \cdot T \cdot \ln Q \begin{cases} = -N \cdot k_{\mathrm{B}} \cdot T \cdot \ln q & \text{für } Q = q^N \\ = -N \cdot k_{\mathrm{B}} \cdot T \cdot \left(\ln \frac{q}{N} + 1\right) & \text{für } Q = \frac{1}{N!} \cdot q^N \end{cases} \qquad (390)$$

Die Rechnung für den zweiten Fall lautet dabei: $F = -k_B \cdot T \cdot \ln\left(\frac{1}{N!} \cdot q^N\right) = -k_B \cdot T \cdot \left(\ln\frac{1}{N!} + \ln q^N\right) = -k_B \cdot T \cdot (-N \cdot \ln N + N + N \cdot \ln q) = -N \cdot k_{\mathrm{B}} \cdot T \cdot \left(\ln\frac{q}{N} + 1\right)$

Mit $\beta = \frac{1}{k_{\mathrm{B}} \cdot T}$ und $\mathrm{d}\ln x = \frac{1}{x} \cdot \mathrm{d}x$ ergeben sich übrigens in der Literatur viele äquivalente Formulierungen:

$$U = - \left(\frac{\partial \ln Q}{\partial \beta} \right) = - \frac{1}{Q} \cdot \left(\frac{\partial Q}{\partial \beta} \right) = \frac{k_B \cdot T^2}{Q} \cdot \left(\frac{\partial Q}{\partial T} \right) = \frac{k_B \cdot T}{Q} \cdot \left(\frac{\partial Q}{\partial \ln T} \right) = k_B \cdot T \cdot \left(\frac{\partial \ln Q}{\partial \ln T} \right)$$

(391)

Wir können also festhalten, dass wir jetzt einen Satz an Formeln an der Hand haben mit dem wir aus molekularen Informationen, konkret der molekularen Zustands-summe q und der daraus ebenso berechenbaren Systemzustandssumme Q, makro-skopische Zustandsfunktionen und Zustandsparameter berechnen können. Damit können wir nun also die molekulare Mikrowelt mit der Kontinuums-Makrowelt kor-relieren. Es stellt sich nun „nur noch" die Frage, woher die molekularen Informationen stammen. Wir haben schon mehrfach anklingen lassen, dass dies quantenmechani-sche Molekülcharakteristika sind. Konkret sind es die **Energie-Eigenwerte** für die verschiedenen Arten, auf denen Energie in Molekülen gespeichert werden kann: Translation, Rotation, Vibration und elektronische Anregung. Wir können hierbei nä-herungsweise annehmen, dass diese verschiedenen „Kanäle" der Energiespeicherung entkoppelt sind, d. h. dass sich die Gesamtenergie additiv daraus zusammensetzt: $E_{ges} = E_{trans} + E_{rot} + E_{vib} + E_{el}$. Somit können wir für die Gesamt-Zustandssumme ansetzen $q_{ges} = \sum_i e^{-\beta \cdot \varepsilon_i} = \sum_i e^{-\beta \cdot \varepsilon_{ges}} = \sum_i e^{-\beta \cdot \left(\varepsilon_{trans} + \varepsilon_{rot} + \varepsilon_{vib} + \varepsilon_{el} \right)} = q_{trans} \cdot q_{rot} \cdot q_{vib} \cdot q_{el}$. Wir brau-chen also nun „nur noch" die Einzelbeiträge q_{trans}, q_{rot}, q_{vib} und q_{el} zu bestimmen. Und dafür wiederum brauchen wir Aussagen über das Aussehen der jeweiligen „Energielei-ter", d. h. über die Abstufung der Energieniveaus der Translation, der Rotation, der Vib-ration und der elektronischen Anregung. Dies bekommen wir durch Anwendung eines entsprechenden Energie-Operators auf die zugehörigen Wellenfunktionen, d. h. die Wel-lenfunktionen der Translation, Rotation, Vibration und der elektronischen Anregung, welche wir wiederum durch Lösung der Schrödinger-Gleichung für eben jene Molekül-zustände bekommen. Auf diese Weise können wir uns also systematisch aus der Physik über die Statistik in die Chemie vorarbeiten und ganz konkret und quantitativ verstehen (und vorhersagen) wie etwa die Wärmespeicherfähigkeit eines Stoffes ist, dessen molekulare Bewegungsmöglichkeiten wir kennen. Spätestens damit ist die Brücke zwischen Physik und Chemie geschlagen, und das Grundanliegen der Physikalischen Chemie – ein quantitatives Verständnis der stofflichen Welt auf mikro- und makrosko-pischer Ebene zu erlangen – erreicht. Wie genau das zu realisieren ist, beschreiben die folgenden Unterkapitel. Darin befassen wir uns mit der Ableitung konkreter Formelaus-drücke für q_{trans}, q_{rot}, q_{vib} und q_{el} auf Basis der Quantenmechanik.

DAS WICHTIGSTE IN KÜRZE !

- Setzen wir die **Gesamtenergie** eines Systems mit der **Inneren Energie** unter Berücksichtigung einer **Nullpunktsenergie** gleich, so erhalten wir für nicht-unterscheidbare Teilchen ohne Wechselwirkungen den Zusammenhang:

$$U - U_0 = -N \cdot \left(\frac{\partial \ln q}{\partial \beta}\right)_V = N \cdot k_B \cdot T^2 \cdot \left(\frac{\partial \ln q}{\partial T}\right)_V$$

Bzw. für beliebige Systeme: $U - U_0 = -\left(\frac{\partial \ln Q}{\partial \beta}\right)_V = k_B \cdot T^2 \cdot \left(\frac{\partial \ln Q}{\partial \ln T}\right)_V$

- Für die **Entropie** ergibt sich: $S = k_B \cdot \left[\left(\frac{\partial \ln Q}{\partial \ln T}\right)_V + \ln Q\right] = \frac{U - U_0}{T} + k_B \cdot \ln Q$

- Für die **Freie Energie** gilt die **Legendre-Transformation** $F = U - T \cdot S$. Hieraus berechnen wir mit Hilfe der bereits hergeleiteten Zusammenhänge direkt $F = -k_B \cdot T \cdot \ln Q$.

- Alle makroskopischen thermodynamischen Informationen sind aus der Zustandssumme Q zugänglich, weshalb diese auch als **thermodynamische Wellenfunktion** bezeichnet wird. Für unabhängige Teilchen ist eine direkte Berechnung aus der molekularen Zustandssumme q möglich. Für konkrete Berechnungen benötigen wir die Energie-Eigenwerte für die verschiedenen Arten, auf denen Energie in Molekülen gespeichert ist: **Translation, Rotation, Vibration** und **elektronische Anregung**. Diese ergeben sich aus der Quantenmechanik, und die **Gesamtzustandssumme** errechnet sich dann als **Produkt** der einzelnen Beiträge: $q = q_{tr} \cdot q_{rot} \cdot q_{vib} \cdot q_{el}$.

? VERSTÄNDNISFRAGEN

1. **Wieso wird die Zustandssumme auch als „Thermodynamische Wellenfunktion" bezeichnet?**
   a) Weil aus der Zustandssumme alle makroskopischen thermodynamischen Zustandsgrößen zugänglich sind. Somit ist die Zustandssumme in der Statistischen Thermodynamik von gleicher fundamentaler Bedeutung wie die Wellenfunktion in der Quantenmechanik.
   b) Weil die Zustandssumme eine periodisch oszillierende Funktion der Temperatur darstellt.
   c) Weil aus der Zustandssumme über eine Legendre-Transformation der Aufbau eines Moleküls berechnet werden kann.
   d) Weil aus der Zustandssumme über eine Fourier-Transformation das thermische (d. h. IR-) Spektrum von Gasmolekülen berechnet werden kann.

2. **Wie leitet sich die Formel für die Innere Energie als Funktion der Temperatur T und der Zustandssumme q her?**
   a) über $U = E = \sum N_i \cdot \varepsilon_i$
   b) über $U = E = \sum \varepsilon_i$
   c) über $U = E = N \cdot \sum \varepsilon_i$
   d) Alle Antworten a) bis c) sind falsch.

3. **Wie ergibt sich aus dem Ausdruck für $U(q,T)$ die entsprechende Formel für die freie Energie $F(q,T)$?**
   a) aus statistischen Überlegungen
   b) durch die Anwendung der Gibbsschen Fundamentalgleichungen der klassischen Thermodynamik
   c) die Formel für $F(q,T)$ lässt sich nicht direkt aus $U(q,T)$ berechnen
   d) über den Ansatz $F(q,T) = R \cdot T \cdot \ln U(q,T)$

4. **Wie lassen sich die Brückenbeziehungen für beliebige thermodynamische Zustandsgrößen aufstellen?**
   a) Gar nicht, solche Brückenbeziehungen lassen sich nur für die Innere Energie U, die Entropie S und die freie Energie F herleiten.
   b) Da solche Brückenbeziehungen keinerlei praktischen Nutzen hätten, stellt sich diese Frage gar nicht erst.
   c) Basierend auf den Gibbsschen Fundamentalgleichungen und den Maxwell-Beziehungen der klassischen Thermodynamik lassen sich aus den Brückenbeziehungen für U, F oder S durch einfaches Integrieren die Brückenbeziehungen für weitere Zustandsgrößen, wie beispielsweise den Druck p, ableiten.

d) Basierend auf den Gibbsschen Fundamentalgleichungen und den Maxwell-Beziehungen der klassischen Thermodynamik lassen sich aus den Brückenbeziehungen für U, F oder S durch einfaches Differenzieren die Brückenbeziehungen für weitere Zustandsgrößen, wie beispielsweise den Druck p, ableiten.

VERTIEFUNGSFRAGEN

5. **Was verstehen wir unter dem Nullpunkt der Entropie?**
   a) Den Wert der Entropie, wenn ein System nur einen einzigen Mikrozustand hat.
   b) Den Wert der Entropie eines beliebigen Systems bei $\vartheta = 0\,°C$.
   c) Den Zustand, bei dem die Entropie eines Systems ihr Vorzeichen wechselt.
   d) Da die Entropie nach den Hauptsätzen der Thermodynamik niemals null werden darf, gibt es diesen Nullpunkt nicht.

6. **Warum verwenden wir für die Brückenbeziehungen verschiedene Ausdrücke, z. B. $U(\beta) = ...$ oder $U(T) = ...$?**
   a) Dies hat keinerlei praktische Bedeutung, sondern ist bloß mathematische Spielerei.
   b) Je nachdem lassen sich daraus auf einfache Weise weitere Brückenbeziehungen ableiten.
   c) Aus der Boltzmann-Statistik folgt zunächst stets $X(\beta)$, für die Thermodynamik verwenden wir lieber $X(T)$.
   d) Wir benutzen die Formulierung $X(\beta)$ wenn wir uns für die Abhängigkeit einer thermodynamischen Zustandsfunktion von der thermischen Energie, hingegen $X(T)$ wenn wir uns für deren Abhängigkeit von der absoluten Temperatur interessieren.

7. **Warum setzt sich die gesamte Zustandssumme eines quantenchemischen Systems mathematisch als Produkt der Zustandssummen der jeweiligen Freiheitsgrade zusammen?**
   a) Das tut sie gar nicht. Wie der Ausdruck „Zustandssumme" nahelegt, müssen wir die jeweiligen Zustandssummen vielmehr addieren.
   b) Zustandssummen welche sich auf Kernbewegungen beziehen, gehen in der Tat multiplikativ, solche die sich auf elektronische Zustände beziehen aber additiv in die Gesamtzustandssumme ein (Born–Oppenheimer Näherung).
   c) Der Ansatz beruht auf der Variablenseparation gemäß der Born–Oppenheimer Näherung, wonach sich sowohl Wellenfunktionen als auch Zustandssummen faktorisieren lassen.
   d) Es handelt sich schlicht um die reine statistische Kombinatorik statistisch unabhängig betrachteter Freiheitsgrade.

8. **Für welche real existierenden Systeme lassen sich absolute Zustandsgrößen über entsprechende Brückenbeziehungen aus den molekularen Zustandssummen berechnen?**

   a) Nur für pseudo-ideale Kristalle. Da es diese aber nicht gibt, lassen sich aus den molekularen Zustandssummen stets nur näherungsweise thermodynamische Größen berechnen.

   b) Nur für ideale Gase, d. h. Gase weit oberhalb der kritischen Temperatur bei extrem niedrigen Drücken.

   c) Für Gase etwas unterhalb der kritischen Temperatur bei sehr niedrigen Drücken ergibt die molekulare Zustandssumme bereits eine sehr gute Übereinstimmung der berechneten thermodynamischen Zustandsgrößen mit den experimentell zugänglichen Werten.

   d) Nur für möglichst perfekte Kristalle, d. h. unterscheidbare Teilchen auf festen Gitterplätzen welche somit definierte Energiezustände besetzen.

EINHEIT 21: ZUSTANDSSUMME UND QUANTENMECHANIK
Die Zustandssumme ist die Zentralgröße der Statistischen Thermodynamik. Mit ihr können wir alle klassisch-thermodynamischen Zustandsfunktionen berechnen. Dafür müssen wir aber wissen, wie wir nun ihrerseits die Zustandssumme zu berechnen haben. Dies soll Gegenstand der folgenden Abschnitte sein. Hier wird erörtert, wie die Abstufung der Energieniveaus für die molekularen Bewegungsmoden Translation, Vibration und Rotation sowie für die elektronische Anregung, die wir aus der Quantenmechanik durch Lösung der Schrödinger-Gleichung und Anwendung von Energie-Operatoren auf die resultierenden Wellenfunktionen erhalten, zu Ausdrücken für die Zustandssumme eben jener Molekülzustände führt. Diese können wir zur Gesamtzustandssumme vereinen.

6.7 Anwendung der Statistischen Thermodynamik

6.7.1 Beiträge zur Zustandssumme

Die Energie eines Moleküls verteilt sich auf unterschiedliche Freiheitsgrade; diese sind die *Translation* in $x, y,$ und z-Richtung, die *Rotation*, sowie *Schwingung* und *Elektronenanregung*.[90] Es besteht hierfür nun (näherungsweise)[91] die Möglichkeit eine Separation der Gesamtenergie durchzuführen:

$$E_{ges} = E_{trans} + E_{rot} + E_{vib} + E_{el} \tag{392}$$

Diese Separation führt dazu, dass wir die Energieterme der Zustandssumme q ebenfalls aufteilen können:[92]

$$q = \sum_i e^{-\beta \cdot \varepsilon_j} = \sum_i e^{-\beta \cdot \varepsilon_{ges}} = \sum_i e^{-\beta \cdot \left(\varepsilon_{trans} + \varepsilon_{rot} + \varepsilon_{vib} + \varepsilon_{el} \right)} = q_{trans} \cdot q_{rot} \cdot q_{vib} \cdot q_{el} \tag{393}$$

6.7.1.1 Zustandssumme der Translation, q_{trans}
Die quantenmechanische Beschreibung der Translationsbewegung erfolgt durch das Modell des Teilchens im Kasten. Dazu denken wir uns einen Würfel mit der Kantenlänge a, so wie er in Abb. 6.6 dargestellt ist. Dieser soll ein kastenförmiges Energiepotenzial veranschaulichen. In den drei Raumrichtungen sind die Energieniveaus ε gemäß Gl. 85 gegeben durch:

---

90 Translation wird auch *äußerer Freiheitsgrad* genannt, während alle anderen *innere Freiheitsgrade* sind.
91 näherungsweise deshalb, da bei der Rotation beispielsweise aufgrund der Zentrifugaldehnung eine Schwingung angeregt wird und da bei der Elektronenanregung die Born–Oppenheimer Näherung angewendet wird.
92 Bei Festkörpern ist q_{trans} nicht dabei.

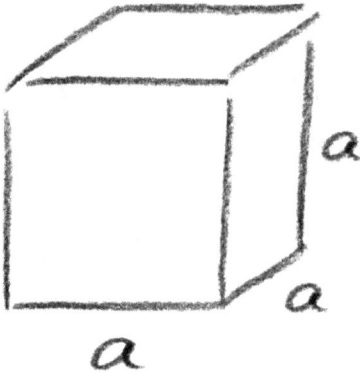

Abb. 6.6: Dreidimensionaler Kasten mit der Kantenlänge a.

$$\varepsilon_{n_x} = n_x{}^2 \cdot \frac{h^2}{8 \cdot m \cdot a^2}$$

$$\varepsilon_{n_y} = n_y{}^2 \cdot \frac{h^2}{8 \cdot m \cdot a^2}$$

$$\varepsilon_{n_z} = n_z{}^2 \cdot \frac{h^2}{8 \cdot m \cdot a^2}$$

Dabei sind n_x, n_y und n_z die Quantenzahlen der Translation.

Je größer der Kasten ist, desto kleiner werden die Abstände der Energieniveaus. Bei einem „makroskopischen Kasten" können wir quasi von einem *Energiekontinuum* sprechen.

Für das Teilchen im Kasten ergibt sich folgende **Translationszustandssumme**, welche wir zunächst nur für die Bewegung in x-Richtung betrachten:

$$q_x = \sum_{n_x=1}^{\infty} e^{-\beta \cdot \varepsilon_{n_x}} \tag{394}$$

Hier ist es hilfreich, statt der Summe ein Integral zu verwenden. Für den makroskopischen Kasten ist dies zulässig, da die Energieniveauabstände im Energiekontinuum infinitesimal klein sind. Damit gilt für q_x:

$$q_x = \sum_{n_x=1}^{\infty} e^{-\beta \cdot \varepsilon_{n_x}} \approx \int_{n_x=1}^{\infty} e^{-\beta \cdot \varepsilon_{n_x}} \, \mathrm{d}n_x \approx \int_{n_x=0}^{\infty} e^{-\beta \cdot \varepsilon_{n_x}} \, \mathrm{d}n_x = \int_{0}^{\infty} e^{-\frac{n_x^2 \cdot h^2}{8 \cdot m \cdot a^2 \cdot k_B \cdot T}} \, \mathrm{d}n_x$$

$$= \int_{0}^{\infty} e^{-y^2} \, \mathrm{d}n_x \tag{395}$$

Durch Substitution erhalten wir:

$$y^2 = + \frac{n_x^2 \cdot h^2}{8 \cdot m \cdot a^2 \cdot k_B \cdot T}; \ \ dy = - \sqrt{\frac{h^2}{8 \cdot m \cdot a^2 \cdot k_B \cdot T}} \, dn_x$$

$$\Leftrightarrow \ dn_x = + \frac{a}{h} \cdot \sqrt{8 \cdot m \cdot k_B \cdot T} \, dy$$

$$\Rightarrow \ q_x = \frac{a}{h} \cdot \sqrt{8 \cdot m \cdot k_B \cdot T} \cdot \int_0^\infty e^{-y^2} dy$$

$$= \frac{a}{h} \cdot \sqrt{8 \cdot m \cdot k_B \cdot T} \cdot \frac{1}{2} \cdot \sqrt{\pi} = \frac{a}{h} \cdot \sqrt{2 \cdot \pi \cdot m \cdot k_B \cdot T} \tag{396}$$

Da alle drei Raumrichtungen äquivalent sind (Isotropie des Raumes), erhalten wir für q_y und q_z analoge Ergebnisse. Die Gesamttranslationssumme q_{trans} ist damit:

$$q_{trans} = q_x \cdot q_y \cdot q_z = q_x^3 = \frac{a^3}{h^3} \cdot (2 \cdot \pi \cdot m \cdot k_B \cdot T)^{\frac{3}{2}} \tag{397}$$

Unter Verwendung des Volumens V und Einführung der **thermischen Wellenlänge** Λ können wir q_{trans} weiter vereinfachen zu:

$$q_{trans} = \frac{V}{\Lambda^3} = \frac{V}{h^3} \cdot (2 \cdot \pi \cdot m \cdot k_B \cdot T)^{\frac{3}{2}} \ \ \text{mit} \ \ \Lambda = \frac{h}{\sqrt{2 \cdot \pi \cdot m \cdot k_B \cdot T}} \tag{398}$$

Wie wir sehen, wird die molekulare Translationszustandssumme größer, wenn das Volumen zunimmt. Dies ist leicht nachzuvollziehen, da die Zustände mit steigender Kastengröße gemäß Gl. 85 energetisch enger zusammen rücken.

Ist q_{trans} bekannt, können wir mit ihrer Hilfe die molare Translationsenergie $\bar{U}$ bestimmen:

$$\bar{U} = k_B \cdot T \cdot \frac{\partial \ln \bar{Q}}{\partial \ln T} \ \ \text{mit} \ \ \bar{Q} = \frac{1}{N!} \cdot q^N = \frac{1}{N_A!} \cdot q_{trans}{}^{N_A} \tag{399}$$

Die Avogadrokonstante N_A stellt den Zusammenhang zur Systemzustandssumme für ein System mit einem Mol Teilchen her:

$$\bar{U} = k_B \cdot T \cdot \frac{\partial}{\partial \ln T} \cdot \ln\left[\frac{1}{N_A!} \cdot \left(\frac{V}{h^3} \cdot (2 \cdot \pi \cdot k_B \cdot T)^{\frac{3}{2}} \right)^{N_A} \right] = k_B \cdot T \cdot \frac{\partial}{\partial \ln T} \left(\ln T^{\frac{3}{2} \cdot N_A} \right)$$

$$= k_B \cdot T \cdot \frac{\partial \ln T^{\frac{3}{2} \cdot N_A}}{\partial \ln T} = k_B \cdot T \cdot \frac{3}{2} \cdot N_A \cdot \frac{\partial \ln T}{\partial \ln T} = k_B \cdot T \cdot \frac{3}{2} \cdot N_A$$

$$= \frac{3}{2} \cdot R \cdot T \tag{400}$$

Dies entspricht dem Energie-Gleichverteilungssatz. Die molare Innere Energie ist ½·R·T pro Freiheitsgrad, und wir haben bei freien Teilchen drei Translationsfreiheitsgrade.

6.7.1.2 Zustandssumme der Rotation, q_{rot}

Um die Zustandssumme der Rotation zu bestimmen, verwenden wir das Modell des **starren Rotators**. Dieser ist für ein zweiatomiges heteronukleares Molekül in Abb. 6.7 dargestellt. Ein solches Molekül hat *zwei* Rotationsfreiheitsgrade, die in dieser Abbildung durch die Pfeile angedeutet sind. Die Rotation um die Kern–Kern Verbindungsachse kann hingegen keine Energie speichern, da das quantenmechanische Trägheitsmoment hierfür null ist.

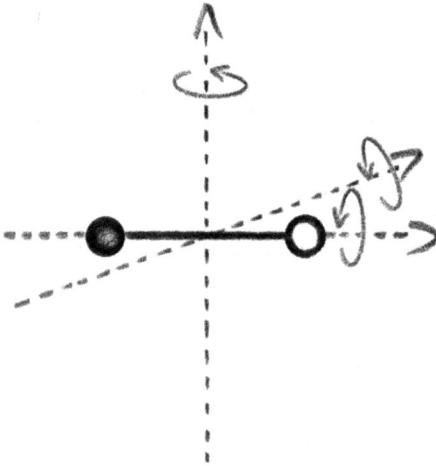

Abb. 6.7: Visualisierung des *starren Rotators* für ein zweiatomiges heteronukleares Molekül.

Die quantenmechanische Behandlung des starren Rotators liefert gemäß Gl. 102 die folgenden diskreten Energiewerte:

$$E_J = h \cdot c \cdot B \cdot (J+1) \cdot J \quad \text{mit} \quad h \cdot c \cdot B = \frac{\hbar^2}{2 \cdot I} \quad \text{bzw. analog} \quad B = \frac{h}{8 \cdot \pi^2 \cdot c \cdot I} \tag{401}$$

Hier ist jedes Energieniveau $(2 \cdot J + 1)$-fach entartet, was einen Entartungsfaktor von $g_J = (2 \cdot J + 1)$ bedingt. Mit Hilfe des Entartungsfaktors g_J können wir die Zustandssumme der Rotation für unser beispielhaftes zweiatomiges und heteronukleares Molekül berechnen, was in Abb. 6.8 grafisch dargestellt ist.

$$q_{rot} = \sum_J (2 \cdot J + 1) \cdot e^{-\frac{h \cdot c \cdot B}{k_B \cdot T} \cdot J \cdot (J+1)} \tag{402}$$

Wir definieren nun die **Rotationstemperatur** Θ_{rot} als:

$$h \cdot c \cdot B = k_B \cdot \Theta_{rot} \tag{403}$$

Dies ist die Temperatur, bei der es möglich wird höhere Rotationsenergieniveaus signifikant zu besetzen. Wenn nun $T \gg \Theta_{rot}$, so sind viele Energieniveaus besetzt. Im Vergleich zu der dabei vorliegenden hohen thermischen Energie liegen die Rotations-

$$(2J+1) \cdot \exp\left(-\frac{hcB}{k_B T} J(J+1)\right)$$

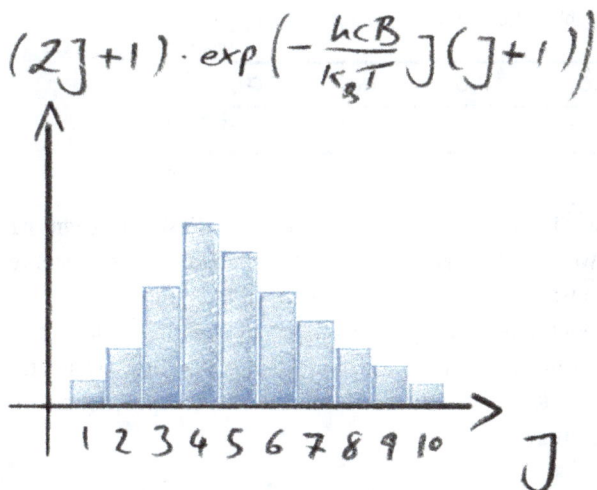

Abb. 6.8: Besetzung der Rotationszustände eines zweiatomigen heteronuklearen Moleküls. Der Anstieg von $J=1 \rightarrow J=4$ entsteht wegen der dabei zunehmenden Entartung. Der Abfall von $J=5 \rightarrow J=10$ entsteht, weil die Energie der Zustände dann zu hoch wird und diese aufgrund der Boltzmann-Verteilung dann weniger besetzt werden.

energieniveaus eng zusammen. Auch hier haben wir dann näherungsweise ein Energiekontinuum und können die Summe durch ein Integral ersetzen:

$$q_{rot} \approx \int_{J=0}^{\infty} (2 \cdot J + 1) \cdot e^{-\frac{h \cdot c \cdot B}{k_B \cdot T} \cdot J \cdot (J+1)} dJ = \int_{J=0}^{\infty} (2 \cdot J + 1) \cdot e^{-y} dy \tag{404}$$

Integration durch Substitution ergibt:

$$q_{rot} = \frac{k_B \cdot T}{h \cdot c \cdot B} \cdot \int_0^{\infty} e^{-y} dy = \frac{k_B \cdot T}{h \cdot c \cdot B} \cdot 1 = \frac{k_B \cdot T}{h \cdot c \cdot B} \tag{405}$$

Dabei ist zu beachten, dass dieses Ergebnis nur für ein zweiatomiges heteronukleares Molekül ohne Spiegelebene und Inversionszentren bei $T \gg \Theta_{rot}$ gilt. Bei homonuklearen Molekülen sind nur gradzahlige J erlaubt. Damit Gl. 405 auch für den homonuklearen Fall Gültigkeit hat, fügen wir die **Symmetriezahl** σ als Vorfaktor hinzu:

$$q_{rot} = \frac{1}{\sigma} \cdot \frac{k_B \cdot T}{h \cdot c \cdot B} \tag{406}$$

Für heteronukleare lineare Moleküle ist $\sigma = 1$, während für homonukleare lineare Moleküle $\sigma = 2$ gilt. In Tab. 6.3 sind die Symmetriezahlen für einige wichtige Verbindungen aufgelistet.

Tab. 6.3: Beispiele für die Symmetriezahl σ für einige wichtige Verbindungen.

	HCl	N_2	CO_2	H_2O	NH_3	CH_4
σ	1	2	2	2	3	12

Für nichtlineare Moleküle sind die Verhältnisse komplizierter, da diese im Gegensatz zu linearen Molekülen statt zwei Rotationsachsen mit identischer Rotationskonstente B nun drei orthogonale Rotationsachsen besitzen. Entsprechend müssen wir in Gl. 406 den Faktor $1/B$ durch einen neuen Faktor $\frac{\pi}{A \cdot B \cdot C}$ ersetzen, wobei A, B und C dann den (potenziell verschiedenen) Rotationskonstanten für die jeweilige Rotationsachse entsprechen. Zusätzlich erfolgt eine Korrektur für die Dimensionen, entsprechend drei Freiheitsgraden der Rotation statt zwei.

$$q_{rot} = \frac{1}{\sigma} \cdot \left(\frac{k_B \cdot T}{h \cdot c} \right)^{\frac{3}{2}} \cdot \frac{\pi}{A \cdot B \cdot C} \tag{407}$$

Um q_{rot} zu veranschaulichen, betrachten wir die folgenden zwei Moleküle: Ammoniak, NH_3, und Methan, CH_4, welche beide in Abb. 6.9 gezeigt sind. Die Rotationsachsen sind durch gestrichelte Linien angedeutet. Für das NH_3-Molekül verläuft die symmetrische Hauptdrehachse durch das Stickstoffatom. Dabei gibt es *drei* ununterscheidbare Anordnungen, die durch 120°-Rotationen ineinander überführt werden können.

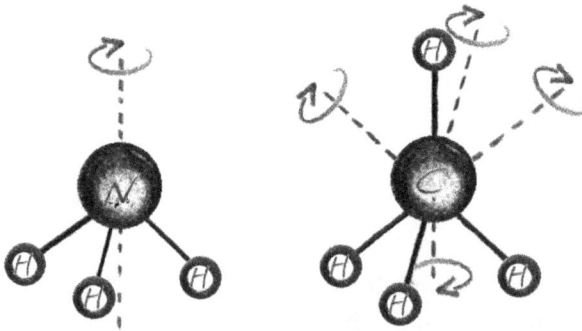

Abb. 6.9: Darstellung der Rotationsachsen von NH_3 und CH_4.

Im Fall des Methanmoleküls geht die Rotationsachse mit der höchsten Symmetrie, eine C_3-Achse, durch eine C–H Bindung. Hier gibt es drei 120° Rotationen, die das Molekül ununterscheidbar ineinander überführen. Da es insgesamt vier derartige C–H Symmetrieachsen gibt, besitzt CH_4 insgesamt eine Symmetriezahl von $3 \cdot 4 = 12$. In Lehreinheit 11 hatten wir gesehen, dass wir CH_4 bzw. CCl_4 als komplett symmetrisches System (bzw. sphärischen Kreisel) betrachten können, für welches die drei orthogonalen Drehachsen identische Trägkeitsmomente und somit identische Rotationskonstanten aufweisen, d. h. $A = B = C$ (siehe Gl. 407). Bitte verwechseln Sie an dieser Stelle nicht die vier C_3-Symmetrieachsen mit den drei orthogonalen Rotationsachsen des Moleküls, welche entsprechend zu den drei thermodynamischen Freiheitsgraden gehören.

Die molare Rotationsenergie $\bar{U}_{rot}$ für ein zweiatomiges Molekül kann mit Hilfe von q_{rot} berechnet werden:

$$\bar{U}_{rot} = k_B \cdot T \cdot \left(\frac{\partial \ln \bar{Q}_{rot}}{\partial \ln T}\right)_V \qquad \text{mit } \bar{Q}_{rot} = q_{rot}{}^{N_A}$$

$$= k_B \cdot T \cdot \left(\frac{\partial}{\partial \ln T}\right) \ln \left(\frac{1}{\sigma} \cdot \frac{k_B \cdot T}{h \cdot c \cdot B}\right)^{N_A} = N_A \cdot k_B \cdot T \cdot \left(\frac{\partial \ln T}{\partial \ln T}\right) = R \cdot T \qquad (408)$$

Das Ergebnis ist ebenfalls so, wie es der Gleichverteilungssatz besagt.

6.7.1.3 Zustandssumme der Schwingung, q_{vib}

Die molekulare Zustandssumme der Schwingung, q_{vib}, lässt sich am besten anhand des **harmonischen Oszillators** für zweiatomige Moleküle beschreiben.[93] Er beschreibt ein Potenzial, dessen Rückstellkraft proportional zur Auslenkung aus der Ruhelage ist, und ist in Abb. 6.10 beispielhaft gezeigt.

Die quantenmechanische Behandlung des harmonischen Oszillators liefert gemäß Gl. 117:

$$E_{vib} = h \cdot \nu \cdot \left(v + \tfrac{1}{2}\right) \qquad (409)$$

mit der Nullpunktsenergie $E_{vib} = \dfrac{1}{2} \cdot h \cdot \nu$ für $v = 0$

Damit ergibt sich die Zustandssumme der Schwingung, q_{vib}, als:

$$q_{vib} = \sum_v e^{-\frac{h \cdot \nu}{k_B \cdot T} \cdot \left(v + \frac{1}{2}\right)} \qquad (410)$$

Typischerweise liegt die Schwingungsenergie (Wellenzahlen 1000 cm^{-1} bis 4000 cm^{-1}) etwa beim fünf- bis zwanzigfachen der thermischen Energie bei Raumtemperatur (Wellenzahl 200 cm^{-1}):

$$h \cdot \nu > k_B \cdot T \qquad (411)$$

Wir dürfen hier also *nicht* die Summe durch ein Integral ersetzen, da *kein* Energiekontinuum existiert, sondern diskrete Energieniveaus vorliegen.

---

93 Der harmonische Oszillator ist eines der wenigen quantenmechanischen Systeme, für die eine analytische Lösung bekannt ist.

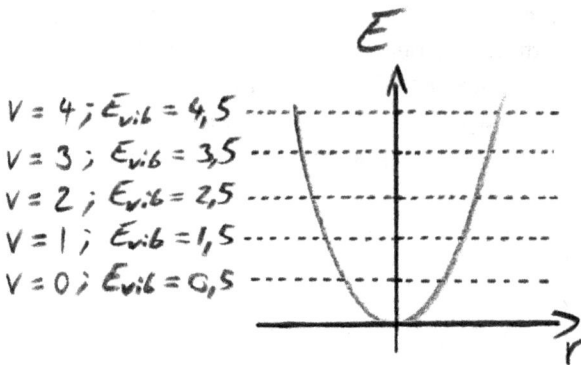

Abb. 6.10: Schematische Darstellung des harmonischen Oszillatorpotenzials für ein zweiatomiges Molekül. Die Schwingungsenergieniveaus sind gegeben als Vielfache von $h \cdot v$.

Um uns die Auswertung der Summe zu erleichtern, setzen wir $x = \dfrac{h \cdot v}{k_B \cdot T}$. Dies ergibt:

$$q_{vib} = \sum_{v=0}^{\infty} e^{-x \cdot \left(v + \frac{1}{2}\right)} = e^{-\frac{1}{2} \cdot x} + e^{-\frac{3}{2} \cdot x} + e^{-\frac{5}{2} \cdot x} + \dots \tag{412}$$

Jetzt multiplizieren wir die ganze Summe mit e^{-x}:

$$q_{vib} \cdot e^{-x} = \sum_{v=0}^{\infty} e^{-x \cdot \left(v + \frac{3}{2}\right)} = e^{-\frac{3}{2} \cdot x} + e^{-\frac{5}{2} \cdot x} + e^{-\frac{7}{2} \cdot x} + \dots \tag{413}$$

Dieser Ausdruck enthält dieselben Terme wie Gl. 412, nur das hier der Term $e^{-\frac{1}{2} \cdot x}$ fehlt. Durch Subtraktion der Gl. 413 von Gl. 412 erhalten wir die molekulare **Schwingungszustandssumme** q_{vib}:

$$q_{vib} \cdot \left(1 - e^{-x}\right) = e^{-\frac{1}{2} \cdot x} \Leftrightarrow q_{vib} = \frac{e^{-\frac{1}{2} \cdot x}}{1 - e^{-x}} \tag{414}$$

Mit $x = \frac{h \cdot v}{k_B \cdot T} = \frac{h \cdot c \cdot \tilde{v}}{k_B \cdot T}$ und der sogenannten **Schwingungstemperatur** $\Theta_{vib} \cdot k_B = h \cdot v$ lautet die molekulare Schwingungszustandssumme des harmonischen Oszillators:

$$q_{vib} = \frac{e^{-\frac{h \cdot v}{2 \cdot k_B \cdot T}}}{1 - e^{-\frac{h \cdot v}{k_B \cdot T}}} = \frac{e^{-\frac{h \cdot c \cdot \tilde{v}}{2 \cdot k_B \cdot T}}}{1 - e^{-\frac{h \cdot c \cdot \tilde{v}}{k_B \cdot T}}} = \frac{e^{-\frac{\Theta_{vib}}{2 \cdot T}}}{1 - e^{-\frac{\Theta_{vib}}{T}}} \tag{415}$$

Jetzt können wir die molare Schwingungsenergie berechnen. Für ein zweiatomiges Molekül als harmonischer Oszillator mit einem Schwingungsfreiheitsgrad ist diese wie folgt definiert:

$$\bar{U}_{\text{vib}} = k_{\text{B}} \cdot T \cdot \left(\frac{\partial \ln \bar{Q}_{\text{vib}}}{\partial \ln T} \right) = k_{\text{B}} \cdot T^2 \cdot \left(\frac{\partial \ln \bar{Q}_{\text{vib}}}{\partial T} \right) \quad \text{mit} \quad Q_{\text{vib}} = \left(\frac{e^{-\frac{h \cdot v}{2 \cdot k_{\text{B}} \cdot T}}}{1 - e^{-\frac{h \cdot v}{k_{\text{B}} \cdot T}}} \right)^{N_{\text{A}}}$$

$$\overset{\cdots}{=} N_{\text{A}} \cdot h \cdot v \cdot \left(\frac{1}{2} + \frac{e^{-\frac{h \cdot v}{k_{\text{B}} \cdot T}}}{1 - e^{-\frac{h \cdot v}{k_{\text{B}} \cdot T}}} \right) = N_{\text{A}} \cdot h \cdot v \cdot \left(\frac{1}{2} + \frac{e^{-\frac{\Theta_{\text{vib}}}{T}}}{1 - e^{-\frac{\Theta_{\text{vib}}}{T}}} \right) \tag{416}$$

Wir können das Ergebnis überprüfen, indem wir erneut auf den Gleichverteilungssatz schauen. Der Beitrag der Schwingung zur Wärmekapazität C_V ist:

$$\bar{C}_{V,\text{vib}} = \frac{\partial \bar{U}_{\text{vib}}}{\partial T} \tag{417}$$

Wir betrachten den Grenzfall $T \to \infty$, damit alle Schwingungszustände vollständig angeregt sind:

$$\lim_{T \to \infty} \bar{C}_{V,\text{vib}} = \lim_{T \to \infty} \frac{\partial \bar{U}_{\text{vib}}}{\partial T} = \lim_{T \to \infty} \frac{\partial}{\partial T} \left(N_{\text{A}} \cdot h \cdot v \cdot \frac{1}{2} + \frac{e^{-\frac{\Theta_{\text{vib}}}{T}}}{1 - e^{-\frac{\Theta_{\text{vib}}}{T}}} \right) \overset{\cdots}{=} R \tag{418}$$

Auch hier bestätigt sich wieder das Ergebnis, das wir vom Gleichverteilungssatz kennen.

6.7.1.4 Zustandssumme der elektronischen Anregung

Die molekulare Zustandssumme der elektronischen Anregung, q_{el}, ist wie folgt definiert:

$$q_{\text{el}} = \sum_j g_j \cdot e^{-\frac{\varepsilon_j}{k_{\text{B}} \cdot T}} \tag{419}$$

Sie beschreibt die Anzahl der Teilchen, welche sich im energetischen Grundzustand oder in einem angeregten Zustand befinden. Ein vereinfachtes elektronisches Termschema mit dem Grundzustand ε_0 sowie zwei angeregten Zuständen, ε_1 und ε_2, ist in Abb. 6.11 gezeigt.

In den meisten Fällen ist $\varepsilon_1 - \varepsilon_0 \gg k_{\text{B}} \cdot T$, also die zur Anregung nötige Energie sehr viel größer als die zur Verfügung stehende thermische Energie. Es ist also in den meisten Fällen nur der Grundzustand besetzt. Die Zustandssumme der elektronischen Anregung besteht damit in der Praxis nur aus dem ersten Term:

$$q_{\text{el}} \approx g_0 \cdot e^{-\frac{0}{k_{\text{B}} \cdot T}} = g_0 \tag{420}$$

Das ist sinnvoll, denn falls ausschließlich der Grundzustand besetzt ist, gibt es exakt so viele Verteilungsmöglichkeiten, wie der Grundzustand entartet ist.

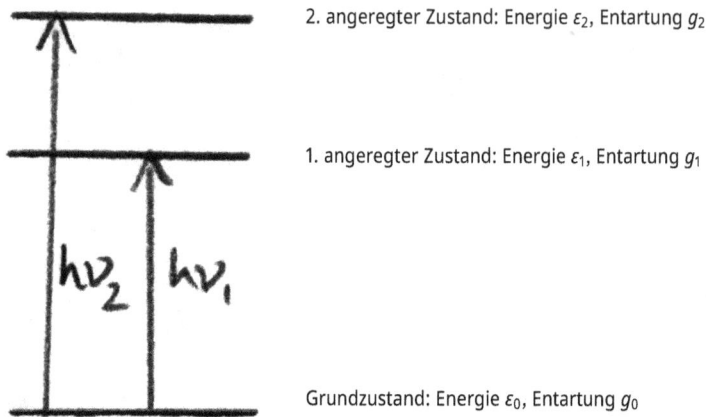

2. angeregter Zustand: Energie ε_2, Entartung g_2

1. angeregter Zustand: Energie ε_1, Entartung g_1

$h\nu_2$ $h\nu_1$

Grundzustand: Energie ε_0, Entartung g_0

Abb. 6.11: Vereinfachtes Termschema mit zwei elektronisch angeregten Zuständen.

Es gibt dennoch die (unwahrscheinlicheren) Möglichkeiten, dass $\varepsilon_1 - \varepsilon_0 \approx k_B \cdot T$ oder sogar $\varepsilon_1 - \varepsilon_0 < k_B \cdot T$ gilt. Dies kann beispielsweise bei energetisch niedrigliegenden angeregten Zuständen oder Prozessen bei hohen Temperaturen vorkommen. Dann muss bei der Betrachtung von q_{el} zumindest der erste angeregte Zustand ebenfalls berücksichtigt werden.

$$q_{el} = g_0 + g_1 \cdot e^{-\frac{\varepsilon_1}{k_B \cdot T}} \tag{421}$$

Ein Beispiel hierfür ist Stickstoffmonoxid, NO. Dieses Molekül weist ein ungepaartes Elektron auf, welches einen Bahndrehimpuls $|\vec{l}| = \hbar$ und einen Spindrehimpuls $|\vec{s}| = \frac{1}{2} \cdot \hbar$ besitzt. Daraus resultieren durch Spin–Bahn Kopplung zwei Zustände mit einem Gesamtspin von $\frac{1}{2} \cdot \hbar$ und $\frac{3}{2} \cdot \hbar$. Die Anregung dieser Zustände bedarf nur wenig Energie. Ein Termschema des Moleküls, welches den Grund- sowie den ersten angeregten Zustand zeigt, ist in Abb. 6.12 zu sehen.

Die Zustandssumme der elektronischen Anregung q_{el} für Stickstoffmonoxid lautet:

$$q_{el} = 2 + 2 \cdot e^{-\frac{h \cdot c \cdot \tilde{\nu}}{k_B \cdot T}} = 2 \cdot \left(1 + e^{-\frac{h \cdot c \cdot \tilde{\nu}}{k_B \cdot T}} \right) \tag{422}$$

Für $T \to \infty$ ist die Summe für derartige Moleküle oft gleich vier, $q_{el} = 4$, weil beide Π-Niveaus besetzt werden können und jedes davon zweifach entartet ist.

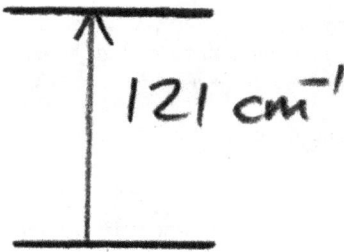

$^2\Pi_{\frac{3}{2}}$ zweifach entartetes Niveau, $\vec{s}$ und $\vec{l}$ parallel;
$\varepsilon_1 = h \cdot c \cdot \tilde{v}, g_1 = 2$

$^2\Pi_{\frac{1}{2}}$ zweifach entartetes Niveau, $\vec{s}$ und $\vec{l}$ antiparallel;
$\varepsilon_0 = 0, g_0 = 2$

Abb. 6.12: Termschema von Stickstoffmonoxid, NO. Gezeigt sind der Grund- sowie der erste angeregte Zustand.

6.7.1.5 Die gesamte molekulare Zustandssumme

Jetzt kennen wir entsprechend Gl. 393 alle Beiträge zur Zustandssumme. Für ein zweiatomiges Molekül können wir sie also vollständig formulieren als:

$$q = q_{\text{trans}} \cdot q_{\text{rot}} \cdot q_{\text{vib}} \cdot q_{\text{el}} \tag{393}$$

$$= \underbrace{\frac{V}{\Lambda^3}}_{\substack{\text{korreliert mit} \\ \text{der Masse}}} \cdot \overbrace{\frac{1}{\sigma}}^{\substack{\text{Molekül-} \\ \text{symmetrie}}} \cdot \underbrace{\frac{k_B \cdot T}{h \cdot c \cdot B}}_{\substack{\text{korreliert mit} \\ \text{der Massenvereilung} \\ \text{(Trägheitsmoment)}}} \cdot \overbrace{\frac{e^{-\frac{h \cdot c \cdot \tilde{v}}{2 \cdot k_B \cdot T}}}{1 - e^{-\frac{h \cdot c \cdot \tilde{v}}{k_B \cdot T}}}}^{\substack{\text{Federkonstante: Stärke} \\ \text{der chemischen Bindung}}} \cdot \underbrace{g_0}_{\substack{\text{elektronischer} \\ \text{Aufbau}}} \tag{423}$$

Kennen wir also Moleküldaten $(m, \sigma, \tilde{v}, B, g)$, etwa aus Spektroskopie oder Molecular Modeling, so können wir die molekulare bzw. Systemzustandssumme q bzw. Q bestimmen, um aus ihr makroskopische Zustandsgrößen wie $U, S, F, H, G, C_V, C_p, \dots$ zu berechnen. Im folgenden Abschnitt wenden wir dies beispielhaft auf zwei Materiezustände an: ideale Gase und ideale Festkörper.

DAS WICHTIGSTE IN KÜRZE

– Für die **Zustandssumme der Translation** verwenden wir das Modell **Teilchen im Kasten**. Da die Energiezustände quasi kontinuierlich aufeinander folgen, lässt sich die Summe analytisch durch ein Integral ersetzen und wir erhalten: $q_{\text{trans}} = q_x^3 = \frac{V}{h^3} \cdot (2 \cdot \pi \cdot m \cdot k_B \cdot T)^{\frac{3}{2}} = \frac{V}{\Lambda^3}$, Λ = **thermische Wellenlänge**. Diese molekulare Zustandssumme ist proportional zum Volumen des Systems. Aus ihr ergibt sich direkt der **Gleichverteilungssatz der Thermodynamik**, $\bar{U} = k_B \cdot T \cdot \left(\frac{\partial \ln \bar{Q}}{\partial \ln T}\right)_V = \frac{3}{2} \cdot R \cdot T$.

– Für die **Zustandssumme der Rotation** verwenden wir das **Modell des starren Rotators**. Da auch hier näherungsweise ein Energiekontinuum vorliegt, erhalten wir, wiederum nach Integration, für lineare Moleküle: $q_{\text{rot}} = \frac{1}{\sigma} \cdot \frac{k_B \cdot T}{h \cdot c \cdot B}$. Für homonukleare lineare Moleküle beträgt die **Symmetriezahl** $\sigma = 2$. Auch hierbei gilt der **Gleichverteilungssatz**, $\bar{U} = k_B \cdot T \cdot \left(\frac{\partial \ln \bar{Q}}{\partial \ln T}\right)_V = R \cdot T$.

- Für die molekulare **Zustandssumme der Schwingung** verwenden wir das **Modell des harmonischen Oszillators** für zweiatomige Moleküle. Da hier nur wenige Zustände besetzt sind, dürfen wir nicht integrieren, sondern verwenden stattdessen eine **geometrische Reihe** und erhalten: $q_{vib} = \dfrac{e^{-\frac{h\cdot v}{2\cdot k_B\cdot T}}}{1-e^{-\frac{h\cdot v}{k_B\cdot T}}}$. Für den Grenzfall unendlich hoher Temperaturen gilt erneut der **Gleichverteilungssatz**, $\bar{U} = k_B\cdot T\cdot\left(\dfrac{\partial\ln\bar{Q}}{\partial\ln T}\right)_V = R\cdot T$.

- Die **molekulare Zustandssumme der elektronischen Anregung** entspricht in den meisten Fällen dem **Entartungsgrad des Grundzustands**, da nur dieser thermisch besetzt ist.

VERSTÄNDNISFRAGEN

?

1. **Wie berechnet sich die Gesamtzustandssumme eines Moleküls?**
   a) Durch Addition der Zustandssummen von Translation, Rotation, Vibration sowie der elektronischen Zustände
   b) Durch Multiplikation der Zustandssummen von Translation, Rotation, Vibration sowie der elektronischen Zustände
   c) Durch Addition der Zustandssummen von Translation, Rotation und Vibration. Die Zustandssumme der elektronischen Zustände spielt dagegen in der Thermodynamik keine Rolle.
   d) Durch Multiplikation der Zustandssummen von Translation, Rotation und Vibration. Die Zustandssumme der elektronischen Zustände spielt dagegen in der Thermodynamik keine Rolle.

2. **Was verstehen wir unter der thermischen Wellenlänge?**
   a) Einen wichtigen Parameter für die Translationszustandssumme, der nur von der Probentemperatur abhängt.
   b) Einen Fitparameter für die Translationszustandssumme ohne direkte physikalische Bedeutung
   c) Einen wichtigen Parameter für die Translationszustandssumme, der nur von der Masse der Teilchen und vom Probenvolumen abhängt.
   d) Einen wichtigen Parameter für die Translationszustandssumme, der nur von der Masse der Teilchen und von der Probentemperatur abhängt.

3. **Wie lautet die Symmetriezahl der Rotationszustandssumme von Methan?**
   a) 4, da es sich um ein tetraedrisches Molekül handelt.
   b) 8, da Methan 4 dreizählige Symmetrieachsen besitzt, welche gemäß der Gruppentheorie jeweils doppelt gezählt werden müssen.
   c) 12, da Methan 4 dreizählige Symmetrieachsen besitzt, wobei für jede einzelne die Symmetriezahl 3 gilt. Diese mit 4 multipliziert ergibt dann gerade 12.
   d) 18, da Methan 4 dreizählige Symmetrieachsen der entsprechenden Symmetriezahl 3 und 3 zweizählige Symmetrieachsen der entsprechenden Symmetriezahl 2 besitzt. Insgesamt ergibt sich daher $3 \cdot 4 + 2 \cdot 3 = 18$.

4. **Wie ergibt sich mathematisch die Zustandssumme für die molekulare Schwingung?**
   a) Durch Integration, wie bei jeder anderen molekularen Zustandssumme
   b) Über den Ansatz einer geometrischen Reihe, da die thermische Energie in etwa gleich groß wie die Schwingungsenergie ist.
   c) Über den Ansatz einer geometrischen Reihe, da die thermische Energie deutlich größer als die Schwingungsenergie ist.
   d) Über den Ansatz einer geometrischen Reihe, da die thermische Energie deutlich kleiner als die Schwingungsenergie ist.

Vertiefungsfragen

5. **Warum ist die elektronische Zustandssumme praktisch temperaturunabhängig?**
   a) Weil die Energie der elektronischen Anregung über den gesamten relevanten Temperaturbereich in der Regel deutlich größer als die thermische Energie ist.
   b) Weil elektronische Zustände grundsätzlich nur mit Licht angeregt werden können.
   c) Weil elektronische Zustände in der Thermodynamik formal keine Rolle spielen.
   d) Weil die thermische Anregung elektronischer Zustände zu einer Veränderung der Molekülstruktur führen würde.

6. **Wie groß ist die elektronische Zustandssumme von Na-Atomen bei Raumtemperatur?**
   a) 1, da lediglich der elektronische Grundzustand besetzt ist.
   b) 2, da es sich um ein Radikal handelt.
   c) 0, da bei Raumtemperatur keine elektronische Anregung erfolgen kann.
   d) Dies lässt sich ohne Taschenrechner nicht berechnen.

7. **Wie groß ist die Zustandssumme der molekularen Schwingung von Gasen typischerweise bei Raumtemperatur?**
   a) 1, da lediglich der Grundzustand besetzt ist.
   b) Etwas größer als 1, da der Grundzustand und zu einem geringen Anteil auch der erste angeregte Schwingungszustand besetzt sind.
   c) 0, da bei Raumtemperatur keine Anregung der molekularen Schwingung erfolgt.
   d) Geringfügig größer als 0, da der Grundzustand und zu einem geringen Anteil auch der erste angeregte Schwingungszustand besetzt sind.

8. **Wie lässt sich der Gleichverteilungssatz der thermischen Energie aus den Ergebnissen der Statistischen Thermodynamik beweisen?**
   a) Gar nicht
   b) Durch Berechnen der molaren Wärmekapazitäten unter Verwendung der Brückenbeziehung Energie–Zustandssumme und Integrieren über die Temperatur
   c) Durch Berechnen der molaren Wärmekapazitäten unter Verwendung der Brückenbeziehung Energie–Zustandssumme und Ableiten nach der Temperatur
   d) Durch Berechnen der molaren Wärmekapazitäten unter Verwendung der Brückenbeziehung Energie–Zustandssumme und Ableiten nach dem Lagrange-Parameter β

EINHEIT 22: ANWENDUNG DER STATISTISCHEN THERMODYNAMIK
Die Statistische Thermodynamik liefert uns mehr als „nur" die makroskopischen Zustandsfunktionen und Zustandsgrößen aus molekularen Strukturparametern berechenbar zu machen. Wir können mit statistischen Überlegungen auch Zusammenhänge und Trends für eben jene Größen vorhersagen und damit Erkenntnisse erzielen, die uns auf klassischem Wege verborgen bleiben. Im Folgenden sei dies an drei Beispielen gezeigt. Das erste Beispiel führt uns auf statistisch-thermodynamischem Weg zur Zustandsgleichung des idealen Gases; dies ist eine vergleichsweise wenig spektakuläre Anwendung. Das zweite Beispiel lässt uns Festkörper und hierbei konkret die Temperaturabhängigkeit der Wärmekapazität verstehen; dies ist eine spektakuläre Anwendung, denn nur auf diesem Weg sind solch umfängliche Einsichten zugänglich. Ein drittes Beispiel zeigt schließlich eine weitere Anwendung aus dem Bereich der Reaktionskinetik: das Konzept des aktivierten Komplex.

6.7.2 Ideale Gase

Wir betrachten zunächst ein einatomiges ideales Gas ohne elektronische Anregung. Ein solches Gas hat nur die drei Translationsfreiheitsgrade, womit die gesamte molekulare Zustandssumme gleich der Translationszustandssumme q_{trans} ist (siehe Kapitel 6.7.1.1):

$$q_{\text{ges}} = q_{\text{trans}} = \frac{V}{h^3} \cdot (2 \cdot \pi \cdot m \cdot k_{\text{B}} \cdot T)^{\frac{3}{2}} \tag{424}$$

Bei N_{A} unabhängigen, ununterscheidbaren Teilchen, also einem Mol eines idealen Gases, ist die molare Systemzustandssumme:

$$\bar{Q} = \frac{1}{N_{\text{A}}!} \cdot \left[\frac{\bar{V}}{h^3} \cdot (2 \cdot \pi \cdot m \cdot k_{\text{B}} \cdot T)^{\frac{3}{2}} \right]^{N_{\text{A}}} \tag{425}$$

Wir können aus ihr alle thermodynamischen Zustandsfunktionen berechnen.

Die molare Innere Energie haben wir bereits schon einmal in Kapitel 6.7.1.1. berechnet:

$$\bar{U} = \left(\frac{\partial \ln \bar{Q}}{\partial \ln T} \right)_V \Rightarrow \bar{U} = \frac{3}{2} \cdot R \cdot T \Rightarrow C_V = \frac{3}{2} \cdot R \tag{426}$$

Für die Berechnung der molaren Freien Energie verwenden wir Gl. 382:

$$\bar{F} = -k_{\text{B}} \cdot T \cdot \ln \bar{Q} = -k_{\text{B}} \cdot T \cdot \ln \left(\frac{1}{N_{\text{A}}!} \cdot \left[\frac{\bar{V}}{h^3} \cdot (2 \cdot \pi \cdot m \cdot k_{\text{B}} \cdot T)^{\frac{3}{2}} \right]^{N_{\text{A}}} \right)$$

Hier ist $\ln \frac{1}{N_{\text{A}}!} = -\ln N_{\text{A}}!$ und mit der Stirling-Näherung $-\ln N_{\text{A}}! \approx -N_{\text{A}} \cdot \ln N_{\text{A}} + N_{\text{A}}$ ergibt sich daraus:

$$\bar{F} = -k_B \cdot T \cdot \left[-N_A \cdot \ln N_A + N_A + N_A \cdot \ln \bar{V} + N_A \cdot \ln \left(\frac{2 \cdot \pi \cdot m \cdot k_B \cdot T}{h^2} \right)^{\frac{3}{2}} \right]$$

$$= -N_A \cdot k_B \cdot T \cdot \left[-\ln N_A + 1 + \ln \bar{V} + \ln \left(\frac{2 \cdot \pi \cdot m \cdot k_B \cdot T}{h^2} \right)^{\frac{3}{2}} \right]$$

$$= -R \cdot T \cdot \left[-\ln N_A + \ln e + \ln \bar{V} + \ln \left(\frac{2 \cdot \pi \cdot m \cdot k_B \cdot T}{h^2} \right)^{\frac{3}{2}} \right]$$

$$= -R \cdot T \cdot \ln \left[\left(\frac{2 \cdot \pi \cdot m \cdot k_B \cdot T}{h^2} \right)^{\frac{3}{2}} \cdot \frac{e \cdot \bar{V}}{N_A} \right] \tag{427}$$

Die molare Entropie berechnet sich damit wie folgt:

$$\bar{S} = \frac{\bar{U}}{T} - \frac{\bar{F}}{T} = \frac{3}{2} \cdot R + R \cdot \ln \left[\left(\frac{2 \cdot \pi \cdot m \cdot k_B \cdot T}{h^2} \right)^{\frac{3}{2}} \cdot \frac{e \cdot \bar{V}}{N_A} \right] \qquad \left| \text{mit } \frac{3}{2} = \ln e^{\frac{3}{2}} \right.$$

$$\tag{428}$$

$$= R \cdot \left[\ln \left(\frac{2 \cdot \pi \cdot m \cdot k_B \cdot T}{h^2} \right)^{\frac{3}{2}} \cdot \frac{e \cdot \bar{V}}{N_A} + \ln e^{\frac{3}{2}} \right] = R \cdot \ln \left[\left(\frac{2 \cdot \pi \cdot m \cdot k_B \cdot T}{h^2} \right)^{\frac{3}{2}} \cdot \frac{e^{\frac{5}{2}} \cdot \bar{V}}{N_A} \right]$$

Diese Formel wird als **Sackur–Tetrode Gleichung** bezeichnet. Mit ihrer Hilfe können wir die absoluten Entropien idealer Gase aus den Größen $\bar{V}, m$ und T berechnen!

Wenden wir unsere Ergebnisse nun auf einen typischen Gasprozess an. Wir betrachten die Entropieänderung ΔS einer isothermen Gasexpansion von V_1 auf V_2 bei $T =$ konst. und erhalten:

$$\Delta S = R \cdot \ln \left(\frac{V_2}{V_1} \right) \tag{429}$$

Dieses Ergebnis lässt sich auch klassisch aus den Hauptsätzen der Thermodynamik ableiten. Wir sehen nun, dass dies ebenso auf statistischem Weg über die Sackur–Tetrode Gleichung möglich ist.

Wir können auf statistische Weise sogar die thermische Zustandsgleichung $p(V,T)$ ermitteln. Dafür gilt:

$$d\bar{F} = -p \cdot d\bar{V} - \bar{S} \cdot dT \Rightarrow p = - \left(\frac{\partial \bar{F}}{\partial \bar{V}} \right)_T \tag{430}$$

Anwenden unserer Ergebnisse liefert:

$$p = -\left(\frac{\partial \bar{F}}{\partial \bar{V}}\right)_T = R \cdot T \cdot \frac{\partial}{\partial \bar{V}}\left[\ln\left[\left(\frac{2\cdot\pi\cdot m\cdot k_B\cdot T}{h^2}\right)^{\frac{3}{2}}\cdot\frac{e\cdot\bar{V}}{N_A}\right]\right]$$

$$= R\cdot T\cdot\frac{\partial}{\partial\bar{V}}\left[\ln\left(\frac{2\cdot\pi\cdot m\cdot k_B\cdot T}{h^2}\right)^{\frac{3}{2}}+1+\ln\bar{V}-\ln N_A\right]$$

$$= R\cdot T\cdot\frac{\partial\ln\bar{V}}{\partial\bar{V}} = R\cdot T\cdot\frac{1}{\bar{V}} \quad\Rightarrow\quad p\cdot\bar{V} = R\cdot T \tag{431}$$

Wir haben hiermit also das ideale Gasgesetz aus der Quantentheorie hergeleitet, ohne dabei die kinetische Gastheorie zu verwenden.

6.7.3 Ideale Kristalle

Wir wollen nun noch ideale Kristalle aus der statistisch thermodynamischen Perspektive untersuchen. Dazu betrachten wir einen idealen, homonuklearen Kristall; dieser besitze keinerlei Fehlstellen oder Versetzungen und bestehe nur aus einer Atomsorte. Experimente zur Wärmekapazität $\bar{C}_V \approx \bar{C}_p$ dieser Kristalle haben folgende Temperaturabhängigkeit ergeben:

$$\lim_{T\to\infty}\bar{C}_V = 3\cdot R \tag{432}$$

Dies ist die **Dulong–Petit Regel**, welche in Abb. 6.13 grafisch aufgetragen ist. Der Anstieg für kleine Temperaturen ist proportional zu T^3 (linker Kurventeil), und der Grenzwert für $T \to 0$ ist null:

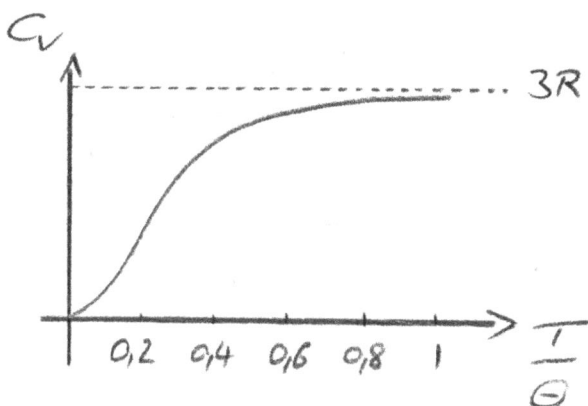

Abb. 6.13: Temperaturabhängigkeit der Wärmekapazität idealer Festkörper.

$$\lim_{T \to 0} \bar{C}_V = 0 \tag{433}$$

Wie ist dieser Befund, vor allem für kleine Temperaturen, zu erklären? Dafür können wir zwei unterschiedliche Methoden verwenden.

Die erste Methode ist die **Einstein-Theorie**, welche zwei vereinfachte Annahmen trifft. Erstens geht sie davon aus, dass die Schwingungen der Atome um ihre Ruhelage herum harmonisch sind. Sie werden daher wie beim harmonischen Oszillator behandelt. Dies ist möglich, da die Temperatur und die damit verbundene Amplitude klein sind. Zweitens werden die Atomschwingungen als statistisch unabhängig behandelt. Dies bedeutet, dass sie die gleiche Eigenfrequenz v besitzen und ihre Schwingungen nicht aneinander gekoppelt (unkorreliert) sind.[94]

Mit diesen Annahmen können wir die molekulare Zustandssumme q berechnen:

$$q = q_{\text{vib}} = \frac{e^{-\frac{h \cdot v}{2 \cdot k_B \cdot T}}}{1 - e^{-\frac{h \cdot v}{k_B \cdot T}}} \tag{434}$$

Für N_A unabhängige Atome mit je drei Schwingungsfreiheitsgraden erhalten wir die Systemzustandssumme Q für ein Mol Atome im idealen Kristall:

$$Q = \left(q_{\text{vib}}{}^3 \right)^{N_A} = \left(\frac{e^{-\frac{h \cdot v}{2 \cdot k_B \cdot T}}}{1 - e^{-\frac{h \cdot v}{k_B \cdot T}}} \right)^{3 \cdot N_A} \tag{435}$$

Daraus wird die Innere Energie $\bar{U}$ bestimmt:

$$\bar{U} = k_B \cdot T \cdot \left(\frac{\partial \ln \bar{Q}}{\partial \ln T} \right)_V \overset{...}{=} \frac{3}{2} \cdot R \cdot \Theta + \frac{3 \cdot R \cdot \Theta}{e^{\frac{\Theta}{T}} - 1} \tag{436}$$

Hier ist Θ die charakteristische Schwingungstemperatur, auch **Einstein-Temperatur** genannt. Für diese gilt:

$$k_B \cdot \Theta = h \cdot v \Leftrightarrow \Theta = \frac{h \cdot v}{k_B} \tag{437}$$

Damit erhalten wir die gesamte molare Wärmekapazität:

$$\bar{C}_V = \left(\frac{\partial \bar{U}}{\partial T} \right)_V = 3 \cdot R \cdot \frac{\left(\frac{\Theta}{T} \right)^2 \cdot e^{\frac{\Theta}{T}}}{\left(e^{\frac{\Theta}{T}} - 1 \right)^2} \tag{438}$$

Wird dies in eine Reihe entwickelt, so ergeben sich folgende Grenzwerte (ohne Herleitung):

---

94 Diese Annahme ist stark vereinfachend und wird uns noch Probleme bereiten.

$$\lim_{T \to \infty} \bar{C}_V = 3 \cdot R \tag{439}$$

$$\lim_{T \to 0} \bar{C}_V = 0 \tag{440}$$

Wir finden also eine Übereinstimmung mit dem experimentellen Befund. Allerdings finden wir für kleine Temperaturen, $T \ll \Theta$, folgende Funktion für die Steigung:

$$\bar{C}_V \approx \frac{e^{\frac{\Theta}{T}}}{T^2} \neq T^3 \tag{441}$$

Wir können also mit der Einstein-Theorie nicht alle experimentellen Befunde erklären. Das liegt an den ihr zugrunde liegenden stark vereinfachenden Annahmen, vor allem an der ungekoppelten Schwingung.

Wir können uns dem Problem jedoch noch auf eine andere Art nähern, mit Hilfe der sogenannten **Debye-Theorie**. Diese berücksichtigt, dass die Atomschwingungen eben *nicht* ungekoppelt sind, sondern dass sich **Gitterschwingungen** ausbilden und wellenförmig durch den Kristall fortsetzen. Dabei sind verschiedene Wellenlängen möglich (s. Abb. 6.14), je nach der Schwingungsfrequenz (Wellenvektor n) der Atome.[95] Die kleinste mögliche Wellenlänge, λ_{min}, ist die einer Elementarzelle.

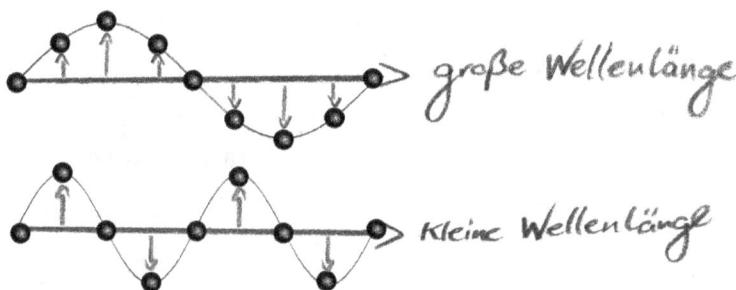

Abb. 6.14: Veranschaulichung der phononischen Wellenlänge zweier Atomschwingungen.

Es liegt eine Verteilung der Schwingungsfrequenzen $f(\nu)$ vor, das sogenannte **Phononenspektrum**, welches in Abb. 6.15 dargestellt ist; darin ist $\nu_{max} = \frac{c}{\lambda_{min}}$, wobei λ_{min} mit der Kristall-Gitterkonstanten zusammenhängt.

Wir bezeichnen jetzt die charakteristische Temperatur als **Debye-Temperatur** Θ_D:

$$\Theta_D = \frac{h \cdot \nu_{max}}{k_B} \tag{442}$$

---

[95] Wir sind bei einer quantenmechanischen Betrachtung. Hier haben Wellen auch Teilcheneigenschaften. Eine solche Welle wie hier wird als Quasiteilchen oder Phonon bezeichnet. (Analog zum Photon hat das Phonon übrigens einen Spin von 1.)

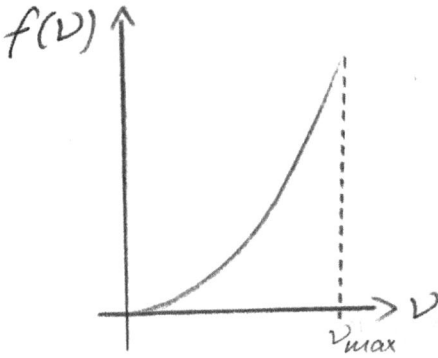

Abb. 6.15: Phononenspektrum.

Als Endergebnis der Debye-Theorie erhalten wir:

$$\bar{C}_V = \frac{9 \cdot h \cdot N_A}{v_{max}{}^3} \cdot \int_0^{v_{max}} \frac{v^3 \cdot \frac{h \cdot v}{k_B \cdot T^2} \cdot e^{\frac{h \cdot v}{k_B \cdot T}}}{e^{\frac{h \cdot v}{k_B \cdot T}} - 1} \, dv \tag{443}$$

Hier erhalten wir folgende Grenzwerte:

$$\lim_{T \to \infty} \bar{C}_V = 3 \cdot R \tag{444}$$

$$\lim_{T \to 0} \bar{C}_V = 0 \tag{445}$$

Die Debye-Theorie erklärt zufriedenstellend alle experimentellen Befunde, einschließlich der T^3-Abhängigkeit bei niedrigen Temperaturen.

6.7.4 Chemische Reaktionen: Aktivierter Komplex

Oft führen uns in der Physikalischen Chemie statistische Ansätze zu konzeptuellen Einsichten beim Verständnis von Gleichungen, die wir aus makroskopischer Perspektive lediglich empirisch erhalten; beispielsweise bei der Herleitung der idealen Gasgleichung aus der kinetischen Gastheorie. Etwas ähnliches gelingt auch im Gebiet der Reaktionskinetik. Hier können wir die an sich rein empirisch bestimmte Arrhenius-Gleichung aus statistischer Perspektive untermauern. Wir wenden uns hierzu dem **Konzept des aktivierten Komplexes** beziehungsweise der **Theorie des Übergangszustands** zu, auch **Eyring-Theorie** genannt. Sie ist eine molekulare Theorie zur Reaktionskinetik. Wir betrachten die Reaktion zweier Edukte A und B über einen aktivierten Komplex $[C^{\ddagger}]$ zum Produkt P. Diesen Reaktionsverlauf fassen wir kinetisch als Folgereaktion mit vorgelagertem Gleichgewicht auf:

$$A + B \rightleftarrows C^{\ddagger} \rightarrow P$$

Für das vorgelagerte Gleichgewicht gilt mit der Gleichgewichtskonstanten $K^{\ddagger}$

$$K^{\ddagger} = \frac{[C^{\ddagger}]}{[A] \cdot [B]} \tag{446}$$

Die Gleichgewichtskonstante K lässt sich für eine Reaktion des Typs $a\,A + b\,B \rightleftarrows c\,C$ allgemein aus der Statistischen Thermodynamik ansetzen:

$$K = \frac{(q_C/N_A)^c}{(q_A/N_A)^a \cdot (q_B/N_A)^b} \cdot \exp\left(-\frac{\Delta_r E_0}{R \cdot T}\right) \tag{447}$$

Der Ausdruck $\Delta_r E_0$ steht hierbei für die Differenz der Nullpunktsenergien der Produkte und Edukte; N_A ist die Avogadro-Konstante; q_i stellt die molare Zustandssumme dar. Für das hier vorliegende System aus den Edukten A, B und dem aktivierten Komplex $C^{\ddagger}$ ergibt sich damit:

$$K^{\ddagger} = N_A \cdot \frac{q_{C^{\ddagger}}}{q_A \cdot q_B} \cdot \exp\left(-\frac{E_0\left(C^{\ddagger}\right) - E_0(A) - E_0(B)}{R \cdot T}\right)$$

$$= N_A \cdot \frac{q_{C^{\ddagger}}}{q_A \cdot q_B} \cdot \exp\left(-\frac{\Delta_r E_0}{R \cdot T}\right) \tag{448}$$

Damit der aktivierte Komplex zum Produkt reagieren kann, muss er den **Übergangszustand** durchlaufen, d. h. eine bestimmte Anordnung der Atome, die die Bildung des Produkts erst ermöglicht. Nach Henry Eyring muss deswegen die Zustandssumme des aktivierten Komplexes im Vergleich zur Zustandssumme eines normalen Moleküls modifiziert werden: Wenn der aktivierte Komplex ein Energiemaximum überschreitet, so wird eine seiner Valenzbindungen gelöst und die Schwingungsenergie dieser Bindung geht in einen Freiheitsgrad der Translationsbewegung in Richtung der Reaktionskoordinate über. Entsprechend wird aus der normalen Zustandssumme des aktivierten Komplexes die Zustandssumme für eine Schwingung ausgeschlossen und durch die Zustandssumme für einen Translationsfreiheitsgrad ersetzt:

$$\frac{q_{C^{\ddagger}}}{q_A \cdot q_B} = \frac{q_{C^{\ddagger}}^{*}}{q_A \cdot q_B} \cdot \sqrt{2 \cdot \pi \cdot m \cdot k_B \cdot T} \cdot \frac{s}{h} \tag{449}$$

Hierbei ist $q_{C^{\ddagger}}^{*}$ der Quotient der normalen Zustandssumme und der Zustandssumme für den ausgeschlossenen Schwingungsfreiheitsgrad $q_{C^{\ddagger},\text{vib}}$. Ferner ist s die während des Zerfalls des Übergangszustands zum Produkt auf der Reaktionskoordinate zurückgelegte Strecke.

Wir definieren nun anhand der letzten beiden Gleichungen zunächst die formale Gleichgewichtskonstante

$$K^{\ddagger*} = N_A \cdot \frac{q_{C\ddagger}^*}{q_A \cdot q_B} \cdot \exp\left(-\frac{\Delta_r E_0}{R \cdot T}\right) = K^{\ddagger} \cdot \frac{h}{\sqrt{2 \cdot \pi \cdot m \cdot k_B \cdot T} \cdot s} \tag{450}$$

Andererseits erhalten wir aus der Maxwell–Boltzmann Verteilung bei gegebener thermischer Energie $k_B \cdot T$ für die mittlere Geschwindigkeit den Ausdruck

$$<u> = \sqrt{\frac{k_B \cdot T}{2 \cdot \pi \cdot m}} \tag{451}$$

Die mittlere Lebensdauer des Übergangszustands während des Zerfallsprozesses beträgt entsprechend

$$\langle \tau \rangle = \frac{s}{<u>} \tag{452}$$

Die Produktbildungsgeschwindigkeit bzw. die zeitliche Abnahme der Eduktkonzentration hängt insgesamt sowohl von dieser mittleren Lebensdauer $\langle \tau \rangle$ als auch von der Konzentration des Übergangszustands $[C^{\ddagger}]$ ab, und wir erhalten entsprechend:

$$-\frac{d[A]}{d\tau} = \frac{d[C^{\ddagger}]}{d\tau} \approx \frac{[C^{\ddagger}]}{\langle \tau \rangle} = \frac{K^{\ddagger} \cdot [A] \cdot [B]}{\frac{s}{<u>}}$$

$$= \frac{K^{\ddagger*} \cdot s \cdot \frac{\sqrt{2 \cdot \pi \cdot m \cdot k_B \cdot T}}{h}}{\frac{s}{\sqrt{\frac{k_B \cdot T}{2 \cdot \pi \cdot m}}}} \cdot [A] \cdot [B] \tag{453}$$

bzw.

$$-\frac{d[A]}{d\tau} = K^{\ddagger*} \cdot \frac{k_B \cdot T}{h} \cdot [A] \cdot [B] = k \cdot [A] \cdot [B] \tag{454}$$

mit der Geschwindigkeitskonstanten

$$k = K^{\ddagger*} \cdot \frac{k_B \cdot T}{h} = \frac{k_B \cdot T}{h} \cdot N_A \cdot \frac{q_{C\ddagger}^*}{q_A \cdot q_B} \cdot \exp\left(-\frac{\Delta_r E_0}{R \cdot T}\right) \tag{455}$$

Den Faktor $\frac{k_B \cdot T}{h}$ bezeichnen wir als Frequenzfaktor, der mit ca. 10^{11} s^{-1} in der Größenordnung der Stoßfrequenz von Molekülen in Flüssigkeiten liegt. In der Praxis wird oft noch ein Transmissionskoeffizient $\kappa < 1$ hinzugenommen, da nicht zwingend jede Bewegung entlang der Reaktionskoordinate den aktivierten Komplex durch den Übergangszustand zum Produkt führt:

$$k = \kappa \cdot K^{\ddagger*} \cdot \frac{k_B \cdot T}{h} \tag{456}$$

Um die letztgenannte Gleichung thermodynamisch zu interpretieren, verwenden wir für die Gleichgewichtskonstante $K^{\ddagger*}$ die van't Hoff Gleichung $\Delta_r G^{\ddagger*} = -R \cdot T \cdot \ln K^{\ddagger*}$ und erhalten:

$$k = \kappa \cdot K^{\ddagger*} \cdot \frac{k_B \cdot T}{h}$$

$$= \kappa \cdot \frac{k_B \cdot T}{h} \cdot \exp\left(-\frac{\Delta_r G^{\ddagger*}}{R \cdot T}\right)$$

$$= \kappa \cdot \frac{k_B \cdot T}{h} \cdot \exp\left(\frac{\Delta_r S^{\ddagger*}}{R}\right) \cdot \exp\left(-\frac{\Delta_r H^{\ddagger*}}{R \cdot T}\right) \tag{457}$$

Dies ist die **Eyring-Gleichung**; sie enthält in ihrer zuletzt gezeigten Darstellungsform einen Entropieterm sowie einen Enthalpieterm in Form eines Boltzmann-Faktors. Dies ist analog zur Arrhenius-Gleichung $k = A \cdot \exp\left(-\frac{E_A}{R \cdot T}\right)$, bei der gleichsam der Vorfaktor A die Aktivierungsentropie beinhaltet, während der Exponentialterm $\exp\left(-\frac{E_A}{R \cdot T}\right)$ die Aktivierungsenergie enthält. Im Vergleich zur Arrhenius-Gleichung, die rein auf Empirie beruht, ist A der Eyring-Gleichung nun allerdings entsprechend aus Zustandssummen und damit aus molekularen spektroskopischen Parametern direkt berechenbar.

DAS WICHTIGSTE IN KÜRZE

- Für ein **einatomiges ideales Gas** benötigen wir lediglich die **Zustandssumme der Translation**. Über die Brückenbeziehungen können wir nun beispielsweise die **molare Entropie** berechnen und erhalten die **Sackur–Tetrode Gleichung**: $S = R \cdot \ln\left[\left(\frac{2 \cdot \pi \cdot m \cdot k_B \cdot T}{h^2}\right)^{\frac{3}{2}} \cdot \frac{e^{\frac{5}{2}} \cdot \bar{V}}{N_A}\right]$, aus der sich direkt die Entropieänderung für die **isotherme Expansion** ergibt, $\Delta S = R \cdot \ln\left(\frac{V_2}{V_1}\right)$

- Auch die **thermische Zustandsgleichung des idealen Gases** lässt sich ohne die kinetische Gastheorie direkt aus der Zustandssumme ableiten: $p = -\left(\frac{\partial F}{\partial V}\right)_T = R \cdot T \cdot \frac{1}{V}$

- Für **ideale Kristalle** gelten im Rahmen der **Einstein-Theorie** zwei vereinfachte Annahmen:
  (i) **harmonische Schwingungen** der Atome um ihre Ruhelage
  (ii) Atomschwingungen **statistisch unabhängig**
  Das Modell gibt die Wärmekapazität im Grenzfall unendlicher Temperaturen korrekt wieder mit $3 \cdot R$ **(Dulong–Petit Regel)**, nicht aber den Temperaturverlauf für sehr tiefe Temperaturen.

- Nach der **Debye-Theorie** sind die **Atomschwingungen nicht ungekoppelt**, woraus sich ein **Phononenspektrum** ergibt. Das Modell erklärt zufriedenstellend alle experimentellen Befunde, einschließlich der T^3-**Abhängigkeit** bei niedrigen Temperaturen.

- Die **Eyring-Theorie** führt durch das Konzept des **aktivierten Komplex** die Aktivierungsentropie und die Aktivierungsenergie chemischer Reaktionen auf molekulare Parameter zurück.

? VERSTÄNDNISFRAGEN

1. **Wie können wir die Wärmekapazität des idealen einatomigen Gases berechnen?**
   a) Aus der Translationszustandssumme ergibt sich zunächst die Innere Energie, deren Ableitung nach T dann zur Wärmekapazität führt.
   b) Aus der Gesamtzustandssumme von Translation, Rotation und Vibration ergibt sich zunächst die Innere Energie, deren Ableitung nach T dann zur Wärmekapazität führt.
   c) Aus der Gesamtzustandssumme von Translation, Rotation und Vibration ergibt sich zunächst die Innere Energie, deren Ableitung nach β dann zur Wärmekapazität führt.
   d) Aus der Translationszustandssumme ergibt sich zunächst die Innere Energie, deren Ableitung nach β dann zur Wärmekapazität führt.

2. **Wie können wir die Wärmekapazität elementarer Festkörper berechnen?**
   a) Aus der Gesamtzustandssumme von Translation, Rotation und Vibration ergibt sich zunächst die Innere Energie, deren Ableitung nach T dann zur Wärmekapazität führt.
   b) Aus der Vibrationszustandssumme ergibt sich zunächst die Innere Energie, deren Ableitung nach β dann zur Wärmekapazität führt.
   c) Aus der Vibrationszustandssumme ergibt sich zunächst die Innere Energie, deren Ableitung nach T dann zur Wärmekapazität führt.
   d) Aus der Gesamtzustandssumme von Translation, Rotation und Vibration ergibt sich zunächst die Innere Energie, deren Ableitung nach β dann zur Wärmekapazität führt.

3. **Was ist die Sackur–Tetrode Gleichung?**
   a) Eine Gleichung, welche die Änderung der Entropie bei der isobaren Expansion eines idealen Gases beschreibt.
   b) Eine Gleichung, welche die Änderung der Entropie bei der isothermen Expansion eines idealen Gases beschreibt.
   c) Eine Gleichung, welche die Abhängigkeit der Entropie von Volumen und Temperatur eines idealen Gases beschreibt.
   d) Eine Gleichung, welche die Abhängigkeit der Entropie von Masse, Volumen und Temperatur eines idealen Gases beschreibt.

4. **Lässt sich die Zustandsgleichung des idealen Gases aus der statistischen Thermodynamik herleiten?**
   a) Nein, die Zustandsgleichung des idealen Gases ergibt sich ausschließlich aus den phänomenologischen Gesetzen von Boyle–Mariotte und Gay-Lussac.
   b) Nein, da sich die Zustandsgleichung des idealen Gases mit makroskopischen Observablen beschäftigt und hierbei die quantenchemischen Energien der Teilchen keine Rolle spielen.

c) Ja, über die Translationszustandssumme ergibt sich die Innere Energie, und in mehreren Schritten u. a. über die Anwendung der Maxwellbeziehungen letztlich auch die Zustandsgleichung des idealen Gases.

d) Ja, allerdings sind hierzu u. a. auch einige numerische Rechenverfahren erforderlich, da die entsprechenden Gleichungen nicht analytisch lösbar sind.

Vertiefungsfragen

5. **Wieso ist die Dulong–Petit Regel in der Praxis so gut wie nie erfüllt?**

a) Eine Wärmekapazität von $3 \cdot R$ wird nur erreicht, falls sämtliche Freiheitsgrade der Schwingungen eines Kristalls thermisch angeregt sind. Die entsprechende Temperatur liegt im Allgemeinen aber deutlich oberhalb des Schmelzpunkts des Kristalls.

b) Die Dulong–Petit Regel gilt nur für ideale Kristalle, wie sie praktisch in der Natur oder im Labor aber nicht vorkommen.

c) Die Dulong–Petit Regel stellt lediglich eine Modellrechnung dar, ohne direkten Bezug zu realen Systemen.

d) Eine Wärmekapazität von $3 \cdot R$ wird nur erreicht, falls sämtliche Freiheitsgrade der Schwingungen eines Kristalls thermisch angeregt sind. Die hierfür erforderlichen Temperaturen lassen sich allerdings praktisch im Labor nicht erzielen.

6. **Wieso ist die nach Einstein vorhergesagte T-Abhängigkeit der molaren Wärmekapazität eines idealen Kristalls für niedrige Temperaturen verkehrt?**

a) Das Modell von Einstein überschätzt die mittlere Energie der Schwingungsmoden eines idealen Kristalls.

b) Das Modell von Einstein unterschätzt die mittlere Energie der Schwingungsmoden eines idealen Kristalls.

c) Das Modell von Einstein beinhaltet mathematische Näherungen, die nur für hohe Temperaturen gültig sind.

d) Das Modell von Einstein ist explizit nicht für niedrige Temperaturen gedacht, bei denen die Schwingungen des Kristalls kaum angeregt sind, sondern nur zur Begründung der Dulong–Petit Regel.

7. **Ist die nach Einstein vorhergesagte Wärmekapazität größer, kleiner oder gleich der experimentell gefundenen Wärmekapazität eines Kristalls?**

a) größer

b) kleiner

c) gleich

d) je nach Temperaturbereich größer oder kleiner

8. **Worin unterscheidet sich, im Vergleich zum Einstein-Modell, das Modell von Debye zur korrekten Wiedergabe der T-Abhängigkeit der Wärmekapazität eines Kristalls?**

   a) Im Debye-Modell werden auch Oberschwingungen und damit letztlich höhere Schwingungsenergien als im Einstein-Modell berücksichtigt.

   b) Im Debye-Modell werden auch Rotations–Schwingungs Kopplungen zwischen den Atomen und damit letztlich niedrigere Schwingungsenergien als im Einstein-Modell berücksichtigt.

   c) Im Debye-Modell werden auch Gruppenschwingungen mehrerer Atome und damit letztlich höhere Schwingungsenergien als im Einstein-Modell berücksichtigt.

   d) Im Debye-Modell werden auch Gruppenschwingungen mehrerer Atome und damit letztlich niedrigere Schwingungsenergien als im Einstein-Modell berücksichtigt.

7 Schlussbemerkung

Quantenmechanik ist pure Wissenschaft. Sie dringt in Bereiche vor, die sich kaum jemand vorstellen kann. Sie nutzt Konzepte, die den allerwenigsten zugänglich sind. Und sie hat dabei keinen Hintergedanken und kein Anliegen. Es geht ihr nicht um das Schaffen irgendwelcher Effekte oder Anwendungen. Es geht um den reinen Wesenskern der Wissenschaft: zu verstehen, wie die Welt im Innersten funktioniert. Wir können uns darin beliebig weit vertiefen; und uns auch darin verlieren. Wir können über Quantenzahlen, Spins und Tunneleffekte tagelang nachdenken, allesamt Phönomene, die scheinbar erst einmal rein gar keinen Bezug zu unseren Lebenswirklichkeiten haben. Und wir können dabei Unfassbares erkennen; und uns dafür begeistern. Das ist es wohl, was mit dem Wort Faszination beschrieben wird. Eine durch einfache Logik nicht erklärbare Anziehung und Fesselung durch etwas.

Gleichwohl hat die Quantenmechanik Bezüge zur Lebenswirklichkeit. Sie hat die ganze Chemie revolutioniert. Einige mögen sogar sagen, erst durch sie sei die Chemie zu einer echten Wissenschaft geworden. Erst durch die Quantenmechanik können wir den Aufbau des Periodensystems der Elemente, die Bildung und Gestalt von Molekülen und die Wechselwirkung von Materie und Energie verstehen. Und sie schuf ein neues Zeitalter: das der Mikroelektronik und Digitalisierung. Dies versetzte unsere Welt letztlich ins vernetzte Zeitalter; vom Kunststoffzeitalter des 20. Jahrhunderts ins Siliziumzeitalter des 21. Jahrhunderts. Genau hierauf basieren auch die hybriden Lehransätze, die im Fokus dieses Buchs stehen.

So sehr wir uns in solch faszinierende Gedanken verlieren können, so gern wir über Quantenmechanik philosophieren mögen, so sehr ist es nötig, gleichsam nicht den Blick für das Drumherum zu verlieren. Und das bietet großen Anlass zu Sorge.

Die Menschheit befindet sich in einer der größten Bedrohungen Ihrer Geschichte. Wir befinden uns im Klimanotfall. Und auch das basiert auf einfacher Quantenmechanik. Der anthropogene Treibhauseffekt kommt durch die menschenverursachte Anreicherung von Treibhausgasen in der Atmosphäre zustande – und ihre Fähigkeit, aufgrund von quantenmechanischen Auswahlregeln und Energieübergängen Wärmestrahlung zu absorbieren, die unser Planet ansonsten ins Weltall abstrahlen würde. Dadurch verlassen wir zurzeit ein 10.000 Jahre andauerndes Zeitalter der Stabilität und Entwicklung. Wir gehen von der vertrauten Warmzeit des Holozäns in eine unbekannte Heißzeit des Anthropozäns.

Diese Entwicklung ist bedrohlich. Sie verunsichert. Und so ist es nachvollziehbar, dass einige Menschen sich in Leugnung flüchten. Entweder in Leugnung der globalen Erhitzung an sich, oder der menschlichen Ursache hiervon. Andere wiederum flüchten sich in Träume von technischen Wunderlösungen.

https://doi.org/10.1515/9783110737578-007

Es ist gleichsam Chance und Aufgabe der Physikalischen Chemie, hierbei sachlich über die wissenschaftlichen Prinzipien, Chancen und Limitierungen aufzuklären; und Lösungsstrategien zu entwickeln. Für beides ist die Quantenmechanik eine Schlüsseldisziplin. Und bei beidem kommt es ganz maßgeblich auf Sie an.

Die meisten von Ihnen sind Chemiestudierende. Ein Chemiestudium endet in der Regel nicht mit dem Master, sondern mit einer Promotion. Und damit werden Sie einst vor allem eines sein: Führungskräfte. Sie werden hoch qualifizierte Personen sein, denen die Führung von Menschen zur Lösung dringlicher Probleme anvertraut sein wird. Und diese Probleme werden groß sein. In Ihrem (Berufs-)Leben wird die Menschheit nichts Geringeres vollbringen müssen als die größte Transformation aller Zeiten: die Wandlung unser Wirtschafts- und Lebensweise in eine vollständig decarbonisierte, nachhaltig-zyklische, klimagerechte Form. Und selbst wenn uns das gelingt, werden die Folgeschäden des bereits eingetretenen Klimawandels dennoch groß sein. Für all dies brauchen wir zweierlei. Erstens technische Lösungen für technische Probleme. Seien es Lösungen zur Supraleitung, zur drastischen Effizienzsteigerung vieler existierender Technologien und allen voran nachhaltige Systeme zur Energiewandlung und Speicherung. Zweitens brauchen wir auch wissenschaftlichen Rat jenseits des technisch-anwendungsbezogenen Bereichs. Wir brauchen besonnene, in großen Zusammenhängen rational denkende Menschen, um die komplexen, mehrfach trans-disziplinären Herausforderungen der größten und zugleich gezwungenermaßen schnellsten Transformation der Menschheitsgeschichte zu bewältigen. Wer wenn nicht Sie – die Menschen, die in einem der absoluten Kernfächer dieser multidisziplinären und internationalen Herausforderung promoviert sein werden – könnte hierzu Beiträge liefern? Vielleicht mag Ihnen das an diesem Punkt als überwältigende Bürde vorkommen. Sicherlich ist es das auch. Es ist aber gleichsam eine ungemeine Chance. Wenn Sie später nämlich Kompetenz für etwas haben, das alle brauchen, dann sind Sie gefragt. Und dann sind Sie auch viel Wert. Nutzen Sie Ihr Chemiestudium als große Chance um sich hierfür fit zu machen. Die Menschheit wird Sie brauchen. Sie braucht Sie schon jetzt. Als kritisch reflektierende Menschen, die schon jetzt mitarbeiten um die Krise nicht zur Katastrophe werden zu lassen. Nutzen Sie dafür das, was Sie im Studium lernen können.

Stichwortverzeichnis

Absorbanz 32, 190, 208
Absorptionsspektren 32, 242–243, 285, 287, 289,
    292, 294, 297, 299, 309
Absorptionsspektroskopie 189–190, 208, 225,
    256–257, 262, 267, 273, 300, 314–315,
    319–320, 338
Alphastrahlung 30
Alternativverbot 259, 267–268, 270
antibindendes Molekülorbital 151, 160, 195, 312
Antistokes-Peak 257, 270
Aromaten 82–83, 174, 297
Atomgewichte 28
Atomkern 30, 33, 35, 47, 68, 91, 119, 124, 126,
    139, 187
Aufenthaltswahrscheinlichkeit 64, 69, 75–76, 83,
    87–88, 92, 96, 98, 100, 106, 113, 116, 124–126,
    128, 148, 165, 213, 219–220, 222
Autokorrelationsfunktion 332–334
auxochrome Gruppen 289

Balmer-Serie 41, 45
bathochromer Effekt 289, 296
Besetzungswahrscheinlichkeit 238, 253, 264
Betragsquadrat 4, 6, 18, 75, 78, 96, 108, 213–214,
    217, 219
Beugung 49, 51, 55, 60, 70–71
bindendes Molekülorbital 151, 160
Born–Oppenheimer Näherung 120, 141, 145–147,
    161, 194, 197, 276, 283, 399, 401
Bosonen 140, 225, 262
Brechung 49, 71

Charaktertafel 13–14, 18–19, 158, 160, 299–305,
    307–309, 312–314
Chemilumineszenz 204
chemische Verschiebung 346–349, 353
Coulomb-Integral 149

Deformationsschwingungen 244, 246, 249, 267
Dehnungskonstante 233, 253
Delokalisation 289
Diagonalelemente 15, 17, 22, 260
Diels–Alder Reaktion 177, 181–182
Dipolmomentsoperator 197
disrotatorisch 179–180
Dissoziationsenergie 116, 121, 153–155, 240

Drehimpulsquantenzahl 43, 103, 116, 124, 138, 154,
    226, 234, 236, 262, 274

Eigenwert 74, 105, 223
Eigenwertgleichung 74–75, 79, 106, 130–131, 148
Einzelmolekülspektroskopie 206–207
Elektronendichte 166, 349
Elektronenmikroskopie 61
Emissionsspektren 32, 192, 257, 323
Emissionsspektroskopie 189, 338
Energie-Eigenwerte 39, 74–75, 82, 84–89, 91, 93,
    95, 97, 101, 106, 113, 115, 117, 119, 122, 124, 129,
    141–142, 144, 146, 211–212, 215, 218, 226–227,
    229–230, 234, 236, 318, 341, 351, 357, 390,
    396–397
Ensemble 238, 322, 372, 380–382, 388
Entartung 92–94, 104, 107, 123, 129, 132–134, 136,
    138, 151–152, 166, 234–237, 340, 353, 375–378,
    405, 410
Erwartungswert 75, 150
Extinktion 190, 208, 243, 252, 274, 284, 294–296
Extinktionskoeffizient 190, 208, 284–285, 293
Eyring-Theorie 420

Feinstruktur 262, 318, 350, 353
Fermionen 140
Fingerprint-Bereich 250
Fluoreszenz 193, 200, 202–204, 208–210, 266, 286,
    297–298, 317–321, 323–326, 328, 330–331,
    334–336
Fluoreszenz-Anregungsspektrum 319
Fluoreszenz-Emissionsspektrum 319
Fluoreszenzlebensdauer 321–322
Förster-Radius 324
Förster-Transfer 317, 323–324, 335–336
Franck–Condon Faktor 198–199, 283
Franck–Condon Prinzip 194, 196, 199, 208

Gaußsche Zahlenebene 3
Gesamtdrehimpuls 103, 116, 132, 134, 138–139,
    225, 236, 254, 276, 278–280, 296
Gesamtheit 14, 380–382, 388–389
Gitterschwingungen 210, 419
Grenzorbitale 161, 165, 167, 171–179, 181–182, 184
Grotrian-Diagramm 275–276, 296
Grundschwingung 242, 244

https://doi.org/10.1515/9783110737578-008

Gruppe 13

gyromagnetisches Verhältnis 338, 353–354

Hamilton-Operator 81

Hauptquantenzahl 43, 93, 122–123, 137–138, 140–141

Hermite-Polynome 111–112, 116

HOMO 172–174, 178–183, 186–188, 313–314

Hückel-Regel 175

Hybridorbitale 168–169, 186, 215

hypsochromer Effekt 289, 296

imaginäre Einheit 1–2

Imaginärteil 3–4, 6–7, 11, 22–23, 213–214

inelastische Streuung 256, 270

Intensitätsverteilung 237, 250, 253

Interferenz 52

internal conversion 200, 317

Intersystemcrossing 202–204, 286, 317, 319–320

Ionisierungsenergie 39

IR-Spektroskopie 21, 107, 197, 225, 243, 247, 250, 262, 267–268, 270, 272, 342

IR-Spektrum 116, 243–245, 247–248, 250, 256, 272, 274, 300, 304, 307, 314–315

Jablonski-Diagramm 201–202, 208, 285–286, 317–318

jj-Kopplung 278

kartesische Form 3, 5

Kathodenstrahlung 29, 44, 49, 55–56

Kernspin 193, 234, 338–339, 353–354

Knotenpunkte 88

Komplementarität 59

komplexe Zahlen 1, 6, 12, 23, 214

komplexe Zahlenebene 3

Konjugation 170, 172–173, 176

Konjugierte Variablen 66

konjugiert-komplexe Zahl 4

konrotatorisch 179–180

Konzertiert 177

Kopenhagener Deutung 43, 66

Korrespondenzprinzip 88, 114

Kraftkonstante 109, 233, 253, 256

Kugelflächenfunktionen 98, 103–105, 116, 120, 122, 124, 128, 141

Lambert–Beer Gesetz 190, 208, 246, 292, 294, 320

Laplace-Operator 78–79

Larmor-Frequenz 340, 342–343, 345–347, 355

Larmor-Geschwindigkeit 340, 353–354

LCAO 148, 157, 161–162, 164

Lichtquanten 54–55, 83, 198, 241, 253

Linearkombination 131, 133–135, 141, 148–152, 154–159, 161, 166, 175, 186, 196–197, 214–216, 222–223, 282, 292, 298, 310–312

Linienbreite 66, 202, 205, 207–208, 210, 250, 337

Linienverbreiterung 206–207, 210, 256, 274, 298, 318

LS-Kopplung 139, 277

LUMO 172–174, 178–183, 186–188, 313

Lyman-Serie 41

magnetische Quantenzahl 123, 136

Makrozustand 358–361, 364–365, 367, 386–387

Materiewellen 60, 61, 63, 90

Maxwell-Gleichungen 31, 42, 50, 338

Mikrowellen 97, 116, 191, 193, 208, 227

Mikrowellenspektroskopie 97, 262

Mikrozustand 358–359, 362, 364–365, 387, 399

Molekülorbitalschema 152, 167, 171, 173

Molekülrotation 97, 234

Molekülschwingungen 19, 21, 107, 114–116, 192–193, 197, 267, 300–301, 317

Morse-Potenzial 115–116, 121, 239–240

Multiplett 353

Nebelkammer 29, 46, 56

Nebenquantenzahlen 43, 93, 122–123, 129, 138, 141

Neutronenbeugung 61

Neutronenstreuung 61

Normierungsbedingung 76, 90

Nulllücke 250, 252, 255

Nullpunktsenergie 87, 94, 112–113, 118, 239, 392, 397, 407

Oberschwingungen 92, 242, 249, 426

Oblate 229, 253

Observablen 75, 424

Operator 74–75, 78–81, 93–95, 101, 106, 109–110, 117, 130, 144–147, 211–212, 215–216, 221–224, 300, 313

Orbitale 43, 69, 93, 105, 116, 123, 138–141, 143, 152, 156, 158, 160–166, 168–169, 171–173, 175, 178, 181–182, 187–188, 201, 277, 281–282, 284, 289, 313–314, 375
O-Zweig 264

Paritätsverbot 283
Paschen-Serie 41
Pauli-Prinzip 43, 137, 139, 141, 155, 157, 160, 166, 178, 264, 277
Pauli-Verbot 137–138, 140–141
perizyklische Reaktionen 177
Permittivität 38
Phasenverschiebung 9, 11
Phononenspektrum 419–420, 423
Phosphoreszenz 202–204, 208–210, 286, 297, 318–320, 336
Photobleichen 317, 326, 335
Photoeffekt 54
Photoionisation 52
Plancksches Wirkungsquantum 32–33
Polarform 5–6
Potenzialbarriere 84, 88, 115
Präzession 7, 22, 136, 340, 343
Produktansatz 102, 106, 131, 146, 212, 218, 221, 276
Prolate 229, 253
P-Zweig 250, 252

Quantenausbeute 317, 319, 321, 335
Quantenzahl 37, 39, 42, 86–87, 92, 101, 103–104, 107, 114, 116, 120, 122, 132, 134, 136–137, 142, 226, 233–234, 236, 280, 339
Quenching 320, 324, 328
Q-Zweig 250, 264

Radialanteil 120, 122, 141
Raman-Effekt 256, 270
Rastertunnelmikroskopie 90
Rayleigh-Streuung 256–259, 263, 269–270
Realteil 3–4, 7–8, 11, 22
reduzible Darstellung 14, 17, 19–20, 22, 299, 302–303, 306–307
reduzierte Masse 99, 108, 113, 119–120, 230–231, 253
Resonanz 72, 218–220, 241, 317, 323, 335
Resonanzintegral 149–150, 153, 160
Richtungsquantenzahl 229, 234, 253
Ringstrom 348–349

Rotationskonstante 101, 116, 226–227, 231–233, 252–253, 255
Rotationsquantenzahl 97, 101, 103, 225, 231–232, 252–253, 263, 270
Rotationstemperatur 404
Russell–Saunders Kopplung 139, 277–278, 280
R-Zweig 250, 252

Säkulardeterminanten 150, 161
Schale 43, 123, 137–138, 141
Schwarzkörperstrahler 32
Schwingungsmoden 18, 21, 116, 194, 220, 245–246, 266, 268, 272, 299–301, 304, 307–308, 314, 425
Schwingungsrelaxation 196, 199, 202, 204, 319–320
Schwingungstemperatur 408, 418
Singulett-Zustand 135, 143, 155, 160, 203–204, 278, 319
Spektrallinien 33, 40–42, 44, 46, 66, 133, 227, 234, 236–237, 274, 296
Spiegelbildregel 318
Spin–Bahn Kopplung 132, 134–135, 138–139, 203, 278–280, 296, 319, 410
Stark-Effekt 234–237, 255
stationäre Schrödinger-Gleichung 119, 211–212
Stern–Vollmer Gleichung 325
Stokes-Peak 257, 270
Stokes-Shift 317, 335
Stokes-Verschiebung 199, 263
Störfeld 343–344
Störoperator 215–216, 218, 223–224
Störungsrechnung 222
Störungstheorie 190, 193, 197, 211, 215
Stoßverbreiterung 206, 208, 238, 318
Symmetrie 13–14, 15, 17–20, 85, 92, 114, 143, 151, 157–158, 160, 162, 169, 171–172, 174, 180–184, 186–188, 199, 221, 236, 244–245, 255, 282–284, 300–302, 304, 306–310, 312–314, 406
Symmetrieoperationen 14, 17–22, 301, 303–305, 309, 313
Symmetriezahl 405–406, 411, 413
Synthese 28
Systemzustandssumme 380, 382, 384, 388–390, 396, 403, 411, 415, 418
S-Zweig 264

Teilchenmodell 49
Termschema 124, 275, 284, 287, 409–411

Term-Schreibweise 277
Termsymbole 160, 276, 278–279, 296
Tetraedersymmetrie 305
Tetraederwinkel 168–169
Tetramethylsilan 347
Trägheitsmoment 97, 99, 102, 106, 117, 226,
     229–231, 233, 252–253, 404
Translationszustandssumme 402–403, 413, 415,
     424–425
Transmission 190, 274
trigonometrische Form 4
Triplett-Zustand 134, 143, 157, 203–204, 319
Tunneleffekt 84, 88–91, 94–95, 114, 118, 121

Übergangsdipolmoment 193–195, 197–198, 218,
     220, 222, 224–226, 244, 255, 267, 283, 285,
     299–300, 309, 313–314
Überlappungsintegral 148–150, 152, 198, 283
Ultraviolettkatastrophe 35

Valenzschwingungen 244, 246–247
Verteilung 63, 88, 195, 199, 238, 253, 257, 263, 341,
     345–346, 357, 361–364, 366–367, 372–374,
     376–380, 382, 386, 388, 393, 405, 419, 422
vertikaler Übergang 195–196, 199

Wellenfunktion 43, 72, 74–76, 78, 81–82, 84–85,
     87–88, 90–91, 94, 96, 102–105, 110–111, 119,
     122, 124–126, 131–132, 135, 137, 141–143, 146,
     148–149, 151–152, 155, 158, 160–161, 196–197,
     199, 211–218, 221, 223, 276–277, 357, 391, 395,
     397–398
Wellengleichung 50, 73, 77, 94
Wellenmodell 49
Wellenzahl 32, 40, 114, 191–192, 208, 238,
     243, 247–249, 252–253, 267, 274, 307–308,
     319, 407
Winkelgeschwindigkeit 7–9, 22, 80, 232, 239, 340
Wirkungsquantum 35, 37, 46, 59, 61, 66

Zahlenebene 2–3, 4, 5, 6, 7, 22–23
Zeeman-Effekt 42, 133, 234, 340–341, 353
zeitabhängige Schrödinger-Gleichung 74,
     211–212, 221
Zentrifugaldehnung 231, 233, 252–253, 255, 401

www.ingramcontent.com/pod-product-compliance
Lightning Source LLC
Chambersburg PA
CBHW080134220326
41598CB00032B/5065

9 7 8 3 1 1 0 7 3 7 3 2 5